Jahrbuch

über die

Fortschritte der Mathematik

im Verein mit anderen Mathematikern

herausgegeben

von

Carl Ohrtmann, Felix Müller, Albert Wangerin.

Fünfter Band.

Jahrgang 1873.

Berlin.
Druck und Verlag von Georg Reimer.
1875.

Erklärung der Citate.

Eine eingeklammerte (arabische) Zahl vor der (römischen) Bandzahl bezeichnet die Reihe (Serie), zu der der Band gehört.

Allgem. Bauzeit.: Allgemeine Bauzeitung. Wien 4°.
Altpr. Monatsschr.: Altpreussische Monatsschrift. Der neuen preussischen Provinzialblätter vierte Folge. Herausgegeben von R. Reiche und E. Wiechert. Königsberg i. Pr. 8.
Ann. de l'Éc. Norm.: Annales scientifiques de l'école normale supérieure publiées sous les auspices du ministre de l'instruction publique par Mr. Le Pasteur. Paris. 4.
Ann. d. Un. Tosc.: Annali delle Università Toscane. Pisa.
Arch. Néerl.: Archives Néerlandaises des sciences exactes et naturelles, publiées par la Société Hollandaise des Sciences à Harlem. La Haye. 8.
Astr. Nachr.: Astronomische Nachrichten begründet von H. C. Schumacher, herausgegeben von C. A. F. Peters. Altona. 4.
Astr. Viert.: Vierteljahrschrift der Astronomischen Gesellschaft herausgegeben von C. Bruhns. Leipzig.
Att. d. Acc. P. d. N. Linc.: Atti della Accademia Pontifica dei Nuovi Lincei. Roma. 4.
Att. d. Acc. R. d. Linc.: Atti della Accademia Reale dei Lincei. Roma.
Att. d. R. Ist. Ven.: Atti del Reale Istituto Veneto di scienze, lettere ed arti. Vinezia.
Att. d. Torino: Atti della Reale Accademia delle scienze di Torino. Torino.
Battaglini G.: Giornale di Matematiche ad uso degli studenti delle università italiane pubblicata per cura del Prof. G. Battaglini. Napoli. gr. 8.
Berl. Abh.: Mathematisch-physikalische Abhandlungen der Kgl. Preussischen Akademie der Wissenschaften zu Berlin. Berlin. 4.
Berl. Monatsber.: Monatsberichte der Kgl. Preussischen Akademie der Wissenschaften zu Berlin. Berlin. 8.
Bern. Mitth.: Mittheilungen der naturforschenden Gesellschaft in Bern. Bern. 8.
Boncompagni Bull.: Bulletino di Bibliografia e di Storia delle scienze matematiche e fisiche pubblicata da B. Boncompagni. Roma. 4.
Borchardt J.: Journal für reine und angewandte Mathematik. Als Fortsetzung des von A. L. Crelle gegründeten Journals, herausgegeben unter Mitwirkung der Herren Schellbach, Kummer, Kronecker, Weierstrass von C. W. Borchardt. Berlin. 4.
Brioschi Ann.: Annali di Matematica pura ed applicata diretti da F. Brioschi e L. Cremona in continuazione degli Annali gia pubblicati in Roma da Prof. Tortolini. Milano. 4.
Bull. de Belg.: Bulletin de l'Académie Royale des sciences, des lettres et des beaux arts de Belgique. Bruxelles. 8.

Bull. de Moscou.: Bulletin de la Société Impériale des Naturalistes de Moscou. Moscou. 8.
Bull. d. l. S. Phil.: Bulletin de la Société Philomatique de Paris. Paris. Savy. 8⁰.
Bull. de St. Pét.: Bulletin de l'Académie Impériale de St. Pétersbourg. Pétersbourg et Leipzig. Folio.
Carl Repert.: Repertorium für Experimental-Physik herausgegeben von Dr. Ph. Carl. München. gr. 8.
Casopis: Zeitschrift zur Pflege der Mathematik und Physik, redigirt mit besonderer Rücksicht auf Studirende der Mittel- und Hochschulen von F. J. Studnička, herausgegeben vom Vereine böhmischer Mathematiker in Prag. Prag. 8.
Christ. Vid. Selskab.: Forhandlingar i Videnskabs Selskabet i Christiania. Christiania. 8.
Clebsch Ann.: Mathematische Annalen in Verbindung mit C. Neumann begründet durch A. Clebsch. Unter Mitwirkung der Herren Gordan, Klein, A. Mayer, v. d. Mühll, gegenwärtig herausgegeben von Carl Neumann. Leipzig. 8.
C. R.: Comptes Rendus hebdomadaires des séances de l'Académie des Sciences. Paris. 4.
Darboux Bull.: Bulletin des sciences mathématiques et astronomiques, rédigé par G. Darboux. Paris. 8.
Erl. Ber.: Sitzungsberichte der physikalisch-medicinischen Societät zu Erlangen. Erlangen. 8⁰.
Forh. af Christ.: Forhandlingar i Videnskabs Selskabet i Christiania. Christiania. 8.
Gött. Abh.: Abhandlungen der Königlichen Gesellschaft der Wissenschaften zu Göttingen. Göttingen. 4.
Gött. Anz.: Göttingische gelehrte Anzeigen. Unter der Aufsicht der Kgl. Gesellschaft der Wissenschaften. Göttingen. 12.
Gött. Nachr.: Nachrichten von der Königlichen Gesellschaft der Wissenschaften und der G. A. Universität zu Göttingen. Göttingen. 12.
Grunert Arch.: Archiv für Mathematik und Physik mit besonderer Berücksichtigung der Bedürfnisse der Lehrer an den höheren Unterrichtsanstalten gegründet von J. A. Grunert, fortgesetzt von R. Hoppe. Greifswald. 8.
Handl. Stockholm: Kgl. Svenska Vetenskaps Akademiens Handlingar. Stockholm. 4.
Hoffmann Z.: Zeitschrift für mathematischen und naturwissenschaftlichen Unterricht. Unter Mitwirkung von Fachlehrern herausgegeben von J. C. V. Hoffmann. Leipzig. 8.
Inst.: L'Institut, Journal universel des sciences et des sociétés savantes en France et à l'étranger. Première section. Sciences mathématiques, physiques et naturelles. Paris. 4.
J. d. l'Éc. Pol.: Journal de l'école impériale polytechnique publié par le conseil d'instruction de cet établissement. Paris. 4.
J. Phil. d. Moscou.: Journal de la Société Philomatique de Moscou. Moscou.
Leipz. Abh.: Abhandlungen der Kgl. Sächsischen Gesellschaft der Wissenschaften zu Leipzig. Leipzig. gr. 8.
Leipz. Ber.: Berichte über die Verhandlungen der Kgl. Sächsischen Gesellschaft der Wissenschaften zu Leipzig. Mathematisch-physikalische Klasse. Leipzig. 8.
Liouville J.: Journal de Mathématiques pures et appliquées ou Recueil mensuel des mémoires sur les diverses parties de mathématiques, par J. Liouville. Paris. 4.
Lunds Un. Års.: Lunds Universitets-Årsskrift.

Mém. de Belg. in 8.: Mémoires couronnés et mémoires des savants étrangers publiés par l'Académie Royale des Sciences de Belgique. Bruxelles. 8.

Mém. de Belg.: Nouveaux Mémoires de l'Académie Royale des sciences, des lettres et des beaux arts de Belgique. Bruxelles. 4.

Mem. di Bologna: Memorie dell' Accademia delle scienze dell' Istituto di Bologna. Bologna. 4.

Mém. de Bordeaux: Mémoires de la Société des Sciences Physiques et Naturelles de Bordeaux. Paris. Bordeaux. 8.

Mem. d. Ist. Lomb.: Memorie del Reale Istituto Lombardo di scienze, lettere ed arti. Milano. gr. 8.

Mém. d. l. S. R. de Liège: Mémoires de la Société Royale de Liège.

Mem. of Manch.: Memoirs of the litterary and philosophical society of Manchester. Manchester.

Mém. de Paris: Mémoires de l'Académie des Sciences de l'Institut de France. Paris. 4.

Mém. de St. Pét.: Mémoires de l'Académie Impériale des Sciences de St. Pétersbourg. St. Pétersbourg. 4.

Mem. of R. Astr. Soc.: Memoirs of the Royal Astronomical Society. London. 4.

Mem. d. R. Ist. Ven. Memorie del Reale Istituto Veneto di scienze, lettere ed arti. Vinezia.

Mem. di Torino: Memorie dell' Accademia delle scienze di Torino. Torino.

Messenger: The Messenger of Mathematics, edited by M. Allen Whitworth, C. Taylor, R. Pendlebury, J. W. L. Glaisher. London and Cambridge. Macmillan. 8.

Monthl. Not.: Monthly Notices of the Royal Astronomical Society. London. 4.

Münch. Abh.: Abhandlungen der Kgl. Baierschen Akademie der Wissenschaften zu München. Zweite Klasse. München.

Münch. Ber.: Sitzungsberichte der Kgl. Baierschen Akademie der Wissenschaften zu München. München. 8.

Nouv. Ann.: Nouvelles Annales de Mathématiques. Journal des candidats aux écoles polytechnique et normale, rédigé par Gerono et Bourget. Paris. 8.

Nov. Act. Ups.: Nova Acta Regiae Societatis Scientiarum Upsaliensis. Upsala. 4.

Nyt Mag.: Nyt Magazin for Naturvidenskaberne, ved Sars og Kjerulf. Christiania. 8.

Overs. v. Kopenh.: Oversigt over det Kongelige Danske Videnskabernes Selskabs Forhandlingar. Af J. J. S. Steenstrup. Kopenhagen.

Öfv. af Forh. Stockh.: Öfversigt af Kongl. Vetenskaps-Akademiens Forhandlingar. Stockholm.

Phil. Mag.: The London, Edinburgh and Dublin philosophical Magazine and Journal of Science, by Brewster, Kane, Francis. London. 8.

Phil. Trans.: Philosophical Transactions of the Royal Society of London. London. 4.

Pogg. Ann.: Annalen der Physik und Chemie herausgegeben zu Berlin von Poggendorff. Leipzig. 8.

Prag. Abh.: Abhandlungen der Kgl. Böhmischen Gesellschaft der Wissenschaften. Prag. 4.

Prag. Ber.: Sitzungsberichte der Kgl. Böhmischen Gesellschaft der Wissenschaften. Prag. 8.

Preuss. Jahrb.: Preussische Jahrbücher für Geschichte.

Proc. of Edinb.: Proceedings of the Royal Society of Edinburgh. Edinburgh. 8.

Proc. of London: Proceedings of the Royal Society of London. London. 8.

Proc. of L. M. S.: Proceedings of the London Mathematical Society. London. 8.

Proc. of Manch.: Proceedings of the litterary and philosophical Society of Manchester. Manchester.
Quart. J.: The Quarterly Journal of pure and applied mathematics. Edited by Sylvester and Ferrers. London. 8.
Rend. di Bologna: Rendiconti delle sessioni dell' Accademia delle scienze dell' Istituto di Bologna. Bologna. 4.
Rend. d. Ist. Lomb.: Reale Istituto Lombardo di scienze e lettere. Rendiconti. Milano. 8.
Rend. di Napoli: Rendiconti dell' Accademia delle scienze fisiche e matematiche di Napoli. Napoli.
Report of the Brit. Ass.: Report of the meeting of the British Association for the advancement of science. London. 8.
Schlömilch Z.: Zeitschrift für Mathematik und Physik, herausgegeben unter der verantwortl. Redaction von Schlömilch, Kahl und Cantor. Leipzig. 8.
Skrift. v. Kopenh.: Det Kongl. Danske Videnskabernes Selskabs Skrifter Naturvidenskabelig og mathematisk Afdeling. Kopenhagen.
Trans. of Cambridge: Transactions of the Philosophical Society of Cambridge. Cambridge.
Trans. Connect. Ac.: Transactious of the Connecticut Academy of Arts and Sciences. New Haven. 8°.
Trans. of Dublin: Transactions of the Royal Irish Academy. Dublin.
Trans. of Edinb.: Transactions of the Royal Society of Edinburgh. Edinburgh.
Versl. en Mededeel.: Verslagen en Mededeelingen d. Kongl. Akademie van Wetenschapen to Amsterdam. Amsterdam.
Wien. Anz.: Anzeiger der Ksl. Akademie der Wissenschaften zu Wien. Mathematisch-Naturwissenschaftliche Klasse. Wien. 8°.
Wien. Ber.: Sitzungsberichte der mathem.-naturwissenschaftlichen Klasse der Kaiserl. Akademie der Wissenschaften zu Wien. Zweite Abtheilung. Wien. 8.
Wien. Denkschr.: Denkschriften der Kaiserl. Akademie der Wissenschaften. Mathematisch-naturwissenschaftliche Klasse. Wien.
Wolf J.: Vierteljahrsschrift der naturforschenden Gesellschaft in Zürich von R. Wolf. Zürich. 8.
Z. dtsch. Ing.: Zeitschrift des Vereins deutscher Ingenieure herausgegeben von Ziebarth. Berlin. 4.
Zeuthen Tidsskr.: Tidsskrift for Mathematik. Udgivet af Zeuthen. Kopenhagen. 8.

Inhaltsverzeichniss.

(Die mit einem † bezeichneten Arbeiten sind ohne Referate.)

Erster Abschnitt. Geschichte und Philosophie.

Capitel 1. Geschichte.

Seite

†F. Lenormant. Sur un document mathématique chaldéen 1
G. Friedlein. Beiträge zur Geschichte der Mathematik. III. Nebst Recension von Cantor 1
L. A. Sédillot. Sur l'origine de la semaine planétaire et de la spirale de Platon 1
G. V. Schiaparelli. I precursori di Copernico nell' antiquità . . 2
H. W. Schäfer. Die astronomische Geographie der Griechen bis auf Eratosthenes 2
G. Hofmann. Ueber eine im Plutarch erwähnte Sonnenfinsterniss . 3
M. Cantor. Euclide e il suo secolo 3
Procli Diadochi in primum Euclidis librum commentarii 3
G. Friedlein. De Hypsicle 4
B. Boncompagni. Giunte e correzioni all' un scritto sopra Tolomeo 5
S. Günther. Le sviluppo storico della teoria dei poligoni stellati 5
B. Boncompagni. Intorno ad un passo della geometria di Boezio 7
B. Boncompagni. Giunte e correzioni all' un scritto 7
G. B. Brandely. Sur deux articles du Bulletin 7
M. Steinschneider. Thabit ben Korra 7
M. Chasles, J. Bertrand, L. A. Sédillot. Sur la découverte de la variation par Aboul-Wefâ 8
Le Calendrier de Cordoue de l'année 961 9
P. Riccardi. Sull' opere astronomiche di Francesco Capuano di Manfredonia 9
Schanz. Der Cardinal Nicolaus von Cusa 10
Schanz. Die astronomischen Anschauungen des N. von Cusa . . . 10
F. Hipler. Die Biographen des Copernicus 11
J. Polkowski. Leben des Copernicus 12
Copernicus-Album 13
L. Prowe, C. Snell. Copernicus 14
Die Lebensbeschreibung des Copernicus von Radyminski 14
A. Wolynski, C. Flammarion, Karlinski, R. Brohm, W. K. Samidz-Zablocki, L. Weyl, F. J. Studnička. Leben des Copernicus 15
Il quarto centenario di Copernico 17
XIX. Febbrajô 1873 18

Seite
E. Fasbender. N. Copernicus 18
L. Prowe. Monumenta Copernicana 18
F. Hipler. Spicilegium Copernicanum 18
J. Polkowski. Kopernikijana 18
Butz. Ueber Fasbender: Die Kopernikanischen Sehnen- und Dreiecksberechnungen 20
A. Montanari. Nicolo Copernico 20
M. Curtze. Ueber eine neue Copernicus-Handschrift 20
N. Copernicus. De revolutionibus orbium coelestium libri VI, nebst Recension von M. Cantor und Stern 21
P. Riccardi. Sul processo del Galilei 22
†F. Oggioni. Galileo Galilei 22
†P. Gambèra. Di Galileo Galilei 22
Lettre inédite de Grégoire de S. Vincent 23
B. Boncompagni. Intorno ad alcune note di Galilei ad un opera di Giovanni Battista Morin 23
G. B. Morin. Galileo Galilei 23
M. Cantor. Blaise Pascal 23
G. Biadego. Intorno a dieci lettere inedite di Lagrange 24
B. Boncompagni. Intorno a nove lettere di Lagrange 28
B. Boncompagni. Giunte e correzioni alla memoria di Biadego . 28
L. F. Menabrea. Sulle peripezie della serie di Lagrange 28
A. Genocchi. Riposta al Menabrea 28
Anonymus. Ist Oersted oder Schweigger der Entdecker des Electro-Magnetismus? 29
P. Mansion. Note sur les travaux de J. Plücker 29
A. Clebsch. Commemorazione di G. Plücker 29
C. Neumann. Zum Andenken an Clebsch 29
R. F. A. Clebsch. Versuch einer Darstellung und Würdigung seiner wissenschaftlichen Leistungen 29
C. Neumann. Commemorazione di R. F. A. Clebsch 31
E. Kobell. R. F. A. Clebsch 31
Caspari. Zur Biographie Bürmann's 32
E. Kobell. W. Eisenlohr 33
E. Kobell. M. Ohm 34
M. Curtze, E. Kobell. J. A. Grunert 34
E. Kobell. M. F. Maury 35
E. de. Beaumont. Éloge historique de Plana 36
C. Holst. Nécrologie 36
C. Fearnley. Todesanzeige 37
O. v. Struve. C. G. Schweizer 37
H. Suter Geschichte der mathematischen Wissenschaften I. . . . 37
P. Riccardi. Biblioteca Matematica Italiana 37
P. Mansion. Les mathématiques en Belgique en 1872 38
A· Steen. De mathematiske Studiers Fremgang i Danmark i dette Hundredaar 38
F. Zebrawski. Polnische Bibliographie 38
F. Höfer. Histoire de l'astronomie 39
M. Schneid. Die scholastische Lehre von Materie und Form . . . 39
J. H. v. Mädler. Geschichte der Himmelskunde 41
E. Mailly. Tableau de l'astronomie dans l'hémisphère australe et dans l'Inde 43
C. Heym. Geschichte des mathematischen Unterrichts 43
†Amberg. Die verschiedenen Numerationssysteme 43
D. B. de Haan. Sur les tables logarithmiques hollandaises 43
J. W. L Glaisher. On the progress to accuracy of logarithmic tables 44
D. B. de Haan. On Ludolf van Ceulen's 35-decimal value of π . . 45

Seite

J. W. L. Glaisher. On the quadrature of the circle 46
J. Todhunter. On the history of certain formulae in spherical trigonometry 46
†P. Breton. Question de porismes 47
†F. Vivanet. Dei più notabili progressi della geometria nel corrente secolo 47
D. Chelini. Interpretazione geometrica di formole essenziali alle scienze dell' estensione 47
W. H. L. Russell. On recent progress in elliptic and hyperelliptic functions 48
G. Vimercati. Sulla prima idea delle caldaie tubulari 48
S. Günther. Ueber die Vorgeschichte des Foucault'schen Pendelversuchs 48
P. T. Bertelli. Appunti storici intorno alle ricerche sui piccoli e spontanei moti dei pendoli 48
S. Günther. Ueber die Geschichte der Pendeluhr von Huyghens . 51
Šafarik. Zur Geschichte des Horizontalpendels 51
†M. Meyner. Ueber den Bildungsgang des Sonnensystems 52
†J. Todhunter. A history of the mathematical theories of attraction 52
A. Bjerkness. Ueber das Dirichlet'sche Kugel- und Ellipsoid-Problem 52
A. Favaro. Zur Geschichte der Planimeter 52

Capitel 2. Philosophie.

F. J. Studnička. Ueber den Geist der Mathematik 54
Jacquier. De l'esprit des mathématiques 54
J. Finger. Deduction der Begriffe der Grundoperationen aus dem Grössenbegriff 54
A. J. Ellis. On the algebraical analogues of logical relations . . . 55
J. C. Becker. Brief an Herrn Hoffmann 55
F. C. Fresenius. Der mathematische Punkt 56
J. C. V. Hoffmann. Die Psychologie als Leitstern in der Didaktik und Methodik der Mathematik 56
C. Stumpf. Ueber den psychologischen Ursprung der Raumvorstellung 57
W. Krumme. Die Analysis der Beweise 57
Le Viseur. Leistung der Naturphilosophie für die physikalische Vorstellung von der Constitution der Materie 57
R. Hoppe. Theorie der unendlichen Grössen 58
E. Dühring. Kritische Geschichte der allgemeinen Principien der Mechanik 59
Gilles. Zurückführung des Beharrungsvermögens auf die Newtonsche Anziehungskraft 71
Gilles. Zurückführung der abstossenden Naturkräfte auf die Newtonsche Anziehungskraft 71

Zweiter Abschnitt. Algebra.

Capitel 1. Gleichungen.

K. Hattendorff. Ueber den Sturm'schen Satz 73
L. Kronecker. Ueber die verschiedenen Sturm'schen Reihen . . . 74
R. Harley. On the theory of differential resolvents 76
J. Kolbe. Ueber das Vorkommen complexer Wurzeln in einer algebraischen Gleichung 77

Seite

A. Langer. Zur Lehre von den höheren Gleichungen 77
C. F. E. Björling. Sur quelques relations entre les coefficients d'un polynôme 78
†A. Bonolis. Sulle funzioni simmetriche semplice delle radici d'un equazione 78
J. Diekmann. Zur Theorie der Gleichungen zweiten Grades . . . 78
E. Münster. Om en eiendommelig algebraisk Oplósning af cubiske Ligninger 79
F. W. Fischer. Ueber Gleichungen, welche auf reciproke Gleichungen zurückgeführt werden können 79
†R. Harley. On Evan's method of solving cubic and other trinomial equations 79
H. Geelmuyden. Om de reelle Rödder i den trinomiske Ligning af. n^{te} Grad 79
O. Simony. Darstellung von $\sqrt[3]{a+bi}$ in der Form $x+yi$ 79
G. Darboux. Sur la résolution de l'équation du quatrième degré . 80
A. Enneper. Notiz über die biquadratische Gleichung 81
C. Moreau. Solution d'une question 82
S. Gundelfinger. Auflösung eines Systems von Gleichungen, worunter zwei quadratisch, die übrigen linear 82
A. Bonolis. Risoluzione di $2n$ equazioni con $2n$ incognite 83
A. Gebhardt. Auflösung dreigliedriger algebraischer Gleichungen durch Reihen 83
J. Wolstenholme. On systems of porismatic equations 83

Capitel 2. Theorie der Formen.

L. Kronecker. Sur la théorie algébrique des formes quadratiques 84
P. Bachmann. Ueber quadratische Formen 84
C. Jordan. Sur les polynômes bilinéaires 85
E. Beltrami. Sulle funzioni bilineari 85
F. de Bruno. Sur les fonctions symétriques 86

Capitel 3. Elimination und Substitution, Determinanten, Invarianten, Covarianten, symmetrische Functionen.

L. Saltel. Généralisation du principe de correspondance à la théorie de l'élimination 86
C. Jordan. Sur les substitutions 87
G. Janni. Teorica delle sostituzione 87
E. Mathieu. Sur la fonction cinq fois transitive de 24 quantités . 88
†K. Hattendorff. Einleitung in die Determinantenlehre nebst Recension von Kötteritzsch 90
A. Cayley. Two „Smith's prize" dissertations No. 2 90
O. Hesse. Ciclo di equazioni fra determinanti 90
F. J. Studnička. Beitrag zur Theorie der Determinanten 90
S. Gundelfinger. Ein Satz der Determinantentheorie 90
S. Günther. Ueber einige Determinantensätze 91
F. Siacci. Intorno ad alcune trasformazioni di determinanti . . . 91
G. Janni. Sul prodotto di due matrici 92
E. Isé. Sul grado della risultante 92
G. Bauer. Ueber einige Determinanten geometrischer Bedeutung . . 92
F. J. Studnička. Geometrische Anwendung einiger Lehrsätze von Determinanten 94
Gram. Forsóg paa en elementar Udvikling af Invariantentheoriens Grundsaetninger 94

Seite
S. Gundelfinger. Erweiterte Fassung eines von Clebsch aufgestellten Uebertragungsprincips 94
P. Gordan. Ueber die Auflösung linearer Gleichungen mit reellen Coefficienten 95
J. Rosanes. Ueber Systeme von Kegelschnitten 95
J. Rosanes. Ueber ein Princip der Zuordnung algebraischer Formen 95
A. Clebsch und P. Gordan. Ueber cubische ternäre Formen . . 96
H. J. S. Smith. Arithmetical notes. No. I. und II. 96

Dritter Abschnitt. Zahlentheorie.

Capitel 1. Allgemeines.

S. Dickstein. Ueber Kennzeichen der Theilbarkeit 98
C. Masing. Von der Theilbarkeit der Zahlen 98
J. C. V. Hoffmann. Zum Theilbarkeitsmerkmal der 8 98
E. Hain. Ueber die Theiler einer Zahl 98
D. André. Théorème d'arithmologie 99
E. Folie. Sur la divisibilité des nombres 99
W. Shanks. On periods in the reciprocals of primes 99
Dittmar. Zur Theorie der Reste 100
P. Pepin. Sur les résidus de la cinquième puissance 100
S. Réalis. Scolies pour un théorème d'arithmétique 101
O. Callandreau. Solution d'une question 101
J. W. L. Glaisher. Mathematical notes. I. 102
H. v. Pessl. Ueber eine besondere Art magischer Quadrate . . . 102
S. M. Drach. An easy general rule for filling up all magic squares 105
C. Minnigerode. Ueber eine neue Methode, die Pell'sche Gleichung aufzulösen 105
C. Moreau. Solution d'une question 106
†J. Sobička. Ueber rationale Dreiecke 106
A. Wangerin. Geometrische Darstellung der Wurzeln zweier Gleichungen 106
C. Arzelà. Sviluppo di n funzioni algebriche definite da altrettante equazioni a coefficienti determinati 107

Capitel 2. Theorie der Formen.

J. A. Serret. Détermination des fonctions entières irréductibles suivant un module premier, dans le cas où le degré est égal au module 107
J. A. Serret. Sur les fonctions entières irréductibles suivant un module premier, dans le cas où le degré est une puissance du module 108
A. Korkine et G. Zolotareff. Sur les formes quadratiques . . . 109
J. Liouville. Sur certaines formes quadratiques 110
C. Minnigerode. Ueber die Vertheilung der quadratischen Formen mit complexen Coefficienten und Veränderlichen in Geschlechter 110

Capitel 3. Kettenbrüche.

S. Günther. Beiträge zur Theorie der Kettenbrüche 111
S. Günther. Darstellung der Näherungswerthe von Kettenbrüchen in independenter Form 112
V. Nachreiner. Beziehungen zwischen Determinanten und Kettenbrüchen 112

Seite
M. Moret-Blanc. Solution d'une question 116
J. W. L. Glaisher. Arithmetic irrationality 116

Vierter Abschnitt. Wahrscheinlichkeitsrechnung und Combinationslehre.

†H. Laurent. Traité du calcul des probabilités 118
D. André. Théorèmes sur les combinaisons 118
J. W. L. Glaisher. On a question in probabilities 120
J. W. L. Glaisher. On the probability of errors 120
J. W. L. Glaisher. On the rejection of discordant observations . 121
H. Seeliger. Ueber die Jacobi'sche Auflösung eines Systems von Normalgleichungen mit drei Unbekannten 121
E. J. Stone. On the rejection of discordant observations 122
†E. J. Stone. On a most probable result 122
H. Laurent. Sur un passage de la théorie analytique des probabilités 122
F. J. Studnička. Beweis der Lagrange'schen Interpolationsformel 122
A. Krüger. Ueber die Berechnung der Coefficienten einer periodischen Function 123
T. N. Thiele. Om en Tilnaermelses formel 123
A. Cayley. A „Smith's Prize" dissertation 124
J. Wrede. Några anmärkninger rörande minste qvadratmetoden . . 124
S. Newcomb. On a mechanical representation of some cases in the method of least squares 125
S. Newcomb. A mechanical representation of a familiar problem . 125
W. Jordan. Verallgemeinerung der Methode der kleinsten Quadrate 126
F. R. Helmert. Bestimmung des mittleren Fehlers bei Längenmessungen 126
W. Jordan. Berechnung des mittleren Fehlers einer Basismessung 126
G. Zachariae. Bestimmung des mittleren Fehlers einer Grundlinie 127
E. Liouville. Sur la statistique judiciaire 127

Fünfter Abschnitt. Reihen.

Capitel 1. Allgemeines.

P. du Bois-Reymond. Neue Theorie der Convergenz von Reihen mit positiven Gliedern 128
J. Petersen. Om Raekkens Konvergens 130
L. Oppermann. Om Raekkens Konvergens 130
O. Schlömilch. Ueber bedingt convergirende Reihen 130
O. Schlömilch. Ueber die gleichzeitige Convergenz oder Divergenz zweier Reihen 131
L. F. Menabrea. Sur l'identité de quelques formules 131
A. Genocchi. Observations sur la note de Mr. Menabrea 131
M. Marie. Détermination du point critique où est limitée la convergence de la série de Taylor 132
M. Marie. Détermination du périmètre de la région de la convergence de la série de Taylor 132
V. Puiseux. Rapport sur deux mémoires de Mr. Marie 132
M. Marie. Note au sujet du rapport 132
W. W. Johnson. Note on demonstrations of Taylor's theorem . . 134

Seite

Capitel 2. Besondere Reihen.

W. Batschinsky. Theorie der arithmetischen Reihen 135
†C. Sardi. Sulle progressione per differenze 135
A. Hochheim. Ueber figurirte Zahlen 135
J. W. L. Glaisher. Geometrical proof that
$1^3 + 2^3 + 3^3 + \dots n^3 = (1 + 2 + 3 + \dots n)^2$ 136
V. Retali. Sulle progressioni d'ordine superiore 136
J. de Virieu. Solution d'une question 136
J. W. L. Glaisher. On certain series for π 136
Ch. Hermite. Sur l'irrationalité de la base des logarithmes hyperboliques 136
Ch. Hermite. Extrait d'une lettre à M. Borchardt 137
F. Unferdinger. Ueber eine merkwürdige Eigenschaft eines Ausdrucks 138
†A. Bonolis. Ricerca de' valori di una formole 138
J. Horner. On W. G. Horner's method of factorials 139
J. Wolstenholme. On the summation of certain series 139
J. Graindorge. Sur la sommation de quelques séries 139
Simony. Summation einiger Reihen 139
G. Ascoli. Ueber trigonometrische Reihen 140
J. Mourgues. Expressions de sin ma et cos ma 141
Le Besgue. Sur les développements de sin na, cos na 141
J. W. L. Glaisher. On the deduction of series from infinite products 142
J. W. L. Glaisher. On certain series 143
J. W. L. Glaisher. Values of certain infinite products 143
J. W. L. Glaisher. Arithmetical identities 143
J. W. L. Glaisher. On a property of Bernoulli's numbers 144
J. W. L. Glaisher. Tables of the first 250 Bernoulli's numbers . 144
P. du Bois-Reymond. Ueber die Fourier'schen Reihen 145
G. Ascoli. Sulla serie di Fourier 145
C. Sardi. Sulle progressioni per differenza 146

Sechster Abschnitt. Differential- und Integralrechnung.

Capitel 1. Allgemeines (Lehrbücher etc.).

†Ch. Sturm. Cours d'analyse 147
†O. Schlömilch. Vorlesungen über einzelne Theile der höheren Analysis 147
†O. Schlömilch. Uebungsbuch zum Studium der höheren Analysis 147
J. Brasseur. Exposition nouvelle des principes du calcul différentiel 147
M. Stegemann. Grundriss der Differential- und Integralrechnung . 147
Ch. Hermite. Cours d'analyse. Nebst Recension von Mansion . . 148
†F. Frenet. Recueil d'exercices sur le calcul infinitésimal 150

Capitel 2. Differentialrechnung. (Differentiale, Functionen von Differentialen, Maxima und Minima).

F. Bessell. Ueber die Entwickelung der höheren Differentiale zusammengesetzter Functionen 150
A. Cayley. On the maxima of certain factorial functions 151

Capitel 3. Integralrechnung.

E. Catalan. Sur l'intégration des différentielles rationnelles . . . 151
R. v. Schleusing. Beitrag zur Integralrechnung 152
F. Didon. Sur une formule de calcul intégral 152

Seite

H. J. S. Smith. Arithmetical notes 153
R. Hoppe. Beweis für das Crofton'sche Theorem durch directe Arealrechnung 154
d'Avout. Recherche d'une méthode pour mesurer la capacité des navires 154

Capitel 4. Bestimmte Integrale.

Sochocky. Sur les intégrales définies 156
W. Walton. On the nth differentiation of an integral 157
W. Ligowski. Beitrag zur näherungsweisen Berechnung bestimmter Integrale 157
L. Gegenbauer. Ueber bestimmte Integrale 158
J. Worpitzky. Ueber ein bestimmtes Integral 158
E. Catalan. Sur la constante d'Euler 159
A. Enneper. Ueber ein bestimmtes Integral 160
†J. W. L. Glaisher. On the evaluation of a class of definite integrals 161
J. Graindorge. Sur quelques intégrales définies 161
A. Enneper. Ueber einige bestimmte Integrale 161
D. B. de Haan. Sur certaines intégrales définies 162
Ph. Gilbert. Recherches sur le développement de la fonction Γ . 163
E. Catalan. Rapport sur ce mémoire 163
M. de Tilly. Sur une formule relative à la somme des logarithmes hyperboliques 167
P. Gilbert. Rapport sur ce mémoire 167
A. Genocchi. Sur quelques développements de la fonction log $\Gamma(x)$ 167
M. de Tilly. Rapport sur ce mémoire 167
P. Gilbert. Observations sur deux notes de M. Genocchi 167
E. Catalan. Rapport sur un mémoire de M. Gilbert 169
O. Schlömilch. Ueber einige Integrale von allgemeiner Form . . 169
G. M. Leffler. Om definita integraler 170
D. B. de Haan. Sur la quadrature par approximation 170
F. J. Studnička. Ueber den gemeinsamen Ursprung einiger bestimmter Integrale 170

Capitel 5. Gewöhnliche Differentialgleichungen.

S. Challis. On integrating differential equations by factors 171
E. Mathieu. Sur la théorie des dérivées principales 171
L. Fuchs. Ueber Relationen für die zwischen je 2 singulären Punkten erstreckten Integrale linearer Differentialgleichungen 172
L. Fuchs. Ueber die Darstellung der Functionen complexer Variabeln 173
M. Hamburger. Ueber die Form der Integrale der linearen Differentialgleichungen mit veränderlichen Coefficienten 173
L. W. Thomé. Zur Theorie der linearen Differentialgleichungen . . 174
G. Frobenius. Ueber den Begriff der Irreductibilität in der Theorie der linearen Differentialgleichungen 176
G. Frobenius. Ueber die Vertauschung von Argument und Parameter in den Integralen der linearen Differentialgleichungen . . 179
G. Frobenius. Ueber die Integration der linearen Differentialgleichungen durch Reihen 180
E. Jürgens. Zur Theorie der linearen Differentialgleichungen mit veränderlichen Coefficienten 183
L. Gegenbauer. Beiträge zur Theorie der linearen Differentialgleichungen 185

Seite

L. Gegenbauer. Studien über lineare Differentialgleichungen 2ter Ordnung . . . 185
L. Gegenbauer. Note über hypergeometrische Reihen . . . 186
A. Winkler. Integration der linearen Differentialgleichung 2ter Ordnung 186
Besge. Sur une équation différentielle . . . 189
A. Steen. Integration af den lineaere Differentialligning af anden Orden ved Hjaelp af Kjaedebrók . . . 190
J. Cockle. Exercises in the integral calculus . . . 190
R. Rawson. On two general differential equations . . . 191
A. Cayley. On a differential formula . . . 191
†J. Cockle. On singular solutions . . . 191
G. Darboux. Sur l'intégration d'une équation différentielle . . . 191
G. Darboux. Sur les solutions singulières des équations . . . 192

Capitel 6. Partielle Differentialgleichungen.

V. Sersawy. Zur Integration partieller Differentialgleichungen . . 192
A. Mayer. Die Lie'sche Integrationsmethode . . . 194
A. Mayer. Directe Ableitung des Lie'schen Fundamentaltheorems . 195
A. Mayer. Zur Integration der partiellen Differentialgleichungen erster Ordnung . . . 195
S. Lie. Ueber eine Verbesserung der Jacobi-Mayer'schen Integrationsmethode . . . 196
S. Lie. Zur analytischen Theorie der Berührungs-Transformationen 197
S. Lie. Ueber partielle Differentialgleichungen erster Ordnung . . 201
S. Lie. Partielle Differentialgleichungen erster Ordnung, in denen die unbekannte Function explicite vorkommt . . . 205
S. Lie. Neue Integrationsmethode eines $2n$-gliedrigen Pfaff'schen Problems . . . 207
Collet. Sur les conditions d'intégrabilité des équations aux dérivées partielles . . . 210
J. Graindorge. Sur l'intégration des équations aux dérivées partielles 210
M. de Tilly, E. Folie. Rapport sur un mémoire de Mr. Mansion 210
V. G. Imschenetsky. Sur l'intégration des équations aux dérivées partielles . . . 211
M. Lévy. Sur une réduction de l'équation à différences partielles du troisième ordre . . . 211
V. Ermakoff. Intégration des équations linéaires aux différences partielles . . . 212
G. Darboux. Sur l'équation du troisième ordre . . . 213
G. Darboux. Sur le problème des surfaces orthogonales . . . 213
S. Lewänen. Ueber die von einer Geraden erzeugte Minimumsfläche 213

Capitel 7. Variationsrechnung.

A. Korkine et G. Zolotareff. Sur un certain Minimum . . . 214
P. Schuringa. Les trajectoires minima $\delta\int_{s_1}^{s_2}\varphi(v)\,ds = 0$ . . . 215

Siebenter Abschnitt. Functionentheorie.

Capitel 1. Allgemeines.

H. Durège. Elemente der Theorie der Functionen einer complexen veränderlichen Grösse . . . 217

Seite

J. Thomae. Abriss einer Theorie der complexen Functionen und der Thetafunctionen einer Veränderlichen 218
G. Dillner. Traité de calcul géométrique supérieur I. 219
F. Grelle. Elemente der Theorie der von reellen Variabeln abhängigen Functionen 222
M. Marie. Théorie des fonctions de variables imaginaires 222
M. Marie. Classification des intégrales quadratrices des courbes algébriques 223
M. Marie. Des conditions sous lesquelles quelques périodes de la quadratrice d'une courbe disparaissent 223
M. Marie. D'une réduction accessoire dans le nombre des périodes 223
M. Marie. Des résidus relatifs aux asymptotes 223
A. Genocchi. Richiamo a favore di Felice Chiò 225
F. Klein. Ueber den allgemeinen Functionsbegriff 226
A. Clebsch. Zur Theorie der Riemann'schen Flächen 227
U. Dini. Sulla integrazione della equazione $\Delta^2 u = 0$ 227
L. Schläfli. Sull' uso delle linee lungo le quali il valore assoluto di una funzione è costante 228
P. Paci. Sui numeri complessi 230
J. Lüroth. Bemerkung über gleichmässige Stetigkeit 230
B. Riemann. Sur la possibilité de représenter une fonction par une série trigonométrique 230
G. Ascoli. Sulla serie di Fourier 230
P. Gilbert. Sur l'existence de la dérivée dans les fonctions continues 231
E. Catalan. Rapport sur ce mémoire 231
P. Gilbert. Sur une objection de M. Catalan 231
P. Gilbert. Rectification 231
A. Picart. Expression de la différence d'ordre $n^{\text{ième}}$ d'une fonction 235
T. C. Billbergh. Om spetskonturer 235
L. Fuchs. Ueber die Darstellung der Funktionen complexer Variablen 235
L. Schläfli. Ueber die linearen Relationen zwischen den Kreiswegen erster und zweiter Art in der Theorie der Abel'schen Functionen 239
H. Weber. Zur Theorie der Transformation algebraischer Functionen 240
A. Cayley. On Wronski's theorem 240
A. Berger. Om periodiska funktioner 240
Tchébycheff. Sur les fonctions qui s'écartent le moins possible de zéro 241
E. Catalan. Recherches sur quelques produits indéfinis 241
F. Unferdinger. Ueber einige mit $\text{Lim}_n \frac{n}{\sqrt[n]{n!}}$ verwandte Limiten 243
R. Pendlebury. On a method of finding two mean proportionals . 244
Mertens. Auszug aus einem Schreiben 245
Ch. Hermite. Sur une équation transcendante 245
A. Strnad. Ein allgemeiner Lehrsatz über Functionen 246

Capitel 2. Besondere Functionen.

G. Dötsch. Ueber die hyperbolischen Functionen 246
F. Gambardella. Sui coefficienti delle facoltà analitiche 247
Ch. Hermite. Sur la fonction exponentielle 248
H. A. Schwarz. Ueber gewisse Fälle der hypergeometrischen Reihe 249
Ch. Hermite. Extrait d'une lettre 252
Briot et Bouquet. Théorie des fonctions elliptiques 253
T. N. Thiele. Orienterende Fremstilling af de elliptiske Funktioners Theori 254

Seite
A. Cayley. On a quartic transformation of an elliptic function . . 255
A. Cayley. An elliptic-transcendant identity 255
A. Steen. Et Par Kjaedebröker angaaende elliptiske Integraler . . 255
M. Azzarelli. Nuove ricerche relative al teorema del conte di Fagnano 256
F. Müller. Beziehungen zwischen dem Modul der elliptischen Functionen und den Invarianten der biquadratischen binären Form . 256
F. Frenet. Sur la fonction Θ de Jacobi 257
M. Krause. Zur Transformation der Modulargleichungen der elliptischen Functionen 257
†H. J. S. Smith. On modular equations 258
L. Kiepert. Siebzehntheilung des Lemniscatenumfanges 258
L. Kiepert. Ganzzahlige Multiplication der elliptischen Functionen 259
L. Kiepert. Auflösung der Transformationsgleichungen und Division der elliptischen Functionen 260
G. Torelli. Di alcuni integrali formati d'agl' integrali ellittici . . 260
O. Simony. Lösung eines Integrals durch elliptische Integrale . . 262
Posse. Sur les fonctions semblables à celles de Legendre 262
J. Thomae. Beitrag zur Theorie der Abel'schen Functionen . . . 263
J. C. Malet. On the reduction of Abelian integrals 265
J. W. L. Glaisher. On a class of definite integrals 266
G. F. Meyer. Ueber den du Bois-Reymond'schen Mittelwerthsatz . 267
H. Weber. Ueber die Bessel'schen Functionen 267
H. Weber. Ueber die stationären Strömungen der Electricität in Cylindern 268
L. Gegenbauer. Ueber die Function X_n^m 268
H. Weber. Darstellung willkürlicher Functionen durch Bessel'sche Functionen 268

Achter Abschnitt. Reine, elementare und synthetische Geometrie.

Capitel 1. Principien der Geometrie.

F. Klein. Ueber die sogenannte Nicht-Euclidische Geometrie . . . 271
†G. Freye. Geometrische Darstellung der imaginären Gebilde . . . 273
†P. Cassani. Intorno alle ipotesi fondamentali della geometria . . 273
W. Frahm. Habilitationsschrift 273
F. Lindemann. Ueber unendlich kleine Bewegungen starrer Körper 273
E. d'Ovidio. Studio sulla geometria projettiva 273
H. Stahl. Ueber die Maassfunctionen der analytischen Geometrie 273
E. Schering. Linien, Flächen und höhere Gebilde im mehrfach ausgedehnten Raume 278
J. C. V. Hoffmann. Resultate der Nicht-Euclidischen Geometrie . 278
A. Genocchi. Lettre à M. Quetelet. Nebst Bericht von M. de Tilly 278
W. K. Clifford. Preliminary sketch of biquaternions 280
J. Worpitzky. Ueber die Grundbegriffe der Geometrie 281
J. C. V. Hoffmann. Studien über geometrische Grundbegriffe . . 283
J. Kober, J. C. V. Hoffmann. Bemerkungen und Gegenbemerkungen 284
†A. Transon. Sur une propriété des asymptotes 285
S. A. Sexe. Nogle bemaerkninger ved kommende Plangeometrien . 285

Capitel 2. Continuitätsbetrachtungen (analysis situs).

A. Clebsch. Zur Theorie der Riemann'schen Flächen 285
K. Becker. Zur Lehre von den Polyedern 285

Seite
Ch. Wiener. Ueber eine Aufgabe aus der Geometria situs 286
C. Hierholzer. Ueber die Möglichkeit einen Linienzug ohne Wiederholung und Unterbrechung zu umfahren 286
A. Langer. Beweis des Euler'schen Satzes von den Polyedern . . 286

Capitel 3. Elementare Geometrie. (Planimetrie. Trigonometrie. Stereometrie).

M. Aschenborn. Lehrbuch der Geometrie 286
Th. Spieker. Lehrbuch der ebenen Geometrie 286
†E. Rouché et C. de Combescure. Éléments de géométrie . . 287
Th. Gauss. Elementar-Mathematik 287
O. Schlömilch. Geometrie des Maasses 287
G. Bellavitis. Considerazioni sulla geometria pura 287
C. G. Reuschle. Trigonometrie 287
Emsmann. Mathematische Excursionen 288
S. Dickstein. Ueber Winkelmessung 288
Zerlang. Ueber die Betrachtung irrationaler Linienverhältnisse . . 288
J. Kober. Ein falscher Satz 288
Erler. Kleinigkeiten 288
G. Mainardi. Pensieri intorno vari argomenti 289
M. Azzarelli. Problemi geometrici proposti dal Kramp 289
W. Besant. Mathematical notes 289
Em. Weyr. Ueber den Kreis der neun Punkte 289
M. Azzarelli. Sui lati dei triangoli rettangoli primitivi 289
†G. Affolter. Proprietà dei triangoli polari di un circolo 289
E. Hain. Sätze über das Dreieck 289
E. Lemoine. Sur un point remarquable du plan d'un triangle . . . 290
F. Armenante. Soluzione di quistioni 290
Meutzner. Sätze über das Viereck 290
L. Lecornu. Solution d'une question 291
J. Kudelka. Ableitung der Kegelschnittlinien 291
Schröder. Auflösung einer Gleichung 291
J. C. Walberer. Zur Lehre von den isoperimetrischen Figuren . . 291
F. Muir. On convex and stellate regular polygones 292
J. P. Revellat. Traces des courbes à plusieurs centres 292
E. Plagge. Zwei Näherungswerthe für die Seite des Siebenecks . 293
A. Morel, Demartres. Solution de questions 293. 294
W. Ligowski. Berechnung der Zahl π 294
J. W. L. Glaisher. On the calculation of the theoretical unit-angle 294
P. Gray. On Smith's experimental determination of π 295
K. Zahradník. Ueber goniometrische Formeln 295
J. Holmes, J. W. L. Glaisher. Theorem in trigonometry . . . 295
F. Reidt. Bemerkungen zur Praxis des trigonometrischen Rechnens 295
W. D. Bushell. On conterminate angles 296
R. F. Scott. On a formula in the geometry of the sphere 296
A. Ziegler. Das Aussendreieck in der sphärischen Trigonometrie . 296
M. Jenkins. The ambiguous case in spherical trigonometry 297
Mendthal, F. Mertens. Die Malfatti'sche Aufgabe 297
M. Moret-Blanc. Solution d'une question 297
R. Hoppe. Anwendung des Euler'schen Satzes 298
A. Transon. Sur le tétraèdre 298
J. F. Studnička. Geometrische Anwendung einiger Lehrsätze von den Determinanten 298
P. Schönemann. Ikosaeder und Sternen-Dodekaeder 298
†Teichmann. Ueber Körperberechnung 299
S. M. Drach. Relations between the angles of regular bodies . . . 299

Seite

Capitel 4. Darstellende Geometrie.

†L. Cremona. Geometria projettiva 299
†L. Cremona. Geometria theor křivek rovinných 299
J. Brasseur. Double perspective 299
Sacheri. Sul tracciamento delle punteggiate projettive simili . . . 300
A. Cayley. Problem 300
A. Cayley. Plan of a curve-tracing apparatus 300
R. Niemtschick. Ueber die Construction der einander eingeschriebenen Linien zweiter Ordnung 301
R. Niemtschick. Ueber die Construction der einem Kreise eingeschriebenen Ellipse 301
L. Burmester. Constructionen der Parallelprojection der Schraubenfläche und des Schattens derselben 302
R. Staudigl. Bestimmung von Tangenten an die Selbstschattengrenze von Rotationsflächen 303

Capitel 5. Neuere synthetische Geometrie.

A. Ebene Gebilde.

F. G. Affolter. Lehrsätze und Constructionen der neueren Geometrie 303
A. Maier. Neuere Geometrie 304
A. Pellissier. Solution d'une question 304
F. Lucas. Rapport anharmonique de quatre points du plan . . . 304
A. Brill. Ueber Entsprechen von Punktsystemen auf einer Curve . 305
J. Lüroth. Ueber das Rechnen mit Würfen 307
A. Milinowski. Erzeugnisse krumm-projectivischer Gebilde . . . 309
A. Andréieffski. Sur les méthodes de Chasles 309
Grouard. Sur les figures semblables 309
C. Mittelacher. Zur allgemeinen Theorie der Kegelschnitte . . . 310
F. Hoza. Mathematische Mittheilungen 310
L. Saltel. Sur les coniques et sur les surfaces du second ordre . . 310
O. Tognoli. Sopra un modo di generazione delle curve piane di terz' ordine 311
H. Schröter. Ueber Curven dritter Ordnung 311
V. Schlegel. Ueber die mechanische Erzeugung von Curven . . . 314
H. Durège. Ueber die Formen der Curven dritter Ordnung 315
H. G. Zeuthen. Sur les différentes formes de courbes du quatrième ordre 316
H. G. Zeuthen. Om Udseendet af Kurver af tredie og fjerde Order 317
J. Wolstenholme. On epicycloids and hypocycloids 317
G. Sidler. Trisection eines Kreisbogens 317

B. Räumliche Gebilde.

J. Thomae. Geometrie der Lage 318
R. Sturm. Das Problem der räumlichen Projectivität 318
Silldorf. Geometrische Verwandtschaft räumlicher Gebilde 318
H. Eggers. Zur Involution. Nebst Einleitung von F. August . . . 319
V. G. Imschenetzky. Sur un rapport anharmonique 319
A. Transon. Sur le théorème de Dandelin 320
L. Saltel. Sur les coniques et sur les surfaces du second ordre . 320
F. Klein. Ueber Flächen dritter Ordnung 320
L. Schläfli. Sulle superficie di terz' ordine 321
Em. Weyr. Sopra le proprietà involutorie di un esagono gobbo . . 322
Ed. Weyr. Classification des courbes du sixième ordre dans l'espace 322

Seite
G. Darboux. Sur les lignes asymptotiques de la surface de Steiner 323
G. Darboux. Sur une classe remarquable de courbes 323

C. Geometrie der Anzahl.

A. Clebsch. Zur Theorie der Characteristiken 324
S. Roberts. On parallel surfaces 324
R. Sturm. Ueber Fusspunktcurven 324
M. Chasles. Détermination du nombre de points d'intersection de deux courbes 325
de la Gournerie. Sur le nombre de points d'intersection 326
H. G. Zeuthen. Sur le principe de correspondance 326
H. G. Zeuthen. Almindelige Egenskaber ved Systemer af plane Kurver 327
L. Painvin. Sur les surfaces algébriques 329
E. Picquet. Sur les courbes gauches algébriques 330
L. Painvin. Sur l'abaissement de la classe d'une courbe 331
L. Painvin. Sur l'intersection de deux courbes 331
G. Halphén. Sur les caractéristiques 332
S. Roberts. On the Plückerian characteristics of a curve 332
S. Roberts. Note on the characteristics of epi-and hypocycloids . 333
S. Roberts. Note on normals and the surface of centres 333
Em. Weyr. Ueber Evoluten ebener Curven 334

Neunter Abschnitt. Analytische Geometrie.

Capitel 1. Coordinaten.

Aoust. Théorie des coordonnées curvilignes quelconques 335
M. Réthy. Ueber ein Dualitätsprincip in der Geometrie des Raumes 336
E. d'Ovidio. Sulle relazioni metriche in coordinate omogenee . . . 337
W. Frahm. Habilitationsschrift 337
F. Lindemann. Ueber unendlich kleine Bewegungen starrer Körper 337
H. Stahl. Ueber die Maassfunctionen der analytischen Geometrie . 337
R. Heger. Das harmonische Hexaeder und das harmonische Octaeder 338
W. Spottiswoode. Sur la représentation algébrique des lignes droites dans l'espace 338
G. Bellavitis. Méthode des équipollences 339
R. B. Hayward. On the extension of the term „area" 339

Capitel 2. Analytische Geometrie der Ebene.

A. Allgemeine Theorie der ebenen Curven.

†E. Grühl. Lehrbuch der analytischen Geometrie 340
V. Falisse. Cours de géométrie analytique 340
G. Salmon. A treatise on the higher plane curves. Nebst Uebersetzung von Fiedler 340
R. Hoppe. Cinematische Grundlage der Curventheorie 345
H. M. Taylor. Geometrical notes 345
A. Vecchio. Nota sugli inviluppi 346
O. Tognoli. Sulla ricerca dell' equazione dell' inviluppante d'una serie di curve piane 347

B. Theorie der algebraischen Curven.

A. Cayley. On the (2,2) correspondence of two variables 347
Em. Weyr. Ueber rationale Curven 347

Seite

A. Brill. Note über die Doppeltangenten einer Curve 4ter Ordnung mit einem Doppelpunkt 348
M. Nöther. Ueber einen Satz aus der Theorie der algebraischen Functionen 348
A. Brill und M. Nöther. Ueber die algebraischen Functionen und ihre Anwendbarkeit in der Geometrie 348
H. Rosenow. Die Curven dritter Ordnung mit einem Doppelpunkt 349
A. Cayley. On residuation in regard to a cubic curve 350
Em. Weyr. Ueber Durchschnittspunkte von Focalen mit Kreisen . 351
Ch. Hermite. On an application of the theory of unicursal curves 351
Allégret. Sur la représentation des transcendantes par des arcs de courbes 352
A. Cayley. On bicursal curves 354

C. Gerade Linie und Kegelschnitte.

F. J. Studnička. Dreiecksfläche und Tetraedervolumen 355
F. Klein. Uebertragung des Pascal'schen Satzes auf Raumgeometrie 356
F. Mertens. Auszug aus einem Schreiben 356
Moret-Blanc. Solution d'une question 356
A. Transon. Sur un nouveau mode de construction des coniques . 357
V. Jamet, P. Doucet, Genty. Solution d'une question . . . 357. 358
A. Strnad. Vier Lehrsätze über Ellipse und Ellipsoid 358
J. Rosanes. Ueber Systeme von Kegelschnitten 358
A. Voss. Ueber Kegelschnitte mit zwei gemeinsamen Punkten . . 359
J. J. Walker. Invariant conditions for three conics having common points 359
C. Taylor. Theorem in conic curvature 359
Em. Weyr. Ueber Kegelschnitte und ihre Krümmungskreise . . . 360
Poujade. Solution d'une question 360
G. Bruno. Un teorema sui punti comuni a una circonferenza . . . 360
F. E. Eckardt. Ueber die Normalen einer Ellipse 360
G. Bruno. Sui tangenti ad un ellisso 361
P. Doucet. Correspondance 362
Gambey, A. Pellissier, H. Lez, Moret-Blanc, E. Caporali, Solutions de questions 362. 363
S. Günther. Ueber eine Stelle bei Plinius 364

D. Andere specielle Curven.

Peaucellier. Sur une question de géométrie de compas 364
H. Lez. Solution de questions 365
F. G. Affolter. Zur Theorie der Conchoide 365
K. Zahradník. Ueber Cissoidalcurven 366
K. Zahradník. Theorie der Cissoide 366
K. Zahradník. Zur Theorie der Curven dritter Ordnung und dritter und vierter Klasse 366
H. Schröter. Ueber Curven dritter Ordnung 367
A. de Saint-Germain. Sur les points d'inflexion d'une courbe du troisième degré 367
W. Frahm. Ueber die Erzeugung der Curven 3ter Klasse und 4ter Ordnung 367
Moret-Blanc, L. Desmons, Gambey, H. Lez, Solutions de questions 367. 368
Em. Weyr. Ueber rationale ebene Curven vierter Ordnung 368
A. Pellissier, Koehler. Solutions de questions 369

Seite
J. Wolstenholme. On the locus of the point of concourse of perpendicular tangents 369
A. Strnad. Ueber Normalen einer gewissen Curvengattung 370
C. Juel. Om Fodpunktcurver 370
R. W. Genese. Geometrical notes 370
M. L. P. Sur un problème de géométrie analytique 370
S. Günther. Ueber einige Probleme der höheren Geometrie . . . 371
G. Darboux. Sur une classe remarquable de courbes et de surfaces algébriques 371
A. Pellissier. Solution d'une question 371
E. Eckardt. Ueber die Epicycloide und Hypocycloide 372

Capitel 3. Analytische Geometrie des Raumes.

A. Allgemeine Theorie der Flächen und Raumcurven.

R. Lipschitz. Sätze aus dem Grenzgebiet der Mechanik und Geometrie 372
A. Enneper. Bemerkungen zur allgemeinen Theorie der Flächen . 372
A. Enneper. Bemerkungen über die orthogonalen Flächen 372
R. Hoppe. Zum Problem des dreifach orthogonalen Flächensystems 373
G. Darboux. Sur l'équation du troisième ordre dont dépend le problème des surfaces orthogonales 374
L. Schläfli. Ueber die allgemeinste Flächenschaar zweiten Grades, die mit irgend zwei Schaaren ein orthogonales System bildet . 374
A. Cayley. Two Smith's prize dissertations 374
A. Cayley. On curvature and orthogonal surfaces 374
H. W. Watson. Curvature of curves and surfaces 376
J. Franz. Ueber Krümmungsradien und Krümmungscurven einer in homogenen Coordinaten gegebenen Fläche 376
F. Unferdinger. Der mittlere Krümmungsradius und die mittlere Krümmung in einem Punkt einer Fläche 377
S. Roberts. On the order of the condition that two surfaces may touch 378
W. K. Clifford. On Mr. Spottiswoode's contact problem. 378
W. Spottiswoode. Sur les plans tangents triples à une surface . 378
†W. Spottiswoode. On triple tangent curves 379
G. Blažek. Ueber die Differentialgleichungen der Umhüllungsflächen 379
C. W. Merrifield. The collection of models at South Kensington 379
Ch. Ruchonnet. Propriété caractéristique de la droite rectifiante . 379
A. de St.-Germain. Détermination des éléments infinitésimaux relatifs aux lignes à double courbure 380
Niewenglowski. Sur la transformation des courbes 381
Ch. Ruchonnet. Solution de trois questions 382

B. Theorie der algebraischen Flächen und Raumcurven.

Em. Weyr. Bestimmung der unendlich weiten Elemente geometrischer Raumgebilde 382
W. Spottiswoode. Sur les plans tangents triples à une surface . 382
Em. Weyr. Ueber Punktsysteme auf rationalen Curven 383
A. Ribaucour. Sur les systèmes cycliques 383
O. Tognoli. Sulla geometria delle superficie e curve gobbe di genere zero 384

C. Raumgebilde ersten, zweiten und dritten Grades.

H. Brocard. Solution d'une question 386
J. Waille. Sur la distance d'un point à une droite 386

Seite

F. Studnička. Ableitung der Dreiecksfläche und des Tetraedervolumens . . . 386
G. Dostor. Calcul du rayon de la sphère circonscrite et inscrite au tétraèdre . . . 386. 387
F. Klein. Uebertragung des Pascal'schen Satzes auf Raumgeometrie 388
E. Folie. Sur l'extension des théorèmes de Pascal et Brianchon . 388
E. Folie. Sur quelques théorèmes de géométrie supérieure 388
F. Mertens. Auszug aus einem Schreiben . . . 389
Gallois. Solution d'une question . . . 389
W. M. Hicks. Properties of quadric surfaces . . . 389
Ledent. Fonctions invariables des paramètres de l'équation générale des surfaces du second degré . . . 390
E. Pellet, L. Painvin. Solution d'une question . . . 390
G. Dostor. Théorie générale des surfaces de révolution du second degré . . . 390
L. Schläfli. Ueber die allgemeinste Flächenschaar zweiten Grades, welche mit 2 Flächenschaaren ein orthogonales System bildet . 390
A. Cayley. On geodesic lines . . . 392
H. M. Jeffery. On the duals of geodesics and lines of curvature 392
†C. Smith. The foci and axes of a conic in trilinear coordinates . 393
L. Ryew. Sulle linee di curvatura delle superficie di second' ordine 393
C. W. Borchardt. Sur l'ellipsoïde de volume minimum 393
A. Cayley. Problem and hypothetical theorems in regard to two quadric surfaces . . . 393
J. Caron. Sur la détermination des asymptotes dans les intersections des surfaces du 2nd degré . . . 394
Niewenglowski. Sur les arcs de certaines courbes sphériques . . 394
Gambey. Solution analytique d'une question . . . 395
M. Azzarelli. Sul teorema di Fagnano . . . 395
H. Voigt. Der sphärische Kegelschnitt . . . 395
A. Cayley. On Wiener's model of a cubic surface with 27 real lines 395
Laguerre. Recherches analytiques sur la surface du 3me ordre, qui est la réciproque de la surface de Steiner . . . 396

D. Andere specielle Raumgebilde.

G. Darboux. Sur une classe remarquable de courbes et de surfaces algébriques . . . 399
A. Cayley. Theorem in regard to the Hessian of a quaternary . . 408
A. Cayley. On a correspondence of points . . . 408
A. Hochheim. Ueber eine windschiefe Fläche . . . 408
A. Enneper. Ueber die Enveloppe einer Kugelfläche . . . 409
A. Cayley. On the centro-surface of an ellipsoid . . . 409
†R. S. Ball. On the coordinates of a screw . . . 410
A. Enneper. Ueber geodätische Linien . . . 410
Biehringer. Ueber Curven auf Rotationsflächen . . . 411
A. Armenante. Sulle curve gobbe razionali del quarto ordine . . 411
P. Doucet. Solution d'une question . . . 412
H. A. Schwarz. Untersuchungen über specielle Minimalflächen . . 412
E. Kummer. Ein Minimalflächen-Modell von Schwarz . . . 412
H. A. Schwarz. Beitrag zur Untersuchung der 2ten Variation des Flächeninhalts von Minimalflächen . . . 412

Capitel 4. Liniengeometrie.

K. Zahradník. Ueber die Symbole der analytischen Geometrie . . 414
F. Aschieri. Sui sistemi di rette nello spazio . . . 414

Seite
A. Voss. Zur Geometrie der Flächen 415
M. Pasch. Ueber die Brennflächen der Strahlensysteme 415
A. Voss. Zur Geometrie der Plücker'schen Liniengebilde 416
A. Voss. Zur Geometrie der Brennflächen von Congruenzen . . . 416
A. Weiler. Ueber die verschiedenen Gattungen der Complexe zweiten Grades 416
F. Klein. Ueber die Plücker'sche Complexfläche 417
L. Geisenheimer. Ueber Strahlensysteme, welche die Tangentenschaar einer Fläche bilden 417
L. Geisenheimer. Die Singularitäten der Liniencomplexe 417
A. V. Bäcklund. Ett bidrag till Kul- komplexernas theori 418

Capitel 5. Verwandtschaft, eindeutige Transformation, Abbildungen.

A. Clebsch. Ueber ein neues Grundgebilde der analytischen Geometrie 419
E. Amigues. Relation entre les volumes correspondants de deux figures homographiques 419
Silldorf. Geometrische Verwandtschaft räumlicher Gebilde 420
M. Nöther. Zwei neue Kriterien des eindeutigen Entsprechens algebraischer Flächen 420
A. Voss. Ueber die eindeutige Transformation ebener Curven . . 420
A. Ribaucour. Sur les faisceaux de cercles 421
G. Darboux. Sur les lignes asymptotiques de la surface de Steiner 423
P. Gilbert. Sur diverses communications de Mr. Saltel 423
L. Saltel. Théorèmes concernant les courbes du 4me ordre à trois points doubles 423
L. Saltel. Sur la sphère osculatrice et sur les surfaces à points multiples 423
L. Saltel. Sur le principe arguésien unicursale 423
P. Mansion. Sur la transformation arguésienne de Mr. Saltel . . . 425
E. Dewulf. Sur les transformations géométriques des figures planes 425
L. Pochhammer. Ueber die Abbildung der Kreisbogen-Polygone . . 426
J. Thomae. Eine Abbildungsaufgabe 426
A. Wangerin. Ueber eine neue Art der conformen Abbildung einer Ebene auf eine andere 428
A. Wangerin. Ueber einige Eigenschaften der Lemniscate 428
G. Holzmüller. Zur Theorie der isogonalen Verwandtschaften . . 429
J. M. Krok. Plana reciproka systemer 430

Zehnter Abschnitt. Mechanik.

Capitel 1. Allgemeines. (Lehrbücher etc.)

Poinsot. Éléments de statique 431
H. Résal. Traité de mécanique générale 431
E. Bour. Cours de mécanique et machines 431
H. Résal. Note accompagnant le „Cours de mécanique appliquée" de Poncelet 431
F. Grashof. Theoretische Maschinenlehre 432
A. Cayley. A Smith's prize dissertation 432
R. Lipschitz. Sätze aus dem Grenzgebiet der Mechanik und der Geometrie 432
A. Cayley. Note on certain general theorems obtained by Dr. Lipschitz 441
R. Lipschitz. Extension of the planet-problem to a space of n dimensions 442

Seite

E. Schering. Die Schwerkraft in mehrfach ausgedehnten Gauss'schen und Riemann'schen Räumen 442
E. Schering. Die Hamilton-Jacobi'sche Theorie für Kräfte, deren Maass von der Bewegung der Körper abhängt 443. 444

Capitel 2. Kinematik.

A. Mannheim. Sur les trajectoires des points d'une droite mobile dans l'espace 445
M. Mannheim. Sur les surfaces trajectoires des points d'une figure de forme invariable 447
M. Durrande. Sur le déplacement d'une figure de forme variable . . 448
Saint-Loup. Du rayon de courbure d'une courbe décrite par un point d'une figure mobile 452
A. Ribaucour. Propriétés relatives aux déplacements d'un corps . 453
V. Liguine. Propriétés géométriques du déplacement d'une figure plane dans son plan 453
Grouard. Sur les figures semblables 453
Grouard. Sur le mouvement d'une figure 453
Phillips. Sur un problème de cinématique 454
M. Okatow. Sätze von den übrigbleibenden Bewegungen eines unterstützten Körpers 454

Capitel 3. Statik.

A. Statik fester Körper.

A. Favaro. La statica grafica nell' insegnamento tecnico superiore 455
Delègue. Nouvelle démonstration du parallélogramme des forces . 455
H. Durrande. Sur l'application des déterminants à la théorie des moments de forces 455
M. Okatow. Sätze von den übrigbleibenden Bewegungen eines unterstützten Körpers 456
P. Schreiber. Zweckmässiges Verfahren zur Reduction der Wagebarometerregistrirungen 457
M. Azzarelli. Determinazione del centro di gravità del triangolo sferico 458
R. Townsend. On a property in the equilibrium of two circular cords 458
W. Besant. To find the pressure produced by a heavy chain falling on a horizontal plane 458
M. Lévy. Sur l'équilibre des terres fraîchement remuées 458
J. Curie. Sur le désaccord entre l'ancienne théorie de la poussée des terres et l'expérience 459
J. Curie. Nouvelles expériences relatives à la théorie de la poussée des terres 459
de Saint-Venant. Examen d'un essai de la théorie de la poussée des terres 459

B. Hydrostatik.

W. Besant. On metacentre 460
M. Azzarelli. Centro di pressione in una superficie qualunque . . 460
O. Duhil de Benazé et P. Risbec. Sur le mouvement complet d'un navire oscillant sur eau calme 460
J. Todhunter. Note on an erraneous extension of Jacobi's theorem 461
M. Azzarelli. Soluzione di alcuni problemi d'idrostatica 461

Seite

Capitel 4. Dynamik.

A. Dynamik fester Körper.

E. Ott. Ein Problem aus der analytischen Mechanik 462
J. J. Müller. Ueber eine Erweiterung der Hamilton'schen Bewegungsgleichung 462
E. Mathieu. Sur la théorie des dérivées principales 462
L. Rodet. De la gravitation universelle 464
Gilles. Zurückführung der abstossenden Naturkräfte auf die Newton'sche Anziehungskraft 465
Gilles. Zurückführung des Beharrungsvermögens auf die Newton'sche Anziehungskraft 465
R. Clausius. Characteristische Grössen bei Centralbewegungen . . 465
R. Clausius. Characteristic quantities occurring in central motion . 465
R. Clausius. On a new mechanical relative to stationary motion . 466
J. C. Walberer. Bewegungsgleichungen eines materiellen Punktes 467
G. Lespiault. Question de mécanique 467
P. van Geer. Zur Theorie der geradlinigen Bewegung eines Punktes 468
Th. Dieu. Mouvement d'un point sur une ligne fixe en égard au frottement 468
Th. Dieu. Mouvement d'un point matériel pesant et libre dans un fluide homogène 469
J. Bertrand. Théorème relatif au mouvement d'un point attiré vers un centre fixe 470
J. Wolstenholme. On elliptic motion under acceleration constant in direction 471
P. Perlewitz. Ueber Bewegung von Punkten in Ellipsen oder Hyperbeln, deren Brennpunkte anziehen oder abstossen 471
J. Graindorge. Problème de mécanique 472
Bachmaninon. Les éléments de la dynamique théorétique 472
J. A. Serret. Sur le mémoire de Lagrange: „Essai sur le problème des trois corps“ 472
E. Mathieu. Sur le problème des trois corps 473
F. Siacci. Sur un théorème de mécanique céleste 473
M. de Tilly. Sur deux traités récents de balistique 474
M. de Tilly. Note sur la similitude mécanique dans le mouvement des corps solides 474
M. de Tilly. Rapport sur: Le calcul de la vitesse initiale d'un projectile 474
Coquilhat. Trajectoires des fusées volantes dans le vide 475
Noble. On the pressure required to give rotation to rifled projectiles 475
M. de Brettes. Sur la pénétration des projectiles oblongs dans les milieux résistants 476
H. Résal. Sur la détermination du frottement de l'air sur un projectile oblong 476
W. Besant. Organic proof of the isochronism of a cycloid 477
R. Townsend. On tautochronous and brachystochronous curves . . 477
K. Hullmann. Der Foucault'sche Pendelversuch 477
H. Résal. Théorie des effets observés par Savart 477
R. Moon. On the integration of the accurate equations applicable to the motion of an indefinitely thin wire 478
Y. Villarceau. Le Changement de vitesse de régime dans les régulateurs isochrones 478
Y. Villarceau. Ueber die aus dem Watt'schen System abgeleiteten isochronen Regulatoren 479
G. Battaglini. Sulla teorica dei momenti d'inerzia 479
G. Battaglini. Sul movimento di un sistema di forma invariabile . 479

Seite

E. J. Routh. New theorems on the motion of a body about a fixed point . . . 479
J. Finger. Allgemeine Bewegungsform starrer Körper vom Gesichtspunkte einer Gyralbewegung . . . 479
Sabinine. Sur l'accélération normale à la trajectoire d'un point dans son mouvement . . . 481
M. de Tilly. Sur les axes instantanés glissants et les axes centraux dans un corps en mouvement . . . 481
R. S. Ball. Geometrical solution of a problem . . . 482
R. S. Ball. Solution of a problem . . . 482
R. S. Ball. Researches in the dynamics of a rigid body . . . 482
H. W. Watson. Motion of a particle referred to a moving space . 482
R. Townsend. On a construction in the dynamics of a rigid body 483
Didion. Mouvement d'un segment sphérique . . . 483
H. Schneebeli. Zur Theorie des Stosses elastischer Körper . . . 484
Kretz. Sur les conditions à remplir dans l'emploi du frein dynamométrique . . . 485
A. Langer. Geometrischer Beweis eines bekannten Lehrsatzes der Mechanik . . . 485
S. Haughton. Principles of animal mechanics . . . 485

B. Hydrodynamik.

G. F. W. Baehr. Sur l'équation de continuité du mouvement des fluides . . . 488
H. Helmholtz. Theorem über geometrisch ähnliche Bewegungen flüssiger Körper . . . 488
D. Bobylew. Betrachtungen über die Gleichungen der Hydrodynamik 490
E. J. Nanson. Note on hydrodynamics . . . 490
C. A. Bjerkness. Ueber das Dirichlet'sche Kugel- und Ellipsoid-Problem . . . 491
C. A. Bjerknes. Verallgemeinerung des Problems von dem ruhenden Ellipsoid in einer bewegten unendlichen Flüssigkeit . . . 491
C. A. Bjerknes. Ueber Bewegungen, die die Bewegung eines Ellipsoids in einer ruhenden unelastischen Flüssigkeit hervorbringt 491
G. J. Michaelis. Mouvement d'un solide dans un liquide . . . 495
O. E. Meyer. Bewegung einer Pendelkugel in der Luft . . . 495
G. Lübeck. Einfluss einer reibenden in dem kugelförmigen Hohlraume eines Pendels enthaltenen Flüssigkeit auf dessen Bewegung . . . 496
G. Lübeck. Zu den Bessel'schen Pendelversuchen . . . 499
J. Boussinesq. Sur la théorie des ondes et des remous qui se propagent le long d'un canal . . . 499
de Saint-Venant. Rapport sur: „Boussinesq, Essai sur la théorie des eaux courantes" . . . 500
E. Meissel. Ueber den Ausfluss des Wassers aus Gefässen nach Eintritt des Beharrungszustandes . . . 500
O. E. Meyer. Ueber die innere Reibung der Gase . . . 501
C. Bach. Das Sagebien-Rad . . . 501
J. Boussinesq. Sur la théorie des tourbillons liquides . . . 502

Capitel 5. Potentialtheorie.

P. Frost. Mean potential over a spherical surface . . . 502
E. Heine. Das Potential eines homogenen Kreises . . . 502
Th. Kötteritzsch. Beitrag zur Mechanik ellipsoidischer Körper . 503
F. Didon. Sur l'attraction . . . 503

Seite

Elfter Abschnitt. Mathematische Physik.

Capitel 1. Molecularphysik, Elasticität und Capillarität.

V. v. Lang. Einleitung in die theoretische Physik 504
J. Boussinesq. Principes de la mécanique 505
E. Mathieu. Cours de physique mathématique 510
W. Thomson. On the ultramundane corpuscles of Le Sage . . . 510
L. Sohncke. Die regelmässig ebenen Punktsysteme von unbegrenzter Ausdehnung 511
Gilles. Zurückführung der Cohäsionskraft auf die Newton'sche Anziehungskraft 511
A. Pfeilsticker. Das Kinetsystem 512
O. Simony. Neue Moleculartheorie 513
O. Simony. Grundzüge einer neuen Moleculartheorie 513
J. D. van der Waals. Over de continuiteit van den gas-en vloicistoftoestand 515
H. Schramm. Die Anziehungskraft als Wirkung der Bewegung . . 516
W. Borchardt. Ueber die Elasticität fester isotroper Körper . . . 516
W. Borchardt. Ueber Deformation elastischer isotroper Körper durch mechanische Kräfte 519
W. Borchardt. Transformation der Elasticitätsgleichungen in allgemeine orthogonale Coordinaten 521
J. J. Weyrauch. Die Gleichung der elastischen Linie willkürlich belasteter gerader Stäbe 523
A. Wangerin. Das Problem des Gleichgewichtes elastischer Rotationskörper 524
M. Westphal. Durchbiegung einer in einer beliebigen ebenen Curve gekrümmten Feder 525
Phillips. Rapport sur: Kretz, De l'élasticité dans les machines en mouvement 525
J. Boussinesq. Sur l'équilibre d'élasticité des masses pulvérulentes 525
J. Boussinesq. Intégration de l'équation aux dérivées partielles . 526
M. Lévy. Sur l'application de la théorie mathématique de l'élasticité à l'élasticité des systèmes articulés formés des verges élastiques . 527
E. Gripon. Sur les vibrations transversales des fils et des lames d'une faible épaisseur 528
J. Obermann. Theorie der Longitudinalschwingungen zusammengesetzter Stäbe 528
C. Mercadier. Sur le mouvement d'un fil élastique 528
H. Walerius. Réponse à la note de Mr. Mercadier 528
Perry. Sur les concamérations polyédriques 529
Perry. Sur le 3me rayon dans le cas général des cristaux biréfractifs 530
Perry. Sur la variabilité des coefficients d'élasticité et la dispersion 530
H. Zimmermann. Construction der Haken für Ketten und Flaschenzüge 530
J. Kübler. Theorie der eisernen Bogenbrücken 531
G. Perry. Sur la capillarité 531
C. Roger. Théorie des phénomènes capillaires 531
C. Decharme. Du mouvement ascendant spontané des liquides dans des tubes capillaires 531
K. Lasswitz. Ueber Tropfen an festen Körpern 532

Capitel 2. Akustik und Optik.

V. Schlegel. Bestimmung der Zahlenverhältnisse in den diatonischen Dur-Tonleitern 532
R. Moon. Integration of the accurate equation representing the transmission in one direction of sound through air 534

Seite
C. H. C. Griuwis. Over de theorie der Resonatoren 534
J. W. Strutt. On the disturbance produced by a spherical obstacle on the waves of sound 535
A. Seebeck. Schallbewegung in gebogenen und verzweigten Röhren 535
J. Bourget. Théorie mathématique des expériences de Pinaud . . 535
A. Kundt. Schwingungen der rechteckigen (quadratischen) Luftplatten 536
J. W. Strutt. General theorems relating to vibrations 537
H. J. Sharpe. On the refraction of sound 537
J. Boussinesq. Sur la théorie des ondes lumineuses 537
W. Veltmann. Fortpflanzung des Lichts in bewegten Medien . . 537
J. Boussinesq. Le calcul de certains phénomènes lumineux . . . 539
E. Ketteler. Einfluss der astronomischen Bewegungen auf die optischen Erscheinungen 540
C. Püschl. Mitbewegung des Lichtes in bewegten Medien 541
L. Ditscheiner. Intensitätsverhältniss polarisirter Strahlen 542
W. Walton. On the ray planes in biaxal crystals 543
Abria. Double réfraction 544
E. Wiedemann. Elliptische Polarisation des Lichtes 544
Croullebois. Études des interférences des rayons elliptiques . . 544
V. Dvořák. Theorie der Talbot'schen Streifen 545
E. Mach. Die Stefan'schen Nebenringe am Newton'schen Farbenglase 545
V. S. M. van der Willigen. Over de verschynselen van gekleurde polarisatie voor éenassige kristallen in convergent licht 545
V. S. M. van der Willigen. Over de onhoudbarheid der stelling dat de breking der lichtstrahlen wordt gewijzigd door de beweging van licht bron en prisma 545
J. Warren. On geometrical optics 546
J. C. Maxwell. On the focal lines of a refracted pencil 547
H. Helmholtz. Grenze der Leistungsfähigkeit der Mikroskope . . 547
V. v. Lang. Zur Dioptrik eines Systems centrirter Kugelflächen . . 547
A. Putzler. Linsensysteme 547
A. Beck. Fundamentaleigenschaften der Linsensysteme 548
J. Müller. Beziehungen der Brennweite und der conjugirten Punkte einer Linse 549
L. Seidel. Ein heliographischer Apparat von Steinheil 550
N. Lubimoff. Neue Theorie des Gesichtsfeldes 550
C. Bohn. Das Gesichtsfeld des Galilei'schen Fernrohrs 550
Th. Bredichin. Zum Artikel des Herrn N. Lubimoff 550
N. Lubimoff. Antwort auf die Bemerkung des Herrn Bredichin . 551
O. Fabian. Kleinste prismatische Ablenkung 551
H. Emsmann. Ein Spectroscop 551
E. Ritsert. Reflexion bei Winkelspiegeln 552
Everett. On the optics of mirage 552
E. Cubr. Beitrag zur Theorie der Spiegelmessinstrumente 553
M. Jenkins. Geometrical proof that the deviation of a refracted ray of light increases with the incidence 553
W. v. Bezold. Das Gesetz der Farbenmischung 554
F. Hoza. Construction der Intensitätslinien bei centraler Beleuchtung 555
Carstaedt. Abnahme der Lichtstärke mit dem Quadrate der Entfernung 555

Capitel 3. Electricität und Magnetismus.

J. C. Maxwell. Treatise on electricity and magnetism 556
C. Neumann. Die electrischen Kräfte 557
C. Neumann. Theoretische Behandlung der sogenannten constanten Magnete 562

Seite
C. Neumann. Formeln für Magneto- und Volta-Induction 562
C. Neumann. Elementargesetze der Kräfte electro-dynamischen Ursprungs 563
J. Bertrand. Action mutuelle des courants voltaïques 563
J. Bertrand. La loi de Helmholtz pour l'action de deux éléments de courant 563
E. Edlund. Natur der Electricität 564
E. Edlund. Beschaffenheit des galvanischen Leitungswiderstandes . 564
E. Edlund. Chemische Wirkung des galvanischen Stromes 564
H. Herwig. Zu: Edlund, Natur der Electricität 567
Th. Kötteritzsch. Die dualistische und unitarische Ansicht in der Electricitätslehre 567
E. Riecke. Das Weber'sche Grundgesetz der electrischen Wechselwirkung 567
Th. Schwedoff. Ueber die Electricitätsstrahlen 568
H. Weber. Die Bessel'schen Functionen 569
H. Weber. Die stationären Strömungen der Electricität in Cylindern 569
F. Kohlrausch. Zurückführung der Siemens'schen galvanischen Widerstandseinheit auf absolutes Maass 572
L. Lorenz. Der electrische Leitungswiderstand des Quecksilbers . 572
J. Moutier. Sur la conductibilité des métaux 573
J. Moutier. Sur la décharge des conducteurs électrisés 573
K. Zenger. Die Wirkung symmetrisch vertheilter Leiter 573
J. C. Maxwell. On the theory of a system of electrified conductors 573
Bobyleff. Sur la dispersion de l'électricité dans les gaz 573
F. Kohlrausch. Ueber die electromotorische Kraft sehr dünner Gasschichten 574
M. Avenarius. Zur Theorie der Thermoströme 574
J. Hervert. Die electromotorische Kraft 574
L. Schwendler. Ueber Differentialgalvanometer 574
Du Moncel. Sur les conditions de maximum de la résistance des galvanomètres 575
J. Raynaud. Sur les conditions de maximum d'effet magnétique . . 575
Du Moncel. Sur les meilleures dimensions à donner aux électro-aimants 575
J. Jamin. Sur la théorie de l'aimant normal 575
Ed. Riecke. Ueber die Polpunkte eines Magneten 576
Ed. Riecke. Beitrag zur Kenntniss der Magnetisirung des weichen Eisens 576
H. Schneebeli. Zur Kenntniss des Stabmagnetismus 576
A. von Waltenhofen. Theorem zur Berechnung der Wirkung magnetisirender Spiralen 577
H. Seeliger. Fehlerquellen durch electrische Operationen bei telegraphischen Längenbestimmungen 577
Th. Albrecht. Brief an den Herausgeber der Astr. Nachr. 577
H. Seeliger. Erklärung 577
H. Wild. Variationsinstrument für die Verticalintensität des Erdmagnetismus 577
L. Pérard. Les procédés pour déterminer les éléments du magnétisme terrestre 577
Glasener, E. Quetelet, Ch. de Montigny. Rapport sur ce mémoire 577
A. Seydler. Ueber Erdmagnetismus 578

Capitel 4. Wärmelehre.

E. Mathieu. Cours de physique mathématique 578
V. v. Lang. Einleitung in die theoretische Physik 578
R. Röntgen. Grundlehren der mechanischen Wärmetheorie 578

Seite
Mohr. Zur Geschichte der mechanischen Wärmelehre 579
C. Szily. Das Hamilton'sche dynamische Princip in der Thermodynamik 579
C. Szily. On Hamilton's dynamic principle in thermodynamics . . 580
R. Clausius. Ein neuer mechanischer Satz 580
Ledieu. Démonstration directe des principes de la thermodynamique 582
W. C. Wittwer. Die Art der Bewegung, die wir Wärme nennen . 583
G. Hinrichs. Sur la rotation moléculaire des gaz 584
G. Hinrichs. Sur le calcul des moments d'inertie des molécules . 584
Philipps. Sur divers points de la thermodynamique 584
J. W. Gibbs. Graphical methods in the thermodynamics of fluids . . 585
J. W. Gibbs. Representation of the thermodynamic properties of substances by means of surfaces 585
J. Moutier. Sur la chaleur de transformation 586
J. Moutier. Sur les vapeurs émises à la même température 586
J. Moutier. Des applications du théorème de Carnot 587
J. Moutier. Les effets thermiques accompagnant la flexion et la torsion 587
J. Moutier. Le travail interne dans les gaz 588
G. Recknagel. Ueber Temperatur 588
G. Hansemann. Einfluss der Anziehung auf die Temperatur der Weltkörper 588
Hirn. Sur la variabilité de la loi apparente de Dulong et Petit . . 589
V. Schlegel. Ueber das specifische Gewicht der Legirungen . . . 589
E. Meissel. Die Verbreitung vollkommen elastischer Gase 589
A. Freeman. Six thermodynamic relations 590
V. Dvořak. Die Schallgeschwindigkeit in Gasgemengen 590
F. Zöllner. Erwiderung auf Herrn Reye's Bedenken bezüglich der Erklärung von Sonnenflecken und Protuberanzen 591
F. Folie. Du commencement de la fin du monde d'après la théorie mécanique de la chaleur 591
A. Seydler. Wärmestrahlung in verschiedenen Medien 592

Zwölfter Abschnitt. Geodäsie und Astronomie.

Capitel 1. Geodäsie.

W. Jordan. Lehrbuch der practischen Geometrie 593
F. R. Helmert. Die Ausgleichungsrechnung nach der Methode der kleinsten Quadrate 593
H. Levret. Détermination des positions géographiques 594
H. Levret. Influence sur les résultats des opérations géodésiques de la substitution des arcs de la plus courte distance 594
H. Résal. Sur le planimètre polaire 594
J. A. C. Oudemans. Aus dem Breiten- und Längenunterschiede zweier Orte ihre Entfernung und gegenseitigen Azimuthe zu berechnen 595
A. Wittstein. Schlussfehler der grossen Nivellements 595
F. R. Helmert. Zur Theorie des geometrischen Nivellirens 595
G. Zachariae. Ueber den sphäroidischen Schlussfehler geometrischer Nivellements-Polygone 595
Y. Villarceau. Nouveaux théorèmes sur les attractions locales . 596
Y. Villarceau. Application du troisième théorème sur les attractions locales au contrôle des réseaux géodésiques 596
J. Todhunter. The equation which determines the form of the strata in Legendre's and Laplace's theory of the figure of the earth . 596
J. Todhunter. On the arc of meridian measured in Lapland . . . 597
Breton de Champ. Traité de nivellement 598
A. Favaro. Beiträge zur Geschichte der Planimeter 598

Seite

Capitel 2. Astronomie.

F. R. Helmert. Recension zu: F. W. Klinkerfues, Theoretische Astronomie 599
M. Chaudrikoff. Schreiben an den Herausgeber der Astr. Nachr. . 599
V. Knorre. Entwickelung einer Correctionsformel 599
G. W. Hill. On the inequality of long period in the longitude of Saturn 600
V. Puiseux. Sur la formation des équations de condition qui résulteront des observations du passage de Vénus du 8 décembre 1874 600
Ed. Dubois. Sur l'influence de la réfraction atmosphérique relative à l'instant du contact dans un passage de Vénus 601
Oudemans. Observations sur ce mémoire 601
A. Wittstein. Sternschnuppen-Beobachtungen 601
J. A. Proctor. Determining the motion of a body in an elliptic orbit under gravity 601
J. M. Wilson. Investigation of the orbit of a double star 602
Bert. On the moon's librations 602
G. A. Hirn. Conditions d'équilibre et nature probable des anneaux de Saturne 602
J. Bourget. Le développement algébrique de la fonction perturbatrice 602
E. Mathieu. Sur le problème des trois corps 603
J. A. Serret. Sur: Lagrange, Essai sur le problème des trois corps 603
F. Terby. Areographische Fragmente 603
E. Quetelet. Rapport sur ce mémoire 603

Anhang.

E. Schröder. Lehrbuch der Arithmetik und Algebra 605
X. Steck, J. Bielmayr. Lehrbuch der Arithmetik 607
H. P. H. Grünfeld. Lehrbuch der Arithmetik 607
Faton. Premiers éléments d'arithmétique 607
C. Spitz. Lehrbuch der allgemeinen Arithmetik 607
J. Hüdel. Lehr- und Uebungsbuch für den Unterricht der allgemeinen Arithmetik und Algebra 608
Riecke. Mathematische Unterhaltungen 608
J. Krejči. Grundzüge einer mathematischen Krystallographie . . . 609
F. J. Studnička. Ueber continuirliche Verzinsung 609
A. Erlecke. Bibliotheca mathematica 609
G. Bellavitis. Terza e ultima parte della XI^ma^ rivista di giornale. XII^ma^ rivista di giornali 610
W. Shanks. On certain discrepancies in the numerical values of π 610
W. Shanks. On the extension of the numerical value of π 610
H. Wace. On the calculation of logarithms 610
F. H. Jennant. On logarithmic tables 610
Hanlon. On the formation of an extended table of logarithms . . 611
Henry Wace. The calculation of logarithms 611
S. M. Drach. Logarithmic and factor tables 613
J. W. L. Glaisher. Remarks thereon 614
Logarithmentafeln von Glaisher, L. Schrön, J. Hoüel, W. Ligowski, C. Bremiker 615
J. C. V. Hoffmann. Zur mathematischen Orthographie 616
A. Sickenberger. Mathematische Orthographie 616
J. Lošták. Die Bezeichnung der metrischen Maasse und Gewichte 617
A. de Morgan. A budget of paradoxes 617
Bender. Neuer Beweis, dass $7 = 13$ 618
Lehmann. Revolution der Zahlen, die Seh in Schrift und Sprache . 618

Verzeichniss
der Herren, welche für den fünften Band Referate geliefert haben.

(Die Verantwortlichkeit für den Inhalt tragen die Herren Referenten. Die in Klammern gesetzten Chiffern bezeichnen die Uebersetzer der in fremder Sprache eingesandten Referate).

Herr	Dr. August in Berlin.	A.
-	Prof. Björling in Lund.	Bg.
-	Prof. Boltzmann in Wien.	Bn.
-	Prof. Brill in Darmstadt.	Bl.
-	Dr. Bruns in Dorpat.	B.
-	Prof. J. Casey in Dublin.	Csy.
-	Prof. Cayley in Cambridge.	Cly.
-	Curtze in Thorn.	Ce.
-	Prof. Frobenius in Berlin.	Fs.
-	Prof. Glaisher in Cambridge.	Glr.
-	Dr. Günther in München.	Gr.
-	Dr. Hamburger in Berlin.	Hr.
-	P. C. V. Hansen in Kopenhagen.	Hn.
-	Prof. Hoppe in Berlin.	H.
-	Prof. Jung in Mailand.	Jg.
-	Prof. Klein in Erlangen.	Kln.
-	Prof. Korkine in Petersburg.	Ke.
-	Dr. Kretschmer in Posen.	K.
-	Prof. Lie in Christiania.	L.
-	Prof. Lipschitz in Bonn.	Lz.
-	Prof. Lüroth in Carlsruhe.	Lth.
-	Prof. Mansion in Gent.	Mn.
-	Prof. A. Mayer in Leipzig.	Mr.
-	Dr. Maynz in Ludwigslust.	Mz.
-	Dr. Felix Müller in Berlin.	M.
-	Dr. Netto in Berlin.	No.
-	Prof. C. Neumann in Leipzig.	Nn.
-	Dr. Oberbeck in Berlin.	Ok.
-	Dr. Ohrtmann in Berlin.	O.
-	Panzerbieter in Berlin.	Pr.
-	Dr. Scholz in Berlin.	Schz.
-	Dr. Schubert in Hildesheim.	Scht.
-	Dr. Schumann in Berlin.	Schn.
-	Prof. Stolz in Innsbruck.	St.
-	Prof. Sturm in Darmstadt.	Sm.
-	Dr. Wangerin in Berlin.	Wn.
-	Prof. Em. Weyr in Prag.	W.
-	Prof. Zolotareff in Petersburg.	Z.

Briefe und Zusendungen erbitten wir entweder durch Vermittelung der Verlagshandlung oder unter der Adresse:

Dr. C. Ohrtmann, Berlin SW., Markgrafenstr. 78. III.

Berichtigungen.

Pag. 55, Zeile 22 v. o. lies „Proc. of the R. Soc. XXI" statt „Quart. J. XII".

Pag. 100, Zeile 14 v. o. lies „$l\lambda \equiv l \bmod 5$" statt „$\lambda \equiv 1 \bmod 5$".

Pag. 125, Zeile 15 v. o. hinzuzufügen: „Der Verfasser erwähnt, dass das erste Resultat schon von Herrn Bienaymé, wenn auch auf anderem Wege, gefunden ist. Die Werthe von u (für $P_m = \frac{1}{2}$) sind bei den beiden Verfassern nicht völlig dieselben".

Pag. 149, Zeile 14 v. o. lies „meisterhaft" statt „etwas schulmeisterlich".

Pag. 306, Zeile 27 v. o. lies „Correspondenzen" statt „Correspondenten".

Pag. 307, Zeile 25 v. o. müssen die Worte „für ebensoviel" fehlen.

Pag. 370, Zeile 4 v. u. lies „Cap. 3 D" statt „Cap. 3 C".

Pag. 375 und 376 Zeile 5 lies „$(d_x, d_y, d_z)^2$" statt „$(dx, dy, dz)^2$".

Erster Abschnitt.

Geschichte und Philosophie.

Capitel 1.

Geschichte.

F. LENORMANT. Essai sur un document mathématique chaldéen, et à cette occasion, sur le système des poids et mesures de Babylone. Paris. A. Levy.

Ce.

G. FRIEDLEIN. Beiträge zur Geschichte der Mathematik. III. Pr. Hof.

M. CANTOR. Recension dazu. Schlömilch Z. Litz. XVIII. 85-86.

Zunächst wendet sich dieser 3te Theil der Beiträge zur Geschichte der Mathematik gegen die Recension des zweiten Theiles durch Cantor in Litz. XVII (Siehe F. d. M. IV. p. 1). Auf diesen Theil dem Verfasser zu folgen, halten wir nicht für angezeigt. Hauptsächlich enthält dann das Programm eine Würdigung Platon's als Mathematiker, die in schätzenswerther Vollständigkeit sämmtliche Stellen der Schriften desselben, die mit Mathematik zusammenhängen, zusammenstellt und erklärt, darunter auch manche bis jetzt vollständig unbeachtet gebliebene. Ce.

L. AM. SÉDILLOT. Sur l'origine de la semaine planétaire et de la spirale de Platon. Boncompagni Bull. VI. 239-248.

Untersuchung darüber, wie überhaupt die Eintheilung der

Zeit in Wochen entstanden, und auf welche Weise nachher die einzelnen Tage den sieben Planeten, Sonne und Mond eingeschlossen, gewidmet sind. Dabei stellt der Verfasser die aus dem Timaeos des Platon entsprossene Art und Weise der Vertheilung mittelst der Spirale des Platon dar, was ihm Gelegenheit giebt, einen Blick auf alle im Alterthum behandelten Spiralen zu werfen. Am Schlusse leitet er das deutsche Wort Samstag und Samedi der Franzosen für Sonnabend von dem arabischen Worte Sams = Sonne ab, das erst aufgenommen sei, nachdem für Dies Solis (Sonntag) der Name Dies Dominica sich Eingang verschafft habe. Ce.

G. V. Schiaparelli. I precursori di Copernico nell' antichità. Ricerche storiche. Milano e Napoli. Hoepli.

Der im Jstituto Lombardo zum Copernicus-Säculartage von dem Verfasser gehaltene Festvortrag. Derselbe lässt die Ansichten der Griechen über die Constitution des Weltalls Revue passiren. Speciell behandeln die Abschnitte seiner Schrift: I. die Pythagoräer. Philolaos und Hiketas; II. Platon; III. Herakleides, Pontikos und Ekphantos; IV. Aristarchos von Samos und Seleukos; V. Aryabhatta und Prithùdaca-Swami. Ein Anhang enthält dann noch die im Laufe der Untersuchung nöthig gewordenen Belegstellen alter Schriftsteller im Original und in italienischer Uebersetzung. Ce.

H. W. Schaefer. Die astronomische Geographie der Griechen bis auf Eratosthenes. Pr. Flensburg.

Die Arbeit ist sehr nahe verwandt der von Schiaparelli, I precursori di Copernico nell' antichità. Sie holt noch etwas weiter aus als letztere. Die einzelnen Abschnitte, welche sie behandelt, sind I. die Himmelsbeobachtungen der vorgriechischen Zeit; II. die mythischen Anschauungen des hellenischen Volksglaubens; III. die speculativen Behauptungen der Philosophen; IV. die wissenschaftliche Forschung der Mathematiker. Ihre Endresultate stimmen mit denen Schiaparelli's überein. Ce.

G. Hofmann. Ueber eine von Plutarch in seiner Schrift: „De facie quae in orbe lunae appareat“ erwähnte Sonnenfinsterniss. Pr. Triest.

Nachdem der Verfasser den vorzugsweise mathematisch-physikalischen Inhalt der oben erwähnten Schrift des Plutarchos in Kurzem dargelegt hat, geht er zu der Stelle über, welche den eigentlichen Kern seiner Abhandlung bildet. Sie steht in Cap. 19 und lautet: „dass von allen Erscheinungen an der Sonne Nichts so ähnlich ist als eine Sonnenfinsterniss dem Sonnenuntergang, werdet ihr mir zugeben, wenn ihr euch der neulichen Zusammenkunft (sc. von Sonne und Mond) erinnert, welche, nachdem sie gleich nach Mittag begonnen hatte, viele Sterne an vielen Punkten des Himmels sichtbar machte und der Luft eine Färbung gleich der Dämmerung verlieh.“ Dass von einer Sonnenfinsterniss, die in Griechenland sichtbar gewesen, die Rede ist, kann keine Frage sein. Der Verfasser zeigt nun, dass von allen zur Lebenszeit des Plutarch stattgefundenen Sonnenfinsternissen nur die vom 30ten April 59 nach Chr. es gewesen sein kann, dieselbe, welche Tacitus und Dio Cassius gelegentlich der Ermordung Agrippina's, der Mutter des Nero, erzählen, und welche nach dem älteren Plinius auch in Armenien beobachtet ist. Am Schluss zieht der Verfasser aus dem so fixirten Datum weitere Schlüsse über die Lebensumstände des Plutarchos und die Abfassungszeit seiner Schriften. Ce.

M. Cantor. Euclide e il suo secolo, traduzione di G. B. Biadego. Roma.

Siehe F. d. M. IV. p. 2. Jg.

Procli Diadochi in primum Euclidis elementorum librum commentarii. Ex recensione Godofredi Friedlein. Lipsiae, Teubner. 8°.

Der griechische Text der für die Geschichte der griechischen Mathematik bekanntlich höchst wichtigen Commentare des Proklos Diadochos zum ersten Buche des Euklides war bis jetzt nur in einer Ausgabe vorhanden. Diese, von Grynaeus besorgt, 1533 zu Basel gedruckt, ist ausser ihrer Seltenheit besonders auch ihrer Fehlerhaftigkeit halber so gut wie unbenutzbar. Der Herausgeber dieses Neudruckes nun hat einen lesbaren Text unter Benutzung aller ihm zugänglichen Hilfsmittel geliefert, dem ein für die Benutzung höchst erwünschter Index nominum und Index rerum et verborum angehängt ist. Es ist durch diese Ausgabe wieder in Etwas dem Mangel abgeholfen, dass die wichtigsten mathematischen Quellenschriften des Alterthums in ihrer Originalfassung noch unedirt liegen; die wichtigste von allen freilich, die Sammlungen des Pappos, harrt noch immer seit 400 Jahren ihres ersten Herausgebers. Ce.

G. Friedlein. De Hypsicle Mathematico. Boncompagni Bull. VI. 493-529.

Bei der Bearbeitung der eben erwähnten Ausgabe des Proklos Diadochos fand der Verfasser in der von ihm mit M. bezeichneten Münchner Handschrift 427 das gewöhnlich als XIVtes Buch der Euklidischen Elemente bezeichnete Werk des Hypsikles in einer bedeutend besseren Recension vor, als sie in den bisherigen Ausgaben des Euklides gegeben ist. Es war ihm dies Veranlassung als eine Art Parergon der obigen Ausgabe Alles zu sammeln, was über Hypsikles bekannt und geschrieben ist, und die ihm mit Recht oder Unrecht zugeschriebenen Werke theils im Urtexte mit lateinischer Uebersetzung, theils nur in letzterer zu ediren, theils auch nur in resümirendem Ueberblicke mitzutheilen. Das Resultat seiner Untersuchungen lässt sich kurz dahin fassen: Hypsikles kann nicht viel später als Apollonios (etwa 215 v. Chr.) gelebt haben; das ist Alles, was sich sicher über ihn ermitteln lässt. Das Buch über die regelmässigen Körper (das XIVte des Euklides) ist Eigenthum des Hypsikles, ebenso der Anaphoricus. Das ihm auch zugeschriebene sogenannte XVte Buch des Euklides ist nicht von Hypsikles, sondern etwa um die Zeit des Marinus (4tes oder 5tes Jahrhundert v. Chr.) von zwei oder drei verschiedenen Verfassern geschrieben und hat keinen wissenschaftlichen Werth.

Ob die Untersuchung wirklich abschliessend geführt werden kann, ohne die viel concludentere Bearbeitung des XVten Buches durch die Araber, die ja in der Adelhard'schen Uebersetzung, d. i. der Campani'schen Ausgabe leicht zu erlangen ist, zu vergleichen, die doch vielleicht mehr von dem griechischen Originale gerettet haben kann als die theilweise verstümmelten griechischen Handschriften, dürfte zu bezweifeln sein. Ce.

B. BONCOMPAGNI. Giunte e correzioni allo scritto intitolato „Intorno ad una traduzione latina dell' Ottica di Tolomeo“ etc. Boncompagni Bull. VI. 159-170, 1 Facsimile.

Die Zusätze und Berichtigungen betreffen theils neu aufgefundene Handschriften der nach dem Arabischen bewirkten lateinischen Uebersetzung der Optik des Ptolemaeos durch Eugenius Amiraceus Siculus, theils Vermehrung und Verbesserung des reichhaltigen sonstigen litterarischen Apparates der Hauptabhandlung (Boncompagni Bull. IV, 470-492 s. F. d. M. III. p. 2). Das Facsimile liefert den Anfang der Uebersetzung nach sämmtlichen bis jetzt bekannten 13 Handschriften, davon 6 in Italien, 3 in Frankreich, 2 in Deutschland, 2 in England sich befinden.

Ce.

S. GÜNTHER. Lo sviluppo storico della teoria dei poligoni stellati nell' antichità e nel medio evo. Boncompagni Bull. VI. 313-340.

Die Abhandlung beginnt mit einer kritischen Darstellung der von Röth in der „Geschichte der abendländischen Philosophie“ Bd. II, von Cantor in den „Mathematischen Beiträgen zum Culturleben der Völker“ und von Zeising in der „Deutschen Vierteljahrschrift“ 1868 ausgesprochenen Ansichten über die Bedeutung des sternförmigen Fünfecks in der Pythagoräischen Schule. Der Herr Verfasser neigt im Allgemeinen zu der Ansicht Cantor's, ist jedoch mit ihm nicht einverstanden, insofern derselbe annimmt, dass die Pythagoräer durch ihre kosmische Theorie zum Studium der regulären festen Körper, besonders des Dodekaeders und durch dieses zur Construction des regulären Fünfecks gelangt seien; sondern umgekehrt, das Studium der regulären Polygone müsse dem der festen Körper vorangegangen sein, da die Erfindung und Untersuchung dieser viel grössere Vertrautheit mit geometrischen Vorstellungen und einen viel höheren Grad geometrischer Abstraction voraussetzen als die Construction der regulären Polygone.

Wohl haben seit den ältesten Zeiten die Geometer sich mit der Theilung der Kreisperipherie in gleiche Theile beschäftigt, doch könne die Kenntniss und Anwendung des goldenen Schnittes in der Pythagoräischen Schule nicht angenommen werden, und seien daher die vielen Constructionen des regulären Fünfecks immer nur mechanische Versuche gewesen. Aus dem gewöhnlichen Fünfeck seien sie dann durch das Diagonalenziehen leicht zum Sternpolygon gelangt, welches eben wegen seiner speciellen Form sehr geeignet war als Erkennungszeichen zu dienen für eine geheime Gesellschaft von wesentlich mathematischem Character. Von einer Theorie der Stern-Polygone im Alterthum, wie sie Röth annimmt, könne jedoch gar keine Rede sein.

Die Besprechung der berühmten Stelle in der Geometrie des Boethius, welche vom Fünfeck handelt (vgl. das folg. Referat) veranlasst eine Darstellung des gegenwärtigen Standes der Frage über die Echtheit dieses Werkes.

Es wird darauf die meist mystische Bedeutung des Stern-Fünfecks im Mittelalter geschildert, seine Verwendung auf Gemmen, in der Teufelskunst als Drudenfuss, in der Baukunst, in der Heraldik. Der erste jedoch, welcher eine Theorie der sternförmigen Polygone aufgestellt hat, ist der Engländer Adelard von Bath in seiner Uebersetzung der Euklidischen Geometrie mit Commentar, nämlich in der Anmerkung hinter dem 32sten Satz des ersten Buches, welche von der Winkelsumme dieser Polygone handelt. Nicht eben so hervorragende Bedeutung für diesen Gegenstand haben Campanus im 13ten und Bradwardinus im 14ten Jahrhundert, deren Leistungen ebenfalls besprochen werden.

Schz.

B. Boncompagni. Intorno ad un passo della geometria di Boezio relativo al pentagono stellato. Boncompagni Bull. VI. 341-358.

B. Boncompagni. Giunte e correzioni allo scritto intitolato: Intorno ad un passo della geometria di Boezio relativo al pentagono stellato. Boncompagni Bull. VI. 544.

Es werden die Lesarten der berühmten Stelle in der Geometrie des Boethius. „Intra datum circulum quinquangulum, quod est aequilaterum atque aequiangulum designare non disconvenit. Nam omnia quaecunque sunt numerorum, ratione sua constant, et proportionaliter alii ex aliis constituuntur circumferentiae, aequalitate multiplicationibus suis quidem excedentes, atque alternatim proportionibus suis terminum facientes," aus 7 Ausgaben und 28 Handschriften zusammengestellt, versehen mit genauer Angabe der Bibliotheken, welche Exemplare der Ausgaben oder Beschreibungen der codices besitzen.

Die zweite Mittheilung enthält einige kleine bibliographische Zusätze und Verbesserung einiger Druckfehler der ersten Abhandlung. Schz.

G. B. Brandely. Quelques remarques sur deux articles du Bulletin (T. V.) intitulé: Storia delle matematiche presso gli Arabi del D. Ermanno Hankel" et „Vite di matematici Arabi etc. con note di M. Steinschneider". Boncompagni Bull. VI. 65-68.

Die Note wendet sich gegen die im Titel erwähnten Arbeiten (s. F. d. M. IV. p. 4 u. 5), denen sie verschiedene Lücken und Versehen nachweist, indem sie die von den Verfassern nicht berücksichtigten Arbeiten nennt. O.

M. Steinschneider. Thabit („Thebit") ben Korra. Bibliographische Notiz. Schlömilch Z. XVIII. 331-338.

Der Verfasser giebt eine bibliographische Uebersicht der in lateinischer Uebersetzung vorhandenen Werke des Thabit ben Korra, sei es gedruckt, sei es in Handschriften. Die in dem grossen Handschriftenschatz der Hof- und Staats-Bibliothek zu München vorhandenen Thabit'schen Stücke hat er doch übersehen. No. 1. „Liber imaginum“ enthält der Cod. Lat. 27[5]; ein „Thebites de judiciis“ enthält Cod. Lat. 588[17], vielleicht No. 14; Cod. 10661[3] lautet „De compositione quadrantis, compositum ut creditur a Thabit“, unter den von Steinschneider aufgeführten Werken überhaupt nicht genannt. Ce.

M. Chasles. Sur la découverte de la variation par Aboul-Wefâ. C. R. LXXVI. 859-864.

M. Chasles. Explication du texte d'Aboul-Wefâ sur la troisième inégalité de la Lune. C. R. LXXVI. 901-909.

J. Bertrand. Réponse à M. Chasles. C. R. LXXVI. 909.

Texte original d'Aboul-Wefâ, sur lequel porte la discussion actuelle. C. R. LXXVI. 910-911.

L. Am. Sédillot. Rectification d'un point de la Communication de M. Munk, au sujet de la découverte de la Variation. C. R. LXXVI. 1291-1293.

J. Bertrand. La Théorie de la Lune d'Aboul-Wefâ. Paris, Gauthier-Villars.

Im Octoberhefte 1871 des Journal des Savans (s. F. d. M. III. p. 3) hatte J. Bertrand das Resultat, zu welchem M. Chasles in Betreff der dritten Ungleichheit des Mondes, der sogenannten Variation, gelangt war, als falsch nachzuweisen gesucht. Chasles hatte mit Sédillot, Munk u. A. behauptet, dieselbe finde sich schon angewendet von Aboul-Wefâ in dessen Almagest. Gegen diese Behauptung wendete sich Bertrand in der erwähnten Abhandlung, die er auch in der an letzter Stelle erwähnten Schrift im Separatabdruck wieder veröffentlicht hat. Chasles führt in den beiden ersten Noten, welche eigentlich einen fortlaufenden Text bilden, die Gründe für seine Meinung nochmals vor, und legt den Ideengang Aboul-Wefâ's klar dar. In der Schrift unter No. 3 versucht Bertrand Chasles' falsche Auffassung einer Stelle nachzuweisen; seiner Note ist dann auf Anordnung der Akademie der arabische Originaltext der Stelle des betreffenden Schriftstellers angefügt worden. In der Note Sédillot's zeigt dieser, dass eine von Bertrand benutzte Notiz Munk's unrichtig sei, und tritt ebenfalls für die Entdeckung durch Aboul-Wefâ ein. Es scheint wirklich, dass Aboul-Wefâ unter seinem tasdisât und tathlithât die Octanten verstanden hat, und dann würde ihm die Entdeckung unzweifelhaft zukommen. Ce.

Le Calendrier de Cordoue de l'année 961. Texte arabe et ancienne traduction latine, publié par R. Dozy. Leyde. Brill.

Im Anhange zum 1ten Bande seiner „Histoire des sciences mathématiques en Italie" hat Libri ein „Liber anoe" herausgegeben, das von bedeutender Wichtigkeit nicht blos für die Geschichte der Mathematik ist. Herr Dozy hat nun nach einer Pariser Handschrift (No. 1082), welche das arabische Original mit hebräischen Lettern geschrieben enthält, dieses Original und den von Libri veröffentlichten lateinischen Text neu herausgegeben. Auf den Inhalt und die Art der Herausgabe einzugehen ist erst im nächsten Jahrgang dieses Jahrbuches der Ort, wo die ausführliche und eingehende Kritik der Ausgabe durch Steinschneider zur Besprechung gelangen muss. Ce.

P. Riccardi. Intorno ad alcune rare edizioni delle opere astronomiche di Francesco Capuano da Manfredonia. Modena, Luigi Gaddi.

Francesco Capuano war geboren zu Manfredonia um die Mitte des 15ten Jahrhunderts und starb zu Neapel um 1490. Am Abend seines Lebens wurde er Mönch und vertauschte seinen Taufnamen Francesco mit Giovanni Battista. Dadurch sind manche Schriftsteller veranlasst worden, ihn in zwei Personen zu theilen. Die von ihm vorhandenen Werke sind ein Commentar zu dem Buche: „De sphaera" des Sacrobosco und ein solcher zu den „Theoricae novae planetarum" des Georg Peurbach. Von dem ersten Commentar zählt der Verfasser 4 Ausgaben auf und beschreibt sie ausführlich; von dem zweiten existiren 6 Ausgaben, welche ebenfalls eingehend beschrieben werden. Ce.

SCHANZ. Der Cardinal Nicolaus von Cusa als Mathematiker. Rottweil 1872.

SCHANZ. Die astronomischen Anschauungen des Nicolaus von Cusa und seiner Zeit. Rottweil.

Wir holen die Besprechung des ersten im vorigen Bande nur erwähnten Programms von 1872 hier im Zusammenhange mit dem zweiten, das mit ihm ein Ganzes bildet, nach. Während in allen anderen Beziehungen die Verdienste des Nicolaus von Cusa Würdigung und Anerkennung gefunden haben, gilt dies allein für die mathematischen Schriften desselben nicht. Es für diese zu thun ist die Absicht des Verfassers. Von rein mathematischen Schriften Cusa's kennen wir neun, von astronomischen vier. Schanz behandelt die mathematischen in drei Abschnitten. I. Princip und Methode; II. Die Quadratur des Kreises; III. Bogen und Sehnen. Er zeigt, wie Unrecht man dem Cardinal gethan, wenn man seine Kreisquadraturen als von ihm für völlig richtig angesehen, hinstellt; er zeigt, dass der Cusaner manche der später als bedeutend hingestellten annähernden Quadraturen schon ausgesprochen und bewiesen hat, z. B. die des Snellius. Der Spott, den Dr. Morgan in seinem Budget of paradoxes über ihn ausgiesst, ist also völlig ungerechtfertigt.

In der Astronomie steht Cusa auf der Grenze zwischen dem ptolomäischen und dem copernicanischen System. Er sprach das grosse Wort aus, die Erde ist ein Stern wie andere Sterne. Seine astronomischen Ansichten fasst Schanz in folgender Weise zusammen: 1. Alle Gestirne, Sonne, Fixsterne, Planeten und Monde bewegen sich; 2. Die Erde hat eine dreifache Bewegung: a) um ihre eigene Axe, b) um zwei im Aequator angenommene Pole, und c) um die Weltpole. Ihm gebührt also unter den Vorläufern des Copernicus ein besonders hervorragender Platz. Besprochen werden dann an letzter Stelle noch seine Reparatio Calendarii und Correctio Tabularum Alphonsi. Ce.

F. Hipler. Die Biographen des Nikolaus Kopernikus. Ein Gedenkblatt zur vierten Säcularfeier seines Geburtstages. Altpr. Monatsschr. X. 193-218. Braunsberg, Peter.

Die erste Biographie des Copernicus hat dessen, so zu sagen, einziger Schüler Joachimus Rheticus verfasst, sie ist leider verloren gegangen; für viele Fragen ein unersetzlicher Verlust. Die erste wirklich vorhandene Biographie lieferte Adam in seinen „Vitae Germanorum philosophorum". Dann folgt die „Vita Copernici" in der Muler'schen Ausgabe des Copernicus, die aber noch nicht einmal das lieferte, was Adam gesammelt. 1627 folgt Simon Starowolski und 1658 Martin Radyminski (S. unten p. 14); dann kommt die bis vor Kurzem einzige quellenmässige Lebensbeschreibung des Copernicus von Pietro Gassendi. Auf ihr fussen alle bis Anfang dieses Jahrhunderts erschienenen Lebensbeschreibungen, von denen die von Lichtenberg die bekannteste, wenn auch nicht die beste ist. Seit Anfang des laufenden Säculums kam zur Belebung der Untersuchungen über Copernicus der Streit um die Nationalität hinzu, der so lange, als die Polen noch eine Nation waren, geschlummert hatte, während er nach der Zertrümmerung des Polenreiches, wo die Polen sich an Alles anklammerten, um einen Schein von Nationalität zu retten, sehr bald entbrannte. Hier ist vor allem die Lebensbeschreibung des Copernicus von Johann Sniadecki zu nennen, die in die meisten Europäischen Sprachen, ja selbst in's Persische übersetzt ist. Das Säcularjahr des Todes von Copernicus feuerte den Eifer nur um so mehr an. Der eifrigste Verfechter der Polen war Adryan Krzyżanowski. Ihm steht auf deutscher Seite Leópold Prowe gegenüber. Das Säcularjahr 1873 hat dann endlich die Biographie Polkowski's gebracht (Siehe p. 12), die Prowe's steht noch aus. Ueber sämmtliche Biographen giebt der Aufsatz bibliographisch und sachlich höchst schätzenswerthes Material. Zuletzt geht der Verfasser noch auf die Säcularausgabe des Werkes ein. Dem Referenten ist es Bedürfniss noch auf die vielfachen Verdienste hinzuweisen, die der Verfasser der vorliegenden Schrift selbst sich für die Klarlegung sowohl der Lebens- als der Nationalitätsverhältnisse des Copernicus erworben hat. Er schliesst seinen lesenswerthen Aufsatz mit dem Scaliger'schen Ausspruch über Copernicus: ἀνὴρ παντὸς λόγου κρειττων! Ce.

K. J. Polkowski. Zywot Mikołaja Kopernika (Leben des Copernicus). Gnesen. Lange.

Die Gesellschaft der Freunde der Wissenschaften zu Posen hatte zum Säcularfeste des Copernicus einen Preis von 500 Thlr. ausgeschrieben für die beste Lebensbeschreibung des Copernicus, die jedoch auf Grund gedruckter und ungedruckter Beweismittel zeigen musste, dass Copernicus ein Pole sei. Die einzig eingegangene und deshalb auch mit dem Preise gekrönte Schrift ist die vorliegende. Sie steht, wie aus ihrer Entstehungsgeschichte leicht zu folgern ist, völlig auf polnisch-nationalem Standpunkt, und es ist damit schon der Gesichtspunkt, von dem allein eine unparteiische Biographie geschrieben werden kann, völlig verrückt. Daher kommt es denn auch, dass der grösste Theil des 363 Seiten starken Bandes nicht von dem Leben des Helden handelt, sondern von vielfach recht nebensächlichen Dingen, die selbst für den Beweis, Copernicus sei ein Pole, recht gleichgültig sind. Nur 180 Seiten sind Copernicus gewidmet. Die einzelnen Abschnitte handeln: 1. Von der Nationalität im Allgemeinen und von der des Copernicus im Besondern; 2. Vom Kulmerlande, dem Vaterlande des Copernicus; 3. Thorn, die Vaterstadt des Astronomen; 4. Die Familie des Kopernik in Krakau; 5. Die Familie Watzelrode; 6. Nicolaus Copernicus, der Vater des Astronomen; 7. Nicolaus Copernicus, der Astronom; 8. Das Werk: De Revolutionibus; 9. Die Zeugnisse der Auswärtigen für die polnische Nationalität des Copernicus; 10. Copernicusbibliographie, vorzugsweise polnische.

Von allen Abschnitten scheint wohl Nr. 9 der schwächste zu sein. Was beweist wenigstens die Aussage von 100 Personen, wenn davon einer vorspricht, und die übrigen einfach nachsprechen! Und das ist bei Allen der Fall, welche Polkowski aufführt. Ebenso verfehlt scheint uns Abschnitt 5, in dem die unzweifelhaft deutsche Familie Watzelrode zu einer polnischen gemacht wird. (Ueber diese Familie dürften in nächster Zeit weitere Aufschlüsse zu erwarten sein). Ueberhaupt hat die bei Copernicus Leben leider vielfach nöthige Conjectur, da viel authentisches Material eben nicht vorliegt, hier einen etwas zu weiten Spielraum eingenommen; die Conjectur aber wird an späterer Stelle dann als vollgiltiges Beweismittel verwerthet. Dass an der eigenthümlichen Stellung der Preisaufgabe es vielfach gelegen hat, wenn die fleissige Arbeit sich auf Nebensachen vorzugsweise hat legen müssen und dem Helden selbst nicht hat gerecht werden können, wird Niemand verkennen. Ce.

Album wydane staraniem Towarzystwa Przyjaciol Nauk w Poznaniu w czterechsetn rocznic urodzin Mikołaja Kopernika. Photodruck von Beyer und Dutkiewicz in Warschau. Gnesen. Lange.

Dieses von dem „Vereine der Freunde der Wissenschaften“ zu Posen als eine ihrer Festschriften herausgegebene Album enthält 16 Blatt in Photodruck. Der Inhalt derselben ist folgender: Taf. 1, Titel; Taf. 2, Copernicus-Strasse in Thorn, Copernicus-Thurm in Frauenburg; Taf. 3, Portrait des Vaters von Copernicus; Taf. 4, Portrait des Copernicus mit der Oleszińskischen interessanten Umrahmung; Taf. 5, Copernicus nach dem Stich von J. Falck; Taf. 6, Die Copernicanischen Bildnisse von Reusner, Boissard, Gassendi und Hartknoch; Taf. 7, Die Bildnisse in Strassburg, des Grafen Lubomirski, das Dietrich'sche, das des Perelle und Dandeleau; Taf. 8, Titelblatt von Joh. Hevelke's Machina Coelestis; Taf. 9, Phantasiebilder von Copernicus; Taf. 10, Das Copernicus-Bild in der Johanniskirche in Thorn; Taf. 11, Copernicus-Denkmal in Krakau; Taf. 12, Die beiden Thorner Denkmale, das zu Warschau und zu Frauenburg; Taf. 13, Copernicus auf der Sternwarte nach Matejko; Taf. 14, Copernicus' Tod nach Lesser; Taf. 15, Die auf Copernicus geprägten Medaillen; Taf. 16, Facsimile der ersten beiden Seiten des Originalmanuscriptes der Revolutiones. — Die Ausführung ist vortrefflich. Ausser dem

Album Kopernika und dem Żywot Mikołaya Kopernika von Polkowski hat die Gesellschaft der Freunde der Wissenschaften noch eine Medaille mit dem Bildniss des Copernicus in trefflicher Ausführung prägen lassen und als Festgabe vertheilt. Ce.

L. Prowe. Festrede zur 4ten Säcularfeier des Geburtstages von Nicolaus Copernicus, gehalten im Saale des Rathhauses zu Thorn am 19ten Februar 1873. Berlin. Weidmann.

Eine ausführliche Darstellung des Lebensganges des berühmten Astronomen, ohne auf Beweise oder dergleichen sich einzulassen, was der Verfasser seiner grossen Biographie des Copernicus vorbehält; die vorliegende Rede darf man in nuce als diese grosse Arbeit ansehen. Ce.

C. Snell. Nicolaus Copernicus. Rede. Jena. Frommann.

Diese Festrede betont in höchst ansprechender Weise besonders die wissenschaftliche Bedeutung des Copernicus und liefert so eine erwünschte Ergänzung zu der Festrede Prowe's. Was sie Biographisches giebt, ist unrichtig. Ce.

Natalem Nicolai Copernici olim Universitatis Cracoviensis alumni, post elapsa quatuor Saecula die 19 Februarii 1873 in Aula Collegii Novodvorsciani pie celebrandum indicit Rector c. r. Universitatis Cracoviensis cum Senatu Academico. Insunt: Nicolai Copernici Septem Sidera atque Commentatio de vita et scriptis eius a Martino Radyminscio a. 1658 concinnata. Krakau, Universitätsbuchdruckerei.

Einladungsschrift zur Feier des Säculartages von Copernicus an der Krakauer Universität, der Copernicus einst als Student angehörte. Sie enthält die Septem Sidera des Copernicus, ein Kreis von sieben Liedern auf die Geburt Christi, lateinisch, deutsch und polnisch, dann eine im Jahre 1658 verfasste Lebensbeschreibung des Copernicus von Martin Radyminski, die aber wenig oder gar nichts Neues über denselben liefert. Merkwürdig ist die dort benutzte, von Copernicus selbst herrührende Form seines Namens *Νικολαος ὁ Κοπφερνικος*, wo die Ableitung des Namens von Kupfer deutlich hervortritt. Ce.

A. Wolynski. Cenni Biografici di Niccolò Copernico (Kopernik). Firenze. Tipografia dell' Associazione.

A. Wolynski. Kopernik w Italji czyli dokumenta italskie do monografji Kopernika. Posen. Merzbach.

Die unter 1. verzeichnete Schrift giebt einen Abriss des Lebens von Copernicus nach eigenthümlichen Ansichten. Der Verfasser liebt es, so viel als möglich nur ihm Bekanntes mitzutheilen, das so sehr nur ihm bekannt ist, dass es nicht einmal wahr ist. Er weiss z. B. bestimmt, dass Copernicus in Italien zuerst in Bologna studirt hat; eine Behauptung, die er nicht beweisen kann. So ist Domenico Maria Novara nicht Professor in Bologna gewesen, es giebt kein Lectionsverzeichniss, in dem sein Name vorkommt; dabei besitzt Referent durch den Fürsten Boncompagni Abschrift von 20 hintereinanderfolgenden Lectionsverzeichnissen der Universität Bologna, von denen jedes die Notiz enthält: Astronomia de mane Dominicus Maria Novariensis. Man hat wohl an dem Angeführten genug; in solcher Weise geht es auf jeder Seite weiter.

Man kann aus der ersten Schrift schon auf den Werth der zweiten schliessen. Man findet freilich darin eine grosse Zahl wichtiger Documente zusammengestellt über den Aufenthalt des Copernicus in Italien und die Geschichte seines Systemes auf italienischem Boden. Die Sprache, in der sie verfasst ist, ist natürlich ihrer Benutzung sehr hinderlich. Ce.

C. Flammarion. Vie de Copernic et histoire de la découverte du système du monde. Paris. Didier et Cie. 1872.

K. Flammarion. Życie Mikołaja Kopernika przełożył i przypiskami dopełnił Filip Sulimierski. Warschau. Unger und Banarski.

Der Leibastronom der Kaiserin Eugenie hat seinen vielen wunderbaren Büchern hier eines der wunderbarsten hinzugefügt. Unter Vernachlässigung aller neueren Forschungen über Copernicus hat er sich einfach an das, Ende der dreissiger Jahre erschienene Vie de Copernic von Czyński gehalten, und dessen längst auch von polnischer Seite antiquirte Nachrichten wieder aufgeführt. Dies Buch ist dann von einem Polen als Jubelgabe übersetzt, wie er behauptet, durchgesehen und verbessert. Es ist aber alles Falsche geblieben. Copernicus hat immer noch in Krakau 1496 den medicinischen Doctorgrad erworben, ist erst nach seiner italienischen Reise Canonicus und Domherr zu Frauenburg geworden, noch immer hat Czacki das Grab von Copernicus wieder entdeckt u. s. fort. Ce.

KARLINSKI. Źywot Mikołaja Kopernika. Krakau. Universitäts-Druckerei.

Die Festrede, welche der genaue Kenner des Lebens und der Werke des Copernicus bei der Säcularfeier in der Aula der Universität Krakau gehalten hat. Sie liefert ein treues und lebendiges Bild des Gefeierten, der natürlich in der ehemaligen Hauptstadt des Polenreiches ein Pole sein muss. Ce.

(R. BROHM). Nicolaus Copernicus. Skizze seines Lebens und Wirkens, so wie Nachrichten über die Erinnerungszeichen an ihn. Thorn. Lambeck.

Eine kleine durch Buchhändlerspeculation hervorgerufene Schrift, die neben mancherlei Richtigem auch vielerlei Unrichtiges in sich fasst, aber auch auf wissenschaftliche Bedeutung keinen Anspruch macht. Ce.

W. K. SAWIDZ-ZABLOCKI. Mikołaja Kopernika zycie obywatelskie w Polsce. Wilna. Zawadski.

Eine kleine Abhandlung über das Leben des Copernicus auf Grund vielfacher, aber älterer Quellen, die z. Th. antiquirt sind. Ce.

L. Weyl. Nicolaus Copernicus. Vortrag gehalten am 3. März 1873 im Handwerkerverein zu Frankfurt a. O. Berlin. Rubenow.

Der Titel ist nur der Vollständigkeit halber aufgenommen. Ce.

F. J. Studnička. Mikuláš Koprník na oslavu 400leté památky jeho narození. Prag. Gregr.

Die Festrede des Prof. Studnička in Prag bei der dortigen Czechischen Feier des Säculartages des Copernicus. Sie gipfelt in dem versuchten Nachweise, dass Copernicus aus Böhmen stammt aus dem Dorfe Koprník bei Jungbunzlau an der Isar. Was auch gesagt werden mag, so steht stets urkundlich fest, dass die Thorner Familie Koppernigk in ihren ersten Gliedern aus Frankenstein in der Grafschaft Glatz stammt. Es würde zunächst also nöthig sein, zu zeigen, dass die Jungbunzlauer Koprník's mit den Frankensteinern Zusammenhang haben, was wohl schwer nachzuweisen sein dürfte. Ce.

F. J. Studnička. Nicolaus Copernicus, eine biographische Skizze erschienen zur 400jährigen Jubilaeumsfeier. Casopis II. 1-56. (Böhmisch).

Der Verfasser sucht nachzuweisen, dass die Voreltern des Copernicus eine aus dem Orte Koprník in Böhmen nach Polen übersiedelte Familie aus dem unteren böhmischen Adel waren. Siehe auch das obige Referat. W.

Il quarto Centenario di Nicolò Copernico nell' Università di Padova. Padova. Prosperini.

Beschreibung der Feierlichkeiten am 19ten Februar 1873 zu Padua. Darin die Festreden 1. des Rectors F. Coletti und 2. des Supplenten der Astronomie Dr. Giuseppe Lorenzoni über Nicolò Copernico e il moto della terra. Er giebt darin eine kurze Entwickelung der Lehren bis auf Copernicus, einen kurzen Abriss des Lebens des Gefeierten und endlich eine Darlegung der Lehren desselben. An letzter Stelle enthält die Schrift noch den Bericht über die Thorner Feier, welchen der Vertreter Paduas, Prof. Occioni in Rom, an seine Auftraggeber erstattet hat.

Ce.

XIX. Febbraio MDCCCLXXIII. Commemorazione di Nicolò Copernico nella R. Università di Bologna. Bologna. Società Tipografica.

Die Schrift enthält die Beschreibung der Feierlichkeiten, welche am 19ten Februar 1873 in Bologna statt gehabt; darunter auch die drei Festreden des Rectors Grafen Albicini, des Professors E. Beltrami und des Studenten G. Ravaglia. Das auf einen gewissen Nicolaus de Allemania bezügliche mitgetheilte Document, nach dem dieser am 8ten März 1496 den medicinischen Doctorgrad erlangt hat, kann nicht auf Copernicus gehen, da aus Documenten der ermländischen Archive feststeht, dass Copernicus erst 1501 um die Erlaubniss, Medicin studiren zu dürfen, gebeten hat.

Ce.

E. Fasbender. Festvortrag bei der 400jährigen Feier des Geburtstages von Nikolaus Kopernikus am 19. Februar 1873 im Gymnasium zu Thorn gehalten. Pr. Thorn.

Eine populäre Darstellung des Entwickelungsganges der Astronomie im Allgemeinen und speciell der Gründe, die Copernicus auf sein System geführt haben. Ce.

L. Prowe. Monumenta Copernicana. Festgabe zum 19. Februar 1873. Berlin. Weidmann.

F. Hipler. Spicilegium Copernicanum. Festschrift des historischen Vereins für Ermland zum vierhundertsten Geburtstage des ermländischen Domherrn Nikolaus Kopernikus. Braunsberg. Peter.

X. I. Polkowski. Kopernikijana czyli materyały do pism i zycia Mikołaja Kopernika. Tom I. Tom II. Gnesen. Lange.

Die drei oben genannten Werke sind ihres sehr verwandten Inhalts wegen am füglichsten zusammen zu besprechen. Sämmtlich haben sie das gemein, dass sie die kleineren Schriften des Copernicus, soweit dieselben bis 1873 bekannt waren, und die Briefe desselben neu herausgeben. No. 1 thut dies in kritisch-philologischer Weise; bei Abdruck der lateinischen Uebersetzung, die Copernicus von den Briefen des Theophylaktos Simokotta geliefert hat, setzt sie z. B. den Originaltext des Theophylaktos zur Seite; No. 2 giebt die Originalausgabe mit sämmtlichen Druckfehlern und ihrer widersinnigen Interpunction wieder, während endlich No. 3. diese Uebersetzung, deren einziges Interesse doch in der durch Copernicus gegebenen Form liegt, weder griechisch noch lateinisch, sondern polnisch druckt! In ähnlicher Weise sind die übrigen Sachen behandelt. Prowe enthält weiter Nichts; er schliesst sogar die Septem Sidera als unächt aus, hat aber freilich einige kleine Stücke aus dem Originalmanuscripte der Revolutiones abdrucken lassen können, welche den anderen Herausgebern noch unbekannt waren. Bei Hipler, bei dem, wie schon der Titel zeigt, der Domherr und gläubige Christ in Copernicus besonders hervorgehoben wird, findet sich dadurch Manches aufgenommen, was einem Laien wenigstens in eine Festschrift nicht zu passen scheint, deren Gegenstand wohl nicht, weil er Geistlicher oder Arzt gewesen ist, sondern als Reformator der Astronomie von der ganzen gebildeten Welt gefeiert ist. Was aber in Betreff der Familie, der Person des Copernicus selbst, und seiner Freunde und Schüler gesammelt ist, dürfte augenblicklich das Vollständigste sein, was existirt; besonders dankenswerth sind die, wohl nicht ganz vollständigen, Regesta Copernicana, die sich auch auf den Bruder Andreas Copernicus mit beziehen. Als eine von Hipler gefundene bemerkenswerthe Thatsache möchte Referent noch darauf aufmerksam machen, dass überall, wo Copernicus in officieller Weise seine Unterschrift gegeben hat, so wie in den von ihm früher besessenen Büchern, der Name „Coppernicus" mit Doppel-P lautet. Bei Polkowski findet man in den beiden bis jetzt erschienenen Bänden, ausser der polnischen Uebersetzung der kleinern Schriften des Copernicus, noch den Abdruck aller bis in die neueste Zeit von Polen über das Leben und die Streitfrage der Nationalität des Copernicus erschienenen Schriften, deren Schluss erst der Theil III enthalten wird. Hierin liegt wohl das Hauptverdienst des Buches. Zum Schlusse noch die Bemerkung, dass die Monumenta von Prowe nur einen Theil des 2ten Bandes seiner im Druck befindlichen ausführlichen Biographie des Copernicus bilden. Ce.

W. Butz. Recension von Fasbender. Die Kopernikanischen Sehnen- und Dreiecksberechnungen. Hoffmann Z. IV. 151-152.

Lobende Besprechung des Bd. IV p. 8 dieser Zeitschrift behandelten Schriftchens. Ce.

A. Montanari. Nicolò Copernico ed il suo libro de monetae cudendae ratione. Studio. Padova. Sacchetto.

Ein Vortrag, den der Verfasser über die wichtige und interessante Schrift des Copernicus über die Münzprägung vor der Akademie zu Padua am 20ten April 1873 gehalten hat. Copernicus wendet sich in derselben gegen die Münzverschlechterung, die damals und schon früher, wie wir aus den Schriften des Oresme sehen, überall im Schwange war, und giebt dann Rathschläge, in welcher Weise in Ost- und Westpreussen den Münzverhältnissen aufgeholfen werden könne. Der Verfasser vorliegender Studien giebt eine Analyse der später geschriebenen lateinischen Schrift des Copernicus; das ursprüngliche deutsch geschriebene Original, das sich vor etwa zwei Jahren bei den Landtagsacten in Danzig wiedergefunden hat, aber schon von Caspar Schütz abgedruckt war, kennt er nicht, da seine Quelle, Louis Wolowski, wie die Polen überhaupt, sich wohl hütet die deutschen Schriften des Copernicus zu erwähnen. Er zeigt ausserdem, wie Copernicus schon ganz moderne Ideen über die wichtige Münzfrage besessen hat. Ce.

M. Curtze. Ueber eine neue Copernicus - Handschrift. Nach einem Briefe des Directors Dr. O. v. Struve in Pulkowa mitgetheilt. Altpr. Monatschr. X. 155-162. Berlin. Calvary.

Mittheilung nach einem Briefe des Directors Struve zu Pulkowa über ein angebliches Manuscript des Copernicus. Ce.

Nicolai Copernici Thorunensis De Revolutionibus Orbium Coelestium libri VI. Ex auctoris autographo recudi curavit Societas Copernicana Thorunensis. Accedit Georgii Ioachimi Rhetici de libris revolutionum Narratio Prima. Thoruni (Berolini. Weidmann).

Die Säcularausgabe des unsterblichen Werkes des Reformators der Astronomie. Sie ist gefertigt auf Grund des Originalmanuscriptes des Verfassers, das durch eine glückliche Verkettung von Umständen in der Bibliothek des Grafen Nostitz zu Prag bis heute sich erhalten hat. Durch Einsicht in diese eigenhändige Handschrift des Copernicus war es dem Herausgeber nicht nur möglich, an vielen Stellen den wahren Text des Werkes herzustellen, er hat auch die Geschichte des Textes liefern können. Eine dreimalige Redaction des Buches liegt in der erhaltenen Handschrift vor, und indem die später von Copernicus gestrichenen oder veränderten Stellen in ihrer ursprünglichen Fassung unter dem Texte mit abgedruckt sind, ist die allmählige Entstehung der Ideen, die theilweise Verwerfung richtiger Gedanken bei dem Verfasser leicht zu verfolgen. Als eine der wichtigsten Entdeckungen dürfte wohl diejenige bezeichnet werden, dass Copernicus bei der Erklärung der Libration — was bei ihm eine von der jetzt acceptirten Bedeutung des Wortes völlig verschiedene Bedeutung hat — zugiebt, dieselbe könne unter gewissen Umständen in einer Ellipse vor sich gehen. Der Anhang giebt, ebenfalls zuerst in lesbarer Gestalt, die sogenannte Narratio Prima des Rheticus, die erste Nachricht von dem Inhalte des grossen Werkes, welche dem gelehrten Publicum geworden ist. Die Prolegomena liefern die genaueste Auskunft über die bisher veröffentlichten Ausgaben, sowie das Manuscript, und führen den Nachweis, dass keine der vorhandenen 4 (resp. 5) früheren Ausgaben nach dem Originalmanuscripte gemacht sein kann, dass von allen aber die Warschauer Ausgabe von 1854 die unbrauchbarste ist. Ein Index nominum schliesst den Band. Ce.

M. Cantor. Recension dazu. Schlömilch Z. Ltz. XVIII. 31-33. Berichtigung zu derselben. Schlömilch Z. Litz. XVIII. 71-72.

Die Recension führt einige Punkte aus der Entstehungs- und Druckgeschichte der Revolutiones aus, welche Cantor anders auffasst als der Herausgeber der Säcularausgabe. Ce.

A. Stern. Recension dazu. Gött. Anz. 1873. 997-1000.

Im Ganzen nur ein Auszug aus den Prolegomena der Säcularausgabe. Ce.

P. Riccardi. Di alcune recenti memorie sul processo e sulla condanna del Galilei. Nota e documenti aggiunti alla Bibliografia Galileiana. Modena. Società Tipografica.

Die vorliegende Schrift behandelt die in den Fortschr. Bd. II. S. 11, Bd. III. S. 8, Bd. IV. S. 9 erwähnten neuern Arbeiten Wohlwill's, Gherardi's und Friedlein's über den Galilei'schen Process. Der Verfasser wägt unparteiisch auf Grund aller Documente die Frage nach der Aechtheit oder Unächtheit des Actenstückes vom 26ten Februar 1616 ab, und kommt zu dem Schlusse, dass eine Fälschung, wenn auch nicht endgiltig erwiesen, so doch höchst wahrscheinlich gemacht sei. Ein abschliessendes Urtheil sei erst aus einer genauen paläographischen Untersuchung des Vatikanmanuscriptes zu erhoffen, zu welcher er die Curie auffordert. Den grössten Theil der Schrift nimmt (S. 19—78) der Abdruck aller bis jetzt bekannten, ältern und neuesten Aktenstücke über den behandelten Gegenstand ein, wodurch sie für jeden, der sich eingehend mit der Frage des Processes beschäftigen will, fast unentbehrlich ist. Ce.

F. Oggioni. Galileo Galilei: racconto storico. Milano. Barbini.

Ce.

P. Gambèra. Di Galileo Galilei considerato come fondatore del metodo sperimentale e precursore della moderna teoria dinamica. Novara. Miglio. Ce.

Une lettre inédite de GRÉGOIRE de S. VINCENT. Bull. de Belg. (2) XXXVI. 89-96.

Dieser Brief, datirt Rom, den 23ten Juli 1611, enthält einige Notizen über Entdeckungen von Galilei, betreffend die Form des Saturn, die Monde des Jupiter, die Bewegung von Venus und Merkur um die Sonne, die Phasen der Venus, und die Zahl der Sterne im Bilde der Plejaden und eines Nebelfleckes.

Mn. (O.)

B. BONCOMPAGNI. Intorno ad alcune note di Galileo Galilei ad un' opera di Giovanni Battista Morin. Boncompagni Bull. VI. 45-51.

GALILEO GALILEI. Note per il Morino. Boncompagni Bull. VI. 52-60.

In einem Bande der Nationalbibliothek zu Florenz (Sectio Magliabechiana) befindet sich ein Exemplar des Werkes von J. B. Morin „Famosi et antiqui problematis de telluris motu vel quiete hactenus optata solutio“ Parisiis 1631, das sich gegen die Copernicanische Weltordnung richtet. Diesem Buche sind drei Blatt handschriftliche Noten mit dem Titel „Note per il Morino“ angehängt, welche wie Fürst Boncompagni in der unter No. 1 aufgeführten Note beweist, von Galileo Galilei herrühren. Er hat dann in der unter No. 2 verzeichneten Schrift diese für die Geschichte der Astronomie höchst werthvollen Notizen Galilei's abdrucken lassen, unter dem Texte auch diejenigen Stellen, auf welche sich die einzelnen Bemerkungen beziehen. Ce.

M. CANTOR. Blaise Pascal. Preuss. Jahrbücher XXXII. 212-237.

Ein Lebensbild des merkwürdigen Mannes, des Mannes voller Widersprüche; des grossartigen Mathematikers; des geistvollen Verfassers der lettres provinciales. Hier auch nur auszugsweise den Inhalt ausführen zu wollen, der auf wenigen Seiten in ansprechendster Form uns geboten wird, ist unmöglich; jedenfalls ist der Essai des Mannes würdig, den er betrifft.

Ce.

G. Biadego. Intorno a dieci lettere inedite di Giuseppe Luigi Lagrange. Boncompagni Bull. VI. 101-130.
Recension dazu von Cantor. Schlömilch Z. Litz. XVIII. 86.

Der Verfasser wurde zur Abfassung dieser interessanten Arbeit durch den Umstand veranlasst, dass es ihm gelang, die Original-Correspondenz zwischen Lagrange und dem Veroneser Mathematiker Lorgna, bestehend in 10 Briefen des ersteren, auf der dortigen Stadtbibliothek aufzufinden. Dieselben werden hier veröffentlicht; ausserdem aber fügt Herr Biadego aus den Briefen Lorgna's und den an ihn gerichteten Schreiben der zeitgenössischen Gelehrten Malfatti und Landriani eine Menge Material hinzu, so dass die Abhandlung im Ganzen weit mehr Lorgna als Lagrange zum eigentlichen Vorwurf zu haben scheint, wie dies auch Herr Cantor in seiner Recension bemerkt hat. Lagrange befand sich zu jener Zeit in Berlin, und hiemit ist auch die Periode jener Correspondenz auf die Mitte der siebziger Jahre des vorigen Jahrhunderts fixirt.

Im ersten Briefe erwähnt Lagrange seiner bekannten näherungsweisen Auflösungsmethode höherer Gleichungen, wobei er von einem ähnlichen Gedanken ausgehe, wie Lorgna in seinem Werke: De aequationum cubicarum et biquadraticarum resolutione; im zweiten dankt er für die beabsichtigte Zusendung einer andern Schrift: Specimen de seriebus convergentibus, welche der Akademie vorgelegt werden soll. Zur Characterisirung dieses wenig bekannten Buches führt Herr Biadego noch einen Brief Malfatti's an, welcher dasselbe ein „excellente libro“ nennt und die darin enthaltene Reduction des Summationsproblems von Reihen auf Quadraturen äusserst hoch stellt. Weit gemässigter lautet allerdings das Lob Lagrange's im dritten Briefe, denn derselbe hat einerseits bemerkt, dass die Methode nicht eigentlich neu, sondern bereits von Leibniz angedeutet und von Euler in dessen „Methodus generalis summandi progressiones“ deutlich ausgesprochen sei, andererseits macht er auf die bedeutenden der wirklichen Anwendung entgegenstehenden Schwierigkeiten aufmerksam. Während der vierte Brief Lagrange's sich auf gewisse von Lorgna aufgestellte Differential-Gleichungen bezieht, hält es Herr Biadego für zweckmässig, zunächst die Analyse von Brief 6 in Verbindung mit einem Auszuge aus Lorgna's „De casu irreducibili tertii gradus et seriebus infinitis exercitatio analytica" zu geben, weil hiebei auch einige das Verständniss jenes Briefes bedingende Punkte vorkommen.

Lorgna bemüht sich zu zeigen, dass, wenn bei der Gleichung

$$x^3 - px - q = 0$$

$\frac{q^2}{4} < \frac{p^3}{27}$ ist, die bekannte Cardan'sche Formel (Binomium Cardani) reelle Werthe liefern müsse. An Nicole's Methode, durch Anwendung des binomischen Lehrsatzes die imaginären Grössen direct zum Verschwinden zu bringen, tadelt er, dass man dann die Wurzel nicht in endlicher Form erhalte; seine eigne Methode ist originell; um nämlich jenen complexen Ausdruck auf die Normalform zu bringen, setzt er

$$\sqrt[3]{\frac{q}{2} + \sqrt{\frac{q^2}{4} - \frac{p^3}{27}}} = R + iS,$$

zerfällt diese Gleichung in bekannter Weise in die nachstehenden

$$R^3 - 3RS^2 = \frac{q}{2}, \quad 3R^2S - S^3 = \sqrt{\frac{p^3}{27} - \frac{q^2}{4}},$$

und eliminirt hieraus nach der Euler'schen Methode S, wodurch er für R die Gleichung

$$R^7 - \frac{q}{4}R^6 + \frac{9q+1}{8}R^5 - \frac{5q}{8}R^4 + \left(\frac{7q^2}{8} + \frac{9q}{8} - \frac{p^3}{8}\right)R^3 + \left(\frac{9q^2}{16} + \frac{q}{16}\right)R^2 + \frac{q^2}{16}R - \frac{q^3}{64} = 0$$

findet. Diese Gleichung des siebenten Grades muss eine reelle Wurzel R' haben; man hat also

$$\sqrt[3]{\frac{q}{2} + \sqrt{\frac{q^2}{4} - \frac{p^3}{27}}} + \sqrt[3]{\frac{q}{2} - \sqrt{\frac{q^2}{4} - \frac{p^3}{27}}} = 2R'.$$

Leider ist dies elegant aussehende Resultat falsch, denn Lagrange zeigt im 6ten Briefe, dass Lorgna aus

$$3R^2 i\sqrt{S} - S i\sqrt{S} = \sqrt{\frac{q^2}{4} - \frac{p^3}{27}}$$

das irrthümliche Resultat

$$3R^2S - S^2 = \sqrt{\frac{p^3}{27} - \frac{q^2}{4}}$$

gezogen hat. Dieser Rechenfehler ist allein die Quelle des Irrthums; denn, führt man das richtige Resultat ein, so zerlegt sich die Eliminationsgleichung in zwei andere, deren eine die ursprüngliche Gleichung selbst ist; man hat also nichts neues gewonnen.

Die Untersuchung der Cardan'schen Formel beschäftigte Lorgna unausgesetzt; er nahm Nicole's Verfahren wieder auf und setzte

$$\sqrt[3]{\frac{q^2}{4} - \frac{p^3}{27}} = 2\sqrt[3]{\frac{q}{2}}\left(1 + \frac{2z^2}{2!} - \frac{2\cdot 5\cdot 8 z^4}{4!} + \frac{2\cdot 5\cdots 14 z^6}{6!} + \cdots\right);$$

$$\mathfrak{z} = \frac{2}{3\mathfrak{z}}\sqrt{\frac{p^3}{27} - \frac{q^2}{4}}, \quad (\mathfrak{z} = \pm\sqrt{z^2}).$$

Versteht man dann unter Y eine gewisse sofort näher zu charakterisirende Funktion, so soll die Summe der eingeklammerten Reihe gleich

$$2Y - 1 + \frac{(1+3\mathfrak{z})^{\frac{1}{3}} - (1-3\mathfrak{z})^{\frac{1}{3}}}{2}$$

sein; Y selbst ist durch die Differentialgleichung gegeben:

$$(1+9\mathfrak{z}^2)\,d^2y + 12\mathfrak{z}\,dy\,d\mathfrak{z} - 2y\,d\mathfrak{z}^2 - (1+3\mathfrak{z})^{-\frac{5}{3}}d\mathfrak{z}^2 - (1-3\mathfrak{z})^{-\frac{5}{3}}d\mathfrak{z}^2 = 0.$$

Lorgna findet zunächst als particuläre Lösung

$$y + \frac{(1+3\mathfrak{z})^{\frac{1}{3}} + (1-3\mathfrak{z})^{\frac{1}{3}}}{4} = 0.$$

Das totale Integral bestimmt er schliesslich in folgender Weise

$$y = e^{\int -\frac{3z\,dz + Z'\,dz}{1+9z^2}}\,dz + B - \frac{(1+3z)^{\frac{1}{3}} + (1-3z)^{\frac{1}{3}}}{4},$$

wobei $Z' = \omega = \varphi_{\mathfrak{z}}$ die reelle Wurzel der cubischen Gleichung

$$(1+3A\mathfrak{z})(3\omega - \omega^2) - (A - 3\mathfrak{z})(1 - 3\omega^2) = 0$$

ist, unter A und B die willkürlichen Constanten verstanden.

Hiemit wäre denn also die obige Reihe summirt und ein reeller Werth für das Cardan'sche Binom gefunden.

Leider kommt auch hier der hinkende Bote nach, denn Lagrange (4ter Brief) weist nach, dass das erste particuläre Integral unrichtig und das wahre totale Integral dieses sei:

$$y = (a + \tfrac{1}{2}) \frac{(1+3\mathfrak{z}i)^{\frac{1}{3}} + (1-3\mathfrak{z}i)^{\frac{1}{3}}}{2}$$
$$+ b \frac{(1+3\mathfrak{z}i)^{\frac{1}{3}} - (1-3\mathfrak{z}i)^{\frac{1}{3}}}{2i} - \frac{(1+3\mathfrak{z})^{\frac{1}{3}} - (1-3\mathfrak{z})^{\frac{1}{3}}}{4}.$$

Die beiden ersten Ausdrücke sind zwar reell, stellen sich aber in imaginärer Form dar, und somit hat auch diese schön ausgedachte Methode den eigentlichen Zweck nicht zu erreichen vermocht. Im 5ten Briefe spricht sich Lagrange dahin aus, dass er überhaupt eine Umformung der Cardan'schen Formel in reelle Grössen für unmöglich hält; es sei dies aber auch durchaus nicht nöthig; denn es sei eben eine der immensen analytischen Errungenschaften der Neuzeit, dass man complexe Ausdrücke nicht mehr zu scheuen brauche. Dass eine imaginäre Grösse in dem Integral von Lorgna's Differentialgleichung nothwendig auftreten müsse, zeigt auch Malfatti in einem Brief vom 11ten Mai 1777.

Der 7te (allein in italienischer Sprache geschriebene) Brief ist ohne mathematisches Interesse, ebenso auch der achte und neunte. Im zehnten erwähnt Lagrange eines neuen Werks von Lorgna, des nach Biadego's Angabe (§. 130) nicht veröffentlichten „Nuovo metodo di calcolo Integrale"; das daselbst angewandte Verfahren zur Integration von Differentialgleichungen scheint ihm aber „plus ingénieuse qu' exacte".

Auch über des unermüdlichen Lorgna hydrodynamische und chemische Arbeiten wird kurz referirt, ebenso über seine Streitigkeiten mit Gegnern und Neidern. Wir lernen durch Herrn Biadego's dankenswerthe Zusammenstellung in Lorgna einen um Mittel nie verlegenen, geistreichen Kopf kennen, dessen Ungründlichkeit von der sichern Klarheit seines grossen Freundes in schonender, aber treffender Weise gekennzeichnet wird. Gr.

Dieci lettere inedite di Giuseppe Luigi Lagrange scritte al Matematico Veronese Antonio Maria Lorgna. Boncompagni Bull. VI. 131-141.

Das Referat über diese Briefe ist in das vorige mit aufgenommen. Gr.

B. Boncompagni. Intorno a nove lettere in lingua italiana di Giuseppe Luigi Lagrange. Boncompagni Bull. VI. 142-150.

Diese mit der bekannten Akribie des Verfassers ausgeführte bibliographische Untersuchung bezieht sich auf je einen Brief Lagrange's an Lorgna und Caracciolo und sieben zum Theil nur bruchstückweise vorhandene Briefe an Julius Carl v. Fagnano, die zum Theil schon Mamiani publicirt hat. Gr.

B. Boncompagni. Giunte e correzioni allo scritto intitolato „Intorno a dieci lettere in lingua italiana di Giuseppe Luigi Lagrange“. Boncompagni Bull. VI. 539-543.

Enthält Zusätze und Berichtigungen, vorzugsweise in Bezug auf den literarischen Apparat der obigen Abhandlung, zum Theil auch Hinweise auf die Wichtigkeit der Briefe in Bezug auf die Streitfrage, ob Lagrange Italiener oder Franzose gewesen. Ce.

L. F. Menabrea. Un' ultima lettera sulle peripezie della serie di Lagrange, in risposta al prof. Angelo Genocchi. Boncompagni Bull. VI. 435-457.

A. Genocchi. Breve risposta al Signor Conte L. F. Menabrea. Boncompagni Bull. VI. 530-532.

Beide Notizen beziehen sich auf den Streit der beiden Herren Menabrea und Genocchi, über den Bd. IV. d. Jahrbuchs, p. 23 und 24 berichtet ist, und der durch eine Notiz des Herrn Genocchi, betreffend die Arbeiten Felice Chiò's über die Lagrange'sche Reihe, hervorgerufen war (S. Bd. III, p. 11). M.

ANONYMUS. Ist Oersted oder Schweigger der eigentliche Entdecker des Electromagnetismus? Schlömilch Z. XVIII. 609-612.

Der anonyme Verfasser zeigt, dass Schweigger schon im Jahre 1808 die electromagnetische Abweichung der Magnetnadel nachgewiesen hat, während die Entdeckung durch Oersted aus dem Jahre 1820 stammt. Er zeigt auch, dass Oersted Schweigger's Arbeit gekannt haben muss, und giebt hinreichende Gründe dafür, weshalb einerseits Schweigger's Entdeckung unbeachtet, anderseits Schweigger nicht selbst seine Prioritätsansprüche geltend gemacht hat. Ce.

P. MANSION. Note sur les travaux de Jules Plücker. Darboux Bull. V. 313-319.

Auszug aus der Rede von Clebsch, die F. d. M. III. p. 10 besprochen worden ist. O.

A. CLEBSCH. Commemorazione di Giulio Plücker. Battaglini G. XI. 153-180.

Uebersetzung der Arbeit, die bereits im 3ten Bande des Jahrbuches p. 10 besprochen worden ist. O.

C. NEUMANN. Zum Andenken an R. F. A. Clebsch. Clebsch Ann. VI. 197-202.

RUDOLF FRIEDRICH ALFRED CLEBSCH. Versuch einer Darlegung und Würdigung seiner wissenschaftlichen Leistungen von einigen seiner Freunde. Clebsch Ann. VIII. 1-55.

Die Herren v. d. Mühll, Mayer, Lüroth, Brill, Nöther, Gordan und Klein hatten sich zusammen gethan, eine wissenschaftliche Biographie ihres gemeinsamen Freundes und Lehrers Clebsch zu entwerfen, die in dem citirten Aufsatze vorliegt. Gemäss dem Plane wird in Betreff des äusseren Lebensganges auf den davorstehenden Nachruf von C. Neumann verwiesen. Die Bearbeitung war nach einzelnen Gebieten unter die oben genannten Herren vertheilt worden, während Herr Klein die schliessliche Redaction und Zusammenfassung in ein Ganzes übernommen hatte.

Nachdem im Eingange auf die verschiedenen Richtungen hingewiesen ist, die sich in der Entwickelung der Mathematik in Deutschland einerseits von Gauss und Dirichlet ausgehend, andererseits auf Jacobi basirend, seit diesen Mathematikern kund gegeben haben, wird bemerkt, dass Clebsch wesentlich der zweiten Richtung angehöre, indem er hauptsächlich Algebraiker gewesen. Clebsch hatte seine mathematische Ausbildung in Königsberg erhalten: in Folge dessen beschäftigt er sich in seinen ersten Arbeiten mit mathematisch-physikalischen Fragen. Aber es war nicht das physikalische Element, was ihn hierbei interessirte, sondern die Ueberwindung der in ihnen liegenden analytischen Schwierigkeiten. Näher eingegangen wird in der vorliegenden Biographie auf seine Lösung des de St.-Venant'schen Problemes mit der Umkehrung desselben. Es folgt dann die Darstellung der Arbeiten, die, sich an mehrere von Jacobi hinterlassenen Probleme anschliessend, Probleme aus der Variationsrechnung und aus der Theorie der Differentialgleichungen behandeln. Die geometrisch-algebraischen Arbeiten, in denen die Hauptbedeutung von Clebsch liegt, beginnen mit dem Jahre 1860. Die Verfasser schicken hier, um einen klaren Blick für die Darlegung der Stellung Clebsch's zu gewinnen, eine kurze Uebersicht über die Entwickelung der Geometrie der letzten zehn Jahre voraus. Zwei Richtungen geometrischer Forschung sind es, die in dieser Zeit hauptsächlich aufgetreten sind. Die eine ist durch die Anwendung der Infinitesimalrechnung auf metrische Probleme characterisirt, während die andere sich durch den algebraischen Character ihrer Untersuchungen auszeichnet. Letztere ist die jetzt „neuere Geometrie“ genannte. Clebsch, ein Schüler Hesse's, knüpfte in seinen Arbeiten wesentlich an die der englischen Geometer Sylvester, Cayley, Salmon an. Es folgt nun eine Besprechung der Arbeiten, welche sich auf die allgemeine Theorie der Curven und Flächen beziehen. Es werden hier namentlich die Arbeiten über die Punkte einer algebraischen Fläche n^{ter} Ordnung, in denen dieselbe von einer Geraden vierpunktig berührt wird, über Curven vierter Ordnung, über das Pentaeder der Flächen dritter Ordnung und dessen Beziehungen zur Hesse'schen Fläche, endlich über das Normalenproblem bei Curven und Flächen zweiten Grades, besprochen. Sodann wendet sich der Aufsatz zu dem von Clebsch und Gordan gemeinsam verfassten Werke über Abel'sche Functionen, nachdem vorher noch der bedeutenden Abhandlung über die Anwendung der Abel'schen Functionen in der Geometrie gedacht ist, in welcher Clebsch den Begriff des „Geschlechts" einer Curve einführt. Nach einem kurzen Resumé über die vorherige Entwickelungsgeschichte der Abel'schen Functionen werden zunächst die unterscheidenden Merkmale dieser Bearbeitung hervorgehoben. Von hier an wenden sich Clebsch's Arbeiten ausschliesslich algebraischen (resp. geometrischen) Fragen zu, und zwar nach zwei Richtungen: nämlich der Flächenabbildung und der Theorie der Invarianten bei linearen Substitutionen. Auch hier wird zuerst ein Bild der vorhergegangenen Entwickelung vorausgeschickt und dann der Inhalt der einzelnen Arbeiten characterisirt. Es würde indess zu weit führen, hier auf den Inhalt dieser Theile näher einzugehen, da sich derselbe kaum in kurzen Worten wiedergeben lässt. Referent begnügt sich daher mit dieser kurzen Skizze. Am Schluss ist der Biographie ein Verzeichniss der Arbeiten Clebsch's beigefügt. O.

C. Neumann. Commemorazione di Rodolfo Federico Alfredo Clebsch. Battaglini G. XI. 44-48.

Uebersetzung des Nachrufes aus den Gött. Nachr. vom Jahre 1872. 550—559, siehe F. d. M. IV. p. 18. O.

E. Kobell. Rudolf Friedrich Alfred Clebsch. Münch. Ber. 1873 II. 129.

Clebsch (geb. den 19. Januar 1833, gest. den 7. November 1872) studirte unter Neumann (hier irrthümlich Naumann genannt), Richelot und Hesse zu Königsberg, promovirte daselbst 1854, war von da an (nicht von 1824, wie es hier heisst) Gymnasiallehrer zu Berlin, 1858 Docent daselbst, in demselben Jahre

Professor zu Carlsruhe, 1863 zu Giessen, von 1868 bis zu seinem Lebensende in Göttingen. Erwähnt wird seine enge wissenschaftliche Verbindung mit Gordan und die Gründung der „Annalen“. Von seinen wissenschaftlichen Arbeiten werden hier die in Borchardt's Journal erschienene für das Studium der höheren algebraischen Curven bahnbrechende Abhandlung „Ueber die Anwendung der Abel'schen Functionen auf die Geometrie“, ferner das selbstständige Werk „Theorie der Abel'schen Funktionen“ und noch die Gedächtnissrede auf J. Plücker namhaft gemacht, in welch letzterer Schrift Clebsch mit besonderer Klarheit die Ziele der Wissenschaft darzulegen verstand. Gr.

Caspari. Zur Biographie Bürmann's (aus einem Briefe an M. Cantor). Schlömilch Z. XVIII. 120-122.

Es ist von grossem Interesse, durch die vorliegende Mittheilung einige nähere Nachrichten über die Lebensumstände eines Mannes zu erfahren, welcher unter den Gelehrten seiner Zeit einen hervorragenden Platz einnahm, später aber so vollständig vergessen wurde, dass man selbst in Poggendorff's Lexicon seinen Namen vergebens sucht. Man war in Bezug auf seine äusseren Verhältnisse sowohl als auf seine Leistungen fast ausschliesslich auf zwei kleine Aufsätze angewiesen, welche er in dem zweiten Jahrgange des von Hindenburg in Leipzig redigirten Archivs für die reine und angewandte Mathematik veröffentlichte. In der ersten Abhandlung, welche die combinatorisch-analytischen Methoden jener Periode zu vereinfachen und den französischen Geometern geniessbarer zu machen bestimmt ist, kommt jene Reihenentwickelung vor, welche Schlömilch (Compendium, 2. Theil S. 96) mit seinem Namen belegt hat, in der zweiten macht er beachtenswerthe Vorschläge zur Schnellberechnung der Ludolf'schen Zahl. Ausserdem theilt er auch noch dem Herausgeber des Archives seine Ideen zur Begründung einer allgemeinen Pan- oder Ideographie mit — ein Projekt, mit welchem sich damals die besten Köpfe abmühten. Gelegentlich erfährt man auch, dass er während der Belagerung der Stadt Mannheim im ersten Revolutionskriege Lehrer der Mathematik daselbst war.

Herr Caspari theilt nun hier nach Eingaben Bürmann's an die badische Schulcommission einiges neue Material mit; dieselben stammen aus dem Jahre 1807. Bürmann petitionirt in denselben um die neu zu errichtende Professur am Mannheimer Lyceum, führt seine ihn hierzu berechtigenden wissenschaftlichen Verdienste an und bemerkt, dass er einen ehrenvollen Ruf nach Cöln in dieser Hoffnung ausgeschlagen habe, wobei einige Seitenhiebe auf jüdische Lehrer der Handelswissenschaften abfallen. Für diese Disciplinen hatte er eine Art von Academie in Mannheim gegründet, wie er denn auch von seiner Comtoir-Encyclopädie als von seinem Hauptwerke spricht.

Nebenbei kann sich Bürmann nicht versagen, die Besetzung des mathematischen Lehrstuhls zu Heidelberg durch den aus Erlangen berufenen Langsdorf in einer für letzteren nicht eben schmeichelhaften Weise zu beleuchten. In der That war er hier wohl im Recht; denn Langsdorf war zwar ein guter Technologe, aber nichts weniger als ein Mathematiker und konnte sich wissenschaftlich mit Bürmann, den Lalande „un très grand géomètre, un des plus habiles géomètres de l'Europe" nannte, nicht messen.

Seinen Wunsch scheint Bürmann nicht erreicht zu haben; Diesterweg erhielt später die von ihm ambirte Stelle. Sonstiges Biographische lässt sich aus den Gesuchen nicht entnehmen.

Zu bemerken ist noch, dass Herrn Caspari's Nachsuchungen eine Folge der von Herrn M. Cantor ausgegangenen Anregung sind. S. F. d. M. IV p. 16. Gr.

E. Kobell. Wilhelm Eisenlohr. Münch. Ber. 1873. 131.

Eisenlohr (geb. den 1ten Januar 1799, gest. den 10ten Juli 1872) studirte in Heidelberg, war dann Professor der Mathematik und Physik am Mannheimer Lyceum und zuletzt Professor der letzteren Wissenschaft am Polytechnicum zu Carlsruhe. Seine bedeutendste Leistung ist das nunmehr in siebenter Auflage erschienene Lehrbuch der Physik. Ausserdem werden erwähnt die Construction eines Apparates zur objectiven Darstellung der Beugungsphänomene, sowie seine Untersuchungen über Wellenlänge und Wirkungweise verschieden gefärbter Strahlen des Spektrums.

Auch um Herstellung constanter Batterien für telegraphische Zwecke machte er sich verdient. Vergl. auch den Nekrolog im Hefte der Vierteljahrsschrift der astron. Gesellschaft 1873. Gr.

E. KOBELL. Martin Ohm. Münch. Ber. 1873. 132.

M. Ohm (geb. den 6ten Mai 1792, gest. den 1ten April 1872), ein Bruder des durch seine electrischen und molecularphysikalischen Arbeiten berühmten Georg Simon Ohm, war von 1812-17 Docent zu Erlangen, bis 1821 Oberlehrer zu Thorn, in diesem Jahre Docent zu Berlin. Im Jahre 1824 ward er daselbst ausserordentlicher, 1839 ordentlicher Professor, während er zugleich an der Bau- und Artillerie-Schule, sowie bis in sein höchstes Alter an der allgemeinen Kriegs-Schule lehrte. Ausser einer Reihe von Lehrbüchern über elementare Zweige der Wissenschaft verfasste er solche auch über höhere Mathematik und Mechanik, welche dem Studium der damaligen Zeit in hohem Grade zur Anregung dienten, (beiläufig sei bemerkt, dass Ohm der erste deutsche Mathematiker war, welcher Poinsot's Theorie der Kräftepaare ihrem wahren Werthe nach würdigte). Ferner werden von ihm erwähnt: „Die kritische Beleuchtung der Mathematik überhaupt und der Euclid'schen Geometrie insbesondere", „Der Geist der mathematischen Analysis" (in's Englische übertragen), die Variationsrechnung und vor allem das neunbändige umfassende Werk: „Versuch eines vollkommen consequenten Systemes der Mathematik".

Bei Erwähnung dieser letztern Arbeit kann Referent nicht unterlassen, auf die grosse Bedeutung hinzuweisen, welche demselben sicher heute noch inne wohnt, wenn auch in manchen Beziehungen Ohm's im Wesentlichen noch combinatorischer Standpunkt jetzt für überwunden gelten kann. Vergl. Hankel's Theorie der complexen Zahlensysteme, wo, wenn auch mit beschränkenden Zusätzen, doch im Wesentlichen ein ähnliches Urtheil gefällt wird. Gr.

M. CURTZE. Johann August Grunert. Grunert Arch. LV. 1-4.

E. KOBELL. Johann August Grunert. Münch. Ber. 1873. 133.

Grunert (geb. den 7ten Februar 1792, gest. den 11ten Juni 1872) studirte in Halle, kam 1816 als Gymnasialprofessor nach Torgau, 1828 in gleicher Eigenschaft nach Brandenburg, 1833 als Ordinarius für Mathematik nach Greifswald, seit 1838 lehrte er auch an der mit dieser Universität in Verbindung stehenden Academie zu Eldena. Neben einer wahrhaft ungeheuren Anzahl von Zeitschriftartikeln und Gelegenheitsschriften verfasste er u. a. auch ein Lehrbuch der Mathematik und Physik in 6 Bänden. Besonderes Verdienst erwarb er sich durch Herausgabe seines Archivs, von welchem aber zu seinen Lebzeiten nicht bloss 29, wie von Herrn Kobell angegeben wird, sondern 53 Bände erschienen sind. Als Mineralog gedenkt Herr Kobell noch besonders Grunert's krystallographischer Arbeiten, um deren willen er die Theorie der geraden Linie und Ebene im Raume für willkürliche schiefwinklige Systeme bearbeitete (Archiv XXXIV 121). Gr.

E. Kobell. Mathew Fontaine Maury. Münch. Ber. 1873. 133.

Maury (geb. den 14ten Januar 1806, gest. den 1ten Februar 1873) diente schon mit 19 Jahren auf der Flotte der Vereinigten Staaten und gewann hier das Interesse für maritime Forschung. Ausser seiner berühmten „Physikalischen Geographie des Meeres“ erschienen von ihm die für den Schiffer so wichtigen Strömungskarten, welche er in seiner Stellung als Director des General-Observatoriums zu Washington officiell herausgab. Sein Werk war auch der im Jahre 1853 zu Brüssel abgehaltene Congress für oceanische Physik und Meteorologie.

Seit 1861 lebte er in England und Mexiko; später bekleidete er die Professur der Naturwissenschaften an der Militärschule zu Lexington bis an seinen Tod.

Erwähnt hätte noch werden können, dass er sich auch um die practische Astronomie vielfach verdient machte und besonders einige ausgezeichnete Kometenbeobachtungen lieferte (vergl. Hind's Kometen, deutsch von Mädler, Leipzig 1854. S. 83).

Gr.

E. de Beaumont. Éloge historique de Jean Plana. Inst. (2) I. 45-49. 53-57. 61-63. 69-73. 77-80. 85-88. 93-96.

Enthält eine Rede, die am 25sten November 1872 in der öffentlichen Sitzung der Akademie der Wissenschaften zum Andenken an den Verstorbenen gehalten worden ist.

Jean Antoine Amédée Plana ist den 8ten November 1781 zu Voghera bei Alessandria geboren. Im Jahre 1800 kam er zur École Polytechnique, wurde 1803 Professor der Mathematik an der Artillerieschule zu Alessandria, 1811 auf Lagrange's Empfehlung Director der Sternwarte und Professor der Astronomie zu Turin. Später Professor der Analysis daselbst, starb er am 2ten Januar 1864. Die Rede geht weitläufig auf einen Theil der wissenschaftlichen Arbeiten Plana's ein. Zunächst wird die Messung des Bogens des 48sten Parallelkreises besprochen, dann werden die Arbeiten, welche sich auf die Mondtheorie, auf die Vertheilung der Electricität und Wärme beziehen, eingehend erörtert, während die rein mathematischen kürzer behandelt werden. O.

Liste des ouvrages et des mémoires écrits par le Baron Jean Plana. Darboux Bull. V. 65-79.

Verzeichniss der Arbeiten Plana's nach den Journalen, in denen sie sich abgedruckt finden. O.

C. Holst. Nécrologie. Nouv. Ann (2) XII. 433-435.

Christoph Hansteen ist den 26sten September 1784 geboren, ging 1802 auf die Universität Kopenhagen und studirte dort zuerst Jurisprudenz. Im Jahre 1806 begann er am Gymnasium zu Friedricksborg in Seeland Mathematik zu unterrichten. 6 Jahre später erschien seine Arbeit über den Erdmagnetismus, in Folge deren er einen Ruf als Professor an die neugegründete Universität Norvogis erhielt. Er kehrte jedoch 1814 nach Norwegen zurück, von wo er im Jahre 1828 eine grössere Reise durch Russland und Sibirien machte. O.

C. Fearnley. Todesanzeige. Astr. Nachr. LXXXI. 273-274.

Nachrichten über den am 15ten April 1873 Nachmittags 3 Uhr erfolgten Tod von Christopher Hansteen, nebst kurzer Notiz über seine letzten Lebensjahre. O.

O. v. Struve. Caspar Gottfried Schweizer. Astr. Viert. VIII. 163-165.

Necrolog des verstorbenen Astronomen, welcher in einer Sitzung der astronomischen Gesellschaft im Jahre 1873 zu Hamburg gehalten worden ist. Caspar Gottfried Schweizer ist am 10ten Februar 1816 zu Wyla im Canton Zürich als Sohn eines Pfarrers geboren. Mit dem dreizehnten Jahre trat er in das Fellenberg'sche Institut zu Hofwyl ein, das er jedoch schon wieder nach zwei Jahren verliess, um das Gymnasium in Zürich zu besuchen. Von 1836 an studirte er ursprünglich Theologie ebendaselbst, übernahm jedoch nach wenigen Monaten eine Stellung als Lehrer der Mathematik in Winterthur. Nach Jahresfrist gab er dieselbe wieder auf, um sich ganz der Mathematik und Astronomie zu widmen. 1839 ging er nach Königsberg zu Bessel, 1841 nach Pulkowa, 1845 nach Moskau. Erst 1849 Adjunct für Astronomie an der Universität, wurde er 1852 Astronom am Constantinow'schen Messinstitute. 1855 Director der Universitätssternwarte und ordentlicher Professor der Astronomie geworden, starb er am 6ten Juli 1873. O.

H. Suter. Geschichte der mathematischen Wissenschaften. Erster Theil von den ältesten Zeiten bis Ende des 16ten Jahrhunderts. Zweite Aufl. Zürich, Orell, Füssli et C.

Von dieser zweiten völlig unveränderten Auflage gilt Alles, was im letzten Bande dieser Zeitschrift über die erste Auflage gesagt ist. Auch nicht ein einziger Irrthum ist berichtigt worden. Ce.

Pietro Riccardi. Biblioteca Matematica Italiana dalla origine della stampa ai primi anni del secolo XIX. Modena, Luigi Gaddi. 1873. Fasc. V.

Das vorliegende Heft bildet die Fortsetzung des Bd. IV, S. 26 angezeigten. Es ist zugleich das erste Heft des zweiten Bandes des ersten Theiles. Ce.

P. Mansion. Les mathématiques en Belgique en 1872. Boncompagni Bull. VI. 277-312.

Der Verfasser giebt in der vorliegenden Arbeit einen zusammenhängenden Bericht über die mathematischen Arbeiten, welche in Belgien während des Jahres 1872 publicirt worden sind. In der Einleitung werden die Quellen für die Geschichte der vorangegangenen Zeit aufgezählt. Die Arbeiten selbst sind in drei Capitel nach ihrem Stoff geordnet. Das erste enthält die Arbeiten auf dem Gebiete der Analysis, das zweite die aus der Geometrie, das dritte endlich die aus der angewandten Mathematik. Auf den Inhalt der einzelnen Capitel selbst näher einzugehen, scheint nicht nothwendig, da der Herr Verfasser selbst Referent des Jahrbuches, für die belgischen Arbeiten ist. Es dürfte daher der Hinweis auf den vierten Band genügen. O.

A. Steen. De mathematiske Studiers Fremgang i Danmark i dette Hundredaar. Zeuthen Tidsskr. (3) III. 161.

Die Geschichte der Mathematik in Dänemark seit dem Anfange dieses Jahrhunderts. Hn.

T. Zebrawski. Bibliografija pismiennictwa polskiego z działu Matematyki i Fizyki oraz ich zastósowań. Na obchod czterechsetletniéj rocznicy urodzin Kopernika. Krakau, Universitätsdruckerei.

Die Arbeit ist sehr fleissig zusammengestellt. Sie verzeichnet auf dem Gebiete der mathematisch-physikalischen Wissenschaften 2640 Schriften, von denen jedoch eine grosse Zahl mit Unrecht aufgenommen sind. Unter der Menge aufgenommener Handschriften sind z. B. viele, die nur deshalb eingereiht sind, weil ihr Abschreiber ein Pole ist. So gut als die Ausgaben der Geographie des Ptolemaeus aufgenommen sind, weil darin von Sarmatien gehandelt wird, könnte eigentlich jedes Handbuch der Geographie darin Aufnahme verlangen; jedes solches hat doch auch einen Abschnitt über Polen. In diesem Buche ist zum ersten Male der Versuch gemacht eine Bibliographia Copernicana herzustellen. So fleissig dieselbe auch ist, so dürfte sie doch bei weitem nicht vollständig sein, verzeichnet sie doch nicht einmal die neuere Titelauflage der Muler'schen Ausgabe des Copernicus, die sie, wenn nicht anderswoher, aus Ebert hätte kennen lernen können. Vier angehängte Tafeln geben Facsimilia von Handschriften, Wasserzeichen, Buchdruckerzeichen und des Titelblattes einer bis jetzt unbekannten „Practica deutsch Magistri Johannis von Krakaw auf das Jahr tausenth funfhundert vnd. iij."

Ce.

F. Hoefer. Histoire de l'astronomie depuis son origine jusqu' à nos jours. Paris, Hachette et Cie.

Diese Geschichte der Astronomie reiht sich würdig dem in diesem Bande erwähnten Vie de Copernic von Flammarion an, das sie auch für dessen Geschichte als Hauptquelle citirt.

Ce.

M. Schneid. Die scholastische Lehre von Materie und Form und ihre Harmonie mit den Thatsachen der Naturwissenschaft. Pr. Eichstädt.

Der Verfasser dieser interessanten Abhandlung, welcher sich — eine Seltenheit in unsrer Zeit — äusserst belesen sowohl in den Classikern und Kirchenvätern, als auch in den wirklichen Scholastikern des Mittelalters und den ultramontanen Neuscholastikern des neunzehnten Jahrhunderts zeigt, dabei aber auch mit den Untersuchungen eines Redtenbacher, Du Bois-Reymond, Fechner, Zöllner, Martin de Rennes etc. wohl vertraut ist, beabsichtigt in ihr darzulegen, dass nur die naturphilosophischen Anschauungen des Aristoteles und seiner christlichen Nachfolger die richtigen speculativen Grundlagen für naturwissenschaftliche und speciell physikalische Forschung zu liefern vermögen. In der ersten Abtheilung giebt er eine kurze Auseinandersetzung der verschiedenen Körpertheorien, verwirft die atomistische und dynamische und supponirt denselben die vom hl. Thomas in manchen Stücken verfeinerte Lehre des Aristoteles und Augustinus, der sich auch Leibniz angeschlossen zu haben scheint (Brief an Des Bosses, opera ed. Erdmann I. p. 73). Ihr zufolge existirt als reine Potenz die Materie (materia prima); zu ihr tritt als Akt die Form (*μορφή*) hinzu. Zur Erklärung des Seins der Dinge reichen diese beiden Principien aus; zur Erklärung des Werdens muss als terminus a quo noch ein drittes, die privatio (*στέρησις*) hinzugenommen werden.

Mit diesen fundamentalen Hülfsmitteln ausgerüstet, geht nun der Verfasser daran, sämmtliche durch die neuere Physik bekannt gewordenen Thatsachen zu erklären, und diess ist denn in der That vom rein historischen Standpunkte aus als eine namhafte Leistung zu bezeichnen; denn sowenig Kenner der modernen Naturwissenschaft den Entwickelungen des Verfassers beipflichten können, so erhält man doch eine ziemlich umfassende Kenntniss der scholastischen Physik und Erkenntnisstheorie. Dass bei dieser Darstellung sowohl principielle als thatsächliche Missverständnisse mit unterlaufen, ist bei dem Standpunkte des Verfassers nicht auffallend; so überschätzt er (S. 83 ff.) weit die Leistungen der arabischen und europäischen Gelehrten im Mittelalter, beispielsweise Roger Bacon's, auf den seinerzeit die Kirche nicht so stolz war, wie jetzt Herr Schneid. Die arabische Optik und Meteorologie, deren Kenntniss er aus Dieterici's Werken geschöpft hat, hat er entschieden mit zu günstigem Auge angesehen. Auch darüber, dass der moderne Atomismus den Erscheinungen der Krystallisation gegenüber durchaus nicht so rathlos dasteht, wie der Verfasser (S. 67) meint, hätte er sich aus dem Werke eines Collegen (Wittwer, Die Molekulargesetze, Leipzig 1871, S. 94 ff.) eines besseren belehren können.

Von besonderem Interesse sind noch folgende zwei Punkte. Obschon an einer Stelle der Verfasser (S. 79) ausdrücklich die nach ihm von Anaxagoras herrührende Lehre von der Erhaltung der Substanz verwirft, so scheint doch aus einem andren Passus

(S. 19) hervorzugehen, dass die Scholastiker dieser Anschauung mehr oder weniger beigepflichtet haben. Ferner möge noch der Verfasser selbst redend eingeführt werden, da wo er die Hypothesen des Thomas Aquinas über das Wesen des Lichtes anführt (S. 74): „Der hl. Thomas erklärt auch das Licht als eine Bewegungserscheinung. Sol est causa caliditatis per motum. De Pot. V. a. 8. Er bringt Licht und Wärme in die engste Verbindung: Lux quantum est de se, semper est effectiva coloris, etiam lux lunae. Aber der hl. Thomas nimmt ein continuirliches Medium an, um die Lichterscheinungen zu erklären, einen continuirlichen Aether. Er bekämpft den Democrit, der das Licht als Atome erklärt, die von den leuchtenden Körpern hervorgehen. Posuit Democritus lumen esse quasdam decisiones defluentes a corporibus lucidis, scillicet atomos quosdam. De An. II. 1. 14".

Der dritte mehr theologische Theil der Schrift kommt für uns hier nicht in Betracht.

Jedenfalls hat die Abhandlung das Verdienst, dem künftigen Geschichtschreiber der Physik ein zahlreiches, sonst nur durch langwieriges Quellenstudium zu erwerbendes Material an die Hand zu geben, sowie auch die vielfach herrschende souveräne Verachtung vielleicht etwas zu mildern, mit der Viele die Leistungen des scholastischen Zeitalters zu betrachten gewohnt sind, und deren Nichtberechtigung bereits Humboldt genügend nachgewiesen haben dürfte. Gr.

J. H. v. Mädler. Geschichte der Himmelskunde.

Braunschweig, Westermann. 2 Bde. 8°.

Das vorliegende Werk nimmt auf die Entwickelung der mathematischen Theorien keine Rücksicht. Es wird daher genügen, hier ein Verzeichniss des Inhaltes der einzelnen Abschnitte zu geben, das in dem Werke selbst sehr vermisst wird, wenn auch ein gutes Namenregister nicht fehlt. Band I. Abschnitt I. giebt eine geschichtliche Uebersicht der Himmelskunde von den frühesten Zeiten bis zur Wiedererweckung der Wissenschaft in Europa. §§ 2—9 schildern die Astronomie der Chinesen, 10—12 die der Hindus, 13—15 die der Babylonier, 16—20 der Aegypter, 21—29 der Griechen; § 30—40 hat die Alexandrinische Schule zum Gegenstande; § 41—46 die Astronomie der Araber. Abschnitt II. Die Astronomie seit Wiedererweckung der Wissenschaften. § 47—55, die vorcopernicanische Periode; § 56—68, das Zeitalter des Copernicus; § 69—76, das Zeitalter Tycho's; § 77—93, das Zeitalter Kepler's und Galilei's; § 94—115, von der Verurtheilung Galilei's bis zum Erscheinen der Principia von Newton; § 116—126, Newton und seine Zeit; § 127—135, die Zeit der Gradmessungen; § 136—139, die Wiederkehr des Halley'schen Kometen und die Venusdurchgänge. Band II. enthält im Abschnitt III. die Himmelskunde neuerer Zeit und zwar in § 140—146 Herschel's und seiner Zeitgenossen Wirksamkeit bis zum Schluss des 18ten Jahrhunderts; § 147—177, die Himmelskunde im 19ten Jahrhundert; § 178—179, die astronomische Photographie; § 180, die Spectral-Analyse; § 181, veränderliche Sterne; §. 182, die neuesten Forschungen über den Mondlauf; § 183, die neuesten Forschungen über Aberration des Lichtes; § 184, Veränderungen des Mondkraters Linné; § 185, das Zodiakallicht; § 186, astronomische Controversen neuester Zeit; § 187, das Problem der Seelänge; § 188, die neuesten Ermittelungen über Meteoriten. Abschnitt IV. enthält einen Abriss der Geschichte der Optik, insbesondere in Bezug auf Astronomie. Abschnitt V. ist Ergänzungen und besonderen Nachträgen gewidmet; §. 196—197, die neue Ausgabe der Alfonsinischen Tafeln; §. 198—199, Fixstern-Cataloge; § 200—202, die Royal Astronomical Society; §. 203—206, die Chronometer-Expedition im Jahre 1833; § 207—210, Untersuchungen über Kometen; § 211—212, Kalender und Ephemeriden; § 213—216, Sonnenfinsternisse; § 217, Saturn und Mars; § 218, die Gruppe der Planetoiden zwischen Mars und Jupiter; § 219, die Masse des Jupiter und Anderes diesen Planeten betreffend; § 220, die Siriusbegleiter und seine Bahnbewegung. § 221—222, Historisches über Sternbilder; § 223, neuere Untersuchungen über Parallaxe der Himmelskörper; § 224, die grossen Kometen von 1858 und 1861; § 225, Doppelsterne; § 226, die periodischen Meteore des August und November; § 227—228, Neueres über Nebelflecken; § 229—230, neueste Untersuchung über die Sonnenoberfläche; §. 231, die Säcular-Ungleichheit des Mondes; § 232, die Mondoberfläche. Abschnitt VI. endlich enthält biographische und literarische Notizen. O.

E. Mailly. Tableau de l'astronomie dans l'hémisphère austral et dans l'Inde. Mém. de Belg. in 8°. XXIII.

Die Arbeit enthält eine Menge interessanter Notizen über den wenig bekannten Gegenstand. Sie giebt die Geschichte der auf der südlichen Halbkugel angestellten Untersuchungen, speciell über die von Halley, Lacaille, Henderson, Maclear, John Herschell, und ferner Notizen über die Observatorien in Indien, Afrika, Australien und Süd-Amerika. Mn. (O.)

C. Heym. Zur Geschichte des mathematischen und naturwissenschaftlichen Unterrichts in Gymnasien, besonders an der Thomasschule in Leipzig. Pr. Bericht von Hoffmann in Hoffmann Z. IV. 427-429.

Mitgetheilt werden aus dem Programm einige Stellen, welche crasse Beispiele der Geringschätzung der Mathematik und ihrer Lehrer im 18ten Jahrhundert und später vorführen. H.

Amberg. Die verschiedenen Numerationssysteme. Mathematisch-historische Skizze. Pr. Zug.

Ce.

D. Bierens de Haan. Notice sur les tables logarithmiques hollandaises. Boncompagni Bull. VI. 203-238.

Adrian Vlack, Buchhändler unter der Firma P. Rammaseyn und gleichzeitig Mathematiker, verpflanzte als erster in Verbindung mit Ezechiel de Decker die englischen Logarithmentafeln auf den Europäischen Continent. Das erste Buch unter dem Titel „Eerste Deel van de nieuwe Telkonst" erschien 1626 zu Gonda in 4°; in demselben Jahre noch ein kleineres Werk mit dem ganz ähnlichen Titel „Nieuwe Telkonst" aber in 8°. Der zweite Theil des grössern Werks ist nie erschienen, da an seine

Stelle 1628 Vlack's „Arithmetica Logarithmica“ trat, welche zuerst die bis dahin nicht berechneten Logarithmen von 20000 bis 90000 auf 10 Stellen enthielt. Der Verfasser beschreibt alle drei Werke ausführlich. 1636 kommt dann Vlack's „Tabula sinuum etc.“ hinzu, auch zu Gouda gedruckt, und vielmals nachgedruckt. Vlack druckte inzwischen 1633 die „Trigonometria Brittannica“ von Gelibrand. Der Verfasser citirt dann noch und giebt genaue Beschreibungen von den Tafeln des Dirk Rembrantsz van Nierop (Harlingen 1671), des Claes Ianszoon Vooght (Amsterdam 1686), der holländischen Ausgabe der Wolff'schen Tafeln durch Nicolaas Epkema (Amsterdam 1742), des Bernardus Joannes Douwes (Amsterdam 1775). Ausserdem beschreibt er noch einige Schiffahrtskunden, welche, wie sehr natürlich, Logarithmentafeln enthalten. Zwei Additions handeln 1. über die Prioritätsansprüche der Nieuwe Telkonst gegenüber den Logarithmentafeln des Denys Henrion (Paris, 1623--1626); es wird nachgewiesen, dass der Theil der „Mémoires Mathématiques“, welcher die Logarithmen enthält, nicht vor Ende 1626 im Drucke beendigt sein konnte, wo die Nieuwe Telkonst schon ausgegeben war; 2. behandelt der Verfasser noch die wichtigen Logarithmentafeln von Gardiner und Sherwin. Die S. 222--238 enthalten endlich eine exacte bibliographische Beschreibung der in der Abhandlung aufgeführten Werke und Tafeln. Ce.

J. W. L. Glaisher. On the progress to accuracy of logarithmic tables. Monthl. Not. XXXIII. 330-345.

Vlacq's Arithmetica Logarithmica von 1628 (welche die Resultate aus Brigg's Arithmetica Logarithmica von 1624 für zehn Stellen darstellt), das erste Werk, das die Logarithmen der ununterbrochnen Zahlenreihen von 1 bis 100000 gab, ist das Original, von welchem jede vollständige Tafel, entweder direct oder indirect nach grösserer oder geringerer Revision, abgeschrieben ist, denn niemals ist eine frische Berechnung gemacht und gedruckt. Der Verfasser stellt daher aus allen Quellen (Vega, Lessort etc.) eine vollständige Liste aller Irrthümer bei Vlacq zusammen, seien diese Rechen- oder Druck-Fehler, welche in den ersten sieben Stellen der Logarithmen vorkommen. Sie sind mit ihren Verbesserungen gegeben. Die Gesammtzahl ist 171; 48 von ihnen kommen in dem Theil der Tafel von 1 bis 10000 vor, und 123 zwischen 10000 und 100000. Der Verfasser prüft dann 27 Tafeln von siebenstelligen Logarithmen bis zu 100000. (Newton, Schrön, Sherwin, Hutton, Taylor, Callet, Vega, Hülsse, Babbage, Shortrede, Bremiker, Bruhns etc.) und verzeichnet die Irrthümer, welche in jeder einzelnen vorkommen; so dass auf die 123 Fehler Vlacq's, 98 bei Newton (1658), 65 bei Sherwin (1706), 19 bei Gardiner (1742), 6 bei Taylor (1792), 10 bei Hutton (1794), 5 bei Vega (1797), 2 bei Callet (1855), und 2 bei Sang (1871) vorkommen, während vier, welche geprüft wurden (von Bremiker 1857, Schrön 1860, Callet 1862 und Bruhns 1870) völlig frei davon waren. Man sieht daher, wie die erblichen Irrthümer, welche von Vlacq herstammen, nach und nach verschwunden sind. In gleicher Weise sind 10 Tafeln behandelt, die von 1 bis 10000 reichen und mit denen von Briggs (1624) verglichen worden. Es folgen weitere Bemerkungen über Logarithmen und andere Tafeln, in denen gezeigt wird, wie unbefriedigend der Stand der Dinge ist, selbst in Bezug auf Tafeln, nach denen fortwährende und allgemeine Nachfrage ist, und wird der Wunsch ausgesprochen, dass irgend eine permanente Gesellschaft sich der Mühe unterziehen möchte, die Druckfehler von wohlbekannten Tafeln zu sammeln und zu veröffentlichen, da gewöhnlich die Zeit, welche bis zur Entdeckung aller Irrthümer verstreicht, die Lebenszeit eines Menschen übersteigt, und nicht alle Herausgeber (z. B.) von Logarithmentafeln von der Nothwendigkeit überzeugt sind, eine bibliographische Untersuchung über die Genauigkeit zu machen. Die Arbeit schliesst mit Bemerkungen über die Anordnung und den Druck von Logarithmentafeln, über die verschiedenen Auflagen von Sherwin und über Vlacq's Arithmetica von 1628. Glr. (O.)

D. B. de Haan. On Ludolf van Ceulen's 35-decimal value of π and on some of his works. Messenger (2) III. 24-26.

Enthält eine Abschrift der Inschrift auf van Ceulen's Grab in der St.-Peterskirche zu Leyden und die Titel einiger seiner Arbeiten. Glr. (O.)

J. W. L. Glaisher. On the quadrature of the circle A. D. 1580—1630. Messenger (2) III. 27-46.

Die Arbeit bezieht sich hauptsächlich auf van Ceulen und seine Zeitgenossen und ist eine Fortsetzung zu des Verfassers „Remarks on the calculation of π" (Messenger (2) II 119-128), siehe F. d. M. IV. p. 255. Der Verfasser findet keinen Grund, seine Ansicht, dass van Ceulen's 35stelliger Werth zuerst auf seinem Grabstein veröffentlicht wurde, zu verändern. Er bemerkt, dass der Satz $1+\cos A = 2\cos^2\frac{1}{2}A$, der von Montucla dem Snell zugeschrieben wird, von van Ceulen in seinem Werke: „De circulo" gegeben worden ist. Ferner wird Bericht erstattet über van Ceulen's Streit mit Duchesne (van der Eycke), durch den die Aufmerksamkeit Ceulen's zuerst auf die Berechnung von π gelenkt worden ist. Duchesne hat zwei verschiedene feste Werthe publicirt, nämlich:

$$\pi = 3\frac{69}{484} \text{ und } \pi = \sqrt{\sqrt{320}-8} = 3,1446055\cdots.$$

Der erstere Werth ist auch von Pellegrino Borello aus Reggio gegeben, wurde aber von Cataldi zurückgewiesen. Der Werth $\frac{355}{133}$ wurde von dem Vater des Adrian Metius geprüft. Es wird gezeigt, dass Grienberger in seinen „Elementa Trigonometrica" (Rom 1630) den Werth von π auf 39 Stellen gegeben hat als Resultat einer unabhängigen Rechnung nach der Methode von Snell, eine Thatsache, die der Aufmerksamkeit von Montucla, Kästner und andern entgangen ist. Der übrige Theil der Arbeit beschäftigt sich mit verschiedenen Bemerkungen über Werke von Ceulen, Snell, Cataldi, Vieta, Metius, Cardinal Cusa etc.

Glr. (O.)

J. Todhunter. On the history of certain formulae in spherical trigonometry. Phil. Mag. 1873.

Die Formeln, deren Geschichte Herr Todhunter bespricht, sind bekannt als die Gauss'schen Formeln der sphärischen Trigonometrie. Herr Todhunter kommt zu dem Schlusse, dass wir dieselben Herrn Delambre verdanken, eine Thatsache, welche jedem Mathematiker bekannt ist. Csy. (O.)

P. Breton. Question des porismes. Notices sur les débats de priorité auxquels a donné lieu l'ouvrage de Chasles sur les porismes d'Euclide. Partie complémentaire. Paris. Ve Bonchard-Huzard.

Ce.

F. Vivanet. Dei più notabili progressi della geometria nel corrente secolo decimonono. Discorso inaugurale. Cagliari. A. Timon.

Ce.

D. Chelini. Interpretazione geometrica di formole essenziali alle scienze dell' estensione, del moto e delle forze ... Bologna 1873. (Estratto dall' autore). Boncompagni Bull. VI. 533-535.

Lettera di Luigi Poinsot al P. Domenico Chelini D. S. P. Boncompagni Bull. VI. 536-538 nebst dem Facsimile des Briefes.

Der Verfasser des Auszuges hat 1838 einen „Saggio di geometria analitica trattata con nuovo metodo“ erscheinen lassen, dessen Vorzüge durch einen Brief Poinsot's, der in dem Anhange abgedruckt ist, hervorgehoben werden. Der Verfasser hat nun in dem vor der Akademie zu Bologna gehaltenen Vortrage nachgewiesen, dass in seiner damaligen Arbeit die eigentliche Basis der Geometrie der Plücker'schen Complexe nicht nur, sondern auch der ganzen Mechanik und des Krümmungsschwerpunktes von Steiner enthalten sind. Er führt dann zum Schlusse noch die verschiedenen Werke an, welche er nach und nach über die verschiedenen Beziehungen seiner neuen Geometrie, welche auch in der sogenannten graphischen Statik von hoher Wichtigkeit ist (M. s. den Calcolo grafico von Cremona), geschrieben hat. Ce.

W. H. L. RUSSEL. On recent progress in elliptic and hyperelliptic functions. Rep. Brit. Ass. 1873.

Dieser Bericht ist eine Fortsetzung einer früheren Abhandlung über denselben Gegenstand von Russel. Es ist ein Auszug aus den Lösungen der Differentialgleichungen erster Ordnung nach Göpel und Rosenhain. Hier möge es genügen, Herrn Russel's Bericht zu erwähnen. Csy. (O.)

G. VIMERCATI. Sulla prima idea delle Caldaie tubulari. Lettera a D. B. Boncompagni. Boncompagni Bull. VI. 61-65. auch Rivista Scientif.-Industr. 1873, 23-28.

Der Gegenstand, um welchen es sich hier handelt, gehört rein in das Feld der Experimentalphysik. Der Verfasser untersucht nämlich, wer zuerst die jetzt gebräuchliche Form der Dampfkessel, wo die Feuerung mittelst Röhren durch das Wasser geführt wird, erfunden habe. Er zeigt, dass nicht der Amerikaner Barlow, sondern der Italiener Graf Carlo Bettoni schon 1782 diese Erfindung gemacht hat. Ce.

S. GÜNTHER. Ueber die Vorgeschichte des Foucault'schen Pendelversuchs. Erl. Ber. 1873.

Der Vesfasser kritisirt eine Anzahl bekannt gemachter Versuche dahin, ob dieselben etwa den nämlichen Zweck erfüllen könnten, wie der Foucault'sche Pendelversuch. Namentlich beschäftigt er sich mit dem Inhalt eines Briefes Gassendi's an Naudé und der Widerlegung seines Inhaltes durch Johann Caramuell von Lobkowitz, aus dessen einem, sonst wenig bekannten Werke eine Reihe von Stellen im Originaltext angeführt werden. O.

P. TIMOTEO BERTELLI. Appunti storici intorno alle ricerche sui piccoli e spontanei moti dei pendoli, fatte dal secolo XVII in poi. Boncompagni Bull. VI. 1-44.

Der Verfasser, Mitglied des Barnabiten-Ordens, liefert in dieser Abhandlung eine äusserst fleissige und gründliche Zusammenstellung dessen, was aus den verschiedensten, theilweise schwer zu erhaltenden Quellen, über Anticipation des Foucault'schen Pendelversuches zu erfahren war. Einen ähnlichen Zweck verfolgte Referent in einer den Sitzungsberichten der Erlanger Medic.-Phys.-Societät einverleibten Notiz, und in der That haben beide Arbeiten ziemlich übereinstimmende Resultate gegeben. Nur liegt es in der Natur der Sache, dass Herr Bertelli vorzugsweise die Arbeiten romanischer, Referent dagegen diejenigen deutscher Zunge berücksichtigt hat, und hierdurch war eine wechselseitige Ergänzung herbeigeführt.

Der erste, welcher eine eigene Bewegung an einem freihängenden Pendel wahrzunehmen glaubte, war Baron Alexandre de Calignon. Gassendi berichtet davon; ihm zufolge beschreibt die Pendellinse je einmal in 12 Stunden eine elliptische Curve. Dieses Phänomens bemächtigte sich im gleichen Jahre 1643 Morin zu Paris, um dasselbe für seine sonderbaren Theorien zu verwerthen; er war entschieden Anti-Copernikaner, huldigte aber in sofern einer Art von Vermittelungslehre, als er die Erdmasse zwar unbeweglich liess, aber einer äussern Schale eine gewisse krummlinige Bewegung zuschrieb.

Von einem mehr wissenschaftlichen Standpunkte befasste sich Mersenne in seiner „Ballistica et Acontismologia" (1644) mit Calignon's Entdeckung. Er beschreibt dieselbe nach der Weise des Entdeckers, lässt die Thatsache aber ungewiss. Vollständig verwirft dieselbe Riccioli in seinem „Almagestum novum", und ebenso Caramuel v. Lobkowitz, der eine eigene Schrift (Löwen 1643) darüber erscheinen liess und in dieser durch eine genaue und allen wissenschaftlichen Anforderungen damaliger Zeit entsprechende Versuchsreihe nachwies, dass von einer spontanen Bewegung freier Pendel nicht die Rede sei. In der That konnte in jener Epoche das Körnchen Wahrheit, welches in Calignon's Experimente lag und später so herrlich aufgehen sollte, nicht als solches erkannt werden.

Sodann wendet sich Herr Bertelli zur Entscheidung der Frage, ob wohl Galilei von den in Rede stehenden Erscheinungen Kunde gehabt habe. Gedruckte Werke und Manuscripte weisen nichts Hierhergehöriges auf. Herrn Bertelli's Sammelfleiss gelang die Sicherstellung der Thatsache, dass der berühmte Mann darum wusste. Er spricht zwar nicht davon in seinen handschriftlich noch vorhandenen Anmerkungen zu einem Buche des oben genannten Morin, dessen er auch in einem Briefe an Beaugrand Erwähnung thut; muss aber bei seiner eifrigen Lectüre diesen Passus ebenfalls bemerkt haben.

Später forderte Mairan die Physiker auf, die Sache von neuem gründlich zu untersuchen. Lecat in Rouen that diess; sein Resultat war ein negatives. Hingegen zeigte sich bei den Beobachtungen de Granti's (1743), angestellt mit einem dreissig Fuss langen Pendel, wieder die bewusste Ellipse. Bougouer bestritt nicht die Realität der Erscheinung, suchte dieselbe aber durch andere als kosmische Einflüsse zu erklären. Auf einem ähnlichen Standpunkte steht auch der bekannte Meteorolog Toaldo.

Während alle diese Phänomene nur indirect mit dem Foucault'schen Versuche in Verbindung stehen, geht Herr P. Bertelli nunmehr dazu über, diejenigen Facta zu registriren, wo eine directe Analogie mit jenem Experimente nachzuweisen ist. Antinori zeigte, dass bereits Galilei's Schüler, Viviani, als Mitglied der Accademia del Cimento die Deviation eines aus seiner Ruhelage gebrachten Pendels bemerkt und richtig beschrieben habe. Die hierüber in den Abhandlungen jener Academie erschienenen Notizen werden eingehend besprochen. Dann wird einer vom P. Augustin Bartolini im Jahre 1833 zu Rimini angestellten Wiederholung von Foucault's Versuch gedacht und anhangsweise auf Guglielmini's und Saladini's Untersuchungen über die Abweichung freifallender Körper von der Verticale hingewiesen.

Wie C. Terquem angedeutet und Catalan bestätigt hat, betrachtete auch Dubuat den Einfluss der Erdrotation auf das Pendel. Foucault's bald darauf glücklich realisirte Idee findet sich auch in einem Briefe Ronzoni's an Moigno vom Jahre 1853 mit deutlichen Worten ausgesprochen.

Den Schluss der Abhandlung bildet eine höchst interessante Zusammenstellung der Studien neuerer Physiker über kleine Pendelbewegungen; um diesen Gegenstand hat sich, was in Deutschland wohl wenig bekannt ist, der Verfasser selbst Verdienste erworben. Die Beobachtungen von Guyot und Porro über die Identität der Nadirpunkte in zwei Quecksilberhorizonten, die Verwendung des Pendels zur Bestimmung localer Attractionen, endlich sein Nutzen für das Erkennen und Messen von Erderschütterungen finden hier ihre Stelle. Als vorläufiger Abschluss der auf letzteren Gegenstand gerichteten Bemühungen ist Herrn Bertelli's neuerdings erfundenes Instrument, das Tromosismometer, zu betrachten. Gr.

S. Günther. Ueber die Geschichte der Pendeluhr vor Huyghens. Erl. Ber. 1873.

Der Verfasser giebt als Resultat seiner Forschungen, die theils auf eigenem Quellenstudium, theils auf den Arbeiten von Wolf und Westphal beruhen, Folgendes: Abgesehen von den undiscutirbaren Ansprüchen, die Harris und Sanctorius auf die Erfindung der Pendeluhr haben sollen, ist Galilei, resp. sein Sohn der erste gewesen, welcher eine, vom Pendel getriebene Uhr construirte, die zugleich die Zeitangabe selbst besorgte. Ganz unabhängig von ihm baute Jobst Bürgi ein ähnliches Instrument, und nur kurze Zeit vor Huyghens entstand ebenfalls eine Pendeluhr, dem Anscheine nach die vollkommenste der genannten, in dem Observatorium Hevel's zu Danzig. Auch den Mitgliedern der Accademia del Cimento in Florenz sind manche Verbesserungen von Galilei's Uhr zuzuschreiben, besonders auch die Bekanntschaft mit der Thatsache, dass das Galilei'sche Gesetz vom Isochronismus der Pendelschwingungen nicht in aller Strenge Gültigkeit habe. O.

Šafařik. Beitrag zur Geschichte des Horizontalpendels. Prag. Ber. 1873. 51-57.

Zöllner hat in seiner Arbeit: „Ueber Ursprung des Erdmagnetismus und die magnetischen Beziehungen der Himmelskörper" ausführliche Mittheilungen über ein von ihm vorgeschlagenes Instrument, das er „Horizontalpendel" nennt, gemacht. Der Verfasser der vorliegenden Notiz bemerkt nun, dass ein solches Instrument bereits lange vorher construirt und benutzt worden sei.

4*

Dasselbe ist bereits 1817 von Gruithuisen in München vorgeschlagen und auch 1832 von einem Schüler desselben, Hengeller, construirt und experimentell geprüft worden. In der vorliegenden Notiz werden die beweisenden Stellen angeführt. O.

M. Meyner. Untersuchungen über den Bildungsgang des Sonnensystems. Weimar. Böhlau.

Ce.

J. Todhunter. A history of the mathematical theories of attraction and the figure of the earth, from the time of Newton to that of Laplace. 2. vols. London. Macmillan.

Ce.

C. A. Bjerknes. Geschichtliche Notizen über das Dirichlet'sche Kugel- und Ellipsoid-Problem. Gött. Nachr. 1873. 439-447.

Siehe Cap. X 4. B.

A. Favaro. Beiträge zur Geschichte der Planimeter. Allgem. Bauzeitung. 1873. Wien. Waldhain. 4°.

Die Arbeit ist durch die Notiz über den Integrator von Duprez veranlasst worden. Sie hat den Zweck, die Priorität der Construction eines brauchbaren Flächenplanimeters für den Professor der mathematischen Wissenschaften an der Akademie der schönen Künste zu Florenz, Titus Gonnella, zu begründen. Der Verfasser entwirft daher zunächst ein Bild der Methoden, die ursprünglich zur Bestimmung des Flächeninhaltes von Figuren benutzt worden sind. Er entwickelt sodann die von Simpson aufgestellte Methode und schliesst daran eine Schilderung der Modificationen, die Catalan, Poncelet und andere mit derselben vorgenommen haben, daran die Bemerkung knüpfend, dass schliesslich doch die Simpson'sche Methode sich als die brauchbarste gezeigt habe. Hieran schliesst sich eine kurze Uebersicht über die vor Gonnella construirten Planimeter. Er theilt dieselben in zwei Gruppen, deren einer Theil sich nur auf die Flächenbestimmung von Dreiecken und Vierecken oder von Figuren, welche sich in diese Elemente zerlegen lassen, beschränkt, während die zweite Gruppe sich zwar mit Figuren von beliebiger Begrenzung befasst, deren Inhaltsbestimmung indess auf der Schätzung der Flächenräume gewisser Flächenpartien beruht. Zu der ersten Gruppe gehören die Planimeter von Harkort, Posener, Alder, Wagner, Schmidt, Horsky, Zobel und Colberg, zur zweiten die sogenannten Planimetertafeln, dann das Haar- oder Fadenplanimeter von Oldendorp, endlich das Planimeter von Westfeld. Der kurzen Schilderung dieser Apparate folgt eine Skizzirung des von Gauss im Jahre 1790 gemachten Vorschlages zur Flächeninhaltsbestimmung ebener Figuren, der leider in Folge der Schwierigkeit der practischen Ausführung nicht hat verwerthet werden können. Dann wendet sich der Verfasser zu Titus Gonnella. Er entwickelt zunächst das Princip des Gonnella'schen Apparates, welches darauf beruht, dass, während die eine Spitze P den Umfang der Figur durchläuft, eine zweite Spitze Q ein Rechteck mit gegebener Grundlinie durchläuft, so dass also die Höhe des Rechteckes den Flächeninhalt der Figur ergiebt. Darauf folgt eine ausführliche Beschreibung und eine Erläuterung, wie derselbe sowohl zur Flächenbestimmung krummlinig begrenzter Figuren, wie auch zur näherungsweisen Bestimmung der Zahlenwerthe von Functionen für ein gegebenes Argument zu benutzen ist. Nun wendet sich der Verfasser zur Begründung der Prioritätsrechte Gonnella's. Es ergiebt sich, dass allerdings schon früher (1814) ein Planimeter von J. M. Herrmann in München construirt worden sei. Da die Construction desselben aber nicht bekannt gemacht worden ist, so glaubt der Verfasser, dass die Ansprüche nur für Oppikofer, der bisher für den ersten Erfinder galt, oder Gonnella zu entscheiden seien. Auf Grund der zum Theil wörtlich mitgetheilten Quellen ergiebt sich, dass dann allerdings Gonnella gegründete Ansprüche hat, da er seine Erfindung bereits 1825 in hinreichend genügender Weise publicirt hatte, während Oppikofer erst 1827 (zu dieser Zeit musste das Gonnella'sche Instrument auch in der Schweiz bereits bekannt sein — Verfasser verwahrt sich aber dagegen, als ob er Oppikofer eines Plagiates beschuldige) seine Erfindung bekannt gemacht hat. O.

Capitel 2.

Philosophie.

F. J. Studnička. Einige Bemerkungen über den Geist in der Mathematik. Casopis II. 57-64. (Böhmisch).

Der Verfasser macht drei Bemerkungen. Die erste gilt der Art und Weise, wie man die in gewöhnlicher Redeweise aufgestellten Probleme in die Sprache der Mathematik überführen soll. Ferner bemerkt der Verfasser, dass der Beweis eines Lehrsatzes um so einfacher (kürzer) ausfällt, je näher die angewendeten Sätze dem fraglichen Lehrsatze liegen. Schliesslich weist der Verfasser darauf hin, dass alle Beweise eines Theoremes im Grunde die nämliche Länge besitzen, d. h. dass sie schliesslich alle dieselbe geistige Arbeit erfordern. Diese Betrachtungen sind durch eine genügende Menge von Beispielen erläutert. W.

Jacquier. De l'esprit des mathématiques supérieures. Paris. Gauthier Villars. 8.

J. Finger. Directe Deduction der Begriffe der algebraischen und arithmetischen Grundoperationen aus dem Grössen- und Zahlenbegriffe. Laibach. Kleinmayr u. Bamberg.

Der Verfasser verwirft 2 Erklärungen der Multiplication: einerseits als das Entstehenlassen des Products aus dem Multiplicand wie der Multiplicator aus der Einheit entsteht; andererseits durch gesonderte Definition für ganze Zahlen, Brüche und Irrationalzahlen — erstere wegen Unbestimmtheit und Unnatürlichkeit, letztere wegen Umständlichkeit. Ausserdem rügt er den Mangel an Unterscheidung der Operationen mit Grössen und mit Zahlen. Er fordert, dass „jeder Satz sich auf eine natürliche, ungezwungene Weise mit Nothwendigkeit aus dem innern Wesen des Grössen- und Zahlenbegriffs ergebe“. Vergleicht man hiermit den Ausfall der vorliegenden Bearbeitung, so stellen sich augenfällig die genannten Mängel, und zwar die beiderseitige Unbestimmtheit, Mangel an Nothwendigkeit und Umständlichkeit, grösser dar, als sie in den gewöhnlichen Lehrbüchern zu finden sind. Die Hauptgründe des Misslingens sind 2 oft gerügte, doch immer von neuem auftretende Fehler. Der erste ist die Deduction der besonderen Sätze aus der allgemeinsten, umfassendsten Idee, in welche der Verfasser „das innere Wesen des Grössen- und Zahlenbegriffs“ setzt. Dass man aus Grundbegriffen, die noch allerhand unbekannte Qualitäten involviren, nicht in exacter Weise deduciren kann, liegt auf der Hand. Die Versuche, es dennoch zu thun, verfallen stets in Umständlichkeit und Unbestimmtheit zugleich. Die Orientirung geht gleich von Anfang verloren, wenn die ersten Denkoperationen nicht an einem Begriffsgebiet von geringster Mannichfaltigkeit geübt werden. Der zweite Fehler ist die Vermischung der Begriffe von Bestimmung und Rechnung. Der Verfasser erklärt ausdrücklich die Rechnungsoperation als Bestimmung, während in Wirklichkeit doch erst berechnet werden kann, was schon bestimmt ist (vgl. den nachlässigen Ausdruck: Bestimmung eines bestimmten Integrals). Hier ist es kein bloss nomineller Fehlgriff, sondern eine durchgehende, Verwirrung erzeugende Begriffsverwechselung. Einzelne hervortretende Punkte bieten sich zum Berichte nicht dar. H.

A. J. Ellis. On the algebraical analogues of logical relations. Quart. J. XII. 497-498.

Auszug aus einer Abhandlung, welche in den Phil. Trans. erscheinen wird. Der Zweck ist, die mathematische Theorie der Logik, wie diese von Boole in seinen „laws of thought“ (London 1854) dargelegt wird, zu prüfen. Cly. (O).

J. C. Becker. Ein Brief an den Herausgeber. Nebst Antwort. Hoffmann Z. IV 129-133.

An die Stelle des von Hoffmann in III. 366 (s. F. d. M. IV. p. 32) vertheidigten methodischen Grundsatzes: „vom Besonderen zum Allgemeinen“ setzt Becker: „Von der Anschauung zum Begriff“ — und beschreibt seine früher befolgte Methode nach ersterm Grundsatz zur Erzeugung von Anschauungen, dann seine später adoptirte nach letzterem zur Fixirung der Begriffe. Ersteres heisst nach seiner Auffassung, vom kleinern Terrain zum weitern fortschreiten, ohne Fixirung, letzteres im weitern Terrain allmählich mehr und mehr fixiren. Die Antwort giebt eine sehr verschiedene Auffassung kund. Hoffmann will auf kleinstem Terrain alles im voraus fixiren, und durch successive Weglassung der Merkmale den Begriff erweitern; das ist dann offenbar ein beständiger Rückschritt in der Erkenntniss. H.

F. C. Fresenius. Der mathematische Punkt. Hoffmann Z. IV. 350-354.

In der gesammten objectiven Welt giebt es kein Ich und keine (zeitliche) Gegenwart, zwei Bestimmungen, die doch für das Subject von der grössten Bedeutung sind. In ähnlichem Falle, meint der Verfasser, sei der Begriff des Punktes; in diesem Sinne hat er früher aufgestellt: „Der Punkt ist im Raume das objective Abbild der im Subject empfundenen Untheilbarkeit des Bewusstseins". Dies solle, wie er sagt, keine Definition sein, sondern die psychologische Genesis des Begriffs ausdrücken. Ist dieser Satz schlechthin vorher angefochten worden, so kann er es nach gegenwärtiger Erläuterung gewiss nicht weniger. Die Analogie trifft nicht zu. Das unmittelbare Bewusstsein giebt kein örtliches Centrum, sondern immer ein Ausgedehntes, in welchem der Punkt erst objectiv fixirt werden muss. Daher entspricht die Bestimmung des Punktbegriffs durch Abgrenzung nicht bloss der mathematischen Definition, sondern ebenso der psychologischen Genesis. H.

J. C. V. Hoffmann. Die Psychologie als Leitstern in der Didaktik und Methodik der Mathematik. Hoffmann Z. IV. 273-278.

Der Verfasser spricht dafür, dass man Anordnungen der mathematischen Ausdrücke und Lehren nach natürlicher Gedankenfolge wähle. Hiernach soll der Multiplicator hinter dem Multiplicandus stehen. Consequenterweise würde er dann auch die Zahl hinter die Benennung, den Artikel hinter das Substantiv schreiben müssen. Statt „*AB* über *A* hinaus verlängern“ soll man sagen: „*AB* verlängern“. Für jeden neuen Abschnitt soll durch vorausgehende Probleme das Interesse geweckt werden. H.

C. Stumpf. Ueber den psychologischen Ursprung der Raumvorstellung. Leipzig. Recension. Gött. Anz. 1873. 361-370.

Unter vielen allgemeinen Bemerkungen, welche nur zum kleinern Theil das Werk selbst betreffen, und aus denen sich kaum etwas charakterisirendes dafür entnehmen lässt, erwähnt der Gött. Anz., dass der Verfasser auf die Beobachtung, nach welcher das Auge fähig ist, ein vom elektrischen Funken beleuchtetes ausgedehntes Bild aufzufassen, als Beweis für die Ursprünglichkeit der Vorstellung räumlicher Ausdehnung, Werth legt. In der That ist dieselbe wohl entscheidend für die Art der Wahrnehmung, für die gleichzeitige Empfindung der Flächen und Tiefen, und widerlegt die Ansicht von der durchgängig successiven Auffassung des Ausgedehnten. Nur ist weder darin ein Beweis, noch in der Gegenansicht ein Widerspruch dagegen zu finden, dass die Raumvorstellung ursprünglich in der Empfindung gegeben sei. Vielmehr kann die Ursprünglichkeit der räumlichen Ausdehnung, wohl zu unterscheiden von der systematischen Raumvorstellung, überhaupt nicht in Abrede gestellt werden, bis man Elemente derselben entdeckt; und diese liefert auch die Bewegung nicht. Wie der Verfasser richtig bemerkt, bezieht sich die Ursprünglichkeit nicht auf die Geburt, sondern auf jeden wiederholten Act des Sehens. H.

W. Krumme. Die Analysis der Beweise. Hoffmann Z. IV. 347-350.

Der Verfasser zeigt an 3 Beispielen, wie man von den Gründen des Verfahrens deutlich Rechenschaft geben kann.

H.

Le Viseur. Was hat die Naturphilosophie geleistet, um die physikalischen Vorstellungen von der Constitution der Materie zu bereichern? Pr. Berlin.

Der Hauptinhalt der Abhandlung ist die historische Entwickelung der Ansichten über die Constitution der Materie von der ältesten bis zur neuesten Zeit. Sie zeichnet sich durch Unabhängigkeit des Urtheils und Beherrschung der beiden Seiten des Gegenstands, der physikalischen und philosophischen, oder wie es grösstentheils zutreffender wäre, der scientiven Forderung und der successiv auftretenden Meinungen, in welche der Verfasser gleicherweise einzudringen versteht, aus und leistet in deutlicher Charakterisirung des Wesentlichen auf kleinem Raume Anerkennenswerthes. Auffallend ist dagegen ein den Sachverhalt sehr entstellender Missgriff in der Disposition. Physik und Naturphilosophie werden ganz im allgemeinen beschuldigt, erstere einseitig inductiv, letztere einseitig deductiv zu verfahren, woraus dann natürlich die Erklärung der Discrepanz und das Correctiv folgen sollte. Zufolge der Ausführung stellt sich jedoch das Verhältniss ganz anders dar. Die gerügten Mängel auf Seiten der Physik reduciren sich auf mehr oder minder oft vorkommende Schwächen Einzelner; was unter einer principiell ausschliesslich inductiven Physik zu verstehen sei, ist nicht zu ersehen; ebensowenig, warum nicht die Physik sämmtliche leitenden Grundsätze aus sich selbst schöpfen könne, sondern dazu erst der guten Lehren einer andern Wissenschaft bedürfe. Auf Seiten der Philosophie hingegen sucht der Verfasser vergeblich nach einem Beispiel entschiedener Erfüllung seiner scientiven Forderung. Dem entsprechend ist dann auch die resultirende Antwort auf die überschriebene Frage dem Ausspruch nach: Wenig — dem Nachweis zufolge: Gar nichts. Es wird zwar hervorgehoben, dass die im Alterthum gebildete Vorstellung von Atomen bis jetzt Geltung behalten habe; doch damals war Physik und Naturphilosophie eins, also das Beispiel hier nicht zutreffend. H.

R. Hoppe. Theorie der unendlichen Grössen. Grunert Arch. LV. 49-58.

Diese Arbeit ist bereits früher veröffentlicht (Nyt Magazin, Christiania 1871 und Hoffmann's Zeitschrift 1872). Vgl. F. d. M. IV. p. 32. St.

E. Dühring. Kritische Geschichte der allgemeinen Principien der Mechanik. Berlin. Grieben. 8°.

Im vorigen Bande dieses Jahrbuches (p. 34) haben wir über ein Buch zu referiren gehabt, das denselben Gegenstand, wie das jetzt zur Besprechung vorliegende, behandelte. Das Werk von Dühring ist von der Göttinger Gesellschaft der Wissenschaften mit dem ersten Preise der Beneke-Stiftung bedacht worden, während das von Klein den zweiten Preis erhalten hat. In Betreff der von der Facultät gestellten Aufgabe verweisen wir auf jenes Referat. Der Verfasser des vorliegenden Buches hat einen anderen Weg eingeschlagen, als Herr Klein. Während dieser den historischen und kritischen Theil gesondert behandelt, hat Herr Dühring es vorgezogen, beide in einander zu verschmelzen. Das Buch zerfällt, ausser einer Einleitung, in vier Hauptabschnitte. Referent giebt im Folgenden einen möglichst sachlichen Bericht über den Inhalt des Werkes und enthält sich hier absichtlich jeder Kritik, — wenngleich er dem Verfasser an manchen Punkten nicht beipflichten kann, — da eine sachliche Kritik dem Principe des Jahrbuches fern liegt, auch einen zu grossen Raum erfordern würde.

In der Einleitung stellt der Verfasser zunächst den Begriff des Wortes „Princip“ fest. Dieser Ausdruck hat in der Mechanik eine doppelte Bedeutung. Einerseits versteht man darunter die einfachsten Voraussetzungen, von denen man bei den Ableitungen ausgehen, in die sich daher jeder Beweis schliesslich auflösen lassen muss. Sie entsprechen den Axiomen der Geometrie, unterscheiden sich aber dadurch von ihnen, dass ein grosser Theil derselben nicht aus Einsichten besteht, deren Wahrheit ohne Weiteres einleuchtet. Dies hat seinen Grund darin, dass die Mechanik nicht, wie die reine Mathematik, auf blosser Gedankennothwendigkeit beruht, sondern von Thatsachen ausgehen muss, deren letzte Beglaubigung das Verfahren der Natur selbst ist. Andererseits werden aber auch eine Reihe von Sätzen mit dem Namen „Princip“ belegt, welche offenbar den Charakter zusammengesetzter Lehrsätze tragen. Sie haben in der Geschichte der

Mechanik die Rolle relativer oder secundärer Principien gehabt, indem man von ihnen bei der Lösung von Problemen ausging. Nachdem so der Verfasser die Bedeutung dieses Wortes festgestellt, ergiebt sich ihm als natürliche Begrenzung seiner Aufgabe, dass er alle fundamentalen Wahrheiten, aus denen sich der wesentliche Inhalt der beweisenden und ableitenden Mechanik zusammensetzt, ebenso wie die Ausgangspunkte neuer erheblicher Wendungen, resp. die grundlegenden Thatsachen der neuen Richtung als Princip anzuerkennen und demgemäss in den Bereich seiner Forschung zu ziehen habe. Indem sodann die antike Mechanik, wie sie namentlich von Archimedes repräsentirt wird, einer näheren Betrachtung unterzogen wird, gelangt der Verfasser zu dem Resultat, dass in der ganzen Reihe dieser Forschungen von einem Principe nichts zu finden sei. Die eigentliche Entwickelung erfolgt erst von dem Augenblicke an, wo die Statik mit der Dynamik in Zusammenhang tritt, also da, wo die Dynamik überhaupt beginnt, d. h. mit Galilei, ihrem Gründer. Im ersten Abschnitte wird daher die Grundlegung der Dynamik, die Zeit Galilei's, behandelt. Das erste Capitel beschäftigt sich mit den Vorgängern desselben. Namentlich und als bedeutendster derselben wird Leonardo da Vinci genannt. Derselbe hat richtige Vorstellungen über die Methode gehabt, die bei mathematischen und experimentellen Untersuchungen anzuwenden sei. Speciell bekannt gewesen ist ihm das Bewegungsgesetz auf der schiefen Ebene, und er hat klare Vorstellungen über das stetige Wachsen der Geschwindigkeit beim Falle eines Körpers gehabt. Die von ihm darüber gemachte Aufstellung geht schon weit über die rein statische Vorstellung hinaus. Zwischen ihm und Galilei stehen Benedetti und Guido Ubaldi. Ersterer hatte die Unabhängigkeit der Geschwindigkeit fallender Körper im leeren Raume von der Masse, ebenso wie die Centrifugalkraft erkannt. Auch den Begriff des Moments im heutigen Sinne des Wortes kennt er bereits. Guido Ubaldi bekundet namentlich eine grosse Kenntniss der Leistungen der Alten, wenn auch er gerade sich durchaus nicht frei machen kann von dem Festhalten an der rein statischen Auffassung der Probleme. Begründet wurde die Dynamik

(Cap. 2), wie bereits oben bemerkt, durch Galilei. Nachdem der Verfasser zunächst den Begriff der Dynamik besprochen und an die Zeitgenossen Galilei's in der Fortentwickelung der Statik, Stevin und Descartes, erinnert und ihr Verhältniss zu Galilei betrachtet hat, bespricht er die vier Werke Galilei's, welche seine Grund legenden Ideen über die Dynamik enthalten. Zwei Sachen sind es, durch welche er hauptsächlich zum Begründer der Dynamik geworden ist. Aus dem Begriff des Moments, wie er ihn entwickelt hat, ergiebt sich zunächst, dass die Geschwindigkeiten, nicht aber die durchmessenen Räume als Vertreter der Bewegungsgrösse von ihm aufgestellt worden sind. Dann aber ist es die klare Aufstellung des zweiten Theiles des Trägheitsgesetzes, durch welche Galilei die Dynamik begründet, der Theil nämlich, der aussagt, dass die einmal erzeugten Geschwindigkeiten als fortbestehend gedacht werden müssen. Dies Princip ist in seinen zwei Theilen, wie der Verfasser besonders betont, erst später zusammengefasst worden, während ihnen in der That nichts weiter gemeinsam ist, als die metaphysische Vorstellung von dem Mangel einer Veränderungsursache. Es darf nach dem Verfasser nicht als aus Denknothwendigkeit entstanden angesehen, sondern muss als Naturthatsache aufgefasst werden, die in ihrer Einfachheit durch Zergliederung der Verfahrungsarten der Natur in den zusammengesetzten Hergängen nachgewiesen und hervorgehoben werden muss. Im dritten Capitel wird zunächst die Art untersucht, in der Galilei zu seinen dynamischen Resultaten und Principien gekommen sei, ob derselbe z. B. zu den Fallgesetzen zuerst auf empirischem Wege gelangt und hinterher seine Speculationen nach den so erworbenen Einsichten eingerichtet, oder ob er sich zuerst die abstracten Bewegungsschemata als wahrscheinliche Formen, nach denen die Natur verfahren müsse, construirt und dann erst die dafür sprechenden Erfahrungsindicien aufgesucht habe. Die Beantwortung der Frage geht dahin, dass Galilei in Folge blosser Beobachtung die Vorstellung einer gleichförmig beschleunigten Bewegung mathematisch ausgebildet und dann erst experimentelle Bestätigungen dafür gesucht habe. Die inductive Speculation war das Hervorragende in Galilei's Verfahrungsart. Sie gewann aber erst Boden durch die wirkliche Bestimmung der absoluten Grössen der Natur, die nach dem Verfasser für die Mechanik ebenfalls die Rolle einer Art von Principien spielen. Der Verfasser wendet sich nächstdem speciell zur Besprechung der verschiedenen Principien, die Galilei seinen dynamischen Forschungen zu Grunde legte. Nachdem er dessen Anschauungen über die Zusammensetzung der Kräfte beleuchtet, wendet er sich zu dem Princip der gleichen Geschwindigkeiten nach dem Fall in verschiedenen Richtungen. Indem er den später von Galilei gelieferten Beweis reproducirt, zeigt er die Mängel desselben. Ebenso bemerkt er, dass auch der Beweis für das Gleichgewicht auf der schiefen Ebene nicht genügend gewesen sei. Weiter weist er nach, dass überall, wo von einer gleichzeitigen Wirkung zweier Kräfte die Rede sei, sich eine Mischung dynamischen und statischen Inhaltes vorfinde. Hiernach wendet er sich zu den von Galilei aufgestellten Pendelgesetzen, bei welchen Letzterer wesentlich empirisch vorschritt; an diesen zeigt sich ganz besonders, mit welchen Schwierigkeiten Galilei zu kämpfen hatte. Trotzdem aber hatte er die entscheidende dynamische Grundvorstellung bereits in sehr allgemeiner Weise aufgefasst, in einer Weise, dass er schon jenen Principien nahe kam, die durch Huyghens' Arbeiten die Vorstellung von der Erhaltung der Kraft annahmen. Im Folgenden hebt der Verfasser hervor, dass die Hauptsache die mathematische Grundvorstellung von der stetigen Summation der Kraftheilchen gewesen sei. Hieran schliesst sich eine Darstellung, wie Galilei diesen Gedanken an den Fallgesetzen durchgeführt habe, denen dann eine Besprechung der einzelnen Resultate und ihrer Kennzeichnung als mathematische Consequenz der einfachsten Gedanken folgt. Im nächsten Capitel werden die statischen Principien dargestellt. Hier geht der Verfasser von dem Holländer Stevin aus. Er giebt ein Bild seines Beweises für das Gesetz der schiefen Ebene, das auf der Unmöglichkeit einer perpetuirlichen Bewegung beruht. Der Vergleich mit dem von Galilei gegebenen Beweise zeigt, dass Beide unhaltbar sind. Es folgt die Besprechung des Beweises für das Hebelgesetz. Namentlich wird das von Archimedes gegebene einer genauen Untersuchung unterzogen, als deren Resultat sich ergiebt, dass der mathematische Bestandtheil vollkommen genügend, der rein mechanische dagegen nicht völlig genügend gewesen sei. Nachdem der von Galilei gegebene Beweis erörtert ist, spricht der Verfasser über die Stellung Galilei's zum Princip der virtuellen Geschwindigkeit, das seinem axiomatischen Kerne nach in engster Beziehung zu seinen Vorstellungen von der Rolle der Geschwindigkeiten bei der Grössenbestimmung der Kräfte steht. Der Werth, den er auf dieses Princip gelegt hat, tritt namentlich bei der Anwendung hervor, die derselbe beim Hebelgesetz und beim Gesetz der schiefen Ebene davon macht. Von Wichtigkeit sind ausserdem die Anwendungen dieses Principes auf hydrostatische Verhältnisse, die an der Entwickelung derselben von Archimedes bis zu Stevin und Galilei verdeutlicht werden. In § 48 wird dann die Lücke in den Principien dieser bemerkt, die späterhin durch das Parallelogramm der Kräfte ausgefüllt wurde. Bei dieser Gelegenheit wird speciell das Verhalten Roberval's zu der Aufgabe der Kräftezusammensetzung und der Bewegungszusammensetzung besprochen. Hieran knüpft sich eine Würdigung der Verdienste Descartes' um die Mechanik. Das fünfte und letzte Capitel dieses Abschnittes wendet sich den Einwirkungen der gleichzeitigen Philosophie zu. Nachdem auf den geringen Einfluss, den Bacon auf die Entwickelung gehabt, hingedeutet ist, kommt der Verfasser zu einer speciellen Besprechung der Ansichten Descartes' in seinem Gegensatz zu der Denkweise Galilei's, bei welcher Gelegenheit denn auch auf die Ideen von Descartes über den Stoss eingegangen wird.

Der zweite Abschnitt widmet sich der Zeit von Huyghens und Newton (p. 115—214). Das erste Capitel characterisirt den allgemeinen Entwickelungsgang in dieser Zeit. Ein neues Princip wurde in dieser Periode gleichzeitig durch Varignon und Newton eingeführt, das Princip der Zusammensetzung der Kräfte. Im Uebrigen basiren die Fortschritte wesentlich auf den bisher gewonnenen Principien. Zwei Richtungen machen sich vorzugsweise geltend. Die eine hat Galilei's Lehre von der Bewegung auf der schiefen Ebene zum Ausgangspunkt. Ihr Repräsentant ist

Huyghens. Die zweite beruht in einer weiteren Entwickelung von Galilei's Behandlung der parabolischen Wurflinie, deren Hauptvertreter Newton war. Der Verfasser entwickelt die grösseren Schwierigkeiten, die Huyghens zu überwinden hatte, gegenüber den geringeren, die Newton bei Aufstellung seiner Gravitationsgesetze im Wege lagen. Newton war schon durch die Kepler'schen Gesetze darauf hingewiesen, die Galilei'sche Behandlung der Wurflinie zu einer allgemeinen Bewegungslehre in Kegelschnitten zu erweitern. Huyghens war mit seinen mechanischen Besitzthümern bereits hinreichend vorbereitet, um auch den von Newton gemachten Schritt zu thun. Dass er ihn nicht that, lag nach des Verfassers Meinung in seiner Befangenheit in der Descartes'schen Naturphilosophie. Am Schlusse seines Hauptwerkes „Horologium oscillatorium“ stellt Huyghens eine Reihe von Sätzen auf, welche die Theorie der Centrifugalkraft enthalten. Die Beweise dafür sind jedoch erst in seinen „Opuscula posthuma“ veröffentlicht worden. Diese Theorie ist vorzugsweise rein mathematischer Natur, nur ein Punkt ist für die Entwickelung der Principien wesentlich, dass er nämlich die rein statische Zurückhaltung in der Kreisbahn durch die Grösse der Entfernungen, an denen die Centrifugalkraft den Körper hindert, misst und diese als die Wirkung einer zurückhaltenden Kraft auffasst. Ein zweiter wichtiger Fortschritt liegt in Huyghens' Entwickelung der Pendeltheorie, wobei er die Bewegungsprincipien auf der schiefen Ebene benutzt. Das Hauptgewicht von Huyghens' Leistungen ist indessen in seiner Theorie des Oscillationscentrums zu suchen, auf die er durch die Untersuchung des zusammengesetzten Pendels geführt wurde. Der Verfasser unterwirft diese Theorie einer genauen Forschung. Er hebt besonders hervor, was Huyghens bei derselben als Erfahrungssätze benutzt, was er als Axiom aufgestellt habe und zeigt namentlich die Umwege, die Huyghens machen musste, um zu seinen Resultaten zu gelangen, Umwege, die späterhin zu mancherlei Discussionen und Angriffen Anlass gegeben haben. Im folgenden Capitel wird zunächst die Zusammensetzung der Kräfte, wie sie von Varignon gegeben, beleuchtet. Ferner wendet sich der Verfasser zum Probleme des Stosses.

Er entwickelt die Versuche, die Galilei zur Lösung dieses Problemes gemacht, bespricht sodann die Ansichten Descartes' und geht über zu den gleichzeitigen Lösungen von Wren, Wallis und Huyghens. Die Arbeit von Wren ist für die Entwickelung der Principien unfruchtbar. Doch auch die von Wallis steht in principieller Beziehung gegen die von Huyghens zurück. Letzterer hatte der Royal Society zunächst nur seine Resultate eingesandt. Die Beweise dafür sind theilweise erst in seinen hinterlassenen Schriften publicirt. Es ist daher schwierig, den Weg aufzusuchen, auf dem er zu seinen Betrachtungen gelangte. Doch scheint es, als sei er auf grossem Umwege, nämlich durch die Betrachtung der scheinbaren Bewegung auf seine Theorie gekommen. Einer Würdigung der Huyghens'schen Methode zur Lösung dieses Problemes schliessen sich Betrachtungen über die allgemeine Stellung desselben an. Das vierte Capitel endlich ist Newton's Gravitationsmechanik gewidmet. Hier wird zunächst bemerkt, dass Newton's Leistungen wegen des Gegenstandes, den sie behandeln, im Allgemeinen mehr Bewunderung erregt haben, als andere, die ihrer principiellen Bedeutung nach von grösserer Wichtigkeit gewesen sind. Der Verfasser findet, dass der Gegenstand selbst, auf den die Principien angewendet werden, für seine Untersuchungen nicht maassgebend sei, und dass andere Principien, wie z. B. das im Huyghens'schen Oscillationscentrum liegende für den Fortschritt der Mechanik eine grössere Bedeutung gehabt haben, als die Benutzung der sämmtlichen Grundsätze, die für die Mechanik des Himmels noch als specifische Eigenthümlichkeiten in die Wissenschaft eingeführt werden mussten. Drei Hauptpunkte sind es, die bei dem Newton'schen Gedankenkreise hauptsächlich in's Auge zu fassen sind: die Gravitationsidee, die mechanische Constitution und Erklärung der krummlinigen Bewegung und die Formulirung von Fundamentalprincipien und Begriffen des dynamischen Verhaltens. Nachdem der Anklänge, die sich im Alterthum an die Gravitationsidee finden, gedacht, werden die Vorgänger Newton's in dieser Beziehung namhaft gemacht. Hier ist Borelli zu nennen und besonders Hooke, der die Idee der quadratischen Abnahme schon concipirt hatte. Newton's Vorgehen bei Ergreifung dieser Idee war ein wesentlich anderes, als das von Galilei befolgte. Durch Kepler war ihm bereits in wesentlicher Weise vorgearbeitet. Der Verfasser spricht die Ansicht aus, dass Kepler desswegen nicht zu dieser Idee habe gelangen können, weil ihm die mechanischen Mittel, die Newton durch Galilei's und namentlich Huyghens' Centralbewegung besass, fehlten. Durch Combination der Kepler'schen Gesetze und der Huyghens'schen Centralbewegung kam Newton durch blos zergliederndes Denken zu seiner Idee der quadratischen Abnahme. Nachdem dieser Schritt gethan, bedurfte es nur noch einer Brücke, um das Wesen der Attraction als Gravitation zu erkennen. Dazu aber bot sich ihm die centripetale Bewegung des Mondes. Der Verfasser macht namentlich darauf aufmerksam, dass es somit für Newton nur noch einer quantitativen Einsicht bedurfte und führt als besonderes Merkmal die Hemmung an, die Newton's Nachweis durch Benutzung eines ungenauen Erdradius erlitt. Nachdem einmal der Gedanke der Gravitation erkannt war, bot der Uebergang zu dem Gedanken der allgemeinen Attraction der Elemente keine Schwierigkeit, und es entwickelt sich die Theorie der krummlinigen Bewegung, wie die Umwandlung der von Kepler aufgestellten Thatsachen in Attractionsnothwendigkeiten wesentlich in mathematischer Weise. Erst bei dem Uebergang von den Bewegungserscheinungen zu den Massenverhältnissen tritt ein neues mechanisches Princip hervor. Nachdem so Newton's Leistungen auf ein richtiges Maass zurückgeführt sind, wendet sich der Verfasser zu dessen Stellung zu den älteren Fundamentalprincipien. Newton kannte nur drei Bewegungsaxiome, das der Beharrung des Bewegungszustandes, das der Veränderung dieses Zustandes nach Proportionen der vis motrix und das der Gleichheit von Action und Reaction. Den Schluss dieses Abschnittes bildet eine Besprechung der mathematischen Methode Newton's.

In den dritten Abschnitt fällt die Zeit von Newton bis Lagrange: „die Zeit der allgemeinen Formulirungen und der analytischen Entwickelung bis auf Lagrange", wie der Verfasser diesen Abschnitt benannt hat. Im ersten Capitel wird zunächst ein allgemeiner Ueberblick über die Fortschritte in dieser Zeit gegeben. Nachdem auf die Wichtigkeit der Einführung von Coordinaten für die Mechanik aufmerksam gemacht ist, werden die drei Richtungen bezeichnet, nach denen hin für die weiteren Darstellungen die Formulirungen zu prüfen sind. Dies ist erstens ihre metaphysische Beziehung, zweitens ihre Eigenschaft als rein mechanische Sätze und drittens endlich ihre Leistungen analytischer Art. Die Wichtigkeit der Philosophie in dieser Periode und der erhebliche Fortschritt, der in der Ausdehnung der allgemeinen mechanischen Principien auf die flüssigen und gasförmigen Körper liegt, wird betont. Darauf wendet sich die Untersuchung im zweiten Capitel zum Princip von der Erhaltung der Kräfte. Die eigentliche Grundlegung hiervon ist auf Huyghens zurückzuführen, indem derselbe bei der Lösung der Aufgabe vom Schwingungsmittelpunkt das Princip des Aufsteigens zur Fallhöhe darauf zurückführt, dass aus Nichts keine Erhebungskraft entstehen könne. Leibniz hat dies nur mit dem Gedanken Galilei's combinirt und daraus in mehr metaphysischer Weise den Satz gefolgert, der ihm bei seinem Gedankengange sehr nahe lag. Der Verfasser behandelt weiter die Ungenauigkeiten, die sich ihm überall bei Leibniz, namentlich in der Metaphysik des Infinitesimalen ergeben. Johann Bernoulli ist in seiner Denkungsart Leibniz am meisten verwandt. Auch er betrachtet dieses Princip mehr vom Standpunkte des Metaphysischen aus. Ja er spricht direkt aus: „Es heisse das Gesetz von der Erhaltung der lebendigen Kräfte verdunkeln, wenn man es zu beweisen versuche.“ Daniel Bernoulli, sein Sohn, hielt im Gegensatz dazu den metaphysischen Gesichtspunkt für sehr gleichgültig. Er bindet sich daher ausschliesslich an die Huyghens'sche Form dieses Gesetzes und giebt keine Analyse, sondern nur Anwendungen des Gesetzes. Die wichtigste Wendung in dieser Frage hat indess Jakob Bernoulli herbeigeführt, indem er an die Huyghens'sche Lösung vom Schwingungsmittelpunkte anknüpfte und die Wirksamkeit der Kräfte am Hebel zum leitenden Gesichtspunkt machte. Der Verfasser beleuchtet nächstdem Lagrange's Stellung zu diesem Princip und betont besonders die beiden Voraussetzungen, unter denen er diese allgemeine Eigenschaft der Bewegung als Hauptsatz der Mechanik hinstellt. Erstens müssen die Bedingungsgleichungen von der Zeitveränderung unabhängig sein, zweitens muss die Summe der virtuellen Momente der freien Kräfte ein Integral haben. Am Schluss dieses Capitels erörtert Verfasser die scheinbare Ausnahme, die der Satz beim Stosse erleidet. Das nächste bringt eine Anzahl characteristischer Hauptsätze der Dynamik, die die Rolle von Principien spielen. Es gehört dahin das Princip der kleinsten Wirkung, welches sich noch heut durch die Unbestimmtheit und Veränderlichkeit der Gedanken auszeichnet, die sich an seinen Namen knüpfen. Ferner das Princip der Erhaltung des Schwerpunktes, der Erhaltung der algebraischen Summe der Bewegungsgrössen und der Erhaltung der Flächen. Der Verfasser geht diese einzeln durch, besonders noch die Fassung, die dieselben bei einzelnen Autoren erhalten haben, bespricht schliesslich das d'Alembert'sche Princip und kommt nun im folgenden Capitel zu dem Princip der virtuellen Geschwindigkeit und der Systematisirung der Mechanik durch Lagrange. Ein Rückblick auf die Entwickelung dieses Principes vor Lagrange geht der Betrachtung von Lagrange's Beweise mittelst Flaschenzuges vorher. Bei letzterem wird darauf aufmerksam gemacht, dass es zwei Vorstellungsarten in der Berücksichtigung der Richtung zwischen Kraft und virtueller Verschiebung gäbe, je nachdem man die Kraft auf die Richtung der virtuellen Verschiebung oder die virtuelle Verschiebung auf die Richtung der Kraft reducirt. Indem sodann die Mängel des Lagrange'schen Beweises hervorgehoben werden, giebt der Verfasser die Herleitung, welche Lagrange in der Functionentheorie aus den sich ergebenden Bedingungsgleichungen geliefert hat. Der Schilderung der Vorstellung Fossombroni's von diesem Princip folgt Carnot's (des Aelteren) Ansicht über die rein geometrische Verschiebung eines dynamischen Effects. Der Verfasser gewinnt dadurch einen Uebergang zur Beurtheilung der Art und Weise, wie Lagrange die gewöhnlichen differentiellen Begriffe in Functionenbegriffe umgewandelt hat und speciell zu dessen Auffassung des Begriffes der Geschwindigkeit. Bei Einführung des Massenfactors findet sich eine Ungenauigkeit von Lagrange; danach kommt Verfasser zur Aufstellung der allgemeinen dynamischen Grundgleichung aus der entsprechenden Grundgleichung der Statik und zu der Art, wie einer allgemeinen Kräftegleichung je nach der Interpretation eine statische oder dynamische Auffassung untergelegt werden könne. Weiter geht der Verfasser zur Charakteristik der Systematisirung der Mechanik in Lagrange's „analytischer Mechanik“ über. Er zeigt den Parallelismus, der sich in der Bearbeitung der Statik und Dynamik findet und wendet sich im ferneren Verlaufe zu der Entwickelung der Principien der Hydro- und Aëro-Mechanik, die, von Toricelli ihren Ausgang nehmend, durch d'Alembert und Euler wesentlich gefördert, ihren Abschluss gewissermaassen in Lagrange finden, der von der Annahme specifischer Axiome für diesen Theil der Mechanik absehend, sie unter die allgemeinen mechanischen Gesichtspunkte einordnete. Dies ist kurz der Inhalt dieses Capitels. Obwohl gerade hier sich eine Fülle von Gedanken und kritischen Bemerkungen finden, muss Referent sich doch auf diese knappe Andeutung des Inhaltes beschränken, da gerade der Inhalt dieses Theiles sich nicht in gedrängter Weise darstellen lassen würde. Im folgenden Capitel betrachtet der Verfasser den Einfluss der Philosophie auf die Entwickelung der Mechanik. Nachdem er begründet, wesshalb er hier eine ganze Zeitepoche überspringt, beschränkt er seine Aufgabe, indem er Männer, wie Maupertuis, der das Fermat'sche Princip der kleinsten Wirkung wieder aufgenommen, übergeht, und als Repräsentanten der philosophischen Theoretiker der Mechanik d'Alembert, der die ganze Mechanik auf drei Principien zurückzuführen suchte, und als Repräsentanten der mechanisch theoretisirenden Philosophen Kant aufstellt.

Der vierte und letzte Abschnitt endlich behandelt das neunzehnte Jahrhundert. Hier sind es wesentlich zwei Punkte, die den Fortschritt der Entwickelung der mechanischen Principien bezeichnen: Poinsot's Erweiterung durch Einführung des Begriffes der Kräftepaare und Mayer's Entdeckung eines mechanischen Aequivalents für die Wärme. Der Verfasser betrachtet im ersten

Capitel dieses Abschnittes die Poinsot'sche Erweiterung. Er schickt zunächst eine Auseinandersetzung der Methode der „analytischen" Mechanik voraus. Das charakteristische Kennzeichen derselben besteht darin, erst von den speciellen Thatsachen des Problems zur algebraischen Formulirung desselben überzugehen, dann aber auch nur algebraisch zu verfahren, bis das auf diese Weise gewonnene Resultat wieder in die Thatsachen umzudeuten ist. Alsdann wendet er sich zum Begriff des Kräftepaares und der Entwickelung desselben durch Poinsot, namentlich in seiner Anwendung auf die Theorie der Drehung. Poinsot's Verdienst besteht wesentlich in einer Vervollständigung der Theorie der Zusammensetzung der Kräfte. Schliesslich wird die Poinsot'sche Methode dargelegt, die sich in analoger Weise der Methode der „analytischen" Mechanik gegenüber stellt, wie die Methode der synthetischen Geometrie der der analytischen. Gauss ist Gegenstand des nächsten Capitels. Die Aufstellung des Begriffes „Potential" absichtlich übergehend, zeigt der Verfasser, dass nur eine der Arbeiten Gauss' sich mit einem Principe beschäftigt habe, nämlich mit dem der geringsten Wirkung. Anknüpfend an die Vorgeschichte dieses Principes, bekommen wir eine Characteristik des Gauss'schen Beweises. Einer Betrachtung des Hamilton'schen Principes besonders in seiner Beziehung zur Gleichung der lebendigen Kräfte von Lagrange, folgt eine Würdigung der Verdienste Jacobi's durch Aufstellung des Principes des letzten Multiplicators, welches von nur analytischer Bedeutung ist. Ihm schliessen sich Dirichlet mit seiner Arbeit: „Ueber die Stabilität des Gleichgewichtes", Cauchy mit seinen Bemühungen um eine neue Ableitung des Parallelogramms der Kräfte und Andere an. Das dritte Capitel widmet der Verfasser dem zweiten der oben erwähnten Principien, der Entwickelung der Vorstellungen im Anschluss an das mechanische Aequivalent der Wärme. Nach einer eingehenden Auseinandersetzung der Entdeckung Mayer's, der sich eine Charakteristik der demselben eigenthümlichen Vorstellungen anfügt, erörtert der Verfasser die Arbeiten Joule's über Aequivalenzen. Indem er hierauf die Vorgeschichte dieser Entdeckung, insbesondere Carnot's „Réflexions sur la puissance motrice du feu" berührt, macht er auf die Bedeutung aufmerksam, die darin liege, dass das Gesetz der Aequivalenz sich gerade bei den Gasen zuerst am klarsten herausgestellt hat, und beleuchtet auch das Verhältniss des Principes der Erhaltung der lebendigen Kräfte zu dem allgemeinen Principe von der Erhaltung der Kraft. Das Schlusscapitel des vorliegenden Werkes bringt dem Leser zuvörderst die Auffassung der Mechanik von Lagrange als einer Geometrie von vier Dimensionen, und knüpfen sich hieran Betrachtungen über die Grenzen dieser, jetzt meist Kinematik genannten Wissenschaft und Bemerkungen über die neueren Bestrebungen, eine nicht-euklidische Geometrie, wie sie von Gauss eingeleitet, herzustellen. Besonders wird, gegenüber der Einflusslosigkeit der Philosophie des neunzehnten Jahrhunderts auf die Entwickelung der Mechanik, die philosophische Darlegung der Grundbegriffe durch A. Comte hervorgehoben. Schliesslich stellt der Verfasser Betrachtungen an über fernere Entwickelung und die möglichen Anwendungen der mechanischen Principien auf andere Zweige, namentlich die kosmische Mechanik, die Electrodynamik, die organischen und vitalen Erscheinungen, wobei speciell noch des Verhältnisses der Mechanik zur modernen Physik gedacht wird.

O.

Gilles. Zurückführung des Beharrungsvermögens auf die Newton'sche Anziehungskraft. Schlömilch Z. XVIII. 517-520.

Gilles. Zurückführung der abstossenden Naturkräfte auf die Newton'sche Anziehungskraft. Schlömilch Z. XVIII. 601-609.

In dem ersten der oben citirten Aufsätze sucht der Verfasser das Beharrungsvermögen auf das Newton'sche Anziehungsgesetz zurückzuführen. Er nimmt dazu die Materie der gesammten Welt zu Hülfe, indem er einen Punkt einer Kugel zur Zeit t und $t+dt$ betrachtet. In der Zeit $t+dt$ ist eine Veränderung der Constellation der Weltmaterie in Bezug auf die Lage des betrachteten Punktes eingetreten, aus der der Verfasser die bleibende Bewegung des Punktes abzuleiten sucht. Im zweiten Aufsatze sucht der Verfasser in ähnlicher Weise durch Speculation die Undurchdringlichkeit und die Abstossung beim Stosse elastischer Körper zu erklären, indem er die Welt als gleichmässig von Materie erfüllt betrachtet. Einer Kritik enthält sich Referent, gemäss dem Principe des Jahrbuches, obgleich er den Inhalt nicht für unbedenklich hält. O.

Zweiter Abschnitt.

Algebra.

Capitel 1.

Gleichungen (Allgemeine Theorie. Besondere algebraische und transcendente Gleichungen).

K. Hattendorff. Bemerkungen zu dem Sturm'schen Satze. Gött. Nachr. 1873. 779-784.

In dem durch Division erhaltenen Systeme $F(x)$, $F'(x)$, $F_2(x)$,·· können weniger als $r+1$ Functionen vorkommen, wobei r die Zahl der von einander verschiedenen Wurzeln der algebraischen Gleichung $F(x)=0$ bedeutet; in dem bekannten zuerst von Sylvester aufgestellten Systeme, dessen Functionen wir mit $F(x)$, $F'(x)$, $\vartheta_{m-2}(x)$,··· bezeichnen, sind stets $r+1$ enthalten, und $\vartheta_{m-n}(x)$ ist eine ganze Function $m-n$ten Grades. Bezüglich der Zeichenreihen sind beide Functionenreihen äquivalent. Ist die erste Reihe vollzählig, so ist $F_n(x):\vartheta_{m-n}(x)$ eine positive Constante. Ist sie dagegen nicht vollzählig und setzen wir fest, dass als Grad einer Function die höchste Potenz, welche vorkommen kann, angesehen wird, so wird, wenn in $F_i(x)$ die k höchsten Coefficienten gleich null sind, dasselbe für ϑ_{m-i} stattfinden, und $\vartheta_{m-i-1}(x)$, $\vartheta_{m-i-2}(x)$,··· $\vartheta_{m-i-k}(x)$ stehen zu $\vartheta_{m-i}(x)$ je in einem constanten Verhältniss. Aehnliche Resultate ergeben sich, wenn man statt der Sylvester'schen Functionen die Theilnenner der Kettenbruchentwickelung von $F'(x):F(x)$ nimmt. No.

L. Kronecker. Ueber die verschiedenen Sturm'schen Reihen und ihre gegenseitigen Beziehungen.

Berl. Monatsber. 1873. 117-154.

Im ersten § wird die Sturm-Sylvester'sche Methode mit der von Herrn Kronecker herrührenden geometrischen Deutung gegeben. $f, f_1 \cdots f_\nu$ und $g_1, g_2 \cdots g_\nu$ sind ganze Functionen von x mit reellen Coefficienten, für welche

$$f_{\lambda-1} = g_\lambda f_\lambda - f_{\lambda+1}, \ (f_0 = f'; \ f_\nu = \text{const.})$$

ist. $\mathfrak{N}(x)$ ist die Anzahl der Zeichen-Wechsel in der Reihe $f(x), \cdots f_\nu(x)$; $\mathfrak{A}(x_1, x_2)$ und $\mathfrak{E}(x_1, x_2)$ sind die Zahlen der Austritts- und Eintrittspunkte der x-Axe aus einem oder in einen von $y = f(x)$ und $y = f_1(x)$ umschlossenen Theil der Ebene beim Schneiden der Curve $y = f(x)$, wenn die höchsten Coefficienten von f und f_1 als positiv vorausgesetzt werden. Dann ist $\mathfrak{N}(x_1) - \mathfrak{N}(x_2) = \mathfrak{A}(x_1, x_2) - \mathfrak{E}(x_1, x_2)$; jenachdem also für die Wurzel ξ von $f(x) = 0$ der Ausdruck $f_1(\xi) f'(\xi)$ negativ oder positiv ist, giebt die Stelle einen Eintritt oder Austritt. Durch die Werthe $x_1 = -\infty$, $x_2 = +\infty$ wird „keine“ Beschränkung auferlegt, so dass im Folgenden nur dieser Fall betrachtet zu werden braucht. Ist nun $f_1(x)$ vom Grade n, f_k vom Grade $n - n_k$ und c_k der höchste Coefficient in f_k; bedeuten ferner $\mathfrak{P}(c_k c_{k-1})$ und $\mathfrak{N}(c_k c_{k-1})$ die Zahlen der positiven resp. negativen Producte $c_k c_{k-1}$, für die $n_k - n_{k-1}$ negativ ist, und wird $\mathfrak{A}(-\infty, +\infty) = \mathfrak{A}$, $\mathfrak{E}(-\infty, +\infty) = \mathfrak{E}$ gesetzt, so ist $\mathfrak{P}(c_k c_{k-1}) - \mathfrak{N}(c_k c_{k-1}) = \mathfrak{A} - \mathfrak{E}$.

Im zweiten § folgt die Auseinandersetzung der Hermite-Jacobi'schen Methode. Setzt man $\sum \frac{\xi^r}{f_1(\xi) f'(\xi)} = s_r$, wobei $\sum$ auf alle Wurzeln von $f(x) = 0$ erstreckt wird, so hat

$$\sum_{(\xi)} \frac{(y_1 + y_2 \xi + \cdots + y_n \xi^{n-1})^2}{f_1(\xi) f'(\xi)} = \sum y_i y_k s_{i+k-2}$$

$$= \sum \frac{1}{f_1(\xi) f'(\xi)} (z_1 F_1(\xi) + z_2 F_2(\xi) + \cdots)^2$$

in jedem der verschiedenen Quadrat-Summen-Ausdrücke gleichviel positive und negative Vorzeichen. Wendet man also die Substitution, welche den mittleren Ausdruck in eine Summe von

Quadraten verwandelt, schon links an, so dass die rechte Seite entsteht, und setzt, wenn δ_{ik} Null oder Eins bedeutet, je nachdem i gleich oder ungleich k ist,

$$(\mathrm{D})\ \sum_h \frac{F_i(\xi_h)F_k(\xi_h)}{f_1(\xi_h)f'(\xi_h)} = \delta_{ik}S_k\ (h, i, k = 1, 2 \cdots n),$$

so wird $\mathfrak{P} - \mathfrak{N} = \mathfrak{A} - \mathfrak{E}$ sein, wenn $\mathfrak{P}$ und $\mathfrak{N}$ die Zahlen der positiven und negativen S angeben. $S_1 \cdots S_n$ heisst eine „Sturm'sche Reihe" für die Functionen $f(x)$ und $f_1(x)$. Für die Functionen f_λ finden sich die Gleichungen

$$(\mathrm{G})\ \sum \frac{\xi^{p-1} f_k(\xi)}{f_1(\xi)f'(\xi)} = 0 \text{ oder } \frac{1}{c^{k-1}}, \quad (\mathrm{G}')\ \sum \frac{\xi^{p-1} f_i(\xi)f_k(\xi)}{f_1(\xi)f_1(\xi)} = 0 \text{ oder } \frac{c_i}{c_{k-1}},$$

je nachdem die ganze positive Zahl p kleiner oder gleich $n - n_{k-1}$, respective $n_i - n_{k-1}$ ist. Aus diesen Formeln ergiebt sich wieder $\mathfrak{P}(c_k\, c_{k-1}) - \mathfrak{N}(c_k\, c_{k-1}) = \mathfrak{A} - \mathfrak{E}$.

§ 3. Sind verschiedene Functionensysteme F und F' gegeben, so kann $F'_k = \sum\limits_i C_{ik} F_i$ gesetzt werden; dabei sind die C den Bedingungen $\sum\limits_h S_h C_{hi} C_{hk} = \delta_{ik} S'_k$ unterworfen, so dass durch die Substitution $y_i = \sum C_{ik} y'_k$ die Form $\sum S_k y_k^2$ in $\sum S'_k y_k'^2$ übergeführt wird. Solche Transformation lässt sich aus „elementaren" nur auf ein oder auf zwei Quadrate sich erstreckenden Transformationen durchführen. Zugleich liefern diese einen Beweis für die Unveränderlichkeit der Zeichenzahl bei reeller Transformation eines Aggregats von Quadraten. Nachdem im nächsten § f_k als eine Function von möglichst niedrigem Grade definirt ist, welche für $p < n - n_{k-1}$ den Relationen (G) genügt, wird gezeigt, dass in dem Falle, wo alle $n_k - n_{k-1}$ gleich Eins sind, die $\frac{c_1}{c}, \frac{c_2}{c_1} \cdots$ eine durch die f_k erzeugte Sturm'sche Reihe bilden. Die Relationen (G) reichen dann zur Bestimmung der f_k aus. Es werden nun die Sylvester'schen Formeln abgeleitet: $R(\varphi, \psi)$ bedeutet die vollständige Eliminations-Resultante von φ und ψ; $f(x)$ wird auf alle möglichen Arten in $\varphi_k(x)\, \varphi_{n-k}(x)$ zerlegt, wobei φ_k vom $(n-k)$ten Grade ist. Dann wird

$$\sum \frac{R(f_1, \varphi_{n-k})}{R(\varphi_k, \varphi_{n-k})} \varphi_k(x) = (-1)^{\frac{1}{2}k(k-1)} c_1^2\, c_2^2 \cdots c_{k-1}^2 f_k(x).$$

Diese Formel wird in § 5 mit einer Interpolations-Formel des Herrn Verfassers in Beziehung gesetzt und daraus eine neue Deutung der linken Seite hergeleitet. Hierdurch ist es möglich, den Coefficienten c'_k zu ermitteln, der zu $f(x)$ und $f'_1(x)$ gehört, wenn für alle Wurzeln $f_1(\xi) = (a - \xi) f'_k(\xi)$ ist. Ersetzt man f_1 durch $\mathfrak{f}_1$ unter der Voraussetzung, dass für alle Wurzeln f_1 und $\mathfrak{f}_1$ gleiches Zeichen haben, so erhält man eine neue „im weiteren Sinne des Wortes" zu f und f_1 gehörige Sturm'sche Reihe. Es ergiebt sich, dass, wenn die S sämmtlich positiv sind, die zu f_1 gehörigen $\mathfrak{S}$ als Summen von je n^2 Quadraten mit positiven Coefficienten erscheinen. Dies findet statt, wenn $f(x) = 0$ nur reelle Wurzeln hat. Umkehren lässt sich der Satz nicht unbedingt, insofern derselbe nicht bloss „nicht negative" sondern „positive" Quadrate erfordert. Setzt man nun, wie dies in § 7 geschieht,

$$\Sigma \xi_h \frac{F_i(\xi_h) F_k(\xi_h)}{f_1(\xi_h) f'(\xi_h)} = S_i A_{ik},$$

so folgt $f(x) = |x\delta_{ik} - A_{ik}|$, $(i, k = 1, 2 \cdots n)$; und wenn $f_{\lambda\mu}$ die Unterdeterminanten von $f(x)$ bedeutet,

$$S_r f_{rr}(x) = S_r |x\delta_{gh} - A_{gh}|, \quad (g, h = 1, 2 \cdots r-1, r+1 \cdots n),$$

wobei $S_r f_{rr}$ als Repräsentant von f_1 genommen werden kann, da der Quotient beider Functionen für die ξ stets positiv ist. Im letzten § wird nachgewiesen, dass jede zu Functionen gleichen Grades $\mathfrak{f}(x)$, $f(x)$ gehörige Sturm'sche Reihe als zu den Functionen $f(x)$, $-\mathfrak{f}(x)$ gehörig angesehen werden kann. No.

R. Harley. On the theory of differential resolvents.

Rep. Britt. Ass. 1873.

Jede Differential-Resolvente einer algebraischen Gleichung kann von zwei Gesichtspunkten aus betrachtet werden. Entweder kann man sie so auffassen, dass sie in ihrer vollständigen Integration die Lösung der algebraischen Gleichung, aus der sie hergeleitet ist, giebt, oder zweitens, als selber lösbar mit Hülfe jener Gleichung. Die beiden Gleichungen, die algebraische und die Differential-Resolvente sind Coresolventen. Der Entdecker dieser Theorie ist Herr James Cockle. Seine Untersuchung, so wie jene von Harley finden sich in verschiedenen Arbeiten des „Philosophical Magazine", des „Quarterly Journal of mathematics", der „Manchester memoirs" und der „Proceedings of London mathematical society." Der Hauptzweck der vorliegenden Arbeit ist, zu zeigen, wie die Differential-Resolventen der Gleichungen zweiten und dritten Grades von Spottiswoode erhalten worden sind. So ist die Differential-Resolvente der Gleichung $(abc)(x\,1)^2$ die Determinante

$$\begin{vmatrix} -2x' & a' & 2b' & c' \\ \cdot & a & 2b & c \\ 1 & \cdot & a & b \\ x & a & b & \cdot \end{vmatrix} = 0,$$

wo die Differentiation in Bezug auf den Parameter durch Accente bezeichnet ist. Die Differential-Resolvente in Bezug auf die Gleichung dritten Grades $(a\,b\,c\,d)(x\,1)^3 = 0$ ist ein sehr zusammengesetzter Ausdruck, aus 203 Gliedern in dem einfachen Falle $a = 1$ bestehend.

Herr Spottiswoode hat eine Methode gefunden, algebraische Gleichungen durch Integration zu lösen. Herr Harley giebt diese Methode in seiner Arbeit und wendet sie auf quadratische und cubische Gleichungen an. Die Methode ist vom Verfasser veröffentlicht in dem Quarterly Journal, V, 337-360.

Csy. (O.)

J. Kolbe. Beweis eines Satzes über das Vorkommen complexer Wurzeln in einer algebraischen Gleichung. Wien. Ber. LXVII. 188-190.

Fehlt in einer Gleichung eine grade Anzahl auf einander folgender Glieder, so sind mindestens ebenso viele complexe Wurzeln vorhanden; fehlt eine ungrade zwischen zwei mit gleichen oder ungleichen Zeichen versehenen Gliedern, so ist die Zahl der complexen Wurzeln mindestens so gross als die um 1 vermehrte, bezüglich verminderte Anzahl der fehlenden Glieder.

No.

A. Langer. Zur Lehre von den höheren Gleichungen. Pr. Leitmeritz.

Specielle Fälle, in denen specielle Polynome zerlegt werden können. Ungenau. No.

C. F. E. Björling. Sur les relations qui doivent exister entre les coefficients d'un polynôme $F(x)$, pour qu'il contienne un facteur de la forme $(x^n - a^n)$. Grunert Arch. LV. 429-440.

Um die Bedingungen zu finden, dass die Gleichung

$$F(x) = A_0 + A_1 x + A_2 x^2 + \cdots + A_m x^m = 0$$

die Wurzeln $a, ak, ak^2, \cdots ak^{n-1}$ hat, wo $k = e^{\frac{2\pi i}{n}}$ ist, setzt der Verfasser diese Werthe ein und multiplicirt die so entstandenen n Gleichungen nacheinander mit den resp. Factoren $1, k^t, k^{2t}, \dots k^{(n-1)t}$ für $t = 0, 1, \cdots n-1$. Addirt man jedesmal die betr. n Gleichungen und summirt die Coefficienten nach der Formel

$$1 + k^s + k^{2s} + \cdots + k^{(n-1)s} = \begin{cases} n \\ 0 \end{cases}$$

(je nachdem s ein Vielfaches von n oder nicht), so erhält man n Gleichungen von der Form:

$$A_t + A_{n+t} a^n + A_{2n+t} a^{2n} + \cdots + A_{rn+t} a^{rn} = 0,$$

(wo $m = rn + p$ gesetzt ist). Nun werden nach Sylvester's dialytischer Methode die Bedingungen der Existenz von 2, und nach Euler's Methode die von den obigen n simultanen Gleichungen in Form von Determinanten dargestellt. Den Schluss bildet die Aufgabe: „Aus den $m-n+2$ gegebenen Coefficienten eines Polynoms $F(x)$ vom m^{ten} Grade, die übrigen $n-1$ Coefficienten so zu bestimmen, dass das Polynom einen Factor von der Form $(x^n - a^n)$ hat; auch soll a^n bestimmt werden." M.

A. Bonolis. Alcune formole ricavate da quelle di Newton pel calcolo delle funzioni simmetriche semplici delle radici d' un' equazione. Battaglini G. XI. 321-333.

Fs.

J. Diekmann. Zur Theorie der Gleichungen zweiten Grades. Hoffmann Z. IV. 392-403.

Der Verfasser erklärt die quadratische Gleichung durch das Zusammenfallen zweier von einander abhängigen Punktreihen in 2 Punkten, um dadurch zu zeigen, dass wir naturgemäss zur Lösung in Form der Differenz zweier Quadrate geführt werden.
H.

E. Münster. Om en eiendommelig algebraisk Oplósning af cubiske Ligninger. Nyt Magazin 1873. 23-38.

Die Gleichung dritten Grades wird vermöge einer biquadratischen Resolvente gelöst. L.

F. W. Fischer. Einiges über Gleichungen, welche auf reciproke Gleichungen zurückgeführt werden können. Grunert Arch. LV. 294-302.

Die Sätze sind meist bekannt, zum Theil auch unvollständig.
No.

R. Harley. Remarks on Professor Evan's method of solving cubic and other trinomial equations. Rep. Britt. Ass. 1873.

Csy.

H. Geelmuyden. Om de reelle Rødder i den trinomiske Ligning af n^{te} Grad. Christiania Vid. Selskab 1873. 481-484.

Kritische Vergleichung zwischen A. Guldberg's Methode zur numerischen Berechnung einer Wurzel in den trinomischen Gleichungen dritten und fünften Grades und der Gaussischen Behandlung der allgemeinen trinomischen Gleichung. L.

O. Simony. Eine einfache Lösung des Problems: $\sqrt[3]{a+bi}$ in der Form $x+yi$ vollständig darzustellen. Grunert Arch. LV. 72-76.

Durch rein elementare Umformungen zeigt der Verfasser, dass die Werthe x, y, welche $\sqrt[3]{a+bi}$ in seine reellen und imaginären Bestandtheile zerlegen, der cubischen Gleichung

$$x^3 - \tfrac{3}{4}\sqrt[3]{a^2+b^2}\cdot x - \frac{a}{4} = 0, \text{ resp. } y^3 - \tfrac{3}{4}\sqrt[3]{a^2+b^2}\cdot y - \frac{b}{4} = 0$$

genügen. Sind x_1, y_1 ein Werthepaar, so haben die beiden andern die Form:

$$\frac{-x_1+y_1\sqrt{3}}{2} - \frac{x_1\sqrt{3}+y_1}{2}i, \quad \frac{-x_1-y_1\sqrt{3}}{2} + \frac{x_1\sqrt{3}-y_1}{2}i.$$

M.

G. Darboux. Sur la résolution de l'équation du quatrième degré. Liouville J. (2) XVIII. 220-235.

Ausgehend von den beiden quadratischen Formen

$$\varphi = a_0x^2 + a_2y^2 + a_4z^2 + 2a_3yz + 2a_2xz + 2a_1xy,$$
$$\psi = y^2 - 4xz,$$

welche die Gleichungen zweier Kegelschnitte repräsentiren, verfolgt der Verfasser den Weg, welchen man einschlagen würde, um die den beiden Kegelschnitten gemeinsamen Punkte zu finden, ohne aber geometrische Betrachtungen hineinzumischen. Er wird so auf leichte Weise zu dem Ausdruck der 4 Wurzeln einer biquadratischen Gleichung durch eine Summe von 4 Wurzelausdrücken geführt. Diese Summe hat die Form:

$$(v_2-v_3)\sqrt{-h-v_1f} \pm (v_3-v_1)\sqrt{-h-v_2f} \pm (v_1-v_2)\sqrt{-h-v_3f} = 0,$$

worin v_1, v_2, v_3 die Wurzeln der Gleichung

$$4m^3 - Im - J = 0,$$

I, J die quadratische resp. cubische Invariante, h die Hessische Covariante der Form

$$f = a_0x^4 + 4a_1x^3y + 6a_2x^2y^2 + 4a_3xy^3 + a_4y^4$$

sind. Aus dem obigen Ausdruck wird nun derjenige für die allgemeinste Function einer Wurzel durch eine Summe von Wurzelausdrücken abgeleitet, d. h. der Ausdruck der allgemeinsten Function einer Wurzel, wofür die Summe der 4 Werthe null ist. Dieser allgemeine Ausdruck enthält unter den Wurzelzeichen die Quadrate der Wurzeln der Resolvente, und unterscheidet sich dadurch von demjenigen, welchen Aronhold (Borchardt J. LII.) gegeben hat. Es folgt aus jenem Ausdruck, dass man durch blosse Quadratwurzelausziehung jede vorgelegte biquadratische Gleichung in eine andere transformiren kann, deren quadratische Invariante verschwindet. Diese Idee hat früher Hermite benutzt, um die allgemeine Gleichung 4ten Grades auf solche Formen zu reduciren, wie sie in der Theorie der Dreitheilung der elliptischen Functionen auftreten, und darauf die Lösung der biquadratischen Gleichungen mit Hülfe der elliptischen Functionen zu basiren. (Vgl. Hermite: Sur la théorie des équations modulaires etc. Paris 1859, p. 17). M.

A. ENNEPER. Notiz über die biquadratische Gleichung.
Schlömilch Z. XVIII. 93-96.

Bringt man die biquadratische Gleichung

$$1)\quad ax^4+4bx^3+6cx^2+4dx+e=0$$

auf die reducirte Form

$$5)\quad y^4-6Hy^2+4Gy+a^2I-3H^2=0,$$

so führen, wie Ball (Quart. J. 1866, VII, 6 und 358) gezeigt hat, die Auflösungsmethoden von Ferrari, Simpson, Euler, Descartes, Lagrange und Cauchy sämmtlich auf die Resolvente

$$6)\quad z^3-Iz+2L=0,$$

wo I die quadratische, L die cubische Invariante der biquadratischen Form 1) ist. Dasselbe weist Herr Enneper nach für die Methode von Schlömilch (Schlömilch Z. VIII, 223), welche darin besteht, die allgemeine Gleichung 4ten Grades auf die Form

$$7)\quad t^4+1+4m(t^3+t)+6nt^2=0$$

zu bringen.

Ferner zeigt Herr Enneper, dass man die Gleichung 1) durch die Substitution:

$$ax^2+(at+4b)x=u,\quad at^2+4bt+4c=p$$

in eine Gleichung von derselben Form

$$u^4+4Bu^3+6Cu^2+4Du+E=0$$

transformiren kann, deren quadratische Invariante verschwindet, wenn p durch die Gleichung

$$Ip^2-12Lp+\tfrac{4}{3}I^2=0$$

bestimmt wird. Setzt man noch

$$u+B=y\sqrt{B^2-C},$$

so gelangt man zu einer Gleichung von der Form

$$y^4 - 6y^2 + 4Sy - 3 = 0,$$

d. h. von der Form, welche Hermite (Sur la théorie d. équ. mod. p. 21) benutzt, um die Wurzeln der Gleichung vierten Grades durch elliptische Functionen auszudrücken. M.

C. Moreau. Solution de la question 526. Nouv. Ann. (2) XII. 437-439.

Wenn die Gleichung

$$ax^4 + 4bx^3 + 6cx^2 + 4dx + e = 0$$

eine doppelte Wurzel α hat und man setzt:

$$M = \frac{(ae - 4bd + 3c^2)^3}{(ace + 2bcd - ad^2 - eb^2 - c^3)^2},$$

so ist:

$$\alpha = 4\frac{\frac{\partial M}{\partial a}}{\frac{\partial M}{\partial b}} = \frac{3}{2}\frac{\frac{\partial M}{\partial b}}{\frac{\partial M}{\partial c}} = \frac{2}{3}\frac{\frac{\partial M}{\partial c}}{\frac{\partial M}{\partial d}} = \frac{1}{4}\frac{\frac{\partial M}{\partial d}}{\frac{\partial M}{\partial e}}.$$

(Bekannt). Pr.

S. Gundelfinger. Auflösung eines Systems von Gleichungen, worunter zwei quadratisch und die übrigen linear. Schlömilch Z. XVIII. 543-552.

Die beiden quadratischen Gleichungen sind

$$f \equiv \Sigma b_{ik} x_i x_k = 0, \quad \varphi \equiv \Sigma c_{ik} x_i x_k = 0;$$

durch Einführung von $a_{ik} = b_{ik} - \lambda c_{ik}$ und $\psi = \Sigma a_{ik} x_i x_k$ wird die Resultante des Systems aus der von ψ und der linearen Gleichungen abgeleitet. Letztere erscheint in Form einer Determinante $= -(F - 2\lambda X + \lambda^2 \Phi)$ und dann ist $F\Phi - X^2$ bis auf einen constanten Factor die gesuchte Resultante des vorgelegten Systems. Dieselbe wird dann mit Hülfe einer der oben benutzten ähnlichen Determinante in ihre vier linearen Factoren zerlegt. Specielle Fälle. No.

A. Bonolis. Risoluzione di $2n$ equazioni con $2n$ incognite che si presentano in alcune quistioni di meccanica applicata alle costruzioni. Battaglini G. XI. 38-42.

Die Gleichungen sind:

$$\begin{array}{ll}
x_1 = a_1 - y_0 & , \; y_1 = a_1 - y_0 \\
x_2 = a_2 - b_1^3 y_1 - 2b_1^2 x_1 & , \; y_2 = a_2 - 2b_1^3 y_1 - 3b_1^2 x_1 \\
x_3 = a_3 - b_2^3 y_2 - 2b_2^2 x_2 & , \; y_3 = a_3 - 2b_2^3 y_2 - 3b_2^2 x_2 \\
\ldots & \ldots \\
x_{n-1} = a_{n-1} - b_{n-2}^3 y_{n-2} - 2b_{n-2}^2 x_{n-2}, & y_{n-1} = a_{n-1} - 2b_{n-2}^3 y_{n-2} - 3b_{n-2}^2 x_{n-2} \\
0 = a_n - b_{n-1}^3 y_{n-1} - 2b_{n-1}^2 x_{n-1}, & y_n = a_n - 2b_{n-1}^3 y_{n-1} - 3b_{n-1}^2 x_{n-1}
\end{array}$$

zwischen den Unbekannten $x_1, \cdots x_{n-1}$; $y_0, \cdots y_n$. No.

A. Gebhardt. Die Auflösung dreigliedriger algebraischer Gleichungen durch Reihen, mit einer Tabelle von $\log \Gamma(x)$ für $x = 1{,}00$ bis $10{,}99$; $11{,}0$ bis $100{,}9$; $101{,}5$ bis $199{,}5$; $200-500$. Pr. Leipzig.

Der Herr Verfasser bringt die Gleichung auf die Form $x^p + x^{-q} = y$ und entwickelt dann x nach der Lagrange'schen Reihe einmal nach steigenden, dann nach fallenden Potenzen von y, deren Coefficienten Γ-Functionen enthalten. Auf die Tabellen folgen mehrere durchgeführte Beispiele. No.

J. Wolstenholme. On systems of porismatic equations, algebraical and trigonometrical. Proc. of L. M. S. IV. 312-320.

Es sei

$$\begin{aligned} F(x,y) = \; & (a + b'y + c'y^2) \\ & + x(b' + cy + a'y^2) \\ & + x^2(c' + a'y + by^2). \end{aligned}$$

Wenn $F(x,y)$ eine symmetrische zweifach-quadratische (quadriquadric) Function von (x,y) ist, dann ist, wie bekannt, das System der Gleichungen $F(y,z) = 0$, $F(z,x) = 0$, $F(x,y) = 0$, (wenn x, y, z ungleich sind) porismatisch, d. h. entweder giebt es gar keine Lösungen, oder, wenn einer bestimmten Relation zwischen den Coefficienten genügt ist, lässt sich die dritte Gleichung aus den beiden anderen ableiten, und es giebt unendlich viele Lösungen. Dasselbe gilt für ein System von beliebig vielen solcher Gleichungen, wie auch für trigonometrische Gleichungen von der Art

$$a\cos\beta\cos\gamma+b\sin\beta\sin\gamma+a'(\sin\beta+\sin\gamma)$$
$$+b'(\cos\beta+\cos\gamma)+c'\sin(\beta+\gamma).$$

Der Verfasser untersucht diese Sätze für Systeme von 3, 4, 5 algebraischen und 3 oder 4 trigonometrischen Gleichungen.

Cly. (O.)

Capitel 2.

Theorie der Formen.

L. Kronecker. Sur la théorie algébrique des formes quadratiques. Darboux Bull. IV. 256-271.

Auszug aus der Arbeit in d. Berl. Monatsb. 1872, 490–504, über welche F. d. M. IV. p. 51 berichtet worden ist. O.

P. Bachmann. Untersuchungen über quadratische Formen. Borchardt J. LXXVI. 331-341.

Es handelt sich um die Substitutionen, durch die eine Form in sich selbst transformirt wird.

Sei f die Form mit den Coefficienten a, bei denen $a_{ik}=a_{ki}$ ist, D ihre Determinante, ${}^{(m)}D_{hi\dots,rs\dots}$ die n-m^{te} Unterdeterminante, welche aus der Durchkreuzung der $h, i, \cdots$ Horizontal- und der $r, s, \cdots$ Verticalreihen gebildet ist; $f_i(x_r)=\frac{1}{2}\,\frac{\partial f(x_r)}{\partial x_i}$; $f^{(m-1)}=\Sigma\Sigma^{(m)}D_{hi\dots,rs\dots}\cdot\xi_{hi\dots}\xi_{rs\dots}$. Aehnliche Bezeichnungen mögen für die adjungirte Form F mit den Coefficienten A und der Determinante D statthaben. Nun sei $x_i=\Sigma\alpha_{ir}y_r$ eine eigentliche Transformation von f in sich selbst und $y_i=\Sigma\lambda_{ri}x_p$ deren Umkehrung. Dann ist $a_{ik}=\sum_r\alpha_{rk}f_{ri}$ und $A_{ik}=\sum_r\alpha_{kr}F_{ri}$, wobei $f_{ki}=f_k(\alpha_{ri})$, $F_{ki}=f_k(\alpha_{ir})$ ist. Dann seien $\varDelta$ und ∇ die Determinanten der α und λ, so gehen die Formen $f^{(m-1)}(\xi_{rs\dots})$ und

$F^{(m-1)}(\xi_{rs}\dots)$ durch die Substitutionen $\xi_{rs}=\Sigma^{(m)}\Delta_{rs\dots,\varrho\sigma}\eta_{\varrho\sigma}$ resp. $\xi_{rs}=\Sigma^{(m)}\Delta_{\varrho\sigma\dots,rs}\eta_{\varrho\sigma!\dots}$ in sich selbst über. Ferner ist $\Sigma^{(m)}\nabla_{rs\dots,rs\dots} = \Sigma^{(m)}\Delta_{rs\dots,rs\dots}$.

Für den Fall $n=3$ ergiebt sich $F_k(\lambda_{ri})=F_i(\alpha_{kr})$ und $\lambda_{11}+\lambda_{22}+\lambda_{33}=\alpha_{11}+\alpha_{22}+\alpha_{33}$. Setzt man diese Ausdrücke $=2t+1$, so folgt $t^2+F(u_1, u_2, u_3)=1$, wobei $2u_1D=F_{23}-F_{32},\cdots$ ist. Mit Hülfe von t und u_1, u_2, u_3 wird nun die Transformation $x_i=\Sigma\alpha_{ir}y_r$ ausgedrückt, und gezeigt, dass mit Hülfe aller Lösungen von $p^2+F(q_1, q_2, q_3)=1$, bei denen p das positive Zeichen hat, auch alle eigentlichen Transformationen von f in sich selbst, jede ein Mal, geliefert werden. Hierbei ist $\alpha_{11}+\alpha_{22}+\alpha_{33}+1 \gtrless 0$. Dieselben Gleichungen liefern aber auch die Lösungen, bei denen $\alpha_{11}+\alpha_{22}+\alpha_{33}+1=0$ ist, sofern man da nur $p=0$ setzt. Dieser letztere Fall entzog sich der Hermite'schen Methode. No.

C. Jordan. Sur les polynômes bilinéaires. C. R. LXXVII. 1487-1491.

Da mit diesem Aufsatze einige andere im Jahre 1874 erschienene in engster Verbindung stehen, werden wir über dieselben zusammen im nächsten Bande der Fortschritte berichten.

No.

E. Beltrami. Sulle funzioni bilineari. Battaglini G. XI. 98-107.

Eine bilineare Form $f=\Sigma_{rs}c_{rs}x_ry_s$ kann durch zwei orthogonale Substitutionen $x_r=\Sigma_p a_{rp}\xi_p$ und $y_s=\Sigma_q b_{sq}\eta_q$ auf die Form $\varphi=\Sigma_m\gamma_m\xi_m\eta_m$ gebracht werden. Ist

$$\Sigma_p c_{rp}c_{sp}=\mu_{rs} \text{ und } \Sigma_p c_{pr}c_{ps}=\nu_{rs},$$

so sind $\gamma_1^2,\cdots\gamma_n^2$ die Wurzeln der Gleichung:

$$\begin{vmatrix} \mu_{11}-\gamma^2 & \cdots & \mu_{1n} \\ \cdot & \cdots & \cdot \\ \mu_{n1} & \cdots & \mu_{nn}-\gamma^2 \end{vmatrix} = 0 \text{ oder } \begin{vmatrix} \nu_{11}-\gamma^2 & \cdots & \nu_{1n} \\ \cdot & \cdots & \cdot \\ \nu_{n1} & \cdots & \nu_{nn}-\gamma^2 \end{vmatrix} = 0.$$

Die Wurzeln dieser beiden Gleichungen, deren linke Seiten in den Coefficienten übereinstimmen, sind nicht nur alle reell, sondern auch positiv. Zur Bestimmung der Substitutionscoefficienten dienen die Gleichungen

$$\Sigma_p \mu_{rp} a_{ps} = \gamma_s^2 a_{rs} \qquad \Sigma_p a_{ps}^2 = 1$$
$$\Sigma_p \nu_{rp} b_{ps} = \gamma_s^2 b_{rs} \qquad \Sigma_p b_{ps}^2 = 1.$$

Damit die beiden orthogonalen Substitutionen identisch seien, muss $c_{rs} = c_{sr}$ sein.

Allgemeiner können zwei bilineare Formen

$$f = \Sigma_{rs} c_{rs} x_r y_s \text{ und } f' = \Sigma_{rs} c'_{rs} x_r y_s$$

durch die Substitutionen $x_r = \Sigma_p a_{rp} \xi_p$ und $y_s = \Sigma_q b_{sq} \eta_q$ auf die Formen $\varphi = \Sigma_m \gamma_m \xi_m \eta_m$ und $\varphi' = \Sigma_m \gamma'_m \xi_m \eta_m$ gebracht werden. Zur Bestimmung der Verhältnisse $\frac{p_s}{p_s'} = \lambda_s$ dient die Gleichung $\Sigma \pm c_{11} - \lambda c'_{11} \cdots c_{nn} - \lambda c'_{nn} = 0$. Die Verhältnisse der Coefficienten a_{rs} findet man aus den Gleichungen $\Sigma_p (c_{pr} - \lambda_s c'_{pr})\, a_{ps} = 0$. Ferner ist $b_{rs} = \frac{\Sigma_p C'_{pr} A_{ps}}{C' \cdot A}$, wo $A_{rs} (C'_{rs})$ der Coefficient von $a_{rs} (c'_{rs})$ in der Determinante $A = \Sigma \pm a_n \cdot\cdot a_{nn}$ $(C' = \Sigma \pm c'_n \cdot\cdot c'_{nn})$ ist. Fs.

Faa de Bruno. Sur les fonctions symétriques. C. R. LXXVII. 163-169.

Der Verfasser theilt eine neue Anordnung der zuerst von Meyer Hirsch berechneten Tafeln der symmetrischen Functionen mit, bei welcher die Zahlencoefficienten in Bezug auf die Diagonale symmetrisch angeordnet erscheinen. Fs.

Capitel 3.

Elimination und Substitution, Determinanten, Invarianten, Covarianten, symmetrische Functionen.

L. Saltel. Application de la généralisation du principe de correspondance à la théorie de l'élimination. Nouv. Ann. (2) XII. 565-570.

Saltel geht aus von dem folgenden Principe: „Wenn zwischen k Punkten einer Geraden eine Abhängigkeit derart besteht, dass, wenn die Punkte alle bis auf den i^{ten} willkürlich gewählt sind, für diesen sich α_i Plätze ergeben, so giebt es $\alpha_1+\alpha_2+\cdots+\alpha_k$ Punkte, von welchen jeder die Eigenschaft hat, dass die Beziehung erfüllt ist, wenn man für alle k Punkte ihn setzt".

Hieraus fliessen eine Anzahl Theoreme über den Grad der Endgleichung bei der Elimination, welche sich genau ebenso durch die gewöhnliche Abzählungsregel der Elimination ergeben.

Lt.

C. Jordan. Mémoire sur les substitutions. C. R. LXXVI. 952-954.

In einer früheren Arbeit (F. d. M. III. 46) hatte Herr Jordan eine obere Grenze für den Grad einer primitiven Gruppe aufgestellt, welche eine Substitution von bestimmter Ordnung enthält. Hier wird der allgemeine Fall auf den zurückgeführt, dass die Ordnung eine Primzahl ist. Die obere Grenze hängt dann nicht von dieser Zahl selbst, sondern nur von der Anzahl der Cyclen ab; ist jene Ordnung $= p$, und diese Anzahl $= q$, so kann man 2 Functionen derart bestimmen, dass $pq+\varphi(q)$ die gesuchte Grenze ist, sobald $p > F(q)$ wird. Hieraus ergiebt sich eine neue Ableitung für die Grenze der Transitivität von Gruppen. „Ist p eine ungrade Primzahl, so kann eine Gruppe vom Grade $p+k$ höchstens k-fach transitiv sein, wenn $k > 2$ ist und jene Gruppe die alternirende nicht enthält". „Ist p eine ungrade Primzahl, q relativ prim zu p und $p^m < q < p^{m+1}$, so kann eine Gruppe vom Grade $p^n q+k$ (welche die alternirende nicht enthält) höchstens k-fach transitiv sein, sofern nicht $k < 5$ oder $k \gtreqless q$, oder sofern nicht eine in der linearen Gruppe vom Grade p^{m+n} enthaltene Gruppe besteht, welche mit einer anderen, der alternirenden vom Grade k isomorphen, zusammengesetzt ist". No.

G. Janni. Esposizione della teorica delle sostituzione. Parte terza. Battaglini G. XI. 1-17. 71-86. 257-301.

Herr Janni setzt in der ihm eigenthümlichen Weise (vgl.

F. d. M. III. 1871. S. 47) die Untersuchungen über Substitutionen fort. Dass er als Anmerkung hinzufügt, das Material „dieses dritten Abschnittes“ sei dem Jordan'schen Werke entnommen, verdient bemerkt zu werden. No.

E. Mathieu. Sur la fonction cinq fois transitive de 24 quantités. Liouville J. (2) XVIII. 25-47.

Das Princip, aus dem die in der Abhandlung gegebenen Resultate entspringen, ist folgendes: Sind p und $q=\frac{p-1}{2}$ Primzahlen, $x_z = x_{z_1}$, wenn $z\equiv z_1$ (mod. p), so giebt es transitive Functionen der p Grössen $x_0, x_1, \cdots x_{p-1}$, die für die Substitutionen $(0, 1, \cdots p-1)$ und $(1, g^2, g^4, \cdots)$ $(g, g^3, \cdots)$ unveränderlich sind; g bedeutet dabei eine primitive Wurzel von p. Daraus folgt die Unveränderlichkeit für die Substitutionen (z, a^2z+b). Setzt man nun $(x_1, x_{g^2}, x_{g^4}, \cdots)(x_g, x_{g^3}, \cdots) = (x'_0, x'_1 \cdots x'_{q-1})(x''_0, x''_2, \cdots x''_{q-1})$, indem man $x_1 = x'_0$, $x_{g^2} = x'_2$, $x_{g^4} = x'_3, \cdots$ setzt, so kann man die $x_g, x_{g^3} \cdots$ auf q Arten mit den x'' identificiren. Nun muss aber die für letztere Substitution unveränderliche transitive Function auch für die aus den $p-3$ Grössen gebildete Substitution $(x'_z, x'_{\gamma^u z})(x''_z, x''_{\gamma^u z})$ unveränderlich sein, wo γ eine primitive Wurzel von q, und u ein Theiler von $q-1$ und kleiner als $q-1$ ist, und die Indices nach dem Modul q genommen werden. Je nachdem nun die x'' mit den $x_g, x_{g^3}, \cdots$ in Beziehung gesetzt werden, kann man möglicherweise verschiedene Gruppen und Functionen erhalten. Die durch dieses Princip erlangten Resultate sind folgende:

Es giebt eine zweifach transitive Function von 7 Grössen, welche 30 Werthe hat und durch die Substitutionen $(x_0, x_1 \cdots x_7)$ und $(x_2\, x_4)(x_6\, x_5)$ characterisirt ist. Fügt man eine der Substitutionen $\left(z, \frac{Az+B}{Cz+D}\right)$, für die $AD-BC$ quadratischer Rest (mod. 7) ist und welche x_∞ enthält, dazu, z. B.

$$\left(z, -\frac{1}{z}\right) = (0,\infty)(1,6)(2,3)(4,5),$$

so erhält man eine dreifach transitive Function.

Aehnlich giebt es eine zweifach transitive Function von 11 Grössen mit 60480 Werthen unveränderlich für $(x_{01}, \cdots x_{10})$ und $(x_4, x_3)(x_5, x_9)(x_{10}, x_2)(x_7, x_6)$, von der man durch Hinzufügung von x_∞ und $\left(z, \frac{Az+B}{Cz+D}\right)$ in gleicher Weise eine dreifach transitive Function von 12 Grössen erlangen kann.

Es giebt eine vierfach transitive Function von 11 Grössen mit 7! Werthen, characterisirt durch $(x_0\, x_1 \cdots x_{10})$ und $(x_4, x_5, x_3, x_9)(x_{10}, x_7, x_2, x_6)$, deren Gruppe diejenige der eben definirten Function umfasst. Fügt man x_∞ und $\left(z, -\frac{1}{z}\right)$ dazu, so erhält man eine fünffach transitive Function von 12 Grössen.

Es giebt eine vierfach transitive Function von 23 Grössen, welche unverändert bleibt, wenn man auf die 11 Grössen des ersten Cyclus von

(1, 2, 4, 8, 16, 9, 18, 13, 3, 6, 12) (5, 10, 20, 17, 11, 22, 21, 19, 15, 7, 14)

die 6·10·11 aus $(x'_0\, x'_1 \cdots x'_{10})$ und $(x'_4\, x'_3)(x'_5\, x'_9)(x'_{10}\, x'_2)(x'_7\, x'_6)$ anwendet, welche eine zweifach transitive Function von 11 Grössen characterisiren, sofern man zugleich auf den zweiten Cyclus jener obigen Substitution die aus $(x''_0 \cdots x''_{10})$ und $(x''_1\, x''_9)(x''_4\, x''_5)(x''_7\, x''_8)(x''_6\, x''_2)$, welche auch eine zweifach transitive Function characterisiren, anwendet. Hiebei muss gesetzt werden

$$x'_0 = x_1, x'_1 = x_2, x'_2 = x_4, x'_3 = x_8, x'_4 = x_{16}, x'_5 = x_9, x'_6 = {}_{18}, x'_7 = x_{13},$$
$$x'_8 = x_3, x'_9 = x_6, x'_{10} = x_{12};$$

$$x''_0 = x_5, x''_1 = x_{10}, x''_2 = x_{20}, x''_3 = x_{17}, x''_4 = x_{11}, x''_5 = x_{22}, x''_6 = x_{21},$$
$$x''_7 = x_{19}, x''_8 = x_{15}, x''_9 = x_7, x''_{10} = x_{14}.$$

Aus dieser Function leitet man durch Hinzunahme von x_∞ eine fünffach transitive Function von 24 Grössen ab. Es werden nun die Formeln, durch welche die x' und die x'' in die x übergeführt werden, in allgemeinerer Weise betrachtet. Man erkennt dabei, dass die zweifach transitive Function aus 7 Grössen durch $(z, z+1)$ und ausserdem eine der Substitutionen $(z, -2z^5+3z^2)$, (z, z^5), $(z, -z^5+2z^2)$ (mod. 7), die zweifach transitive von 11 Grössen durch $(z, z+1)$ und eine der beiden $(z, 5z^9-4z^4)$, $(z, 3z^9-2z^4)$, die vierfach transitive von 11 Grössen durch $(z, z+1)$ und eine der beiden $(z, -3z^7+4z^2)$, $(z, 2z^7-z^2)$ und die vierfach transitive der 23 Grössen durch $(z, z+1)$ und $(z, -3z^{15}+4z^4)$ characterisirt wird. No.

K. Hattendorff. Einleitung in die Determinantenlehre. Recension von Th. Kötteritsch. Schlömilch Z. XVIII. Litz. 29-30.

St.

A. Cayley. Two „Smith's Prize" dissertations. Messenger (2) II. 145-149.

2) Determinanten-Beispiele, wie Aufgaben anzugreifen und zu beantworten sind. Glr. (O.)

O. Hesse. Ciclo di equazioni fra determinanti. Battaglini G. XI. 309-318.

Siehe F. d. M. IV. p. 57. O.

F. J. Studnička. Beitrag zur Theorie der Determinanten. Casopis II. 282-286. (Böhmisch).

Verfasser beweist, dass eine Determinante verschwindet, wenn die Differenzen zweier Parallelreihen in constantem Verhältnisse stehen; oder, wenn die l-ten Differenzen der $(l+1)$-ten Reihe in einem constanten Verhältnisse sind zu den m-ten Differenzen der $(m+1)$-ten Reihe. W.

S. Gundelfinger. Ein Satz der Determinantentheorie. Schlömilch Z. XVIII. 312-315.

Bekanntlich lässt sich das Product zweier Tetraeder-Volumina, ausgedrückt durch die Coordinaten ihrer Eckpunkte, umformen in eine Determinante, welche die Quadrate der Abstände dieser Punkte als Elemente enthält. In ähnlicher Art wird hier die aus zwei rechteckigen Systemen, in deren ersterer Colonne durchaus das Element 1 steht, zusammengesetzte Determinante entwickelt, was zu einigen bemerkenswerthen goniometrischen Sätzen führt. St.

S. Günther. Ueber einige Determinanten-Sätze. Erlang. Ber. 1873.

Ein Determinanten-Satz von Lucas, im 2ten Bd. d. Fortsch. d. Math. p. 281 ausführlich mitgetheilt — der übrigens durch Bildung der Differentialquotienten der bezüglichen Determinante sich sofort ergiebt — wird hier auf zweifache Weise bewiesen und zur Ableitung einer Kettenbruch-Entwickelung benutzt.

St.

F. Siacci. Intorno ad alcune trasformazioni di determinanti. Brioschi Ann. (2) V. 296-304.

Es sind folgende Sätze bewiesen. Es sei

$$|a_{r,s}| = A, |b_{r,s}| = B, |\lambda a_{r,s} + \mu b_{r,s}| = P(\lambda, \mu), (r, s, t = 1, 2 \cdots n);$$

ferner

$$\alpha_{r,s} = \frac{1}{A}\frac{\partial A}{\partial a_{r,s}} \qquad \beta_{r,s} = \frac{1}{B}\frac{\partial B}{\partial b_{r,s}}$$

$$\sum_t \alpha_{r,t}\, b_{s,t} = h_{r,s}, \quad \sum_t \beta_{r,t}\, a_{s,t} = k_{r,s}.$$

Dann hat man

$$1) \quad P(\lambda, \mu) = AB \cdot |\lambda\alpha_{r,s} + \mu\beta_{r,s}|$$

und

$$P(\lambda, \mu) = A \cdot L = B \cdot M,$$

wo

$$L = \begin{vmatrix} \mu h_{1,1} + \lambda, & \mu h_{1,2} & \cdots \mu h_{1,n} \\ \mu h_{2,1} & \mu h_{2,2} + \lambda & \cdots \mu h_{2,n} \\ \cdot & \cdot & \cdots \quad \cdot \\ \mu h_{n,1} & \mu h_{n,2} & \cdots \mu h_{n,n} + \lambda \end{vmatrix}$$

und

$$M = \begin{vmatrix} \lambda k_{1,1} + \mu & \lambda k_{1,2} & \cdots \lambda k_{1,n} \\ \lambda k_{2,1} & \lambda k_{2,2} + \mu & \cdots \lambda k_{2,n} \\ \cdot & \cdot & \cdots \quad \cdot \\ \lambda k_{n,1} & \lambda k_{n,2} & \cdots \lambda k_{n,n} + \mu \end{vmatrix}.$$

2) Bezeichnet man die Elemente von L, M kurz mit $l_{r,s}$ $m_{r,s}$, so ist

$$|\lambda' l_{r,s} + \mu' m_{r,s}| = P(\lambda,\mu)\ P(\lambda',\mu') : AB.$$

3) Sind $L_{r,s}$, $M_{r,s}$ die adjungirten Elemente zu den Systemen L, M; so hat man $\lambda A L_{r,s} + \mu B M_{r,s} = 0$ oder $P(\lambda,\mu)$, je nachdem $r \gtrless s$ oder $r = s$. St.

G. Janni. Sul prodotto di due matrici. Battaglini G. XI. 357-358.

Beweis des Satzes über das Product zweier Determinanten. No.

E. Jsè. Sul grado della risultante. Battaglini G. XI. 253.

$$\text{Es sei}\quad \begin{vmatrix} a_0 & a_1 & a_2 \cdots \\ 0 & a_0 & a_1 \cdots \\ 0 & 0 & a_0 \cdots \\ \cdots & \cdots & \cdots \\ b_0 & b_1 & b_2 \cdots \\ 0 & b_0 & b_1 \cdots \\ \cdots & \cdots & \cdots \end{vmatrix} = \begin{vmatrix} a_0 & a_1 & a_2 \cdots \\ a'_0 & a'_1 & a'_2 \cdots \\ a''_0 & a''_1 & a''_2 \cdots \\ \cdots & \cdots & \cdots \\ b_0 & b_1 & b_2 \cdots \\ b'_0 & b'_1 & b'_2 \cdots \\ \cdots & \cdots & \cdots \end{vmatrix}$$

wenn $a_m^{(\lambda)} = a_{m-\lambda}$, sobald $m \geqq \lambda$, und $a_m^{(\lambda)} = 0$, sobald $m < \lambda$ ist. Aehnlich für $b_m^{(\lambda)}$. Dann ist das erzeugende Diagonalglied der zweiten Determinante $a_0\, a'_1\, a''_2 \cdots a_{n-1}^{(n-1)}\, b_{n+1} \cdots b_{m+n}^{(m-1)}$; hieraus lässt sich die Summe mn der Indices für die a und b bilden. No.

G. Bauer. Bemerkungen über einige Determinanten geometrischer Bedeutung. Münch. Ber. 1873. 343.

Herr Bauer beabsichtigt in dieser Mittheilung die von Staudt, Joachimsthal, Kronecker, Cayley u. a. über Dreiecksflächen, Tetraedervolumina etc. gegebenen Determinantensätze zu verallgemeinern, jedoch nicht im Sinne einer Ausdehnung auf beliebig viele Dimensionen, sondern so, dass er, im Gebiete der Euclid'schen Geometrie bleibend, an die Stelle der Punkte Kugeln und an die Stelle der den Tetraedern umschriebenen Kugeln die Orthogonalkugeln jener Kugel-Systeme treten lässt.

Es sei $A_1\,A_2\,A_3\,A_4$ ein Tetraeder, $A_1\,A_2 = \partial_{12}$, $A_1\,A_3 = \partial_{13}$, $A_3\,A_2 = \partial_{23}$, das Volumen V, so ist, da $\partial_{ik} = \partial_{ki}$ ist, einem bekannten Satze zufolge

$$R = 288\,V^2 = \begin{vmatrix} 0 & 1 & 1 & 1 & 1 \\ 1 & 0 & d_{12}^2 & d_{13}^2 & r_1^2 \\ 1 & d_{12}^2 & 0 & d_{23}^2 & r_2^2 \\ 1 & d_{31}^2 & d_{32}^2 & 0 & r_3^2 \\ 1 & r_1^2 & r_2^2 & r_3^2 & 0 \end{vmatrix}$$

wo r_1, r_2, r_3 bezüglich gleich $A_1\,A_4$, $A_2\,A_4$, $A_3\,A_4$ ist. Ist $\triangle$ der Flächeninhalt der Grundfläche, h die Länge des von A_4 auf diese gefällten Lothes, so ist

$$R = +\,32\varrho^2\Delta^2.$$

Es wird nun untersucht, welche geometrische Bedeutung der Grösse R zukomme, wenn rechts vom Gleichheitszeichen das positive statt des negativen Zeichens stände. Es zeigt sich, dass alsdann $R = -\,32\varrho^2\Delta^2$ ist, unter ϱ den Radius eines Kreises verstanden, welcher die mit den Halbmessern r_1, r_2, r_3 bezüglich um die Punkte A_1, A_2, A_3 in dieser Ebene beschriebenen Kreise sämmtlich rechtwinklig schneidet.

Bilden ebenso die Mittelpunkte von 4 Kugeln mit den Radien r_1, r_2, r_3, r_4 das Tetraeder, dessen Inhalt V ist, dessen 6 Seitenkanten durch d_{12}, d_{13}, d_{14}, d_{23}, d_{24}, d_{34} $(d_{ik} = d_{ki})$ bezeichnet werden, so ist der Radius einer diese 4 Kugeln rechtwinklig schneidenden Kugel durch die Gleichung

$$24^2 \cdot V^2 \cdot \varrho^2 = \begin{vmatrix} 0 & 1 & 1 & 1 & 1 & 1 \\ 1 & 0 & d_{12}^2 & d_{13}^2 & d_{14}^2 & r_1^2 \\ 1 & d_{21}^2 & 0 & d_{23}^2 & d_{24}^2 & r_2^2 \\ 1 & d_{31}^2 & d_{32}^2 & 0 & d_{34}^2 & r_3^2 \\ 1 & d_{41}^2 & d_{42}^2 & d_{43}^2 & 0 & r_4^2 \\ 1 & r_1^2 & r_2^2 & r_3^2 & r_4^2 & 0 \end{vmatrix}$$

gegeben. Diese Formeln sind vollständig neu.

Von denselben wird dann weiter eine Reihe Anwendungen

gegeben; auch die rein geometrische Bedeutung einer analog der obigen zusammengesetzten Determinante vom n^{ten} Grade wird erörtert; jedoch gestattet die ohnehin knappe Behandlung mit ihrem Formel-Reichthum nicht wohl, Einzelnes herauszuheben.

Als eine Thatsache von allgemeinerer Bedeutung für die wissenschaftliche Erkenntniss können wir uns aus der vorliegenden Arbeit dies abstrahiren, dass die Substituirung des Buchstabens n in Ausdrücken der Geometrie nicht nothwendig eine Deutung derselben im Sinne Grassmann's erfordert, sondern auch ohne Verlassen der „gewöhnlichen" Raumanschauung erfolgen kann.

Literatur: Kronecker, Bemerkungen zur Determinantentheorie, Borchardt J. LXXII. 152, s. F. d. M. II. 80; Siebeck, Ueber die Determinante, deren Elemente die Quadrate der 16 Verbindungslinien der Eckpunkte zweier beliebiger Tetraeder sind, ib. LXII. 151. Gr.

F. J. Studnička. Geometrische Anwendung einiger Lehrsätze von den Determinanten. Casopis II. (Böhmisch).

Siehe Abschn. VIII. Cap. 3.

Gram. Forsóg paa en elementar Udvikling af Invarianttheoriens Grundsætsninger. Zeuthen Tidsskr. (3) III. 1.

Es wird durch eine elementare Entwickelung gezeigt, wie die Invarianten durch Anwendung der Transformation der algebraischen Functionen entstehen. Die Sätze sind bekannt, die Beweise aber neu und alle elementar. Hn.

S. Gundelfinger. Erweiterte Fassung eines von Clebsch aufgestellten Uebertragungsprincips. Clebsch Ann. VI. 16-23.

Das Clebsch'sche Ränderungsprincip, welches unmittelbar gestattet, die bei weniger Veränderlichen aufgestellten Formen, für mehr Veränderliche zu verwerthen, wird vom Verfasser in allgemeinerer Weise formulirt, als seither geschehen war, und insbesondere dazu verwandt, Systeme von $n-1$ Gleichungen, von welchen $n-2$ in den n homogen vorkommenden Unbekannten linear sind, während die letzte bezüglich vom 2ten, 3ten und 4ten Grade ist, in symmetrischer Weise aufzulösen.

Kln.

P. GORDAN. Ueber die Auflösung linearer Gleichungen mit reellen Coefficienten. Clebsch Ann. VI. 23-28.

Es handelt sich um die Bedingung, die erfüllt sein muss, damit ein System von s linearen Gleichungen mit r Unbekannten positive Werthe der letzteren als Lösung zulässt, und weiter um die Frage, wie man die einfachsten solcher ganzzahligen Lösungen findet, wenn die bezügliche Bedingung erfüllt ist und die Coefficienten der Gleichungen selbst ganzzahlig sind. Kln.

J. ROSANES. Ueber Systeme von Kegelschnitten. Clebsch Ann. VI. 264-313.

Siehe Abschn. IX. Cap. 2. C. Kln.

J. ROSANES. Ueber ein Princip der Zuordnung algebraischer Formen. Borchardt J. LXXVI. 312-331.

Dieselbe Relation des Conjugirtseins zweier algebraischer Formen, welches den Verfasser bereits in dem oben citirten Aufsatze zu schönen Resultaten geführt hatte, wird nunmehr von ihm auf binäre und ternäre Formen beliebigen Grades angewandt. Wir citiren z. B. folgende Sätze, die wir aus einer grossen Zahl gleich interessanter herausgreifen, die alle durch dasselbe Princip sehr einfach bewiesen werden: „Jede binäre Form ungraden Grades lässt sich linear aus den n^{ten} Potenzen ihrer Linearfactoren zusammensetzen". „Die Gleichung einer Curve n^{ter} Ordnung kann als Summe von $\frac{n\cdot(n+1)}{2}$ n^{ten} Potenzen linearer Ausdrücke dargestellt werden, die, gleich Null gesetzt, die $\frac{n\cdot(n+1)}{2}$ Verbindungslinien eines Systems von n Punkten vorstellen, wie es vom Verfasser als conjugirtes Polsystem der Curve bezeichnet wird". Auch sei hervorgehoben, dass diese Untersuchungen mit denjenigen von Paul Serret (Géométrie de direction. Paris 1870) und den neuen mechanischen Betrachtungen von Reye (Borchardt J.) in enger Beziehung stehen.

Kln.

A. Clebsch und P. Gordan. Ueber cubische ternäre Formen. Clebsch. Ann. VI. 436-512.

Mit der Veröffentlichung der vorliegenden Abhandlung verfolgten die Verfasser ein Ziel, das sie in der Einleitung selbst folgendermaassen bezeichnen: „Wir dürfen es nun wohl als Zweck der vorliegenden Arbeit betrachten, den Formenzusammenhang aller für die Theorie der ternären cubischen Formen nothwendigen Bildungen, gestützt auf die Methode der symbolischen Rechnung, elementar und vollständig darzulegen. Auf solche Weise hoffen wir es zu erreichen, dass für weitere Arbeiten eine allgemein zugängliche Grundlage existirt, auf welche man bei späteren Untersuchungen sich beziehen kann". — Da sonach eine Ableitung specifisch neuer Resultate nicht in der Absicht der Verfasser lag, so sei nur noch bemerkt, dass dabei auch die geometrische Deutung der erhaltenen algebraischen Resultate unberücksichtigt blieb, und im Uebrigen auf die Abhandlung verwiesen. Kln.

H. J. S. Smith. Arithmetical notes. Proc. of L. M. S. IV. 236-253.

Die Arbeit hängt mit des Verfassers Abhandlung in den Phil. Trans. CLI 293—326 „On systems of linear indeterminate equations and congruences" zusammen. I. Ueber arithmetische Invarianten von rechtwinkliger Determinante, deren Glieder ganze Zahlen sind.

Angenommen $\|a_{ij}\|$ stelle eine rechtwinklige Determinante vom Typus $r\times(n+m)$ dar, und es sei ∇_1 der grösste gemeinschaftliche Theiler der niedrigeren Determinanten der Ordnung S, welche aus der Determinante abgeleitet werden können. Die

Zahlen $\nabla_n, \nabla_{n-1} \cdots \nabla_1$ sind die arithmetischen Invarianten der Determinante. Bewiesen soll der folgende Satz werden: (*A.*) Der Bruch $\frac{\nabla_{s-1}}{\nabla_s}$ ist der grösste gemeinschaftliche Theiler der Brüche, die man durch Theilung jeder niederen Determinante von der Ordnung S durch den grössten gemeinschaftlichen Theiler ihrer nächst höheren, erhalten hat; oder was dasselbe ist, die ganze Zahl $\frac{\nabla_s}{\nabla_{s-1}}$ ist der kleinste gemeinschaftliche Nenner dieser Brüche.

II. Ueber Systeme linearer Congruenzen. Cly. (O.)

Dritter Abschnitt.

Zahlentheorie.

Capitel 1.

Allgemeines.

S. Dickstein. Ueber Kennzeichen der Theilbarkeit. Hoffmann Z. IV. 404-406.

C. Masing. Von der Theilbarkeit der Zahlen. Hoffmann Z. IV. 407-411.

Durch Addition oder Subtraction eines geeignet-vielfachen der Einerziffer zu den Zehnern lässt sich eine Zahl von einer Ziffer weniger herstellen, die mit der gegebenen Zahl gleichzeitig durch einen bestimmten Divisor theilbar ist. Die Theilbarkeit der reducirten Zahl, die also doch immer zu versuchen bleibt, heisst hier das Kennzeichen. Im Grunde ist es nur eine Division, halb von unten, halb von oben. H.

J. C. V. Hoffmann. Zum Theilbarkeitsmerkmal der 8. Hoffmann Z. IV. 411.

Es reducirt sich bekanntlich auf die Theilbarkeit des zweiziffrigen Bestandtheils mit Beachtung der vorhergehenden Ziffer. H.

E. Hain. Ueber die Theiler einer Zahl. Grunert Arch. LV. 290-294.

Hat eine Zahl a m Theiler (1 und a ausgeschlossen), so ist ihre m^{te} Potenz gleich dem Quadrate des Productes aller Theiler. Aus diesem Satze wird eine Reihe einfacher und schon bekannter Sätze abgeleitet. No.

D. André. Théorème d'arithmologie. Nouv. Ann. (2) XII. 521-522.

Ist $A^\alpha + B^\beta$ eine Primzahl, so muss der grösste Theiler von α und β die Einheit oder eine Potenz von 2 sein. Als Corollar folgt dass $A^\alpha + 1$ nur für $\alpha = 2^\nu$ eine Primzahl sein kann. No.

E. Folie. Nouvelle manière de présenter la théorie de la divisibilité des nombres. Mém. de Liège. (2) III. 85-96.

Der Verfasser nennt einen Bruch irreducibel, der sich nicht auf einen anderen mit kleineren Zahlen im Zähler und Nenner zurückführen lässt. Er beweist dann folgende bekannten Sätze: 1) Ein irreducibler Bruch $\frac{a}{b}$ kann $\frac{ma}{mb}$ nur gleich sein, wenn m eine ganze Zahl ist. 2) Ein Bruch, dessen Zähler und Nenner relativ prim sind, ist irreducibel. 3) Wenn eine Zahl ein Product von 2 Factoren theilt, zu dessen einem Factor sie relativ prim ist, so muss sie den anderen theilen. 4) Wenn $N = AB + C$, $p = aB + c$, wo B die Basis eines Zahlensystems ist, wenn ferner $ak' \pm ck$ gleich einem Vielfachen von p ist, so wird N durch p theilbar sein, unter der Bedingung dass $Ak' \pm Ck = mp$, und vorausgesetzt, dass die ganzen Zahlen a, c, k, k' nicht Vielfache von p sind. Daraus ergeben sich leicht Kennzeichen der Theilbarkeit. Mn. (O.)

W. Shanks. On periods in the reciprocals of primes (second paper). Messenger (2) III. 52-55.

Empirische Regeln zur Bestimmung der Anzahl von Stellen in den Perioden der reciproken Werthe einer zusammengesetzten Zahl. Die Hauptregel, dass wenn p eine ungrade Primzahl ausser 3 und 5 ist, die Anzahl der Stellen des reciproken Werthes von p^n gleich ap^{n-1} ist, wo a die Anzahl der Stellen in der

Periode des reciproken Werthes von p ist, ist ungenau, z. B. $\frac{1}{487}$ hat 486 Stellen in der Periode ebenso wie $\frac{1}{487^2}$ (siehe Desmarest, Théorie des nombres, Paris 1852. p. 295). Glr. (O.)

DITTMAR. Zur Theorie der Reste, insbesondere derer vom dritten Grade, nebst einer Tafel der cubischen Reste aller Primzahlen von der Form $6n+1$ zwischen den Grenzen 1 bis 100. Pr. Berlin.

Im ersten Abschnitt werden einige allgemeine Sätze über Potenzreste, im zweiten über solche dritten Grades, im dritten allgemeinere zahlentheoretische Sätze mitgetheilt. Neu ist nichts.

No.

P. PEPIN. Sur les résidus de cinquième puissance. C. R. LXXVI. 151-156.

Sei $p=5l+1$ eine Primzahl, l relative Primzahl zu 5; $l\lambda\equiv 1$ mod 5; α eine primitive Wurzel von p; $\alpha^5\equiv g$, $\alpha^{l\lambda}\equiv f$ (mod p). Dann gehört jede nicht durch p theilbare Zahl zu einer Klasse $(i)\cdots f^i, f^i g, f^i g^2, \cdots f^i g^{l-1}$.

Sei ferner $\varrho^5=1$, und ϱ eine primitive Wurzel,

$$\varphi(\varrho)=a_0+a_1\varrho+\cdots+a_4\varrho^4$$

der bekannte Factor von p, für den $\varphi(\varrho)\cdot\varphi(\varrho^4)=p$. Sei endlich $\psi(\varrho)=\varphi(\varrho^3)\cdot\varphi(\varrho)^3:p^2$.

Für $p_1=5l_1+1$ mögen α_1, g_1, λ_1, f_1 die entsprechende Bedeutung haben, und c der kleinste Rest von l_1 (mod. 5) sein. Dann bestehen folgende Theoreme:

Die Klasse, der p_1 unter den Nichtresten von p angehört, hat denselben Index i, wie diejenige, welcher $\psi(f)$ (mod. p_1) unter den Nichtresten von p_1 angehört.

p_1 ist Rest oder Nichtrest fünfter Potenz für p, jenachdem $\psi(f)$ (mod. p_1) es für p_1 ist.

Die Zahl 2 ist Rest oder Nichtrest fünfter Potenz für p, jenachdem a_0 ungrade oder grade ist. Im zweiten Falle ist einer der andern Coefficienten a_ϱ ungrade und die andern sind grade.

Dann gehört 2 zur Klasse (i), welche durch die Congruenz $i \equiv 2e$ (mod. 5) bestimmt ist.

Die Zahl 3 ist Rest oder Nichtrest nach p, jenachdem $a_0(a_0-a_1-a_3)+(a_1-a_3)(a_2-a_4)+a_1a_3-1$ durch 3 theilbar ist oder nicht.

Es folgen einige Sätze über Zahlentheorie folgender Art:

Kein Kubus kann von der Form

$$r(r+1)+3, 5, 7, 11, 17, 41, 61, 77, 85, 115$$

sein. No.

S. Réalis. Scolies pour un théorème d'arithmétique. Nouv. Ann. (2) XII. 212-223.

Im zweiten Theile der Arbeit werden die Resultate des ersten erweitert. Ref. giebt daher nur die allgemeinere Form. Jede Zahl $8n+2$, $8n+3$, $8n+4$ ist als Summe dreier Quadrate darstellbar. Jede Zahl $4n+2$ ist die Summe von vier Quadraten, deren eins unter den der Grösse nach möglichen beliebig gewählt werden kann. Auf diese beiden Lemmata gründen sich folgende Sätze: Jede Zahl $4n+2$ ist die Summe von vier Quadraten, deren Wurzeln mit passenden Zeichen versehen eine der Zahlen $0, 2, 4, \cdots 2\mu$ als vorgeschriebene Summe haben, wobei μ^2 das grösste Quadrat unterhalb $4n+2$ ist. Jede ungrade Zahl ist als Summe von vier Quadraten darstellbar, bei denen die Differenz zweier als eine der Zahlen $0, 1, 2, \cdots \mu$ bestimmt werden kann. Jede ungrade Zahl ist die Summe von vier Quadraten, deren Wurzeln als Summe eine vorgeschriebene der Zahlen $1, 3, 5, \cdots 2\mu+1$ haben. Die Bedeutung von μ in den beiden letzten Sätzen ist ersichtlich. No.

O. Callandreau. Solution de la question 1001. Nouv. Ann. (2) XII. 450-451.

Wenn a und m ganze Zahlen sind, so ist der Ausdruck:

$$\frac{(a^2+a)\,[(a+1)^{m-1}-a^{m-1}]}{m-1}$$

niemals die m^{te} Potenz einer ganzen Zahl und der Ausdruck:

$$\frac{m(a^2+a)\,[(a+1)^{m-1}-a^{m-1}]}{(m-1)\,[(a+1)^m-a^m]}$$

niemals eine ganze Zahl. Pr.

J. W. L. Glaisher. Mathematical notes. 1) An arithmetical proposition. Messenger. (2) II. 188-190.

Der Satz sagt: In dem Zahlensystem mit der Basis r sei

$$\frac{1}{(r-1)^2}=0{,}0123\cdots(r-3)\ (r-1).$$

Die Periode besteht aus allen Zahlen der Reihe nach, $r-2$ ausgenommen, welches übergangen wird; z. B. ist in der gewöhnlichen Zahlenreihe $\frac{1}{81}=0{,}012345679$. Glr. (O.)

H. v. Pessl. Ueber eine besondere Art magischer Quadrate. Pr. Amberg.

Unter einem magischen Quadrat versteht der Verfasser ein schachbrettartig eingetheiltes Quadrat, in dessen einzelne Zellen die Glieder einer arithmetischen Reihe so einzuordnen sind, dass die Summen aller horizontalen und vertikalen, sowie der beiden Diagonalreihen die nämliche Zahl ergeben. Es wird dann gezeigt, dass diese Festsetzung mit der gewöhnlichen Definition identisch ist.

Der Umstand, dass hiebei gewisse Felder, nämlich die von den Diagonalen durchkreuzten, vor den übrigen einen gewissen Vorrang behaupten, insofern sie bei der algebraischen Auffassung der Aufgabe in 3 bezüglich 4, letztere dagegen nur in zwei Bedingungsgleichungen auftreten, hat nun den Herrn Verfasser bewogen, eine neue, alle Felder gleichmässig treffende Bedingung hinzutreten zu lassen. Zu diesem Zwecke betrachtet er einen Kreiscylinder von der Höhe a und vom Radius $\frac{a}{2\pi}$, — unter a die Seite eines gewöhnlichen magischen Quadrates verstanden —

und denkt sich dies letztere hierauf um die Mantelfläche des Cylinders gewickelt. Auf dem Cylinder entstehen dann viereckige, bezüglich von Kreisbogen und Geraden begrenzte Felder, durch deren jedes zwei schraubenförmig um den Cylinder laufende Curven als Diagonalen gehen. Die Aufgabe, welche gelöst wird, lässt sich dann so formuliren:

„In ein — als in sich zurückkehrende Cylinderfläche aufzufassendes — durch Horizontal- und Vertikallinien in je n Zeilen oder in n^2 quadratische Felder getheiltes Quadrat die natürlichen Zahlen von 0 bis $(n—1)$ so einzuschreiben, dass man, von irgend einem Felde ausgehend und irgend eine der von ihm zu den acht Feldern gezogenen Zeilen verfolgend, stets dieselbe Summe

$$s = \frac{(n-1)\,n(n+1)}{2}$$

der eingetragenen Zahlen erhält“. Die Auflösung dieses Problems ist in mehrfacher Beziehung interessant, und zwar stützt sie sich auf folgende Ueberlegung, zunächst nur gültig für $n = 5$.

Unterscheidet man zwischen bestrichenen und nicht bestrichenen Feldern, so gehören zu den ersteren alle mit einem bestimmten Felde in derselben orthogonalen oder diagonalen Richtung gelegenen, zu den letzteren die übrigen. Dann lässt sich zeigen, dass zwei beliebige orthogonal oder diagonal zusammenhängende Felder zwei nicht bestrichene Felder gemein haben.

Nun besteht der für die folgende Untersuchung grundlegende Satz, dass die Summe zweier in zusammenhängenden Feldern stehender Zahlen der Summe der jenen beiden nicht bestrichenen Feldern einbeschriebenen Zahlen gleich sein muss. Den Beweis liefert eine einfache Rechnung.

Bezeichnet man jetzt irgend ein Feld des magischen Cylinders mit 0, so bilden die mit 0 nicht zusammenhängenden Felder zwei Ketten von je 4 Feldern, so dass zwar die Felder jeder Kategorie nicht unter einander zusammenhängen, wohl aber jedes Feld der einen mit jedem Felde der andren entweder diagonal oder orthogonal verbunden ist. Für irgend zwei Felder aus beiden Serien ist das eine unbestrichene Feld 0, das andre somit gleich der Summe jener. Ganz allgemein aufgefasst können 8 Plätze durch die zwei Kategorien von Zahlen

$$a, b, c, d; \; i, k, l, m$$

so besetzt werden, dass, in der Sprache des Schachspiels ausgedrückt, sämmtliche Zahlen ein und derselben Kategorie das Feld 0 nur durch eine Springerbewegung zu erreichen vermögen, die übrigen Felder werden dadurch ausgefüllt, dass man zwei Zahlen aus beiden Kategorieen zu einer Summe vereinigt. Dabei muss

$$a+b+c+d+i+k+l+m=s=\frac{4\cdot 5\cdot 6}{2}=60$$

sein. Dann ergiebt sich für den magischen Cylinder von 25 Feldern folgende Regel (§ 11): „Man trage in ein beliebiges Feld die Null ein, so bilden die 8 durch Null nicht bestrichenen Felder 2 Ketten von je vier sich gegenseitig nicht bestreichenden oder durch einen Rösselsprung zusammenhängenden Feldern. Von diesen zwei Ketten besetze man die eine in beliebiger Permutation mit den Zahlen 1, 2, 3, 4, die andere mit den Zahlen 5, 10, 15, 20. Um die Anwendung zu vollenden, trage man jede aus je einem Felde der einen und der anderen Kette combinirte Summe in dasjenige der noch übrigen 16 Felder ein, welches mit den beiden ersteren durch einen Rösselsprung zusammenhängt".

Schliesslich erweitert Herr v. Pessl die für 25 Felder gefundene Methode auf den allgemeinen Fall und zeigt (§ 13), dass für jeden beliebigen magischen Cylinder mindestens eine Lösung möglich sei. Dieselbe wird für die Primzahl n wirklich gegeben, für andere Zahlen wenigstens angedeutet und einer weiteren Abhandlung vorbehalten.

Interessant wäre es noch zu wissen, auf welche Thatsachen gestützt der Verfasser mit De la Hire den Indern die erste Construction der magischen Quadrate zuschreibt; gewöhnlich wird sonst der Byzantiner Moschopulos als erster Autor über diesen Gegenstand genannt.

Literatur: Stifel, Arithmetica integra, Nürnberg 1544 S. 24ff.

Frenicle, De la Hire, Poignard, Sauveur in: Mém. de l'acad. royale 1693—1710.

Mollweide, De quadratis magicis commentatio, Leipzig 1816.

Hugel, Die magischen Quadrate, mathematisch behandelt, Ansbach 1859. (Manch neues, aber in ungefälliger Darstellung).

Thompson, On magic squares, Quarterly Journal, X. S. 186.

Horner, On the algebra of magic squares, Ibid. XI. S. 57, S. 123. (F. d. M. II. p. 99). Gr.

S. M. DRACH. An easy general rule for filling up all magic squares. Messenger (2) II. 169-174.

Der Verfasser giebt eine Methode, ein magisches Quadrat von $(4n+2)^2$ Zellen zu bilden, nachdem er früher eine Methode veröffentlicht hatte, ein solches aus $(4n)^2$ zu bilden.

Glr. (O.)

C. MINNIGERODE. Ueber eine neue Methode, die Pell'sche Gleichung aufzulösen. Gött. Nachr. 1873. 619-652.

Es werden Kettenbrüche mit negativen ganzen Zahlen als Theilnenner benutzt.

$$\omega = a_0 - \frac{1}{\omega_1},\ \omega_1 = a_1 - \frac{1}{\omega_2},\ \cdots\ \omega_{\nu-1} = a_{\nu-1} - \frac{1}{\omega_\nu};\ \cdots .$$

Alle a von a_1 ab sind grösser als 1. Ist jedes ω grösser als 2, so heisst der Kettenbruch regelmässig; dann sind alle a ihrem absoluten Betrage nach $\geqq 2$ und das auf ein $a = \pm 2$ folgende hat $\mp$ als Vorzeichen. Eine quadratische Form (a, b, c) heisse reducirt, wenn $\dfrac{-b-\sqrt{D}}{c} > 2$ und $c \geqq a$ ist.

Entwickelt man nun für (a, b, a_1) von der σ^{ten} Art der positiven nichtquadratischen Determinante D die erste Wurzel $\dfrac{-b-\sqrt{D}}{a_1}$, indem man setzt

$$\omega = \delta_0 - \frac{1}{\omega_1},\ \omega_1 = \delta_1 - \frac{1}{\omega_2},\ \cdots,$$

so sieht man aus der Theorie benachbarter Formen, dass den ω die ersten Wurzeln von (a, b, a_1), $(a_1, b, a_2)\cdots$ entsprechen, bei denen $b+b_1 = -a_1\delta_0$, $b_1+b_2 = -a_2\delta_1, \cdots$ ist. Alle ω sind >2, die a ganze Zahlen, so dass für eine Form $a_{\nu+1} \geqq a_\nu$ ist. Hier hat man also eine reducirte Form. Unter den folgenden giebt es wieder eine solche, und da leicht bewiesen werden kann, dass für D nur eine endliche Zahl reducirter Formen vorhanden ist, so folgt die Periodicität der Entwickelung. Mit Hülfe derselben wird in bekannter Weise das Problem der Transformation einer Form in sich selbst und die Lösung von $t^2-Du^2=\sigma^2$ behandelt. Entwickelt man eine reducirte Form, so erhält man eine Lösung des obigen Problems; umgekehrt wird gezeigt, dass die Entwickelung einer Lösung jedesmal eine regelmässige ist und also von einer reducirten Form herstammt. Die reducirten Formen liefern also sämmtliche Lösungen. No.

C. Moreau. Solution de la question 1055. Nouv. Ann. (2) XII. 330-331.

Die unbestimmte Gleichung $t^2-Du^2=4$, in welcher $D=(4n+2)^2+1$ ist (wobei n eine beliebige ganze positive Zahl bedeutet), hat keine Lösung, welche aus 2 ungraden Zahlen gebildet ist; und die Lösung, welche aus den 2 kleinsten positiven ganzen Zahlen besteht, ist:

$$t = 16(2n+1)^2+2; \quad u = 8(2n+1).$$

Pr.

J. Sobička. Ueber rationale Dreiecke. Časopis II. 191-192. (Böhmisch).

W.

A. Wangerin. Geometrische Darstellung der Wurzeln der Gleichungen: 1) $u^2+v^2+w^2=0$ und 2) $u^2+v^2=0$. Grunert Arch. LV. 215-217.

Die Wurzeln der Gleichung $u^2+v^2+w^2=0$ sind 3 complexe Zahlen, welche als Endpuncte der Projectionen dreier zusammenstossender Würfelkanten dargestellt werden.

Die Wurzeln der Gleichung $u^2+v^2=0$ sind 2 complexe Zahlen $\pm(x_1+iy_1)$ und $\pm(x_{11}+iy_{11})$; x_1 und y_1 sind die Coordinaten eines beliebig gewählten Punctes und x_{11} und y_{11} sind die Coordinaten des Durchschnittspunctes zweier gleichseitigen Hyperbeln, welche zu den beiden durch den Punct x_1 y_1 gehenden Hyperbeln correspondirend sind. Pr.

C. Arzelà. Sviluppo, in serie ordinate secondo le potenze decrescenti della variabile, di n funzioni algebriche definite da altrettante equazioni a coefficienti determinati. Battaglini G. XI. 368-376.

Der Verfasser sucht n algebraische Gleichungen zwischen $n+1$ Grössen $x_1, x_2, \cdots x_{n+1}$ durch Reihen von der Form

$$x_2 = u_{h_2} x_1^{h_2} + u_{h'_2} x_1^{h'_2} + \cdots$$
$$\cdot \quad \cdot \quad \cdot \quad \cdot \quad \cdot \quad \cdots$$
$$x_{n+1} = u_{h_{n+1}} x_1^{h_{n+1}} + u_{h'_{n+1}} x_1^{h'_{n+1}} + \cdots,$$

die nach absteigenden Potenzen von x_1 geordnet sind, zu befriedigen. Er lehrt die Anfangsglieder dieser Entwickelungen finden, setzt dann

$$x_2 = u_{h_2} x_1^{h_2} + z_2, \cdots x_{n+1} = u_{h_{n+1}} x_1^{h_{n+1}} + z_{n+1},$$

bestimmt aus den transformirten Gleichungen die Anfangsglieder der analogen Entwickelungen von $z_2, \cdots z_{n+1}$, also die zweiten Glieder von $x_2, \cdots x_{n+1}$, und findet auf ähnliche Weise alle folgenden Glieder. Fs.

Capitel 2.

Theorie der Formen.

J. A. Serret. Détermination des fonctions entières irréductibles suivant un module premier, dans le cas où le degré est égal au module. Liouville J. (2) XVIII. 301–305.

Ist p eine Primzahl und ist

$$X_\mu \equiv x^{p^\mu} - \frac{\mu}{1} x^{p^{\mu-1}} + \frac{\mu(\mu-1)}{1\cdot 2} x^{p^{\mu-2}} - \cdots$$
$$+ (-1)^{\mu-1} \frac{\mu}{1} x^{p^u} + (-1)^\mu x \pmod{p},$$

so ist $X_\mu - g$ $(g = 1, 2, \cdots p-1)$ das Product von $p^{\mu-1}$ Factoren p^{ten} Grades, welche in Bezug auf den Primzahlmodul p irreductibel sind. Diese Functionen p^{ten} Grades, also die sämmtlichen Factoren von $X_\mu^{p-1} - 1$ (mod. p), nennt der Verfasser Functionen des μ^{ten} Geschlechtes (genre). Ist i eine Wurzel der irreductibeln Congruenz

$$i^p - i - 1 \equiv 0 \text{ mod. } p,$$

so sind die Wurzeln der Functionen des μ^{ten} Geschlechtes ganze Functionen μ^{ten} Grades von i. Sind a_0, $a_1, \cdots a_{p-1}$ Zahlen von 0 bis $p-1$, ist $a'_k = a_k + a_{k-1}$ $(a'_0 = a_0 + a_{p-1})$, so ist:

$$T\cdot(x) = -\begin{vmatrix} a_0 - x, & a_1 & , a_2 & , \cdots a_{p-3}, & a_{p-2}, & a_{p-1} \\ a_{p-1} & , a'_0 - x, & a_1 & , \cdots a_{p-4}, & a_{p-3}, & a_{p-2} \\ a_{p-2} & , a'_{p-1} & , a'_0 - x, & \cdots a_{p-5}, & a_{p-4}, & a_{p-3} \\ \cdot & \cdot & \cdot & \cdots & \cdot\quad\cdot & \cdot \\ a_3 & , a'_4 & , a'_5 & , \cdots a'_0 - x, & a_1 & , a_2 \\ a_2 & , a'_3 & , a'_4 & , \cdots a'_{p-1} & , a'_0 - x, & a_1 \\ a_1 & , a'_2 & , a'_3 & , \cdots a'_{p-2} & , a'_{p-1}, & a'_0 - x \end{vmatrix}$$

der allgemeine Ausdruck der irreductibeln Functionen p^{ten} Grades mod. p. Damit er die Functionen des μ^{ten} Geschlechtes darstelle, ist a_{p-1}, $a_{p-2}, \cdots a_{\mu+1}$ und $a_{\mu-1}$ gleich 0, a_μ aber von 0 verschieden anzunehmen.

Fs.

J. A. Serret. Sur les fonctions entières irréductibles, suivant un module premier, dans le cas où le degré est une puissance du module. Liouville J. (2) XVIII. 437-451.

Ist

$$X_\mu \equiv x^{p^\mu} - \frac{\mu}{1} \; x^{p^{\mu-1}} + \frac{\mu(\mu-1)}{1\cdot 2} \; x^{p^{\mu-2}} - \cdots$$

$$+ (-1)^{\mu-1}\left(\frac{\mu}{1}\right) x^p + (-1)^\mu \; x \text{ (mod. } p),$$

so ist

$$X_{p^{n-1}+\lambda-1} - g \;\; (g = 1, 2, \cdots p-1, \; \lambda = 1, 2, \cdots (p-1)\, h^{n-1})$$

das Product von $p^{p^{n-1}+\lambda-n-1}$ irreductibeln Factoren vom

Grade p^n. Alle die, welche demselben Werthe von λ entsprechen, gehören zu demselben Geschlechte, dem λ^{ten}. Das letzte Geschlecht ($\lambda = (p-1)\, p^{n-1}$) heisst das Hauptgeschlecht (genre principal).

Mit Hülfe von Wurzeln irreductibler Congruenzen lassen sich zunächst die Functionen des ersten Geschlechtes und alsdann aus diesen die aller übrigen Geschlechter bestimmen. Fs.

A. Korkine et G. Zolotareff. Sur les formes quadratiques. Clebsch Ann. II. 366-390.

Sind die Coefficienten einer positiven quadratischen Form beliebige reelle Grössen, die Variabeln aber ganze Zahlen, so kann man den Variabeln solche Werthe ertheilen, dass der Werth der Form ein Minimum ist. Das Minimum ändert sich, wenn die Coefficienten sich ändern und kann unter jeden angebbaren Werth herabsinken, aber, wenn die Determinante $-D$, und die Anzahl der Variabeln n gegeben ist, eine gewisse Grenze nicht übersteigen. Um dies Maximum für die Minima aller positiven Formen von n Variabeln und der Determinante $-D$ zu finden, verwandeln die Verfasser die eine gegebene Form in eine äquivalente von der Gestalt:

$$A(x_1 + \alpha x_2 + \beta x_3 + \cdots + \gamma x_n)^2 + A'(x_2 + \delta x_3 + \cdots + \zeta x_n)^2 + \cdots \\ + A^{(n-2)}(x_{n-1} + \sigma x_n)^2 + A_{n-1} x_n^2,$$

wo A das Minimum der Form f, A' das Minimum der Form

$$A'(x_2 + \delta x_3 + \cdots + \zeta x_n)^2 + \cdots + A^{(n-2)}(x_{n-1} + \sigma x_n)^2 + A_{n+1} x_n^2,$$

u. s. w., schliesslich $A^{(n-2)}$ das Minimum der binären Form

$$A^{(n-2)}(x_{n-1} + \sigma x_n)^2 + A^{(n-1)} x_n^2$$

ist, und α, β, $\cdots$ σ dem absoluten Werthe nach kleiner als $\frac{1}{2}$ sind. Diese Darstellung der Form nennen sie ihre Entwickelung nach den Minimis. Ist

$$f = k(x + \lambda y)^2 + l y^2$$

die Entwicklung einer binären Form nach den Minimis, so ist $l \geqq \frac{3}{4} k$. Daraus ergiebt sich für die Minima A der Formen von n Variabeln und der Determinante $-D$ die (Hermite'sche) Grenze

$$A \leqq \left(\tfrac{4}{3}\right)^{\frac{n-1}{2}} \sqrt[n]{D}.$$

Ist ferner

$$f = A(x+\lambda y+\mu z)^2 + Ak(y+\sigma z)^2 + Alz^2$$

die Entwicklung einer ternären Form nach den Minimis, so ist $k \geqq \frac{3}{4}$ und $l \geqq \frac{2}{3}$, und es giebt wirklich zwei Klassen, für welche $l = \frac{2}{3}$ ist. Daraus ergiebt sich für die Minima A der Formen von n Variabeln die Grenze

$$A \leqq \frac{3^{\frac{m-2}{2}}}{2^{\frac{m-1}{2}}} \sqrt[n]{D},$$

wenn $n = 2m$ und

$$A \leqq \sqrt[n]{\frac{3^{m(m-1)}}{2^{m(m-2)}} D},$$

wenn $n = 2m+1$ ist.

Diese Grenze wird aber nur bei den ternären und quaternären Formen erreicht, ist dagegen bei Formen von mehr als 4 Variabeln zu gross.

Ist bei einer quaternären Form

$$f = A(x+\alpha y+\beta z+\gamma t)^2 + Ak(y+\delta z+\varepsilon t)^2 + Al(z+\zeta t)^2 + Amt^2$$

die Entwicklung nach den Minimis, so ist $k \geqq \frac{3}{4}$, $l \geqq \frac{2}{3}$, $m \geqq \frac{1}{2}$ und die Grenze $m = \frac{1}{2}$ wird von einer bestimmten Klasse wirklich erreicht. Fs.

J. Liouville. Sur quelques formules générales qui se rattachent à certaines formes quadratiques. (Premier article). Liouville J. (2) XVIII. 142-145.

Ist m eine ungrade Zahl, und bildet man alle Zerlegungen $m = \alpha^2 + 3\beta^2$, $4m = i^2 + 3i'^2$, so ist für eine nach x und y grade Function $F(x, y)$ stets $\Sigma F(\alpha+3\beta, \alpha-\beta) = 2\Sigma F(i, i')$. No.

C. Minnigerode. Ueber die Vertheilung der quadratischen Formen mit complexen Coefficienten und Veränderlichen in Geschlechter. Gött. Nachr. 1873. 160-180.

Diese von Dirichlet in Aussicht gestellte, aber nicht veröffentlichte Untersuchung wird hier durchgeführt; sie liefert genau entsprechende Resultate, wie die Untersuchung bei reellen Coefficienten. Zuerst wird der Begriff der Charaktere festgestellt. Ist $n = \lambda + \nu i$ eine ungrade durch eine quadratische Form der Determinante D darstellbare Zahl und ν die grade Zahl; $p, p', \cdots$ die ungraden in D aufgehenden Primzahlen, so hat für alle Zahlen n der obigen Beschaffenheit $\left[\frac{n}{p}\right], \left[\frac{n}{p'}\right], \cdots$ und in besondern Fällen haben auch einer oder zwei der Ausdrücke

$$(-1)^{\frac{\lambda^2+\nu^2-1}{4}}, (-1)^{\frac{(\lambda+\nu)^2-1}{8}}, (-1)^{\frac{\lambda^2+\nu^2-1}{4}+\frac{(\lambda+\nu)^2-1}{8}}$$

denselben Werth. Ist nun ϱ die Anzahl dieser Charaktere, so könnten höchstens 2ϱ verschiedene Geschlechter vorhanden sein. Es wird nun nachgewiesen, dass die Gesammt-Charaktere noch Bedingungen unterworfen sind, denen nur $2\varrho - 1$ Geschlechter genügen; dann wird gezeigt, dass diese auch wirklich bestehen, und dass alle gleichviel Formenklassen enthalten. No.

Capitel 3.

Kettenbrüche.

S. Günther. Beiträge zur Theorie der Kettenbrüche. Grunert Arch. LV. 392-404.

Im ersten Abschnitte werden die Näherungswerthe eines zweigliedrig-periodischen Kettenbruchs in geschlossener Form als Functionen des Stellenwerthes aus der von Clausen für eingliedrig-periodische Kettenbrüche gegebenen Formel abgeleitet. Es dient hierzu die Umwandlung eines Bruches der ersteren Art in einen der zweiten. Im zweiten Abschnitte wird eine vom Fürsten Boncompagni gestellte, auf Vergleichung zweier Näherungs-Rechnungen für Ausziehung der Quadratwurzeln gerichtete Frage beantwortet; im dritten wird folgender Lehrsatz bewiesen: „Die Transformation eines Quotienten zweier Determinanten $\frac{M}{N}$ in einen

Kettenbruch ist möglich, wenn $M = \frac{\partial N}{\partial A}$ ist, wobei A eine beliebige der vier Eckzahlen von N ist. Im letzten Abschnitt endlich wird eine frühere Bemerkung berichtigt. No.

S. Günther. Darstellung der Näherungswerthe von Kettenbrüchen in independenter Form. Erlangen. Besold.

Im ersten Capitel giebt der Herr Verfasser eine eingehende Uebersicht der seit Schwenter und Wallis unternommenen, durch die combinatorische Analysis gegangenen, und endlich durch Ramus und Heine zur Benutzung der Determinanten geleiteten Versuche, die Näherungswerthe der Kettenbrüche unabhängig von den früheren Näherungswerthen darzustellen. Im zweiten Kapitel wird diese „Kettenbruch-Determinante" hergestellt und auf mannigfache Weise umgeformt; unter anderen derart, dass die Diagonalglieder einander gleich werden und so eine Entwickelung nach Potenzen derselben möglich ist. In gleicher Weise werden dann die aufsteigenden Kettenbrüche behandelt, und endlich wird als Beispiel für den Nutzen dieser Darstellungsweise gezeigt, wie die Summe der Glieder bestimmt werden kann, welche den n^{ten} Theilzähler oder Theilnenner eines beliebigen Näherungswerthes ausmachen. Im dritten Kapitel folgen die Anwendungen der gewonnenen Resultate auf Analysis, Algebra und Physik. Zuerst werden die bekannten Lehrsätze über Kettenbrüche abgeleitet, über Transformation derselben, dann die Recursionsformel für die Sinus der vielfachen Winkel, die Umwandlung ganzer Zahlen in Kettenbrüche von gegebener Gliederzahl, die Entwickelung der Wurzeln quadratischer Gleichungen, einige Lehrsätze über n-fach periodische Kettenbrüche und über solche mit unendlicher Gliederzahl. No.

V. Nachreiner. Beziehungen zwischen Determinanten und Kettenbrüchen. München. Diss.

Diese Schrift — von der Münchener philosophischen Fakultät mit dem Preise geehrt — stellt sich die Aufgabe, die Darstellung der Näherungsbrüche von Kettenbrüchen in Determinantenformen für die Wissenschaft nutzbringend zu machen und weist in diesem Sinne mit der ähnlich betitelten Arbeit des Referenten mehrfache Berührungspunkte auf. Dieselbe muss in der That in vielfacher Beziehung als eine namhafte Leistung bezeichnet werden, leidet dagegen an dem Gebrechen, in einer etwas ungeniessbaren Form abgefasst zu sein und die Literatur so gut wie gänzlich zu ignoriren.

Der Verfasser geht aus von der durch Spottiswoode (Crelle's Journal Band LI) bekannter gewordenen Relation:

$$\cfrac{1}{a_1-\cfrac{1}{a_2-\cdots-\cfrac{1}{a_{n-1}-\cfrac{1}{a_n}}}} = \frac{\partial}{\partial a_1}\left(\log\left[\begin{vmatrix} a_1 & 1 & 0 & \cdots & 0 & 0 \\ 1 & a_2 & 1 & \cdots & 0 & 0 \\ 0 & 1 & a_3 & \cdots & 0 & 0 \\ . & . & . & . & . & . \\ 0 & 0 & 0 & \cdots & a_{n-1} & 1 \\ 0 & 0 & 0 & \cdots & 1 & a_n \end{vmatrix}\right]\right),$$

liefert für dieselbe einen kurzen Beweis und erweitert dieselbe sodann auf den Fall, wo als Theilzähler beliebige positive oder negative Grössen auftreten. Die naturgemässe Ableitung dieser Beziehungen durch Auflösung eines Systemes trinomischer Gleichungen tritt hiebei zurück.

Im zweiten Paragraphen erledigt Herr Nachreiner auf einfache Weise den Fundamentalsatz der Kettenbruchlehre und bestimmt hierauf die Anzahl der bei der wirklichen Berechnung eines Kettenbruches vorkommenden Aggregat-Glieder. Die hiebei verwendete Methode ist einfach und elegant; es wird die Anzahl der Glieder im Nenner gleich α^n gesetzt und α durch Auflösung der endlichen Differenzengleichung

$$\alpha^2-\alpha=1$$

bestimmt. Die totale Auflösung ist dann

$$\alpha=\frac{C_1}{2^n}(\sqrt{5}+1)^n+\frac{(-1)^n C_2}{2^n}(\sqrt{5}-1)^n;$$

die Constanten C_1 und C_2 sind bezüglich

$$\frac{(\sqrt{5}+1)^2}{2^2\sqrt{5}} \text{ und } -\frac{(\sqrt{5}-1)^2}{2^2\sqrt{5}}.$$

Dies Verfahren hat nur den einen Nachtheil, dass es vom Determinantencalcul gar keinen Gebrauch macht und also mit den Titelworten nicht harmonirt. Auch ist dasselbe nicht neu, sondern bereits 1855 von Ramus in den Denkschriften der dänischen Akademie publicirt worden, was natürlich Herr Nachreiner nicht wusste.

Bekanntlich war Möbius (Crelle's Journal, Band VI) der erste, welcher einen Kettenbruch in einen andern verwandeln lehrte, der eine willkürliche Anzahl von Theilbrüchen weniger besitzt. Eine solche Contraktion erreicht der Verfasser unserer Schrift sehr einfach dadurch, dass er auf die Kettenbruchdeterminanten die bekannten Laplace'schen Zerlegungsformeln anwendet und so auf einen Schlag die wichtigen Relationen

$$\begin{vmatrix} a_h & & & & \\ & \ddots & & & \\ & & a_m & & \\ & & & \ddots & \\ & & & & a_p \end{vmatrix} \equiv D_{h,p} = D_{h,m} \cdot D_{m+1,p} - b_{m+1}\, D_{h,m-1}\, D_{m+2,p},$$

$$D_{h,p+1} = D_{h+1,m} \cdot D_{m+1,p} - b_{m+1}\, D_{h+1,m-1} \cdot D_{m+2,p}$$

gewinnt. Die Division dieser Gleichungen liefert den Kettenbruch

$$\frac{D_{h,p}}{D_{h,p+1}} = \frac{\dfrac{b_{h+1} \cdots b_m\, b_{m+1}}{D^2_{h+1,m}}}{b_{m+1}\dfrac{D_{h+1,m-1}}{D_{h+1,m}} - \dfrac{D_{m+1,p}}{D_{m+1,p+1}}},$$

und dies ist die gesuchte Formel.

In weitern Paragraphen weist Herr Nachreiner nach, durch wie einfache Determinanten-Transformationen man die Beziehungen zwischen Reihen und Kettenbrüchen entwickelt, welche von Euler, Stern und anderen Mathematikern gegeben worden sind. Von besonderem Interesse werden seine Entwickelungen da, wo er die bekannten schönen Methoden von Heine und Hankel (Crelle's Journal, Band XXXIV und Leipziger Sitzungsberichte 1862) sozusagen umkehrt und Kettenbrüche von den Formen

$$1 - \cfrac{a_1 x}{1 - \cfrac{a_2 x}{1 - \cdots - \cfrac{a_n x}{1}}} \quad \text{und} \quad \cfrac{1}{x + a_0 - \cfrac{1}{x + a_1 - \cdots - \cfrac{1}{x + a_n}}}$$

in Reihen verwandelt, welche bezüglich nach positiven und negativen Potenzen von x fortschreiten, jedoch scheint dem Verfasser die Analogie seiner Methode mit den genannten nicht aufgefallen zu sein. All die gegebenen Entwickelungen gelten nur für endliche Kettenbrüche und Reihen, lassen sich aber selbstverständlich durch einen Inductionsschluss auch auf unendliche Ausdrücke (vorbehaltlich der Convergenz) anwenden.

Zum Schluss wird noch für das bestimmte Integral

$$U = \int_0^x \mathfrak{z}^{a-1} e^{-\mathfrak{z}} d\mathfrak{z}$$

eine Reihenentwickelung hergeleitet. Der Nerv dieser Umformung liegt in der Verwandlung der Determinante

$$\begin{vmatrix} x+a+1, & -(a+1), & 0 & ,\cdots & 0 & , & 0 \\ -x & , x+a+2, & -(a+2), \cdots & & 0 & , & 0 \\ 0 & , -x & , x+a+3, \cdots & & 0 & , & 0 \\ \cdot & \cdot & \cdot & \cdot & \cdot & \cdot & \cdot \\ 0 & , 0 & , 0 & ,\cdots & x+a+n-1, & & -(a+n-1) \\ 0 & , 0 & , 0 & ,\cdots & -x & , & x+a+n \end{vmatrix}$$

in die andere um einen Grad höhere:

$$\frac{1}{x}\begin{vmatrix} x, & x, & x, \cdots & x & , x \\ -x, & a+1, & 0, \cdots & 0 & , 0 \\ 0, & -x, & a+2, \cdots & 0 & , 0 \\ \cdot & \cdot & \cdot & \cdot & \cdot \\ 0, & 0, & 0, \cdots & a+n-1, & 0 \\ 0, & 0, & 0, \cdots & -x & , a+n \end{vmatrix} = \begin{vmatrix} 1, & 1, & 1, \cdots & 1 & , 1 \\ -x, & a+1, & 0, \cdots & 0 & , 0 \\ 0, & -x, & a+2, \cdots & 0 & , 0 \\ \cdot & \cdot & \cdot & \cdot & \cdot \\ 0, & 0, & 0, \cdots & a+n-1, & 0 \\ 0, & 0, & 0, \cdots & -x & , a+n \end{vmatrix},$$

welch letztere Determinante, nach den Elementen der ersten Horizontalreihe in Minoren zerlegt, sofort in das Aggregat

$$(a+1)(a+2)\cdots(a+n) + (a+2)\cdots(a+n)x + (a+3)\cdots(a+n)x^2 \\ + \cdots + (a+n)x^{n-1} + x^n$$

übergeht. Es findet sich schliesslich

$$U = \cfrac{x^a e^{-x}}{a - \cfrac{ax}{x+a+1 - \cfrac{(a+1)x}{x+a+2 - \cdots}}}$$

Gr.

M. MORET-BLANC. Solution de la question 1111.
Nouv. Ann. (2) XII. 477-480.

Wenn a_1 ein Näherungswerth von $\sqrt{n}$ ist, so sind die Ausdrücke:

$$a_2 = \tfrac{1}{2}\left(a_1 + \frac{n}{a_1}\right),\ a_3 = \tfrac{1}{2}\left(a_2 + \frac{n}{a_2}\right),\ a_4 = \tfrac{1}{2}\left(a_3 + \frac{n}{a_3}\right)\ldots$$

weitere Näherungswerthe von $\sqrt{n}$. Bezeichnet man ferner die successiven Partialbrüche des Kettenbruchs:

$$\sqrt{a_1^2 + r} = a_1 + \cfrac{r}{2a_1 + \cfrac{r}{2a_1 + \cfrac{r}{2a_1 + \ddots}}}$$

mit $\frac{P_0}{Q_0}, \frac{P_1}{Q_1}, \frac{P_2}{Q_2}, \frac{P_3}{Q_3}$ u. s. f., so ergeben sich folgende Gleichheiten:

$$a_1 = \frac{P_1}{Q_1};\ a_2 = \frac{P_2}{Q_2};\ a_3 = \frac{P_4}{Q_4};\ a_4 = \frac{P_8}{Q_8};$$

im Allgemeinen:

$$a_m = \frac{P_{2^{m-1}}}{Q_{2^{m-1}}}.$$

Pr.

J. W. L. GLAISHER. Arithmetic irrationality. Phil. Mag. 1873.

Der bekannteste Schriftsteller, welcher sich mit dem Beweise der Irrationalitäten der Kreis- und logarithmischen Functionen beschäftigt hat, ist Lambert. Die Methode dieses Beweises ist von Legendre in folgender Art dargestellt. Wenn man die Grösse, deren Irrationalität zu beweisen ist, in der Form eines Kettenbruches

$$\cfrac{\beta_1}{\alpha_1 + \cfrac{\beta_2}{\alpha_2 + \cfrac{\beta_3}{\alpha_3 + \ddots}}}$$

(bis in die Unendlichkeit ausgedehnt) darstellt und $\frac{\beta_1}{\alpha_1}, \frac{\beta_2}{\alpha_2}, \ldots$

als Brüche ansieht ($\alpha_1\ \alpha_2 \cdots \beta_1\ \beta_2 \cdots$ sind alle ganze Zahlen), die kleiner sind als 1, ferner $\beta_1\ \beta_2 \cdots$ entweder alle positiv oder alle negativ sind, oder einige positiv und einige negativ, so ist der Werth des Kettenbruchs irrational. Das Princip des Beweises, der in dieser Arbeit angewendet wird, ist eine Erweiterung der folgenden Methode, deren Erfinder Herr Glaisher ist. Betrachtet man die Reihe $1 + q + q^4 + q^9 + q^{16} \cdots$, welche in der Theorie der elliptischen Functionen vorkommt, so folgt, dass der Werth dieser Reihe irrational ist, wenn nur q der reciproke Werth einer ganzen Zahl, grösser als 1 ist; denn wenn $q = \frac{1}{r}$, wird der Werth der Reihe in dem Zahlensystem r folgendermassen geschrieben werden

$$1,1001000010000001000000001 \ldots,$$

was, da die Intervalle zwischen den Einzen aus 2, 4, 6, 8, 10 Ziffern bestehen, nicht in geschlossener Form gegeben werden kann. Im Zahlensystem von r kann also die Reihe nicht in der Form $\frac{M}{N}$ ausgedrückt werden, wenn M und N bestimmte Grössen sind. Folglich ist der Werth der Reihe irrational.

Csy. (O.)

Vierter Abschnitt.

Wahrscheinlichkeitsrechnung und Combinationslehre.

H. LAURENT. Traité du calcul des probabilités. Paris, Gauthier-Villars. 8°.

D. ANDRÉ. Théorèmes sur les combinaisons. Nouv. Ann. (2) XII. 84.

Die Grundlagen dieser hübschen Untersuchungen über einen gewöhnlich etwas stiefmütterlich behandelten Gegenstand sind folgende. Werden m Elemente zur n^{ten} Klasse combinirt, so giebt es bezüglich

$$K_m^n \quad \text{und} \quad C_m^n$$

Combinationen mit und ohne Wiederholungen. Das Symbol $\left(\frac{p}{q}\right)$ hat die bekannte Bedeutung der bei der Division von q in p sich ergebenden ganzen Zahl. Die Zahl x, welche angiebt, wie oft die Primzahl p in $n!$ enthalten ist, wird durch die Relation

$$x = \left(\frac{n}{p}\right) + \left(\frac{n}{p^2}\right) + \left(\frac{n}{p^3}\right) + \cdots$$

gegeben. Dann folgen 7 Sätze.

1) Sind $(m-1)$ und $(n+1)$ relative Primzahlen, so geht $(n+1)$ in K_m^n ohne Rest auf. Dies erhellt, wenn man zeigt, dass der Quotient

$$\frac{m(m+1)\cdots(m+n-2)(m+n-1)}{(n+1)!}$$

in diesem Falle eine ganze Zahl ist. Nun ist die Primzahl p im Zähler dieses Bruches so oft mal enthalten, als die Zahl

$$\left(\frac{m+n-1}{p}\right)-\left(\frac{m+n-1}{p^2}\right)+\cdots-\left(\frac{m-1}{p}\right)-\left(\frac{m-1}{p^2}\right)-\cdots$$

angiebt, im Nenner so oftmal, als die Zahl

$$\left(\frac{n+1}{p}\right)+\left(\frac{n+1}{p^2}\right)+\left(\frac{n+1}{p^3}\right)+\cdots$$

angiebt. Ferner besteht die sehr leicht zu verificirende Ungleichung resp. Gleichung

$$\left(\frac{m+n-1}{\partial}\right)\geqq\left(\frac{m-1}{\partial}\right)+\left(\frac{n+1}{\partial}\right);$$

daraus folgt, dass jede Primzahl mindestens eben so oftmal im Zähler, wie im Nenner aufgeht, also ist letzterer in ersterem selbst ohne Rest enthalten.

Die nun folgenden Sätze sind einfache Consequenzen des bewiesenen; es sind diese:

2) Sind m und n relative Primzahlen, so ist K_m^n durch n theilbar.

3) Sind $(m-1)$ und n relative Primzahlen, so ist K_m^n durch $(m+n-1)$ theilbar.

4) Sind $(m+1)$ und $(n+1)$ relative Primzahlen, so ist C_m^n durch $(n+1)$ theilbar.

5) Sind m und n relative Primzahlen, so ist C_m^n durch m theilbar.

6) Sind $(m+1)$ und n relative Primzahlen, so ist C_m^n durch $(m-n+1)$ theilbar.

Diese Sätze werden dann noch speciell bewiesen, bez. ihre Beweise angedeutet.

Schliesslich ist noch folgender Satz aufgeführt:

7) Entwickelt man $(a+b)^m$ nach dem binomischen Lehrsatz, so wird, wofern nur $(m+1)$ eine Primzahl ist, jedes Glied der Entwickelung (ausgenommen das letzte) durch seinen Exponenten theilbar sein.

Denn nach dem ersten Satze ist C_m^n durch $(n+1)$ theilbar, (ausgenommen, wenn $m = n$), und C_m^n ist gleich dem Binomialcoefficienten $\binom{m}{n}$. Es möge noch darauf hingewiesen werden, dass zur Verificirung des gewöhnlich nur logisch bewiesenen Satzes von dem ganzzahligen Charakter der Binomialcoefficienten ein dem oben beschriebenen analoges Verfahren sich beim elementaren Unterricht mit Vortheil anwenden liesse. Gr.

J. W. L. Glaisher. Note on a question in probabilities connected with the performance of calculations in duplicate. Messenger (2) III. 106-108.

Das in Frage stehende Problem (in Folge der Vorschläge Mr. Hanlon's zur Berechnung von Tafeln aufgenommen) ist die Bestimmung der wahrscheinlichen Anzahl von Uebereinstimmungen in einer Reihe von doppelten Rechnungen. Vorausgesetzt, A. berechne 100 Resultate und B berechne dieselben 100, die Wahrscheinlichkeit des genauen Resultats sei bei A p und bei B p', was ist die wahrscheinliche Zahl der Abweichungen? Die Frage ist durchgearbeitet, und eine kleine Tabelle für den Fall von $p = p' = 7$ gegeben. Glr. (O.)

J. W. L. Glaisher. On the probability of errors of different amounts in calculations, attributable to the uncertainty of the last figure through contraction. Messenger (2) III. 59-61.

Bei Durchführung von Rechnungen werden die Data bis zu einer gegebenen Anzahl von n Decimalen als richtig angenommen, so dass die letzte Stelle wohl mit einem Fehler behaftet sein kann, der zwischen ± 5 Einheiten der letzten (n^{ten}) Stelle liegt. Die gestellte Aufgabe ist die Betrachtung des Falles eines Fehlers im Resultat, das durch Rechnung aus solchen Daten hergeleitet ist, wo der Fehler eine gegebene Grösse übertrifft oder nicht erreicht. Dies Problem ist in einigen einfachen Fällen gelöst, und finden sich Bemerkungen über hieher gehörige Fragen.

Glr. (O.)

J. W. L. GLAISHER. On the rejection of discordant observations. Monthl. Not. XXXIII. 391-402.

Der Verfasser ist der Ansicht, dass die Verwerfung von Beobachtungen besten Falls ein plumpes Verfahren ist, und dass schlechte Beobachtungen nur ein geringes Gewicht haben sollten, welches durch die Beobachtungen selbst bestimmt wird, d. h. das Resultat, welches durch die Methode der kleinsten Quadrate gewonnen, soll nur angesehen werden als erster Versuch, welcher, wenn auch noch nicht genügend für ein schliessliches Resultat, doch immer genügt, die Beobachtungen abzuwägen, und so eine zweite Annäherung herbeizuführen. Dieses ist De Morgan's Verfahren, welches er so beschreibt: „Man nehme das Gewicht so genau an, als es gefunden werden kann, versichre sich des wahrscheinlichen Resultates, aus welchem man die Gewichte der Gleichungen finden kann. Wenn diese mit dem angenommenen Gewichte stimmen, dann ist das Verfahren beendet; wenn nicht, wiederhole man den Process mit dem neuen Gewicht, und so weiter, bis ein Resultat gewonnen ist, für welches das angenommene und gefolgerte Gewicht der Gleichungen der Gleichheit nahe genug kommt". Diese Methode ist bis zu einer gewissen Ausdehnung entwickelt. Der Schluss der Arbeit ist einer Kritik über eine Kritik der Verwerfung von Beobachtungen von H. Stone 1868 gewidmet, welche der Verfasser für falsch erklärt.

Glr. (O.)

H. SEELIGER. Ueber die Jacobi'sche Auflösung eines Systems von Normalgleichungen mit drei Unbekannten. Astr. Nachr. LXXXII. 249-252.

Jacobi hat für den Fall, dass man es bei der Anwendung der Methode der kleinsten Quadrate mit drei Unbekannten zu thun hat, für die Unbekannten und deren Gewichte höchst elegante und symmetrische Ausdrücke aufgestellt, welche von Bessel in Astr. Nachr. 404 ohne Beweis mitgetheilt worden sind. Vorliegender Aufsatz enthält eine Verification dieser Formeln, ohne jedoch näher auf den Zweck einzugehen, den Jacobi bei der

Wahl dieser eben nicht sehr nahe liegenden Form im Auge hatte, nämlich die Benutzung der Logarithmentafel auf ein Minimum zu reduciren. B.

E. J. STONE. On the rejection of discordant observations. Monthl. Not. XXXIV. 9-13.

Antwort auf Herrn Glaisher's Bemerkungen Monthl. Not. XXXIII. 391—402, siehe oben. Glr. (O.)

E. J. STONE. On the most probable result which can be derived from a number of direct determinations of assumed equal values. Monthl. Not. XXXIII. 570-572.

Glr.

H. LAURENT. Note sur un passage de la théorie analytique des probabilités. Nouv. Ann. (2) XII. 176-179.

Der Verfasser bestreitet die Richtigkeit eines, in Laplace's Théorie analytique des probabilités p. 181 aufgestellten Satzes über die Wahrscheinlichkeit combinirter Ereignisse, und will ihn nur unter hinzugefügter Beschränkung gelten lassen. Er zeigt an einem Beispiele, dass der Satz ein anderes Resultat ergiebt, als wenn man die Zahl der günstigen Fälle durch die Zahl aller Fälle dividirt. Nun ist aber gerade das erstere Resultat das richtige, sein eignes hingegen geht aus dem Fehler hervor, dass er alle Fälle für gleich wahrscheinlich angesehen hat, eine Annahme, die mit der anfänglichen Bestimmung in Widerspruch steht. Der Satz von Laplace möchte wohl unanfechtbar sein.

H.

F. J. STUDNIČKA. Directer Beweis der Lagrange'schen Interpolationsformel. Casopis II. 83-85. (Böhmisch).

Wenn die ganze Function

$$y_n = A_0 + A_1 n + A_2 n^2 + A_3 n^3 + \cdots A_{x-1} n^{x-1}$$

so bestimmt werden soll, dass für:

$$n = \alpha_1,\ \alpha_2,\ \cdots\ \alpha_x$$

respective

$$y_n = y_{\alpha_1}, \; y_{\alpha_2}, \cdots \; y_{\alpha_\varkappa}$$

wäre, so hat man nur die $\varkappa$ Coefficienten $A_0 \, A_1 \cdots A_{\varkappa-1}$ aus den Gleichungen

$$\begin{array}{l} y_n \;\; = A_0 + A_1 n \;\; + \cdots + A_{\varkappa-1} \, n^{\varkappa-1} \\ y_{\alpha_1} = A_0 + A_1 \alpha_1 + \cdots + A_{\varkappa-1} \, \alpha_1^{\varkappa-1} \\ \vdots \qquad \vdots \qquad \vdots \qquad\qquad \vdots \qquad \vdots \\ y_{\alpha\varkappa} = A_0 + A_1 \alpha_\varkappa + \cdots + A_{\varkappa-1} \, \alpha_\varkappa^{\varkappa-1} \end{array}$$

zu eliminiren, woraus man sofort eine y_n liefernde Gleichung erhält. W.

A. Krüger. Ueber die Berechnung der Coefficienten einer periodischen Function aus gegebenen Mittelwerthen der Function. Astr. Nachr. LXXXII. 333.

Wenn bei der Entwickelung einer periodischen Function in eine trigonometrische Reihe mit Hülfe der Functionswerthe, welche zu speciellen äquidistanten Argumenten gehören, die Anzahl der Functionswerthe beträchtlich grösser ist, als die Anzahl der Coefficienten, welche man mitnehmen will, so kann man, wie der Verfasser zeigt, die Rechnung dadurch erheblich abkürzen, dass man nur so viel Intervalle bildet, als man Coefficienten bestimmen will, und die Functionswerthe innerhalb jeden Intervalls zu Mitteln vereinigt. Aus den Coefficienten der diesen Mittelwerthen genügenden trigonometrischen Reihe ergeben sich dann die gesuchten Coefficienten auf höchst einfache Weise. B.

T. N. Thiele. Om en Tilnarmelses formel. Zeuthen Tidsskr. (3) III. 22.

Gewisse Berechnungen, solche Functionen betreffend, welche, wie die Fehlergesetze, nicht blos selbst nebst ihrem Differentialquotienten verschwinden, sowohl wenn $x = \infty$, als wenn $x = -\infty$, sondern diese Eigenschaft auch nicht verlieren, wenn sie mit algebraischen ganzen Functionen von noch so hohem Grade multiplicirt werden, stossen auf grosse praktische Schwierigkeiten aus Mangel an bequemen Approximationsformeln für die Werthe der Functionen. Herr Oppermann hat mündlich dem Verfasser eine Approximationsformel für das Integral von $-\infty$ bis $+\infty$ empfohlen. Dieselbe besteht darin, dass man das Integral der Summe von äquidistanten Functionswerthen zwischen denselben Grenzen, mit dem Intervalle multiplicirt, gleich setzt. Der Verfasser giebt Mittel für die Correction einer solchen Approximation und zeigt, dass die Ursache der grossen Genauigkeit derselben in diesen Fällen dieselbe ist, welche der Reihe der Thetafunction ihre starke Convergenz giebt. Hn.

A. Cayley. Two „Smith's Prize" dissertations. Messenger (2) II. 145-149.

1) Die Theorie der Interpolation mit Bestimmung der Grenze des Fehlers in dem Werthe einer Function, die durch Interpolation erhalten ist. Glr. (O.)

J. Wrede. Nagra anmärkningar rörande minste qvadratmethoden. Öfv. af Förh. Stockh. 1873. 3-34. 21-26.

Der Verfasser zeigt, dass der wahrscheinliche Fehler, nach der Methode der kleinsten Quadrate bestimmt, nicht immer $\frac{2}{3}$ des mittleren Fehlers ist, dass er vielmehr von der Anzahl der in die Untersuchung eingehenden unbekannten Grössen abhängt. Die Wahrscheinlichkeit P_m, dass ein Fehler zwischen irgend welchen Grenzen $\pm u$ vorkommt, während die Anzahl der Unbekannten m ist, wird durch die Gleichung bestimmt

$$P_m = 1 - e^{-u^2}\left(1 + \frac{u^2}{1} + \frac{u^4}{1\cdot 2} + \frac{u^6}{2\cdot 3} + \cdots\right),$$

wenn m eine grade Zahl, und durch die Gleichung

$$P_m = \frac{2}{\sqrt{\pi}}\left[\int_0^u e^{-v^2}\partial v - e^{-u^2}\left(\frac{u}{1} + \frac{2u^3}{1\cdot 3} + \frac{4u^5}{3\cdot 5} + \cdots\right)\right],$$

wenn m eine ungrade Zahl ist. Der Exponent zu u im letzten, in die Rechnung eingeführten Reihenterm muss sein $m-2$.

Wenn man aus diesem Ausdruck für verschiedene Werthe von m, die ihnen entsprechenden Werthe von u berechnet, welche

$P_m = \frac{1}{2}$ machen, so erhält man für $m = 2, 3, 4, 5, 6, 7$ und 8 $u = 0{,}83255$; $1{,}08766$; $1{,}29911$; $1{,}4750$; $1{,}63525$; $1{,}7812$; $1{,}92458$. Der für eine Unbekannte erhaltene Werth von u ist $0{,}47693$, und es erhellt hieraus, wie bedeutend die Fehlergrenzen für dieselbe Wahrscheinlichkeit sich mit der Anzahl der Unbekannten verändern.

Schliesslich nimmt der Verfasser Bessel's Versuch wieder auf, die Wahrscheinlichkeit der Fehler zu bestimmen, welche aus mehreren bekannten Fehlerquellen hervorgehen. Er findet ebenso wie Bessel, dass diese Wahrscheinlichkeit sich desto mehr derjenigen nähert, welche die Methode der kleinsten Quadrate angiebt, je grösser die Anzahl der zusammenwirkenden Ursachen ist. Schon für 3 Fehlerursachen stimmt die Fehlervertheilungscurve ganz nahe, und für 4 fast vollkommen mit der Gauss'schen überein. Bg. (H.)

S. Newcomb. Note on a mechanical representation of some cases in the method of least squares. Monthl. Not. XXXIII. 574.

Es seien die Unbekannten drei an der Zahl, und es ziehe jede Ebene $ax + by + cz + n = 0$ (Gewicht w) ein Theilchen an mit einer Kraft proportional $(a^2 + b^2 + c^2)u$ und direct der Entfernung von der Ebene. Die Coordinaten der Gleichgewichtslage der Theilchen werden dann die Werthe sein, welche durch die Methode der kleinsten Quadrate gegeben sind. Glr. (O.)

S. Newcomb. A mechanical representation of a familiar problem. Monthl. Not. XXXIII. 573.

Dies Problem heisst: „Gegeben sind zu verschiedenen Zeiten beobachtete Werthe einer Grösse, welche sich gleichförmig mit der Zeit verändert; durch kleinste Quadrate die wahrscheinlichsten Werthe der beiden Constanten zu finden, welche ihren Werth für jede Zeit feststellen.“ Man zeichne die beobachteten Werthe der gesuchten Grösse auf einer Ebene, wo die Abscissen die Zeiten darstellen sollen und die Ordinaten (gemessen auf sehr kleiner Scala) die beobachteten Werthe. Dann besteht die mechanische Darstellung in der Betrachtung der Gleichgewichtslage eines festen Stabes, der von jedem dieser Punkte mit einer Kraft angezogen wird, die proportional ist dem Gewicht der betr. Beobachtung, multiplicirt mit der Entfernung dieses Punktes vom Stabe. Glr. (O.)

W. JORDAN. Verallgemeinerung eines Satzes der Methode der kleinsten Quadrate. Schlömilch Z. XVIII. 116-120.

Bei der Methode der kleinsten Quadrate wird bekanntlich das Gewicht P einer linearen Function $px+qy+\cdots$ der Unbekannten gegeben durch die Gleichung

$$\begin{aligned}\frac{1}{P} = pp(\alpha\alpha)+2pq(\alpha\beta)+2pr(\alpha\gamma)+\cdots\\ +qq(\beta\beta)+2qr(\beta\gamma)+\cdots\\ +rr(\gamma\gamma)+\cdots,\end{aligned}$$

wenn man die Bezeichnung von Encke (Berl. Jahrb. 1835) anwendet. Die Coefficienten $(\alpha\alpha)$, $(\beta\beta)$, $(\gamma\gamma)$, $\cdots$ liefern die Gewichte der Unbekannten selbst; man erhält sie bei dem allgemein üblichen Eliminationsverfahren direct als die Coefficienten der letzten Unbekannten in der letzten Gleichung, wenn man die Reihenfolge der Elimination auf bestimmte Weise abändert. In dem vorliegenden Aufsatz ist nun dieser Satz dahin verallgemeinert, dass man nicht blos die $(\alpha\alpha)$, $(\beta\beta)$, $\cdots$, sondern auch die $(\alpha\beta)$, $(\alpha\gamma)$, $\cdots$ auf ganz analoge Weise erhält, wenn man den bekannten Gauss'schen Algorithmus der Elimination in Bezug auf die Reihenfolge der Unbekannten und der Gleichungen ein wenig abändert. B.

F. R. HELMERT. Bestimmung des mittleren Fehlers der Längenmessungen aus den Differenzen von Doppelmessungen. Astr. Nachr. LXXXI. 49.

W. JORDAN. Ueber die Berechnung des mittleren Fehlers einer Basismessung. Astr. Nachr. LXXXI. 51.

G. Zachariae. Ueber die Bestimmung des mittleren Fehlers einer in mehreren Theilen doppelt gemessenen Grundlinie. Astr. Nachr. LXXXI. 225-228.

In diesen drei Aufsätzen wird die Genauigkeit der beiden Formeln

$$\mu^2 = \frac{1}{2p}\left[\frac{d^2}{n}\right] \quad \text{und} \quad \mu^2 = \tfrac{1}{2}\frac{[d^2]}{[n]}$$

discutirt. Es bedeuten dabei: d die Beobachtungsdifferenzen der Doppelmessungen, n die Längen der doppelt gemessenen Theile, p die Anzahl dieser Theile, μ^2 das Quadrat des mittleren zufälligen Fehlers für die Längeneinheit.

Die erste Formel giebt ein genaueres Resultat, wenn man voraussetzt, dass die Genauigkeit der Messung für alle Theile einer Grundlinie die gleiche sei, andernfalls ist die zweite Formel zuverlässiger. B.

E. Liouville. Sur la statistique judiciaire. Liouville J. (2) XVIII. 145-164.

Der Inhalt der Festrede ist die Darlegung des Nutzens der gerichtlichen Statistik, besonders hinsichtlich der Volksmoral. Mathematische Elemente bietet sie nicht dar. H.

Fünfter Abschnitt.

Reihen.

Capitel 1.

Allgemeines.

P. du Bois-Reymond. Eine neue Theorie der Convergenz und Divergenz von Reihen mit positiven Gliedern. Borchardt J. LXXVI. 61-91.

Im 1ten Kapitel dieser Abhandlung wird gezeigt, dass sämmtliche Kriterien der Convergenz oder Divergenz von unendlichen Reihen aus positiven Gliedern, welche auf Untersuchung des allgemeinen Gliedes u_n oder des Quotienten $\frac{u_{n+1}}{u_n}$ gegründet sind, aus einem Satze abgeleitet werden können. Dieser ist einfach folgender: „Angenommen, die Reihe der Grössen $\psi_0, \psi_1, \cdots$ habe die Eigenschaft, entweder nirgends ab- oder nirgends zuzunehmen, ferner die Grössen $\lambda_0, \lambda_1 \cdots$ seien stets gleichbezeichnet; so ist die Reihe

$$\sum_{0\ n}^{\infty} \frac{\psi_n - \psi_{n+1}}{\lambda_n}$$

sicher convergent, falls für $n = \infty$ Lim ψ_n nicht ∞ und Lim λ_n nicht 0; dagegen sicher divergent, falls Lim ψ_n ∞ und Lim λ_n nicht ∞".

Denkt man sich das allgemeine Glied der Reihe Σu_n auf die Form

$$u_n = \frac{\psi_n - \psi_{n+1}}{\lambda_n}$$

gebracht, so erhält man Convergenz- oder Divergenz - Kriterien, je nachdem man für ψ_n Functionen setzt, die für $n=\infty$ endlich oder unendlich sind. Im ersten Falle wird man nehmen

$$\cdots e^{-\mu n},\ n^{-\mu},\ (ln)^{-\mu}\ (lln)^{-\mu}\cdots\ (\mu>0),$$

wodurch für $1:\lambda_n$ erhalten wird:

$$e^{\mu n}u_n,\ n^{1+\mu}u_n,\ n(ln)^{1+\mu}u_n,\ nln(lln)^{1+\mu}u_n\cdots.$$

Bleibt einer dieser Ausdrücke für $n=\infty$ endlich, so ist die Reihe Σu_n sicher convergent. Diese Kriterien, hier „von erster Art" genannt, sind identisch mit der ersten Reihe der Kriterien von J. Bertrand (Liouville J. VII. p. 37) und bereits von O. Bonnet (ebenda VIII. p. 78) in vorstehender Form gegeben.

Setzt man in (1) $\psi_n=u_n\varphi_n$, wo φ_n positiv sein soll, so erhält man die Kriterien 2ter Art: „Ist

$$\lim_{n=\infty}\left\{\varphi_n-\frac{u_{n+1}}{u_n}\varphi(n+1)\right\}>0,$$

so convergirt die Reihe Σu_n. Dagegen divergirt diese Reihe, falls dieser Grenzwerth negativ und φ_n so gewählt ist, dass die Reihe $\Sigma\frac{1}{\varphi_n}$ divergent ist". Dieses Convergenz-Kriterium ist im Wesentlichen mit dem Kummer'schen (Crelle J. XIII) übereinstimmend; nur hat es hier einen absoluten Ausdruck gefunden, indem die Wahl der Function φ_n von dem Gliede u_n unabhängig erscheint. Bei Anwendung des vorstehenden Satzes lässt sich die Function φ_n durchaus so beschränken, dass $\operatorname{Lim}\varphi_n$ nicht 0 und $\Sigma\frac{1}{\varphi_n}$ divergent ist. Denn es folgt leicht, dass bei positiven $\operatorname{Lim}\lambda_n$ erstens $\operatorname{Lim}\varphi_n$ nicht 0 sein kann und zweitens die Convergenz von $\Sigma\frac{1}{\varphi_n}$ auf eine von 0 und ∞ verschiedene $\operatorname{Lim}\psi_n$ führt, was mit Rücksicht auf (1) ausgeschlossen werden kann.

Setzt man demgemäss der Reihe nach φ_n gleich

$$1,\ n,\ nln,\ nln\,lln,\ \cdots$$

so gelangt man zu den logarithmischen Kriterien zweiter Art von J. Bertrand (cf. a. a. O). Zum Nachweise der Divergenz der entsprechenden Reihen $\Sigma\frac{1}{\varphi_n}$ kann das Kummer'sche Divergenz-Kriterium dienen.

Herr du Bois-Reymond zeigt dann allgemein, wie die Bertrand'schen Kriterien 2ter Art auf die 1ster Art zurückgeführt werden können.

Das 2te Kapitel enthält Sätze über Reihen aus Gliedern von der Form $X(n)\{\omega_n - \omega_{n+1}\}$, wo $\operatorname{Lim} X(n) = 0$, $\operatorname{Lim} \omega_n = \infty$, welche zu einer Verallgemeinerung des bekannten Abel'schen Satzes führen, dass die Divergenz der Reihe Σu_n die Divergenz der Reihe

$$\Sigma \frac{u_n}{u_1 + u_2 + \cdots + u_{n-1}}$$

bedinge (Crelle J. III. p. 79).

Im Anhange wird eine so schwache Divergenz und Convergenz nachgewiesen, dass die logarithmischen Kriterien von J. Bertrand völlig versagen — gegen die Ansicht von O. Bonnet (a. a. O. p. 79). St.

J. PETERSEN. Om Raekkens Konvergens. Zeuthen Tidsskr. (3) III. 49.

Die Abhandlung zeigt den Zusammenhang zwischen den bisher bekannten Convergenzkriterien und fügt neue hinzu, durch welche die ganze Theorie vollständig wird. Hn.

L. OPPERMANN. Et Par elementare Saetninger om Raekkens Konvergens. Zeuthen Tidsskr. (3) III. 148.

Neue Convergenzkriterien. Hn.

O. SCHLÖMILCH. Ueber bedingt-convergirende Reihen. Leipz. Ber. XXIV. 327-331. Schlömilch Z. XVIII. 520-522.

Nach einem Satze von Riemann kann aus jeder bedingt-convergirenden Reihe durch geeignete Anordnung der Glieder eine Reihe abgeleitet werden, deren Summe gleich ist einer beliebigen gegebenen Zahl. Diese Aenderung der Reihensumme lässt sich unmittelbar nachweisen an gewissen alternirenden Reihen, deren Glieder sich beständig abnehmend der Null nähern, indem man dieselben so umstellt, dass auf je p positive Glieder q negative folgen. In den vorliegenden Aufsätzen ist allgemein gezeigt, dass „die Summe dieser neuen Reihe gleich ist der der ursprünglichen Reihe

$$\sum_{0}^{\infty} n\,(-1)^n u_n + \tfrac{1}{2} \lim_{n=0} (n u_n)\, l\left(\frac{p}{q}\right).\text{“}$$

Wenn also für eine bedingt-convergirende Reihe von genannter Art $\mathrm{Lim}\, n u_n = 0$ wie z. B. für

$$\frac{1}{2l2} - \frac{1}{3l3} + \frac{1}{4l4} - \cdots,$$

so bleibt durch diese besondere Umstellung der Glieder die Reihensumme ungeändert. St.

O. Schlömilch. Ueber die gleichzeitige Convergenz oder Divergenz zweier Reihen. Schlömilch Z. XVIII. 425-426.

Analog einem bekannten Satze von Cauchy besteht der folgende: „Die Reihen

$$u_1 + u_2 + u_3 + u_4 + \cdots$$

$$1u_1 + 2u_4 + 3u_9 + 4u_{16} + \cdots$$

sind gleichzeitig convergent und divergent.“ Die Glieder u_n sind positiv und nehmen beständig ab. St.

L. F. Ménabréa. Note sur l'identité des formules données par Cauchy*) pour déterminer les conditions de convergence de la série de Lagrange, avec celles qui ont été établies par Lagrange lui même**). C. R. LXXVII. 1358-1361.

A. Genocchi. Observations relatives à une Note précédente de M. Ménabréa concernant la série de Lagrange. C. R. LXXVII. 1541-1544.

Die von Herrn Menabrea behauptete Identität der Formeln von Cauchy und Lagrange, um die Convergenz der bekannten Reihe zu beurtheilen, besteht nicht allgemein; vielmehr kann die Regel von Lagrange fehlerhafte Resultate geben. Nach Herrn

*) Mém. sur divers points d'Analyse (Mém. de l'Acad. d. sciences de Paris. T. VII.

**) Acad. de Berlin 1768.

Genocchi ist das Verhältniss beider bereits von Chiò genauer untersucht worden (Savants étrang. T. XII). St.

M. Marie. Détermination du point critique où est limitée la convergence de la série de Taylor. Liouville J. (2) XVIII. 53-67.

M. Marie. Détermination du périmètre de la région de convergence de la série de Taylor et des portions des différentes conjuguées comprises dans cette région, ou construction du tableau général des valeurs d'une fonction que peut fournir le développement de cette fonction suivant la série de Taylor. Liouville J. (2) XVIII. 68-100.

V. Puiseux. Rapport sur deux mémoires etc. (d. i. vorstehende Abhandlungen). C. R. LXXVI. 618-622. Liouville J. (2) XVIII. 180-184.

M. Marie. Note au sujet du rapport précédent. Liouville J. (2) XVIII. 185-201.

In einer Reihe von Abhandlungen (Liouville J. (2) III—VII) hat Herr Marie eine „neue Theorie" der Functionen complexer Veränderlicher entwickelt und mehrere Anwendungen derselben gegeben. Dieselbe ist auf eine neue Darstellung der Functionen complexer Veränderlicher gegründet, welche etwa in folgender Art abgeleitet werden kann. Der complexe Punkt

$$x = \alpha + \beta i \qquad y = \alpha' + \beta' i$$

werde durch einen reellen Punkt ξ, η repräsentirt, der bei allen reellen linearen Transformationen der x, y ungeändert bleiben soll. Denkt man sich ξ als lineare Function der α, β, η als solche der α', β', so findet man unter dieser Bedingung nothwendig

$$\xi = \alpha + k\beta \qquad \eta = \alpha' + k\beta',$$

wo k eine beliebige reelle Constante bezeichnet. Man setzt $k = 1$, damit ein Punkt α, $\beta' i$ durch α, β' dargestellt werde. Dieses entspricht der Darstellung rein imaginärer Curvenzweige (bei reeller Abscisse) durch die Supplementar-Curven Poncelet's.

Die zweifach unendlich vielen Punkte $\xi\,\eta$, welche einer Gleichung $f(x, y) = 0$ entsprechen, werden ferner so angeordnet, dass die Systeme aus reellen x und complexen y, speciell die genannten Supplementar-Curven bei jeder reellen Coordinaten-Transformation $x\,y$ zusammenhängend bleiben. Dieses vorausgesetzt wird der allgemeine Ort $f(x, y) = 0$ durch folgende Curvenschaar repräsentirt:

$$\begin{cases} \xi = \alpha + \beta \qquad \eta = \alpha' + C\beta, \\ f(\alpha + \beta i, \alpha' + C\beta i) = 0, \end{cases}$$

wo C einen unbestimmten reellen Parameter bedeutet. Die zweite Gleichung zerfällt bei der Trennung von Reellem und Imaginärem in zwei, deren letztere den Factor β enthält, welcher wegfällt. Diese Curven heissen conjugirte zur reellen Curve $f(\xi, \eta) = 0$; C die Characteristik derselben. $C = \infty$ giebt die Curve, welche den Punkten $x\,y$ entspricht, deren x reell, y complex ist. Die Conjugirten haben zur Enveloppe die reelle Curve und ausserdem die Curve ξ, η, welche dadurch definirt ist, dass $\frac{dx}{dy}$ einen reellen Werth besitzt, ohne dass x, y selbst beide reell sind. Die Conjugirten einer Ellipse sind z. B. die Hyperbeln, welche damit je ein Paar conjugirter Durchmesser gemein haben. — Eine ähnliche geometrische Darstellung lassen auch die Gleichungen zwischen drei Veränderlichen zu.

Die Untersuchungen über die Entwickelung einer algebraischen Function in der Umgebung einer nicht singulären Stelle $x_0\,y_0$ (vgl. Liouville J. (2) V. p. 457) haben Herrn Marie zur richtigen Definition der singulären Stellen geführt. In den „points critiques" verliert die algebraische Function den Character einer ganzen Function, indem entweder sie selbst oder ihre Ableitungen von einer bestimmten Ordnung an unendlich werden. Der Convergenzkreis der Entwickelung geht immer durch einen solchen Punkt, welcher grade nicht — nach der gewöhnlichen Ausdrucksweise — der nächste unter den singulären Punkten $x = a + bi$ zu sein braucht. Mit der Ermittelung dieses singulären Punktes beschäftigt sich die erste der aufgeführten Abhandlungen. Es werden drei Fälle unterschieden. Hat die Gleichung $f(x,y) = 0$

nur reelle Coefficienten und sind alle singulären Abscissen sowie x_0 selbst reell, so ist es derjenige singuläre Punkt auf der zu x_0, y_0 gehörigen Conjugirten, dessen Abscisse sich am wenigsten von x_0 unterscheidet. Wäre aber x_0 complex, so bestimme man die Ordinate y_1, welche zu $x = \alpha_0$ gehört und die stetige Fortsetzung zu y_0 bildet, während x den Weg $\alpha_0 + \beta i$ beschreibt von $\beta = \beta_0$ bis $\beta = 0$. Dann hat man auf dem Zweige von $f = 0$, wo (α_0, y_1) sich befindet, denjenigen singulären Punkt zu nehmen, dessen Abscisse sich von α_0 am wenigsten unterscheidet. Dieses möge hier genügen, indem die allgemeine Lösung der Aufgabe bereits im 4ten Bd. d. F. d. M. p. 107 angeführt ist.

Ist der singuläre Punkt $x_1 = a + bi$, $y_1 = a' + b'i$ gefunden, durch welchen der Convergenzkreis der Entwickelung bestimmt ist, so kann man die Punkte desselben durch die entsprechenden $\xi\eta$ darstellen. Diese Curve nennt Herr Marie „Périmètre de la région de convergence." Ueber die Gestalt derselben im Allgemeinen, sowie für einige specielle Beispiele handelt der zweite Aufsatz.

Der Bericht des Herrn Puiseux über diese beiden Abhandlungen erkennt zwar die Richtigkeit der darin enthaltenen Bemerkungen über die singulären Punkte an; den besonderen Methoden des Verfassers wird jedoch ein wesentlicher Werth nicht zugestanden. Eine Begründung dieser Ansicht wird, wie auch Herr Marie in seiner Erwiderung hervorhebt, eigentlich nicht gegeben. Denn, wie complicirt auch immer die neue Theorie sein möge, so leistet sie immerhin die Lösung eines Problemes, welches bisher nicht allgemein behandelt worden ist. Uebrigens zeigt die „Note" Herrn Marie in einem Eifer, der weit über sein Ziel hinausschiesst. Die Ausfälle gegen Cauchy's Theorie der Functionen complexer Veränderlicher werden wohl von Niemandem als zulässig erklärt werden können. St.

W. W. Johnson. Note on demonstrations of Taylor's theorem. Messenger (2) II. 180-184.

Der Verfasser bezieht sich auf die beiden Methoden, durch welche der Taylor'sche Satz gewöhnlich bewiesen wird, und bemerkt, dass die Methode Lagrange's, Coefficienten anzunehmen, die erst hinterher bestimmt werden, den Vortheil habe, das Gesetz von der Reihe der Coefficienten abzuleiten, während andrerseits die Beweise der Herren Cox, Rouché und anderer auf eine vorhergehende Kenntniss des Gesetzes gegründet sind, welches nur ungenau durch das Verfahren, auf analytischem Wege einen Ausdruck für den Rest zu finden, bewiesen wird. Der Verfasser giebt einen Beweis, der sich die Vortheile beider Methoden aneignet, indem er nämlich die Coefficienten nach dem Gesetz ihrer Folge ableitet, und doch zeigt, dass die gefundene Reihe die einzige ist, welche die erforderlichen Bedingungen erfüllt.

Glr. (O.)

Capitel 2.

Besondere Reihen.

W. Batschinsky. Theorie der arithmetischen und anderer verwandten Reihen. Zweites Heft. Leipzig. Schmaler u. Pech.

Dieses Heft (s. F. d. M. IV. 108) enthält die Summirung von Binomialcoefficienten-Reihen, neue Reihen für die Zahl π, Bestimmung der Grösse $\left(\frac{1}{2^n}\right)!$ und Formeln für die Rectificirung der Ellipse.

Hr.

C. Sardi. Sulle progressioni per differenza. Battaglini G. XI. 123-152.

M.

A. Hochheim. Ueber figurirte Zahlen. Grunert Arch. LV. 189-193.

Der Verfasser giebt zunächst einige allgemeine Sätze über die Addition und Subtraction der Glieder arithmetischer Reihen höherer Ordnung und stellt dann einige interessante Beziehungen zwischen den Tetraedralzahlen, Pyramidalzahlen, Octoedralzahlen, Hexaedralzahlen, Dodecaedral- und Ikosaedralzahlen auf.

Pr.

J. W. L. Glaisher. Geometrical proof that

$$1^3+2^3+3^3\ldots+n^3=(1+2+3\ldots+n)^2.$$

Messenger (2) III. 5.

Glr.

V. Retali. Sulle progressioni geometriche d'ordine superiore. Battaglini G. XI. 349-356.

Der Verfasser versucht die Theorie der geometrischen Reihen n^{ter} Ordnung zu entwickeln, d. h. derjenigen Reihen, in denen die Quotienten zweier aufeinander folgenden Glieder eine geometrische Reihe $(n-1)^{\text{ter}}$ Ordnung bilden. Es wird dabei derselbe Gang verfolgt, wie bei der Theorie der arithmetischen Progressionen höherer Ordnung, und es ergeben sich für die geometrischen Reihen höherer Ordnung ganz analoge Sätze wie die für arithmetische Reihen längst bekannten.

M.

J. de Virieu. Solution de la question 1102. Nouv. Ann. (2) XII. 189.

Es ist:

$$\sum_{p=0}^{p=n}(-1)^p\cdot 2^p\cdot\frac{n(n-1)\cdots(n-p+1)}{1\cdot 2\cdots(p+1)}=\begin{cases}0, & \text{wenn } n \text{ ungrade ist,}\\ \dfrac{1}{n+1}, & \text{wenn } n \text{ grade ist.}\end{cases}$$

Pr.

J. W. L. Glaisher. On certain series for π. Quart. J. XII. 232-233.

Der Verfasser macht aufmerksam auf die grosse Anzahl Reihen für π, welche in der gewöhnlichen Formel für die Cotangente und die Coseccante liegen, als Reihe für die reciproken Werthe.

Cly. (O.)

Ch. Hermite. Sur l'irrationalité de la base des logarithmes hyperboliques. Rep. Britt. Ass. 1873. Messenger (2) III. 98-100.

Es sei

$$e^x = 1 + \frac{x}{1} + \frac{x^2}{2!} + \frac{x^3}{3!} + \cdots + \frac{x^n}{n!} + \cdots$$

und ferner

$$Fx = 1 + \frac{x}{1} + \frac{x^2}{2!} + \frac{x^3}{3!} + \cdots + \frac{x^n}{n!},$$

so ist

$$e^x - \frac{F(x)}{x^{n+e}} = \sum_0^\infty {}_k \frac{x^k}{(n+k+1)!}.$$

Durch n malige Differentiation beider Seiten der Gleichung folgt dann, dass

$$\frac{e^x \varphi(x) - \varphi_1(x)}{x^{m+1}} = \frac{1}{n!} \Sigma \frac{(k+1)(k+2)\cdots(k+\mu) x^k}{(n+1)(n+2)\cdots(k+m+1)},$$

wo $\varphi(x)$ und $\varphi_1(x)$ Polynome mit ganzen Coefficienten sind. Durch Multiplication mit x^{m+1} wird die rechte Seite der Gleichung kleiner, als irgend eine gegebene Grösse, da n unendlich gross wird und die linke Seite, nämlich $e^x\varphi(x) - \varphi_1(x)$ würde, wenn es möglich wäre, e^x durch eine commensurable Grösse $\frac{1}{a}$ auszudrücken, nicht kleiner sein können, als $\frac{1}{a}$. Folglich ist $\frac{b}{a}$ incommensurabel. Csy. (O.)

Ch. Hermite. Extrait d'une lettre de Mr. Ch. Hermite à Mr. Borchardt. Borchardt J. LXXVI. 342-344.

Aus dem Ausdrucke

$$A_n = U \sin x + V \cos x = \frac{x^{2n+1}}{2\cdot 4 \cdots 2n} \int_0^1 (1-z^2)^n \cos xz \cdot dz,$$

in dem U und V Polynome von x sind, wird für $x = \frac{\pi}{2}$ gefolgert, dass $\frac{\pi^2}{4}$ keinen rationalen Werth haben könne. Aus demselben Integral folgt die Bestimmung eines Polynoms $\sum_1^s e^{ux}\theta_m(x)$, in welchem die θ ganze Functionen der Grade m sind, derart, dass die Entwicklung der Summe mit der möglichst hohen Potenz von x, nämlich der $(m_1+m_2+\cdots+m_s+s)^{\text{ten}}$ beginnt. Endlich folgt eine Vermuthung bezüglich der Kettenbruch-Entwickelung von $(e^x-1):(e^x+1)$. No.

F. Unferdinger. Ueber die merkwürdigen Eigenschaften des Ausdrucks

$$z^n-\binom{m}{1}(z-1)^n+\binom{m}{2}(z-2)^n-\cdots+(-1)^m\binom{m}{m}(z-m)^n$$

und die Anwendung derselben. Wien. Ber. LXVII. 363-370.

Es ist

$$z^n-\binom{m}{1}(z-1)^n+\binom{m}{2}(z-2)^n-\cdots+(-1)^m\binom{m}{m}(z-m)^n=0,$$

wenn $n<m$ ist, und

$$=E_m+\binom{z-m}{1}E_{m+1}+\binom{z-m}{2}E_{m+2}+\cdots+\binom{z-m}{n-m}E_n,$$

wenn $n\geqq m$ ist, wobei

$$E_k=k^n-\binom{k}{1}(k-1)^n+\binom{k}{2}(k-2)^n-\cdots+(-1)^k\binom{k}{k}(k-k)^n$$

bedeutet. Aehnliche Formeln ergeben sich für den Ausdruck

$$z^n-\binom{m}{1}(z+1)^n+\binom{m}{2}(z+2)^n-\cdots+(-1)^m(z+m)^n.$$

Sodann giebt der Verfasser die Umwandlung der Ausdrücke:

$$\mathop{S}_1^m\binom{m}{s}(z-s)^{s-1}s^{m-s}\text{ in }z^{m-1}\text{ und }\mathop{S}_1^m\binom{m}{s}(z-s)^s s^{m-s-1}\text{ in }\frac{z^m}{m}.$$

Schliesslich zeigt er, dass:

$$\mathop{S}_0^m\binom{m}{s}(z-s)^s(s+x)^{m-s}=\mathop{S}_0^m\binom{m}{s}(x+z-s)^s s^{m-s}$$

ist. Pr.

A. Bonolis. Ricerca de' valori delle formole

$$\sum_{k=1}^{k=k}\left\{\binom{k+1}{1}\binom{s-3}{0}+\cdots+\binom{k+1}{k+1}\binom{s-3}{k}\right\}$$

$$e\sum_{k=0}^{k=n-1}\left\{\binom{k+1}{1}\binom{s-3}{k}+\cdots\binom{k+1}{k+1}\binom{n-3}{k}\right\}(n-k).$$

Battaglini G. XI. 233-243.

J. Horner. On W. G. Horner's method of factorials. Quart. J. XII. 258-265.

Giebt die numerische Berechnung der Entwickelung einer positiven ganzen Potenz von x in eine Reihe von Faktoriellen.

Cly. (O.)

J. Wolstenholme. On the summation of certain series. Proc. of L. M. S. IV. 283-287.

Die Reihen sind factorieller Art, da die Summen aus der Betrachtung eines Problems der Wahrscheinlichkeitsrechnung gewonnen sind. Es wird bemerkt, dass die Reihen, welche sich unter die gefundene Formel bringen lassen, von der Form

$$1+\frac{x}{y+a}+\frac{x(x+a)}{(y+a)(y+b)}+\frac{x(x+a)(x+b)}{(y+a)(y+b)(y+c)}+\cdots$$

bis zu r Gliedern, sind, und ihre Summen gleich

$$\frac{y}{y-a}\left\{1-\frac{x(x+a)(x+b)\cdots(r\text{ factors})}{y(y+a)(y+b)\cdots(r\text{ factors})}\right\}.$$

Dieselben sind sämmtlich in der von Gauss in seiner Abhandlung über hypergeometrische Reihen gegebenen Formel enthalten.

Cly. (O.)

J. Graindorge. Sur la sommation de quelques séries et sur quelques intégrales définies nouvelles. Liouville J. (2) XVIII. 129-139.

Der Verfasser summirt einige Reihen, die nach Quadraten, Cuben oder Biquadraten der Sinus oder Cosinus der Vielfachen eines Bogens fortschreiten und gründet darauf die Ermittelung der Werthe einiger bestimmten Integrale. Fs.

Simony. Summation einiger endlichen Reihen und deren Anwendung zur Darstellung der n^{ten} Potenzen von cos x und sin x als Aggregate gleichartiger Functionen ganzer Multipla des Bogens x. Grunert Archiv LV. 64-72.

Fs.

G. Ascoli. Ueber trigonometrische Reihen. Clebsch Ann. VI. 231-240.

Herr Heine hat (Borchardt J. LXX, s. F. d. M. II, 217) den Satz bewiesen: „Eine im Allgemeinen stetige, nicht nothwendig endliche Function $f(x)$ lässt sich höchstens auf eine Art in eine trigonometrische Reihe von der Form

$$\sum_0 (a_n \sin nx + b_n \cos nx)$$

entwickeln, wenn die Reihe der Bedingung unterworfen ist, im Allgemeinen in gleichem Grade zu convergiren.“ Wenn man hiermit den Cantor'schen Satz (Borchardt J. LXXII, F. d. M. III, 105) vergleicht, „dass eine Function, die durch eine trigonometrische, für jeden Werth von x, allgemein zu reden, convergente Reihe gegeben ist, sich nicht durch eine andere Reihe derselben Form darstellen lässt“, so scheinen die von Herrn Heine über die Stetigkeit und die Art der Convergenz gemachten Voraussetzungen unnöthig. Herr Ascoli zeigt nun, dass, „wenn eine nach dem Intervall 2π periodisch sich wiederholende Function, die im allgemeinen continuirlich und so beschaffen ist, dass die 2τ Hauptintegrale

$$\int_{x_{\sigma-1}-\eta}^{x_{\sigma-1}-\varepsilon} f(x)\,dx + \int_{x_{\sigma-1}+\varepsilon}^{x_{\sigma-1}+\eta} f(x)\,dx,$$

$$\int_{x_{\sigma-1}-\eta}^{x_{\sigma-1}-\varepsilon} f(x)(x_{\sigma-1}-x)\,dx + \int_{x_{\sigma-1}+\varepsilon}^{x_{\sigma-1}+\eta} f(x)(x_{\sigma-1}-x)\,dx,$$

$$(\sigma = 1, 2, \cdots \tau),$$

wo die Punkte $x_0 (= 0)$, x_1, $\cdots$ $x_{\tau-1}$ nicht nothwendigerweise alle singuläre Punkte der gegebenen Function sind, bei unendlichem Abnehmen der Grösse ε convergiren, allgemein zu reden, d. h. ohne eine Ausnahme für einzelne Punkte auszuschliessen, durch eine trigonometrische Reihe der Form (1) darstellbar ist, die Entwickelung nicht nur einzig, sondern gerade die Fourier'sche sein muss. Der Beweis geschieht nach der Riemann'schen Methode („Ueber die Darstellbarkeit einer Function durch eine trigonometrische Reihe,“ Gött. Abh. 1868, s. F. d. M. I, 131).

M.

J. Mourgues. Expressions de $\sin ma$ et $\cos ma$ en fonction de $\sin a$ ou $\cos a$ seulement. Nouv. Ann. (2) XII. 408-418.

Beweis des Theorems, dass, wenn zwischen den Grössen $A_0 A_1 \cdots A_n \cdots$ die Recursionsformel besteht:

$$A_n = KA_{n-1} - A_{n-2} \quad (K \text{ constant})$$

das allgemeine Glied den Werth hat:

$$\begin{aligned} A_m = &\Big[K^{m-1} - \frac{m-2}{1} K^{m-3} + \frac{(m-3)(m-4)}{1\cdot 2} K^{m-5} \\ &\quad - \frac{(m-4)(m-5)(m-6)}{1\cdot 2\cdot 3} K^{m-7} + \cdots\Big] A_1 \\ &- \Big[K^{m-2} - \frac{m-3}{1} K^{m-4} + \frac{(m-4)(m-5)}{1\cdot 2} K^{m-6} \\ &\quad - \frac{(m-5)(m-6)(m-7)}{1\cdot 2\cdot 3} K^{m-8} + \cdots\Big] A_0, \end{aligned}$$

und Anwendung dieses Satzes auf die Formeln:

$$\sin ma = 2\cos a \sin(m-1)a - \sin(m-2)a,$$
$$\cos ma = 2\cos a \cos(m-1)a - \cos(m-2)a,$$
$$x^m - \frac{1}{x^m} = \left(x + \frac{1}{x}\right)\left(x^{m-1} - \frac{1}{x^{m-1}}\right) - \left(x^{m-2} - \frac{1}{x^{m-2}}\right),$$
$$x^m + \frac{1}{x^m} = \left(x + \frac{1}{x}\right)\left(x^{m-1} + \frac{1}{x^{m-1}}\right) - \left(x^{m-2} + \frac{1}{x^{m-2}}\right).$$

Hr.

Le Besgue. Sur les développements de $\sin na$, $\cos na$ suivant les puissances de $2\cos a$ et $2\sin a$. Nouv. Ann. (2) XII. 425-432.

Die Note ist als ein Commentar zu den in art. 337 der Disq. Arithm. von Gauss gegebenen Formeln zu betrachten.

In § 1 werden die in Rede stehenden Entwickelungen vermittelst der recurrirenden Formeln

$$\sin(n+1)a = \sin na \cdot 2\cos a - \sin(n-1)a,$$
$$\cos(n+1)a = \cos na \cdot 2\cos a - \cos(n-1)a$$

abgeleitet.

§ 2 giebt, wenn $n = 2m+1$, die Gleichungen m^{ten} Grades, deren Wurzeln die doppelten Sinus und Cosinus von $\frac{2k\pi}{n}$ sind.

In § 3 wird die Entwickelung von $r^n + \frac{1}{r^n}$ nach Potenzen von $r + \frac{1}{r}$ gegeben, ferner die Gaussische Gleichung III des erwähnten Artikels für $\operatorname{tg}\frac{2k\pi}{n}$ abgeleitet, und zum Schlusse Gelegenheit genommen, die Werthe von

$$2\cos w, \quad 2\cos 2w, \quad \cdots \quad 2\cos 8w,$$

wo $w = \frac{2\pi}{17}$ ist, welche der Verfasser in den Nouv. Ann. V mit 2 Fehlern im Vorzeichen gegeben hat, in berichtigter Form zu reproduciren. Hr.

J. W. L. Glaisher. On the deduction of series from infinite products. Messenger (2) II. 138-142.

Die Arbeit soll eine Ergänzung sein zu Schellbach's Arbeit: „Die einfachsten periodischen Functionen" (Crelle J. XI. VIII. 1854) und enthält die Formen gewisser Ausdrücke, welche aus der Transformation vermittelst gewisser algebraischer Identitäten entstehen, wie z. B.

$$\frac{1}{(1-a)^2(1-b)^2(1-c)^2\cdots} = 1 + \frac{1-(1-a)^2}{(1-a)^2} + \frac{1-(1-b)^2}{(1-a)^2(1-b)^2} + \frac{1-(1-c)^2}{(1-a)^2(1-b)^2(1-c)^2} + \cdots,$$

so dass z. B.

$$\operatorname{tang}^2\frac{\pi x}{2} = \frac{1-(1-x^2)^2}{(1-x^2)^2} + \frac{3^2-(3^2-x^2)^2}{(1-x^2)^2(3^2-x^2)^2} + \cdots.$$

Dies wird auf verschiedene Reihen angewandt. Namentlich ist die Reihe

$$\frac{\pi^2}{18} = \frac{1}{1\cdot 2} + \frac{1}{1\cdot 2\cdot 3\cdot 4} + \frac{1\cdot 2}{3\cdot 4\cdot 5\cdot 6} + \frac{1\cdot 2\cdot 3}{4\cdot 5\cdots 8} + \frac{1\cdot 2\cdot 3\cdot 4}{5\cdot 6\cdots 10} + \cdots$$

hervorgehoben, die sehr schnell convergirt und daher ein bequemes Mittel zur Berechnung von π^2 giebt. Glr. (O.)

J. W. L. Glaisher. Remarks on certain series occurring in a paper: „On the deduction of series from infinite products". Messenger (2) II. 153-157.

Die betreffenden Reihen lassen sich herleiten aus der Formel

$$\cos n\theta = 1 - \frac{n^2}{2!}\sin^2\theta + \frac{n^2(n^2-2^2)}{4!}\sin^4\theta - \cdots$$

und der entsprechenden Formel für $\sin n\theta$, z. B.

$$\cos\tfrac{1}{2}\pi x = 1 - \frac{x^2}{2!} + \frac{x^2(x^2-2^2)}{4!} - \frac{x^2(x^2-2^2)(x^2-4^2)}{6!} + \cdots,$$

oder Identitäten, wie

$$\frac{\sin n\pi}{n\pi} = 1 - n^{(1)} + \frac{n^{(2)}}{1^2.2^2} - \frac{n^{(3)}}{1^2.2^2.3^2} + \frac{n^{(4)}}{1^2.2^2.3^2 4^2} + \cdots,$$

wo

$$n^{(1)} = n^2,\ n^{(2)} = n^2(n^2-1^2),\ \text{etc.}$$

Glr. (O.)

J. W. L. Glaisher. Values of certain infinite products. Messenger (2) II. 189-190.

Enthält die Werthe von acht Producten, wie

$$(1\pm x^4)\left(1\pm\frac{x^4}{3^4}\right)\ldots;\quad (1\pm x^8)\left(1\pm\frac{x^8}{2^8}\right)\ldots$$

Auch wird die Identität

$$\operatorname{cosec}\varphi + \operatorname{cosec}3\varphi + \text{etc.} = e^{-\varphi}\cot\varphi + e^{-3\varphi}\cot3\varphi + \text{etc.}$$

gegeben. Glr. (O.)

J. W. L. Glaisher. Arithmetical identities. Messenger (2) II. 177-179.

Die Arbeit besteht aus 13 arithmetischen Identitäten, welche aus Formeln in Jakobi's „Fundamenta Nova" (Regiomonti, 1829) abgeleitet sind; z. B. von

$$\frac{1}{9,9}-\frac{1}{999,999}+\frac{1}{99999,99999}-\cdots=\frac{1}{10,1}+\frac{1}{1000,001}$$
$$+\frac{1}{100000,00001}+\cdots+\frac{(0,11)(0,1111)(0,111111)\cdots}{(0,1)\;(0,111)\;(0,11111)\cdots}$$
$$=1,101001000100001\cdots$$

$$(0,9)(0,99)(0,999)(0,9999)\cdots=1-\frac{1}{9}+\frac{1}{9\times 99}-\frac{1}{9\times 99\times 999}+\cdots$$

Schliesslich wird bemerkt, dass

$$\sec^2\varphi+4\sec^2 2\varphi+9\sec^2 3\varphi+\cdots=\operatorname{cosec}^2\varphi+9\operatorname{cosec}^2 3\varphi+\operatorname{cosec}^2 5\varphi+\cdots$$

sei. Glr. (O.)

J. W. L. Glaisher. Simple proof of a known property of Bernoulli's numbers. Messenger (2) II. 190-191.

Beweis, dass jeder Factor in dem Nenner der n^{ten} Bernoulli'schen Zahlen entweder 2 oder ein Theiler von 2^{2n-1} ist, welcher Beweis einen Theil des Satzes von Staudt in Crelle J. XXI. p. 372 ausmacht. Glr. (O.)

J. W. L. Glaisher. Tables of the first 250 Bernoulli's numbers (to nine figures) and their logarithmes (to ten figures). Trans. of Cambridge. XII. I. 384-391.

Enthält zwei Tafeln: die erste für die Logarithmen der 250 ersten Bernoulli'schen Zahlen zu zehn Stellen, die alle, mit Ausnahme der sieben ersten, berechnet sind aus der Formel:

$$B_n=\frac{2(1\cdot 2\cdots n)}{(2\pi)^{2n}}\left(1+\frac{1}{2^{2n}}+\frac{1}{3^{2n}}+\cdots\right).$$

Die zweite Tafel enthält die ersten neun Stellen der betreffenden Bernoulli'schen Zahlen, hergeleitet aus der ersten Tafel, (ausgenommen die ersten achtzehn, welche aus den genauen von Ohm, Crelle J. XII, gegebenen Werthen hergeleitet sind). Der Verfasser bemerkt, dass die kleine Tafel in Grunert's Supplement zu Klügel's Wörterbuch sehr ungenau ist, indem sieben von den achtzehn Resultaten mit Fehlern behaftet sind. Glr. (O.)

P. du Bois-Reymond. Ueber die Fourier'schen Reihen. Gött. Nachr. 1873. 571-582.

Es handelt sich um die Erweiterung der Gültigkeit der Fourier'schen Entwickelung über die Beschränkungen hinaus, welche Dirichlet in seinem berühmten Beweise (Sur la convergence des séries trigonométriques etc. Crelle J. IV, 157) für die darzustellende Function dahin festgestellt hat, dass dieselbe im betrachteten Intervalle endlich sein muss und nur eine endliche Anzahl Maxima haben darf. Dirichlet selbst hat einen weitergehenden Satz (l. c. p. 169) in Aussicht gestellt, ohne jedoch später darauf zurückzukommen. Der Herr Verfasser ist nun nach vergeblichen auf diese Erweiterung gerichteten Versuchen zur Ueberzeugung gelangt, dass der von Dirichlet angedeutete allgemeinste Satz nicht existire, und sucht vielmehr die Bedingungen auf, unter welchen die Fourier'sche Reihe bei durchgängiger Endlichkeit und Stetigkeit der Function für einzelne Argumente keine bestimmte Summe hat. In der einfachsten Gestalt ist

$$f(x) = \varrho(x).\sin(\psi(x))$$

eine solche nicht darstellbare stetige Function, wenn $\varrho(x)$ mit x ohne Maxima verschwindet und $\psi(x)$ mit verschwindendem x mit unendlich vielen Maximis stetig unendlich wird. Andrerseits giebt der Herr Verfasser eine neue Bedingung für die Gültigkeit der Fourier'schen Reihe, welche sowohl die Dirichlet'sche als die von Herrn Lipschitz (Borchardt J. LXIII, p. 286) angegebene Bedingung einschliesst und noch weitere Fälle umfasst. Sie besagt, dass die Fourier'sche Entwickelung gilt, wenn das Integral

$$\int_0^a d\alpha \frac{d}{d\alpha}\frac{1}{\alpha}\int_0^\alpha f(\beta)\,d\beta$$

absolut convergent ist. Diese Bedingung ist jedoch, wie der Herr Verfasser durch Beispiele festgestellt hat, noch nicht die nothwendige. Hr.

G. Ascoli. Sulla serie di Fourier. Brioschi Ann. (2) VI. 21-71.

Siehe Abschnitt VII, Cap. 1.

CIRO SARDI. Sulle progressioni per differenza. Battaglini G. XI. 123-152.

Herr Gambardella hat in Battaglini G. IX. 262 die Anzahl der Lösungen der Gleichung $ax+by+cz=m$, wo a, b, c, m ganze positive Zahlen sind, ohne Beweis angegeben (s. F. d. M. III. 73). Herr Sardi zeigt, dass sich der Beweis führen lasse mit Hülfe von Sätzen über Differenzenreihen, deren Herleitung Gegenstand vorliegender Arbeit ist. Diese Sätze lassen sich anwenden auf die Bestimmung der Anzahl der Lösungen der Gleichungen $ax+by=n$, $ax+by+cz=n$ und der Gleichung $ax+by+cz+du=n$, wenn a, b, c, d relativ prim sind. M.

F. GAMBARDELLA. Sui coefficienti delle facoltà analitiche. Battaglini G. XI. 49-61, 86-97.

Siehe Abschnitt VII. Cap. 2.

H. A. SCHWARZ. Ueber diejenigen Fälle, in welchen die Gaussische hypergeometrische Reihe eine algebraische Function ihres vierten Elementes darstellt. Borchardt J. LXXV. 292-335.

Siehe Abschnitt VII. Cap. 2.

Sechster Abschnitt.

Differential- und Integralrechnung.

Capitel 1.

Allgemeines (Lehrbücher etc.).

Ch. Sturm. Cours d'analyse de l'École Polytechnique. 4me éd. Paris. Gauthier-Villars. 8°.

O. Schlömilch. Vorlesungen über einzelne Theile der höheren Analysis. (2. Thl.: Das Compendium der höheren Analysis). 2. Aufl. Braunschweig. Vieweg. 8°.

O. Schlömilch. Uebungsbuch zum Studium der höheren Analysis. 1. Thl. 2. Aufl. Leipzig. Teubner. 8°.

Brasseur. Exposition nouvelle des principes du calcul différentiel et du calcul intégrale. Mém. de Liège. (2) III. 131-192.

Eine ausführliche Kritik dieser Schrift findet sich in der Revue de l'Instruction Publique de Belgique, tome XII. p. 56. Der Hauptfehler dieser neuen Auseinandersetzung besteht darin, dass sie die Differentialrechnung begründet hat auf die Taylor'sche Reihe, wie Lagrange in der „Théorie des fonctions analytiques". Der übrige Theil des Buches unterscheidet sich nicht von den gewöhnlichen Büchern dieser Art. Mn. (O.)

M. Stegemann. Grundriss der Differential- und Integralrechnung. Hannover. Helwing.

Eine für Anfänger berechnete leicht fassliche Darstellung der

Elemente der Differential- und Integralrechnung und ihrer Anwendung auf die Geometrie mit zahlreichen ausgeführten Uebungsbeispielen. Hr.

Ch. Hermite. Cours d'analyse de l'École Polytechnique I. Paris. Gauthier-Villars. 8°.

P. Mansion. Analyse détaillée de cet ouvrage. Boncompagni Bull. VI. 387-434 und Gand. Hoste.

Das Werk von Hermite setzt beim Leser die Kenntniss der Elemente der Theorie der Ableitungen und der unbestimmten Integrale voraus. Systematische Anordnung und Einheit fehlen ihm, aber der grösste Theil der Gegenstände ist in origineller Weise behandelt. Die im Boncompagni Bull. enthaltene Analyse giebt eine Uebersicht über die interessantesten Beweise und eine grosse Zahl bibliographischer Notizen.

Die Einleitung (p. 1 bis 46) enthält die Definition der Höheren Analysis (allgemeine Theorie der Functionen, die in der Differential- und Integralrechnung ihren Ursprung haben,) die fundamentale Eigenschaft eines rationalen Bruches Fx hinsichtlich des Restes von $\frac{F(a+h)}{x-a-h}$ für $h=0$, die Eigenschaften der algebraischen Functionen, welche die Grundlage der Untersuchungen von Jacobi und Abel über die Transformation der elliptischen Functionen bilden, endlich Notizen über einfach und doppelt periodische Functionen.

Die ersten Principien der Differentialrechnung (p. 47—89) sind dem Taylor'schen Satze und seinen Folgerungen gewidmet, ferner der Theorie der Differentiale, der Vertauschung der unabhängigen Variablen, speciell in wichtigen Differentialgleichungen der Theorie der elliptischen Functionen. Wir heben hier den Beweis der Gleichung:

$$\lim \frac{\triangle^n y}{\triangle x^n} = \frac{d^n y}{dx^n}$$

und die Aufstellung der interessanten Reihenentwickelungen hervor. Es fehlen dagegen allgemeine Bemerkungen über das Differential einer Function von mehreren Variabeln.

In den geometrischen Anwendungen (p. 90—198) wird die Theorie der Berührung von Curven und Flächen sorgfältig behandelt und mit guten Beispielen versehen. Ebenso wird die Theorie der Krümmung ebener und räumlicher Curven sowie die der Linien auf Oberflächen in trefflicher Weise auseinandergesetzt. Es fehlen dagegen die Formeln von Serret und Frenet; die Theorie der Enveloppen wird verkürzt.

Die analytischen Anwendungen (p. 199—230) enthalten nur wenig über unbestimmte Ausdrücke und über Maxima und Minima; indessen finden sich interessante Notizen über Differentialgleichungen. Es ist zu bedauern, dass der Verfasser nichts über den Operationscalcul sagt, der durch Brisson erdacht, von Cauchy, Boole und englischen Geometern häufig angewandt ist.

Die Integralrechnung wird in etwas schulmeisterlicher Art behandelt. Referent kann nicht umhin 3 Fehler zu bezeichnen. 1) Die Theorie ist fragmentarisch in verschiedenen Theilen verstreut (die geometrische Interpretation der bestimmten Integrale p. 91, 232, 386; unicursale Curven vom Geschlecht 0 p. 242, 383, 401). 2) Die Bezeichnung „bestimmtes Integral“ ist nicht hinreichend klar gestellt. Man muss, mit Cauchy, beweisen, dass die Grenze einer Summe von Grössen der Form $Fx \triangle x$ eine bestimmte Grösse ist. 3) In der Theorie der Integration von Reihen sind die Bemerkungen von Weierstrass (publicirt von Heine, Borchardt J. LXXI. p. 353 siehe F. d. M. II. p. 217) nicht berücksichtigt. Davon abgesehen verdient der ganze zweite Theil Lob und enthält eine grosse Menge interessanter Resultate, von denen ein grosser Theil Herrn Hermite zu danken ist. Er enthält ausser den elementaren Principien mit den gewöhnlichen Anwendungen: 1) Die Integration rationaler Brüche und der einfachsten irrationalen Ausdrücke zweiten Grades mit Anwendung auf die Kugelfunctionen von Legendre und Laplace und auf bestimmte Integrale (261—297). In den meisten Fällen werden der transcendente und der algebraische Theil des Integrals getrennt bestimmt. 2) Die Integration der folgenden transcendenten Ausdrücke, wo f eine rationale Function ist,

$$f(\sin x, \cos x)dx, \quad e^{\omega x} fx\, dx, \quad e^{\omega x} f(\sin x, \cos x)dx,$$

vermittelst einer wirklichen oder virtuellen directen Zerlegung in einfache Elemente (320—380). Dieses Capitel, dem vorhergehenden durch die befolgte Methode und speciell durch Anwendung der Restbezeichnung sehr ähnlich, enthält viele theils neue theils neu bewiesene Resultate. 3) Die Theorie der unicursalen Curven, d. h. derjenigen Curven, deren Coordinaten x,y sich als rationale Functionen einer Hülfsvariable darstellen lassen, die Bestimmung des Flächeninhalts unicursaler oder beliebiger Curven dritten Grades, und die der unicursalen Curven vierten Grades. 4) Eine elegante Darstellung der Untersuchungen von Serret über die Curven, deren Bogen sich durch das erste elliptische Integral darstellen lassen, die Sätze von Lambert, MacCullagh, Graves, Chasles etc. über Kegelschnitte und die Methode von Catalan zur Bestimmung der Oberfläche von Ellipsoiden. 5) Endlich die Methode von Gauss zur näherungsweisen Auswerthung bestimmter Integrale. Speciell behandelt Herr Hermite in einer ihm eigenthümlichen Art die näherungsweise Bestimmung von $\int\limits_{-1}^{+1}\frac{\varphi x\,dx}{\sqrt{1-x^2}}$. Diese Theorie stützt sich nur auf Resultate, die elementar gefunden sind.

Wie man sieht, enthält das Werk des Interessanten genug, nur hätte sein Titel sein müssen: Leçons sur des sujets choisis de calcul différentiel et de calcul intégral. Mn. (O.)

F. Frenet. Recueil d'exercices sur le calcul infini. 3me éd. Paris, Gauthier-Villars. 8⁰.

Capitel 2.

Differentialrechnung (Differentiale, Functionen von Differentialen, Maxima und Minima).

F. Bessell. Ueber die Entwickelung der höheren Differentiale zusammengesetzter und impliciter Functionen. Jena 1872.

Der Weg, auf welchem hier independente Formeln für die

genannten Differentialquotienten abgeleitet werden, ist bereits u. A. von Schlömilch zu ähnlichen Zwecken gebraucht. Die Formeln selbst, die übrigens weit einfacher hergestellt werden können, sind wohl sonst nicht zu finden. St.

A. Cayley. Note on the maxima of certain factorial functions. Messenger (2) II. 129-130.

Die Functionen, die betrachtet werden, sind:

$$y_1 = x(x-1)$$
$$y_2 = x(x-\tfrac{1}{2})(x-1)$$
$$y_3 = x(x-\tfrac{1}{3})(x-\tfrac{2}{3})(x-1)$$
$$\cdots\cdots\cdots\cdots$$
$$y_n = x\left(x-\frac{1}{n}\right)\left(x-\frac{2}{n}\right)\cdots\left(x-\frac{n-1}{n}\right)(x-1).$$

Glr. (O.)

Capitel 3.

Integralrechnung.

E. Catalan. Sur l'intégration des différentielles rationnelles. Nouv. Ann. (2) XII. 423-424.

Das Integral

$$Z_p = \int \frac{dz}{(1+z^2)^p}$$

wird bekanntlich durch die Reductionsformel

$$\frac{d\left(\frac{z}{(1+z^2)^m}\right)}{dz} = \frac{2m}{(1+z^2)^{m+1}} - (2m-1)\frac{1}{(1+z^2)^m}$$

auf $Z_0 = \operatorname{arctg} z$ zurückgeführt. Der Verfasser zeigt nun, dass dieselbe Formel dazu dienen kann, den Werth von Z_p ohne Reduktionsverfahren zu erhalten. Z_p muss nämlich schliesslich offenbar die Form erhalten:

$$Z_p = a.\operatorname{arctg} z + \sum_1^{p-1} a_m \frac{z}{(1+z^2)^m}.$$

Diese differentiirt, giebt

$$\frac{1}{(1+z^2)^p} = \frac{a}{1+z^2} + \sum_1^{p-1} 2m\, a_m \frac{1}{(1+z^2)^{m+1}}$$
$$- \sum_1^{p-1} (2m-1)\, a_m \frac{1}{(1+z^2)^m},$$

woraus durch Gleichsetzung der einzelnen Glieder die a wie folgt bestimmt werden:

$$a_{p-1} = \frac{1}{2p-2}, \quad a_{p-2} = \frac{2p-3}{(2p-2)(2p-4)},$$
$$a_{p-3} = \frac{(2p-3)(2p-5)}{(2p-2)(2p-4)(2p-6)}, \quad \ldots$$
$$\ldots\ a = \frac{3.5\ldots(2p-3)}{2.4.6\ldots(2p-2)}.$$

Hr.

R. v. Schleusing. Beitrag zur Integralrechnung, enthaltend die Integration einiger algebraischen und transcendenten Functionen. Berlin. Weidmann. 4°.

Das Buch enthält eine sehr sorgfältige Ausführung von Quadraturen an solchen Functionen, welche sich durch bekannte Reduktionsformeln vermittelst theilweiser Integration in geschlossener Form integriren lassen. Die durchweg angewandte Methode, welche „die Methode der zu bestimmenden Coefficienten“ genannt wird, ist im Principe dieselbe, welche in der oben besprochenen Note des Herrn Catalan für einen speciellen Fall auseinandergesetzt ist. Viele der berechneten Integrale, wie

$$\int \frac{x^{mn-1}}{1-x^n}\, dx, \quad \int \frac{x^n\, dx}{1-x},$$

und die meisten des zweiten Abschnitts, lassen sich auf kürzerem Wege erhalten.

Hr.

F. Didon. Note sur une formule de calcul intégral. Ann. de l'Éc. Norm. (2) II. 31-49.

I. Der Cauchy'sche Satz

$$\int \frac{f'(t)}{f(t)}\, dt = 2\pi\sqrt{-1}.p,$$

wo das Integral sich über eine geschlossene Curve erstreckt, in welcher $f(t)$ weder Null noch unendlich wird und p eine ganze Zahl ist, wird auf mehrere Variable in folgender Fassung erweitert:

Bezeichnet Δ die Functionaldeterminante der n Functionen $f(tuv\ldots)$, $\varphi(tuv\ldots)$, $\psi(tuv\ldots)$, ... von n Variabeln $tuv\ldots$, so ist

$$\iiint\ldots\frac{\Delta}{f(tuv\ldots).\varphi(tuv\ldots).\psi(tuv\ldots)}dt.du.dv\ldots=(2\pi\sqrt{-1})^n p,$$

wo in dem links befindlichen n-fachen Integral t einen geschlossenen Umfang T, u einen geschlossenen Umfang U u. s. f. durchläuft und die Voraussetzung gemacht ist, dass durch kein System der Werthe $tuv\ldots$ auf ihren bezüglichen Bahnen eine der Functionen f, φ, ψ, ... Null oder unendlich wird. p bedeutet wieder eine ganze Zahl.

Der Beweis wird für $n=2$ ausgeführt und für grössere Werthe von n durch die Schlussreihe von n auf $n+1$ geliefert.

II. Für den Fall, dass f, φ, ψ, ... ganze rationale Polynome bezeichnen, wird bewiesen, dass p zwischen $-S$ und $+S$ liegt, wo S die Anzahl derjenigen gemeinschaftlichen Lösungen des Systems $f=0$, $\varphi=0$, $\psi=0$, ... bedeutet, welche sich im Innern der resp. Contoure T, U, V, ... befinden. Bei dem Beweise, welcher sich der Kürze wegen auf 2 Functionen zweier Variablen beschränkt, dient die bekannte Jacobi'sche Formel

$$\Sigma\frac{F(\alpha\beta)}{\frac{\partial f}{\partial\alpha}\cdot\frac{\partial\varphi}{\partial\beta}-\frac{\partial\varphi}{\partial\alpha}\frac{\partial f}{\partial\beta}}=0$$ (F ein beliebiges Polynom von niederem Grade als der Nenner)

zum Ausgangspunkt.

III. Die Anzahl der gemeinsamen Lösungen von $f(tu)=0$, $\varphi(tu)=0$, welche innerhalb gegebener Contouren T und U enthalten sind, wird mit Hülfe der in den vorhergehenden Abschnitten entwickelten Formeln durch ein Doppelintegral ausgedrückt, woran einige Folgerungen geknüpft werden. Hr.

H. J. S. Smith. Arithmetical notes. Proc. of L. M. S. IV. 236-253.

III. Ueber einen arithmetischen Beweis eines Satzes in der Integralrechnung. Der angezogene Satz ist der, welcher gewöhnlich zur Transformation eines mehrfachen Integrals durch ein System neuer Variabeln benutzt wird. Cly. (O.)

R. Hoppe. Beweis für das Crofton'sche Theorem durch directe Arealrechnung. Grunert Arch. LV. 426-428.

Das Crofton'sche Theorem (C. R. LV, 994) lautet: „Bezeichnet Ω den Flächeninhalt, L die Länge einer geschlossenen convexen ebenen Linie, ω die unbegrenzte Ebene ausserhalb, ϑ den Winkel zwischen den beiden Tangenten, welche vom Element $\partial\omega$ aus an die Linie gelegt sind, so ist $\int(\vartheta-\sin\vartheta)\partial\omega = \frac{1}{2}L^2-\pi\Omega$.“ Es wurde von seinem Urheber durch Anwendung der Methoden der geometrischen Wahrscheinlichkeit bewiesen (s. F. d. M. I, 77), und Herr Serret gab einen analytischen Beweis (Ann. de l'Éc. Norm. IV, 177; s. F. d. M. II, 289), indem er zunächst statt des Umfangs L ein geradliniges Polygon setzte und dann die Gültigkeit des Satzes auf eine beliebige geschlossene Curve übertrug. Diesen Umweg vermeidet der in vorliegender Notiz enthaltene Beweis des Herrn Hoppe, indem der Gang des Crofton'schen Beweises beibehalten, dieser aber in Form gewöhnlicher Arealintegration wiedergegeben ist. M.

D'Avout. Recherche d'une méthode facile pour mesurer la capacité des navires. C. R. LXXVII. 872-878.

Das Innere des Schiffes wird durch eine zur Oberfläche des Verdecks normale Ebene, welche durch die von vorn nach hinten gehende Mittellinie AB des Verdecks (Axe des Schiffs) hindurchgeht in 2 gleiche Theile getheilt. Der Durchschnitt dieser Ebene mit der inneren Schiffsfläche (ligne de fond) besteht aus 2 vorn und hinten befindlichen krummlinigen Theilen, getrennt durch einen geradlinigen Theil (carlingue). Durch die beiden Enden des letzteren denke man sich Verticalen gezogen, welche die Schiffsaxe vorn in O_1 und hinten in O' treffen, O sei der Punkt der Axe, welcher der grössten Schiffsbreite entspricht. Durch O_1, O, O' werden 3 zur Axe perpendikuläre Ebenen geführt, welche die eine Hälfte des Schiffes in 4 Volumina theilen, von A nach O_1, von O_1 nach O, von O nach O' und von O' nach B. Nennt man dieselben der Reihe nach v, V, V', v', so ist die Gesammtcapacität des Schiffs $\varphi = (v+V+V'+v')$.

Eine durch einen beliebigen Punkt der Axe senkrecht zu derselben geführte Ebene schneidet die innere Fläche des Schiffes in einer Curve, für welche, indem man den Punkt auf der Axe als Anfangspunkt, die y' als horizontale, die z' als verticale Coordinaten betrachtet, die Gleichung angenommen wird:

$$(1) \quad y' = y e^{pz'} \cos \frac{\pi z'}{2z},$$

wo y die dem Axenpunkt entsprechende halbe Breite, z die demselben entsprechende Tiefe des Schiffes bedeutet. Bezeichnet man mit z'_1 den Werth von z' in (1), welcher dem Maximum von y' entspricht, so macht der Herr Verfasser die Annahme, dass $\frac{z}{z'_1} = m$ für alle Schnitte in jedem Schiffe constant ist, p bestimmt sich alsdann durch m vermittelst der Gleichung $pz = \frac{\pi}{2} \operatorname{tg} \frac{\pi}{2m}$, und die Fläche des Schnittes wird

$$s = 2\omega yz, \text{ wo } \omega = \frac{e^{\frac{k}{2}\pi} - k}{\pi^2 + k^2}, \quad k = 2pz \text{ ist.}$$

Das Volumen zwischen zwei Schnitten ist demnach, wenn die Axe des Schiffes als x-Axe genommen wird, durch das Integral $\int yz\,dx$ gegeben, und es bleiben noch y und z als Functionen von x zu bestimmen. Die Linie, mit den Coordinaten x, y ist diejenige, in welcher die durch die Schiffsaxe gelegte Horizontalebene (das Verdeck) die Schiffsoberfläche trifft und wird courbe de bastingages genannt, die Linie mit den Coordinaten x, z ist die schon erwähnte ligne de fond. Für beide Curven werden nach den verschiedenen oben bezeichneten Abschnitten eben so viele Gleichungsformen gegeben, auf deren Wiedergabe wir hier verzichten müssen, und danach werden die verschiedenen Theilvolumina und endlich das Gesammtvolumen φ berechnet. Wir begnügen uns, hier die Constanten zusammenzustellen, welche in jedem Schiffe für die Berechnung nach der Methode des Verfassers zu messen sind. Ausser der bereits erwähnten Grösse m sind es folgende: Die Längendistanzen AO_1, O_1O, OO', $O'B$; die halben Schiffsbreiten in O_1, O, O' und diejenigen, welche den Mitten zwischen A und

O_1 und zwischen O' und B entsprechen; endlich die Tiefe des Schiffes längs der Linie $O\ O'\ O_1$.

Zum Schluss wird noch die Berechnung des Theilvolumens v' für solche Schiffe angegeben, deren Hintertheil durch eine Ebene begrenzt ist (navires à arrière carré). Hr.

Capitel 4.

Bestimmte Integrale.

Sochocky. Sur les intégrales définies et sur des fonctions, dont on se sert dans le développement des séries. St. Pétersbourg 1873.

Die Arbeit besteht aus zwei Theilen. Im ersten betrachtet der Verfasser Integrale von der Form $\int_a^b \frac{f(t)\,dt}{t-x}$, wo der Integrationsweg zwischen $t=a$ und $t=b$ willkürlich, und $f(x)$ eine Function ist, deren Werthe auf diesem Wege gegeben sind. Er studirt die Haupteigenschaften dieses Integrals. Das Problem, mit dem er sich beschäftigt, besteht in der Bestimmung von $f(t)$, wenn das Integral

$$\varphi(x) = \int_a^b \frac{f(t)\,dt}{t-x}$$

für alle reellen und imaginären Werthe von x bekannt ist. Jeden Punkt x des Integrationsweges fasst der Verfasser auf als Complex zweier Punkte x_1 und x_2, von denen x_1 zur Linken und x_2 zur Rechten des Weges liegt, wenn man von a nach b geht. Davon ausgehend leitet der Verfasser für den Fall, wo $f(x)$ in der Nachbarschaft von x continuirlich ist, den Werth

$$f(x) = \frac{\varphi(x_1)-\varphi(x_2)}{2\pi\sqrt{-1}}$$

her. Er giebt noch 2 weitere Sätze betreffs des Integrals $\varphi(x)$. Durch passende Wahl von $\varphi(x)$ leitet der Verfasser dann $f(t)$

her und erhält auf diese Weise mehrere bekannte bestimmte Integrale.

Der zweite Theil ist der Untersuchung von Polynomen gewidmet, welche denen von Legendre und Lamé ähnlich sind. Der Verfasser giebt die Kettenbruchentwickelung der Integrale:

$$\int_{-1}^{+1} \frac{(1-t)^\alpha (1+t)^\beta dt}{t-x}, \int_0^\infty \frac{e^{-\alpha t} t^\beta dt}{t-x}, \int_{-\infty}^{+\infty} \frac{e^{-\alpha t^2} dt}{t-x},$$

und ebenso die Nenner der Näherungsbrüche. Für diese Nenner werden die Differentialgleichungen zweiter Ordnung, denen sie genügen, aufgestellt und auch die Functionen, aus denen sie entstehen. Der Verfasser erhält eine neue Gruppe von Polynomen, ähnlich denen von Legendre, indem er die Kettenbruchentwickelung des Restes $E\left[\frac{e^{-\frac{\alpha}{t}}}{(t-x)((t^\beta))}\right]$ betrachtet.

Im letzten Capitel werden die Eigenschaften der Lamé'schen Functionen von einem neuen Gesichtspunkt aus dargestellt.

Ke. (O.)

W. Walton. On the nth differentiation of an integral $\int_b^c \varphi(x, a)\, dx$ with regard to a, supposing a to be between b and c. Quart. J. XII. 215-220.

Der Zweck ist, einen allgemeinen Ausdruck für

$$\left(\frac{d}{da}\right)^n \int_b^c \varphi(x, a)\, dx - \int_b^c \left(\frac{d}{da}\right)^n \varphi(x, a)\, dx$$

zu erhalten, und zu zeigen, dass der Werth von Null verschieden sein kann, nicht nur wenn $\varphi(x, a) = \infty$, sondern auch in anderen Fällen.

Cly. (O.)

W. Ligowski. Ein Beitrag zur näherungsweisen Berechnung bestimmter Integrale. Grunert Arch. LV. 219-221.

Wenn $a + 2nh = b$ ist, so ist:

$$\int_0^{2nh} f(a+x)\partial x = 2h[f(a+h)+f(a+3h)+f(a+5h)\ldots+f(b-h)]$$

$$-\Sigma(f^{(2\alpha-1)}(b)-f^{(2\alpha-1)}(b)).(-1)^\alpha(4^\alpha-2).\frac{B_{2\alpha-1}}{(2\alpha)!}h^{2\alpha|}; \quad \alpha>0.$$

und

$$3\int_0^{2nh} f(a+x)\partial x = h[f(a)+4f(a+h)+2f(a+2h)+\cdots 4f(b-h)+f(b)]$$

$$-\Sigma(f^{(2\alpha-1)}(b)-f^{(2\alpha-1)}(a))(-1)^\alpha(4^\alpha-4)\frac{B_{2\alpha-1}}{(2\alpha)!}h^{2\alpha}; \quad \alpha>1.$$

Dabei bedeuten $B_{2\alpha-1}$ die Bernoulli'schen Zahlen, $\alpha>0$.

Für $a=h=\frac{1}{2}$ ergiebt sich ausserdem die folgende Summenformel:

$$\sum_{x=4}^{x=n} f(x) = C+\int_0^n f(\tfrac{1}{2}+x)\partial x$$

$$+\Sigma(-1)^\alpha.\frac{4^\alpha-2}{4^\alpha}\cdot\frac{B_{2\alpha-1}}{(2\alpha)!}f^{(2\alpha-1)}(\tfrac{1}{2}+n), \quad \alpha>0.$$

Pr.

L. Gegenbauer. Ueber bestimmte Integrale. Wien. Ber. LXVII. 202-204.

Vergleichung zweier Entwickelungen der Functionen

$$\varphi(x) = (1+kx^2)^{-(n+r+\frac{3}{2})},$$
$$\chi(x) = e^{xy}$$

in nach den Functionen X_n^{2r+1} (s. F. d. M. IV, 223) fortschreitende Reihen, worin die Coefficienten einmal durch die Entwickelung der einzelnen Potenzen von x gewonnen werden, das andere Mal in geschlossener Form durch bestimmte Integrale gegeben werden. Es ergeben sich dadurch Relationen, in welchen u. A. die Legendre'sche Formel

$$\int_{-1}^{+1}\frac{P_{(x)}^{(2n)}\,dx}{(1+kx^2)^{n+\frac{3}{2}}} = \frac{2}{2n+1}\,\frac{(-k)^n}{(1+k)^{n+\frac{1}{2}}}$$

(vgl. Heine, Kugelfunctionen p. 43) als specieller Fall enthalten ist.

Hr.

J. Worpitzky. Ueber das bestimmte Integral

$$\int_0^{2\pi}\frac{d\varphi}{A+B\cos\varphi+C\sin\varphi},$$

in welchem A, B, C beliebige (reelle oder complexe) Constanten sind. Grunert Arch. LV. 59-64.

Der Verfasser giebt eine alle denkbaren Fälle erschöpfende Auswerthung dieses zuerst von Jacobi, und zwar vermittelst Reihenentwickelungen, discutirten Integrals auf einem Wege, der weder auf diese noch auf das allgemeine Integral in der Form eines geschlossenen Ausdrucks Recurs nimmt. Es gelingt dies durch einfache Anwendung der Sätze über die Veränderung der Integralwerthe beim Umlauf um singuläre Punkte. Die Wirksamkeit der neueren Methoden der Functionentheorie wird hierdurch, der ausgesprochenen Absicht des Verfassers entsprechend, auf das Anschaulichste illustrirt. Hr.

E. Catalan. Sur la constante d'Euler et la fonction de Binet. C. R. LXXVII. 198-201.

Wird die Constante C_μ durch die Gleichung

$$C_\mu = \lim\cdot\left(\frac{1}{\mu}+\frac{1}{\mu+1}+\cdots+\frac{1}{\mu+n-1}-\log(\mu+n-1)\right)_{n=\infty}$$

definirt, wo μ eine beliebige positive Grösse bedeutet, so ist

$$C_\mu = \frac{d\log\Gamma\mu}{d\mu}.$$

Für $\mu=1$ geht C_μ in die Euler'sche Constante über.

Die Binet'sche Function:

$$\omega(\mu) = \int_0^\infty\left(\frac{1}{e^x-1}-\frac{1}{x}+\tfrac{1}{2}\right)\frac{e^{-\mu x}}{x}\cdot dx,$$

die in der Formel

$$\log\Gamma\mu = (\mu-\tfrac{1}{2})\log\mu-\mu+\tfrac{1}{2}\log 2\pi+\omega(\mu)$$

vorkommt, steht mit C_μ in der Beziehung

$$C_\mu = \frac{1}{2\mu}-\omega'(\mu).$$

Für C_μ, $\omega(\mu)$, $\log\Gamma(\mu)$ werden noch Reihenentwickelungen gegeben, aus denen die merkwürdige Productentwickelung für e

$$e = \frac{2}{1}\left(\frac{4}{3}\right)^{\frac{1}{2}}\left(\frac{6.8}{5.7}\right)^{\frac{1}{4}}\cdot\left(\frac{10.12.14.16}{9.11.13.15}\right)^{\frac{1}{8}}\cdots$$

hervorgeht.

Zum Schluss wird das Ergänzungsglied der Stirling'schen Formel: $\frac{\log \Gamma(1+n)}{n^n e^{-n}\sqrt{2\pi n}}$ in Form eines unendlichen Products dargestellt.

Hr.

A. Enneper. Ueber ein bestimmtes Integral. Clebsch Ann. VI. 360-365.

Das Endresultat der Rechnung ist die Relation:

$$\frac{\Pi(n)^2 2^{2n+1}}{(y-xi)^{2n+1}}\int_0^\infty \frac{e^{-(x+yi)u}\partial u}{(1+u^2)^{n+1}} = \pi\int_1^\infty e^{-(y-xi)u}(u^2-1)^n\partial u$$

$$-i\int_1^\infty e^{-(y-xi)u}(u^2-1)^n\partial u\int_{-1}^1 \frac{e^{(y-xi)u}-1}{u}(1-u^2)^n\partial u$$

$$-i\int_1^\infty e^{-(y-xi)u}(u^2-1)^n\frac{\partial u}{u}\int_{-1}^1 e^{(y-xi)u}(1-u^2)^n\partial u,$$

wo x, y, n beliebig reell positiv, $\Pi n = \Gamma(n+1)$. Zur Herleitung entwickelt der Verfasser die lineare Differentialgleichung, welcher das Integral

$$r = \int_0^\infty \frac{e^{-tzu}\partial u}{(1+u^2)^{n+1}}$$

für complexe z genügt, und welche lautet:

$$(8)\quad t\frac{\partial^2 r}{\partial t^2} - 2n\frac{\partial r}{\partial t} + trz^2 = z.$$

Sie wird zunächst durch die Substitution

$$r = s(tz)^{2n+1}$$

transformirt. Statt der rechten Seite 0 gesetzt, ergeben sich 2 bestimmte Integrale p, q als besondere Lösungen, so dass das vollständige Integral der Gleichung (8) die Form hat:

$$s = pP + qQ.$$

Es werden dann P, Q aus ihren bekannten 2 Relationen berechnet, die willkürlichen Constanten dem anfänglichen Werthe von r gemäss bestimmt, wobei die durch Elimination von z aus den Differentialgleichungen für p und q hervorgehende Relation

$$\left(p\frac{\partial q}{\partial t} - q\frac{\partial p}{\partial t}\right)t^{2n+2} = \text{const.}$$

in Anwendung kommt, und schliesslich $t=1$, $z=x+yi$ gesetzt wird; dann ergiebt sich das oben genannte Resultat.

Am einfachsten gestaltet sich darin die Gleichheit der reellen Theile für $x=0$, wo die Integralproducte weggehen, und eine Formel für die Transformation eines einfachen Integrals in ein anderes übrig bleibt. H.

J. W. L. Glaisher. On the evaluation of a class of definite integrals involving circular functions in the numerator and powers of the variables in the denominator. Proc. of L. M. S. IV. 291-302.

Cly.

J. Graindorge. Sur quelques intégrales définies. Mém. de Liège (2) III. 77-83.

Aus den Integralen

$$\cot\alpha - \frac{1}{\alpha} = \int_0^\infty \frac{e^{\alpha x} - e^{-\alpha x}}{e^{\pi x} - 1}\, dx,$$

$$\frac{\pi}{2\beta}\operatorname{tang}\frac{\pi\alpha}{2\beta} = \int_0^\infty \frac{e^{\alpha x} - e^{-\alpha x}}{e^{\beta x} - e^{-\beta x}}\, dx$$

leitet der Verfasser andere her, indem er α mit $\alpha\sqrt{-1}$ vertauscht, α mit $d\alpha$ multiplicirt und zwischen gegebenen Grenzen integrirt.

Mn. (O.)

A. Enneper. Ueber einige bestimmte Integrale. Schlömilch Z. XVIII. 407-415.

Der Aufsatz behandelt nach einander 3 gesonderte Themata. Zuerst wird eine neue, verhältnissmässig einfache Herleitung des Gauss'schen endlichen Ausdrucks der Function ψ, d. i. der Ableitung des Logarithmus der Γ-Function für rational gebrochene Argumente gegeben, und eine Reihenentwickelung derselben Function

$$\psi(z) = \log(z+1)$$
$$+\sum_{n=1}^{n=\infty} \frac{1.2\ldots(n-1)}{(z+1)(z+2)\ldots(z+n)} \int_0^1 \frac{(-x)(1-x)\ldots(n-1-x)}{1.2\ldots n}\,\partial x$$

hinzugefügt; im zweiten Theil die Gültigkeit der Formel

$$\Gamma(z)\Gamma(1-z) = \frac{\pi}{\sin \pi z}$$

für complexe z bewiesen, nach einem Verfahren jedoch, welches der Verfasser schwerlich für einfacher als das in Grunert Arch. XLI, p. 65 befolgte erklären würde. Der dritte Theil enthält erstlich folgende Reihenentwickelung des Integrallogarithmus

$$\int_1^\infty \frac{e^{-zu}\partial u}{u} = -\frac{1-e^{-z}}{2z} - \log z + \frac{\partial \log \Gamma(1+z)}{\partial z}$$

$$+\sum_{n=1}^{n=\infty} \left\{ \frac{e^{-n-z}}{n+z} + \frac{(-1)^n B_n}{(2n)!} \frac{\partial^{2n-1}}{\partial z^{2n-1}} \frac{1-e^{-z}}{z} \right\},$$

wo die B_n die Bernoulli'schen Zahlen bezeichnen, dann die Darstellung eines bestimmten Integrals mittelst des Integrallogarithmus, nämlich

$$\int_0^\infty \frac{\sin zu\,\partial u}{1+u^2} = \frac{e^z - e^{-z}}{2}\int_z^\infty \frac{e^{-v}}{v}\partial v + \tfrac{1}{2}e^{-z}\int_0^z \frac{e^v - e^{-v}}{v}\partial v,$$

und eine Ableitung einer bekannten Reihe für denselben.

H.

D. Bierens de Haan. Sur quelques intégrales définies à facteurs e^{qx^p}, $\cos(qx^p)$, $\sin(qx^p)$. Arch. Néerl. VIII 135-147.

D. Bierens de Haan. De l'intégrale $\int_a^b l\Gamma(x)\,dx$. Arch. Néerl. VIII. 148-152.

D. Bierens de Haan. Bydragen tot de theorie der bepaaldte integralen. Versl. en Meded. (2) VII 12-31.

1. Aus dem Integral

$$\text{(A)} \quad \int_0^\infty e^{-qx} x^{p-1}\,dx = \frac{1}{q^p}\Gamma p$$

leitet man zwei andere Integrale (a) und (b) her, indem man q durch $q+r\sqrt{-1}$ ersetzt. Indem man dann $x^p = y$ setzt, erhält man aus (A), (a), (b) andere sehr bemerkenswerthe Integrale, die mit (1), (2), (3) bezeichnet werden mögen. Setzt man in (2) und (3) $q=0$, so folgen zwei andere Formeln (4), (5). Der Verfasser erhält aus den Formeln (1), (2), (3), (4), (5) eine grosse Zahl neuer Resultate durch Differentiation unter dem Integralzeichen oder durch äquivalente Wege oder auch durch mehr elementare Operationen. Das Hauptresultat ist

$$p^2 q^{\frac{s+1}{p}} \int_0^\infty e^{-qx^p} lx . x^p dx = -lq . \Gamma\left(\frac{s+1}{p}\right) + \Gamma'\left(\frac{s+1}{p}\right).$$

2. Aus der Formel, die $l\Gamma x$ giebt, kann man durch Umkehrung der Integration leicht ableiten:

$$\int_q^{q+1} l\Gamma x\, dx = q\, lq - q + \tfrac{1}{2} l2\pi.$$

Setzt man $y = x + q$, so hat man

$$\int_0^1 l\Gamma(x+q)dx = \tfrac{1}{2} l2\pi + q\, lq - q; \quad \int_0^1 l\Gamma x\, dx = \tfrac{1}{2} l2\pi.$$

Daraus ergiebt sich leicht:

$$\int_0^1 l\Gamma(ax)\, dx = \tfrac{1}{2} l2\pi - \frac{a-1}{2} + \frac{1}{a} \sum_{n=2}^{n=a-1} n\, ln$$

nebst anderen analogen Resultaten. Mn. (O.)

Ph. Gilbert. Recherches sur le développement de la fonction Γ et sur certaines intégrales définies qui en dépendent. Mém. de Belg. XLI. Bruxelles. Hayez.

E. Catalan. Rapport sur ce mémoire. Bull. de Belg. (2) XXXVI. 4-16.

Der Herr Verfasser macht zunächst (§ I) auf die einfachen Beziehungen aufmerksam, welche zwischen der Fundamentalgleichung $\Gamma(\mu+1) = \mu\ \Gamma(\mu)$, der Gudermann'schen Reihe, der Stirling'schen Formel und der Gauss'schen Productform für $\Gamma(\mu)$ bestehen. Wendet man nämlich die Fundamentalgleichung an auf die von Cauchy (Exercices d'analyse, II, 386) und J. Binet (J. de l'Éc. Polyt. cah. 27, p. 243) gegebene Form

$$l\Gamma(\mu) = \tfrac{1}{2}\, l(2\pi) + (\mu - \tfrac{1}{2})\, l\mu - \mu + \varpi(\mu),$$

wo

$$\varpi(\mu) = \int_0^\infty \left(\frac{1}{e^x - 1} - \frac{1}{x} + \tfrac{1}{2}\right) \frac{e^{-\mu x}}{x}\, dx$$

ist, so ergiebt sich für die Function $\varpi(\mu)$ die Relation

$$\varpi(\mu) - \varpi(\mu+1) = (\mu+\tfrac{1}{2})\, l\left(1+\frac{1}{\mu}\right) - 1,$$

und daraus die von Gudermann (Crelle J. XXIX, 209) gegebene Reihenentwickelung für $\varpi(\mu)$. Diese Gudermann'sche Reihe führt wieder auf die Darstellung von $\Gamma(\mu)$ als unendliches Product, welche Darstellung andererseits aus der Stirling'schen Formel sich ableiten lässt, da nach dieser

$$\Gamma(\mu+n+1) = \sqrt{2\pi}\,(\mu+n+1)^{\mu+n+\frac{1}{2}}\, e^{-(\mu+n+1)}(1+\varepsilon), \quad \begin{matrix} n=\infty \\ \varepsilon=0 \end{matrix},$$

ist. Im folgenden Paragraphen wird die von Dirichlet (Crelle J. XV) gegebene Formel

$$\frac{\partial\, l\,\Gamma(\mu)}{\partial\mu} = \int_0^\infty \left[e^{-x} - \frac{1}{(1+x)^\mu}\right]\frac{dx}{x}$$

benutzt, um die Euler'sche Constante

$$-C = \int_0^\infty e^{-x}\, lx\cdot dx$$

darzustellen in der Form

$$-C = \lim_{\varepsilon=0}\left(\int_\varepsilon^\infty \frac{\cos ax}{x}\,dx + l(a\varepsilon)\right).$$

Den Hauptgegenstand der Arbeit aber bildet die Umformung und Entwickelung der Function $\varpi(\mu)$ (§ III-VI). Die Umformung geschieht durch Einführung trigonometrischer Functionen in den von Cauchy (Exercices II, 395) gegebenen Ausdruck

$$\varpi(\mu) = 2\sum_{n=1}^{n=\infty}\int_0^\infty \frac{a^{-\mu x}\,dx}{4n^2\pi^2+x^2}$$

(siehe auch Limbourg, Théorie de la fonction Gamma, Gand 1859, p. 46), und zwar mit Benutzung der Formel

$$\int_0^\infty \frac{e^{-\mu x}\,dx}{a^2+x^2} = \frac{1}{a}\int_0^\infty \frac{\sin az\,dz}{\mu+z}$$

(s. Schlömilch, Analyt. Studien, II, 146). Diese ergiebt:

$$\varpi(\mu) = \frac{1}{\pi}\sum_{n=1}^{n=\infty}\frac{1}{n}\int_0^\infty \frac{\sin 2n\pi z}{\mu+z}\,dz.$$

Diese Darstellung führt dann wieder auf folgenden Ausdruck für $\varpi(\mu)$:

$$1)\quad \varpi(\mu) = \sum_{k=0}^{k=\infty} \int_0^1 \frac{1}{\mu + k + x} \left(\tfrac{1}{2} - x\right) dx,$$

woraus sich sofort die Gudermann'sche Reihe, die von Cauchy (Exercices, II, 388, équ. 6), die beiden Reihen von Binet mit dem Restausdruck für beliebige positive μ (J. de l'Éc. Pol. cah. 27, p. 226) und die convergenteren Reihen

$$\varpi(\mu) = \tfrac{1}{3} \sum_0^\infty \frac{1}{(2\mu+2k+1)^2} + \tfrac{1}{5} \sum_0^\infty \frac{1}{(2\mu+2k+1)^4} + \tfrac{1}{7} \sum_0^\infty \frac{1}{(2\mu+2k+1)^6} + \cdots,$$

$$\varpi(\mu) = \frac{1}{3\cdot 2^2} \sum_0^\infty \frac{1}{(\mu+k)(\mu+k+1)} - \frac{1}{3\cdot5\cdot2^3} \sum_0^\infty \frac{1}{(\mu+k)^2(\mu+k+1)^2} + \frac{1\cdot2}{3\cdot5\cdot7\cdot2^4} \sum_0^\infty \frac{1}{(\mu+k)^3(\mu+k+1)^3} - \frac{1\cdot2\cdot3}{3\cdot5\cdot7\cdot9\cdot2^5} \sum_0^\infty \frac{1}{(\mu+k)^4(\mu+k+1)^4} + \cdots$$

ergeben. Die zweite Binet'sche Reihe ist nur ein besonderer Fall einer viel allgemeineren Formel, welche unendlich viele convergente Entwickelungen für $\varpi(\mu)$ liefert. Die vollständige Discussion des Restgliedes hat der Herr Verfasser nicht durchgeführt. Uebrigens hat Herr A. Enneper (Ueber die Function Π von Gauss mit complexem Argument, Diss. p. 15, Göttingen 1856) eine Entwickelung für complexe Argumente gegeben, welche in vielen Fällen weit brauchbarer ist als die Binet'sche. Aus der obigen Formel 1) gewinnt ferner Herr Gilbert durch theilweise Integration die Stirling'sche Reihe (die Literatur siehe in Mayer, Vorlesungen über die Theorie der bestimmten Integrale, Leipzig 1871, p. 145):

$$\varpi(\mu) = \frac{B_1}{1\cdot 2\mu} - \frac{B_2}{3\cdot4\mu^3} + \frac{B_3}{5\cdot6\mu^5} - \cdots + (-1)^{p-1} \frac{B_p}{(2p-1)2p\cdot\mu^{2p-1}} + R_p,$$

mit den beiden Ausdrücken für das Restglied:

$$R_p = (-1)^p \frac{(2p-1)!}{2^{2p+1}\pi^{2p}} \sum_{n=1}^{n=\infty} \frac{1}{n^{2p}} \int_0^\infty \frac{\cos 2n\pi z}{(\mu+z)^{2p}} dz,$$

$$R_p = (-1)^p \frac{2p!}{2^{2p}\pi^{2p-1}} \sum_{n=1}^{n=\infty} \frac{1}{n^{2p+1}} \int_0^\infty \frac{\sin 2n\pi z}{(\mu+z)^{2p+1}} dz.$$

Endlich ergiebt sich aus der Formel 1) die Entwickelung der Function $l\Gamma(\mu)$ in eine nach $\sin 2n\mu\pi$ $(\mu<1)$ fortschreitende Reihe, welche von Kummer (Crelle J. XXXV, 1) herrührt.

Im zweiten Theil seiner Abhandlung (§ VI) benutzt Herr Gilbert das Theorem von Cauchy über Integrale längs geschlossener Linien, um der Function $\varpi(\mu)$ folgenden Ausdruck zu geben:

$$\varpi(\mu) = \tfrac{1}{2} \sum_{n=1}^{n=\infty} \frac{\cos 2n\mu\pi}{n} + \tfrac{1}{2}\int_0^\infty \left(\frac{1}{x} - \cos x\right) \frac{\sin 2\mu x}{x} dx,$$

oder

$$= -\tfrac{1}{2}\, l\, \overline{2\sin\mu\pi} + \tfrac{1}{2}\int_0^\infty \left(\frac{1}{x} - \cos x\right) \frac{\sin 2\mu x}{x} dx,$$

wo der Strich über dem Sinus andeuten soll, dass dessen absoluter Werth zu nehmen ist. Aus dieser Formel ergiebt sich nun die Auswerthung einer grossen Anzahl bestimmter Integrale, die zum grossen Theil neu sind. Ferner gestattet sie die Entwickelung der Function $\varpi(\mu)$ in eine nach den Sinus der Vielfachen von $2\mu\pi$ $(0<\mu<\frac{1}{2})$ fortschreitende Reihe, welche weniger ihrer praktischen Brauchbarkeit als der Beziehungen wegen interessant ist, welche sie zwischen der Function $\varpi(\mu)$ und den als Sinusintegral und Cosinusintegral bekannten Transcendenten herstellt. Endlich lässt sich aus der obigen Formel ein neuer Ausdruck für $l\Gamma(\mu)$ gewinnen, nämlich

$$l\Gamma(\mu) = \tfrac{1}{2}\, l \frac{\pi}{\sin\mu\pi} + \tfrac{1}{2}\int_0^\infty \left[(2\mu-1)\cos 2x - \frac{\sin(2\mu-1)x}{\sin x}\right]\frac{dx}{x},$$

der wieder ohne grosse Schwierigkeit die Fundamentaleigenschaften der Function Γ ergiebt. Zum Schluss leitet der Herr Verfasser aus der Dirichlet'schen Formel

$$\frac{d}{d\mu}\, l\Gamma(\mu) = \int_0^\infty \left(\frac{e^{-x}}{x} - \frac{e^{-\mu x}}{1-e^{-x}}\right)dx$$

(s. Crelle J. XV) einen anderen für $\frac{d}{d\mu}\, l\Gamma(\mu)$ her, in welchem wie in den obigen an die Stelle der Exponentialfunctionen trigonometrische Functionen treten. M.

M. DE TILLY. Note sur la formule qui donne, en série convergente, la somme des logarithmes hyperboliques des $x-1$ premiers nombres entiers. Bull. de Belg. (2) XXXV. 30-40.

P. GILBERT. Rapport sur ce mémoire. Bull. de Belg. (2) XXXV. 5-11.

A. GENOCCHI. Sur quelques développements de la fonction log $\Gamma(x)$. Bull. de Belg. (2) XXXVI. 546-565.

M. DE TILLY. Rapport sur ce mémoire. Bull. de Belg. (2) XXXVI. 454-468.

P. GILBERT. Observations sur deux notes de M. A. Genocchi relatives au développement de la fonction log $\Gamma(x)$. Bull. de Belg. (2) XXXVI. 541-545.

1. Die Note des Herrn de Tilly hat ihren Ausgangspunkt in einer Formel des H. Genocchi (Bull. de Belg. XX. 2me p. 395) nämlich:

$$u(x+1) - u(x) = lx - \mathop{S}_{1}^{n-1} (-1)^1 \beta_{i-1} X_i - R_n(x),$$

wo

$$u(x) = (\nu - \tfrac{1}{2})\, lx - x; \quad X_i = \frac{1\cdot 2\cdot 3\cdots i}{x(x+1)\cdots(x+i)},$$

$$R_n(x) = (-1)^n \int_0^1 \frac{\alpha(\alpha-1)\cdots(\alpha-n+1)}{x(x+1)\cdots(x+n+1)}\, \frac{\alpha-\frac{1}{2}}{x+\alpha}\, d\alpha,$$

$$\beta_n = \int_0^1 \frac{\alpha(\alpha-1)\cdots(\alpha-n)}{1\cdot 2\cdots(n+1)}\, (\alpha-\tfrac{1}{2})\, d\alpha.$$

Indem man dem x die Werthe $1, 2, \cdots (\nu-1)$ giebt und die Resultate addirt, erhält man, wenn man der Symmetrie wegen $X_0 = \dfrac{1}{x}$ setzt:

$$l\Gamma(x) = u(x) + A(x,n) + B(x,n) + C(n),$$

$$A(x,n) = \mathop{S}_{1}^{n-1} (-1)^i \beta_i X_i,$$

$$B(x,n) = -\mathop{S}_{1}^{x-y} R_n x.$$

Dies ist eine Constante. Man findet also

$$A(\infty,\infty) = 0,\ B(\infty,\infty),\ C(\infty) = l\sqrt{2\pi}$$
$$A(\infty,n) = 0,\ \ B(x,\infty).$$

Indem man in $l\Gamma x$ n allein unendlich macht, findet man die unendliche Reihe von Binet. Andernfalls hat man diese Reihe mit einem Rest, der in bestimmten Integralen ausgedrückt ist. Entwickelt man diese Integrale in Reihen, so findet man die Entwickelung von Gudermann. (Siehe das vorstehende Referat).

2. Der Bericht von H. Gilbert enthält eine historische Notiz über die Formeln von Gauss und Legendre für die Entwickelung von $l\Gamma x$, über die von Stirling, Cauchy und Féaux, von Gudermann, Binet (deren es zwei giebt) und von Kummer.

Herr Genocchi giebt dazu im 2ten Theil seiner Note Berichtigungen und Vervollständigungen. Die Formel von Gauss ist implicite enthalten in einer Formel von Euler, die von Cauchy und Féaux gehört in Wirklichkeit Binet; Plana hat vor Binet die Function $\Pi(x)$ mit Hülfe eines bestimmten Integrals ausgedrückt, Binet hat nicht, wie H. Gilbert sagt, die Frage über die Convergenz der nach ihm benannten Reihe vernachlässigt. Herr Genocchi giebt dann eine Analyse seiner zahlreichen Arbeiten über die Function Γ, die mehrere der später von andern Mathematikern gefundenen Resultate enthalten, und giebt den Inhalt der Untersuchungen von Weierstrass und Hankel über diesen Gegenstand.

3. Der erste Theil der Note des Herrn Genocchi, der Bericht des Herrn Tilly und die Bemerkungen von Herrn Gilbert enthalten eine Discussion über 2 frühere Noten des Herrn Genocchi, wo es sich darum handelt zu wissen, ob diese Schriften einen allgemeinen Beweis der Formel von Binet enthalten oder nicht. Diese Frage ohne gründliches Studium der Arbeiten selbst zu entscheiden ist schwierig. Wie dem auch sei, in der letzten, deren Titel oben gegeben ist, weist Herr Genocchi alle Einwürfe zurück, indem er in einfacher und strenger Weise die Convergenz der Reihe $\Sigma(-1)^i \beta_i X_i$ durch die der Reihe $\Sigma(-1)^{i-1} \beta_{i-1} X_i$, welche immer grösser ist, zeigt.

In seinen Bemerkungen erkennt Herr Gilbert die Priorität Genocchi's für den Beweis der Formel von Stirling an, die er in seiner grossen Arbeit gegeben hat. Mn. (O.)

E. Catalan. Rapport sur le mémoire de Mr. P. Gilbert, Recherches sur le développement de la fonction Γ et sur certaines intégrales définies qui en dépendent. Bull. de Belg. (2) XXXVI. 4-16.

Dieser Bericht enthält neben einer Analyse der Arbeit verschiedene Notizen über die Euler'sche Constante, die Function von Binet unter der Form eines bestimmten Integrals, die Reihe von Binet und endlich über bestimmte Integrale, die in der Arbeit des Herrn Gilbert vorkommen. Mn. (O.)

O. Schlömilch. Ueber einige Integrale von allgemeiner Form. Schlömilch Z. XVIII. 315-319.

Der Verfasser knüpft an zwei Formeln, welche er im X^{ten} Jahrg. p. 152 bewiesen hat, und an zwei andere von Cauchy an; erstere lauten:

$$\int_0^\infty \frac{f(iu)+f(-iu)}{2}\,\frac{u\,\partial u}{h^2+u^2} = -\tfrac{1}{2}\Big[\int_0^\infty \frac{f(x)\,\partial x}{h-x} - \int_0^\infty \frac{f(x)\,\partial x}{h+x}\Big],$$

$$\int_0^\infty \frac{f(iu)-f(-iu)}{2}\,\frac{h\,\partial u}{h^2+u^2} = -\tfrac{1}{2}\Big[\int_0^\infty \frac{f(x)\,\partial x}{h-x} + \int_0^\infty \frac{f(x)\,\partial x}{h+x}\Big].$$

Mittelst einer Transformation derselben geht ein Doppelintegral in ein einfaches über, und er gelangt zu folgenden neuen Relationen:

$$\int_0^\infty \frac{f(iu)+f(-iu)}{2}\,\frac{h\log u\,\partial u}{h^2+u^2}$$
$$= \frac{\pi}{2} f(h)\log h - \frac{\pi}{4}\Big[\int_0^\infty \frac{f(x)\,\partial x}{h-x} + \int_0^\infty \frac{f(x)\,\partial x}{h+x}\Big],$$

$$\int_0^\infty \frac{f(iu)-f(-iu)}{2}\,\frac{u\log u\,\partial u}{h^2+u^2}$$
$$= -\frac{\pi}{2} f(h)\log h + \frac{\pi}{4}\Big[\int_0^\infty \frac{f(x)\,\partial x}{h-x} - \int_0^\infty \frac{f(x)\,\partial x}{h+x}\Big],$$

wo das erste Integral zur Rechten als der Grenzwerth der Summe der Integrale von 0 bis $h-\varrho$ und von $h+\varrho$ bis ∞ zu deuten ist. Die Function f ist Bedingungen unterworfen, in Betreff welcher auf den früheren Aufsatz verwiesen wird. Die Anwendung der Formeln auf den Werth $f(z)=e^{-az}$ führt direct zu einem Resultate, welches der Verfasser in Grunert Arch. IV, 104 durch die Fourier'sche Reihe und einige Eigenschaften des Integrallogarithmus abgeleitet hat. H.

G. Mittag-Leffler. Forsök till ett nytt bevis för en sats inom de definita integralernas teori. Öfv. af Vetensk. Förh. Stockholm. 1873.

Beweis des bekannten Satzes von Cauchy über die Unabhängigkeit des Werthes eines bestimmten Integrals $\int_a^x f(x)dx$ vom Integrationswege, insofern dieser keinen kritischen Punkt der Function $f(x)$ einschliesst. Bg.

D. Bierens de Haan. Note sur la quadrature par approximation. Arch. Néerl. VIII. 113-134.

Uebersetzung der holländischen Arbeit, über die F. d. M. IV, p. 132 berichtet worden ist. Mn. (O.)

F. J. Studnička. Ueber den gemeinsamen Ursprung einiger bestimmten Integrale. Casopis. II. 242-247. (Böhmisch).

Der Verfasser weist darauf hin, wie aus der Minding'schen Formel

$$\int_0^\infty \frac{x^{m-1}dx}{x^n+e^{a\sqrt{-1}}} = \frac{\pi}{n}\,\frac{e^{\sqrt{-1}\left(\frac{m}{n}-1\right)a}}{\sin\frac{m}{n}\pi}$$

sich eine ganze Reihe bestimmter Integrale ableiten lasse, die von Euler, Cauchy, Legendre und Anderen angegeben sind.

W.

Capitel 5.

Gewöhnliche Differentialgleichungen.

S. CHALLIS. On integrating differential equations by factors and differentiations with applications to the calculus of variations. Phil. Mag. 1873.

Der folgende Satz, welchen der Verfasser noch nicht publicirt gesehen hat, ist die Grundlage dieser Arbeit, in der er verschiedene Probleme löst, welche sich darauf beziehen, die Differentialgleichungen von Curven zu finden, die parallel zu anderen Curve sind, wie z. B. zur Kettenlinie.

Er benutzt sie auch zur Lösung zweier Fragen aus der Variationsrechnung, die sich jedoch in Todhunter's Untersuchungen über die Variationsrechnung vorfinden. Der Satz heisst: Man bezeichne die Differential-Quotienten $\frac{dy}{dx}$, $\frac{d^2y}{dx^2}$, $\frac{d^3y}{dx^3}$ mit p, q, r etc.; es sei F eine Function von x, y, p, q, r etc. von irgend einer Ordnung und irgend einem Grade, und vorausgesetzt, dass man

$$\Psi\left(x, y, p, q \ldots, \quad F, \quad \frac{dF}{dx}, \quad \frac{d^2F}{dx^2}, \ldots\right) = 0$$

hat, wo die höchste Ordnung von p, q etc. nicht die höchste der Differential-Quotienten von F übertrifft; man setze ferner voraus, dass dieser Gleichung genügt wird, wenn $F = 0$, was, wie bekannt, einschliesst, dass auch $\frac{dF}{dx} = 0$, $\frac{d^2F}{dx^2} = 0$ etc., dann kann ein Integral der Gleichung $\Psi = 0$, welches auf eine Ordnung kleiner als die von $F = 0$ reducirbar ist, als ein Integral der letzten Gleichung betrachtet werden. Solche Integration einer gegebenen Gleichung $F = 0$ ist im Princip eine Ausdehnung der Methode des integrirenden Factors, oder der Methode durch Differentiation, oder eine Combination beider. Csy. (O.)

E. MATHIEU. Mémoire sur la théorie des dérivées principales et son application à la mécanique analytique. C. R. LXXVI. 1193-1197.

Siehe Abschnitt X, Cap. 4, A.

L. Fuchs. Ueber Relationen, welche für die zwischen je zwei singulären Punkten erstreckten Integrale der Lösungen linearer Differentialgleichungen stattfinden. Borchardt J. LXXI. 177-214.

Die linearen Differentialgleichungen

$$[y]_1^{(x)} = A_0 y + A_1 y' + \cdots + A_n y^{(n)}$$

und

$$[y]_2^{(x)} = -A_0 y + \frac{d}{dx}(A_1 y) - \cdots \pm \frac{d^n(A_n y)}{dx^n},$$

welche der Verfasser adjungirte Differentialgleichungen nennt, stehen bekanntlich in der Beziehung zu einander, dass

$$z[y]_1^{(x)} + y[z]_1^{(x)}$$

ein vollständiger Differentialquotient ist. Ferner ist, wie Jacobi gezeigt hat, wenn A_0, A_1, ... A_n ganze Functionen von x sind,

$$\left[\frac{1}{x-\alpha}\right]_1^{(x)} + \left[\frac{1}{x-\alpha}\right]_2^{\alpha} = U$$

eine ganze rationale Function von x und α. Wenn alle Integrale der Differentialgleichung $[y]_1^x = 0$ an jeder Stelle a endlich bleiben, falls sie mit einer endlichen Potenz von $x-a$ (oder $\frac{1}{x}$ für $a=\infty$) multiplicirt werden, so findet dasselbe auch bei der Differentialgleichung $[y]_2^{(x)} = 0$ statt. Die Wurzeln der zu einem endlichen singulären Punkte gehörigen determinirenden Fundamentalgleichung sind bei der einen Differentialgleichung die entgegengesetzten der um 1 vermehrten Wurzeln der andern. Die Wurzeln der zu $x=\infty$ gehörigen Gleichung werden bei der einen Differentialgleichung gefunden, indem man die der andern der Reihe nach von $n\varrho+1$ abzieht, wo ϱ die Anzahl der endlichen singulären Punkte ist. Wenn die Coefficienten von $[y]_1^x$ unbestimmt sind, so können sie immer so gewählt werden, dass die Wurzeln der zu den einzelnen singulären Punkten gehörigen Gleichungen von einander verschieden und bei den endlichen singulären Punkten negativ und absolut kleiner als 1 sind. Unter dieser Voraussetzung ist

$$\int_{a_\mu}^{a_{\mu+1}} dx \int_{a_\nu}^{a_{\nu+1}} d\alpha\, U y \mathfrak{z} = 0,$$

wenn μ von $r-1$, r oder $r+1$ verschieden ist und y und $\mathfrak{z}$ Integrale der Differentialgleichungen $[y]_1^{(x)} = 0$ und $[\mathfrak{z}]_2^{\alpha} = 0$ bedeuten.

Als Integrationsweg zwischen zwei singulären Punkten a_α und $a_{\alpha+1}$ ist der innere Rand des Absonderungsschnittes l_α zu nehmen. (Vergl. d. Abh. d. Verf. Borchardt J. LXXV, 213). Dagegen hat

$$\int_{a_\mu}^{a_{\mu+1}} dx \int_{a_\nu}^{a_{\nu+1}} d\alpha\, U y \mathfrak{z}$$

einen im Allgemeinen von Null verschiedenen Werth. Ist r eine Wurzel der zum singulären Punkte $a_{\mu+1}$ gehörigen determinirenden Fundamentalgleichung $D(r) = 0$ und sind y und $\mathfrak{z}$ diejenigen (bis auf einen constanten Factor bestimmten) Integrale der Differentialgleichungen $[y]_1^x = 0$ und $[\mathfrak{z}]_2^{\alpha} = 0$, welche bei einem Umlauf von x um $a_{\mu+1}$ in sich selbst mit $e^{2\pi ir}$ multiplicirt übergehen, so ist jener Werth

$$f.g D'(r) \cdot \frac{e^{-\pi ri}}{\sin \pi r},$$

wo f und g die Coefficienten der Anfangsglieder der Entwickelungen von y und $\mathfrak{z}$ sind. Fs.

L. Fuchs. Ueber die Darstellung der Functionen complexer Variablen, insbesondere der Integrale linearer Differentialgleichungen. Borchardt J. LXXV. 177-223. LXXVI. 175-176.

Siehe Abschnitt VII, Capitel 1.

M. Hamburger. Bemerkungen über die Form der Integrale der linearen Differentialgleichungen mit veränderlichen Coefficienten. Borchardt J. LXXVI. 113-126.

Sind $y_1, \dots y_n$ n von einander unabhängige Integrale einer linearen Differentialgleichung n^{ter} Ordnung und bezeichnet $(y)'$ das, was aus der Function y wird, wenn die Variable x einen gewissen singulären Punkt a umkreist, so ist

$$y_k' = a_{k_1} y_1 + a_{k_2} y_2 + \cdots a_{k_n} y_n.$$

Ist dann ω eine einfache Wurzel der Gleichung

$$\varDelta = \begin{vmatrix} a_{11} - \omega, & \cdot\cdot\cdot, & a_{1n} \\ \cdot & \cdot\cdot\cdot & \cdot \\ a_{n1}, & \cdot\cdot\cdot, & a_{nn} - \omega \end{vmatrix} = 0,$$

so entspricht ihr ein Integral $u = \alpha y_1 + \beta y_2 + \cdots \varrho y_n$, welches der Relation $(u)' = \omega u$ genügt. Ist dagegen ω eine μ-fache Wurzel der Gleichung $\varDelta = 0$, so entsprechen ihr, wie Herr Fuchs gezeigt hat, μ Integrale $u_1, \ldots u_\mu$, von der Form $(x-a)^r \varphi, (\omega = e^{2r\pi i})$, wo φ im Allgemeinen eine ganze Function $(\mu-1)^{\text{ten}}$ Grades von $\log(x-a)$ ist, deren Coefficienten eindeutige Functionen von x sind.

Der Verfasser weist nach, dass diese μ Functionen wieder in Gruppen zerfallen, und zwar Gruppen von einem Elemente, von 2 Elementen u. s. w. Die Functionen einer Gruppe von m Elementen $y_1, y_2, \ldots y_m$ genügen den Relationen

$$(y_1)' = \omega y_1, \quad (y_2)' = \omega y_2 + y_1, \quad \ldots, \quad (y_m)' = \omega y_m + y_{m-1}.$$

Ist $u = \dfrac{\log(x-a)}{2\pi i}$ und $f(u)$ eine ganze Function $(m-1)^{\text{ter}}$ Ordnung von u, deren Coefficienten eindeutige Functionen von x sind, so haben die Functionen einer m-gliedrigen Gruppe die Form

$$y_m = (x-a)^r f(u),\ y_{m-1} = (x-a)^r \omega \varDelta f(u), \ldots,\ y_1 = (x-a)^r \omega^{m-1} \varDelta^{m-1} f(u),$$

wo $\omega = e^{2r\pi i}$ ist, $\varDelta f(u)$ die Differenz $f(u+1) - f(u)$ und $\varDelta^k f(u)$ die k^{te} Differenz der Function $f(u)$ bezeichnet. Fs.

L. W. Thomé. Zur Theorie der linearen Differentialgleichungen. Borchardt J. LXXV. 265-291, LXXVI. 273-291.

Die vorstehenden Abhandlungen enthalten die Fortsetzung der im 74ten Bande des Borchardt'schen J. (vergl. F. d. M. IV, 149) begonnenen Untersuchungen des Herrn Verfassers über die lineare Differentialgleichung

$$(1) \quad \frac{d^n y}{dx^n} + p_1 \frac{d^{n-1} y}{dx^{n-1}} + \cdots + p_n y = 0,$$

deren Coefficienten p in der Umgebung von $x = a$ einwerthig und so beschaffen sind, dass $p_\lambda (x-a)^{\pi_\lambda}$, wo π_λ eine positive ganze Zahl bedeutet, für $x = a$ endlich wird. Betrachtet man die Reihe der Zahlen

$$\pi_\lambda + n - \lambda \quad (\lambda = 0, 1, \ldots n),$$

wo $\pi_0 = 0$ ist, und nennt den Werth λ, für welchen zuerst die grösste dieser Zahlen auftritt, den charakteristischen Index, so war als eine nothwendige Bedingung für die Existenz von $n-h$ „regulären" Integralen der Gleichung (1) gefunden worden, dass der charakteristische Index gleich h ist. Reguläre Integrale sind nach einer neuen Bezeichnung des Herrn Verfassers solche Integrale, welche, mit einer endlichen Potenz von $x-a$ multiplicirt, für $x=a$ endlich werden.

Für die weitere Untersuchung dient dem Herrn Verfasser als Ausgangspunkt die Betrachtung der Beziehungen, welche zwischen der gegebenen Differentialgleichung und der ihres Multiplicators stattfinden, sowie insbesondere der Reduktionen, welche für die eine der beiden Gleichungen durch die Integrale der anderen sich vollziehen lassen. Die Existenz nämlich von $n-h$ regulären Integralen der Gleichung (1) erscheint nach einem Satze des Herrn Fuchs (Borchardt J. LXVIII, Art. 3) gleichbedeutend mit der Reduktibilität dieser Gleichung in dem Sinne, dass es eine Gleichung $n-h^{\text{ter}}$ Ordnung giebt, von der nämlichen Beschaffenheit in ihren Coefficienten in der Umgebung von $x=a$ wie die Gleichung (1), mit der die letztere alle Integrale gemeinsam hat. Es ergeben sich hierdurch von selbst mehrfache Berührungspunkte mit den Untersuchungen des Herrn Frobenius über die Reduktibilität linearer Differentialgleichungen (Borchardt J. LXXVI, siehe unten p. 176), in welchen ebenfalls die Beziehungen zwischen einer linearen Differentialgleichung und derjenigen, durch welche ihr Multiplicator definirt ist, eine Rolle spielen. Das Hauptergebniss für die vorliegende Frage ist im folgenden Satze enthalten, welcher sich in der 2ten Abhandlung § 4 als Folgerung eines etwas allgemeineren Theorems ausgesprochen findet:

Damit die Gleichung (1) $n-h$ reguläre Integrale habe, ist nothwendig und hinreichend, dass ihr charakteristischer Index gleich h sei, und dass die Differentialgleichung, der ihr Multiplicator genügt, mit einer Differentialgleichung h^{ter} Ordnung von gleicher Beschaffenheit in ihren Coefficienten in der Umgebung von $x=a$ wie Gleichung (1), und deren charakteristischer Index ebenfalls gleich h ist, sämmtliche Integrale gemeinsam habe. (Vergl. die Abh. des Herrn Frobenius a. a. O. § 7, I—III, siehe unten). Der Index h der Differentialgleichung h^{ter} Ordnung zeigt nach dem Obigen an, dass diese selbst durch kein reguläres Integral befriedigt wird. Der besondere Fall des citirten Satzes, wo $h=1$ ist, ist in der ersten Abhandlung bereits behandelt. Für diesen ergiebt sich sofort, dass die Differentialgleichung des Multiplicators ein Integral von der Form

$$\mu = e^{w}(x-a)^{r}\sum_{0}^{\infty} c_{\alpha}(x-a)^{\alpha}, \text{ wo } w=\sum_{0}^{n} c_{-\alpha}(x-a)^{-\alpha}$$

ist, haben muss. Im allgemeinen Falle lässt sich nur soviel feststellen, dass wenn die Gleichung des Multiplicators h Integrale von der Form

$$M_1 = \mu_n^{-1},\ M_2 = \mu_n^{-1}\int \mu_n \mu_{n-1}^{-1}\,dx,\ \ldots$$

$$M_h = \mu_n^{-1}\int dx\,\mu_n\mu_{n-1}^{-1}\ldots\int \mu_{n-h+2}\mu_{n-h+1}^{-1}\,dx$$

hat, wo $\mu_{n-\alpha}^{-1}$ dieselbe Form wie μ hat, die Gleichung (1) $n-h$ reguläre Integrale hat. Die Untersuchung der Gleichungen, deren Integrale die letzterwähnte Beschaffenheit haben, bildet den Schluss der 2ten Abhandlung. Hr.

G. Frobenius. Ueber den Begriff der Irreductibilität in der Theorie der linearen Differentialgleichungen. Borchardt J. LXXVI. 236-271.

Eine Differentialgleichung, deren Coefficienten in einem gewissen Theile der Ebene eindeutig definirte analytische Functionen sind, wird irreduktibel genannt, wenn sie mit keiner Differentialgleichung niedrigerer Ordnung oder bei gleicher Ordnung niedrigeren Grades, deren Coefficienten in demselben Flächenstück eindeutige analytische Functionen sind, ein Integral gemeinsam hat. Der Herr Verfasser betrachtet in der vorliegenden Arbeit nur die homogenen linearen Differentialgleichungen und unter diesen die von Herrn Fuchs (Borchardt J. LXVI, S. 146) untersuchte Klasse, deren Integrale nur eine endliche Anzahl singulärer Stellen haben, und an jeder derselben a, mit einer endlichen Potenz von $x-a$ $\left(\text{oder } \frac{1}{x} \text{ für } a=\infty\right)$ multiplicirt, endlich bleiben. Eine solche Differentialgleichung heisst demnach irreduktibel, wenn sie mit keiner von derselben Beschaffenheit, aber niedrigerer Ordnung ein Integral gemeinsam hat. Die für die Reduktibilität sich ergebenden Sätze sind den für algebraische Gleichungen geltenden analog und lauten:

1. Wenn eine lineare Differentialgleichung mit einer irreduktiblen ein Integral gemeinsam hat, so hat sie auch alle Integrale mit ihr gemein.

2. Wenn eine lineare Differentialgleichung reduktibel ist, so giebt es eine oder mehrere lineare Differentialgleichungen niedrigerer Ordnung, mit denen sie alle Integrale gemeinsam hat.

Die Sätze werden nach 2 verschiedenen Methoden entwickelt. Zufolge der ersten (§ 3) untersucht man alle Zweige einer Function, die einer linearen Differentialgleichung λ^{ter} Ordnung genügt und bemerkt, wie viele von einander linear-unabhängige unter ihnen enthalten sind. Ist diese Zahl, die höchstens den Werth λ erreichen kann, gleich $\mu < \lambda$, so genügt die Function einer linearen Differentialgleichung μ^{ter} Ordnung, die gegebene Differentialgleichung λ^{ter} Ordnung ist also reduktibel und man beweist leicht, dass sie mit derjenigen μ^{ter} Ordnung, wenn diese irreduktibel ist, alle Integrale gemeinsam hat. Insbesondere muss (§ 4) eines derjenigen Integrale der reduktiblen Differentialgleichung, denen die Eigenschaft zukommt, nach einem Umlauf um eine singuläre Stelle a in der Umgebung derselben in sich selbst, mit einer Constanten multiplicirt, überzugehen, einer Differentialgleichung niederer Ordnung genügen. Die Anzahl solcher Integrale ist im Allgemeinen eine endliche, die Bedingung dafür lautet, dass die höchste Potenz von $\log(x-a)$, welche in den einer $(\varkappa+1)$ fachen Wurzel der zum Punkte a gehörigen Fundamentalgleichung (nach der Fuchs'schen Bezeichnung) entsprechenden Integralen vorkommt, die $\varkappa^{\text{te}}$ ist. In dem besonders einfachen Falle, dass keine der zu den singulären Punkten gehörigen Fundamentalgleichungen vielfache Wurzeln hat, ist zur Entscheidung der Reduktibilität einer gegebenen Differentialgleichung nur die Kenntniss der linearen Relationen erforderlich, welche zwischen den Integralen der verschiedenen den einzelnen singulären Punkten entsprechenden Fundamentalsysteme bestehen. (Vergl. d. Abh. d. Herrn Fuchs, Borchardt J. LXXV p. 212). Als Beispiel hierfür werden in § 5 die Reduktibilitätsbedingungen für die Gauss'sche Differentialgleichung 2ter Ordnung, der die hypergeometrische Reihe genügt, und auf einem anderen Wege, der die Kenntniss der erwähnten Relationen nicht voraussetzt, für die Riemann'sche allgemeine Differentialgleichung 2ter Ordnung mit 3 singulären Punkten ermittelt.

Die zweite Methode (§ 6 ff.) ist der bei den algebraischen Gleichungen üblichen nachgebildet. Sind $P(y)$ und $Q(y)$ zwei Differentialausdrücke von den Ordnungen resp. λ und μ $(\lambda > \mu)$, so kann man setzen $P = R(Q(y)) + r_0 S$, wo R die Operation:

$$R(y) = \left(\frac{d^\nu}{dx^\nu} + r_1 \frac{d^{\nu-1}}{dx^{\nu-1}} + \cdots + r_\nu\right)(y),$$

r_k eine rationale Function von x und S einen Differentialausdruck bedeutet, dessen Ordnung $\sigma < \mu$ ist, $\nu = \lambda - \mu$. Obige Gleichung wird auch in der Form $P \equiv S$ mod. Q geschrieben. Setzt man weiter $Q \equiv T$ mod. S, wo die Ordnung von T, $\tau < \sigma$ und fährt damit fort, bis die rechte Seite der Congruenz entweder gleich y oder gleich Null wird, so haben die Differentialgleichungen $P = 0$, $Q = 0$ im ersten Falle kein Integral gemeinsam, im anderen Falle giebt der Modul der letzten Congruenz gleich Null gesetzt die Differentialgleichung, welche durch die gemeinsamen Integrale von $P = 0$, $Q = 0$ befriedigt wird. Die Bedingung dafür, dass $P = 0$ mit $Q = 0$ sämmtliche Integrale gemeinsam hat, ist

$$P \equiv 0 \text{ mod.} Q \quad \text{oder} \quad P(y) = R(Q(y)).$$

Ausser den bereits oben angeführten Sätzen ergiebt sich aus vorstehender Formel unmittelbar folgender Satz: Jedes der Integrale von $P(y) = 0$ genügt einer Differentialgleichung $Q(y) = w$, wo w ein Integral einer bestimmten Differentialgleichung $(\lambda - \mu)^{\text{ter}}$ Ordnung (nämlich $R(y) = 0$) ist. Es schliessen sich daran interessante Sätze betreffend die Multiplicatoren der reduktiblen Differentialgleichungen, aus denen wir folgenden hervorheben: Genügen die Multiplicatoren von

$$P(y) = 0, \quad Q(y) = 0, \quad R(y) = 0$$

den linearen Differentialgleichungen:

$$P'(y) = 0, \quad Q'(y) = 0, \quad R'(y) = 0$$

und ist:

$$P(y) = R(Q(y)),$$

so ist auch:

$$P'(y) = Q'(R'(y)).$$

$P'(y)$ (λ^{ter} Ordnung) hat also mit $R'(y)$ ($\lambda-\mu^{\text{ter}}$ Ordnung) alle Integrale gemeinsam. Zum Schluss wird dem von Herrn Brassine bewiesenen Satze, dass eine Differentialgleichung reduktibel ist, wenn zwischen zweien ihrer Integrale y_0 und y_1 die Beziehung $y_1 = xy_0$ besteht, die bemerkenswerthe Erweiterung gegeben, dass die Gleichung stets reduktibel ist, wenn zwischen zwei Integralen derselben die Relation

$$y_1 = Q(y_0)$$

stattfindet, wo $Q(y)$ den Ausdruck

$$Q(y) = q_0 y^{(\mu)} + q_1 y^{(\mu-1)} + \dots + q_\mu (y)$$

und $q_0 \dots q_\mu$ eindeutige Functionen von x bedeuten.

Citirte Literatur: Libri, Crelle J. X, p. 193; Brassine im Anhange von Sturm, Cours d'analyse, (tome II Note III).

Hr.

G. Frobenius. Ueber die Vertauschung von Argument und Parameter in den Integralen der linearen Differentialgleichungen. Pr. Berlin.

Abel hat (Oeuvres complètes, tome II p. 58), den Satz über die Vertauschung von Argument und Parameter in den Abel'schen Integralen dritter Gattung auf die Integrale von Functionen ausgedehnt, welche homogene lineare Differentialgleichungen mit rationalen Functionen als Coefficienten befriedigen. Jacobi hat, Crelle J. XXXII, dem Resultate eine elegantere Form gegeben. Der Herr Verfasser giebt eine äusserst kurze Herleitung dieses Satzes.

Bezeichnen $P_x(y)$ und $P'_{x'}(z)$ die Ausdrücke:

$$P_x(y) = p_0(x) y + p_1(x) \frac{dy}{dx} + \dots + p_\lambda(x) \frac{d^\lambda y}{dx^\lambda},$$

$$P'_{x'}(z) = -p_0(x') + \frac{d(p_1(x')z)}{dx'} - \dots + (-1)^{\lambda-1} \frac{d^\lambda (p_\lambda(x')z)}{dx'^\lambda},$$

so gelangt der Herr Verfasser zunächst zu der Jacobi'schen Formel

$$P_x\Big(\frac{1}{x-x'}\Big) - P'_{x'}\Big(\frac{1}{x'-x}\Big) = \Sigma C_{\alpha\beta}\, x^\alpha x'^\beta,$$

$$C_{\alpha\beta} = \frac{1}{2\pi i}\int P_\xi\Big(\frac{1}{\xi^{\beta+1}}\Big)\frac{d\xi}{\xi^{\alpha+1}} = -\frac{1}{2\pi i}\int P'_\xi\Big(\frac{1}{\xi^{\alpha+1}}\Big)\frac{d\xi}{\xi^{\beta+1}},$$

wo ξ einen Kreis um den Nullpunkt im positiven Sinne durchläuft.

Mit Hülfe desselben wird dann der erwähnte Satz in folgender Form abgeleitet:

Wenn die Functionen:

$$F(x, x'),\quad F'(x', x),\quad F_\alpha(x),\quad F'_\beta(x')$$

die Differentialgleichungen:

$$P_x(y) = \frac{1}{x-x'},\quad P'_{x'}(z) = \frac{1}{x'-x},\quad P\,(y) = x^\alpha,\quad P'_{x'}(z) = x'^\beta$$

beziehungsweise befriedigen, so ist

$$F(x, x') - F'(x', x) = \Sigma\, C_{\alpha\beta} F_\alpha(x) . F'_\beta(x'),$$

wo $C_{\alpha\beta}$ den oben bestimmten Werth hat und die Summation über alle positiven ganzzahligen Werthe von α und β sich erstreckt, für welche $C_{\alpha\beta}$ nicht verschwindet. Hr.

G. Frobenius. Ueber die Integration der linearen Differentialgleichungen durch Reihen. Borchardt J. LXXVI. 214-235.

Es wird diejenige von Herrn Fuchs (Borchardt J. LXVI, 146) zuerst untersuchte Klasse von linearen Differentialgleichungen betrachtet, deren sämmtliche Integrale in der Umgebung eines singulären Punktes, für den hier $x = 0$ genommen wird, die Eigenschaft haben, mit einer gewissen Potenz von x multiplicirt, endlich zu bleiben. Eine solche Differentialgleichung muss bekanntlich die Gestalt haben:

$$(1)\quad P(y) = p(x) . x^\lambda y^{(\lambda)} + p_1(x) . x^{\lambda-1} y^{(\lambda-1)} + \cdots + p_\lambda(x) y = 0,$$

wo $p, p_1, \ldots$ nach ganzen positiven Potenzen von x fortschreitende Reihen bedeuten und $p(x)$ für $x = 0$ nicht verschwindet. Die Form ihrer Integrale ist (l. c. p. 136)

$$y = x^\varrho \sum_{\nu=0}^{\nu=\infty} \{g_\nu^{(\varkappa)} + g_\nu^{(\varkappa-1)} \log x + \cdots + g_\nu (\log x)^\varkappa\} x^\nu,$$

wo ϱ eine Wurzel der zu $x=0$ gehörigen „determinirenden Fundamentalgleichung" $f(\varrho)=0$ ist.

Herr Frobenius stellt sich nun die Aufgabe, die Existenz dieser Integrale, deren Beweis bei Herrn Fuchs auf einer Vergleichung der Gleichung (1) mit einer specielleren Differentialgleichung beruht, aus der ersteren selbst unmittelbar darzuthun. Gleichzeitig ergiebt sich ihm auf diesem Wege eine direkte Berechnung der Coefficienten derjenigen Integrale, in deren Entwickelung im Allgemeinen Logarithmen vorkommen, während nach der Vorschrift des Herrn Fuchs zu ihrer Ermittelung ein Zurückgehen auf Differentialgleichungen niederer Ordnung nothwendig ist.

Vermittelst Einführung der Function

$$f(x,\varrho)=\varrho(\varrho-1)\dots(\varrho-\lambda+1)p(x)+\varrho(\varrho-1)\dots(\varrho-\lambda+2)p_1(x)+\cdots$$
$$\cdots+p_\lambda(x)=\Sigma f_\nu(\varrho)x^\nu,$$

welche für $x=0$ in obiges $f(\varrho)$ übergeht, erhalten die Recursionsformeln für die Coefficienten der Reihe $y=\sum\limits_\nu g_\nu x^{\varrho+\nu}$, welche der Gleichung (1) genügen soll, folgende übersichtliche Gestalt:

(2) $g_\nu f(\varrho+\nu)+g_{\nu-1}f_1(\varrho+\nu-1)+\cdots+g_1 f_{\nu-1}(\varrho+1)+gf_\nu(\varrho)=0,$

wovon die erste ($\nu=0$ entsprechende): $gf(\varrho)=0$ ist und ϱ als Wurzel der erwähnten Fundamentalgleichung bestimmt. Die Herrn Frobenius eigenthümliche Methode besteht nun darin, von dieser ersten Gleichung zu abstrahiren, mithin ϱ variabel zu lassen, jedoch so, dass ihre Veränderlichkeit auf die Umgebungen der Wurzeln $\varrho_1\dots\varrho_\lambda$ beschränkt bleibt. Die Coefficienten g_ν sind alsdann ebenfalls Functionen von ϱ und die Reihe

$$(3)\quad y=\Sigma g_\nu(\varrho)x^{\varrho+\nu}=g(x,\varrho)$$

ist alsdann ein Integral der Differentialgleichung

$$P(y)=f(\varrho).g(\varrho).x^\varrho.$$

Nachdem über das willkürlich gebliebene $g(\varrho)$ passend verfügt ist, damit innerhalb des Bereiches von ϱ die Coefficienten $g_\nu(\varrho)$ nicht unendlich werden, wird die Convergenz der Reihe (3) aus der Natur dieser Coefficienten g_ν erwiesen und ferner gezeigt, dass eine Differentiation dieser Reihe auch nach ϱ gestattet ist (§ 2).

Fasst man nun alle die Wurzeln $\varrho_1, \varrho_2, \ldots$ in Gruppen zusammen, die sich nur um reelle ganze Zahlen von einander unterscheiden, und ordnet die zu einer Gruppe gehörigen Wurzeln $\varrho_0, \varrho_1, \ldots \varrho_\mu$ derart, dass wenn $\alpha < \beta$, $\varrho_\alpha \geqq \varrho_\beta$, so findet sich, dass für $\varrho = \varrho_\varkappa$, $g(\varrho)$ höchstens von der $\varkappa^{\text{ten}}$ Ordnung und $f(\varrho) . g(\varrho)$ wenigstens von der $\varkappa + 1^{\text{ten}}$ Ordnung verschwindet. Differentiirt man nun die identische Gleichung:

$$P(g(x, \varrho)) = f(\varrho) . g(\varrho) . x^\varrho$$

$\varkappa$ mal nach ϱ und setzt alsdann $\varrho = \varrho_\varkappa$, so erhält man, wenn $\dfrac{d^\varkappa g(x, \varrho)}{d\varrho^\varkappa} = g^\varkappa(x, \varrho)$ gesetzt wird, $P(g^\varkappa(x, \varrho_\varkappa)) = 0$, also stellt

$$y = g^\varkappa(x, \varrho_\varkappa) = x^{\varrho_\varkappa} \Sigma \Big\{ g_\nu^\varkappa(\varrho_\varkappa) + \varkappa g_\nu^{\varkappa-1}(\varrho_\varkappa) \log x$$
$$+ \frac{\varkappa(\varkappa-1)}{1.2} g_\nu^{(\varkappa-2)}(\varrho_\varkappa)(\log x)^2 + \cdots + g_\nu(\varrho_\varkappa)(\log x)^\varkappa \Big\} x^\nu$$

das zur Wurzel $\varrho_\varkappa$ gehörige Integral der Differentialgleichung $P(y) = 0$ dar, welches, da $g(x, \varrho)$ mit einer willkürlichen Function von ϱ als Factor behaftet ist, $\varkappa + 1$ willkürliche Constanten enthält und daher das allgemeinste Integral dieser Art ist. Aus dieser Form werden mit Leichtigkeit einige von den Herren Fuchs und Thomé gefundene Sätze, sowie die Bedingungen dafür hergeleitet, dass in dem zu $\varrho_\varkappa$ gehörigen Integral keine Logarithmen vorkommen. Wenn $g_\nu(\varrho) = \dfrac{g(\varrho) . h(\varrho)}{f(\varrho+1) \ldots f(\varrho+\nu)}$ gesetzt wird, so lauten die letzten Bedingungen einfach, wie folgt:

Es müssen für $\varrho = \varrho_\varkappa$ die Gleichungen stattfinden:

$$h_\nu(\varrho) = 0 \text{ für } \nu = \varrho_{\varkappa-1} - \varrho_\varkappa,$$

$$\frac{dh_\nu(\varrho)}{d\varrho} = 0 \text{ für } \nu = \varrho_{\varkappa-2} - \varrho_\varkappa, \cdots \frac{d^{\varkappa-1} h_\nu(\varrho)}{d\varrho^{\varkappa-1}} = 0 \text{ für } \nu = \varrho_0 - \varrho_\varkappa$$

(§§ 3, 4). Zur Berechnung der $g_\nu(\varrho)$ wird aus der Formel (2) noch eine zweite Recursionsformel entwickelt:

$$(4) \quad f(\varrho) . G_\nu(\varrho) + f_1(\varrho) . G_{\nu-1}(\varrho+1) + \cdots + f_\nu(\varrho) . G(\varrho+\nu),$$

wo $G_\nu(\varrho) = \dfrac{g_\nu(\varrho)}{f(\varrho) . g(\varrho)}$.

Aus (4) folgt für die Function $\sum\limits_\nu G_\nu(\varrho) x^{\varrho+\nu} = G(x, \varrho)$ die Functionalgleichung:

$$\sum_\nu f_\nu(\varrho) . G(x, \varrho+\nu) = x^\varrho .$$

Die linke Seite ist eine endliche Summe, wenn $f(x, \varrho)$ eine ganze Function von x ist. Eine Anwendung dieser Gleichung auf den Fall, wo $f(x, \varrho)$ vom ersten Grade ist, führt auf eine Kettenbruchentwickelung der daselbst auftretenden Reihe $G(x, \varrho)$, von der die hypergeometrische Reihe ein specieller Fall ist (§ 5).

Schliesslich wird der Convergenzbereich der linken Seite obiger Functionalgleichung, falls $f(x, \varrho)$ keine ganze Function von x ist, untersucht. Er ergiebt sich als der Kreis, innerhalb dessen $f(x, \varrho)$ convergirt, also derselbe, in dessen Innerem auch die Reihen $G(x, \varrho)$, $G(x, \varrho+1)$, ... einzeln convergiren. Damit die letzteren in diesem Bereiche endlich bleiben, müssen die Wurzeln der Gleichungen $f(\varrho) = 0$, $f(\varrho+1) = 0$, ... vom Gebiete von ϱ ausgeschlossen werden. Aus der Functionalgleichung wird alsdann der Satz gefolgert:

Eine Function, die durch x^ϱ dividirt in der Umgebung von $x = 0$ eindeutig bleibt, und für $x = 0$ nicht verschwindet, also von der Form $\Sigma c_\nu x^{\varrho+\nu}$ ist, lässt sich stets in eine Reihe von der Form $\sum_\nu c_\nu G(x, \varrho+\nu)$ entwickeln, falls ϱ keine Wurzel der Gleichung $f(\varrho) = 0$ noch um eine ganze Zahl kleiner als eine solche Wurzel ist. **Hr.**

E. Jürgens. Zur Theorie der linearen Differentialgleichungen mit veränderlichen Coefficienten. Heidelberg, Winter.

Es sei gegeben:

$$py + p_1 \frac{dy}{dx} + \cdots + p_m \frac{d^m y}{dx^m} = 0, \quad (1)$$

wo $p, p_1 \cdots$ eindeutige Functionen bedeuten, die in der Umgebung des Punktes $x = 0$ eindeutig sind und nur von einer endlichen (höchstens von der k^{ten}) Ordnung unendlich werden, und zwar sei:

$$p = a_{11} x^{-k} + a_{12} x^{-k+1} + \cdots, \quad p_1 = a_{21} x^{-k} + a_{22} x^{-k+1} + \cdots,$$
$$\cdots p_m = a_{m+1,1} x^{-k} + a_{m+1,2} x^{-k+1} + \cdots,$$

so ist bekannt, dass, falls $a_{m+1,1}$ von Null verschieden ist, eine der Gleichung (1) genügende nach ganzen positiven Potenzen von x fortschreitende Reihe $\sum_{0\,\alpha}^{\infty} c_\alpha x^\alpha$ existirt, in welcher $c_0, c_1 \cdots c_{m-1}$ beliebige Werthe annehmen können. Der Verfasser giebt nun im ersten Abschnitt diesem Satze folgende Verallgemeinerung:

Man bilde aus den Coefficienten die Determinantenform:

$$\begin{vmatrix} a_{11} & a_{12} & \cdots & a_{1,m+1} & \cdots \\ a_{21} & a_{22} & \cdots & a_{2,m+1} & \cdots \\ \cdot & \cdot & \cdot & \cdot & \cdot \\ a_{m+1,1} & a_{m+1,2} & \cdots & a_{m+1,m+1} & \cdots \end{vmatrix}$$

und nenne die Reihe derjenigen a, auf welche man stösst, wenn man von $a_{m+1,p}$ aus nach oben links in der Diagonalrichtung fortgeht, die p^{te} Diagonale; es sei ferner die s^{te} Diagonale die erste, in welcher nicht sämmtliche a verschwinden; wenn alsdann $a_{m+1,s}$ von Null verschieden ist, so lässt sich der Gleichung (1) durch eine nach ganzen positiven Potenzen von x fortschreitende Reihe genügen, in welcher mindestens $m+1-s$ Coefficienten unbestimmt bleiben.

Unter den genannten Bedingungen nimmt die Gleichung (1) die Form an, welche Herr Fuchs (Borchardt J. LXVIII) besonders untersucht hat. Wir bemerken bei dieser Gelegenheit, dass die von Herrn Pochhammer in seiner Abhandlung: „Ueber einfach singuläre Punkte etc.“ (Borchardt J. LXXIII, s. F. d. M. III. p. 154) behandelte Gleichung in die vom Verfasser betrachtete Klasse gehört, und zwar stellt sie den speciellen Fall $s = 2$ dar.

Im 2ten Abschnitt werden die Bedingungen untersucht, unter welchen mehr als $m+1-s$ linear unabhängige synektische Integrale der Gleichung (1) genügen, und insbesondere die Bedingungen zusammengestellt, in welchen sämmtliche Integrale in der Umgebung von $x=0$ synektisch sind.

Im 3ten Abschnitt endlich wird gezeigt, wie die Frage nach der Anzahl der Integrale, welche in der Umgebung von $x=0$ die Form $x^r \Sigma c_\alpha n_\alpha$ (r eine beliebige complexe Zahl) annehmen, sich durch die Substitution $y = x^r \cdot u$ auf die in Nr. 2 angestellte Untersuchung zurückführen lässt. Die Methode, die der Verfasser durchweg angewandt hat, beruht darauf, aus der Differentialgleichung unmittelbar die Coefficienten der gesuchten Reihenentwickelung zu bestimmen, die Convergenz derselben ergiebt sich ihm durch einen Vergleich der in Rede stehenden Coefficienten mit den in dem Falle sich ergebenden, wo $s = 1$ ist, und die Convergenz feststeht. Hr.

L. Gegenbauer. Beiträge zur Theorie der linearen Differentialgleichungen. Grunert Arch. LV. 258-284.

Die lineare Differentialgleichung sei

$$p_n y^{(n)} + p_{n-1} y^{(n-1)} + \cdots + p_0 y = 0$$

(die p Functionen von x), so werden folgende drei Sätze aufgestellt:

1. Sind alle particulären Integrale $y_1\ y_2 \cdots y_n$ Potenzen einer und derselben Function von x, so dass $y_\mu = [\varphi^{(x)}]^{q_\mu}$, dann sind dieselben durch die Gleichungen gegeben

$$y_\mu = e^{\frac{q_\mu}{\sqrt[n]{q_1\ q_2 \cdots q_n}} \cdot \int \sqrt[n]{\frac{p_0}{p_n}} \cdot dx}.$$

2. Wenn der Quotient aus je zwei partikulären Integralen eine Potenz von x ist, dann sind sie gegeben durch:

$$y_\mu = x^{q_\mu} e^{-\int \frac{x p_{n-1} + \left(q_1 + q_2 + \ldots + q_n - \frac{n^2-n}{2}\right) \cdot p_n}{n x p_n} \cdot dx}$$

3. Ist der Quotient aus je 2 partikulären Integralen eine Potenz von e^x, dann haben sie die Form

$$y_\mu = e^{q_\mu x - \int \frac{p_{n-1} + (q_1 + q_2 + \ldots + q_n) p_n}{n p_n} \cdot dx}$$

Der Beweis dieser Sätze wird nicht allgemein, sondern durch directe Verification derselben für $n = 1, 2, 3, 4, 5$ geliefert. Die hierzu erforderlichen Rechnungen sind sehr umfangreich. Hr.

L. Gegenbauer. Studien über lineare Differentialgleichungen 2ter Ordnung. Grunert Arch. LV. 252-258.

Der Herr Verfasser setzt im Voraus gewisse Relationen fest, welche zwischen den zwei partikulären Integralen einer Differentialgleichung zweiter Ordnung stattfinden sollen, und sucht die

Bedingung auf, welcher die Coefficienten der Differentialgleichung genügen müssen.

1. Das Produkt der beiden partikulären Integrale soll eine gegebene Function $\varphi(x)$ der unabhängigen Variablen sein.

2. Das Nämliche soll für den Quotienten derselben gelten.

3. Wenn y_1 und y_2 die beiden partikulären Integrale bezeichnen, so soll $\frac{y_1}{y_2^p}$ = Const. sein.

Es ergiebt sich für jeden Fall je eine Bedingungsgleichung zwischen den Coefficienten, welche in den ersten beiden Fällen für eine Anzahl specieller Functionen $\varphi(x)$ besonders aufgestellt wird. Hr.

L. Gegenbauer. Note über hypergeometrische Reihen.

Grunert Arch. LV. 284-290.

Die Reihe

$$1+\frac{\alpha_1\alpha_2\ldots\alpha_n}{1!\beta_1\beta_2\ldots\beta_{n-1}}x+\frac{\alpha_1(\alpha_1+1)\alpha_2(\alpha_2+1)\ldots\alpha_n(\alpha_n+1)}{2!\beta_1(\beta_1+1)\beta_2(\beta_2+1)\ldots\beta_{n-1}(\beta_{n-1}+1)}x^2 +\cdots \text{ in inf.}$$

wird hypergeometrische Reihe n^{ter} Ordnung genannt und hat die Eigenschaft, einer linearen Differentialgleichung n^{ter} Ordnung zu genügen. Der Verfasser leitet nun eine einfache Regel ab für die Bildung der Differentialgleichung einer hypergeometrischen Reihe n^{ter} Ordnung aus derjenigen einer Reihe $n-1^{\text{ter}}$ Ordnung. Daran fügt der Verfasser zum Schluss ohne Beweis noch einige Sätze über die Convergenz der hypergeometrischen Reihe n^{ter} Ordnung, welche den bekannten für die Reihe 2ter Ordnung analog sind. Hr.

A. Winckler. Integration der linearen Differentialgleichung zweiter Ordnung, deren Coefficienten lineare Functionen der unabhängigen Veränderlichen sind.

Wien. Ber. LXVII.

Um die Gleichung

$$(1)\quad \frac{d^2y}{dx^2}+p\frac{dy}{dx}+qy=0,$$

wo p und q rationale Functionen von x sind, in Form bestimmter Integrale zu integriren, wird nach dem Vorgange von Euler

$$(2)\quad y = P\int_{u_0}^{u_1} e^{Qu} u^{\alpha-1}(c-u)^{\beta-1} du$$

gesetzt, wo P und Q noch zu bestimmende Functionen von x bedeuten und u_0, u_1, α, β, c constant sind. Der Ausdruck, in welchen die linke Seite von (1) durch die Substitution (2) übergeht, wird $= [Re^{Qu}u^{\alpha}(c-u)^{\beta}]_{u_0}^{u_1}$ gesetzt, wodurch 3 Relationen zwischen p, q, r, α, β, P, Q erhalten und für u_0, u_1 Werthe genommen werden, für welche der Ausdruck in Klammern verschwindet. Insbesondere wird

$$P = x^m e^{ax+bx^n}, \quad Q = \gamma x^n$$

gesetzt. Enthält die Gleichung (1) in ihren Coefficienten nur lineare Functionen in x, so lassen sich α, β, γ, a, b, c, m stets so bestimmen, dass p und q die gegebenen Werthe erlangen, wenn, je nach den Umständen, n die Werthe $\frac{1}{2}$, 1, $\frac{3}{2}$, 2 beigelegt werden. Der Verfasser behandelt nun die Gleichung

$$(3)\quad (H_0x+H)\frac{d^2y}{dx^2} + 2(K_0x+K)\frac{dy}{dx} + (L_0x+L)y = 0,$$

welche schon mehrfach untersucht ist, bei deren Lösung es aber dem Verfasser vor Allem darauf ankommt, dass sie den Forderungen der analytischen Allgemeinheit entspricht, also sowohl für reelle als complexe Werthe der darin vorkommenden Grössen gültig ist, und dass die Darstellung eine einheitliche ist, bei welcher die Zahl der Unterscheidungen auf das durch die Natur der Sache bedingte Maass beschränkt bleibt. (§ 1).

Es werden 3 Fälle unterschieden:

$$1)\quad H_0 = 0, \quad K_0 = 0, \quad L \gtrless 0.$$

Dieser Fall wird durch die Substitution $L_0x + L = L_0x' + K^2$ auf die Gleichung:

$$\frac{d^2y}{dx^2} + 2k\frac{dy}{dx} + (l_0x + k^2)y = 0$$

zurückgeführt. Hier ist $n = \frac{3}{2}$ zu setzen, für m erhält man 2 Auflösungen 0 und 1, denen entsprechend sich die beiden Integrale ergeben:

$$e^{-kx-\frac{2}{3}x^{\frac{3}{2}}\sqrt{-l_0}}\int_{u_0}^{u_1} e^{\gamma x^{\frac{3}{2}}u}\{u(c-u)\}^{-\frac{5}{6}}\,du,$$

$$x\,e^{-kx-\frac{2}{3}x^{\frac{3}{2}}\sqrt{-l_0}}\int_{u_0}^{u_1} e^{\gamma x^{\frac{3}{2}}u}\{u(c-u)\}^{-\frac{1}{6}}\,du.$$

Zwischen c und γ besteht die Relation: $c\gamma = \frac{4}{3}\sqrt{-l_0}$. Es ist $u_0 = 0$ und $u_1 = \infty$ zu setzen, wenn c und γ so gewählt werden, dass der reelle Theil von $\gamma x^{\frac{3}{2}}$ negativ ist. Setzt man $c = 1$, also $\gamma = \frac{4}{3}\sqrt{-l_0}$, so ist $u_0 = 0$, $u_1 = 1$ zu setzen. (§ 2, 3).

2) $H_0 = 0, \quad K_0 \gtrless 0, \quad L \gtrless 0.$

Reduktion auf die Gleichung:

$$\frac{d^2y}{dx^2} + 2(k_0 x + k)\frac{dy}{dx} + 2(k_0 k x + l)y = 0$$

vermittelst der Substitution:

$$K_0 x + K = K_0 x' + \frac{L_0}{2K_0}.$$

Hier ist $n = 2$, die beiden Lösungen für m, 0 und 1, liefern die beiden Integrale:

$$e^{-kx-k_0x^2}\int_{u_0}^{u_1} e^{\gamma x^2 u}\,u^{\alpha-1}(c-u)^{\beta-1}\,du,$$

$$x\,e^{-kx-k_0x^2}\int_{u_0}^{u_1} e^{\gamma x^2 u}\,u^{\alpha-\frac{1}{2}}(c-u)^{\beta-\frac{1}{2}}\,du,$$

wo $\alpha = \frac{k^2-l}{4k_0} + \frac{1}{2}, \quad \beta = -\frac{k^2-l}{4k_0}, \quad c\gamma = k_0.$

Zur Bestimmung der Grenzen u_0 und u_1 werden alle möglichen Fälle in die beiden Hauptfälle:

1) reeller Theil von α positiv, β beliebig,

2) „ „ „ β „ , α „

zusammengefasst, und für beide als Grenzwerthe 0 und ∞ erhalten, wobei jedoch im letzteren Falle in den betreffenden Integralen zuvor $c-u$ für u einzusetzen ist. (§ 4).

3) Alle 3 Grössen H_0, K_0 und L_0 von Null verschieden. Reduktion auf die Form

$$x\frac{d^2y}{dx^2} + 2(k_0 x + k)\frac{dy}{dx} + (l_0 x + l)y = 0$$

vermittelst der Substitution $H_0 x + H = H_0 x'$. Hier ist $n = 1$, die beiden Lösungen für m sind alsdann 0 und $1-2k$ und die entsprechenden beiden Integrale

$$e^{-\left(k_0+\sqrt{k_0^2-l_0}\right)x}\int_{u_0}^{u_1} e^{\gamma x u} u^{\alpha-1}(c-u)^{\beta-1}du,$$

$$x^{1-2k}e^{-\left(k_0+\sqrt{k_0^2-l_0}\right)x}\int_{u_0}^{u_1} e^{\gamma x u} u^{-\beta}(c-u)^{-\alpha}du,$$

wo $\alpha = k+\frac{2k_0k-l}{2\sqrt{k_0^2-l_0}}$, $\beta = k-\frac{2k_0k-l}{2\sqrt{k_0^2-l_0}}$, $c\gamma = 2\sqrt{k_0^2-l_0}$,

zu welchen noch 2 andere hinzutreten, die aus den vorstehenden durch Vertauschung von u mit $c-u$ hervorgehen. Für die Grenzen u_0 und u_1 können wieder durchgehends 0 und ∞ genommen werden. Die passende Bestimmung jedoch von c und γ (gemäss der Gleichung $c\gamma = \sqrt{k_0^2-l_0}$) macht die Unterscheidung von 4 Fällen je nach den Vorzeichen der reellen Theile von α und β nothwendig (§ 5). Eine besondere Behandlung erfordert der Fall $k_0^2-l_0=0$, welcher Gegenstand des § 6 ist. Zur Anwendung der allgemeinen Formeln sind an den betreffenden Stellen Beispiele eingefügt.

Der Verfasser bemerkt noch, dass, wenn die in Gleichung (3) vorkommenden constanten Grössen und die Variable x reell sind und das Imaginäre in den Integralen nur durch die Einführung von γ herrührt, leicht aus jedem einzelnen Integral durch Trennung des Reellen und Imaginären 2 Integrale abgeleitet werden können, was für eines der obigen Formelpaare ausgeführt wird.

Endlich zeigt noch der Verfasser, dass die Differentialgleichung mit nicht linearen Coefficienten:

$$\frac{d^2y}{dx^2}+ax^n\frac{dy}{dx}+bx^{n-1}y=0$$

durch die Substitution $ax^{n+1}=(n+1)x'$ auf die Form (3) zurückgeführt wird. Die Integration derselben wird für den Fall, dass $a=-1$, b und n reell und positiv und x reell ist, durchgeführt.

Hr.

Besge. Sur une équation différentielle. Liouville J. (2) XVIII. 139-142.

Die Integration der Differentialgleichung

$$y\,\frac{d^2y}{dx^2} = \tfrac{1}{2}\left(\frac{dy}{dx}\right)^2 + 2p\,y^2$$

wird auf die der linearen Differentialgleichung

$$\frac{d^2u}{dx^2} = pu$$

zurückgeführt. Fs.

A. STEEN. Integration af den lineaere Differentialligning af anden Orden ved Hjaelp af Kjaedebrók. Kjóbenhavn.

Man kann immer das eine partikulare Integral der Differentialgleichung

$$y = P\,\frac{dy}{dx} + Q\,\frac{d^2y}{dx^2}$$

in einen Kettenbruch entwickeln, indem man sich durch fortgesetzte Differentiation Mittel, verschaffen kann um $\frac{y}{\left(\frac{dy}{dx}\right)}$ in einen Kettenbruch zu entwickeln. Aber der gefundene Kettenbruch wird im Allgemeinen unendlich und wird also nur dann brauchbar sein, wenn er konvergent ist. Der Verfasser macht von dieser Methode eine Reihe directer Anwendungen zur Integration einer grossen Anzahl Differentialgleichungen von der angegebenen Form, wo P und Q Polynome von dem ersten oder zweiten Grade in x oder Constante sind. Danach werden einige indirecte Anwendungen gegeben, wo gezeigt wird, wie es oft möglich ist, gegebene Differentialgleichungen zu ändern, so dass ihre Integration auf den früher gefundenen Resultaten beruht. Hn.

J. COCKLE. Exercises in the integral calculus. No. II. Messenger. (2) III. 108-110.

Bemerkung über gewisse Fälle, in welchen die lineare Differentialgleichung

$$\frac{d^2u}{dx^2} + 2\,a\,\frac{du}{dx} + b\,u = 0.$$

lösbar ist, wenn specielle (differentielle) Relationen zwischen a und b bestehen. Glr. (O.)

R. Rawson. On two general differential equations of the second order and n^{th} degree derived from the known linear equation. Messenger. (2) II. 185-187.

Der Verfasser giebt Transformationen der Gleichungen

$$\frac{dv}{dy} + y_1\ v + y_2\ v^n = 0, \quad \frac{dv}{dx} + x_1\ v + x_2\ v^n = 0$$

an, die man findet, indem man entweder

$$y_3\ \frac{dy}{dx} = x_1\ v \quad \text{oder} \quad x_3\ v = y_1\ \frac{dy}{dx}$$

nimmt, wo x_1, x_2, x_3 Functionen von x und y_1, y_2, y_3 Functionen von y sind. Glr. (O.)

A. Cayley. On a differential formula connected with the theory of confocal conics. Messenger. (2) II. 157-158.

Die Transformationen, mit denen sich die Arbeit beschäftigt, stehen in Verbindung mit der Theorie der confocalen Kegelschnitte. Es folgt aus ihnen, dass

$$\sqrt{(a+h)(b+k)} \pm \sqrt{(a+k)(b+h)} = \text{const.}$$

das Integral der Differentialgleichung

$$\frac{dh}{\sqrt{(a+h)(b+k)}} \pm \frac{dk}{\sqrt{(a+k)(b+h)}} = 0 \text{ ist.}$$

Glr. (O.)

J. Cockle. On singular solutions. Quart. J. XII. 305-318.

Cly.

G. Darboux. Sur l'intégration de l'équation $dx^2+dy^2=ds^2$ et de quelques équations analogues. Liouville J. (2) XVIII. 236-241.

Es handelt sich um die Aufstellung des allgemeinen Integrals solcher Differentialgleichungen, die durch das Verschwinden eines Differentialausdrucks zweiten Grades mit constanten Coefficienten vorgestellt sind. Die analytische Methode, deren sich der Verfasser bedient und mit deren Hülfe er zu eleganten Resultaten geführt wird, lehnt sich an verschiedenartige geometrische Vorstellungen an. Kln.

G. Darboux. Sur les solutions singulières des équations aux dérivées ordinaires du premier ordre. Inst. (2) I. 49-50. Darboux Bull. IV. 158-176.

Die Theorie der singulären Lösungen der gewöhnlichen Differentialgleichungen hat bis in die letzte Zeit fast allgemein unter einer Verwechselung gelitten und ist eben deshalb nie zu einem befriedigenden Abschlusse gebracht worden: man nahm die Form des Integrals allgemein, während man doch die Differentialgleichung, von der man ausgeht, zunächst mit allgemeinen Coefficienten ausgestattet zu denken hat. Auf diesen Punkt hat wohl zuerst Darboux (Comptes Rendus 1870,) explicite aufmerksam gemacht. Aber seine Auseinandersetzungen erfuhren mannigfachen Widerspruch, und so giebt er denn in dem gegenwärtigen Aufsatze eine nochmalige, ausführliche, und mit vielen Beispielen illustrirte Auseinandersetzung des Gegenstandes. Es sei besonders hervorgehoben, dass der Verfasser (wie dies in neuerer Zeit von geometrischer Seite wiederholt geschah, wie es sich z. B. aus Clebsch's Connextheorie ergiebt) eine Differentialgleichung ebensowohl als ein Fortschreitungsgesetz für Punktcoordinaten als für Liniencoordinaten betrachtet. Kln.

Capitel 6.

Partielle Differentialgleichungen.

V. Sersawy. Zur Integration partieller Differentialgleichungen. Schlömilch Z. XVIII. 511-517.

Der Herr Verfasser kündigt eine neue Methode zur Lösung partieller Differentialgleichungen aller Ordnungen an, welche nächstens im Druck erscheinen soll. Als Vorbereitung hierzu giebt er den Weg an, wie er bei den partiellen Differentialgleichungen erster Ordnung verfährt.

1) Lineare Gleichungen:

Die Auflösung der Gleichung

$$Xp + Yq = Z \left(p = \frac{\partial z}{\partial x},\ q = \frac{\partial z}{\partial y}\right)$$

wird unter Einführung des Index λ nach dem gewöhnlichen Verfahren auf die Integration des Systems totaler Differentialgleichungen

$$\frac{dx}{d\lambda} = X,\quad \frac{dy}{d\lambda} = Y,\quad \frac{dz}{d\lambda} = Z$$

zurückgeführt. Hierbei findet sich die irrthümliche Bemerkung, dass die willkürliche Function des allgemeinen Integrals 3 Argumente enthalten müsste. So wird in einem Beispiele das allgemeine Integral in der Form $f\left(\frac{x}{y}, \frac{y}{z}, \frac{z}{x}\right) = 0$, in einem andern unter der Form $f(ay - bx, z^a e^{-x}, z^b e^{-y}) = 0$ gegeben. Die Relationen aber

$$\frac{x}{y}\cdot\frac{y}{z}\cdot\frac{z}{x} = 1,\quad ay - bx = b\log(z^a e^{-x}) - a\log(z^b e^{-y})$$

zeigen offenbar, dass in beiden Fällen eines der 3 Argumente überflüssig ist. Ebenso wird in dem Falle von n unabhängigen Variablen $\frac{n(n+1)}{2}$ als die Zahl der Argumente im allgemeinen Integral angegeben, während dieselbe nur n beträgt.

2) Gleichungen höherer Grade:

Von diesen werden nur die beiden folgenden Formen behandelt:

$$Ap^2 + Bpq + Cq^2 = P,$$
$$Ap^2 + Bpq + Cq^2 + Dp + Eq = P$$

und in der ersteren 2 Indices, in der zweiten 3 Indices eingeführt, ohne dass man recht einsieht, nach welchem Princip dies geschieht, um es bei höheren Graden anzuwenden. Noch viel weniger kann das Resultat befriedigen. Man gelangt nämlich nach längerer Rechnung schliesslich zu einer totalen Differentialgleichung, in welcher die Coefficienten der Differentialien eine unbekannte Grösse enthalten, die so zu bestimmen ist, dass die Gleichung integrabel wird. Hierzu bedarf es aber dieses Umweges nicht, denn bestimmt man aus einer beliebig gegebenen Gleichung 1ter Ordnung $f(p, q, x, y, z) = 0$ p als Function von q, x, y, z oder allgemeiner $p = \varphi(u, x, y, z)$, $q = \psi(u, x, y, z)$, so ist $dz = \varphi dx + \psi dy$ und u die zu bestimmende Grösse, welche den Ausdruck rechts integrabel macht, wodurch bekanntlich die Lösung auf die Integration einer linearen partiellen Differentialgleichung für u zurückgeführt wird. In dem Beispiel, auf welches der Herr Verfasser sein ziemlich umständliches Verfahren anwendet,

$$(1) \quad p^2 + q^2 + zxp + zyq = (x+y)^2 z^2,$$

wird als Resultat eine totale Differentialgleichung angegeben, auf die man jedoch sofort gelangt, wenn man

$$(2) \quad xp + yq = \zeta$$

setzt und in der Gleichung

$$dz = p\,dx + q\,dy$$

für p und q die aus (1) und (2) sich ergebenden Ausdrücke in x, y, z, ζ einsetzt. ζ ist alsdann die so zu bestimmende Grösse, dass die totale Differentialgleichung integrabel wird. Hr.

A. Mayer. Die Lie'sche Integrationsmethode der partiellen Differentialgleichungen 1ter Ordnung. Clebsch Ann. VI. 162-192.

Diese Arbeit, deren Hauptresultat bereits in den Gött. Nachr. 1872 (Siehe F. d. M. IV, p. 162) veröffentlicht wurde, leitet auf rein analytischem Wege die Lie'sche neue Integrationsmethode der partiellen Differentialgleichungen 1ter Ordnung (F. d. M. IV, p. 165) ab, wobei, um dieselbe ganz unabhängig von der Jacobi'schen Methode darstellen zu können, auch bereits bekannte Sätze und Betrachtungen von Neuem entwickelt werden. Die am Schluss gegebene Anwendung der Lie'schen Methode auf lineare homogene partielle Differentialgleichungen bezweckt das Verhältniss dieser Methode zu derjenigen klar zu legen, welche der Verfasser selbst in Clebsch Ann. V (Vgl. F. d. M. IV, p. 163) angegeben hat. Mr.

A. Mayer. Nachtrag. Directe Ableitung des Lie'schen Fundamentaltheorems durch die Methode von Cauchy. Clebsch Ann. VI. 192-196.

Veranlasst durch die wichtige Bemerkung von Lie, dass sich die Cauchy'sche Methode zur Integration einer partiellen Differentialgleichung ausdehnen lässt auf ein System solcher Gleichungen, vorausgesetzt, dass dieselben die grösstmögliche Anzahl gemeinsamer Lösungen besitzen, zeigt dieser Zusatz, wie man durch eine bestimmte Art der Anwendung der Cauchy'schen Methode auf einfacherem Wege zu demjenigen allgemeinen Satze über die simultane Integration partieller Differentialgleichungen mit derselben unbekannten Function gelangen kann, welcher das Fundament der Lie'schen Methode bildet. Mr.

A. Mayer. Zur Integration der partiellen Differentialgleichungen 1ter Ordnung. Gött. Nachr. 1873. 299-310.

Die Note zerfällt in zwei Theile. Der erste Theil giebt den algebraischen Ausdruck für die Lie'sche Ausdehnung der Methode von Cauchy (vgl. F. d. M. IV, p. 170) in einer Form an, in welcher der Satz als eine directe Erweiterung des Cauchy'schen Integrationsverfahrens in seiner einfachsten Gestalt erscheint.

Im zweiten Theile wird eine andere fundamentale Bemerkung von Lie begründet und damit eine Unvollkommenheit beseitigt, die den neueren Integrationsmethoden der partiellen Differentialgleichungen bisher noch anhaftete und die am Schärfsten hervortritt bei der Jacobi'schen Methode. Jacobi führt das Problem, eine gegebene, nicht lineare partielle Differentialgleichung 1ter Ordnung zu integriren, auf die Aufgabe zurück, von einer Reihe Jacobi'scher Systeme von linearen partiellen Differentialgleichungen successive je eine Lösung zu finden. In diesen linearen Systemen treten neben den Grössen q, welche die unabhängigen Variabeln der ursprünglichen Gleichung sind, als unabhängige Variable noch auf die partiellen Differentialquotienten p der unbekannten Functionen nach den q, und das Missliche war, dass man nur solche Lösungen zu verwerthen wusste, in denen die Variabeln p nicht gänzlich fehlen. Die Note zeigt, dass diese

Beschränkung der Lösungen unnöthig ist, dass man vielmehr auch aus einer Lösung, welche eine blosse Function der q wäre, ohne neue Integrationen den gleichen Nutzen ziehen kann. Mr.

S. Lie. Ueber eine Verbesserung der Jacobi-Mayer'schen Integrations-Methode. Forh. af Christ. 1873. 282-283.

Dieser Aufsatz verfolgt denselben Zweck, wie der zweite Theil der eben besprochenen Note, erreicht denselben aber auf einem ganz anderen Wege, der, an sich selbst höchst bemerkenswerth, zugleich dem Endresultat eine viel einfachere und bequemere Form giebt.

Nach der Cauchy'schen Methode kann man die vollständige Lösung einer gegebenen partiellen Differentialgleichung 1ter Ordnung:

$$H_0(z\,x_1 \dots x_n\,p_1 \dots p_n) = \text{const.},$$

wo allgemein $p_i = \dfrac{\partial z}{\partial x_i}$ ist, durch bloss algebraische Operationen erhalten, sobald man alle Lösungen F der linearen Gleichung:

$$[H_0 F] = \sum_{k=1}^{k=n} \left\{ \frac{\partial H_0}{\partial p_h}\left(\frac{\partial F}{\partial x_h} + p_h \frac{\partial F}{\partial z}\right) - \left(\frac{\partial H_0}{\partial x_h} + p_h \frac{\partial H_0}{\partial z}\right)\frac{\partial F}{\partial p_h} \right\} = 0$$

gefunden hat.

Wendet man aber die allgemeinen Resultate, welche Clebsch für das Pfaff'sche Problem gefunden hat, auf den speciellen Fall dieses Problems an, den man aus der linearen Differentialgleichung

$$dz - \sum_{k=1}^{k=n} p_h dx_h = 0$$

dadurch erhält, dass man für irgend eins der p den Werth substituirt, der sich aus der Gleichung $H_0 = \text{const.}$ ergiebt, so zeigt sich, dass man jene Lösungen sämmtlich bilden kann, sobald es gelungen ist, irgend n von einander und von H_0 unabhängige Functionen $H_1 \dots H_n$ zu finden, welche den $\dfrac{n(n+1)}{2}$ Gleichungen

$$[H_i H_k] = 0$$

genügen.

Dies Resultat ist ganz unabhängig davon, ob die unbekannte Function z selbst in der gegebenen partiellen Differentialgleichung vorkommt oder nicht. Im letzteren Falle aber zeigt der Verfasser, dass man n Functionen der verlangten Art mit Hülfe einer einzigen Quadratur aufstellen kann, so oft man $n-1$ von einander, wie von H_0 unabhängige Functionen $H_1 \dots H_{n-1}$ der Variabeln $x_1 \dots x_n\, p_1 \dots p_n$ kennt, welche die $\frac{n(n-1)}{2}$ Jacobi'schen Gleichungen

$$(H_i H_k) = \sum_{h=1}^{h=n} \left(\frac{\partial H_i}{\partial p_h} \frac{\partial H_k}{\partial x_h} - \frac{\partial H_i}{\partial x_h} \frac{\partial H_k}{\partial p_h} \right) = 0$$

erfüllen. [Auch in den folgenden Lie'schen Abhandlungen haben die Zeichen $[F\, \Phi]$ und $(F\, \Phi)$ die hier angegebene Bedeutung.]

Das so gewonnene Mittel, sich von der Jacobi'schen Forderung, dass die Functionen $H_0\, H_1 \dots H_{n-1}$ grade in Bezug auf $p_1 \dots p_n$ von einander unabhängig sein müssen, frei zu machen, ist der in der vorangehenden Note angegebenen Methode deshalb vorzuziehen, weil hier nicht wie dort die successive Aufsuchung der Functionen $H_1 \dots H_{n-1}$ eventuell durch algebraische Operationen unterbrochen werden muss, vielmehr die eigentlichen algebraischen Schwierigkeiten immer erst eintreten, nachdem man alle Integrationen ausgeführt hat. Der Umstand, dass dies Resultat erhalten wird, indem man mit Hülfe der Cauchy'schen Methode die Integration der partiellen Differentialgleichungen 1ter Ordnung zurückführt auf das Pfaff'sche Problem, lässt zugleich die fundamentale Wichtigkeit der alten Pfaff'schen Auffassung dieses Integrationsproblems deutlich hervortreten. Mr.

S. Lie. Zur analytischen Theorie der Berührungs-Transformationen. Forh. af Christ. 1873. 237-262.

Nach einigen kurzen Andeutungen, wie sich Spuren dieser Theorie bereits bei Euler und später ganz besonders bei Jacobi vorfänden, und wie man durch Erweiterung derjenigen geometrischen Transformationen, durch welche aus Flächen, die sich berühren, wiederum sich berührende Flächen hervorgehen, ganz naturgemäss auf den Begriff der Berührungs-Transformationen geführt werde, giebt der Verfasser für denselben die folgende allgemeine Definition:

„Sind $Z\, X_1 \ldots X_n\, P_1 \ldots P_n$ solche Functionen der unabhängigen Variabeln $z\, x_1 \ldots x_n\, p_1 \ldots p_n$, dass identisch

$$dZ - \sum_{i=1}^{i=n} P_i\, dX_i = \varrho\, (dz - \sum_{k=1}^{k=n} p_k\, dx_k)$$

ist, wo ϱ irgend eine Function jener Variabeln bedeutet, so bilden die $2n+1$ Gleichungen

$$z' = Z, \quad x_i' = X_i, \quad p_i' = P_i$$

eine Berührungs-Transformation zwischen den beiden Systemen von je $2n+1$ Variabeln

$$z'\, x_1' \ldots x_n'\, p_1' \ldots p_n'$$

und

$$z\, x_1 \ldots x_n\, p_1 \ldots p_n\text{“}.$$

Die Aufgabe, alle Berührungs-Transformationen zu bestimmen, stellt sich hiernach sogleich als ein specieller Fall des allgemeinen Pfaff'schen Problems dar und kann so ausgesprochen werden: Man soll den Differentialausdruck

$$dz - \sum_{k=1}^{k=n} p_k\, dx_k,$$

der bereits in kanonischer Form gegeben, in allgemeinster Weise auf eine neue kanonische Form bringen. Aus der Theorie des Pfaff'schen Problems ergeben sich daher zwei Wege, um diese Aufgabe zu lösen.

Ausgehend von den bekannten Relationen, die zwischen zwei kanonischen Formen eines und desselben linearen Differentialausdruckes bestehen, zeigt der eine, wie man aus einer Reihe willkürlich angenommener Gleichungen zwischen den $2n+2$ Grössen

$$z\, x_1 \ldots x_n\, z'\, x_1' \ldots x_n'$$

durch blosse Differentiation und Elimination zu einer durch die angenommenen Gleichungen vollständig bestimmten Berührungs-Transformation gelangt.

Der andere dagegen, welcher die Clebsch'sche Reduction des Pfaff'schen Problemes auf ein System simultaner partieller Differentialgleichungen zu Hülfe nimmt, lehrt die partiellen Differentialgleichungen kennen, denen die Functionen $Z\, X_1 \ldots X_n$ genügen müssen, wenn die damit gebildeten $n+1$ Gleichungen:

$$z' = Z, \quad x_i' = X_i$$

einer Berührungs-Transformation angehören sollen. Hat man irgend $n+1$ unabhängige Functionen gefunden, welche diese Gleichungen erfüllen, so werden die noch fehlenden n Gleichungen $p_i' = P_i$ der Berührungs-Transformation eindeutig durch Auflösung linearer Gleichungen erhalten.

Diese beiden allgemeinen Sätze werden sodann auf eine besonders wichtige specielle Gattung von Berührungs-Transformationen angewendet, die der Verfasser Berührungs-Transformationen zwischen xp nennt. Sind

$$z' = Z, \quad x_i' = X_i, \quad p_i' = P_i$$

die Gleichungen einer solchen Berührungs-Transformation, so müssen die Functionen X_i und P_i frei von z sein. Aus dem ersten Satze ergiebt sich sofort, dass eine Anzahl willkürlich gewählter Relationen zwischen den $2n+1$ Grössen

$$x_1 \ldots x_n \; x_1' \ldots x_n' \quad \text{und} \quad z' - Az,$$

wo A eine Constante ist, immer eine Berührungs-Transformation zwischen xp bestimmen. Der zweite lehrt, dass die Functionen $X_1 \ldots X_n$ paarweise den Bedingungen

$$(X_i \; X_k) = 0$$

genügen müssen, wenn die n Gleichungen $x_i' = X_i$ einer solchen Berührungs-Transformation angehören sollen. Umgekehrt wird gezeigt, wie man immer eine Berührungs-Transformation zwischen xp finden kann, welche diese n Gleichungen enthält, sobald man n unabhängige Functionen $X_1 \ldots X_n$ der Variabeln $x_1 \ldots x_n \; p_1 \ldots p_n$ kennt, welche die angegebenen Bedingungen erfüllen. Der Verfasser weist überdies nach, dass man auf diesen beiden Wegen eine jede Berührungs-Transformation zwischen xp erhalten kann, wobei sich ergiebt, dass die Function Z die Form haben muss:

$$Z = Az + \Pi,$$

wo A eine Constante und Π eine blosse Function von $x_1 \ldots x_n \; p_1 \ldots p_n$ ist.

Nachdem weiter gezeigt worden ist, dass durch die $2n$ Gleichungen

$$x_i' = X_i, \quad p_i' = P_i$$

einer Berührungs-Transformation zwischen xp die noch fehlende Gleichung

$$z' = Az + \Pi$$

derselben bis auf eine additive Constante vollkommen bestimmt ist, wird die Frage erörtert: Welche Bedingungen müssen die Functionen $X_1 \cdots X_n\ P_1 \cdots P_n$ erfüllen, wenn die $2n$ Gleichungen:

$$x'_i = X_i, \quad p'_i = P_i$$

eine Berührungs-Transformation zwischen xp definiren sollen? Die Beantwortung derselben liefert den wichtigen Satz:

„Damit die $2n$ Gleichungen

$$x'_i = X_i, \quad p'_i = P_i$$

eine Berührungs-Transformation zwischen xp definiren, ist es nothwendig und hinreichend, dass:

$$(X_i X_k) = (X_i P_k) = (P_i P_k) = 0$$

und

$$(X_1 P_1) = (X_2 P_2) = \cdots = (X_n P_n) = \text{const.}$$

sei".

Man erkennt leicht, dass das Problem der Berührungs-Transformationen die Integration der partiellen Differentialgleichungen 1ter Ordnung gewissermassen als speciellen Fall enthält. Die allgemeinen Berührungs-Transformationen entsprechen der allgemeinen Form der partiellen Differentialgleichungen 1ter Ordnung, die Berührungs-Transformationen zwischen xp denjenigen, in denen die unbekannte Function z selbst nicht vorkommt. Wie man nun aber eine jede partielle Differentialgleichung

$$H(z x_1 \cdots x_n\ p_1 \cdots p_n) = 0, \quad \left(p_i = \frac{\partial z}{\partial x_i}\right)$$

dadurch, dass man sich z durch eine Gleichung von der Form

$$V(z\, x_1 \cdots x_n) = \text{const.}$$

definirt denkt, zurückführen kann auf eine partielle Differentialgleichung, in der die neue unbekannte Function V selbst nicht vorkommt und die in Bezug auf die Differentialquotienten von V homogen von der nullten Ordnung ist, so kann man auch in gewisser Hinsicht den allgemeinen Berührungs-Transformationen eine besondere Art der Berührungs-Transformationen zwischen xp, die „homogenen" Berührungs-Transformationen, substituiren. Hierunter werden solche Berührungs-Transformationen zwischen xp verstanden, welche homogene Functionen von $x'_1 \cdots x'_n\ p'_1 \cdots p'_n$

in homogene Functionen derselben Ordnung von $x_1 \cdots x_n \; p_1 \cdots p_n$ überführen. Die Bezeichnung homogen bezieht sich hierbei immer nur auf die Art, wie die Differentialquotienten p', resp. p in die betreffenden Functionen eingehen.

Homogene Berührungs - Transformationen gehen aus Gleichungen von der Form:

$$z' = Az + B, \; F_k(x_1 \cdots x_n \, x'_1 \cdots x'_n) = 0,$$

wo A und B Constanten sind, durch Differentiation und Elimination hervor und es gilt für diese Berührungs-Transformationen der Satz:

Wenn die n Gleichungen $x'_i = X_i$ einer homogenen Berührungs - Transformation angehören sollen, so müssen $X_1 \cdots X_n$ homogene Functionen nullter Ordnung sein, welche paarweise die Bedingungen erfüllen

$$(X_i \; X_k) = 0.$$

Umgekehrt, wenn man irgend n unabhängige Functionen $X_1 \cdots X_n$ dieser Beschaffenheit gefunden hat, so bestimmen die $n+1$ Gleichungen

$$z' = Az + B, \quad x'_i = X_i$$

eindeutig eine homogene Berührungs-Transformation. Mr.

S. Lie. Ueber partielle Differential-Gleichungen 1ter Ordnung. Forh. af Christ. 1873. 16-51.

Um einen Ueberblick über die Ziele und Leistungen dieser Abhandlung geben zu können, müssen wir zunächst die wichtigen neuen Begriffe auseinandersetzen, welche der Verfasser hier zum ersten Male einführt und denen zur Grundlage der fundamentale Begriff der „Gruppe“ dient.

r von einander unabhängige Functionen $u_1 \cdots u_r$ der $2n$ Variabeln $x_1 \cdots x_n \; p_1 \cdots p_n$ bilden eine Gruppe, so oft jeder der Ausdrücke $(u_i \, u_k)$ eine blosse Function von $u_1 \cdots u_r$ ist. Ein besonderer Fall der Gruppe sind hiernach die „Involutionssysteme“ $u_1 \cdots u_r$, bei denen jedes $(u_i \, u_k) = 0$ ist.

Eine Function U gehört der Gruppe $u_1 \cdots u_r$ an, oder ist in derselben enthalten, wenn sie eine blosse Function von $u_1 \cdots u_r$ ist.

Sind $v_1 \cdots v_r$ unabhängige Functionen, welche der Gruppe $u_1 \cdots u_r$ angehören, so bilden dieselben wiederum eine Gruppe. Diese letztere ist nach der Auffassungsweise des Verfassers der ursprünglichen Gruppe aequivalent oder nur eine andere Form derselben.

Als Hauptzweck der Arbeit wird die Aufgabe bezeichnet, diejenigen Eigenschaften einer Gruppe zu finden, die unabhängig von der Form derselben sind und durch keine Berührungs-Transformation zerstört werden. Daneben aber führt die Untersuchung zu nicht minder wichtigen Vereinfachungen für die Integration der partiellen Differentialgleichungen 1ter Ordnung.

Zum Ausgangspunkt nimmt der Verfasser den Satz:

Ist $u_1 \cdots u_r$ eine Gruppe, so bilden die r linearen Gleichungen

$$(u_1\, V) = 0, \; \ldots \; (u_r\, V) = 0$$

ein vollständiges System, d. h. sie besitzen $2n-r$ unabhängige gemeinsame Lösungen.

Diese Lösungen bilden nach dem Poisson-Jacobi'schen Satze eine zweite Gruppe, die „Polargruppe" der ersteren. Die Polargruppe/ist der gegebenen Gruppe aequivalent und zwei Gruppen sind aequivalent, wenn sie dieselbe Polargruppe besitzen. Ausgezeichnete Functionen einer Gruppe $u_1 \ldots u_r$ werden diejenigen Lösungen des zugehörigen vollständigen Systems genannt, welche blosse Functionen von $u_1 \ldots u_r$ sind. Jede ausgezeichnete Function einer Gruppe gehört hiernach gleichzeitig der Polargruppe an und umgekehrt, und man kann immer auf algebraischem Wege entscheiden, wie viele ausgezeichnete Functionen eine gegebene Gruppe enthält. Giebt es deren m, so verlangt ihre Bestimmung die vollständige Integration eines Systems von m gewöhnlichen Differentialgleichungen, oder also, wenn man mit dem Verfasser unter „einer Operation m" die Auffindung eines Integrales von m solchen Differentialgleichungen versteht, die Operationen m, $m-1$, ... 2, 1.

Unter den unendlich vielen Formen, die eine gegebene Gruppe dadurch erhalten kann, dass man ihr irgend eine aequivalente Gruppe substituirt, zeichnet sich eine Form ganz besonders aus, die „canonische" Form. Ist $X_1 \dots X_\nu\, P_1 \dots P_\mu$ die canonische Form einer Gruppe, so finden die Relationen statt:

$$(X_i\, X_k) = (P_i\, P_k) = (X_i\, P_k) = 0, \quad (X_i\, P_i) = 1.$$

Der Verfasser zeigt, wie man mittelst successiver Integrationen eine jede Gruppe auf diese Form bringen kann. Daraus fliesst zunächst der wichtige Satz, dass „die Differenz zwischen der Anzahl der Glieder einer Gruppe und der Anzahl ihrer ausgezeichneten Functionen stets eine grade Zahl ist".

Weiter aber wird nachgewiesen, dass, wenn $X_1 \dots X_\nu\; P_1 \dots P_\mu$ eine canonische Gruppe ist, sich immer solche weitere Functionen $X_{\nu+1} \dots X_n\; P_{\mu+1} \dots P_n$ finden lassen, dass auch $X_1 \dots X_n\; P_1 \dots P_n$ eine canonische Gruppe bilden, und hieraus ergiebt sich durch Anwendung der früher besprochenen Sätze des Verfassers über Berührungs-Transformationen unmittelbar das Haupttheorem der Abhandlung:

„Die einzigen Eigenschaften einer Gruppe, die von der Form derselben unabhängig sind und bei Berührungs-Transformationen invariant bleiben, sind die Zahl der Glieder und die Zahl der ausgezeichneten Functionen".

Indem nunmehr die Untersuchung sich zur Bestimmung der in einer Gruppe enthaltenen Involutionssysteme wendet und hierfür den Satz gewinnt, dass aus einer $(2q+m)$-gliedrigen Gruppe mit m ausgezeichneten Functionen immer Involutionssysteme ausgeschieden werden können, die $m+q$, niemals mehr, Glieder besitzen, und dass man ein solches Involutionssystem durch die Operationen

$$m,\ m-1 \dots 2,\ 1,\ 2q-2,\ 2q-4, \dots 2$$

finden kann, bahnt sie sich den Weg zu den wichtigen Vereinfachungen, die sich bei der Integration der partiellen Differentialgleichungen 1ter Ordnung grade in den am häufigsten vorkommenden Fällen anbringen lassen.

Um eine gegebene partielle Differentialgleichung 1ter Ordnung

$$F_1\,(x_1 \dots x_n\, p_1 \dots p_n) = 0, \quad \left(p_i = \frac{\partial z}{\partial x_i}\right)$$

zu integriren, kommt es bekanntlich zunächst darauf an, eine Lösung f der linearen Gleichung

$$(F_1\, f) = 0$$

zu finden. Bei den Anwendungen, zumal in der Dynamik, trifft es sich nun sehr häufig, dass man nicht bloss eine, sondern mehrere Lösungen dieser Gleichung angeben kann. Die gewöhnlichen Integrationsmethoden lassen einen solchen Umstand ganz unbenutzt. Aus dem Vorhergehenden ergiebt sich aber leicht ein Weg, solche Fälle nutzbar zu machen. Kennt man nämlich mehrere Lösungen $f_1\, f_2 \ldots$, so bilden diese entweder selbst schon eine Gruppe, oder aber, indem man auf dieselben die Operationen $(f_1\, f_2), \ldots$ anwendet, sie bestimmen eine Gruppe $f_1\, f_2 \ldots f_r$, in der, nach dem Poisson-Jacobi'schen Theorem, jedes Glied mit F_1 in Involution liegt. Der oben angeführte Satz gestattet nun zu entscheiden, wievielgliedrige Involutionssysteme sich aus den Functionen dieser Gruppe zusammensetzen lassen und wieviel Integrationen zur Auffindung eines solchen Involutionssystems erforderlich sind. Kann man also diese Integrationen ausführen, so erhält man eine Reihe von Functionen $F_2 \ldots F_q$, die untereinander und mit F_1 in Involution liegen. Durch Auffindung dieser Functionen ist aber, nach der alten Lie'schen Methode (siehe F. d. M. IV. p. 165) die gegebene partielle Differentialgleichung mit n unabhängigen Variabeln zurückgeführt auf eine, die nur noch $n-(q-1)$ unabhängige Variable enthält.

Man überblickt sofort, dass man auf diese Art unter Umständen durch weit weniger Integrationen zur vollständigen Lösung einer gegebenen partiellen Differentialgleichung gelangen kann, als wenn man gradezu die gewöhnlichen Methoden anwenden wollte. Noch häufiger als in dem Falle einer einzigen partiellen Differentialgleichung treten die für die Verwendung dieser Vereinfachung günstigen Umstände ein, wenn bereits ein Jacobi'sches System zur Integration vorliegt.

Um den Nutzen dieser Methode, welche der Verfasser durch einige schematisch ausgeführte Beispiele sehr glücklich illustrirt, ebenfalls an einem Beispiele zu erläutern, brauchen wir nur an das Problem der drei Körper zu erinnern. Durch die bekannte Jacobi'sche Transformation ist dasselbe zurückgeführt auf eine partielle Differentialgleichung 1ter Ordnung mit 6 unabhängigen Variabeln

$H = h$. Von der Gleichung $(HF) = 0$ aber kennt man 3 Lösungen, die den 3 Flächensätzen entsprechen und eine Gruppe bilden, die kein Involutionssystem ist. Die Anzahl m der ausgezeichneten Functionen dieser Gruppe muss der Bedingung $3 - m =$ grade genügen. Daraus folgt $m = 1$. Nach dem Vorhergehenden enthält die in Rede stehende Gruppe also ein 2-gliedriges Involutionssystem, und dieses kann durch eine Operation 1 gefunden werden. Diese Operation lässt sich ausführen, also hängt die Lösung des Problems der drei Körper nur noch ab von der Integration einer partiellen Differentialgleichung 1ter Ordnung mit 4 unabhängigen Variabeln, d. h. von den Operationen 6, 4, 2.

Angefügt ist dem Aufsatze noch eine Note von wenig Zeilen. Der fundamentalen Eigenschaft des Poisson-Jacobi'schen Satzes, welche hier entwickelt wird, kann man den folgenden Ausdruck geben:

Es giebt keine, von der Form der gegebenen Function f unabhängigen, algebraischen Operationen, durch welche man aus zwei oder mehr Lösungen der Gleichung $(f \cdot \varphi) = 0$ andere Lösungen ableiten könnte, als welche aus denselben Lösungen durch den Poisson-Jacobi'schen Satz hervorgehen. Mr.

S. Lie. Partielle Differential-Gleichungen 1ter Ordnung, in denen die unbekannte Function explicite vorkommt. Forh. af Christ. 1873. 52-85.

Die vorliegende Abhandlung dehnt dieselben Untersuchungen, welche in der vorhergehenden für partielle Differentialgleichungen von der Form

$$F\left(x_1 \cdots x_n \frac{\partial z}{\partial x_1} \cdots \frac{\partial z}{\partial x_n}\right) = 0$$

angestellt wurden, auf solche partielle Differentialgleichungen aus, in denen die unbekannte Function selbst auftritt. Da sich die Gleichung

$$F\left(x_1 \cdots x_{n-1}\, x_n \frac{\partial x_n}{\partial x_1} \cdots \frac{\partial x_n}{\partial x_{n-1}}\right) = 0$$

zurückführen lässt auf die folgende

$$F\left(x_1 \cdots x_{n-1}\, x_n, \, -\frac{p_1}{p_n}, \cdots -\frac{p_{n-1}}{p_n}\right) = 0,$$

in der allgemein $p_i = \dfrac{\partial z}{\partial x_i}$ ist, so kann man diese allgemeinste Classe von partiellen Differentialgleichungen 1ter Ordnung auffassen als einen speciellen Fall der früheren und ihnen solche partielle Differentialgleichungen substituiren, welche, frei von der unbekannten Function selbst, in Bezug auf die Differentialquotienten derselben homogen von der nullten Ordnung sind. An die Stelle der allgemeinen Gruppen des vorigen Aufsatzes treten daher jetzt homogene Gruppen, an Stelle der allgemeinen Berührungs-Transformationen zwischen xp homogene Berührungs-Transformationen.

Eine Gruppe heisst homogen, wenn sie auf eine Form gebracht werden kann, in der jedes Glied eine homogene Function ist. Dabei wird wieder unter einer homogenen Function eine solche Function der Variabeln $x_1 \cdots x_n\, p_1 \cdots p_n$ verstanden, die homogen ist in Bezug auf $p_1 \cdots p_n$. Zwei oder mehr homogene Functionen erzeugen immer eine homogene Gruppe, dagegen sind Functionen, die einer solchen Gruppe angehören, nicht nothwendig homogen.

Ausgehend von dem Satze, dass, wenn $h_1 \cdots h_r$ eine homogene Gruppe ist, die $r+1$ Gleichungen:

$$(h_1\, F) = 0, \cdots (h_r\, F) = 0, \; \sum_{i=1}^{i=n} p_i \frac{\partial F}{\partial p_i} = 0$$

immer ein vollständiges System bilden, es sei denn, dass zufällig die letzte Gleichung eine blosse algebraische Folge der ersten wäre, wird dann auf einem ziemlich umständlichen und weitläufigen Wege (den jedoch neuerdings der Verfasser ganz bedeutend vereinfacht hat) das Haupttheorem bewiesen: „Die Polargruppe einer homogenen Gruppe ist selbst homogen“. Die Untersuchung der ausgezeichneten Functionen einer homogenen Gruppe lehrt weiter, dass dieselben ebenfalls wieder eine homogene Gruppe bilden. Bei der Bestimmung dieser Functionen zeigt sich jedoch ein Unterschied zwischen den Fällen, wo alle ausgezeichneten Functionen von der nullten Ordnung sind, und wo es ausgezeichnete Functionen giebt, deren Ordnung von Null verschieden ist. Die Auffindung der ausgezeichneten Functionen lässt sich im letzteren Falle durch weniger Integrationen erreichen als nach der Methode des vorhergehenden Aufsatzes. Dem entsprechend sind auch zwei verschiedene canonische Formen einer homogenen Gruppe zu unterscheiden, je nachdem die ausgezeichneten Functionen der Gruppe sämmtlich von der nullten Ordnung sind oder nicht. Indem nun auf analogem Wege, wie in der vorangehenden Abhandlung gezeigt wird, wie man eine jede gegebene homogene Gruppe auf die canonische Form bringen kann, und wie sich zu einer in canonischer Form vorgelegten homogenen Gruppe immer eine canonische homogene Gruppe von $2n$ Gliedern finden lässt, welche die ursprüngliche umfasst, geht durch Anwendung der Theorie der homogenen Berührungs-Transformationen als Hauptresultat der Untersuchung der Satz hervor:

„Die einzigen Eigenschaften einer homogenen Gruppe, die durch keine homogene Berührungs-Transformation zerstört werden können, sind die Anzahl der Glieder, die Anzahl der ausgezeichneten Functionen und die Anzahl der ausgezeichneten Functionen nullter Ordnung".

Am Schluss giebt der Verfasser noch an, welche Vortheile man in gewissen Fällen für die Integration der Gleichungen von der Form

$$F\left(x_1 \cdots x_{n-1}\; x_n\; \frac{\partial x_n}{\partial x_1} \cdots \frac{\partial x_n}{\partial x_{n-1}}\right) = 0$$

aus dem Vorhergehenden ziehen kann. Mr.

S. Lie. Neue Integrations-Methode eines $2n$-gliedrigen Pfaff'schen Problems. Forh. af Christ. 1873. 320-343.

Wenn im Folgenden von einem gegebenen linearen Differentialausdrucke

$$P_m = \sum_{h=1}^{h=m} X_h\, dx_h$$

gesagt wird, dass er in determinirter Art eine q-gliedrige Form:

$$P_q = \sum_{i=1}^{i=q} F_i\, df_i$$

annehmen könne, so soll dies heissen, dass sich derselbe auf die Form P_q bringen lässt, aber nicht auf eine Form von weniger als q Gliedern. Unter Integration des Ausdruckes P_m wird in dieser Voraussetzung die Reduction von P_m auf eine q-gliedrige Form verstanden.

Dies vorausgeschickt, sei ein $2n$-gliedriger linearer Differentialausdruck P_{2n} zur Integration vorgelegt, der in determinirter Art eine n-gliedrige Form erhalten kann.

Kennt man irgend ein Integral $w =$ const. des zugehörigen ersten Pfaff'schen Systems von $2n-1$ gewöhnlichen Differentialgleichungen, so geht, wenn man mit Hülfe der Gleichung $w =$ const. irgend eine der $2n$ Variabeln eliminirt, aus P_{2n} ein $(2n-1)$-gliedriger Ausdruck P_{2n-1} hervor, der in determinirter Art eine $(n-1)$-gliedrige Form erhalten kann und durch dessen Integration auch P_{2n} selbst integrirt ist.

Die Aufgabe aber, P_{2n-1} zu integriren, lässt sich nach Natani in zwei Theile zerlegen, nämlich zurückführen auf die Bestimmung der gemeinsamen Lösungen zweier linearer partieller Differentialgleichungen, die ein vollständiges System bilden, und auf die Integration eines gewissen $(2n-3)$-gliedrigen linearen Differentialausdruckes.

Von diesen beiden Aufgaben lässt sich im Allgemeinen die zweite nur angreifen, nachdem man die erste gelöst hat. Durch Einführung eines bestimmten und in seiner Art einzigen Systems von Lösungen der beiden linearen Gleichungen, durch Einführung ihrer Hauptlösungen, erhält man aber den Vortheil, beide Aufgaben unabhängig von einander behandeln zu können.

Nach Erörterung dieser Verhältnisse zeigt nun der Verfasser unter Benutzung der characteristischen Eigenschaften der Hauptlösungen, wie man immer aus P_{2n-1} einen $(2n-2)$-gliedrigen Ausdruck P_{2n-2} ableiten kann, der in determinirter Art eine $(n-1)$-gliedrige Form zulässt, und die wichtige Eigenschaft besitzt, dass nach Integration desselben die Lösung der angegebenen beiden Aufgaben nur noch algebraische Operationen erfordert.

Damit ist also ein Weg gewonnen, um einen gegebenen

$2n$-gliedrigen Differentialausdruck P_{2n}, der sich in determinirter Art auf eine n-gliedrige Form bringen lässt, mittelst einer Operation $2n-1$ zurückzuführen auf einen $(2n-2)$-gliedrigen, der in determinirter Art eine $(n-1)$-gliedrige Form erhalten kann. In derselben Weise wird durch eine Operation $2n-3$ der letztere zurückgeführt auf einen $(2n-4)$-gliedrigen Ausdruck u. s. w., so dass gradeso, wie in derjenigen Vereinfachung der Methode von Clebsch, über die F. d. M. IV. p. 164 referirt wurde, die Integration von P_{2n} nur die Operationen

$$2n-1,\ 2n-3,\ \ldots\ 5,\ 3,\ 1$$

erfordert.

Vor jener Methode aber hat die Lie'sche zweierlei voraus. Einmal nämlich erfordert sie die schwierigsten algebraischen Operationen immer erst dann, wenn alle Integrationen absolvirt sind. Dann aber, und dies ist ihr Hauptvorzug, bedarf sie weit weniger Vorbereitungen als jene.

Denn während dort die ganze Clebsch'sche Integrationsmethode des Pfaff'schen Problems als bekannt vorausgesetzt werden muss, wird im Grunde hier der Theorie des Pfaff'schen Problems nichts weiter entlehnt, als die folgenden drei bekannten Sätze:

1. Ein $2n$-gliedriger linearer Differentialausdruck lässt sich immer auf eine n-gliedrige Form bringen.

2. Die oben erwähnte Reduction von P_{2n} auf P_{2n-1}.

3. Der Satz: Wenn der Ausdruck

$$P_{2n-1} = \sum_{h=1}^{h=2n-1} X_h\, dx_h$$

in determinirter Art die $(n-1)$-gliedrige Form

$$P_{n-1} = \sum_{i=1}^{i=n-1} F_i\, df_i$$

erhalten kann, so sind

$$f_1, \cdots, f_{n-1}, \frac{F_1}{F_{n-1}}, \cdots, \frac{F_{n-2}}{F_{n-1}}$$

von einander unabhängige Functionen der Variabeln $x_1 \cdots x_{2n-1}$ und gemeinsame Lösungen zweier linearer partieller Differentialgleichungen, die durch P_{2n-1} vollständig bestimmt sind.

Die Analogie, welche zwischen dieser Lie'schen Integrationsmethode des Pfaff'schen Problems und der Lie'schen Integrationsmethode der partiellen Differentialgleichungen 1ter Ordnung (siehe F. d. M. IV. p. 165) besteht, springt in die Augen. Bei beiden ist der leitende Gedanke der, dass man das vorgelegte Problem direkt zurückzuführen sucht auf eins von derselben Art, welches aber s. z. s. um eine Ordnung niedriger ist. Mr.

Collet. Sur les conditions d'intégrabilité des équations aux dérivées partielles du premier ordre d'une seule fonction. C. R. LXXVI. 1126-1129.

Der Verfasser stellt sich die Aufgabe, die Relationen zu finden, welche zwischen m gegebenen Functionen $f_1, f_2, \cdots f_m$ der $2n$ Variabeln $q_1, \cdots q_n, p_1, \cdots p_n$ und denjenigen Ausdrücken bestehen, die man durch fortgesetzte Anwendung der Jacobi'schen Operation:

$$(f_i f_k) = \sum_{h=1}^{h=n} \left(\frac{\partial f_i}{\partial q_h} \frac{\partial f_k}{\partial p_h} - \frac{\partial f_i}{\partial p_h} \frac{\partial f_k}{\partial q_h} \right)$$

daraus ableiten kann. Die Note giebt lediglich Resultate und auch diese in so unbestimmten und jedenfalls ungenauen Umrissen an, dass es kaum möglich sein dürfte, sich aus derselben ein ordentliches Bild vom Gang der Untersuchung und von ihren Ergebnissen zu verschaffen. Mr.

J. Graindorge. Mémoire sur l'intégration des équations aux dérivées partielles des deux premiers ordres. Mém. de Liège. (2) V.

Abdruck der Arbeit, über welche bereits F. d. M. IV. p. 174 berichtet worden ist. Mn.

M. de Tilly et E. Folie. Rapport sur le concours de 1873: Résumer et simplifier la théorie des équations aux dérivées partielles des deux premiers ordres. Bull. de Belg. (2) XXXVI. 644-657.

Analyse und Beurtheilung der gekrönten Arbeit von Mansion,

die in den Mém. de Belg. 1874 erscheinen wird. Das Referat wird bis dahin verschoben. Mn. (O.)

V. G. IMSCHENETSKY. Sur l'intégration des équations aux dérivées partielles du second ordre d'une fonction de deux variables indépendantes. Traduit du russe par J. Hoüel. Paris. Gauthier-Villars. 8°.

Siehe F. d. M. IV. p. 156.

M. LÉVY. Sur une réduction de l'équation à différences partielles du troisième ordre, qui régit les familles de surfaces susceptibles de faire partie d'un système orthogonal. C. R. LXXVII. 1435-1439.

Ist $\varrho = F(xyz)$ die Gleichung einer Flächenschaar und

$$\left[\left(\frac{\partial\varrho}{\partial x}\right)^2+\left(\frac{\partial\varrho}{\partial y}\right)^2+\left(\frac{\partial\varrho}{\partial z}\right)^2\right]^{-\frac{1}{2}} = H,$$

so hat Cayley die Bedingungsgleichung, der ϱ genügen muss, damit die Flächen ϱ einen Theil eines Orthogonalsystems ausmachen können, unter die Form gebracht:

$$A\frac{\partial^2 H}{\partial x^2} + A_1\frac{\partial^2 H}{\partial y^2} + A_2\frac{\partial^2 H}{\partial z^2} + B\frac{\partial^2 H}{\partial y\partial z} + B_1\frac{\partial^2 H}{\partial z\partial x} + B_2\frac{\partial^2 H}{\partial x\partial y} = 0,$$

wo die Ausdrücke für die Coefficienten A und B die partiellen Ableitungen der beiden ersten Ordnungen von der unbekannten Funktion ϱ enthalten, so dass diese Gleichung in Beziehung auf die Derivirten dritter Ordnung dieser Funktion linear ist.

Der Herr Verfasser zeigt nun, dass wenn man anstatt des Parameters ϱ eine der Coordinaten z. B. z zur unbekannten Function, und x, y, ϱ zu unabhängigen Variablen nimmt, obige Gleichung in eine ähnliche Form übergeht, welche nur die drei Derivirten dritter Ordnung

$$\frac{\partial^3 z}{\partial\varrho^3},\ \frac{\partial^3 z}{\partial\varrho^2\partial x},\ \frac{\partial^3 z}{\partial\varrho^2\partial y}$$

und zwar ebenfalls linear enthält. Die Umformung wird nicht an der Cayley'schen Gleichung vorgenommen, sondern die neue Gleichung wird direct aus einem Satze abgeleitet, den der Verfasser im Journal de l'Éc. polyt. cahier 43 bewiesen hat, wonach, wenn Mx', My' die Richtungen der beiden Krümmungslinien der Fläche ϱ in einem Punkte M bedeuten, die Bedingung, dass die Flächen ϱ zu einem Orthogonalsystem gehören, sich durch die Gleichung ausdrückt

$$\frac{\partial^2 H}{\partial x'\,\partial y'} = 0.$$

Die Transformation dieser Gleichung durch Einführung von $xy\varrho$ als unabhängige Variablen führt unmittelbar auf folgende Gleichung

$$(pqt-(1+q^2)s)\frac{d^2H}{dx^2} + ((1+q^2)r-(1+p^2)t)\frac{d^2H}{\partial x\,\partial y}$$
$$+((1+p^2)s-pqr)\frac{d^2H}{dy^2} = 0.$$

Hier ist

$$H = (p^2+q^2+1)^{-\frac{1}{2}}\frac{dz}{d\varrho},$$

($p\,q\,r\,s\,t$ sind wie üblich die Ableitungen der beiden ersten Ordnungen von z nach x und y).

Dies ist die gesuchte Bedingungsgleichung, welcher eine Function $z = f(xy\varrho)$ genügen muss, damit die durch sie dargestellten Flächen Theile eines Orthogonalsystems ausmachen.

Hr.

V. Ermakof. Théorie générale d'intégration des équations linéaires aux différences partielles des ordres supérieurs et à coefficients constants. St. Pétersbourg.

Der Verfasser setzt zuerst einige bekannte Methoden auseinander, um das Integral einer linearen partiellen Differentialgleichung zu erhalten, wenn dies Integral gewissen Bedingungen unterworfen ist. Unter anderem behandelt er auch die Methode von Fourier, die von Cauchy erweitert worden ist (J. de l'Éc. Pol. Cah. 19), und die, welche sich auf den Satz von Green stützt. Dann giebt er ein Mittel, um das Integral irgend einer linearen Gleichung mit constanten Coefficienten durch bestimmte Integrale zu erhalten. Er erhält eine Form des Integrals, welche der ähnlich ist, die der Satz von Green als Integral der Gleichung:

$$\frac{\partial^2 V}{\partial x^2} + \frac{\partial^2 V}{\partial y^2} + \frac{\partial^2 V}{\partial z^2} = 0$$

ergiebt. Die Beweise des Verfassers sind jedoch nicht streng, so dass man die Integrale in jedem einzelnen Fall verificiren muss. Ke. (O.)

G. Darboux. Sur l'équation du troisième ordre dont dépend le problème des surfaces orthogonales. C. R. LXXVI. 41-45, 83-86.

G. Darboux. Sur le problème des surfaces orthogonales. C. R. LXXVI. 160-163.

In einer früheren Arbeit hatte der Verfasser den (sonst nur für specielle Fälle bekannten) Satz aufgestellt, dass jede einfach unendliche Schaar von Flächen, welche einem Orthogonalsysteme soll angehören können, einer partiellen Differentialgleichung dritter Ordnung genügen muss. Anknüpfend nunmehr an Untersuchungen von Cayley, der die fragliche Gleichung explicite in sehr eleganter Form aufgestellt hatte, giebt der Verfasser zunächst eine neue einfache Ableitung derselben, an die er weiterhin eine Reihe interessanter specieller Folgerungen knüpft. Inzwischen ist die Familie von Flächen, deren Orthogonaltrajectorien aus Kreisen bestehen, welche eine feste Kugel senkrecht schneiden, wohl schon früher in Arbeiten von Lie (Gött. Nachrichten 1871) unter dem hier vorliegenden Gesichtspunkte betrachtet. In seiner dritten Note bemerkt der Verfasser, dass man ähnliche Betrachtungen nicht nur bei beliebiger Zahl der Variabeln, sondern auch bei beliebiger Form des Bogenelementes durchführen kann, und giebt die Resultate der Rechnung für den Fall, dass das Quadrat des Bogenelementes durch die Summe der mit nicht constanten Coefficienten behafteten Quadrate dreier Differentiale dargestellt ist. Kln.

S. Lewänen. Ueber die von einer Geraden erzeugte Minimalfläche. Schlömilch Z. XVIII. 423-425.

Die Note sucht den Satz, dass die gewöhnliche Schraubenfläche die einzige von einer Geraden erzeugte Minimalfläche sei, analytisch zu beweisen. Der Beweis ist jedoch im Ganzen wie im Einzelnen gänzlich misslungen. Mr.

Capitel 7.

Variationsrechnung.

A. KORKINE et G. ZOLOTAREFF. Sur un certain minimum. Nouv. Ann. (2) XII. 337-356.

Bezeichnet $[A]$ den absoluten Werth einer Grösse A, so suchen die Verfasser eine ganze Function n^{ten} Grades $f(x)$, in der alle Coefficienten reell sind, während der von x^n gleich 1 ist, so zu bestimmen, dass

$$\int_{-1}^{+1} [f(x)]\, dx$$

ein Minimum ist. Die Wurzeln der Gleichung $f(x) = 0$ sind alle reell, verschieden und zwischen den Grenzen -1 und $+1$ gelegen. Sind dieselben $\alpha_1 < \alpha_2 \dots < \alpha_n$, so befriedigen sie das System der Gleichungen

$$\alpha_1^\lambda - \alpha_2^\lambda + \alpha_3^\lambda - \cdots \pm \alpha_n^\lambda = \frac{(-1)^\lambda + (-1)^{n+1}}{2} \quad (\lambda = 1, 2, \cdots n),$$

dem nur auf eine einzige Art genügt werden kann. Durch Induction ergiebt sich daraus

$$f(x) = \frac{1}{2^n} \frac{\sin((n+1) \arccos(x))}{\sqrt{1-x^2}}.$$

Dafür theilen die Verfasser zwei Beweise mit.

Die Function $f(x)$ gehört zu einer allgemeineren Klasse von Functionen $\psi(x)$. Sei $F(z)$ eine zwischen den Grenzen -1 und $+1$ reelle und positive Function

$$u = \int_{-1}^{+1} \frac{F(z)\, dz}{x - z},$$

und $\varphi(x)$ eine ganze Function m^{ten} Grades von der Beschaffenheit, dass in der Entwicklung von $u \cdot \varphi(x)$ die Coefficienten von $x^{-1}, x^{-2}, \cdots x^{-m}$ verschwinden, dass also

$$u\varphi(x) = \psi(x) + \frac{A}{x^{m+1}} + \frac{B}{x^{m+2}} + \cdots$$

ist, wo $\psi(x)$ eine ganze Function ist. Dann sind bekanntlich die Wurzeln der Gleichung $\varphi(x) = 0$ alle reell, ungleich und zwischen -1 und $+1$ gelegen. Die Verfasser zeigen, dass $\psi(x)$ dieselbe Eigenschaft hat, und dass zwischen je zwei auf einander folgenden Wurzeln der Gleichung $\varphi'(x) = 0$ eine Wurzel der Gleichung $\psi(x) = 0$ liegt. Damit die anfangs betrachtete Function $f(x)$ gleich $\psi(x)$ sei, ist

$$F(z) = \frac{1}{\sqrt{1-z^2}}$$

und $m = n + 1$ zu setzen. Fs.

P. Schuringa. Beschouwingen over de minimum-looplanen $\delta \int_{s_1}^{s_2} \varphi(v)\,ds$. Diss.

P. Schuringa. Les trajectoires minima: $\delta \int_{s_1}^{s_2} \varphi(v)\,ds = 0$.

Arch. Néerl. VIII. 1-12.

Referent kennt nur die zweite der oben citirten Arbeiten, welche eine Analyse der ersten ist. Die Arbeit von Schuringa schliesst sich an eine Arbeit von Roger an: „Sur les trajectoires minima“ (publ. am Schluss der Uebersetzung von Gauss': Disquisitiones generales). Wenn $\varphi v = \frac{1}{v}$, $= c$ oder $= 0$ ist, so erhält man die Brachistochronen, die geodätischen Linien oder die natürlichen Trajectorien. Findet die Bewegung im Raume statt, so nennt der Verfasser die Trajectorien „absolute Trajectorien“. Mit dem Namen „gezwungene Trajectorien“ (trajectoires génées) belegt er ferner solche, die unter dem Einfluss von Kräften, für die eine Kräftefunction existirt, und unter einem Druck D beschrieben werden, der normal ist zur Trajectorie in der Tangentialebene der Oberfläche F, auf welcher sich der Körper bewegt. Er führt nun die mechanische Frage zurück auf eine Frage nach dem relativen

Maximum und findet die Gleichungen der Minimaltrajectorien im Allgemeinen. Hervorzuheben ist hier folgender Satz: Die Componenten der Resultante der wirkenden Kräfte und der Centrifugalkraft nach der Richtung D verhalten sich wie φv und $v\varphi' v$. Auch für die absoluten Trajectorien gilt dieser Satz, wenn die Richtung von D ersetzt wird durch die des Krümmungsradius. Er wird jedoch mehr oder weniger modificirt, wenn man die Trajectorie als isoperimetrisch voraussetzt, ebenso wie in anderen Fällen. Im zweiten Capitel betrachtet der Verfasser speciell die Componente von D, die er deflective Kraft (force déflective) nennt. Deflection ist der unendlich kleine Winkel der Trajectorie mit der berührenden geodätischen Linie. Er findet hier

$$\varphi v = c e^{\int \frac{\varepsilon}{\operatorname{tg} \psi}},$$

wo ε die Deflection, ψ der Winkel der Trajectorie mit der Componente der wirkenden Kräfte in der Tangentialebene ist. Capitel 3 ist der Classification der Minimaltrajectorien gewidmet. Das vierte Capitel behandelt natürliche Minimaltrajectorien. In demselben werden die neuen Arbeiten Serret's über das Princip der kleinsten Wirkung reproducirt. Capitel 5 beschäftigt sich 1[tens] mit absoluten Trajectorien, beschrieben unter der Wirkung einer centralen Kraft und speciell in den Fällen $\varphi v = v^m$, $m = 1$, $m = -1$; 2[tens] mit absoluten Trajectorien, die unter dem Einfluss der Schwere beschrieben werden; 3[tens] mit Trajectorien auf der Kugel, wenn $\varphi v = 0$. Mn. (O.)

Siebenter Abschnitt.

Functionentheorie.

Capitel 1.

Allgemeines.

H. Durège. Elemente der Theorie der Functionen einer complexen veränderlichen Grösse. Zweite zum Theil umgearbeitete Auflage. Leipzig. Teubner. 8°.

Da die erste Auflage (1864) dieses Lehrbuches, welches zur Einführung in die Riemann'schen Schöpfungen bestimmt ist, in den „F. d. M." noch nicht berücksichtigt werden konnte, so möge hier eine kurze Inhaltsangabe folgen.

Der Herr Verfasser entwickelt zunächst die Riemann'sche Definition der Function einer complexen Veränderlichen, dann erklärt er die Natur der Verzweigspunkte und giebt die Riemann'sche Darstellung der algebraischen Functionen. Im 4ten Abschnitte wird die Verwandlung des Flächenintegrales

$$\iint\left(\frac{\partial Q}{\partial x}-\frac{\partial P}{\partial y}\right)dx\,dy,$$

ausgedehnt über eine beliebige Fläche, in der P, Q endliche und stetige Functionen von x und y sind, in das Randintegral $\int(Pdx+Qdy)$ gegeben (nach Riemann's „Grundlagen"). Daraus ergeben sich Cauchy's Sätze über die geschlossenen Integrale. Dieselben werden im 5ten Abschnitte zur Untersuchung des Logarithmus und der Exponentialfunction, im 6ten zur Ableitung der

Sätze von Cauchy und Laurent über die Entwickelung von Functionen in Potenzreihen benutzt.

Der 7te Abschnitt führt im ersten Theile zum Satze: „Wenn eine eindeutige Function überall den Character einer rationalen hat, so ist sie rational." Dann folgt Cauchy's Satz über die Anzahl der Null und Unendlich einer eindeutigen Function vom Character der rationalen innerhalb eines einfach begrenzten Gebietes. Der zweite Theil dient zum Beweise des Satzes: „Wenn eine Function für jeden Werth von z n Werthe besitzt und nur eine endliche Anzahl von Malen (rational) unendlich wird, so ist sie eine algebraische Function von z."

Der 8te Abschnitt bringt eine Fortsetzung der Sätze über geschlossene Integrale und behandelt die Frage, unter welchen Bedingungen eine Integralfunction endlich bleibt, wenn die obere Grenze derselben entweder einen Werth erreicht, für den die Function unter dem Zeichen $\int$ unendlich wird, oder selbst sich in's Unendliche entfernt. Es folgt im 9ten Abschnitte die Theorie des Zusammenhangs der Riemann'schen ebenen Flächen: der Hauptsatz von Riemann, Beweis der Formel $2p = w - 2(n-1)$ u. s. w. Den Schluss bildet die Erklärung der Periodicitätsmoduln der Integrale algebraischer Functionen, erläutert an einigen einfachen Beispielen.

Der 11te Abschnitt der 1ten Auflage: „Bestimmung einer Function durch Grenz- und Unstetigkeits-Bedingungen" ist hier weggelassen; der 12te mit dem 9ten vereinigt, welcher eine vollständige Umgestaltung erfahren hat. St.

J. Thomae. Abriss einer Theorie der complexen Functionen und der Thetafunctionen einer Veränderlichen. Zweite vermehrte Auflage. Halle a. S. Nebert.

Die Veränderungen dieser Auflage gegen die erste, welche F. d. M. II. 220 besprochen ist, treffen hauptsächlich auf den ersten Theil „Theorie der complexen Functionen". Hier ist hinzugekommen eine ausführliche Untersuchung über die Unstetigkeiten der Functionen einer und zweier reeller Veränderlicher (ein werthvoller Beitrag zu den Elementen der Differential-Rechnung), ferner eine Theorie der doppelt-periodischen Functionen, welche im Endlichen überall den Character rationaler Functionen besitzen. Dagegen wurde die Ableitung der Fourier'schen Reihe weggelassen.

Die übrigen Zusätze beziehen sich meist auf die elliptischen Functionen, deren Theorie eine viel eingehendere Berücksichtigung gefunden hat. St.

Göran Dillner. Traité de calcul géométrique supérieur. Première partie. Nov. Act. Ups. (2) 1873. Upsal. Berling.

Wie in früheren Arbeiten (Ups. Vet. Soc. Årsskrift, 1861; Tidskrift f. mat. och fys. 1868--70) beabsichtigt der Herr Verfasser in diesem Werke eine „Anwendung der Infinitesimalrechnung auf geometrische Grössen" zu geben, indem er an die Stelle der Rechnung mit imaginairen Grössen eine auf geometrischer Anschauung beruhende von jeder Hypothese freie sog. „geometrische Rechnung (calcul géométrique)" setzt. Er beginnt den vorliegenden ersten Theil seiner Theorie mit der Aufstellung des Begriffs der Synekticität, welcher hier etwas modificirt ist. Herr Dillner nennt nämlich eine complexe Function $f(z)$ im Punkte a stetig (continue), wenn $f(a+h)-f(a)$ für jeden Punkt längs einer von h um a beschriebenen unendlich kleinen geschlossenen Linie eine unendlich kleine Grösse einer und derselben Ordnung ist; und „öcodrome" [statt des von Cauchy eingeführten Ausdrucks monodrome], wenn $f(a+h)$ seinen ursprünglichen Werth wiedererlangt, sobald h einen vollständigen unendlich kleinen Kreis um a durchlaufen hat; und endlich „synektisch" in einem Punkte, wenn die Function für diesen Punkt stetig, öcodrom und endlich ist (§ 1). Die Derivirte einer complexen Function ist, in Bezug auf den Modul, gleich dem Quotienten der „Bogenelemente" der Function und der unabhängigen Variabeln für entsprechende Punkte, und, in Bezug auf das Argument, gleich der Differenz der Argumente dieser Elemente. Ebenso folgt rein geometrisch die Existenz einer primitiven Function für jede gegebene Derivirte (§ 2). Nachdem gleichfalls geometrisch das bestimmte Integral definirt und aus der Classification der Integrale in geschlossene (fermés) und nicht geschlossene (ouverts) sich der Begriff einer periodischen Function ergeben hat (§ 3), schreitet der Herr Verfasser zur Entwickelung des Kriteriums, wann das Integral einer synektischen Function eine einfache (uniforme) oder vielfache (multiforme) Function ist. Dazu dient das Fundamentaltheorem von Cauchy über die zwischen imaginären Grenzen genommenen bestimmten Integrale, wofür ein von den Anwendungen der Variationsrechnung (s. Briot und Bouquet, th. d. fctns. doubl. pér. 1859, und Bertrand, Calc. intégral) freier und vor den übrigen (z. B. Riemann's) durch Einfachheit sich auszeichnender Beweis gegeben wird (§ 4). Als unmittelbare Folgen dieses Fundamentaltheorems ergeben sich nun die Eigenschaften derjenigen Integrale, welche Herr Dillner „circuläre" und „lineare" Integrale nennt (§ 5 u. 6). Die ersteren sollen auf einfache und natürliche Weise die Integrale ersetzen, welche Cauchy „résidus" nennt; die letzteren aber sollen die Anschauungsweise Riemann's durch Darstellung auf complicirten Flächen ersparen. Als eine weitere Folge aus dem Cauchy'schen Theorem fliesst die Theorie der Reihen für den Fall, wo der Convergenzkreis den Bereich der Synekticität begrenzt (§ 7). Sie führt zu einer neuen sehr allgemeinen Reihe, welche die Taylor'sche als speciellen Fall umfasst und eine grosse Zahl von Anwendungen gestattet. Um eine ebenso allgemeine Basis für die Theorie der periodischen Functionen (§ 8) zu gewinnen, hat der Herr Verfasser dieselbe vereinfacht durch Einführung des Begriffs der „périodoïde". Diese Periodoïde gleicht darin einer Periode, dass sie ein additives Glied bildet zu dem speciellen Integral

$$\int_{z_0}^{z} f_s(z)\,dz,$$

wo $f_s(z)$ derjenige Werth ist, den $f(z)$ annimmt, nachdem z eine geschlossene Linie $A_\lambda + A_\mu + \cdots$ um die singulären Punkte a_λ, $a_\mu \cdots$ durchlaufen hat. Aber sie hat nicht den Character einer Periode, da sie nicht wie diese mit irgend einem ganzzahligen Multiplicator versehen werden kann. Sie ist das Integral einer Function $f(z)$, genommen längs einer geschlossenen Linie $A_\lambda + A_\mu + \cdots$, wofür $f(z)$ anöcodrome ist, so dass es den Werth $f_s(z)$ annimmt, nachdem z diesen Weg $A_\lambda + A_\mu + \cdots$ durchlaufen hat. Nachdem so die Theorie der periodischen Functionen begründet ist, wird das Studium dieser Functionen erweitert durch die Untersuchung des Bereiches der Synekticität der oberen Grenze der Integration (§ 9). Im Folgenden (§ 10) wird als neuer Begriff eingeführt die „Reproductivität" der complexen Functionen. Eine Function $\psi(u)$ heisst „reproductiv" in Bezug auf eine Grösse γ, wenn $\psi(\gamma u) = \gamma \psi(u)$ ist, und „reproductiv von der Ordnung α", wenn $\psi(\gamma u) = \gamma^\alpha \cdot \psi(u)$; ist $\alpha = 0$, so heisst die Function „irreproductiv". Gestützt auf die reproductiven Eigenschaften gewisser „algebraischer" Functionen, gewinnt Herr Dillner eine Verallgemeinerung des von Abel für die elliptischen und Abel'schen Functionen gegebenen Fundamentaltheorems, welche Verallgemeinerung ein weites Feld für das Studium neuer Typen periodischer Functionen eröffnet. Als Anwendung der vorhergehenden Theorie werden gewisse Functionen eines einfacheren Typus behandelt, indem sie aus Differentialgleichungen ohne constanten Parameter hergeleitet werden; so die Exponentialfunction und ihre Umkehrung (§ 11), die Sinus- und Cosinus-Functionen und ihre Umkehrungen (§ 12), die Tangente und Cotangente und ihre Umkehrungen (§ 13), die Functionen $T_{(u)}$ und $\mathfrak{T}_{(u)}$ mit ihren Inversen, welche sich aus der Differentialgleichung $du = \frac{dz}{1 \pm z^3}$ ergeben (§ 14), ferner die durch die Differentialgleichung $du = \frac{dz}{(1 \mp z^3)^{\frac{1}{3}}}$ definirten Functionen $V_{(u)}$ und $\mathfrak{V}_{(u)}$ (§ 15) und endlich die Functionen $W_{(u)}$, $\mathfrak{W}_{(u)}$, $W_{1(u)}$, deren Ausgangspunkt die Differentialgleichung $du = \frac{dz}{(1 \mp z^3)^{\frac{2}{3}}}$ ist (§ 16). Ihre Theorie ist durchweg durch geometrische Constructionen erläutert. In gleicher Weise wird im Folgenden (§ 17) eine Gruppe von Functionen behandelt, die Herr Dillner Kepler'sche Functionen nennt, weil durch sie die Relationen ausgedrückt werden, welche zwischen den drei Anomalien des Kepler'schen Problems bestehen.

Diese Functionen sind, wie die elliptischen, dadurch characterisirt, dass ihre Differentialgleichung einen constanten Parameter enthält. Den Schluss (§ 18) des vorliegenden ersten Theils bildet die Theorie der elliptischen Functionen. M.

F. Grelle. Elemente der Theorie der von reellen Variabeln abhängigen Functionen. Ein Leitfaden zu Vorträgen über höhere Mathematik an technischen und anderen Hochschulen. Hannover. Helwing.

Dieser Leitfaden enthält die Elemente der Differential- und Integralrechnung und ist zunächst bestimmt, den Vorträgen über höhere Mathematik, welche der Herr Verfasser am Polytechnicum zu Hannover hält, als Grundlage zu dienen. Die „höhere Mathematik“ hat nach dem Herrn Verfasser den Zweck, „die Regeln aufzustellen, nach welchen man mit stetig veränderlichen Grössen zu rechnen hat, und in der Summe dieser Regeln ein neues Werkzeug des menschlichen Geistes zu schaffen, welches sich ganz besonders dazu eignet, die Erscheinungen der Natur, welche keine sprungweise Aenderungen kennt, zu interpretiren und in eine Kette von Ursachen und Wirkungen zu bringen“. Nur von stetigen Functionen soll die Rede sein. Die Definitionen lassen manches an Genauigkeit, die Beweise an Strenge zu wünschen übrig. Jedenfalls ist der Leitfaden nur für solche bestimmt, die sich nicht sehr lange bei der Theorie aufhalten wollen. Ein Anhang enthält die Auflösung algebraischer Zahlengleichungen nach der Methode von Horner. M.

M. Marie. Théorie des fonctions de variables imaginaires. Ann. de l'Éc. Norm. (2) II. 417-444.

Die Arbeit enthält eine ausführlichere Auseinandersetzung und Begründung der von dem Verfasser seit Jahren befolgten Methode (vgl. Fortschr. d. Math. Bd. IV p. 197), die imaginären Lösungen der Gleichung

$$f(xy) = 0, \quad f(\alpha+\beta i,\ \alpha'+\beta' i) = 0$$

auf einer Ebene durch die Punkte $x = \alpha + \beta$, $y = \alpha' + \beta'$ und ebenso die der Gleichung

$$f(xyz) = f(\alpha + \beta i,\ \alpha' + \beta' i,\ \alpha'' + \beta'' i) = 0$$

im Raume durch die Punkte

$$x = \alpha + \beta,\ y = \alpha' + \beta',\ z = \alpha'' + \beta''$$

in reeller Weise darzustellen. Die im ersten Falle zweifach, im zweiten Falle vierfach unendliche Anzahl der Lösungen wird in der Weise gruppirt, dass für den ersten Fall diejenigen Lösungen zusammengestellt werden, für welche $\frac{\beta'}{\beta} = \varphi$ (reelle Constante) ist. Die Curve, welche die Continuität dieser associirten Lösungen bildet, wird eine der Conjugirten des Orts genannt, und φ heisst deren Characteristik. Ebenso heisst im zweiten Falle die Fläche, die aus denjenigen Lösungen erhalten wird, welche die Bedingungen $\frac{\beta'}{\beta} = \varphi$, $\frac{\beta''}{\beta} = \varphi_1$ erfüllen, eine der Conjugirten des Orts mit den Characteristiken φ und φ_1. Es folgt sodann die Anwendung dieser Construction der Conjugirten auf die Curven und Flächen zweiten Grades, deren Gleichungen mit reellen Coefficienten behaftet sind, sowie auf die gerade Linie in der Ebene und im Raume und auf die Ebene, in deren Gleichungen die Coefficienten complex sind. Hr.

M. Marie. Classification des intégrales quadratrices des courbes algébriques. C. R. LXXVI. 692-694.

M. Marie. Des conditions sous lesquelles quelques périodes de la quadratrice d'une courbe de degré *m* disparaissent, en devenant nulles ou infinies. C. R. LXXVI. 757-760.

M. Marie. D'une réduction accessoire dans le nombre des périodes, qui se produit par juxtaposition, lors de la formation d'un point double. C. R. LXXVI. 865-866.

M. Marie. Des résidus relatifs aux asymptotes. Classification des quadratrices des courbes algébriques. C. R. LXXVI. 943-947.

Es handelt sich um die Anzahl der Perioden des Integrals einer algebraischen Function y von x, wenn y mit x durch eine Gleichung m^{ten} Grades verbunden ist. Der Verfasser bedient sich hierbei der ihm eigenthümlichen Methode, die Perioden durch die Quadratur gewisser Flächen auszudrücken. (Vgl. F. d. M. Bd. IV, p. 198 ff.). Zu den Perioden rechnet der Verfasser ausser den von Riemann mit Periodicitätsmoduln bezeichneten Grössen noch diejenigen, welche durch die logarithmischen Glieder des Integrals geliefert werden. Die letzteren nennt er cyclische Perioden, ihre Zahl ist höchstens $= m$. Der Verfasser ermittelt nun zunächst die Bedingungen, unter welchen die Perioden verschwinden. Vermittelst der Methode der Conjugirten weist er nach: 1) Von den nicht cyclischen Perioden werden immer je zwei durch einen Doppelpunkt zum Verschwinden gebracht; 2) von den m cyclischen Perioden verschwindet eine, wenn eine der m Asymptoten der Curve 3 Punkte im Unendlichen mit der Curve gemeinsam hat. Hiernach ergiebt sich, dass wenn $m-1$ derselben verschwinden, die m^{te} von selbst verschwindet, so dass nur $m-1$ derselben von einander unabhängig sind.

Wenn nun die Curve m^{ten} Grades in ein System von m Geraden degenerirt, so sind sämmtliche Perioden verschwunden. Die Curve hat dann $\frac{m(m-1)}{2}$ Doppelpunkte und die Coefficienten müssen ebenso vielen Bedingungsgleichungen genügen. $m-1$ derselben drücken aus, dass die m cyclischen Perioden verschwinden; wenn diese nicht erfüllt sind, so ist die Curve irreductibel und jede der $\frac{(m-1)(m-2)}{2}$ übrigen Bedingungen entspricht einem Doppelpunkte. Hieraus schliesst der Verfasser, dass wenn die Curve irreductibel ist, sie höchstens $\frac{(m-1)(m-2)}{2}$ Doppelpunkte haben könne, und folglich beträgt die Zahl der nicht cyclischen Perioden höchstens $(m-1)(m-2)$, und da die der cyclischen $m-1$ ist, so ist die Gesammtzahl der Perioden $(m-1)^2$, eine Zahl, welche schon früher Herr Jordan ohne Beweis angegeben hat.

Die Integrale der algebraischen Functionen sind demnach zu

classificiren sowohl nach der Anzahl der Doppelpunkte als nach der Anzahl der Asymptoten, von denen sie in 3 Punkten im Unendlichen geschnitten werden. Das Integral wird z. B. algebraisch, wenn die Curve m^{ten} Grades $\frac{m(m-1)}{2}$ Doppelpunkte hat und sämmtliche Asymptoten die erwähnte Eigenschaft haben, es wird logarithmisch oder circular, wenn die Curve $\frac{(m-1)(m-2)}{2}$ Doppelpunkte, aber keine Asymptote obiger Beschaffenheit hat, es wird elliptisch, wenn die Curve $\frac{(m-1)(m-2)}{2}-1$ Doppelpunkte hat, u. s. f. Im Verlauf der Arbeit bezieht sich der Herr Verfasser öfters auf die Untersuchungen von Riemann und Clebsch, ohne dieselben im Original zu kennen, wie theils aus der unsicheren Art der Anführung, theils daraus hervorgeht, dass er seine Formel für die grösstmögliche Anzahl der Doppelpunkte einer irreduktiblen Curve als mit der Riemann'schen übereinstimmend bezeichnet, während eine solche Bestimmung von Riemann gar nicht existirt, welcher überhaupt nicht complette Curven m^{ten} Grades, sondern allgemein solche betrachtet, die in Beziehung auf jede der Variablen $x\,y$ von gegebenem Grade sind. Hr.

A. Genocchi. Richiamo a favore di Felice Chiò. Boncompagni Bull. VI. 153-159.

Herr Puiseux hatte in einem Bericht über das Mémoire des Herrn M. Marie, betreffend den Convergenzbereich der Taylor'schen Reihe (Liouville J. (2) XVIII, 53-100 s. p. 132) gewisse Unterscheidungsmerkmale für die Convergenz, auf welche Herr M. Marie bereits in einer früheren Arbeit „Nouvelle théorie des fonctions de variables imaginaires“ (Liouville J. (2) VII, 425, 1858) aufmerksam gemacht hatte, als solche hingestellt, die von allen andern Geometern bisher übersehen waren. Herr Genocchi nimmt demgegenüber in vorliegender Notiz die Priorität der Feststellung dieser Convergenzmerkmale für Herrn Felix Chiò in Anspruch, indem er auf dessen erste Arbeiten vom Jahre 1844 und 1847 aufmerksam macht (s. C. R. XXXIV, 304; Mém. prés. XII, 350; Recherches sur la série de Lagrange, Paris 1853, p. 11; C. R.

XIX, 556; Atti di Torino, VII, 647; Troisième mémoire sur la série de Lagrange, Résumé, Turin 1872, s. F. d. M. IV. 211). Ebenso ist die Feststellung der Punkte oder Werthe einer Function, welche Herr M. Marie „valeurs critiques" nennt, nicht neu, wie Herr Puiseux in seinem Referat behauptet (S. Cauchy, C. R. XIX, 157; F. Chiò, Mém. prés. XII, 350; Recherches sur la série de Lagrange, p. 11; Antologia italiana, I, 562, Torino 1846). M.

F. Klein. Ueber den allgemeinen Functionsbegriff und dessen Darstellung durch eine willkürliche Curve. Erlang. Ber. 1873.

Der Functionsbegriff ist rein analytischer Natur. Jede in der Anschauung versuchte Darstellung desselben kann nur als annähernd betrachtet werden. Setzt man Function und Curve als völlig entsprechend, so ergeben sich sofort Widersprüche. Eine zusammenhängende Curve hat in jedem Punkt eine Tangente, während stetige Functionen ohne Differentialquotienten bekannt sind. Wäre es möglich, eine willkürliche Curve nach allen ihren Punkten aufzufassen, so hätte man eine unendliche Anzahl von Dingen als willkürlich gegeben vorausgesetzt, was gegen einen bekannten Grundsatz verstösst.

Eine willkürliche Curve entspricht vielmehr einem Functionsstreifen, d. i. der Gesammtheit aller Functionen, die sich um weniger als eine gegebene Grösse von einander unterscheiden. Der Streifen kann, wenn seine Ränder unbestimmt bleiben, so definirt werden, dass er innerhalb eines gegebenen Intervalles von einer linearen Function $y = \alpha x + \beta$ um weniger als eine gegebene Grösse abweicht. Dann wird der Streifen mit beliebigem Grade der Genauigkeit durch eine endliche Anzahl von willkürlichen Festsetzungen bestimmt. Man kann ferner annähernd von Differentialquotienten des Streifens sprechen, sowie denselben durch Reihen darstellen und zwar entweder durch Fourier'sche oder durch Potenzreihen.

Auf den eben auseinandergesetzten Unterschied zwischen Curve und Function wird man beim Gebrauche der geometrischen Repräsentation in der Analysis zu achten haben. St.

A. Clebsch. Zur Theorie der Riemann'schen Flächen.
Clebsch Ann. VI. 216-230.

Siehe Abschn. VIII, Cap. 1.

U. Dini. Sulla integratione della equazione $\Delta^2 u = 0$.
Brioschi Ann. (2) VI. 305-345.

Gegenstand vielfacher Untersuchungen war bisher die Bestimmung einer Function u zweier reellen Variabeln x und y, welche folgenden Bedingungen genügt: 1) sie selbst und ihre Ableitungen sollen für alle Punkte innerhalb eines gegebenen Bereiches endlich, continuirlich und einwerthig sein, 2) sie soll der Differentialgleichung

$$\Delta^2 u = \frac{d^2 u}{dx^2} + \frac{d^2 u}{dy^2} = 0$$

genügen, 3) sie soll bei der Annäherung an die Grenze immer endlich bleiben und, wenigstens im Allgemeinen, auch continuirlich, und 4) sie soll auf der Umgrenzung willkürlich gegebene Werthe annehmen. Herr Dini stellt sich nun zunächst die Aufgabe, die Function u zu bestimmen in einem Bereich, der von einem Kreise oder von zwei concentrischen Kreisen begrenzt ist, wenn gefordert wird, dass sie für die Punkte innerhalb des Bereiches den oben angegebenen Bedingungen genüge, und bei beliebiger Annäherung an die Grenze und auf der Grenze selbst eine endliche Grösse nicht übersteige und, wenigstens im Allgemeinen mit ihrer Ableitung $\frac{du}{dp}$ continuirlich bleibe auf einer Normale, die auf der Umgrenzung nach Innen errichtet ist, und dass endlich diese Ableitung willkürlich gegebene Werthe in all den Punkten annehme, wo diese gegebenen Werthe der Continuitätsbedingung genügen; dabei ist jedoch vorausgesetzt, dass diese Werthe endlich sind, dass nur eine endliche Zahl von Discontinuitäten da ist, und dass die Gleichung

$$\int \frac{du}{dp} ds = 0$$

erfüllt wird, welche, wie bekannt, eine nothwendige Folge der übrigen Bedingungen ist. Darauf schreitet der Herr Verfasser zur Behandlung des analogen Problemes für den Fall der Kugel, und betrachtet dann den Fall, in welchem auf der Umgrenzung, wo die Werthe von u und $\frac{du}{dp}$ gegeben sind, auch die Werthe einer linearen Function dieser Grössen gegeben sind. Dieses führt zur vollständigen Lösung eines Problems aus der Wärmetheorie. Endlich werden die analogen Probleme behandelt für die Gleichung

$$\Delta^2 = f,$$

wo f eine Function bedeutet, die mit ihren ersten und zweiten Ableitungen in allen Punkten des betrachteten Bereiches endlich und stetig ist. M.

L. Schläfli. Sull' uso delle linee lungo le quali il valore assoluto di una funzione è costante. Brioschi Ann. (2) VI. 1-20.

Zweck der Arbeit ist, an mehreren Beispielen den Nutzen derjenigen Linien zu zeigen, die der Herr Verfasser „Isofasen" und „Isotimen" nennt, und längs deren der absolute Werth einer Function constant ist. Die Werthe der unabhängigen z seien auf einer Ebene dargestellt, die der Function $w = f(z)$ auf einer zweiten. Letztere sei in allen ihren Schichten bedeckt mit einem und demselben Netz, welches gebildet wird aus Strahlen, die vom Centrum $w = 0$ ausgehen, und aus Kreisen innerhalb derselben. Einem solchen Netz wird in der ersten Ebene ein zweites entsprechen, das in den verschiedenen Schichten verschieden ist und aus zwei Reihen von Curven gebildet wird, welche sich im Allgemeinen unter rechten Winkeln durchschneiden, so dass im Bereiche des Punktes z die gewöhnliche Entwickelung gilt:

$$f(z+h) = A + Bh + Ch^2 + \cdots,$$

wo weder A noch B verschwinden. Isofasen sind nun diejenigen Curven in der ersten Ebene, welche dem Büschel von Geraden in der zweiten entsprechen (vgl. die Arbeit des Herrn Verfassers Brioschi Ann. (2) I, 109, s. F. d. M. I 325); Isotimen (d. h. für gleiche absolute Werthe) werden jetzt diejenigen genannt, welche den concentrischen Kreisen in der zweiten Ebene entsprechen. Herr Schläfli betrachtet jetzt folgende 3 Fälle: 1) $f(z) = 0$ oder $\frac{1}{f(z)} = 0$, d. h. die Nullwerthe und Unendlichkeitswerthe der Function; 2) $f(z+h)=A+Bh^{\frac{1}{2}}+Ch+\cdots$, wo weder A noch B verschwinden, d. h. die Verzweigungspunkte in der ersten Ebene; 3) $f(z+h)=A+Bh^2+Ch^3+\cdots$, wo ebenfalls weder A noch B verschwinden, d. h. die Verzweigungspunke in der zweiten Ebene.

Betrachtet man zunächst die Figuren, welche von den beiden Convergenzreihen in nächster Umgebung der singulären Punkte gebildet werden, so sind im ersten Fall die Isofasen Strahlen, die Isotimen concentrische Kreise. Eine willkürlich herausgegriffene Isofase geht von einem Nullpunkt aus und endet ohne eine Schleife zu bilden in einem Unendlichkeitspunkt. Im 2ten Falle haben die Isofase und die Isotime, welche den Punkt z enthalten, daselbst einen gewöhnlichen Rückkehrpunkt mit Tangenten von entgegengesetzter Richtung. Die beiden Zweige einer und derselben Curve liegen in verschiedenen Schichten der Ebene. Die unendlich benachbarten Curven bilden ein System von Parabeln. Im dritten Falle haben die durch z hindurchgehende Isofase und die Isotime daselbst einen Doppelpunkt, wenn nur die Tangenten der einen Curve die von den Tangenten der anderen gebildeten rechten Winkel halbiren. Die in nächster Umgebung befindlichen Curven bilden ein System von Hyperbeln.

Die Bedeutung dieser Isotimen erläutert der Herr Verfasser an 3 Beispielen. Ist zunächst

$$\varrho^2 = 1-2\alpha x+\alpha^2,$$

so behandelt er die Aufgabe, $\frac{1}{\varrho}$ nach steigenden Potenzen von α zu entwickeln. Zweitens wird $e^{a\vartheta}$ nach fallenden Potenzen von $\cos h.\vartheta$ entwickelt und als drittes Beispiel dient die Entwickelung von $(\sqrt{1+z^2}+z)^a$ nach steigenden Potenzen von z. Im zweiten Beispiel wurde Gebrauch gemacht von der Reihe der Isotimen der Function $\frac{(t+1)^2}{4t}$ oder der Function $\frac{(z-1)^2}{z}$; im Folgenden benutzt der Herr Verfasser die Isofasen derselben Function zur Entwickelung der Bessel'schen Function für ein sehr grosses Argument, eine Aufgabe, welche bereits Hankel (die Cylinderfunctionen erster und zweiter Art, Clebsch Ann. I, 491,

s. F. d. M. II 257) behandelt hat, aber für den Rest der Entwickelung keinen genauen Ausdruck erhalten hat. Der Schlussparagraph vorliegender Arbeit ist der Auswerthung der Integrale

$$\int_0^\infty e^{-t} t^a \frac{dt}{t+x}, \quad \int_0^\infty e^{-x^2+i\frac{a^2}{x^2}} dx, \quad \frac{2}{\pi}\int^\infty \frac{\sin\varphi . d\varphi}{\sqrt{\varphi^2-z^2}}$$

gewidmet. Man hat, wie der Herr Verfasser zeigt, nicht nöthig die Einfachheit des vorgelegten Integrals zu verlassen, was gewöhnlich geschieht, sondern die Discontinuität der zu integrirenden Function giebt von selbst die zur Auswerthung erforderliche Veränderung des Integrationsweges an. M.

P. Paci. Sui numeri complessi. Battaglini G. XI. 244-245.

Der Herr Verfasser macht die Bemerkung, dass die Gauss'sche Darstellung der complexen Grössen (Gauss Werke II, 93) in Uebereinstimmung gebracht werden kann mit der Darstellung einer Kraft; und dass die Summation der complexen Grössen nichts anderes ist als die Zusammensetzung von Kräften.

M.

J. Lüroth. Bemerkung über gleichmässige Stetigkeit. Clebsch Ann. V. 319-320.

„Ist eine Function von beliebig vielen reellen Veränderlichen in einem gegebenen Bereiche und an der Grenze desselben stetig, so ist sie daselbst auch stets gleichmässig stetig". St.

B. Riemann. Sur la possibilité de représenter une fonction par une série trigonométrique. Darboux Bull. IV. 20-48, 79-96.

Uebersetzung der Arbeit, über welche F. d. M. I p. 131 berichtet worden ist. O.

G. Ascoli. Sulla serie di Fourier. Brioschi Ann. (2) VI. 21-71.

Wir werden das ausführliche Referat über diese Arbeit nach vollendetem Erscheinen derselben bringen und bemerken jetzt nur, dass der erste Abschnitt handelt von den verschiedenen Arten des

Verhaltens einer zwischen a und b continuirlichen Function, wenn sich dieselbe unbestimmt einem der Grenzwerthe nähert, und dass in dem zweiten und dritten Abschnitt diejenigen Fälle untersucht werden, in denen das Integral $\int_{\varepsilon} f(x)\,dx$, worin $f(x)$ eine zwischen $+0$ und η stetige Function ist, convergirt, wenn sich ε der Null nähert. M.

P. Gilbert. Mémoire sur l'existence de la dérivée dans les fonctions continues. Mém. cour. de Belg. XXIII.

E. Catalan. Rapport sur ce mémoire. Bull. de Belg. (2) XXXIII. 360-368.

P. Gilbert. Sur une objection proposée par M. Catalan. Bull. de Belg. (2) XXXIII. 498-502.

P. Gilbert. Rectification au sujet du mémoire précédent. Bull. de Belg. (2) XXXV. 709-717.

I. Der erste Theil der Abhandlung des Herrn Gilbert ist einer Prüfung des Princips der Condensation der Singularitäten von Hankel (Untersuchungen über die unendlich oft oscillirenden und unstetigen Functionen, Tübingen 1870, siehe F. d. M. II, p. 190) gewidmet. Er zeigt zunächst, dass Hankel mit Unrecht Gauss, Jacobi und Dirichlet für seine Anschauung citirt und weist dieselbe dann auf folgende Weise zurück: Es sei φy eine Function von y, continuirlich zwischen -1 und $+1$, ausser für $y=0$, wo $\varphi y=0$. Man setze voraus, dass φy zwischen -1 und $+1$ einen einzigen Werth zwischen -1 und $+1$ habe. Die Function

$$fx=\sum_1^\infty \frac{\varphi(\sin n\pi x)}{n^s},\ s>3$$

ist continuirlich. Nach Hankel hat man, wenn x incommensurabel ist,

$$\frac{f(x+\varepsilon)-fx}{\varepsilon}=\pi\sum_1^m \frac{\varphi'[\sin n(x+\theta\varepsilon)\pi]}{n^{s-1}}\cos n(x+\theta\varepsilon)\pi+\frac{h'}{\varepsilon m^{s-1}},$$

wo h' genommen ist zwischen -1 und $+1$ und θ zwischen 0 und 1. Wenn man ε und m so wählt, dass $m\varepsilon$ Null zur Grenze hat und εm^{s-1} unbegrenzt wächst, wenn m wächst und ε unbegrenzt abnimmt, so hat man, nach Hankel,

$$f'x = \pi \sum_1^\infty \frac{\varphi'[\sin n\pi x]}{n^{s-1}} \cos n\pi x.$$

Dieser Schluss ist indess nach Herrn Gilbert nicht sicher, denn die Grenze der Summe einer unbegrenzt wachsenden Zahl von Gliedern ist nicht immer die Summe der Grenzen dieser Glieder. Dasselbe falsche Princip ist die Grundlage der Untersuchung von $f'x$ in dem Fall, wo x commensurabel ist. Herr Gilbert zeigt sodann in einem speciellen Fall, nämlich $\varphi y = y^{\frac{2}{3}}$, dass Hankel's Schlüsse irrthümlich sind.

II. Der zweite Theil der Arbeit enthält einen Versuch zum Beweis von der Existenz der Derivirten in den continuirlichen Functionen einer Variabeln. Die befolgte Methode ist dieselbe, wie die von Lamarle in der zu wenig bekannten Abhandlung von 1855 in Bd. XXIX der Mém. de l'Ac. de Brux. Die Reihenfolge der vom Verfasser aufgestellten Sätze ist folgende: 1) Das Increment einer continuirlichen Function fx bleibt schliesslich beständig von demselben Zeichen, wenn das Increment der Variabeln gegen Null geht. In der That, wenn es anders wäre, könnte jedes Increment der Function betrachtet werden als eine Summe von lauter positiven und negativen Incrementen. 2) Das definitive Zeichen des Increments einer continuirlichen Function bleibt für alle Werthe von x in einer bestimmten Grenze dasselbe, denn sonst könnten zwei Incremente $f(X) - fx$, $f(X) - fx_0$, wo x_0 dem x unendlich nahe liegt, von entgegengesetztem Vorzeichen sein. 3) Es ist unmöglich, dass das Verhältniss $\frac{k}{h}$ beständig gegen Null convergirt für alle Werthe von x, genommen innerhalb eines beliebig kleinen, bestimmten Intervalls, oder für discontinuirliche Werthe, die sich ohne bemerkenswerthes Intervall zwischen zwei gegebenen Grenzen folgen; $k = f(x+h) - fx$. In der That, man hat im Allgemeinen $f(X) - fx_0$ gleich einem Mittleren zwischen den Werthen von $\frac{k}{h}$ in dem Intervall von x_0 bis x, woraus der Satz leicht folgt. 4) Es ist unmöglich, dass man allgemein hat $\lim \frac{k}{h} = \infty$ in einem bestimmten stetigen Intervall, oder für Werthe, die sich ohne bemerkenswerthes Intervall folgen. 5) Es ist unmöglich, dass für alle Werthe von x, genommen in einem gegebenen Intervall (x_0, X), oder für discontinuirliche Werthe, bei möglichster Annäherung, in diesem Intervall, das Verhältniss $\frac{k}{h}$ unbegrenzt zwischen zwei verschiedenen Werthen oscillire ohne gegen irgend eine feste Grenze zu convergiren, wenn h gegen Null convergirt. Dieser Satz bildet den wesentlichen Theil der Arbeit des Herrn Gilbert sowohl wie der von Lamarle. Der Gang des Beweises für den einfachsten Fall ist folgender: a) Wenn $\frac{k}{h}$ unendlich oft zwischen zwei verschiedenen Werthen für einen gegebenen Werth von x oscillirt, existirt immer ein Werth des Increments h', so dass die grössten Werthe von $\frac{k}{h}$ für h zwischen 0 und h' eine gewisse Grenze L_x nur um eine Grenze ε überschreiten, wo ε im Voraus sehr klein gegeben ist; ferner wird sich für eine unendliche Anzahl von Werthen von h, die kleiner als h', $\frac{k}{h}$ von L_x um weniger als ε unterscheiden. Eine analoge Grösse l_x existirt für die kleinsten Werthe von $\frac{k}{h}$. b) Die Grössen L_x und l_x sind continuirliche Functionen von x. c) Man hat

$$\frac{f(x) - fx_0}{X - x_0} = L \text{ und } = l,$$

wo L und l einen mittleren Werth zwischen $L_x \pm 2\varepsilon$ und $l_x \pm 2\varepsilon$ in dem Intervall (x_0, X) bezeichnen. Da dieser Schluss absurd wäre, ist Satz 5) bewiesen. Endlich folgt aus den Sätzen 3), 4), 5), dass die continuirlichen Functionen im Allgemeinen eine Derivirte haben.

III. Die Berichtigung des Herrn Gilbert betrifft einen Fehler in dem Beweise der 5 obigen Sätze, der für den Satz 4) auseinandergesetzt wird. Wenn $\frac{k}{h}$ unbegrenzt wächst, giebt es einen Werth $h' = F(x, R)$, für den $\frac{k}{h}$ grösser ist als eine Grösse R und so beschaffen, dass dieselbe Eigenschaft auch für die Werthe gilt, die kleiner sind als h. Wenn h' für Werthe von x, die sich ohne bemerkenswerthen Unterschied folgen, gegen Null convergirt, gilt der Beweis des Satzes 4) nicht mehr. Ein ähnlicher Einwand kann gegen die übrigen Sätze erhoben werden. Trotz dieses Einwandes glaubt der Berichterstatter, dass die Methode von Gilbert und Lamarle zur Auffindung von Bedingungen für die Existenz der Derivirten führen kann. Nach demselben kann man die Antwort auf den Einwand aus einer besseren Definition der Continuität herleiten.

Herr Gilbert giebt ferner ein sehr einfaches Beispiel einer continuirlichen Function, die eine unendliche Anzahl von unbegrenzt genäherten Werthen hat, denen keine Derivirten entsprechen. Dies Beispiel ist das folgende:

$$fx = \sum_0^\infty \frac{\varphi(2^n x)}{2^{2n}}, \quad \varphi x = \mathrm{E}(x) + \sqrt{x - \mathrm{E}(x)},$$

wo $\mathrm{E}(x)$ die grösste in x enthaltene ganze Zahl bezeichnet. Man findet, dass $f'x$ 2 Werthe hat, deren einer unendlich ist für alle Werthe von x, die der Formel $x = \frac{m'}{2^m}$ (m' und m ganze Zahlen) entnommen sind.

Das Beispiel rührt von Schwarz her und ist von ihm publicirt in den „Archives des sciences naturelles de Genève en 1873".

IV. Der Bericht von Herrn Catalan enthält ausser einer Analyse der Arbeit des Herrn Gilbert folgende Bemerkung.

Die Curve

$$y = \frac{1}{n} \sum_{m=1}^{m=n} \left(\frac{m}{n} - x\right) \sin \frac{1}{\frac{m}{n} - x}$$

hat eine unbestimmte Tangente in den Punkten, deren Abscissen sind

$$x = \frac{1}{n}, \ \frac{2}{n}, \ \ldots \ \frac{n}{n}.$$

Wird die Curve $Y = \lim y$, für $n = \infty$ nicht unendlich viel ähnliche Punkte in dem Intervall 0 bis 1 haben? Herr Gilbert hat darauf geantwortet, indem er zeigt, dass

$$Y = \int_{x-1}^{x} z \sin \frac{1}{z} \, dz, \quad Y' = x \sin \frac{1}{x} - (x-1) \sin \frac{1}{x-1}.$$

Die Curve y besitzt eine Zahl n endlicher Oscillationen von $\frac{\Delta y}{\Delta x}$. Wenn diese Zahl von Oscillationen in's Unendliche wächst, convergirt jede von ihnen gegen Null, woraus sich das Verschwinden der Punkte mit unbestimmter Tangente für die begrenzte Curve erklärt. Mn. (O).

A. Picart. Expression de la différence d'ordre $n^{\text{ième}}$ d'une fonction au moyen de la dérivée du même ordre de cette fonction. Nouv. Ann. (2) XII. 418-422.

Dieser neue Ausdruck der n^{ten} Differenz einer Function ist deshalb bemerkenswerth, weil die Argumente der n^{ten} Ableitungen nur einen einzigen nicht näher bekannten Mittelwerth enthalten. St.

T. C. Billbergh. Om spetskonturer, beskrifna af andra gradens och vissa tredje gradens komplexa funktioner. Westerås.

Anwendung des Satzes von Siebeck (siehe Crelle J. LV. p 228) über die geometrische Bedeutung des Differentialquotienten einer complexen Function auf den Fall, wo diese Funktion algebraisch, rational und vom 2ten oder 3ten Grade ist. Bg.

L. Fuchs. Ueber die Darstellung der Funktionen complexer Variablen, insbesondere der Integrale linearer Differentialgleichungen. Borchardt J. LXXV. 177-223. LXXVI. 175-176.

Für die Fortsetzung einer Function von z längs einer vorgeschriebenen Curve L in der z-Ebene kennt man bisher kein anderes Verfahren, als dass man die Curve in solche Abschnitte zerlegt, innerhalb deren convergente Entwickelungen der Function gelten, die alsdann dazu dienen, den Werth der Function von Abschnitt zu Abschnitt und demnach auch den Endwerth zu berechnen. Dieses Verfahren ist offenbar nicht geeignet, den Zusammenhang zwischen den Werthen der Function am Anfange und Ende des Weges L a priori erkennen zu lassen.

Die Lösung des betreffenden Problems, welches für die Theorie der Darstellung der Functionen von fundamentaler Bedeutung ist, bildet den Gegenstand der Abhandlung und der zugefügten Notiz. Als Hülfsmittel hierzu dient die Abbildung eines Theiles der z-Ebene auf einer Kreisfläche der w-Ebene vermittelst einer rationalen Substitution von der Form

$$(1) \quad z = F(w) = \frac{g(w)}{w.h(w)},$$

wo $g(w)$ und $h(w)$ ganze rationale Functionen bedeuten, welche für $w = 0$ nicht verschwinden. Einem Werthe $w = w_1$ in der w-Ebene entspricht nach dieser Substitution nur ein Werth in der z-Ebene $z = z_1$, diesem letzteren aber entsprechen ausser $w = w_1$ noch eine Anzahl anderer Werthe w, welche durch die Gleichung

$$(2) \quad \psi(w, w_1) = \frac{F(w) - F(w_1)}{w - w_1} = 0$$

mit einander verbunden sind. Die §§ 1—4 beschäftigen sich nun mit der Discussion der Gleichung (2), um folgende Frage zu entscheiden: Welches ist der grösste Radius R eines um den Nullpunkt der w-Ebene zu beschreibenden Kreises K (Grenzkreis) von der Eigenschaft, dass die mit irgend einem Werthe $w = w_1$ im Innern desselben durch die Gleichung (2) verbundenen Werthe w sämmtlich ausserhalb desselben gelegen sind, also dem entsprechenden Punkte z_1 in der z-Ebene von den Punkten innerhalb K auf der w-Ebene nur der eine Punkt w_1 correspondirt? Innerhalb hinlänglich kleiner Kreise nämlich ist diese Eigenschaft offenbar erfüllt, da mit dem Werthe $w_1 = 0$ lauter von Null verschiedene Werthe w durch die Gleichung (2) verbunden sind ($w = \infty$ und die Wurzeln der Gleichung $h(w) = 0$). Die Untersuchung führt zu dem Ergebniss, dass R der Modul derjenigen Wurzel der Gleichung $F'(w) = 0$ ist, welche unter allen Wurzeln derselben den kleinsten Modul hat. Andrerseits entspricht jedem um den Nullpunkt der w-Ebene mit dem Radius r beschriebenen Kreise K_r eine geschlossene Curve C_r in der z-Ebene, dem Grenzkreise K entspreche die Curve C (Grenzcurve). Es folgt ferner aus der Definition des Grenzkreises K, dass, wenn $r < R$, die C_r sich weder selbst noch untereinander schneiden, sondern einander umschliessen, und zwar, da C_0 im Unendlichen liegt in der Weise, dass, wenn $r < s$ ist, die Curve C_r die Curve C_s umgiebt, so dass die Grenzcurve C von allen Curven $C_r (r < R)$ umschlossen wird. Scheidet man daher von der ganzen z-Ebene die von C eingeschlossene endliche Fläche F aus und nennt die übrig bleibende unendliche Fläche F', so entspricht jedem Punkte der von K eingeschlossenen Fläche in der w-Ebene nur ein Punkt der Fläche L' in der z-Ebene und umgekehrt, oder beide Flächen sind eindeutige Abbildungen von einander.

Es sei nun $f(z)$ die darzustellende Function, $z_1\, z_2 \ldots z_m$ die endlichen singulären Punkte derselben, so handelt es sich zunächst darum, über die Functionen $g(w)$ und $h(w)$ in (1) so zu verfügen, dass 1) der Radius R des Grenzkreises K grösser als 1 ist und 2) den Punkten $z_1 \ldots z_m$ in der z-Ebene Punkte $\alpha_1 \ldots \alpha_m$ in der w-Ebene entsprechen, welche sich auf der Kreislinie ξ mit dem Radius 1 befinden (z. B. die m^{ten} Einheitswurzeln). Ueber die Möglichkeit einer solchen Bestimmung und von den verschiedenen Weisen ihrer Ausführung, welche durch Beispiele erläutert werden, handeln die §§ 5—15, mit welchen die erste Abtheilung beschlossen wird. Der Peripherie ξ innerhalb K der w-Ebene entspreche auf der Fläche F' der z-Ebene die geschlossene Curve C_e (Absonderungsschnitt), so geht dieselbe durch die singulären Punkte $z_1 \ldots z_m$ hindurch und theilt die z-Ebene in einen unendlichen Theil G_1 und einen endlichen Theil G_2. Das Gebiet G_1 ist eine Abbildung von der inneren Fläche des Kreises ξ, der Ring zwischen den Curven C_e und C auf dem Gebiete G_2 eine Abbildung des Ringes zwischen den Kreisen ξ und K. Macht man nun in der Function $f(z)$ die Substitution (1) $z = F(w)$, wo $F(w)$ die angeführten Bedingungen erfüllt, so hat die Function $f(F(w)) = f_1(w)$ in der Fläche des Kreises ξ ausser dem Punkte $w = 0$, als dem Punkte $z = \infty$ in G_1 entsprechend, nur noch die auf der Peripherie desselben liegenden Punkte $\alpha_1 \ldots \alpha_m$ zu singulären Punkten. Giebt es nun in der Umgebung von $w = 0$ eine Entwickelung $f_1(w) = \psi_0(w)$, so ist diese innerhalb ξ gültig, also, so lange mod $w < 1$ ist. Hierdurch ist nun unmittelbar eine Darstellung von $f(z)$ für das Gebiet G_1 gegeben; man hat nur, um für irgend ein z innerhalb G_1 die Darstellung zu erhalten, in $\psi_0(w)$ für w diejenige Wurzel w_0 der Gleichung (1) zu substituiren, deren Modul < 1 ist. Diese ist eindeutig bestimmt, da die übrigen Wurzeln nach der getroffenen Verfügung sämmtlich ausserhalb K liegen, also dem absoluten Betrage nach > 1 sind. (Bemerkung der zugefügten Notiz). Hiernach lautet also die Darstellung innerhalb G_1

$$(3)\quad f(z) = \psi_0(w_0).$$

Innerhalb G_2 ist $f(z)$ synektisch, es gilt demnach daselbst die Darstellung:

$$(4)\quad f(z) = \frac{1}{2\pi i}\int \frac{f(t)}{t-z}\,dz = \frac{1}{2\pi i}\int \frac{f_1(w)}{F(w)-z}\,dw,$$

das erste Integral über den inneren Rand des Absonderungsschnittes C_e, das zweite über den äusseren Rand des Kreises ξ erstreckt. $f_1(w)$ ist am inneren Rande durch die Entwickelung $\psi_0(w)$ gegeben, ihre Bestimmung am äusseren Rande ergiebt sich dann aus dem als bekannt anzusehenden Verhalten von $f_1(w)$ in der Umgebung der singulären Punkte α. Es reichen also die beiden Darstellungen (3) und (4), welche resp. in den ganzen Gebieten G_1 und G_2 gelten, hin, die Functionswerthe in irgend einem Punkte derselben in eindeutiger Weise unmittelbar zu bestimmen, ohne die Zwischenwerthe auf dem Wege von einem Punkte zum anderen innerhalb der bezüglichen Gebiete ermitteln zu müssen.

Die Kenntniss des Verhaltens der Function $f(z)$ in der Umgebung der singulären Punkte $z_1 \dots z_m$ reicht endlich auch hin, um zu dem Werthe der Function im Anfange des Weges L, welcher vom Gebiete G_1 nach dem Gebiete G_2 führt, den Endwerth zu bestimmen ohne die Werthe derselben für die Zwischenpunkte des Weges zu berechnen, wofern nur die Abschnitte zwischen je zwei aufeinanderfolgenden singulären Punkten auf C_e beachtet werden, in welchen die Curve L die Curve C_e der Reihe nach in positivem oder negativem Sinne überschreitet. Hiermit ist das zu Anfang gestellte Problem gelöst. (II. Abth. §§ 1—3).

Es folgt nunmehr eine Anwendung der vorstehenden Principien auf die Darstellung der Integrale linearer Differentialgleichungen mit rationalen Coefficienten, deren Verhalten in der Umgebung der singulären Punkte bekanntlich zuerst durch die Untersuchungen des Herrn Verfassers (Borchardt's J. LXVI. 68) festgestellt ist. Es werden für sie folgende Aufgaben gelöst: 1) Analytische Darstellung eines Fundamentalsystems von Integralen, gültig für das Gebiet G_1, 2) desgleichen für das Gebiet G_2, 3) Bestimmung des Uebergangs von dem einen der beiden Systeme zu dem andern längs einer vorgeschriebenen Curve. Bei Gelegenheit dieser Untersuchung wird die so wichtige Bestimmung der linearen Relationen gelehrt, welche zwischen den Integralen der zu den verschiedenen singulären Punkten gehörigen Fundamentalsysteme bestehen. Gehört die Differentialgleichung zur Klasse derjenigen, die der Herr Verfasser (Borchardt's J. LXVI. § 4) dahin characterisirt hat, dass ihre Integrale für irgend einen singulären Punkt a mit einer bestimmten Potenz von $z-a$ multiplicirt endlich bleiben, so vereinfacht sich die Bestimmung unter (3) sowie die des Zusammenhanges zwischen den zu den verschiedenen singulären Punkten gehörigen Fundamentalsystemen in bemerkenswerther Weise. (§§ 4—15).

Zum Schluss wird das auseinandergesetzte Verfahren an dem Beispiel einer zur letzterwähnten Klasse gehörigen linearen Differentialgleichung 2ter Ordnung mit 4 singulären Punkten durchgeführt. (§§ 15—21). Hr.

L. Schläfli. Ueber die linearen Relationen zwischen den $2p$ Kreiswegen erster Art und den $2p$ zweiter Art in der Theorie der Abel'schen Functionen der Herren Clebsch und Gordan. Borchardt J. LXXVI. 149-155.

Es ist ein grosses Verdienst des Werkes von Clebsch und Gordan (Theorie der Abel'schen Functionen), dass daselbst die Lehre vom Zusammenhang einer Riemann'schen Fläche von einem neuen Gesichtspunkte aus behandelt worden ist. Aber einen Mangel des Beweisganges sieht Herr Schläfli in der Behauptung, welche gelegentlich der Herleitung der Relationen zwischen den Periodicitätsmoduln der Integrale erster Gattung, p. 96, gemacht wird, dass die Gleichung

$$\Sigma [A_i](b_i) + \Sigma [B_k](a_k) = 0$$

eine identische sei, überhaupt darin, dass Producte ganzer Integrale erster Art benutzt werden, um lineare Relationen zu beweisen, die schon zwischen den Kreiswegen selbst bestehen. Diesem Mangel durch eine neue Bildung des Weges V in der Riemann'schen Fläche abzuhelfen, ist Zweck der vorliegenden Arbeit. Am Schluss derselben wird als Ergänzung des § 30 genannten Werkes (über die Normalform der Integrale erster Gattung) ein Satz angegeben, auf dem das Nichtverschwinden der Determinante $\Delta = |H_\mu^{(2\lambda-1)}|$, also die Möglichkeit der Verwandlung, beruht. M.

H. Weber. Zur Theorie der Transformation algebraischer Functionen. Borchardt J. LXXVI. 345-348.

Der Riemann'sche Satz, dass zwei durch eindeutige Transformation aus einander entstandene algebraische Functionen dasselbe Geschlecht haben, lässt sich folgendermaassen umkehren:

Führt die Elimination von s und z aus den 3 Gleichungen

$$F(\overset{n}{s}, \overset{m}{z}) = 0, \quad z_1 = \varphi(s, z), \quad s_1 = \psi(s, z)$$

auf die irreductible Gleichung $\Phi(\overset{r}{s}, \overset{\mu}{z}) = 0$ von demselben Geschlecht wie $F = 0$, so können auch s und z rational durch s_1 und z_1 ausgedrückt werden, vorausgesetzt, dass die Ordnung des Geschlechts grösser als 1 ist. Fs.

A. Cayley. On Wronski's theorem. Quart. J. XII. 221-228.

Enthält den Beweis einer Erweiterung des Theorems, durch welches $F(x)$ als Function einer Wurzel der Gleichung

$$0 = fx + x_1 \; f_1 x + x_2 \; f_2 x + \cdots$$

entwickelt wird. Cly. (O.)

A. Berger. Om periodiska funktioner. Upsala.

Ein ausführliches Referat über die Arbeit vom Verfasser befindet sich in Darboux Bull. 1874 p. 72. Bg.

TCHÉBYCHEFF. Sur les fonctions qui s'écartent le moins possible de Zéro. Mém. de St. Pét. XXII.

Der Verfasser beschäftigt sich mit ganzen rationalen Polynomen einer Variabeln von der Form

$$(1)\quad x^n + a_1\, x^{n-1} + \cdots + a_n,$$

deren Derivirte zwischen den Grenzen $x = -1$ und $x = +1$ immer positiv oder immer negativ bleiben. Er sucht die Coefficienten $a_1, a_2, \cdots a_n$ unter der Bedingung zu bestimmen, dass der grösste absolute Werth des Polynoms (1) innerhalb jener Grenzen ein Minimum sei. Er drückt dazu das Polynom mit Hülfe von ganzen Functionen aus, ähnlich denen von Legendre, Functionen, die den Gegenstand einer anderen Arbeit des Verfassers bildeten (s. F. d. M. II. p. 157). Als Resultate seiner Untersuchungen erhält der Verfasser einige algebraische Sätze über die Grenzen der Wurzeln numerischer Gleichungen.

Z. (O.)

E. CATALAN. Recherches sur quelques produits indéfinis. Mém. de Belg. XL. p. II.

Die Arbeit enthält eine grosse Anzahl neuer Resultate, hauptsächlich in Bezug auf die Producte

$$\alpha = \prod_1^\infty (1-q^{2n+1}),\quad \beta = \prod_1^\infty (1+q^{2n+1}),$$

$$\alpha' = \prod_1^\infty (1-q^{2n}),\quad \beta' = \prod_1^\infty (1+q^{2n}).$$

§ 1 enthält die Formeln für die Functionen, die in der Folge gebraucht werden. Am meisten Anwendung findet die Relation $\alpha\beta\beta' = 1$. § 2 enthält die Reihenentwickelung der Producte $\alpha, \alpha', \beta, \beta'$ und ihrer einfachsten Combinationen unter sehr verschiedenen Formen, wie auch eine grosse Zahl von Sätzen über die Zahlen, die daraus entstehen. § 3 handelt von den Producten

$$\prod_1^n (1+x^p),\quad \prod_1^n \left(\frac{1}{1-x^p}\right).$$

§ 4 giebt Zahlentafeln, die sich auf die vorhergehenden beiden Paragraphen beziehen. Die §§ 5 bis 7 haben das Studium verschiedener Ausdrücke wie

$$\prod_1^\infty (1-q^n), \quad \sum_1^\infty (-1)^{n-1} \frac{q^{2n-1}}{1-q^{2n-1}}$$

und darauf bezüglicher arithmetischer Functionen zum Gegenstande. Der letzte § ist der Summation bemerkenswerther Reihen mit Hülfe von bestimmten Integralen gewidmet, wofür sich viele Beispiele finden. Diese Beispiele haben zum Typus die Reihe von Lambert.

Ihrer Natur nach entzieht sich die Abhandlung einer Analyse. Referent beschränkt sich daher darauf, den Hauptgang der Rechnung und einige Resultate anzudeuten. Der Verfasser zerlegt nach Jacobi ein unendliches Product P in ein Product von andern unendlichen Producten $A, B, C\cdots$. Er entwickelt dann alle diese Producte in Reihen und erhält so eine Reihe gleich einem Product von Reihen, woraus sich zahlreiche arithmetische Sätze ergeben. Interessant ist ein Resultat für α'^3. Man gelangt zu 10 verschiedenen Formen für diesen Ausdruck, von denen 8 neu sind: α'^3 ist gleich 3 Producten von 2 gleichen Factoren in einen dritten von diesen verschiedenen und gleich 7 Producten von ungleichen Factoren. Unter den arithmetischen Sätzen, zu denen man gelangt, mögen hier folgende bemerkt werden: 1) Wenn eine Zahl nicht pentagonal ist, lässt sie ebenso viel Zerlegungen in eine grade Zahl von ungleichen Theilen, als Zerlegungen in eine ungrade Zahl von ungleichen Theilen zu. 2) Es sei N ein gegebenes Vielfaches von 4, n eine ungrade Zahl kleiner als N. Man zerlege n in eine Summe von Potenzen von 2 und mache $\lambda_n = +1$ oder -1, je nachdem die Anzahl der Theile grade oder ungrade ist. Setzt man endlich voraus, dass

$$N-n = 2^{\beta_n} i,$$

so ist

$$\sum_0^{N-2} \lambda_n 2^{\beta_n} = \pm \frac{N}{2}.$$

Das Zeichen $+$ entspricht dem Fall, wo N die Summe einer ungraden Zahl Potenzen von 2 ist. 3) Der Ueberschuss der Zahl der graden Werthe von x (ausser 0), die der Gleichung

$$4x^2+4y^2+(2z+1)^2=(2n+1)^2$$

genügen, über die Zahl der ungraden Werthe ist

$$\frac{(2n+1)(-1)^n-1}{4}.$$

4) Wenn man $n=di$ macht, so ist das Vielfache von 8, $8n$, zerlegbar in acht Quadrate; und zwar μ mal, wenn μ die Summe der Cuben der Divisoren von d (i ist eine ungrade Zahl).

Im letzten § ist der Verfasser zu einfachen Relationen zwischen elliptischen und andern bestimmten Integralen gelangt.

Mn. (O.)

F. Unferdinger. Ueber einige mit $\lim \frac{n}{\sqrt[n]{n!}}=e$ (für $n=\infty$) verwandte Limiten. Wien. Ber. LXVII. 355-360.

Durch Auffassung des bestimmten Integrals

$$\int_{u_0}^{u_1} u^x\,du=\frac{u_1^{x+1}-u_0^{x+1}}{x+1},$$

worin x eine von u unabhängige Variable ist, als Grenzwerth eines arithmetischen Mittels gelangt der Herr Verfasser zu der Gleichung

$$\lim_{n=\infty}\frac{a^x+(a+b)^x+(a+2b)^x+\cdots+(a+\overline{n-1}b)^x}{n^{x+1}}=\begin{cases}\frac{b^x}{x+1}, & \text{wenn } x>-1\\ \infty, & \cdots\ x\leqq-1.\end{cases}$$

Ein specieller Fall davon ist die für ganze positive m bekannte Gleichung

$$\lim_{n=\infty}\frac{1^m+2^m+3^m+\cdots n^m}{n^{m+1}}=\frac{1}{m+1}.$$

Ferner erhält der Herr Verfasser aus der Mac-Laurin'schen Summenformel (Treatise of fluxions, London 1742):

$$f(a)+f(a+b)+f(a+2b)+\cdots+f(a+\overline{n-1}b)$$
$$=\frac{1}{b}\int_a^c f(x)dx-\tfrac{1}{2}\{f(c)-f(a)\}+\frac{b}{12}\{f'(c)-f'(a)\}$$
$$-\frac{\theta b^3}{384}\{f'''(c)-f'''(a)\},$$

worin $f(x)$ eine solche Function, dass $f''''(x)$ endlich und stetig von $x=a$ bis $x=c$, $c=a+nb$, $\theta^2<1$ ist, durch die Substitution

$f(x) = \log x$ eine Verallgemeinerung der J. Stirling'schen Formel für $\log(n!)$ (London 1730), und durch Anwendung derselben die Grenze des Quotienten des aus den Elementen

$$a^x,\ (a+b)^x,\ (a+2b)^x,\ \cdots\ (a+\overline{n-1}b)^x$$

gebildeten arithmetischen und des geometrischen Mittels $Ma:Mg$. Es wird

$$\lim_{n=\infty} \frac{Ma}{Mg} = \begin{cases} \dfrac{e^x}{x+1}, & \text{wenn } x > -1 \\ \infty, & \cdots\ x \leqq -1. \end{cases}$$

Ist m eine positive ganze Zahl, und Ma, Mg das arithmetische resp. geometrische Mittel aus den Zahlen $1^m, 2^m, 3^m, \cdots n^m$, so ergiebt sich aus der J. Stirling'schen Formel der specielle Fall:

$$\lim_{n=\infty} \frac{Ma}{Mg} = \frac{e^m}{m+1},$$

und für $m = 1$

$$\lim_{n=\infty} \frac{n}{\sqrt[n]{n!}} = e.$$

Den speciellen Fall $x = 1$, $\lim \frac{Ma}{Mg} = \frac{1}{2}e$ erwähnt schon Herr Schlömilch (Z. XVII, 520). M.

R. Pendlebury. On a method of finding two mean proportionals. Messenger (2) II. 166-169.

Die Methode ist die durch Pappus Alexandrinus in dem dritten Buche seiner Collectiones Mathematicae (veröffentlicht durch Commandinus, Pesaro 1588) geprüfte und von ihm als falsch bewiesene. Merkwürdig ist dabei, dass die Methode in einer gewissen, dreimal wiederholten Operation besteht, und dass wenn, statt beim dritten Male aufzuhören, der Verfasser die Operation bis in's Unendliche vorgenommen hätte, er freilich nicht genau das gesuchte Mittel, wohl aber eine Reihe von Näherungswerthen, die zu den wahren Werthen führen, gefunden haben würde. Die Methode wird erklärt und die angeblichen Resultate gefolgert. Glr. (O.)

J. Mertens. Auszug aus einem Schreiben an Herrn Borchardt. Borchardt J. LXXV. 264.

Die erste Bemerkung betrifft die Darstellung einer ganzen symmetrischen Function $V(t_1, t_2, \cdots t_n)$ (vgl. Borchardt J. LXIX, 290 s. F. d. M. I. p. 39). Setzt man

$$ft = (t-x_1)(t-x_2)\cdots(t-x_n),$$

$$\triangle = (t_2-t_1)(t_3-t_1)\cdots(t_n-t_1)\cdot(t_3-t_2)\cdots(t_n-t_2)\cdots(t_n-t_{n-1}),$$

so lässt sich durch eine Reihe von Divisionen der Ausdruck $\triangle V$ identisch auf die Form bringen

$$\triangle V = \mathfrak{R} + Q_1\, ft_1 + Q_2\, ft_2 + \cdots + Q_n\, ft_n,$$

wo $\mathfrak{R}$, Q_1, Q_2, $\cdots Q_n$ ganze Functionen von t_1, t_2, $\cdots t_n$ sind und $\mathfrak{R}$ überdies in Bezug auf kein t den Grad $n-1$ übersteigt. Der Quotient $\frac{\mathfrak{R}}{\triangle} = \mathfrak{A}$ ist von den t unabhängig, und

$$t_1 = x_1, \quad t_2 = x_2, \quad \cdots \quad t_n = x_n$$

gesetzt, giebt

$$V(x_1, x_2, \cdots x_n) = \mathfrak{A}.$$

Als Entwickelungscoefficient dargestellt wird

$$V(x_1, x_2, \cdots x_n) = \left[\frac{t_1^{n-1} t_2^{n-2} \cdots t_{n-1} \triangle V}{ft_1 \cdot ft_2 \cdots ft_n}\right]_{(t_1 t_2 \cdots t_n)^{-1}}.$$

Eine zweite Bemerkung bezieht sich auf die Bestimmung der erzeugenden Function, welche Herr Borchardt (LIII seines J.) zur Darstellung der symmetrischen Verbindungen von $x_1, x_2, \cdots x_n$ construirt hat.

M.

Ch. Hermite. Sur une équation transcendante. Darboux Bull. IV. 61-64.

Ist $f(x)$ eine rationale Function von der Form

$$\frac{A}{x-a} + \frac{B}{x-b} + \cdots + \frac{L}{x-l},$$

wo die Grössen $a, b, \cdots l$ alle reell und die Coefficienten $A, B, \cdots L$ reell und positiv sind, so hat die Gleichung

$$\log \alpha\, \frac{1+x}{1-x} - f(x) = 0,$$

worin α eine positive Constante bedeutet, $n+1$ reelle Wurzeln, wenn n die Anzahl der Grössen $a, b, \cdots l$ bezeichnet, welche zwischen -1 und $+1$ liegen. Eben diese Gleichung kann keine imaginäre Wurzel haben, deren Modul kleiner als 1 ist. Um das Letztere zu beweisen, benutzt der Herr Verfasser die Relation

$$\log\frac{1+x}{1-x}=\int_{-1}^{+1}\frac{dz}{\frac{1}{x}-z}.$$

M.

A. Strnad. Ein allgemeiner Lehrsatz über Functionen. Casopis II. 142-144. (Böhmisch).

Enthält einen kurzen und einfachen Beweis des Satzes, welchen Herr Moret-Blanc p. 469 der Nouv. Ann. vom Jahre 1872 in etwas umständlicher Weise bewiesen hat (über den Quotienten zweier aus gewissen Functionswerthen gebildeten arithmetischen Mittel). W.

Capitel 2.

Besondere Functionen.

G. Dötsch. Ueber die hyperbolischen Functionen und deren Beziehungen zu den Kreisfunctionen. Neue unveränderte Ausgabe. Nürnberg, Ballhorn.

Die hyperbolischen Functionen sind bisher fast ausschliesslich vom analytischen Gesichtspunkte aus behandelt worden. (Vgl. Lambert: „Observations trigonométriques“, Mém. de Berlin 1768 und „Zusätze zu den logarithmischen und trigonometrischen Tabellen“, Gudermann: „Theorie der Potenzial- oder cyklisch-hyperbolischen Functionen“, Crelle J. IV, VI, VII, VIII und IX, Gronau: „Tafeln für sämmtliche trigonometrische Functionen der hyperbolischen und cyklischen Sectoren“, 1863 und „Theorie und Anwendungen der hyperbolischen Functionen etc.“, Forti und Massotti: „Tavole dei logarithmi delle funzioni circolari ed iperboliche, Pisa 1863,“ und Heiss: „Dritte Auflage der Sohncke'schen Sammlung von Aufgaben aus der Differential- und Integralrechnung“). In der vorliegenden vom k. bayer. Kultus-Ministerium prämiirten Abhandlung versucht Herr Dötsch eine allgemeinere geometrische Behandlung der hyperbolischen Functionen. Zunächst werden die Functionen

$$\mathfrak{Sin}\,\omega = \frac{e^{\omega}-e^{-\omega}}{2},\quad \mathfrak{Cos}\,\omega = \frac{e^{\omega}+e^{-\omega}}{2},\quad \mathfrak{Tg}\,\omega = \frac{\mathfrak{Sin}\,\omega}{\mathfrak{Cos}\,\omega},$$

$$\mathfrak{Cotg}\,\omega = \frac{1}{\mathfrak{Tg}\,\omega}$$

durch Linien dargestellt, und um diese geometrische Darstellung zu verallgemeinern, wird ein cyklisches Argument α eingeführt, dessen Beziehung zu ω durch die Gleichungen

$$\mathfrak{Sin}\,\omega = \mathrm{tg}\,\alpha,\quad \mathfrak{Cos}\,\omega = \sec\alpha$$

gegeben ist. Durch diese Substitution ist ein Mittel gegeben, sowohl die wichtigsten Beziehungen der hyperbolischen Functionen unter einander, als auch die zu den Kreisfunctionen geometrisch zu versinnlichen. Auch lässt sich mit Vortheil die neuere Geometrie anwenden, um einige der gefundenen Resultate geometrisch anschaulich zu machen. M.

F. Gambardella. Sui coefficienti delle facoltà analitiche. Battaglini G. XI. 49-61, 85-97.

Gegenstand der Arbeit ist die Untersuchung der allgemeinen Ausdrücke der Coefficienten in der Potenzentwickelung der beiden Functionen

$$\varphi(x,n) = x(x+1)(x+2)\cdots(x+n-1) = \sum_{r=0}^{r=n-1} \varphi_r x^{n-r}$$

und

$$\psi(x,n) = \frac{1}{(x-1)(x-2)(x-3)\cdots(x-n)} = \sum_{r=0}^{r=\infty} \psi_r x^{-n-r}.$$

Es handelt sich darum, Formeln zu geben, aus denen direct ein beliebiger Coefficient obiger Entwickelung unabhängig von den vorhergehenden berechnet werden kann, also ohne Recursionsformel. Zu dem Ende werden zunächst einige Eigenschaften der Functionen $\varphi_r(n)$ und $\psi_r(n)$ entwickelt, und dann die allgemeinen Ausdrücke für diese Functionen hergeleitet. Bezeichnet man mit $(n)_r$, $[n]_r$ und $F(n)$ die Ausdrücke

$$(n)_r = \frac{n(n-1)\cdots(n-r+1)}{1\cdot 2\cdots r},\quad [n]_r = \frac{n(n+1)\cdots(n+r-1)}{1\cdot 2\cdots r}$$

$$F(n) = (n+r)(n+r-1)\cdots(n+1)\,n\,(n-1)\cdots(n-r+1)(n-r),$$

so ist

$$\psi_r(n) = \frac{F(n)}{(2r)!}\left\{\frac{(2r)_0}{n-r}\psi_r(r) - \frac{(2r)_1}{n-r+1}\psi_r(r-1) + \cdots \pm \frac{(2r)_{r-1}}{n-1}\psi_r(1)\right\}$$

und

$$\varphi_r(n) = \frac{F(n)}{(2r)!}\left\{\frac{(2r)_0}{n+r}\psi_r(r) - \frac{(2r)_1}{n+r-1}\psi_r(r-1) + \cdots + \frac{(2r)_{r-1}}{n+1}\psi_r(1)\right\}.$$

Die zweite Formel hat Herr Schlömilch auf anderem Wege gewonnen (Crelle J. XLIV, 344; Höhere Analysis, 2ter Theil, 1865, p. 27 u. 28). Ferner erhält man durch Vermittelung der beiden Functionen

$$\left(\frac{x}{e^x-1}\right)^n = \sum_0^\infty{}_r\, \lambda_r\, x^r, \quad \left(\frac{e^x-1}{x}\right)^n = \sum_0^\infty{}_r\, \mu_r\, x^r$$

die Relationen

$$\varphi_r(n) = (-1)^r r!\,(n-1)_r\, \lambda_r(n), \quad \psi_r(n) = r!\,[n+1]_r\, \mu_r(n).$$

Ein „Appendice" (Art. IV.) enthält die Entwickelung der isobarischen Functionen, nach der Theorie des Herrn Prof. Trudi. Die Arbeit soll fortgesetzt werden. M.

Ch. Hermite. Sur la fonction exponentielle. C.R.LXXVII. 18-24, 74-79, 226-233, 285-293.

Eine Aufgabe, welche als eine Verallgemeinerung des Problems der Annäherung durch algebraische Kettenbrüche angesehen werden kann, ist folgende: „Die n rationalen Brüche

$$\frac{\Phi_1(x)}{\Phi(x)}, \frac{\Phi_2(x)}{\Phi(x)}, \cdots \frac{\Phi_n(x)}{\Phi(x)}$$

als Näherungswerthe der n Functionen $\varphi_1(x), \varphi_2(x), \cdots \varphi_n(x)$ so zu bestimmen, dass die Reihenentwickelungen nach steigenden Potenzen von x bis zur Potenz x^M übereinstimmen". Es werde vorausgesetzt, dass sich die Functionen $\varphi(x)$ in Reihen von der Form $\alpha+\beta x+\gamma x^2+\cdots$ entwickeln lassen, und man mache

$$\Phi(x) = Ax^m + Bx^{m-1} + \cdots + Kx + L.$$

Dann kann man im Allgemeinen über die Coefficienten $A, B, \cdots L$ so verfügen, dass in den Producten $\varphi_i(x)\Phi(x)$ die Glieder mit

$$x^M,\ x^{M-1},\ \cdots\ x^{M-\mu_i+1},$$

wo μ_i irgend eine ganze Zahl ist, verschwinden. So bildet man μ_i homogene Gleichungen ersten Grades und hat

$$\varphi_i(x)\Phi(x) = \Phi_i(x) + \varepsilon_1 x^{M+1} + \varepsilon_2 x^{M+2} + \cdots,$$

wo $\varepsilon_1, \varepsilon_2, \cdots$ Constanten, $\Phi_i(x)$ ein ganzes Polynom vom Grade $M-\mu_i$. Da aber hieraus folgt, dass

$$\varphi_i(x) = \frac{\Phi_i(x)}{\Phi(x)} + \frac{\varepsilon_1 x^{M+1} + \varepsilon_2 x^{M+2} + \cdots}{\Phi(x)},$$

so sieht man, dass die Reihenentwickelungen des rationalen Bruches und der Function in der That dieselben sein werden bis zu x^M, und da die Gesammtzahl der gemachten Bedingungen gleich $\mu_1 + \mu_2 + \cdots + \mu_n$ ist, so genügt es, die einzige Bedingung

$$\mu_1 + \mu_2 + \cdots + \mu_n = m$$

hinzuzufügen, wo die ganzzahligen μ_i bis dahin ganz willkürlich geblieben sind. Diese Betrachtung ist der Ausgangspunkt, den der Herr Verfasser für die in seiner Arbeit entwickelte Theorie der Exponentialfunction genommen hat, indem er nämlich das Obige anwendet auf die Grössen

$$\varphi_1(x) = e^{ax},\ \varphi_2(x) = e^{bx},\ \cdots\ \varphi_n(x) = e^{hx}.$$ M.

H. A. Schwarz. Ueber diejenigen Fälle, in welchen die Gauss'sche hypergeometrische Reihe eine algebraische Function ihres vierten Elementes darstellt. Borchardt J. LXXV. 292-335.

Gauss hat in seiner Abhandlung „Disquisitiones generales circa seriem infinitam etc.“ (Werke III, p. 127) einige specielle Fälle angegeben, in denen die nach ihm benannte Reihe $F(\alpha, \beta, \gamma, x)$ für besondere Werthe von α, β, γ eine algebraische Function ihres vierten Elementes x ist. Verschiedene Mittel, die Anzahl dieser speciellen Fälle zu vermehren, bieten ausser der genannten Abhandlung dar die Arbeit von Kummer „Ueber die hypergeometrische Reihe“ (Crelle J. XV, 39), ferner Riemann's „Beiträge zur Theorie der durch die Gauss'sche Reihe $F(\alpha, \beta, \gamma, x)$

darstellbaren Functionen", (Gött. Abh. VII, 1857), und die nachgelassene Arbeit von Gauss „Determinatio seriei nostrae per aequationem differentialem secundi ordinis" (Werke III, 207). In vorliegender Arbeit beschäftigt sich nun Herr Schwarz mit Lösung der Aufgabe: „Alle Fälle zu ermitteln, in denen der linearen Differentialgleichung

$$(1)\quad \frac{d^2y}{dx^2}+\frac{\gamma-(\alpha+\beta+1)x}{x(1-x)}\cdot\frac{dy}{dx}-\frac{\alpha\beta}{x(1-x)}\cdot y=0,$$

von der die Gauss'sche Reihe, als Function von x betrachtet, ein particuläres Integral ist, durch eine algebraische Function von x genügt wird". Im Auszuge war der Inhalt dieser Abhandlung bereits mitgetheilt in den Verhandlungen der Schweizerischen Naturforschenden Gesellschaft, Jahrgang 1871, p. 75-77.

Zwei Fälle sind bei unsrer Aufgabe zu unterscheiden. In dem ersten Falle (Art. I) wird vorausgesetzt, dass die Differentialgleichung (1) nur ein particuläres algebraisches Integral besitzt, und dass diese algebraische Function selbst oder ihre logarithmische Ableitung eine rationale Function von x ist. In diesem Falle gewinnt man sofort die Form $y_1 = x^a(1-x)^c g(x)$ des gesuchten particulären Integrals mit Hülfe der Resultate, welche Herr Fuchs in seiner Arbeit: „Zur Theorie der linearen Differentialgleichungen mit veränderlichen Coefficienten" (Borchardt J. LVI, 121) für eine ganze Klasse linearer Differentialgleichungen gewonnen, zu denen als specieller Fall die obige Riemann'sche Differentialgleichung gehört. Die Untersuchung der vier durch Bestimmung der rationalen Zahlen a und c sich ergebenden besonderen Fälle bietet weiter keine Schwierigkeit.

Der zweite Fall (Art. II) ist der, wo die Differentialgleichung (1) zwei particuläre algebraische Integrale hat, deren Quotient nicht constant ist. Zur Erledigung dieses zweiten Falles benutzt Herr Schwarz eine lineare Differentialgleichung dritter Ordnung, welcher der Quotient zweier Particularlösungen y_2 und y_1 der linearen Differentialgleichung

$$\frac{d^2y}{dx^2}+p\frac{dy}{dx}+qy=0,$$

also ein Ausdruck von der Form

$$s = \frac{C_1 y_1 + C_2 y_2}{C_3 y_1 + C_4 y_2}$$

genügt. Diese Differentialgleichung dritter Ordnung lautet:

$$(F.)\quad \psi(s,x) = \frac{2\frac{ds}{dx}\cdot\frac{d^3s}{dx^3} - 3\left(\frac{d^2s}{dx^2}\right)^2}{2\left(\frac{ds}{dx}\right)^2} = 2q - \tfrac{1}{2}p^2 - \frac{dp}{dx} = F(x)$$

und ist ein specieller Fall der Differentialgleichung

$$2\frac{d^3z}{dz\,.\,dx^2} - 3\left(\frac{d^2z}{dz\,dx}\right)^2 - Z\frac{dz^2}{dx^2} + X = 0,$$

zu der Herr Kummer durch Vergleichung zweier hypergeometrischen Reihen gelangt ist (De generali quadam aequat. diff. tert. ord. Pr. Liegnitz 1834), welche übrigens auch in der Theorie der Modulargleichungen der elliptischen Functionen von Wichtigkeit ist (s. Jacobi, Fundamenta, p. 78). Die Gleichung (*F*) wird nun (Art. III) unter der Voraussetzung, dass α, β, γ reelle Werthe haben, integrirt. Das allgemeine Integral derselben, welches der Herr Verfasser mit $s(\lambda, \mu, \nu, x)$ bezeichnet, wo λ, μ, ν die positiven Werthe der Quadratwurzeln aus resp. $(1-\gamma)^2, (\alpha-\beta)^2, (\gamma-\alpha-\beta)^2$ bedeuten, ergiebt sich als Quotient zweier linear unabhängigen Riemann'schen Functionen $P(\lambda, \mu, \nu, x)$ (l. c. art. V). Ein particuläres Integral s' wird durch Entwickelung von $\frac{d}{dx}\log\frac{ds'}{dr} = r$ nach Potenzen von $(x-x_0)$ gewonnen, und dann das Verhalten desselben in der Nähe des singulären Werthes $x=0$ untersucht. Es ergiebt sich der Satz: „Die auf der positiven Seite der reellen Axe der Ebene des Argumentes x liegende Halbebene E wird durch ein particuläres Integral der Differentialgleichung

$$\psi(s,x) = \frac{1-\lambda^2}{2x^2} + \frac{1-\nu^2}{2(1-x)^2} - \frac{\lambda^2-\mu^2+\nu^2-1}{2x(1-x)},$$

wenn die drei Grössen λ, μ, ν reelle Werthe haben, conform abgebildet auf einem einfach zusammenhängenden, in seinem Innern keinen Windungspunkt enthaltenden Bereich S, dessen Begrenzung, allgemein zu reden, aus drei ein Dreieck bildenden Kreisbogen besteht". Nun wird die gegenseitige, von den Zahlen

λ, μ, ν abhängige Lage der Kreise, denen die drei Seiten des Kreisbogendreiecks S angehören, näher untersucht (Art. IV). Das Gebiet S kann über jede seiner drei Seiten hinaus analytisch fortgesetzt werden; die so entstehenden Gebiete S_1 nennt Herr Schwarz eine „symmetrische Wiederholung“ des Gebietes S. Ist s eine algebraische Function von x, so ist die Anzahl der von einander verschiedenen Gebiete S und S_1 eine endliche. Das Kreisbogendreieck S'', für welches die Summe der Winkel ein Minimum ist, wird das dem Kreisbogendreieck S zugeordnete „reducirte“ Kreisbogendreieck genannt. Nun wird zunächst der Fall erörtert, wo die Winkelsumme des reducirten Kreisbogendreiecks kleiner als π (Art. V), und es werden Fälle erschöpft, in denen die conforme Abbildung der Fläche eines geradlinigen Dreiecks auf die Fläche einer Halbebene durch eine analytische Function vermittelt wird, bei welcher jedem Werthe des unbeschränkt veränderlichen Arguments nur eine endliche Anzahl von Werthen der Function entspricht. Der zweite Fall, wo die Winkelsumme des Dreiecks S'' grösser als π ist (Art. VI) führt auf die Aufgabe: „Alle sphärischen Dreiecke zu finden, deren symmetrische und congruente Wiederholungen auf der Kugeloberfläche nur zu einer endlichen Anzahl von, der Lage nach verschiedenen sphärischen Dreiecken Anlass geben“. (Vgl. Riemann: „Ueber die Fläche vom kleinsten Inhalt bei gegebener Begrenzung“, Gött. Abh. XIII; Schwarz: Berl. Ber. 1865, 149; Steiner: „Einfache Beweise der isoperimetrischen Hauptsätze“, Crelle J. XVIII, 295, und ibid. XXIV, 247; C. Jordan: „Recherches sur les polyèdres“, Borchardt J. LXVI; Amstein, Diss. Zürich. Vierteljahrsschr. XVI, 1871, 297-341, s. F. d. M. III, p. 422). Im Schlussartikel (VII) erörtert der Herr Verfasser den Fall, dass von den drei Zahlen λ, μ, ν eine oder zwei ganzzahlig sind. M.

Ch. Hermite. Extrait d'une lettre à M. P. Gordan.
Borchardt J. LXXVI. 303-312.

Der Verfasser bestimmt drei Systeme ganzer Functionen U, V, W von der Beschaffenheit, dass der Ausdruck

$$U \sin x + V \cos x + W$$

mit einer möglichst hohen Potenz der Variabeln anfängt, und knüpft daran einige arithmetische Betrachtungen. Fs.

Briot et Bouquet. Théorie des fonctions elliptiques. 2e édition. Premier fascicule. Paris, Gauthier-Villars. 4°.

Die neue Ausgabe ist eine vollständige Umarbeitung der im Jahre 1859 erschienenen „Théorie des fonctions doublement périodiques et, en particulier, des fonctions elliptiques". Das erste Buch behandelt die „algebraischen Functionen", und zwar Cap. I. die Darstellung der imaginären Variabeln, die Definition der Functionen und ihrer Ableitungen, Cap. II das Fundamentaltheorem über die Reihentheorie, den Cauchy'schen Satz über die imaginären Wurzeln, die weitere Theorie dieser Wurzeln und die Gesetze ihrer Permutation um die singulären Punkte. Das zweite Buch enthält die Theorie der durch Reihen definirten Functionen, also die Anwendung der Theorie der Potenzreihen auf die Functionen e^z, $\sin z$, $\cos z$ und die inversen, ferner auf die Thetareihe

$$\theta(z) = \sum_{-\infty}^{\infty} e^{nz+n^2a}$$

und die als Quotienten solcher Thetareihen definirten elliptischen Functionen. Buch III ist den „bestimmten Integralen" gewidmet. Es ist darin die vollständige Theorie der Taylor'schen Reihe auseinandergesetzt, und den Schluss bildet die Einführung der Perioden, besonders nach der Methode von Clebsch und Gordan. Im IV. Buche beginnt das Studium der allgemeinen Eigenschaften der Functionen. Hier werden die characterischen Merkmale der verschiedenen Gattungen von Functionen angegeben, die allgemeinen Sätze über die doppelt-periodischen Functionen, die Entwickelung einer Function in eine Summe, die aus unendlich vielen rationalen Gliedern besteht, und die Entwickelung in Producte. Das V. Buch handelt von der Definition der Functionen durch Differentialgleichungen mit der Anwendung auf die logarithmische Function und auf die elliptischen Functionen, das Schlusskapitel enthält die Integration durch elliptische Functionen. Dieses ist in kurzem der Inhalt des vorliegenden ersten Bandes. Eine ausführlichere Analyse findet sich in Darboux Bull. VI, 65-69. M.

T. N. Thiele. Orienterende Fremstilling af de elliptiske Funktioners Theori. Zeuthen Tidsskr. (3) III. 65.

Ein Versuch zur Erleichterung des Studiums der Theorie der elliptischen Functionen und zur Einführung von neuen Bezeichnungen. Zwei Functionen, welche in dieser Darstellung Θ und H ersetzen, bestimmen sich durch

$$\Phi_a(x) = \sum_{r=-\infty}^{r=+\infty} e^{-\pi(x+ra)^2} = \dots - e^{-\pi(x-a)^2} + e^{-\pi x^2} + e^{-\pi(x+a)^2} + \dots,$$

$$\Psi_a(x) = \sum_{r=-\infty}^{r=+\infty} (-1)^r e^{-\pi(x+ra)^2} = \dots - e^{-\pi(x-a)^2} + e^{-\pi x^2} - e^{-\pi(x+a)^2} - \dots,$$

Von diesen beweist man durch elementare Methoden die fundamentalen Sätze, namentlich die Gleichung:

$$\Phi_a(x)\,\Phi_a(y)\,\Phi_a(z)\,\Phi_a(x+y+z) = \Phi_a(x+\tfrac{1}{2}a)\,\Phi_a(y+\tfrac{1}{2}a)\,\Phi_a(z+\tfrac{1}{2}a)\,\Phi_a(x+y+z+\tfrac{1}{2}a) + \Psi_a(x)\,\Psi_a(y)\,\Psi_a(z)\,\Psi_a(x+y+z) + \Psi_a(x+\tfrac{1}{2}a)\,\Psi_a(y+\tfrac{1}{2}a)\,\Psi_a(z+\tfrac{1}{2}a)\,\Psi_a(x+y+z+\tfrac{1}{2}a)$$

für beliebige x, y, z. Aus dieser Gleichung leitet man das Additionstheorem her, den Zusammenhang mit der sphärischen Trigonometrie und die doppelte Periodicität. Zuletzt wird die Identität der in Rede stehenden Functionen mit den elliptischen gezeigt. Der Verfasser meint die unendlichen Reihen so wenig als möglich gebraucht zu haben.

Was die Bezeichnungen betrifft, zeigt der Verfasser dass man statt u, k, k', K, K', q sich in der ganzen Entwicklung mit x und a in Φ und Ψ begnügen kann, denn

$$q = e^{-\frac{\pi}{a^2}}, \quad K = \frac{\pi}{2}\,a^2\,\Phi_a^2(0), \quad K' = \frac{\pi}{2}\,\Phi_a^2(0),$$

$$k = \left(\frac{\Psi_a(0)}{\Phi_a(0)}\right)^2, \quad k' = \left(\frac{\Phi_a(\frac{1}{2}a)}{\Phi_a(0)}\right)^2.$$

Das Argument u unterscheidet sich nur durch einen von a

abhängigen Factor von der Variablen x. Der Verfasser verwirft die Function Δ, welche er durch eine Verdoppelung der Amplitudenfunction ersetzt, so dass:

$$\cos \operatorname{am} u = \cos M_a(x), \quad \Delta \operatorname{am} u = \cos \mu_a(x),$$
$$\sin \operatorname{am} u = \sin M_a(x), \quad k \sin \operatorname{am} u = \sin \mu_a(x);$$

die zwei Amplitudenfunctionen M und μ müssen in trigonometrischer Abhängigkeit zu einander stehen. M und μ sind dieselbe transcendente Function nur mit verschiedenen Variablen.

Hn.

A. Cayley. On a special quartic transformation of an elliptic function. Quart. J. XII. 266-269.

Das Problem ist, y zu bestimmen als Quotienten von zwei Functionen vierten Grades $(1,x)^4$, so dass $\frac{dy}{\sqrt{Y}} = \frac{2dx}{\sqrt{X}}$, wo X und Y dieselben gegebenen Functionen vierten Grades von x, y sind; für den speciellen Fall, wo X die Form $(1-x^2)(1-k^2x^2)$ hat, wird die allgemeine Formel nebst darauf bezüglichem Theorem entwickelt.

Cly. (O.)

A. Cayley. An elliptic-transcendant identity. Messenger (2) II. 179.

Die Identität lautet:

$$)1+q)(1+q^3)(1+q^5)(1+q^7)^2(1+q^9)\cdots - (1-q)(1-q^3)(1-q^5)(1-q^7)^2(1-q^9)\cdots$$
$$= 2q(1+q^2)(1+q^4)(1+q^6)(1+q^8)(1+q^{10})(1+q^{12})(1+q^{14})^2(1+q^{16})\cdots,$$

wo in jedem der drei Glieder jeder Factor den Exponenten 1 oder 2 hat, je nachdem der Exponent q durch sieben theilbar ist oder nicht.

Glr. (O.)

A. Steen. Et Par Kjaedebröker angaaende elliptiske Integraler. Zeuthen Tidsskr. (3) III. 151.

Entwickelung von $\frac{E}{K}$ und $\frac{K}{E}$ in Kettenbrüche.

Hn.

M. AZZARELLI. Nuove ricerche relative al teorema del Conte di Fagnano. Att. d. Acc. P. d. N. L. XXV. 1872. 427-439.

Siehe Abschnitt IX, Cap. 3, C.

FELIX MÜLLER. Beziehungen zwischen dem Modul der elliptischen Functionen und den Invarianten der biquadratischen binären Form. Schlömilch Z. XVIII. 280-288.

Der Herr Verfasser, welcher in seinen früheren Arbeiten über das Transformationsproblem der elliptischen Functionen (Inaugural-Dissertation 1867, Jubilaeumsschrift 1872, s. F. d. M. IV. p 217) nach dem Vorgange des Herrn Weierstrass statt der Legendre'schen Normalform des elliptischen Differentials die Form $\frac{ds}{\sqrt{4s^3-g_2s-g_3}}$ zu Grunde gelegt hat, wo g_2 und g_3 die beiden Invarianten der biquadratischen Form bedeuten, ist bei den betreffenden Untersuchungen auf Relationen zwischen dem Modul k^2 und den Invarianten gestossen. Dieselben werden hier zusammengestellt. Es ist zu bemerken, dass der Begriff des Moduls der elliptischen Function ein unbestimmter ist, insofern sein Werth von der angewandten Transformation abhängt, und wenn der Herr Verfasser für die Aufstellung der erwähnten Relationen zwei Fälle unterscheidet, je nachdem die Wurzeln der Gleichung $4s^3-g_2s-g_3=0$ reell sind oder nicht, und hierbei verschiedene Resultate erhält, so ist dies darin begründet, dass um reelle Moduln zu erhalten, im ersten Falle eine quadratische, im letzteren eine lineare Transformation für die Reduction auf die Normalform angewandt wird. Die Relation lautet im ersten Falle:

$$\frac{g_2^3}{27g_3^2}=\frac{4(1-k^2+k^4)^3}{(1+k^2)(2-k^2)^2(1-2k^2)^2}$$

und stimmt mit der von Clebsch (Theorie der binären Formen S. 169) auf anderem Wege hergeleiteten überein, wobei sich ergiebt, dass k^2 mit dem dort durch σ bezeichneten Doppelverhältniss identisch ist. Wir fügen hinzu, dass Cayley (Borchardt J. LV. p. 18 u. 22) durch Anwendung einer linearen Substitution für die in Rede stehende Reduction folgende Relation entwickelt hat

$$\frac{g_2^3}{27 g_3^2} = \frac{(1+4k^2+k^4)^3}{(1+k^2)(1-34k^2+k^4)^2},$$

welche in die vom Herrn Verfasser für den Fall imaginärer Wurzeln, also ebenfalls unter Anwendung einer linearen Substitution erhaltene Relation:

$$\frac{g_2^3}{27 g_3^2} = \frac{(1-16k^2+16k^4)^3}{(1-2k^2)^2\,(1+32k^2-32k^4)^2}$$

übergeht, wenn man in der ersten $\frac{k^2}{k^2-1}$ für k^2 substituirt, was bekanntlich selbst einer linearen Transformation entspricht.

Hr.

F. Frenet. Note sur la fonction Θ de Jacobi. Mém. de Bordeaux. VIII. 177-187.

Herr Schellbach hat in seinem Buche „Die Lehre von den elliptischen Integralen und den Thetafunctionen, Berlin 1864" die Jacobi'sche θ-Function zum Ausgangspunkt genommen, und ist durch wenige Umformungen zu der Reihenentwickelung und von da auf die Fundamentaleigenschaften der Function gekommen. Dieses Resultat wird von Herrn Frenet im Wesentlichen reproducirt, doch ist die Methode und der Gang insofern geändert, als die Rechnungen, welche Herr Schellbach schnell absolvirt, um zu den Anwendungen zu kommen, in strengerer und mehr naturgemässer Weise behandelt sind. M.

M. Krause. Zur Transformation der Modulargleichungen der elliptischen Functionen. Heidelberg. Winter.

Der erste Theil der Arbeit enthält eine Verallgemeinerung der Hermite'schen Verwandlungstafeln der elliptischen Modularfunctionen. Diese Tafeln drücken die Functionen

$$\varphi\left(\frac{b_0-a_0\tau}{a_1\tau-b_1}\right) \text{ und } \psi\left(\frac{b_0-a_0\tau}{a_1\tau-b_1}\right)$$

durch $\varphi(\tau)$, $\psi(\tau)$ und Exponentialgrössen aus, wenn $\begin{vmatrix} a_0 & a_1 \\ b_0 & b_1 \end{vmatrix} = 1$

ist (S. Hermite, sur la résolution de l'équ. du 5. degré. C. R. XLVI; Königsberger, Clebsch Ann. III; Schläfli, Borchardt J. LXXII). Diese Tafeln werden nun auf eine allgemeine Transformation n^{ten} Grades ausgedehnt, wo n eine beliebige ganze Zahl ist. Der zweite Theil der Arbeit enthält den Beweis des Galois'schen Satzes, dass sich der Grad der Modulargleichungen, die zu einer Transformation des 5ten, 7ten, 11ten Grades gehören, durch eine rationale Substitution um die Einheit verringern lasse. (Vgl. Hermite, C. R. XLIX; König, Zur Theorie der Modulargleichungen, 1871, s. F. d. M. IV. p. 217). M.

H. J. S. Smith. On modular equations. Rep. Brit. Ass. 1873. Csy.

L. Kiepert. Siebzehntheilung des Lemniscatenumfangs durch alleinige Anwendung von Lineal und Cirkel. Borchardt J. LXXV. 255-263.

L. Kiepert. Zusatz zu der Abhandlung über Siebzehntheilung der Lemniscate S. 255 dieses Bandes. Borchardt J. LXXV. 343.

Abel hat in seinen „Recherches sur les fonctions elliptiques" (Oeuvres I, 141) gezeigt, dass man durch alleinige Anwendung von Lineal und Cirkel den Umfang einer Lemniscate in n gleiche Theile theilen kann, wenn n eine Primzahl von der Form $2^\nu+1$ ist. Zweck der vorliegenden Arbeit ist, diese Theilung für den speciellen Fall $\nu=4$ geometrisch auszuführen. Die Aufgabe wird zurückgeführt auf die Lösung der Gleichung vierten Grades:

$$x^4+(12\mp 20i)x^3+(-10\pm 28i)x^2+(-20\mp 12i)x+1\pm 4i=0,$$

deren Wurzeln sind

$$\varphi^4\left(\frac{2\omega}{1\mp 4i}\right),\quad \varphi^4\left(\frac{4\omega}{1\mp 4i}\right),\quad \varphi^4\left(\frac{6\omega}{1\mp 4i}\right),\quad \varphi^4\left(\frac{12\omega}{1\mp 4i}\right),$$

wo

$$u=\int_0^r \frac{dr}{\sqrt{1-r^4}},\quad r=\sin\operatorname{am} u=\varphi(u),$$

und 2ω die eine Fundamentalperiode dieser Function, d. h. der

Lemniscatenquadrant ist. Die Herstellung der Wurzeln obiger biquadratischen Gleichung und die Ausführung der geometrischen Construction bietet weiter keine Schwierigkeiten.

In dem „Zusatz“ bemerkt Herr Kiepert, dass er inzwischen auf eine Arbeit von Wichert: „Die Fünf- und Siebzehntheilung der Lemniscate“ (Pr. Conitz, 1846) aufmerksam gemacht sei, in der die Lösung des Problems ebenfalls auf die obige biquadratische Gleichung zurückgeführt ist. M.

L. Kiepert. Wirkliche Ausführung der ganzzahligen Multiplication der elliptischen Functionen. Borchardt J. LXXVI. 21-33.

Die beiden Methoden, nach welchen das Problem der rationalen Multiplication der elliptischen Functionen in Angriff genommen und theoretisch vollständig gelöst werden kann, finden sich auseinandergesetzt in dem Werke des Herrn Königsberger „Die Transformation, die Multiplication und die Modulargleichungen der elliptischen Functionen“, Leipzig, Teubner, 1868. Auch für die von Herrn Weierstrass eingeführten Functionen $\sigma(u)$ und $p(u)$ sind die entsprechenden Multiplicationsformeln bereits früher aufgestellt (vgl. Felix Müller, De transformatione functionum ellipticarum, Diss. Berlin, 1867, und Max Simon, De relationibus inter constantes etc., Diss. Berlin, 1867). Die wirkliche Ausführung, welche dort für einzelne Primzahlgrade gemacht ist, ist allerdings für grössere Multiplicatoren mit grossen algebraischen Schwierigkeiten verbunden. Desshalb sollen in der vorliegenden Arbeit diese Multiplicationsformeln für jeden beliebigen ganzzahligen Multiplicator in völlig übersichtlicher Gestalt ausgeführt werden. Das Resultat erscheint in Form einer Determinante, und insofern wohl in übersichtlicher Gestalt; allein diese Determinante enthält noch die Ableitungen der Function $p(u)$, die bei einer wirklichen Ausführung durch $p(u)$ ausgedrückt werden müssen, wodurch auch hier die wirkliche Ausrechnung der Determinante für grössere Multiplicatoren immer noch sehr complicirt ist. M.

L. Kiepert. Auflösung der Transformationsgleichungen und Division der elliptischen Functionen. Borchardt J. LXXVI. 34-44.

Während sich die Weierstrass'sche Function (s. F. d. M. II, 240) $p(nu)$ als rationale Function von $p(u)$ ausdrücken lässt, ist das Umgekehrte nicht der Fall. Doch lässt sich jene die Function $p(nu)$ darstellende Gleichung nach $p(u)$ auflösen, wenn man die Grössen $p\left(\frac{2\omega}{n}\right)$, $p\left(\frac{2\omega'}{n}\right)$ wo 2ω, $2\omega'$ die Fundamentalperioden der Function $p'(u)$ sind, (s. F. d. M. II, p. 241), als gegeben betrachtet. Der Verfasser bildet in vorliegender Arbeit die Wurzelausdrücke selbst, indem er die Lösung der Gleichung vom Grade n^2 auf die Lösung zweier Gleichungen n^{ten} Grades zurückführt, welche aus der Transformation n^{ten} Grades hervorgehen. Die Darstellung gilt für ganz beliebige n.

M.

G. Torelli. Di alcuni integrali formati d'agl' integrali ellittici e di qualche loro applicazione. Battaglini G. XI. 17-37.

Man hat bisher äusserst selten die elliptischen Integrale als Functionen ihres Moduls betrachtet. Liouville hat gezeigt (Liouville J. IV, 441), dass sich dieselben durch den Modul weder unter endlicher Form noch als algebraische, Exponential- oder logarithmische Functionen, noch als bestimmte Integrale, deren obere Grenze eine Function des Moduls ist, ausdrücken lassen; woraus zu schliessen ist, dass die elliptischen Integrale als Functionen des Moduls Transcendenten höherer Art sind, denn als Functionen der Amplitude. Herr Torelli beschäftigt sich mit den Integralen, welche dadurch entstehen, dass man das Product aus irgend einer positiven oder negativen Potenz des Moduls und einem elliptischen Integral in Bezug auf den Modul integrirt. Wenn $F(\varphi, k)$, $E(\varphi, k)$ die elliptischen Integrale erster und zweiter Gattung bezeichnen, so ergiebt sich mit Benutzung der Legendreschen Gleichungen:

$$k\frac{dE(\varphi, k)}{dk} = E(\varphi, k) - F(\varphi, k),$$

$$k \frac{dF(\varphi, k)}{dk} - k^3 \frac{dF(\varphi, k)}{dk} = E(\varphi, k) - F(\varphi, k) + k^2 F(\varphi, k) - \sin\varphi \cos\varphi \frac{k^2}{\sqrt{1-k^2 \sin^2\varphi}},$$

(s. Legendre, Exercices de Calcul Intégral, I, § 43) und der entsprechenden für k' die Formel:

$$m^2 \int k^m F(\varphi, k)\, dk = (m-1)^2 \int k^{m-2} F(\varphi, k)\, dk + k^{m-1} E(\varphi, k) - m\, k^{m-1} k'^2 F(\varphi, k) - \sin\varphi \cos\varphi \int \frac{m k^m d\varphi}{\sqrt{1-k^2 \sin^2\varphi}},$$

und eine entsprechende für

$$(m-1) \int \frac{F(\varphi, k')\, dk}{k^m}.$$

Durch Combination der aus diesen Gleichungen für verschiedene Werthe des m resultirenden erhält man die Formeln:

$$\int k^{2n-1} F(\varphi, k)\, dk = \sum_{r=0}^{r=n-1} n_r k^{2n-2r-2} \Big[n_r E(\varphi, k) - (2n-2r-1) n_r k'^2 F(\varphi, k) + \cos\varphi \sqrt{1-k^2 \sin^2\varphi} \cdot \sum_{s=0}^{s=r} \frac{ns}{\sin^{2r-2s+1}\varphi} \Big],$$

$$\int \frac{F(\varphi, k)}{k^{2n}}\, dk = \sum_{r=0}^{r=n-1} \frac{n_r}{k^{2n-2r-1}} \Big[-n_r E(\varphi, k) - (2n-2r-2) n_r k'^2 F(\varphi, k) + \cos\varphi \sqrt{1-k^2 \sin^2\varphi} \cdot \sum_{s=0}^{s=r-1} n_s \sin^{2r-2s-1}\varphi \Big],$$

und analoge für

$$\int k^{2n} F(\varphi, k)\, dk, \quad \int \frac{F(\varphi, k)}{k^{2n+1}}\, dk;$$

$$\int k^{2n-1} F(\varphi, k')\, dk, \quad \int \frac{F(\varphi, k')}{k^{2n}}\, dk, \quad \int k^{2n} F(\varphi, k')\, dk, \quad \int \frac{F(\varphi, k')}{k^{2n+1}}\, dk.$$

Im Folgenden werden die entsprechenden Formeln für die elliptischen Integrale der zweiten Gattung und darauf die speciellen Formeln für $\varphi = \frac{\pi}{2}$ aufgestellt. Die gefundenen Resultate lassen sich anwenden auf die Vereinfachung der vollständigen Integrale einiger linearen Differentialgleichungen zweiter Ordnung. M.

O. SIMONY. Lösung des Integrals

$$U=\int \frac{x^\alpha dx}{\sqrt[3]{(a+bx+cx^2)^\beta}}$$

durch elliptische Integrale erster, zweiter und dritter Gattung, vorausgesetzt, dass α, β beliebige ganze positive oder negative Zahlen bedeuten. Grunert Arch. LV. 193-210.

Es wird zunächst durch Reductionsformeln dargethan, dass sich obiges Integral in allen Fällen auf eines oder zwei der Integrale

$$\int \frac{dx}{\sqrt[3]{x}},\quad \int \frac{dx}{\sqrt[3]{x^2}},\quad \int \frac{dx}{x\sqrt[3]{X}},\quad \int \frac{dx}{x\sqrt[3]{X^2}},$$

wo $X=a+bx+cx^2$ gesetzt ist, zurückführen lasse. Diese werden alsdann mittelst der Substitutionen:

$$a+bx+cx^2=y^3\quad y=\alpha+z^2,\quad z=\sqrt{\alpha\sqrt{3}}\cdot \operatorname{tg}\frac{\varphi}{2},$$

wo

$$\alpha=\pm\sqrt[3]{\frac{4ac-b^2}{4c}}$$

ist, je nachdem die Grösse unter dem Wurzelzeichen positiv oder negativ ist, durch die Normalformen der elliptischen Integrale erster, zweiter und dritter Gattung ausgedrückt. Falls $4ac-b^2=0$ ist, lässt sich U auf algebraische, logarithmische oder kreisförmige Functionen zurückführen. Der Herr Verfasser behält sich eine ähnliche Darstellung des Integrals

$$\int \frac{x^\alpha dx}{\sqrt[4]{(a+bx+cx^2)^\beta}}$$

für eine weitere Abhandlung vor. Hr.

POSSE. Sur les fonctions semblables à celles de Legendre. Diss. St. Pétersbourg 1873.

Gegenstand dieser Arbeit ist eine Auseinandersetzung der Eigenschaften von ganzen Functionen, die von Jacobi in seinen

„Untersuchungen über die Differentialgleichung der hypergeometrischen Reihe" (Math. Werke Bd. III), sowie von Thébycheff (s. F. d. M. II. p. 157) behandelt worden sind. Ke. (O.)

J. Thomae. Beitrag zur Theorie der Abel'schen Functionen. Borchardt J. LXXV. 224-254.

Es handelt sich um das Problem, den Logarithmus einer ϑ-Function durch Integrale algebraischer Functionen auszudrücken, bei welchem es darauf ankommt, eine Constante, etwa $\log \vartheta(0, 0, \ldots 0)$, als Function der Klassenmoduln eines Systems algebraischer Functionen darzustellen. In einer früheren Arbeit (Borchardt J. LXVI, 95) hatte Herr Thomae nach der von Riemann angegebenen Methode, $d \log \vartheta(0, 0, \ldots 0)$ als eine lineare Function der Differentiale jener Klassenmoduln, deren Coefficienten aus algebraischen Functionen und deren Integralen zusammengesetzt sind, ausgedrückt. Bis jetzt war aber die Integration dieser Differentialgleichung nur für den Fall zweiwerthiger Functionen gelungen, (durch die Arbeit des Herrn Thomae, Borchardt J. LXXI, 201; s. F. d. M. II, 244). In der vorliegenden Arbeit wird die vollständige Integration geleistet, indem sie darauf zurückgeführt wird, eine algebraische Function herzustellen, deren Verzweigung und deren Punkte Null und Unendlich gegeben sind. Zu dem Ende wird in einer von der Riemann'schen (Crelle J. LIV, 143) wenig verschiedenen Weise die Riemann'sche Fläche T durch ein canonisches Schnittnetz in eine einfach zusammenhängende Fläche T' zerlegt. Die Reciprocität zwischen solchen canonischen Schnittnetzen und dem System ganzzahliger Coefficienten, welche in den (von Herrn Kronecker) sogenannten „Abelschen Transformationsrelationen" besteht, führt zu Resultaten, die im Wesentlichen bereits in der früheren Arbeit des Herrn Thomae „Ueber einige Sätze der Analysis situs" (Schlömilch Z. XII, 361) und in seiner Inauguraldissertation über die Transformation der ϑ-Functionen, Göttingen 1864, enthalten sind. Da eine Riemann'sche Fläche T durch ihre Verzweigungswerthe k_1, k_2, ... nicht völlig bestimmt ist, so lassen sich „im Wesentlichen gleiche Flächen“ unterscheiden, d. h. solche, die eine verschiedene Ansicht darbieten, obgleich sie ohne ihren Character zu ändern, aufeinander zurückführbar sind. Nun wird gezeigt, dass immer eine wie T verzweigte algebraische Function s existirt, welche ungeändert bleibt, wenn ein beliebiger Verzweigungspunkt k in der ganzen Fläche T herumgeführt und so an seinen Platz zurückgebracht wird, dass eine der ursprünglichen gleiche oder im Wesentlichen gleiche Fläche entsteht. Um nun die gesuchte Function herzustellen, betrachtet Herr Thomae eine ϑ-Function, welche durch folgende Gleichung definirt ist:

$$\vartheta_{h_1, h_2, \ldots h_p, g_1, g_2, \ldots g_p}(u_1, u_2, \ldots u_p) = \vartheta_{h,g}\Big(\overset{p}{\underset{1}{\mu}}(u_\mu)\Big)$$

$$= \Big(\sum_{-\infty}^{\infty}\Big)^p e^{(\sum_1^p)^2 a_{\mu\mu'}(m_\mu + \frac{1}{2}h_\mu)(m_{\mu'} + \frac{1}{2}h_{\mu'}) + 2\sum_1^p (u_\mu + \frac{1}{2}g_\mu i\pi)(m_\mu + \frac{1}{2}h_\mu)}$$

worin die h und g ganze Zahlen sind, die Summationen im Exponenten sich auf $\mu\mu'$, die äusseren auf $m_1, m_2, \ldots m_p$ beziehen und

$$u_\mu = i\pi \cdot \sum_\varrho \frac{\delta \log |A_{\lambda\lambda'}|}{\delta A_{\varrho\mu}} w_\varrho$$

ist, und die Moduln $a_{\mu\mu'}$ die Periodicitätsmoduln der Functionen u (nach Riemann, Borchardt J. LIV, 145) an den Querschnitten eines Netzes T' sind. $|A_{\lambda\lambda'}|$ ist die aus p^2 Elementen $A_{1,1}, A_{1,2}, \ldots A_{p,p}$ gebildete Determinante. $\vartheta_{h,g}$ bezeichnet eine Thetafunction, deren sämmtliche Argumente Null sind. Die gesuchte Function ist dann das Product der achten Potenzen aller Functionen

$$\vartheta_{h,g} : \sqrt{|A_{\lambda\lambda'}|},$$

welche nicht identisch, d. h. für beliebige Lagen der Verzweigungspunkte in T verschwinden. Diese Function $f(A, B)$, die nur von Periodicitätsmoduln A, B abhängt, ist eine einwerthige Function einer Riemann'schen Fläche (K), wenn man diese Function als Function eines beliebigen Verzweigungswerthes k der Fläche T ansicht. Die Betrachtung des Falles, wo k auf einen Verzweigungspunkt fällt und ihn aufhebt, ergiebt, dass f eine algebraische Function. Die Darstellung der Function $\dfrac{\partial \log f}{\partial k}$ als eine algebraische in K einwerthige Function führt auf die

Bestimmung der Punkte der Fläche K, in welchen f verschwindet und unendlich wird. Jetzt sind es nur noch rein algebraische Operationen, mit deren Hülfe $\vartheta(0,0,\ldots 0)$ aus der Function f hergeleitet wird.

M.

John C. Malet. On the reduction of Abelian Integrals. Borchardt J. LXXVI. 97-112.

Gegenstand der Arbeit ist der Beweis und die Entwickelung einiger Folgerungen des nachstehenden Satzes: „Bestehen zwischen den $2m-1$ Moduln $k, k_1, k_2, \ldots k_{2m-2}$ die Gleichungen

$$k = k_1 k_2 = k_3 k_4 = \cdots = k_{2m-3} k_{2m-2},$$

so lassen sich 1) die Integrale

$$\int_0^x \frac{dx}{\Delta_{2m-1}(k,x)}, \int_0^x \frac{x^2\, dx}{\Delta_{2m-1}(k,x)}, \cdots \int_0^x \frac{x^{2m}\, dx}{\Delta_{2m-1}(k,x)},$$

$$\int_0^x \frac{dx}{(1-x^2)\Delta_{2m-1}(k,x)}, \int_0^x \frac{dx}{(1-k^2x^2)\Delta_{2m-1}(k,x)}, \int_0^x \frac{dx}{x^2\Delta_{2m-1}(k,x)},$$

worin

$$\Delta_{2m-1}(k,x) = \sqrt{(1-x^2)(1-k^2x^2)(1-k_1^2x^2)\ldots(1-k_{2m-2}^2x^2)}$$

ist, ausdrücken durch

$$\int_0^y \frac{dy}{\Delta_{m-1}(\lambda,y)}, \quad \int_0^y \frac{y^2\, dy}{\Delta_{m-1}(\lambda,y)}, \cdots \int_0^y \frac{y^{2(m-1)}\, dy}{\Delta_{m-1}(\lambda,y)};$$

2) hängt das Integral

$$\int_0^x \frac{dx}{(1+nx^2)\,\Delta_{2m-1}(k,x)}$$

ab von denselben Integralen und von Integralen der Form

$$\int_0^y \frac{dy}{(1+\nu y^2)\,\Delta_{m-1}(\lambda,y)}.\text{“}$$

Der Beweis wird getrennt gegeben für die beiden Fälle, wo m grade und wo es ungrade ist. Im ersten Falle ist die Anzahl der Moduln in den reducirten Integralen gleich $m-1$; im zweiten Falle ergiebt sich diese Anzahl gleich m, so dass hier unter den reducirten Integralen einige von der Form

$$\int_0^z \frac{dz}{\Delta_m(\mu, z)}, \quad \int_0^z \frac{z^2 dz}{\Delta_m(\mu, z)}, \quad \int_0^z \frac{z^4 dz}{\Delta_m(\mu, z)}$$

auftreten.

Die obigen Relationen zwischen den Moduln k sind aber nicht die einzigen, für welche unser Theorem gilt. Es giebt deren, wie der Herr Verfasser zeigt, noch andere, z. B.

$$k = \sqrt{k_1^2+k_2^2-k_1^2 k_2^2} = \sqrt{k_3^2+k_4^2-k_3^2 k_4^2} = \cdots,$$

$$k = \frac{k_1 k_2}{\sqrt{k_1^2+k_2^2-1}} = \frac{k_3 k_4}{\sqrt{k_3^2+k_4^2-1}} = \cdots, \text{ etc.}$$

Wenn $f(x)$ eine algebraische Function vom ungraden Grade $2m+1$ ist, so lassen sich die Abel'schen Integrale

$$\int_0^x \frac{dx}{\sqrt{f(x)}}, \quad \int_0^x \frac{x\,dx}{\sqrt{f(x)}}, \quad \cdots \int_0^x \frac{x^{m-1}dx}{\sqrt{f(x)}}, \quad \int_0^x \frac{dx}{(1+nx)\sqrt{f(x)}}$$

immer auf die obigen Formen

$$\int_0^x \frac{dx}{\Delta_{2m-1}(k,x)}, \text{ etc.}$$

zurückführen. Ein Zusatz betrifft die Reduction dieser Integrale, wenn $f(x)$ vom Grade $2m+2$ ist. M.

J. W. L. Glaisher. On the evaluation of a class of definite integrals involving circular functions in the numerator and powers of the variable only in the denominator. Proc. of L. M. S. IV. 291-302.

Der Verfasser bemerkt, dass der Hauptzweck der Arbeit am besten durch ein Beispiel erläutert werde. Den Werth des Integrals

$$\int_0^\infty \frac{\sin ax \sin bx\, dx}{x^{\frac{3}{2}}}$$

findet man, indem dasselbe in die Form gebracht

$$\tfrac{1}{2}\int_0^\infty \frac{\cos(a-b)x\,dx}{x^{\frac{3}{2}}} - \tfrac{1}{2}\int_0^\infty \frac{\cos(a+b)x\,dx}{x^{\frac{3}{2}}}$$

und dann jedes Glied der Formel

$$\int_0^\infty \frac{\cos bx\,dx}{x^n} = \frac{\pi}{2\Gamma(n)} \frac{b^{n-1}}{\cos\frac{n\pi}{2}}$$

berechnet wird. Das Resultat ist

$$= \frac{\sqrt{\pi}}{\sqrt{2}} \left\{ (a+b)^{\frac{1}{2}} - (a-b)^{\frac{1}{2}} \right\}, \quad (a > b).$$

Die Methode ist ungenau, denn, da die beiden zusammensetzenden Integrale wirklich unendlich sind, so ist die benutzte Formel zur Berechnung ihrer Werthe unrichtig. Nichtsdestoweniger stimmt das Resultat, und der Verfasser macht sich anheischig, zu zeigen, dass es allgemein gilt; er schlägt vor, ein entsprechendes Gesetz einzuführen, für den Fall, wo der angenommene Werth des zusammensetzenden Integrals unendlich wird (wenn n nämlich eine ungrade Zahl ist), und für andere Fälle der Ungültigkeit. Für die Bequemlichkeit sowohl, wie für die fernere Verallgemeinerung wird ein exponentieller Factor eingeführt, so dass die betrachteten Integrale von der Form

$$\int_0^\infty e^{-ax} \frac{f(x)\,dx}{x^n}$$

sind, wo $f(x)$ aus sin und cos der Vielfachen von x zusammen gesetzt ist. Cly. (O.)

G. F. Meyer. Bemerkungen über den Du Bois-Reymondschen Mittelwerthsatz. Clebsch Ann. VI. 313-318.

Neuer Beweis des genannten Satzes nebst Anwendung desselben zum Beweise des Dirichlet'schen Lemma's: „Ist $\int_0^\infty e^{-kx}\varphi(x)\,dx$ für $k>0$ angebbar, ebenso $\int_0^\infty \varphi x\,.\,dx$, so ist der letztere Werth die Grenze des ersteren für verschwindende k". St.

H. Weber. Ueber die Bessel'schen Functionen und ihre Anwendung auf die Theorie der electrischen Ströme. Borchardt J. LXXV. 75-105.

Siehe Abschnitt XI, Cap. 3.

H. Weber. Ueber die stationären Strömungen der Electricität in Cylindern. Borchardt J. LXXVI. 1-20.

Siehe Abschnitt XI, Cap. 3.

L. Gegenbauer. Ueber die Function X_n^m. Wien. Ber. 1873. (11 Seiten).

Zunächst wird die Potenz x^n nach den Functionen X_n^m (s. die früheren Arbeiten des Herrn Verfassers in den Wien. Ber. LXV und LXVI; F. d. M. IV, 223 sq.) entwickelt in die Reihe:

$$x^n = \frac{\Pi(n)}{m(m+2)\cdots(m+2n-2)}\Big[X_n^m + \frac{m+2n-4}{2}X_{n-2}^m + \frac{(m+2n-8)(m+2n-2)}{2\cdot 4}X_{n-4}^m + \cdots\Big],$$

woraus sich sofort die Entwickelung einer nach steigenden Potenzen von x geordneten Function

$$\varphi(x) = c_0 + c_1 x + c_2 x^2 + \cdots$$

ergiebt. In den resultirenden Formeln sind die in der Abhandlung: „Entwickelung nach den Functionen X_n^{2r+1}“, Wien. Ber. LXVI, 415-421, aufgestellten Gleichungen als specielle Fälle enthalten. Eine Reihe bemerkenswerther Formeln erhält nun Herr Gegenbauer, indem er für $\varphi(x)$ einige specielle Functionen einführt, z. B.

$$\varphi(x) = \frac{1}{(y-x)^r},\ \cos xy,\ \sin xy,\ e^{xy},\ (1-x^2)^r,\ X_n^r.$$

Hieraus lassen sich wieder eine Reihe bestimmter Integrale ableiten, sowie Darstellungen von $\cos y$, $\sin y$, e^y durch Bessel'sche Functionen, und andere in die Theorie dieser letzteren Functionen gehörige Formeln. M.

H. Weber. Ueber eine Darstellung willkürlicher Functionen durch Bessel'sche Functionen. Clebsch Ann. VI. 146-161.

Herr C. Neumann hat zuerst die Darstellung einer Function,

die für alle Punkte einer Ebene willkürlich gegeben ist, durch Bessel'sche Functionen gegeben. Herr Weber entwickelt hier eine verwandte Darstellungsweise für eine Function, die in der ganzen Ebene, soweit sie ausserhalb eines gegebenen Kreises liegt, willkürlich gegeben ist. Zu dem Ende werden zunächst die beiden particularen Bessel'schen Functionen, $J_n(x)$ und $K_n(x)$, aus denen sich alle der Differentialgleichung

$$\frac{d^2y}{dx^2}+\frac{1}{x}\,\frac{dy}{dx}+\left(1-\frac{n^2}{x^2}\right)y=0$$

genügenden Bessel'schen Functionen n^{ter} Ordnung (im weiteren Sinne des Wortes) linear zusammensetzen lassen, zweckmässig ausgewählt, und einige ihrer Eigenschaften untersucht. Darauf wird eine, der C. Neumann'schen Darstellung einer zwischen den Grenzen $0<r<\infty$, $0<\varphi<2\pi$ willkürlichen Function $f(r,\varphi)$ durch ein dreifaches Integral (s. C. Neumann, Allgem. Lösung des Problems über den stat. Temperaturzustand etc., Halle 1862; du Bois-Reymond, Clebsch Ann. IV, 367) analoge Darstellung mitgetheilt für Functionen, die nur für Argumente >1 willkürlich gegeben sind, durch Bessel'sche Functionen, welche für den Werth 1 des Arguments verschwinden. Dabei wird die Möglichkeit der Darstellung vorausgesetzt, und unter dieser Voraussetzung die betreffende Form

$$F(r)=\int_0^{\infty}\frac{\alpha f_n(\alpha,r)\,d\alpha}{(J_n(\alpha)^2+K_n(\alpha)^2)^2}\int_1^{\infty}F(\varrho)\,f_n(\alpha,\varrho)\varrho\,d\varrho\qquad(1<r<\infty)$$

hergeleitet, wo

$$f_n(\alpha,r)=K_n(\alpha)\cdot J_n(\alpha r)-J_n(\alpha)\cdot K_n(\alpha r).$$

Von den mancherlei physikalischen Aufgaben, zu deren Lösung die gefundene Formel benutzt werden kann, nimmt Herr Weber die folgende heraus: „Es soll eine Function bestimmt werden, welche für alle Punkte ausserhalb eines unbegrenzten Cylinders mit kreisförmigem Querschnitt der Differentialgleichung genügt:

$$\frac{\partial^2u}{\partial x^2}+\frac{\partial^2u}{\partial y^2}+\frac{\partial^2u}{\partial z^2}=0,$$

die an der Cylinderoberfläche und für Punkte im Unendlichen

verschwindet und im ganzen Raume ausserhalb des Cylinders mit ihren ersten Ableitungen stetig ist, mit Ausnahme eines einzigen aber beliebigen Punktes, in welchem sie unstetig werden soll wie die mit einem constanten Factor multiplicirte reciproke Entfernung von diesem Punkte". Physikalisch deuten kann man diese Function entweder als das Potential der durch einen einzelnen electrischen Massenpunkt auf dem zur Erde abgeleiteten Cylinder inducirten statischen Electricität; oder als die Spannung im Fall der stationären Strömung, wenn der Eintritt der Electricität in einem Punkt eines unbegrenzten Leiters stattfindet, in welchem der Cylinder eingetaucht ist, vorausgesetzt, dass der Cylinder, der mit dem andern Pol der Kette verbunden ist, ein sehr viel höheres Leitungsvermögen besitzt, als die umgebende Substanz. Auf zwei verschiedenen Wegen ermittelt Herr Weber diese Green'sche Function. M.

Achter Abschnitt.

Reine, elementare und synthetische Geometrie.

Capitel 1.

Principien der Geometrie.

F. Klein. Ueber die sogenannte Nicht-Euklidische Geometrie. (Zweiter Aufsatz). Clebsch Ann. VI. 112-145.

Die vorliegende Abhandlung, die sich an eine frühere über denselben Gegenstand anschliesst (s. F. d. M. III, p. 231), zerfällt in zwei Abschnitte. Der erste beschäftigt sich mit dem Begriffe einer Mannigfaltigkeit von constantem Krümmungsmasse und ihrer Beziehung zur projectivischen Mannigfaltigkeit. Wie der Herr Verfasser inzwischen in seinem Erlanger Antritts-Programme ausführlicher erörtert hat, wird eine Mannigfaltigkeit von beliebig vielen Dimensionen durch die ihr adjungirte Transformationsgruppe characterisirt, so die projectivische Mannigfaltigkeit durch die allgemeinen linearen Transformationen. In derselben Art fällt die Beilegung eines constanten Krümmungsmasses zusammen mit der Forderung freier Beweglichkeit starrer Körper. Es ist aus den Arbeiten von Beltrami (siehe F. d. M. I, p. 208) bekannt, dass in einer Mannigfaltigkeit von constantem Krümmungsmasse die Variablen so gewählt werden können, dass die geodätischen Linien durch lineare Gleichungen dargestellt sind, dass ferner bei dieser Coordinaten-Bestimmung die Transformationen, welche die Massverhältnisse ungeändert lassen, durch lineare Gleichungen ausgedrückt werden. Daraus wird man schliessen, dass die Behandlung einer Mannigfaltigkeit von constantem Krümmungsmasse in der projectivischen Behandlung enthalten ist — was nach dem ersten Aufsatze des Herrn Klein so ausgedrückt werden kann: die Gruppe von Transformationen, welche die Massbestimmung in einer Mannigfaltigkeit von constantem Krümmungsmasse ungeändert lassen, besteht bei passender Coordinaten-Bestimmung aus der Gruppe derjenigen linearen Transformationen, welche eine quadratische Gleichung (von nicht verschwindender Determinante) in sich überführen. Hierzu tritt noch die Annahme, dass diese Gleichung eine definite oder eine solche sei, die sich durch eine reelle Transformation in eine Summe von Quadraten verwandeln lasse, in der alle Quadrate bis auf eines gleichbezeichnet sind. Der erste Fall liefert ein positives, der zweite ein negatives Krümmungsmass. Diejenigen Coordinaten, durch welche die kürzesten Linien linear ausgedrückt sind, sind nach einem bekannten Satze der projectivischen Geometrie Doppelverhältnisse, die sich nunmehr nach dem Vorgange von Cayley als Functionen der Entfernungen bestimmen lassen.

Im 2ten Abschnitte wird die im ersten Aufsatze des Herrn Verfassers aufgestellte Behauptung bewiesen, dass für die von v. Staudt in seiner Geometrie der Lage gegebene Begründung der projectivischen Geometrie das Parallelen - Axiom unwesentlich sei. Es lässt sich durch die von v. Staudt gebrauchten Schlüsse der Satz zeigen: „In einem begrenzten Raume sei eine unendliche Zahl überall stetig gekrümmter, nur durch die Begrenzung geendigter Flächen gegeben, welche die folgende Gruppirung besitzen:

1) Durch drei beliebig angenommene Punkte des gegebenen Raumes geht eine und nur eine Fläche des Systemes hindurch.

2) Die Durchschnitts-Curve, welche zwei Flächen des Systemes gemein haben können, gehört allen Flächen an, die zwei Punkte der Curve enthalten“.

„Für ein solches System von Flächen und Curven gilt die projectivische Geometrie in demselben Sinne, wie gemäss den gewöhnlichen Vorstellungen für das System der Ebenen und Geraden in einem beliebig begrenzten Raume“.

Was diesen Satz merkwürdig macht, ist, dass ein analoger Satz, den man für die Ebene formuliren möchte, nicht existirt. Damit erweist sich der Vorgang von v. Staudt, der zur Begründung der projectivischen Geometrie auch der Ebene räumliche Verhältnisse heranzieht, als dem Wesen der Sache entsprechend. Uebrigens enthält die Reihe der dabei vorkommenden Schlüsse eine Lücke, worüber indess bereits eine neue Mittheilung des Herrn Verfassers vorliegt. St.

G. Freye. Ueber eine geometrische Darstellung der imaginairen Gebilde in der Ebene. Jena. Neuenhahm.

P. Cassani. Intorno alle ipotesi fondamentali della geometria. Battaglini G. XI. 333-349. Kln.

W. Frahm. Habilitationsschrift. Tübingen.

F. Lindemann. Ueber unendlich kleine Bewegungen starrer Körper bei allgemeiner projectivischer Massbestimmung. Erlang. Ber. 1873. 28. Juli. Clebsch Ann. VII. 56-144.

E. d'Ovidio. Studio sulla geometria projettiva. Brioschi Ann. (2) VI. 72-101.

H. Stahl. Ueber die Massfunctionen der analytischen Geometrie. Pr. Berlin.

Die Entwickelung, welche die sogenannte Nicht-Euklidische Geometrie, oder, was dasselbe ist, die von Cayley begründete projectivische Massgeometrie in neuerer Zeit gefunden hat, musste die Ausdehnung gewisser bei gewöhnlicher Massbestimmung bekannter Betrachtungsweisen und Aufgaben auf die verallgemeinerte Massbestimmung ebenso interessant als wichtig erscheinen lassen. Die fünf vorstehend genannten Abhandlungen, von den verschiedenen Verfassern unabhängig und fast gleichzeitig ausgearbeitet, ergreifen alle die hiermit bezeichnete Problemstellung, so dass nur ein gemeinsames Referat über dieselben am Platze schien. Die Massfunctionen, wie sie im Raume von 3 Dimensionen zu betrachten sind, mag man in solche der ersten, zweiten und dritten Stufe eintheilen. Der Abstand zweier Punkte, der Winkel zweier Ebenen sind Beispiele für die erste Stufe, der Dreiecks- und Tetraederinhalt bez. für die zweite und dritte. In der Ebene, in der nur 2 dieser Stufen auftreten, kannte man die analytischen Ausdrücke für die entsprechenden Grössen auch bei projectivischer Massbestimmung vollständig (die Formeln der sphärischen Trigonometrie), dagegen waren für den Raum nur erst die Entfernung zweier Punkte und der Winkel zweier Ebenen explicite dargestellt. Die Aufgabe, einen Ausdruck zu construiren, der dem von der gewöhnlichen Geometrie her bekannten Momente zweier Raumgeraden analog wäre, bildet in den vorgenannten Arbeiten von Lindemann, Ovidio, Stahl den Ausgangspunkt und Ovidio giebt eine Deutung desselben: das Moment zweier Geraden ist, bis auf einen numerischen Factor, gleich dem Producte der beiden gemeinsamen Perpendikel, welche die beiden Linien gemäss den projectivischen Vorstellungen besitzen. Lindemann andererseits interpretirt das Moment mit Hülfe gewisser auf die beiden Geraden bezüglichen Doppelverhältnisse und ist dadurch in der Lage, überhaupt von einem Momente zweier linearen Complexe zu sprechen. Ueberdies wird bei Lindemann und Ovidio eine zweite Massfunction aufgestellt, die Lindemann die Neigung, Ovidio das Comoment der beiden Geraden nennt, und welche gleich ist dem Momente der einen Geraden in Bezug auf die absolute Polare der anderen.

Dabei geben Ovidio, Lindemann und Stahl das Moment der zwei Geraden in einer Form, in welcher seine Zusammensetzung aus den Coordinaten der beiden Geraden (im Plücker-Cayley-schen Sinne) ersichtlich ist. Ein interessanter Satz, der sich bei Lindemann findet, dass nämlich alle Geraden, welche zwei feste Erzeugende der Fundamentalfläche schneiden, gegen eine beliebige Gerade dieselbe Neigung haben, wurde wiederum unabhängig von Clifford gefunden und der British Association in Bradford, September 1873, mitgetheilt, (vergl. auch Proc. of the London Mathematical Society 1873, siehe p. 280).

Bei Stahl, wie bei Ovidio werden sodann auch Formeln für die Dreiecks- und Tetraederinhalte, resp. für diejenigen geometrischen Grössen aufgestellt, die diesen Inhalten dualistisch entsprechen, wobei freilich der Nachweis vermisst wird, dass der Inhalt eines aus zwei anderen Tetraedern zusammengesetzten Tetraeders gleich ist der Summe der beiden Theilinhalte. Stahl nimmt dabei Gelegenheit, explicite den Inhalt des unendlich kleinen Dreiecks, resp. Tetraeders aufzustellen, welches durch 3 bez. 4 consecutive Punkte einer Curve bestimmt ist, während beide, Ovidio und Stahl, weiterhin eine Reihe von Relationen mittheilen, die bei einer aus Punkten, Geraden und Ebenen bestehenden Figur zwischen den einzelnen Massfunctionen bestehen: Relationen, die man als Verallgemeinerungen der in der sphärischen Trigonometrie üblichen Formeln betrachten darf. Ovidio, dessen Arbeit wohl wesentlich die Aufstellung solcher Relationen zum Zweck hatte, hat eine Ableitung der entsprechenden, auch sonst bekannten Beziehungen, wie sie bei gewöhnlicher Massbestimmung auftreten, unter Benutzung projectivischer Vorstellungen in einem Aufsatze in dem Giornale di Matematiche gegeben (s. Abschn. IX, Cap. 1).

Es muss hier ferner eine etwas früher erschienene Mittheilung von Schering erwähnt werden (Gött. Nachr. 1873, 13-21, s. p. 278), die wir nur desshalb nicht zugleich mit den anderen Arbeiten an der Spitze dieses Referates aufgeführt haben, weil sich ihr Verfasser nicht derselben Anschauungsweise bedient, wie die übrigen genannten Autoren. Indem er auf die Coïncidenz der Nicht-Euklidischen Geometrie mit der projectivischen keine Rücksicht nimmt, bedient er sich einer abweichenden Terminologie; er redet von einem Gauss'schen und einem Riemann-schen Raume, wo man sonst von einem Raume mit constanter negativer oder positiver Krümmung, oder, in Anlehnung an die projectivische Anschauung, von einer reellen, nicht geradlinigen, oder von einer imaginären Fundamentalfläche spricht. Mit Bezug auf die vorliegenden Fragen theilt er (unter Ausdehnung auf beliebig viele Veränderliche) eben auch polygono — oder polyedrometrische Relationen mit.

Stahl entwickelt in seinem Programme dann insbesondere, was aus der gewöhnlichen Theorie krummer Oberflächen und

Raumcurven wird, wenn man projectivische Massbestimmung zu Grunde legt. Seine Untersuchungen culminiren, in engem Anschlusse an die Abhandlung von Clebsch über das Normalenproblem bei Flächen 2ter Ordnung, in der Bestimmung der Krümmungscurven und der geodätischen Linien auf den Flächen 2ten Grades. Eigenthümlich ist ihm dabei eine verallgemeinerte Auffassung der Massbegriffe; indem er statt der Fundamentalfläche zweiter Ordnung der Cayley'schen Geometrie eine Fläche beliebiger Ordnung setzt, fällt der Begriff seiner allgemeinsten Massfunction nahezu mit dem einer absoluten Invariante eines simultanen Systems zusammen. Die geometrischen Resultate, betreffend Flächen zweiter Ordnung, liessen sich übrigens, wie Stahl selbst angiebt, bei der bekannten Theorie der von Flächen zweiten Grades gebildeten confocalen Systeme voraussehen, um so mehr, als Clebsch in seiner Behandlung des Normalenproblems bereits selbst eine projectivische Massbestimmung anwandte. Sie finden sich denn auch bereits etwas früher in einer der Noten entwickelt, welche Darboux seinem Buche: Sur une classe remarquable de courbes (Paris 1873, s. Abschn. IX, Cap. 3) zugefügt hat. (Vergl. auch einen Aufsatz von Lüroth in Schlömilch Z. XIV. 156, s. F. d. M. I. 232).

Insofern die Bestimmung der geodätischen Linien diejenige der Curven von der Länge Null als besonderen Fall einschliesst und das Problem der conformen Abbildung einer Fläche auf die Ebene die Kenntniss eben dieser letzteren verlangt, ist durch diese Entwickelungen von Darboux und Stahl implicite die conforme Abbildung des Ellipsoids auf die Ebene geleistet, deren Formeln (wieder für n Dimensionen) Schering in seiner Note angiebt.

Waren die bis jetzt besprochenen Probleme wesentlich rein geometrischer Natur, so beginnen Frahm und Lindemann auch die mechanischen Probleme mit in den Kreis ihrer Betrachtungen zu ziehen. Die mit ausführlicher Berücksichtigung der einschlägigen älteren Theorieen ausgearbeitete Abhandlung von Lindemann ist namentlich auch dadurch ausgezeichnet, dass sie in allen diesen Fragen zu einem wirklichen anschauungsmässigen Erfassen des mechanischen Vorganges zu gelangen sucht.

Das erste und nächstliegende Problem ist dabei das kinematische, betreffend die Bewegung und insonderheit die unendlich kleine Bewegung eines starren Körpers. Unter einer Bewegung ist dabei eine lineare Transformation der Fundamentalfläche in sich selbst zu verstehen. Es ist bekannt, dass für diesen Gegenstand bei specieller Massbestimmung eine grosse geometrische Theorie von Poinsot, Möbius, Chasles besteht, die in neuerer Zeit namentlich auch durch ihren Zusammenhang mit den Vorstellungen der Liniengeometrie Interesse auf sich gezogen hat. Wie Lindemann ausführlich zeigt, lassen sich diese Sätze auf allgemeine Massbestimmung sämmtlich übertragen, erleiden aber dabei eine mehr oder minder wesentliche Modifikation. Während z. B. bei gewöhnlicher Massbestimmung in der Untersuchung der unendlich kleinen Bewegungen eines starren Körpers ein linearer Complex ausgezeichnet auftritt, sind es nun deren zwei, entsprechend der Gleichberechtigung, welche nun den Begriffen Translation und Rotation innewohnt. Man mag überdies die Ausführungen der Lindemann'schen Arbeit als analytische Begründung der sonst bekannten Theorie vom allgemeinen, algebraisch-projectivischen Gesichtspunkte aus betrachten. Dabei ergeben sich naturgemäss eine Reihe von Erweiterungen dieser Theorie, wie sie gleichzeitig, unter Beschränkung auf gewöhnliche Massbestimmung, von Ball in den Proceedings der Royal Society of London mitgetheilt werden.

Einem bekannten, dualen Verhältnisse entsprechend stellt sich neben diese Untersuchung sofort diejenige, welche sich auf die Zusammensetzung der Kräfte am starren Körper bezieht, wobei Translations- und Rotationskräfte einander als gleichberechtigt, aber auch als gleichbedeutend gegenübertreten. Es ist dabei wohl von besonderem Interesse, dass, wie Lindemann ausführt, der Satz vom Parallelogramm der Kräfte ungeändert erhalten bleibt, insofern er lehrt, aus der Intensität zweier sich schneidender Kräfte und dem gegenseitigen Winkel Grösse und Lage der Resultante zu berechnen, dass aber die Construction des Parallelogramms nur noch mit unendlich kleinen Strecken ausgeführt werden kann (vergl. die in diesen Fortschritten II. p. 648

referirte Schrift von de Tilly). Der Lindemann'schen Arbeit bleibt die Frage fern, welche Bewegung ein Körper von gegebener Massenvertheilung unter dem Einflusse gegebener Kräfte ausführt; wenn in ihr von dem Principe der virtuellen Geschwindigkeiten die Rede ist, so bezieht sich dasselbe wesentlich auf die allgemeine Fragestellung der Statik. Dagegen giebt Frahm, wenn auch kurz und ohne Beweis, einige analytische Resultate an, zu welchen er (unter Voraussetzung von n Dimensionen) für die freie Bewegung eines starren Körpers gekommen ist. Er bedient sich dabei, um nicht die homogenen Veränderlichen zu verlassen und doch der ungewohnten Unbestimmtheit zu entgehen, welche dieselben bei Differentiationen bieten, einer von Vorneherein als berechtigt zu erkennenden Hülfsanschauung, vermöge deren das Problem als die Aufgabe der Rotation eines starren Körpers im Raume von $n+1$ Dimensionen um einen festen Punkt erscheint. Kln.

E. Schering. Linien, Flächen- und höhere Gebilde im mehrfach ausgedehnten Gauss'schen und Riemann-schen Raume. Gött. Nachr. 1873. 13-21.

Siehe das vorhergehende Referat, p. 275. Kln.

J. C. V. Hoffmann. Resultate der Nicht-Euklidischen oder Pangeometrie. Hoffmann Z. IV. 416-417.

Sätze, citirt aus einem Aufsatze von F. Klein. H.

A. Genocchi. Lettre à Mr. Quetelet sur diverses questions mathématiques. Bull. de Belg. (2) XXXVI. 181-196.

M. de Tilly. Rapport sur cette lettre. Bull. de Belg. (2) XXXVI. 124-139.

Beide Schriften discutiren die Möglichkeit eines Beweises für das Postulat des Euklid. Der Brief des Herrn Genocchi enthält ferner eine historische Notiz über diese Frage.

I. Herr de Tilly zeigt die Unmöglichkeit des Beweises durch eine ebene Construction. Man nennt Pseudokugel die Umdrehungsfläche mit constanter Krümmung, welche durch die Curve der gleichen Tangenten entsteht; dann ist die Euklidische Geometrie auf der Pseudokugel identisch mit der Nicht-Euklidischen Geometrie in der Ebene, da die Figuren auf der Pseudokugel aus geodätischen Linien gebildet werden. Man kann, ohne das Postulat, nicht beweisen, dass die Summe der Winkel im Dreieck 2 Rechte beträgt, weil man zu demselben Schluss für die Pseudokugel kommen würde, was absurd ist. Der Einwurf des Herrn Genocchi ist folgender: Die geodätischen Linien schneiden sich in mehr als einem Punkt, was für Gerade in der Ebene nicht gilt. Dem entgegnet Herr de Tilly: Dies sei nicht der Fall, wenn man als Pseudokugel die Oberfläche nimmt, welche durch ein unendlich Mal wiederholtes Rollen entstanden. Die so betrachtete Oberfläche ist nicht einfach zusammenhängend, sondern unendlichfach zusammenhängend, und ist folglich unbegrenzt, nicht nur im Sinne der Axe, sondern auch senkrecht dazu. Die Spitzencurve der Pseudokugel hindert übrigens nicht, eine Construction zu machen, weil jede Construction in einer Entfernung von dieser Kante gemacht werden kann. Auf den Einwurf: Die Pseudokugel habe nicht die Eigenschaft des Rückkehrens (retournement), antwortet Herr de Tilly: Rückkehren zum Ausgang sei, im Grunde, eine nicht ebene Construction. Herr Genocchi zeigt weiter, dass man bis jetzt noch keine klare Vorstellung von den geometrischen Operationen auf der Pseudokugel hat.

II. Unmöglichkeit, das Postulat durch irgend eine Ueberlegung zu beweisen. Man nenne Pseudoentfernung zweier Punkte (x, y, z) $(x+dx, y+dy, z+dz)$ den Ausdruck

$$d\sigma = \sqrt{(dx^2+dy^2)\, e^{\frac{2z}{k}}+dz^2},$$

Pseudo-Gerade die Linie

$$y = mx+n,\quad (m^2+1)(x-P)(x-Q) = -k^2 e^{-\frac{2z}{k}},$$

Pseudo-Ebene die Revolutionsfläche

$$x^2+y^2+Ax+By+C = -k^2 e^{-\frac{2z}{k}},$$

Pseudo-Winkel BAC, in dem Dreieck, dessen Seiten die Pseudolängen ka, kb, kc haben, die Grösse α, definirt durch die Relation

$$Cka = Ckb \cdot Ckc + Skb\; Skc\; \cos\alpha.$$

Diese Grössen haben, sowohl in der Geometrie, wie in der Kinematik dieselben Eigenschaften, wie die Entfernungen, Geraden, Ebenen und Winkel in der Euklidischen Geometrie. Da die Summe der Pseudowinkel in einem Dreieck nicht gleich 2 Rechten ist, kann man den entsprechenden Satz in der Ebene nicht ohne Postulat beweisen. Auf den Einwurf: Die Pseudo-Ebene ist nicht in allen Punkten identisch; folglich ist nicht bewiesen, dass jeder Satz in der Ebene einen entsprechenden in der Pseudoebene hat, wird geantwortet: Dies ist nicht bewiesen, aber wenig wahrscheinlich.

Man kann, sagt Herr Genocchi, nicht auf die Erfahrung zurückgehen, um das Postulat zu beweisen, weil wir keine Erfahrung machen, ohne uns auf Geometrie zu stützen. Es muss also im Unterricht das Postulat als Postulat und nicht als eine aus der Erfahrung hergeleitete Wahrheit hingestellt werden. Herr de Tilly bemerkt dagegen, dass das Postulat in allen Fällen das idealisirte Resultat der Erfahrung sei. Herr Genocchi zeigt noch, dass die Geometrie von *n* Dimensionen im Grunde schon 1847 von Cauchy studirt worden ist (siehe C. R. XXIV. p. 885).

Mn. (O).

W. K. Clifford. Preliminary sketch of biquaternions. Proc. of L. M. S. IV. 381-395.

Diese Theorie steht in Verbindung mit der Hamilton'schen Theorie der Quaternionen, aber der Ausdruck Biquaternionen wird in völlig anderm Sinne, als bei Hamilton, gebraucht. So wie ein Vector (Translationsgeschwindigkeit oder Paar) eine Grösse ist, die mit der Richtung verbunden; und wie ein „rotor“ (Ausdruck, um die Rotationsgeschwindigkeit oder die Kraft zu bezeichnen) eine mit einer Axe verbundene Grösse ist, so ist die allgemeinere Menge, die der Verfasser betrachtet und die er „motor“ nennt, eine Grösse, die mit der Schraubenlinie verbunden ist; ihr allgemeinster Typus ist die Bewegung eines starren Körpers. Die Bezeichnung einer „Biquaternion“ entsteht bei dem Versuch, das Verhältniss zweier Motoren auszudrücken. Es wird gezeigt, dass die Symbole eine allgemeinere Interpretation in der Geometrie der drei Dimensionen finden, die von Herrn Klein die elliptische genannt wird, und welche ihre Grenzen bei der parabolischen oder Euklidischen Geometrie hat. Cly. (O).

J. Worpitzky. Ueber die Grundbegriffe der Geometrie. Grunert Arch. LV. 405-421.

Die Abhandlung legt in kurzen Zügen den wissenschaftlichen Standpunkt dar, von welchem aus der Verfasser die Abfassung eines inzwischen erschienenen Lehrbuchs der elementaren Geometrie unternommen hat.

Nachdem die Flächen, Linien und Punkte als Grenzen zweier Raumtheile, Flächentheile und Linientheile definirt sind, wird die Möglichkeit der starren Bewegung axiomatisch festgestellt und hiermit der Begriff der Congruenz gewonnen. Eine Figur lässt sich so legen, dass ein beliebiger Punkt eine gegebene Lage erhält; hält man zwei Punkte einer Figur fest, so bleibt eine unverzweigte und nicht geschlossene Linie, die beliebig verlängert werden kann, in Ruhe, dies ist die Gerade. Hieran schliesst sich ein Axiom, welches die Monodromie des Raumes ausdrückt, und welches der Verfasser so formulirt: Dreht man eine starre Figur so, dass ein ausserhalb der festen Drehungsaxe liegender Punkt seinen Weg fortwährend vergrössert, so gelangt er wieder in seine Anfangslage, nachdem eine von ihm zu einem festen Raumpunkte ausser der Axe gezogene Gerade die Axe während der Drehung einmal geschnitten hat.

Den Winkel definirt der Verfasser zunächst ohne Rücksicht auf die Ebene durch eine gebrochene Linie. Die Gleichheit zweier Winkel lässt sich durch Congruenz, und die Ungleichheit durch Betrachtung der Fläche definiren, welche ein Schenkel beschreibt, wenn der Winkel um den andern Schenkel rotirt, ohne dass hierzu der Grössenbegriff nöthig ist.

Hieran knüpft der Verfasser noch das Axiom: Es giebt kein Dreieck (d. h. keine in sich selbst zurücklaufende dreimal gebrochene Linie) mit drei beliebig kleinen Winkeln. Dieses Axiom soll das elfte Euklidische vertreten.

Nach diesen beiden Axiomen wendet sich der Verfasser zu

der Anwendung des Grössenbegriffs auf geometrische Dinge, und nachdem er die gerade Strecke und den Körper unter diesen Begriff subsumirt hat, führt er den Begriff der Grenzgestalt ein. Die Grenzgestalt eines sich verändernden Raumgebildes ist nämlich ein unveränderliches Gebilde, dessen Punkten sich die Punkte des ersteren unendlich nähern, d. h. so nähern, dass die Strecke, welche entsprechende Punkte verbindet, kleiner wird als jede beliebige constante Strecke.

Mit diesem Begriff der Grenzgestalt wird es möglich, Raumgebilde zu vergleichen, die in keinem noch so kleinen Theile übereinstimmen, z. B. die Länge einer geraden und einer krummen Linie; und auch einzusehen, dass eine derartige Vergleichung nicht immer möglich ist; dass also z. B. Linien mit unendlich vielen Wendepunkten mit einer geraden Linie nicht immer vergleichbar sind. Doch entbehrt das vom Verfasser zu diesem Zwecke aufgestellte Axiom in der vorliegenden Form noch der Verständlichkeit. Auch scheint es bedenklich, hier ein Axiom zu statuiren, wo es sich nach Ansicht des Referenten um die Definition eines erweiterten Begriffes handelt. Nach einigen weiteren Betrachtungen rechter Winkel und gestreckter Winkel, die immer noch ohne den Begriff der Ebene angestellt werden, geht der Verfasser zur Congruenz der Dreiecke über, die er ebenfalls ohne den Begriff der Ebene beweist. Erst hieran schliesst sich die Definition der Ebene als derjenigen Fläche, welche der eine Schenkel eines rechten Winkels beschreibt, wenn der Winkel um den andern Schenkel als Axe rotirt. Es lässt sich hieraus beweisen, dass jede Gerade, die zwei Punkte mit der Ebene gemein hat, ganz in derselben liegt, und hieraus folgen die weiteren Eigenschaften der Ebene. Endlich kann nun zur Anwendung des Grössenbegriffs auf den Winkel geschritten werden und die Parallelentheorie mit Hülfe des Anfangs citirten Axioms erledigt werden. Eine Betrachtung über die Vergleichung der Kreisbogen mit Geraden bildet den Schluss des Aufsatzes.

Anzuerkennen ist des Verfassers Bestreben, die Elemente der Geometrie begrifflich vollständig klar zu stellen, und namentlich den gebräuchlichen Fehler zu vermeiden, wonach mit der

Planimetrie begonnen wird, während die Existenz der Ebene nicht bewiesen ist. Giebt man die Möglichkeit der starren Bewegung oder der Congruenz axiomatisch zu, so ist auch die Monodromie klar dargelegt, und das darauf bezügliche Axiom entspricht der Anforderung der Einfachheit und unmittelbaren Evidenz. Weniger befriedigend ist das die Parallelentheorie begründende Axiom, und da die daraus abgeleiteten Beweise auch etwas complicirt sind, so ist fraglich, ob durch diese Fassung des Axioms etwas gewonnen ist. Ueber das die Grenzgestalt betreffende Axiom ist schon oben gesprochen. In Bezug auf die Subsumtion der Geraden unter den Grössenbegriff hätte der Verfasser nach Ansicht des Referenten beweisen müssen, dass gleiche Strecken zur Deckung gebracht werden können, wie man auch die Endpunkte combiniren möge, wie er dasselbe später in Bezug auf den Winkel gethan hat. A.

J. C. V. Hoffmann. Studien über geometrische Grundbegriffe. Hoffmann Z. IV. 103-119.

Der Artikel setzt die Discussion des Begriffs der Richtung fort, welcher in Hoffmann Z. III, 443-452, 523-534 (s. F. d. M. IV p. 237) bereits den ausschliesslichen Gegenstand ausmachte, und bespricht nach einander die Richtungsänderung, Richtungsgleichheit und die Verbindung der Richtung mit der Lage. Richtung ist ursprünglich eine Qualität, lässt sich aber in quantitative Bestimmung umwandeln. Auch die dazu dienende Drehung wird erst durch einen Modus des Messens zur Quantität. Hierzu wird unnöthigerweise der Kreisbogen herbeigeholt, mit dem Nachtheil, dass dadurch ein willkürliches Element, der Radius, in den Begriff einfliesst. Es genügte, die Bedingungen des $=$, $>$ und $<$ aufzustellen. Ebensowenig nothwendig war es, dass der Verfasser zur Begriffsbestimmung gleicher Richtung eine schneidende Gerade als willkürliches Tertium einführt. Bei der wiederholt gebrauchten genetischen Methode war es leicht, ohne jegliches variable fremde Element auszukommen. Nur hätte er den Erfahrungsgrundsatz der Homogeneität des Raumes (d. i. die Uebertragbarkeit der Raumgebilde), der doch überall stillschweigende Voraussetzung ist, deutlich in's Auge fassen und alles daraus ableiten müssen. Dies würde ihm eine Menge einzelner Bestimmungen erspart, und das Ganze würde sich kürzer und übersichtlicher gestaltet haben. Der grösste Theil der Discussion besteht in blosser Ausbreitung und Eintheilung des Stoffes und lässt instructive Gesichtspunkte vermissen. H.

J. Kober. Bemerkungen über einige Aufsätze dieser Zeitschrift. Hoffmann Z. IV. 120-124.

J. C. V. Hoffmann. Gegenbemerkungen und Anmerkungen. Hoffmann Z. IV. 124-129.

Das erste und Hauptthema bilden die Eintheilungen in der Geometrie. Der im vorigen Jahrgang p. 347 begonnene Principienstreit (s. Fortsch. d. Math. IV. 236) wird fortgesetzt, ohne eigentlich Neues zu bringen. Kober führt das l. c. als schlagend bezeichnete Argument nun genügend aus. Die Appellation des Gegners an den Leser lässt sich nur dahin beantworten, dass er die eigentliche Frage noch immer nicht beachtet hat. Wo wie bei den Vierecken Specialitäten, Parallelogramm, Rechteck, Rhombus, Quadrat eingeführt werden, ist vor Allem der umfassende Begriff unentbehrlich, das Rechteck und der Rhombus, welche auch ein Quadrat, das Parallelogramm, welches auch Rechteck und Rhombus sein kann, weil alle Sätze für das allgemeine aufgestellt, auch vom besondern gelten. Kober überlässt es Jedem, auch das negativ Bestimmte, das ungleichseitige Rechteck und den schiefwinkligen Rhombus ausserdem zu benennen, wenn er einen Grund aufweisen kann und das erstere Haupterforderniss nicht beeinträchtigt. Dem hat Hoffmann mit vielen Worten nichts entgegengestellt. Die folgenden Themata, die Benennungen stumpf-, recht-, spitzwinkliges, gleichschenkliges Dreieck, das Abtheilen grosser Zahlen, das Decimalzeichen, die kürzeste Divisionsmethode, das specifische Gewicht, bieten keinen Anlass, dem früher Bemerkten etwas hinzuzufügen. H.

A. Transon. Sur une propriété des asymptotes et sur cette locution: „Les points situés à l'infini sur un plan sont en ligne droite". Nouv. Ann. (2) XII. 289-297.

Kln.

S. A. Sexe. Nogle Bemorkninger vedkommende Plangeometrien. Nyt Magazin 1873. 282-294.

Der Verfasser entwickelt seine Auffassung mehrerer geometrischer Elementar-Begriffe, wie der geraden Linie, des Winkels, paralleler Geraden, etc. L.

Capitel 2.

Continuitätsbetrachtungen (Analysis situs).

A. Clebsch. Zur Theorie der Riemann'schen Flächen. Clebsch Ann. VI. 216-230.

Bei dem Studium der Riemann'schen Flächen hatte es früher eine Hauptschwierigkeit gebildet, dass man sich keine klare Vorstellung bilden konnte von dem Zusammenhange ihrer Blätter und dem entsprechend von der Art, wie man nach Riemann auf ihnen die Querschnitte zu ziehen hat. Diese Misslichkeit wurde durch eine neuere Untersuchung von Lüroth (Clebsch Ann. III 181, s. F. d. M. III p. 192) beseitigt. Clebsch nimmt in der vorliegenden Mittheilung die Lüroth'schen Betrachtungen auf, stellt sie ausführlicher dar und zeigt, dass sich mit Hülfe derselben eine Reihe von Untersuchungen des Clebsch-Gordan'schen Werkes über Abel'sche Functionen bedeutend vereinfachen. Kln.

K. Becker. Zur Lehre von den Polyedern. Schlömilch Z. XVIII. 328-330.

Aus den früheren Untersuchungen des Verfassers (Schlömilch Z. XIV, s. F. d. M. II 342, vergl. auch die einschlägigen Arbeiten von C. Jordan in Borchardt's Journal) kann man folgenden Satz ableiten: Werden alle mehr als dreiseitigen Ecken eines Polyeders von $(2n+1)$-fach zusammenhängender Oberfläche durch Dreikante zerlegt, so ist die Anzahl aller Dreikante an den sämmtlichen Eckpunkten desselben um $4(n-1)$ grösser, als die doppelte Anzahl seiner Flächen. Kln.

Ch. Wiener. Ueber eine Aufgabe aus der Geometria situs. Clebsch. Ann. VI. 29-30.

Es ist dies die Aufgabe, sich aus einem Labyrinthe, d. h. einem zusammenhängenden verschlungenen Wege mit unübersteiglichen Rändern, herauszufinden. Kln.

C. Hierholzer. Ueber die Möglichkeit, einen Linienzug ohne Wiederholung und ohne Unterbrechung zu umfahren. Clebsch Ann. VI. 30-33.

Diese Möglichkeit tritt dann und nur dann ein, wenn der Linienzug keinen oder zwei sogenannte ungrade Knotenpunkte hat. Vergl. die ältere Darstellung in Listing's „Vorstudien zur Topologie" (Göttinger Studien. Bd. 1. 1847). Kln.

A. Langer. Ein Beweis des Euler'schen Lehrsatzes über die Polyeder. Pr. Leitmeritz.

Das Polyeder wird aus den einzelnen Flächen zonenweise zusammengesetzt, und dabei werden die neu hinzukommenden Ecken und Kanten gezählt. No.

Capitel 3.

Elementare Geometrie (Planimetrie, Trigonometrie, Stereometrie).

M. Aschenborn. Lehrbuch der Geometrie. Berlin. Decker. 8.

Th. Spieker. Lehrbuch der ebenen Geometrie. Achte Auflage. Potsdam. Stein. 8.

Schullehrbücher. O.

E. ROUCHÉ et C. DE COMBESCURE. Éléments de géométrie. Paris. Gauthier-Villars. 8.

Th. GAUSS. Hauptsätze der Elementar-Mathematik. Theil I. Arithmetik und Planimetrie. Theil II. Stereometrie und Trigonometrie. Bunzlau. Kreuschmer. 8.

Das Lehrbuch umfasst das Material, welches auf Gymnasien gelehrt zu werden pflegt. Anordnung und Ausführung sind sachgemäss. O.

O. SCHLÖMILCH. Grundzüge einer wissenschaftlichen Darstellung der Geometrie des Maasses. Eisenach. Bacmeister. 8.

Der erste Theil dieses Lehrbuches, der in seiner fünften Auflage vorliegt, umfasst die Planimetrie und ebene Trigonometrie, der zweite, in dritter Auflage erschienene Theil enthält die Geometrie des Raumes, incl. der sphärischen Trigonometrie, und zwei Abschnitte über die Projection. O.

G. BELLAVITIS. Considerazioni sulla geometria pura. Mem. d. R. Ist. Ven. XVII. 189-253.

In diesem Bande beendet der Verfasser eine Arbeit, deren frühere Theile im 14ten und 15ten Bande der Mem. publicirt worden sind. Die letzten Seiten (227-253) enthalten in der Form von Noten einen detaillirten Vorschlag zu einem Cursus der elementaren Geometrie nach den Ansichten des Autors. Jg. (O).

C. G. REUSCHLE. Elemente der Trigonometrie mit ihrer Anwendung in der mathematischen Geographie. Stuttgart. Schweizerbart. 8.

Das vorliegende Lehrbuch hält sich nicht streng an die Grenzen der ebenen Trigonometrie, sondern geht stellenweise über dieselben hinaus. So nimmt es als Ergänzung die Sätze über Logarithmen auf. Auch einige Sätze aus der sphärischen Trigonometrie werden besprochen, soweit sie zu den späteren

Elementen der mathematischen Geographie, die der Verfasser aber nur auf terrestrische Verhältnisse ausdehnt, erforderlich sind. Hervorzuheben sind die hübschen Aufgaben aus der elementaren Geodäsie. O.

Emsmann. Mathematische Excursionen. Recension von Th. Kötteritzsch. Schlömilch Z. XVIII. Litz. 67-69.

S. Dickstein. Ueber Winkelmessung. Hoffmann Z. IV. 406-407.

Eine Reihe elementarer Sätze über Winkel am Kreise lässt sich in den Satz zusammenfassen: Werden beide, über den Scheitel hinaus verlängerte Schenkel eines Winkels von einem beliebigen Kreise getroffen, so ist die halbe Summe oder halbe Differenz der 2 Bogen zwischen seinen Schenkeln das Mass des Winkels, jenachdem der Scheitel innerhalb oder ausserhalb des Kreises liegt. H.

Zerlang. Ueber die Betrachtung irrationaler Linienverhältnisse. Hoffmann Z. IV. 415-416.

Der Verfasser rügt die Unterscheidung der Commensurabilität bei einigen Beweisen, welche sich unabhängig davon führen lassen. Die Frage ist nur: Kann man bei allen Proportionssätzen der Geometrie ein gleiches thun und so den Begriff der Proportion ganz von der Eigenheit der Verhältnisse ablösen? Andernfalls würde doch der Gesichtspunkt des Verfassers bei der Wahl der Methode nicht allein entscheiden. H.

J. Kober. Ein falscher Satz. Hoffmann Z. IV. 354-355.

Entdeckt im Lehrbuch der Planimetrie von Heis und Eschweiler, Cap. VI No. 4, und übereinstimmend im Lehrbuch von F. Rummer (3te Aufl. § 144). Die Berichtigung ist instructiv. H.

Erler. Kleinigkeiten aus der Schulstube. Hoffmann Z. IV. 325-334.

Das erste Thema der Besprechung bilden diejenigen Constructionsaufgaben, wo nur ein Datum die Dimension der Figur hinzufügt, deren Gestalt schon durch die übrigen Data bestimmt ist. Zweitens wird empfohlen, die inversen Rechnungsarten auch ihrer inversen Beziehung gemäss zu lehren. Dann folgt eine recht vielseitige Erörterung der Beziehung der stereometrischen Symmetrie (im Gegensatz zur Congruenz). Zuletzt zeigt der Verfasser, wie man es zu vermeiden hat, im Laufe eines Beweises dieselbe Sache zweimal zu beweisen. H.

G. Mainardi. Pensieri intorno vari argomenti. Atti d. Acc. P. d. N. Linc. XXVI. 384-397.

Das Referat folgt nach Beendigung der Arbeit.

M. Azzarelli. Continuazione della risoluzione di alcuni problemi geometrici proposti dal Kramp. Atti d. Acc. P. d. N. L. XXVI. 191-243.

Fortsetzung der Arbeit Band XXV. p. 317. Die Probleme betreffen sphärische Dreiecke. Jg. (O.)

W. Besant. Mathematical notes. Quart. J. XII. 276.

Ueber das Porisma von Dreiecken, deren jedes einem gegebenen Kreise ein- und umschrieben ist. Cly. (O.)

Em. Weyr. Ueber den Kreis der neun Punkte. Casopis. II. 190-191. (Böhmisch). W.

M. Azzarelli. Formole generali per assegnare i lati dei triangoli rettangoli primitivi. Atti d. Acc. P. d. N. L. XXVI. 43-53.

Primitive rechtwinklige Dreiecke nennt der Verfasser solche rechtwinklige Dreiecke, deren Seiten durch ganze relative Primzahlen gemessen werden. Jg. (O.)

G. Affolter. Dimostrazione elementare della proprietà che due triangoli polari di un circolo sono in posizione prospettiva. Battaglini G. XI. 110-111. Mz.

E. Hain. Sätze über das Dreieck. Grunert Arch. LV. 331-335.

Specielle Fälle bekannter Sätze, zum Theil Bestätigungen trigonometrischer Formeln. Schz.

E. Lemoine. Note sur un point remarquable du plan d'un triangle. Nouv. Ann. (2 XII. 364-367.

Zieht man innerhalb der Winkel eines Dreiecks ABC zu den Seiten desselben antiparallele Linien und bezeichnet die Mitten der innerhalb dieser Winkel liegenden Strecken derselben resp. mit A', B', C', so schneiden sich die Linien AA', BB', CC' in einem Punkte ω, welcher genannt wird „centre des médianes antiparallèles". Von den diesen Punkt betreffenden ohne Beweis angegebenen Eigenschaften können wir hier nur einige hervorheben. Zieht man durch ω Parallelen zu den Seiten, so liegen die dadurch auf den Seiten entstehenden Schnittpunkte auf einem Kreise, dessen Mittelpunkt in der Mitte liegt zwischen ω und dem Mittelpunkt des ABC umschriebenen Kreises. Die durch ω zu den Seiten gezogenen Antiparallelen sind einander gleich. Die Summe der Quadrate der von einem Punkte auf die Dreiecksseiten gefällten Senkrechten ist für ω ein Minimum. Auch einige auf ω bezügliche metrische Relationen sind beigefügt. Schz.

F. Armenante. Soluzione di quistioni. Battaglini G. XI. 250-252.

Es seien ϱ_1, ϱ_2, ϱ_3 die Radien der Kreise, welche denjenigen drei Dreiecken eingeschrieben sind, die entstehen, wenn man in einem dem gegebenen Dreieck eingeschriebenen Kreise Tangenten, parallel den Seiten desselben zieht. Es werden eine Anzahl Relationen zwischen diesen ϱ und den Stücken des ursprünglichen Dreiecks bewiesen. O.

Meutzner. Sätze über das Viereck. Grunert Arch. LV. 422-424.

Die Projectionen der Ecken eines vollständigen Vierecks auf je ein Paar Gegenseiten bestimmen drei mit dem gegebenen Viereck ähnliche Vierecke, deren Flächen sich zu derjenigen des gegebenen verhalten wie die Quadrate der cosinus der von den entsprechenden Gegenseitenpaaren gebildeten Winkel zu 1. Der zweite Satz bezieht sich auf das ebenfalls ähnliche Viereck, welches von den Schwerpunkten je zweier Dreiecke gebildet wird, in welche ein gegebenes Viereck durch jede Diagonale zerfällt. Schz.

L. Lecornu. Solution de la question 1038. Nouv. Ann. (2) XII. 26-29.

Wenn die vier Seiten eines Vierecks $ABCD$ und die Gerade, welche die Mitten zweier gegenüberliegender Seiten verbindet, gegeben sind, so ist der Flächeninhalt des Vierecks

$$J = \frac{1}{4}\left[\frac{a_1^2 - a^2}{a_1^2 + a^2 - 2b^2}\sqrt{(a^2+a_1^2-2b^2)(4c^2+4\partial^2-a^2-a_1^2+2b^2)-4(c^2-\partial^2)^2} \pm \sqrt{8b^2(a_1^2+a^2-2b^2)-(a_1^2-a^2)^2}\right];$$

wobei die durch die Mitten der zwei Seiten AC und BD gehende Gerade mit b, AB mit a, BD mit 2∂, BC mit a_1, und AC mit $2c$ bezeichnet sind. Pr.

J. Kudelka. Ableitung der Kegelschnittslinien aus dem Pythagoräischen Lehrsatze. Hoffmann Z. IV. 282-284.

Die Differenz der Quadrate der 2 Leitstrahlen gleich dem Quadrat der Ordinate gesetzt, ergiebt als Ort des laufenden Punktes die Parabel. Unrichtig ist die Ableitung der Ellipse und Hyperbel durch Hinzufügung einer Bestimmung, nach welcher beide zu Specialitäten der Parabel gemacht werden, welche jedoch mit der Gleichung selbst in Widerspruch steht. H.

Schröder. Auflösung der Gleichung S. 136 No. 2. Hoffmann Z. IV. 285.

Die Lösung bietet sich nach gewöhnlicher Reduction von selbst dar. H.

J. C. Walberer. Beitrag zur Lehre von den isoperimetrischen Figuren. Blätter f. d. Bayer. Gymnasialwesen. IX. 153.

Der Verfasser bemerkt mit Recht, dass die meisten elementargeometrischen Beweise für die isoperimetrischen Sätze den Schülern Schwierigkeiten bereiten müssen. Um diesem Mangel abzuhelfen, beweist er trigonometrisch in einfacher Weise folgende Sätze:

1) Von allen über einer gegebenen Grundlinie construirten Dreiecken mit gleichem Umfang hat das gleichschenklige den grössten Inhalt.

2) Von allen Vierecken mit gegebener Seite hat das Sehnenviereck den grössten Inhalt.

3) Von allen isoperimetrischen Vielecken hat das reguläre den grössten Inhalt.

4) Von allen isoperimetrischen Figuren ist das reguläre $(n+1)$-Eck grösser als das reguläre n-Eck.

5) Von allen isoperimetrischen Figuren hat der Kreis den grössten Inhalt.

Für letzteren Satz würde Ref. der hier gegebenen Ableitung die von Schellbach (Math. Lehrstund. 150) vorziehen. Gr.

F. Muir. A property of convex and stellate regular polygons of the same number of sides inscribed in a circle. Messenger (2) III. 47-50.

Wird der Umfang eines Kreises vom Radius r in zehn gleiche Theile getheilt und werden Sehnen für jeden Kreisbogen gezogen, dann entsteht das gewöhnliche convexe Zehneck, während, wenn man Sehnen über der Summe von je drei dieser zehn Bogen zieht, man das einzige andere regelmässige Zehneck erhält, nämlich das strahlenförmige. Es ist ein bekannter Satz, dass das Product einer Seite des convexen Zehnecks und des strahlenförmigen Zehnecks $= r^2$ ist. Der Verfasser untersucht den allgemeinen Satz für das regelmässige n-Eck, wovon Ersteres ein specieller Fall ist. Glr. (O.)

J. P. Revellat. Solution analytique du tracé des courbes à plusieurs centres, décrites d'après le procédé géométrique de Perronet. C. R. LXXVII. 434-339.

Es handelt sich um eine sogenannte elliptische Curve, welche durch eine continuirliche Aufeinanderfolge von Kreisbögen mit verschiedenen Centren und Radien gebildet ist, und welche für Gewölbeconstructionen vielfach Verwendung findet. Ist $AB = 2a$

die Weite und $OC = b$ die Höhe des Gewölbes über AB, so besteht das Gesetz der Curve darin, dass die Grenzradien der einzelnen auf einander folgenden Kreissectoren auf der nach unten gehenden Verlängerung von OC lauter gleiche Strecken, dagegen auf AO und BO ungleiche Strecken abschneiden, welche sich der Reihe nach wie die Zahlen $1, 2, 3 \ldots \frac{n-1}{2}$ verhalten, wenn n die ungrade Anzahl der Kreiscentra ist. Die beiden kleinsten Radien liegen in AB, der grösste in OC. Es wird die Aufgabe behandelt, aus a, b, n und einer gewissen beliebig zu wählenden Verhältnisszahl den kleinsten Radius, den kleinsten der Abschnitte auf der Axe AB und damit die übrigen Abschnitte auf beiden Axen, die übrigen Radien und überhaupt das Polygon der Kreis-Centra zu bestimmen, eine Aufgabe, welche wie versichert wird, seit einem Jahrhundert der Lösung entbehrt hat. Schz.

E. Plagge. Zwei Näherungswerthe für die Seite (resp. den Centriwinkel) des regulären Siebenecks im Kreise. Hoffmann Z. IV. 356.

Die halbe Seite des eingeschriebenen gleichseitigen Dreiecks ist um $0{,}0017r$ kleiner als die Seite des Siebenecks. Ein anderer Näherungswerth, dessen Construction aber die Siebentheilung des Radius erfordert, ist um $0{,}0014r$ grösser als dieselbe. Das arithmetische Mittel kommt dann noch näher. H.

A. Morel. Solution de la question 1097. Nouv. Ann. (2) XII. 137-139.

Verbindet man zwei beliebige Punkte E und F einer Kreislinie mit einem auf der Verlängerung eines Radius CA beliebig liegenden Punkte O, bezeichnet man die anderen Durchschnittspunkte dieser Secanten und der Kreislinie mit E' und F', errichtet man ferner Lothe auf den Secanten OE und OF in den Punkten E und F, welche Lothe sich im Punkte J schneiden, so ist der Bogen, welcher zwischen den Schenkeln des Winkels JOC liegt, gleich der halben Summe oder gleich der halben Differenz der Bogen $E'A$ und $F'A$. Pr.

Demartres. Solution de la question 1110. Nouv. Ann. (2) XII. 143-144.

Wenn man bei einem Kreise, dessen Durchmesser = 1 ist, den Bogen $2a = AC$, $\sin 2a = CP$ und den Punkt P' symmetrisch von P in Bezug auf OC construirt; die Sehne AC in D halbirt und die Geraden $P'D$ und $P'P$ zieht, so ist $P'D = \sin 3a$ und $PP' = \sin 4a$.

Wenn man $\cos 2a = CR$ und R' symmetrisch von R in Bezug auf OC construirt, so ist: $R'D = \cos 3a$ und $P'R = \cos 4a$.

Pr.

W. Ligowski. Die Berechnung der Zahl π. Grunert Arch. LV. 218-219.

Wenn u den Umfang eines einem Kreise eingeschriebenen n-Ecks, ϱ den kleinen Radius desselben, ϱ_1 den des eingeschriebenen $2n$-Ecks, ϱ_2 den des eingeschriebenen 2^2n-Ecks, im Allgemeinen ϱ_m den kleinen Radius des eingeschriebenen 2^mn-Ecks bedeutet, so ist:

$$\frac{u}{\varrho_1 \cdot \varrho_2 \cdot \varrho_3 \cdots \varrho_m} \cdot \frac{1}{\varrho_m} > 2\pi > \frac{u}{\varrho_1 \cdot \varrho_2 \cdot \varrho_3 \cdots \varrho_m}.$$

Für $n = 6$ wird die Formel:

$$\frac{3}{\varrho_1 \cdot \varrho_2 \cdot \varrho_3 \cdots \varrho_m} \cdot \frac{1}{\varrho_m} > \pi > \frac{3}{\varrho_1 \cdot \varrho_2 \cdot \varrho_3 \cdots \varrho_m}.$$

Pr.

J. W. L. Glaisher. On the calculation of the theoretical unit-angle to a great number of decimal places. Proc. of L. M. S. IV. 308-312.

Die Zahl der Grade der Winkeleinheit (nämlich des Winkels, dessen Bogenlänge gleich dem Radius ist) ist $\frac{180}{\pi}$, so dass bei blosser Theilung der Werth auf so viel Decimalen bestimmt werden kann, als Decimalen von π bekannt sind. Der Werth ist nach des Verfassers eigenen Rechnungen auf 52 Decimalen eines Grades angegeben, ebenso in Minuten und Sekunden, die Sekunden auf 47 Decimalen; und in Graden (oder Centesimalgraden) auf 51 Decimalen eines Grades. Er vergleicht sie mit denen, die aus einem Werthe von $\frac{1}{\pi}$ entstanden und von Paucker auf 140 Decimalstellen berechnet sind. Cly. (O.)

P. GRAY. On Mr. Ambrose Smith's experimental determination of the value of π by the theorie of probability. Messenger (2) III. 61.

Auszug aus einem Briefe des Herrn Gray an Herrn Glaisher, über die Art der Veröffentlichung von Herrn Smith's Bestimmung, auf welche Letzterer in seiner Arbeit „remarks on the calculation of π“ Messenger (2) II 119 (s. F. d. M. IV 255) Bezug nimmt. Glr. (O.)

K. ZAHRADNIK. Ueber goniometrische Formeln. Casopis. II. 146-148. (Böhmisch).

Enthält eine kleine Erweiterung der von Dr. Brehm im Grunert'schen Archiv gegebenen Gedächtnissregeln. W.

J. HOLMES. Theorem in trigonometry. Messenger (2) III. 56-57.

Ueber den Seiten a, b, c eines Dreiecks seien nach Innen und Aussen gleichseitige Dreiecke beschrieben. Verbindet man ihre Mittelpunkte und nennt t, t_1 die Seiten der so erzielten Dreiecke (welche gleichseitig werden), so ist $3(t^2+t_1^2) = a^2+b^2+c^2$. Glr. (O.)

J. W. L. GLAISHER. Generalisation of the foregoing theorem. Messenger. (2) III. 57-58.

Ausdehnung auf den Fall, wo statt der gleichseitigen Dreiecke irgend welche regelmässigen Figuren und statt des gegebenen Dreiecks irgend ein Vieleck genommen wird. Glr. (O.)

F. REIDT. Bemerkungen zur Praxis des trigonometrischen Rechnens. Hoffmann Z. IV. 335-341.

Der Verfasser begründet zuerst im allgemeinen den Vorzug des Gebrauches fünfstelliger Logarithmen in der Schule vor den siebenstelligen, geht dann insbesondere darauf ein, dass bei ersteren der Vorwurf gegen den Gebrauch der Hülfswinkel wegfällt, und entwickelt zuletzt verschiedene pädagogische Gesichtspunkte, die, wie er meint, den wissenschaftlichen entgegengesetzt seien. Das letztere ist nicht zutreffend: alles Angeführte gilt ganz gleicherweise oder doch analog von der Wissenschaft, und wenn es von einzelnen Schullehrern ausser Augen gesetzt werden sollte, so hat man dies nicht als wissenschaftlich zu beschönigen.

H.

W. D. Bushell. Notes on conterminate angles.
Messenger (2) III. 12-23.

Die Arbeit besteht aus einem elementaren Kapitel über Trigonometrie für Anfänger. Die Aufmerksamkeit des Lesers wird mehr, als sonst in den Abhandlungen über Trigonometrie, auf die Frage der Winkel, als Erzeugnisse einer einhüllenden Linie gelenkt. Gewisse bekannte Sätze werden mit Rücksicht auf diese Anschauung aufgestellt, und um das Verfahren zu erleichtern neue Benennungen eingeführt. Glr. (O.)

R. F. Scott. On a formula in the geometry of the sphere.
Messenger (2) III. 58-59.

Formel über Bogen, die vier Punkte auf einer Kugel verbinden. Glr. (O.)

A. Ziegler. Das „Aussendreieck“, ein neues Hülfsmittel zum Studium der sphärischen Trigonometrie.
Grunert Arch. LV. 221-224.

Wenn a, b und c die Seiten, A, B und C die Winkel eines sphärischen Dreiecks bezeichnen, so entsteht das Aussendreieck, wenn man eine Seite, z. B. b zu einem Kreise ergänzt; es ergänzt also das Urdreieck zur halben Sphäre und seine Stücke sind a, $360-b$, c, $180-A$, $360-B$ und $180-C$. Mit Hülfe dieses Aussendreiecks beweist der Verfasser die Einheit der vier Gleichungen von Delambre-Gauss. Pr.

M. Jenkins. The ambiguous case in spherical trigonometry. Messenger (2) II. 150-152.

Der Verfasser betrachtet im Einzelnen alle möglichen Fälle und untersucht die Bedingungen für das Vorhandsein zweier wirklicher Dreiecke, sowohl wenn die gegebenen Stücke a, b, A, wie auch A, B, a sind. Die Resultate für letzteren Fall werden auch aus denen des ersteren mittels des Polar-Dreiecks abgeleitet. Glr. (O.)

Mendthal. Geometrischer Beweis der Steiner'schen Construction zur Lösung des Malfatti'schen Problems. Grunert Arch. LV. 211-215.

Ausgehend von den Sätzen, welche Herr Plücker in Crelle J. XI, pag. 119 ausgesprochen hat, giebt Herr Mendthal hier in gedrängter Kürze einen rein geometrischen Beweis der bekannten Steiner'schen Lösung des ursprünglichen, also auf ein gegebenes Dreiseit bezüglichen Malfatti'schen Problems. Für die Literatur dieses Problems sehe man Wittstein's Geschichte desselben (s. F. d. M. III p. 12). Scht.

F. Mertens. Ueber die Malfatti'sche Aufgabe für das sphärische Dreieck. Borchardt J. LXXVI. 92-96.

Herr Schellbach hatte schon im 45ten Bande des Borchardt'schen J. eine Auflösung der Malfatti'schen Aufgabe für das sphärische Dreieck gegeben. Der Verfasser zeigt nun, dass die Formeln, durch welche Malfatti das entsprechende Problem für das ebene Dreieck gelöst hat, sich auf das sphärische Dreieck übertragen lassen. Scht.

Moret-Blanc. Solution de la question 1031. Nouv. Ann. (2) XII. 474-475.

Die beiden kürzesten Entfernungen zwischen den gegenüberliegenden Seiten eines körperlichen Vierecks schneiden sich, wenn das Produkt von 4 nicht anstossenden Abschnitten der Seiten gleich dem Produkt der 4 anderen Abschnitte ist. Pr.

R. Hoppe. Eine Anwendung des Euler'schen Satzes von den Polyedern. Grunert Arch. LV. 217-218.

Für diejenigen Polyeder, für welche nach dem Euler'schen Satz: $e+f=k+2$ ist, gilt auch der Satz: Ein Polyeder von gegebenem Netze ist im allgemeinen durch ebenso viele Stücke bestimmt, als es Kanten hat. Pr.

A. Transon. Sur le tétraèdre. Nouv. Ann. (2) XII. 519-521.

Ein dem Sinussatz des ebenen Dreiecks entsprechender Satz: Werden mit a, b, c, d die Flächen des Tetraeders $ABCD$, mit AB, AC etc. die Flächenwinkel in den Kanten AB, AC etc. und mit PA die halbe Summe der drei Winkel der körperlichen Ecke A bezeichnet, so dass $PA=\frac{1}{2}(AB+AC+AD)$ und bildet man die Function:

$$\varphi(A)=\sqrt{\cos PA.\ \cos(PA-AB).\ \cos(PA-AC).\ \cos(PA-AD)},$$

welche nur Elemente der Ecke A enthält, und entsprechend $\varphi(B)$, $\varphi(C)$, $\varphi(D)$, so ist:

$$\frac{a}{\varphi(A)}=\frac{b}{\varphi(B)}=\frac{c}{\varphi(C)}=\frac{d}{\varphi(D)}.$$

Schz.

F. J. Studnička. Geometrische Anwendung einiger Lehrsätze von den Determinanten. Casopis. II. 144-146. (Böhmisch).

Der für Anfänger geschriebene Aufsatz behandelt verschiedene das ebene Dreieck und das Tetraeder betreffende Aufgaben. W.

P. Schönemann. Ueber die Construction und Darstellung des Ikosaeders und Sternen-Dodekaeders. Schlömilch Z. XVIII. 387-392.

Die Ecken des Ikosaeders liegen in drei congruenten einander senkrecht durchkreuzenden Axen-Rechtecken. Das Verhältniss ihrer kurzen Seite S zur langen Seite D ist das Verhältniss der Seite eines regelmässigen Fünfecks zur Diagonale desselben. In dem System dieser drei Axen-Rechtecke sind überhaupt drei Gruppen gleich langer Linien vorhanden: die 30 Linien der ersten Gruppe, deren Länge gleich S, bilden ein Ikosaeder, die 30 Linien der zweiten Gruppe, deren Länge gleich D, ein Sternen-Dodekaeder, die 6 Linien der dritten Gruppe, das sind die Diagonalen der Axen-Rechtecke stellen die Axen des Ikosaeders und des Sternen-Dodekaeders dar und sind gleich dem Durchmesser der um beide Körper beschriebenen Kugel. Die Längen dieser Linien sind, wenn der Radius dieser Kugel gleich 1 gesetzt wird:

$$D = \frac{2}{\sqrt{1+4\sin^2 18^0}},\quad S = \frac{4\sin 18^0}{\sqrt{1+4\sin^2 18^0}},\quad A = 2.$$

Diese Auffassung des Sternen-Dodekaeders als eines dem Ikosaeder eingeschriebenen Körpers wird zur Construction eines Fadenmodells für das erstere benutzt. Schz.

TEICHMANN. Ueber Körperberechnung. Z. dtsch. Ing. XVII. 683-687. O.

S. M. DRACH. Relations between the angles of regular bodies. Messenger. (2) III. 6.

Näherungsweise Relationen zwischen gewissen Winkeln, die durch Versuche gefunden sind. Glr. (O.)

Capitel 4.

Darstellende Geometrie.

L. CREMONA. Geometria projettiva. Rom. Paravia.

L. CREMONA. Geometria theoř křivek rovinných. Prag. Gregra.

J. BRASSEUR. Double perspective. Mém. de Liège (2) III. 731-753.

Erster Theil: Principien. Der Verfasser ersetzt die beiden orthogonalen Projectionen der beschreibenden Geometrie durch eine doppelte conische Projection auf eine einzige Ebene. Er behandelt dann die fundamentalen Fragen der beschreibenden Geometrie für Punkt, Gerade und Ebene. Zweiter Theil: Anwendungen. Der Verfasser betrachtet als parallele oder conische Projection von Punkten im Raum die Punkte irgend einer Ebene und findet auf diese Weise leicht die Theorie homologischer Figuren und Aehnliches. Mn. (O.)

Sacheri. Sul tracciamento delle punteggiate projettive simili. Atti di Torino. VIII. 76-80.

Der Verfasser erinnert in dieser kurzen Note an die gewöhnlichen Methoden (z. B. die von Culmann, graphische Statik p. 10—12) für die Construction von ähnlichen Punktreihen (punteggiate), mit Hülfe der Zeichnung paralleler Geraden und einer Parabel. Er giebt sodann eine elegante Methode zur Construction von einer Schaar Punktreihen, die einer gegebenen ähnlich sind, wobei er eine Reihe von Kreisen mit 2 gemeinsamen Punkten benutzt. Jg. (O.)

A. Cayley. Problem. Messenger. (2) III. 50-52.

Betrachtungen über das Problem: Zwei gegebene Tetraeder perspectivisch darzustellen; oder was dasselbe ist, die beiden Tetraeder A, B, C, D und A', B', C', D' so anzuordnen, dass sich die Linien AA', BB', CC' DD' in einem Punkte O treffen.

Glr. (O.)

A. Cayley. Plan of a curve-tracing apparatus. Proc. of L. M. S. IV. 345-347.

Der Apparat besteht aus zwei Ebenen Π, Π', die sich in derselben horizontalen Ebene bewegen und (über jeder der beiden Ebenen) aus zwei Punkten oder Strahlen P, P', die sich in derselben oder einer parallelen Ebene bewegen.

Die beiden Ebenen Π, Π' sind durch ein Räderwerk mit einander verbunden, so dass die Bewegung der einen die der andern Ebene regulirt; die beiden Punkte P, P' sind vermittelst eines Pentagraphs oder auch anderweitig verbunden, so dass auch hier die Bewegung des einen die des anderen bestimmt.

Wenn nun irgend ein Strahl mit einem Punkte seiner Ebene verbunden wird, z. B. P' mit einem Punkte von Π', so bestimmt die Bewegung von Π zuerst die von Π', dann die von P' und endlich die von P, oder der sich bewegende Punkt beschreibt auf der sich bewegenden Ebene Π eine Curve, deren Natur von derjenigen der verschiedenen Verbindungen abhängt.

Cly. (O.)

R. Niemtschik. Ueber die Construction der einander eingeschriebenen Linien zweiter Ordnung. Wien. Ber. LXVII. 295-310. LXVIII.

R. Niemtschik. Ueber die Construction der einem Kreise eingeschriebenen Ellipse, von welcher der Mittelpunkt und eine Tangente gegeben sind. Wien. Ber. LXVIII.

Betrachtet man einen gegebenen Kegelschnitt λ als Hauptschnitt, unter Umständen als Meridian einer Fläche zweiter Ordnung F, und schneidet eine Ebene diese Fläche in einem zweiten Kegelschnitt L und den Kegelschnitt λ in den Punkten x und y, so liefert die Projection l von L auf die Ebene von λ einen Kegelschnitt, welcher λ in den Punkten x und y berührt. Aus diesem Gesichtspunkte werden in den vorliegenden Abhandlungen die Aufgaben ausgeführt, den oder die Kegelschnitte l zu construiren, welche einen gegebenen Kegelschnitt λ doppelt berühren und ausserdem durch gegebene Punkte gehen, gegebene Gerade berühren oder einen gegebenen Mittelpunkt haben. Aus den gegebenen Elementen von l werden bei geeigneter Wahl von F die Ebene von L und deren Schnittlinie mit der Ebene von λ und damit die beiden Berührungspunkte von l und λ bestimmt.

In der ersten dieser Abhandlungen werden einem gegebenen Kreise eingeschriebene Ellipsen unter verschiedenen sonstigen Bedingungen construirt, indem für F die durch den gegebenen Kreis λ als grössten Kreis bestimmte Kugel angenommen wird, so dass also auch L stets ein Kreis ist.

In der zweiten Abhandlung werden in gegebene Kegelschnitte doppelt berührende Kreise construirt, von welchen entweder der

Mittelpunkt oder der Radius oder ein Punkt oder eine Tangente gegeben ist. Von den Ellipsen wurden als bekannt angenommen die beiden Axen, von der Parabel Scheitel und Brennpunkt, von der Hyperbel die Scheitel und die Asymptoten. Als Fläche *F* wurde meist die durch den gegebenen Kegelschnitt als Meridian und eine seiner Hauptaxen als Rotationsaxe bestimmte Rotationsfläche benutzt. Ausserdem wurden in mehreren Fällen der gegebene Kegelschnitt und der zu construirende Kreis als Schnitte eines Rotations-Kegels, Cylinders oder Hyperboloides und einer von derselben umhüllten Kugel mit der Zeichnungsebene betrachtet.

In der dritten Abhandlung wird ein schon im ersten Aufsatz behandelter Fall specieller ausgeführt. Schz.

L. Burmester. Kinematisch-geometrische Constructionen der Parallelprojection der Schraubenflächen und insbesondere des Schattens derselben. Schlömilch Z. XVIII. 185-203.

Jede Schraubenfläche kann erzeugt gedacht werden durch die Schraubenbewegung eines der zu ihrer Axe senkrecht stehenden unter einander congruenten ebenen Schnitte, d. i. einer ihrer Normal-Curven. Da nun die schiefe Parallelprojection einer Schraubenlinie auf eine Normalebene bekanntlich eine Cycloide ist, so lässt sich die Contour der schiefen Parallelprojection einer Schraubenfläche auf eine Normalebene, die zugleich als Grundrissebene angenommen wird, als die Hüllbahn ansehen, welche durch die mit einem auf einer Geraden rollenden Kreise verbunden gedachte Normalcurve in der Normalebene erzeugt wird. Diese schiefe Parallelprojection S_s der Schraubenfläche ist aber zugleich die schiefe Projection der Berührungskurve S der Projectionsstrahlen mit der Schraubenfläche und steht also in einfacher Beziehung zur Grundrissprojection S_1 von S. Aus dieser Auffassung ergeben sich einige auf S_1, S_s und S bezügliche Sätze, mit deren Hülfe ihre Construction abgeleitet wird; sobald S oder S_s bestimmt sind, kann die Projection von S auf jede beliebige andere Ebene E erhalten werden. Bei Beleuchtung mit parallelem

Licht ist S die Selbstschattengrenze, S_s die Schlagschattencontour der Fläche. Die Normalcurve C und die Curve S_s sind von Herrn Reuleaux „Profile“, S_1 die „Eingriffslinie“ genannt. Schliesslich werden die Schattenconstructionen einiger specieller Schraubenflächen ausgeführt, nämlich der Schraubenregelflächen, deren Normalcurve eine allgemeine Kreisevolvente ist, sowie derjenigen Flächen, deren Normalcurve eine cyclische Curve oder eine Kreiszuglinie ist. Schz.

R. Staudigl. Bestimmung von Tangenten an die Selbstschattengrenze von Rotationsflächen. Wien. Ber. LXXVIII.

Wenn 2 Flächen F und F_1 sich längs einer Curve C osculiren, so berühren sich ihre Selbstschattengrenzen in den Schnittpunkten mit C und haben also in diesen Punkten gemeinschaftliche Tangenten. Um daher Tangenten an die Selbstschattengrenze eines Rotationskörpers F mit dem Meridian K zu construiren, wird eine Rotationsoberfläche zweiter Ordnung F_1 mit derselben Axe bestimmt, welche die gegebene Fläche in einem gewählten Parallelkreise osculirt. Construirt man die Schnittpunkte P_1 und P_2, in welchen die Selbstschattengrenze diesen Kreis schneidet, dann liegt bei vorausgesetztem parallelen Licht die Selbstschattengrenze von F_1 in der durch den Mittelpunkt M und die Punkte P_1 und P_2 bestimmten Ebene. Die Schnittlinien dieser Ebene mit den Berührungsebenen von F in P_1 und P_2 liefern also zugleich die gesuchten Tangenten in P_1 und P_2 für die Selbstschattengrenze von F. Diese Construction wird durchgeführt an einem Wulst, dessen Meridian ein Kreis ist mit Berücksichtigung specieller Fälle. Schz.

Capitel 5.

Neuere synthetische Geometrie.

A. Ebene Gebilde.

F. G. Affolter. Lehrsätze, Beweise und Constructionen für einen Cursus der neueren Geometrie an Mittelschulen. Hoffmann Z. IV. 181-191.

Es ist eine Zusammenstellung bekannter Sätze mit elementargeometrischen Beweisen, welche die Potenzlinie zweier Kreise und die Polareigenschaften am Kreise betreffen. Letztere sind gegründet auf den Satz, dass wenn zwei Kreise sich rechtwinklig schneiden, alle durch den Mittelpunkt des einen gehenden Geraden durch die Peripherien in 4 harmonischen Punkten geschnitten werden. Auch für den von Steiner im 30sten Bande des Crelleschen Journals mitgetheilten Satz, welcher um den Höhenpunkt eines Dreiecks beschriebene Kreise betrifft, ist ein elementarer Beweis angegeben. Schz.

A. Maier. Neuere Geometrie. Für höhere Lehranstalten bearbeitet. Karlsruhe. Malsch und Vogel.

Auf 79 Octavseiten werden die Elemente der neueren Geometrie in leicht verständlicher Weise, gegliedert in Lehrsätze mit ihren Beweisen, im Uebrigen hauptsächlich der Steiner'schen Darstellung sich anschliessend, so entwickelt, dass sie sich zur Benutzung auf höheren Schulen wohl eignen. Am Kreise wird gezeigt, dass er das Erzeugniss zweier projectivischer Strahlbüschel oder Punktreihen ist; an ihm werden die Sätze von Pascal und Brianchon, sowie die Polareigenschaften abgeleitet. Die Kegelschnitte werden als Kreisprojectionen dargestellt und ihre Fundamentaleigenschaften aus denen des Kreises abgeleitet. Schz.

Pellissier. Solution de la question 1103. Nouv. Ann. (2) XII. 48.

Wenn a, b und c die Spitzen eines Dreiecks und a', b' und c' die auf den gegenüberstehenden Seiten liegenden Spuren der Polaren dieser Spitzen in Bezug auf einen Kegelschnitt bezeichnen, so schneiden sich die über aa', bb' und cc' als Durchmesser beschriebenen Kreise in denselben Punkten. Pr.

F. Lucas. Rapport anharmonique de quatre points du plan. C. R. LXXVII. 463-465.

Der Verfasser nennt den im allgemeinen imaginären Ausdruck

$$\varphi = \frac{\delta-\alpha}{\delta-\beta} : \frac{\gamma-\alpha}{\gamma-\beta},$$

wo α, β, γ, δ die symbolischen Coordinaten von vier Punkten A, B, C, D einer Ebene bedeuten, das anharmonische Verhältniss dieser vier Punkte, und erläutert den Nutzen der Einführung desselben an einigen Beispielen. Setzt man $\varphi = \varrho \cdot e^{i\alpha}$, so ist

$$\varrho = \frac{DA}{DB} : \frac{CA}{CB} \text{ und } a = \angle ADB - \angle ACB.$$

Ist φ reell, so liegen die 4 Punkte in einem Kreise. Wird dieser zu einer geraden Linie, so ist φ mit dem gewöhnlichen Doppelverhältniss identisch. Scht.

A. Brill. Ueber Entsprechen von Punktsystemen auf einer Curve. Clebsch Ann. VI. 33-65.

Wenn zwischen zwei Punkten x und y einer geraden Linie eine Beziehung derart besteht, dass jedem Punkt x eine Anzahl (etwa λ) Punkte y und jedem Punkt y (k) Punkte x entsprechen, welche mit x, bezw. y, beweglich sind, so lässt sich ein Abhängigkeitsverhältniss zwischen beiden — nach Chasles eine „Correspondenz" — durch eine Gleichung zwischen zwei den Punkten zugehörigen Variabeln ausdrücken, welche für die eine zum Grad k, für die andere zum Grad λ ansteigt. Wenn die Punktreihe eine krumme ist, und die einander entsprechenden Puncte x und y auf einer algebraischen Curve f liegen, so hat man sich die Correspondenz als eine Gleichung zwischen den Coordinaten der Punkte x und y zu denken, vermöge deren jedem Punkt y eine Curve (x) entspricht, welche f in den dem Punkt y entsprechenden (mit y beweglichen) Punkten x und ausserdem beliebig noch in festen Punkten schneidet; von den beweglichen können einige in den Punkt y selbst fallen. In gleicher Weise entspricht dem Punkt x eine Curve (y) mit ähnlichen Eigenschaften, wie die Curve (x); und es ist bemerkenswerth, dass die Anzahl der in y bezw. x entfallenden Schnittpunkte von (x) bezw. (y) gleichgross ist. Eine Zurückführung dieses Falles auf den einer geraden Punktreihe, etwa durch Elimination je einer der Coordinaten der

Punkte x und y, erweist sich darum als unzweckmässig, weil die entstehende Gleichung zwischen je nur einer der Coordinaten von x und y den Inhalt der Correspondenz nicht mehr vollständig darstellen würde (vgl. übrigens die Verbesserung zu § 1 in dem Druckfehlerverzeichniss des VI. Bandes). Es müssen darum für den Fall krummliniger Punktreihen die Chasles'schen Sätze über Correspondenzen eine Modification erfahren. Diese anzugeben ist die Aufgabe, die sich der Verfasser stellt. Nun ist eine der nächstliegenden Fragen über Correspondenzen die nach der Anzahl der Punktepaare, welche zweien zugleich genügen. Der Verfasser löst diese Aufgabe für Punkte einer algebraischen Curve von beliebigem Grad und Geschlecht, indem er, von den einfachsten Annahmen über die beiden Correspondenzen ausgehend, stufenweise zu dem Fall übergeht, dass die beiden Correspondenzgleichungen durch Zusammenfallen der Punkte x und y identisch erfüllt werden, und dass für beide die Curven (x) und (y) durch die Doppel- und Rückkehrpunkte von f und durch eine beliebige Anzahl einfacher fester Punkte von f hindurchgehen. Die Schwierigkeit, welche das identische Verschwinden beim Zusammenrücken von x und y mit sich bringt, wird durch Variation der Constanten in der Correspondenzgleichung beseitigt. Die gesuchte Zahl ergiebt sich auf dem angedeuteten Wege zunächst als ein Ausdruck, welcher von der Anzahl der „Coincidenzpunkte“ der einen Correspondenz abhängt, d. h. von der Anzahl der Punkte von f, in welchen zwei einander entsprechende Punkte x und y zusammen gefallen sind. Jener Ausdruck verhält sich indess den beiden Correspondenzen gegenüber unsymmetrisch; indem man diesen Umstand benutzt, die Correspondenzen vertauscht und die erhaltenen Ausdrücke gleich setzt, erhält man eine Formel für die Anzahl der Coincidenzen einer gegebenen Correspondenz und somit eine Ausdehnung des bekannten Correspondenzprincips von Chasles auf Curven von beliebiger Ordnung und beliebigem Geschlecht.

Der zweite Theil des Aufsatzes beschäftigt sich mit der Aufstellung der Anzahl derjenigen Punktetripel bezw. -quadrupel auf der Curve f, welche zugleich drei bezw. vier Relationen zwischen ihren Coordinaten befriedigen, immer unter Berücksichtigung des Falls, dass jene Relationen alle oder zum Theil durch Zusammenfallen je zweier der variabeln Punkte befriedigt werden. Man begegnet der Schwierigkeit, die sich der Bestimmung des Grades der Resultante in diesem Fall entgegensetzen, wie früher durch Variation der Constanten, wobei es sich als zweckmässig herausstellt, die Variationen für die Constanten der verschiedenen Gleichungen in verschiedener Ordnung der Null sich annähernd anzunehmen.

In dem Anhang zum 1ten Theil findet man aus den erwähnten Betrachtungen eine Recursionsformel aufgestellt, vermöge deren der bekannte von Jonquières und Cayley angegebene Ausdruck für die Anzahl der Curven, welche gewisse Berührungsbedingungen erfüllen, — ein Ausdruck, der durch Induction erhalten wurde — bewiesen werden kann. Eine andere Anwendung wird auf die Bestimmung der Anzahl der vierfach schneidenden Sehnen einer Raumcurve gemacht. In dem Anhang zum 2ten Theil ermittelt ferner der Verfasser die Anzahl derjenigen aus einer 6-fach unendlichen Schaar auszuscheidenden 3-fach unendlichen Curvenschaaren (von beliebiger Ordnung), die der Bedingung genügen, auf einer gegebenen festen Curve noch vier weitere Basispunkte zu besitzen. Auf diese Bestimmung gestützt, kann man u. A. die Anzahl derjenigen rationalen Functionen von zwei Variabeln angeben, welche für nur 5 Punkte einer Curve vom Geschlecht 8 Null und für ebensoviel unendlich werden. Bl.

J. Lüroth. Ueber das Rechnen mit Würfen.

Gött. Nachr. 1873. 767-779.

Staudt hat den Inbegriff von vier Elementen desselben Elementargebildes mit Rücksicht auf die Ordnung, in der sie geschrieben werden, einen Wurf genannt. Zwei Würfe sind gleich, wenn sie projectivisch sind; jeder Wurf kann demnach in einen andern verwandelt werden, von dem die 3 ersten Elemente gegebene reelle sind. Ist das vierte dann auch reell, so nennt ihn Staudt neutral; zwei nicht neutrale sind conjugirt, wenn dann die vierten Elemente conjugirt sind. Ein Wurf heisst $0, 1, \infty$, wenn sein viertes Element mit dem ersten, zweiten oder dritten identisch ist. Sind $abcd = u$ und $abcd_1 = u_1$ zwei Würfe, und wird s so bestimmt, dass cc, dd_1, as in Involution sind, so nennt Staudt den Wurf $abcs$ die Summe $u + u_1$; wird hingegen p so bestimmt, dass ac, dd_1, bp in Involution sind, so heisst der Wurf $abcp$ das Product uu_1, (wie Herr Lüroth die Staudt'sche Definition des Products umgestaltet hat); woraus sich dann die andern Operationen ergeben (Beitr. zur Geom. der Lage § 19—21). Der Nachweis der Analogie der Wurf-Operationen mit den Zahlen-Operationen, der von Staudt begonnen, wird nun von Herrn Lüroth fortgesetzt. Jeden Wurf, bei dem das erste und dritte Element durch die beiden andern getrennt sind, nennt Herr Lüroth negativ, die andern positiv, definirt, wenn ein Wurf grösser ist als ein anderer, und zeigt nun, dass bei der Addition und Multiplication von Würfen dieselbe Zeichenregel statt hat, wie bei Zahlen, dass die Producte von „echten" und „unechten" Würfen sich ebenso verhalten, wie bei Zahlen, und dass wenn $abcd < abcd_1 < abcd_2 < \cdots$, der Sinn $d\,d_1\,d_2 \cdots$ mit dem Sinne abc übereinstimmt.

Es giebt ferner stets einen positiven Wurf, dessen Quadrat dem Producte zweier nicht neutraler conjugirten gleich ist: der absolute Werth der letzteren; und jeder nicht neutrale Wurf ist in der Form $u + vi$ darzustellen, wo u und v neutral sind und i eine der beiden Wurzeln des harmonischen Wurfs.

Nun ist auch der Begriff einer ganzen Wurffunction festgestellt. Die absoluten Functionswerthe müssen, weil positiv, eine untere Grenze haben. Nach Analogie eines Beweises von Darboux (Bull. 1872. S. 307) wird besonders mit Hilfe des Satzes, dass man durch fortgesetzte Halbirung eines positiven Wurfes jeden gegebenen positiven Wurf unterschreiten kann, gezeigt, dass ein Wurf mindestens existirt, der das Minimum bewirkt, dann, dass dasselbe Null ist. Daraus folgt, dass jede ganze Wurffunction für n Würfe verschwindet.

Mit Benutzung der (rein geometrischen) Grassmann'schen Definition der Curve n^{ter} Ordnung (Crelle J. XXXI) wird nun, weil die homogenen Coordinaten nichts anders als Wurfverhältnisse sind und die Bildung der Resultante zweier Gleichungen rein formal ist, der Beweis der beiden Hauptsätze der ebenen Curventheorie über die Zahl der Schnittpunkte einer Curve mit einer Geraden oder einer andern Curve ohne Hülfe von Massbegriffen geführt. Sm.

A. MILINOWSKI. Erzeugnisse krumm-projectivischer Gebilde. Schlömilch Z. XVIII. 288-306.

In der Weise und als Fortsetzung der Abhandlung des Herrn Schröter (Borchardt J. LIV S. 31) untersucht Herr Milinowski die Einhüllungscurven der Verbindungslinien entsprechender Punkte zweier projectivischen Punktreihen oder Involutionen, welche auf einem und demselben Kegelschnitte oder auf einer Geraden und einem Kegelschnitte liegen, in Bezug auf ihre Klasse, Ordnung, singuläre Elemente und ihr Verhalten zu dem Träger, bezüglich den Trägern der erzeugenden Gebilde. Sm.

A. ANDRÉIEFFSKY. Sur les méthodes de M. Chasles et de M. Bresse pour construire les rayons de courbure des courbes décrites par le mouvement dans son plan d'une figure plane invariable. Warsch. Anz. 1873.

Der Verfasser leitet die Regeln zur Construction des Krümmungsradius her, welche Herr Bresse in seiner Abhandlung: „Sur un théorème nouveau concernant le mouvement plan et l'application de la cinématique à la détermination des rayons de courbure“ (J. de l'Éc. Pol. Cah. 35, 1853) gegeben hat, desgleichen die Methoden von Chasles, die sich in der Arbeit „Construction des rayons de courbure des courbes décrites dans le mouvement d'une figure plane qui glisse sur son plan“ (Liouville J. X. 1845) finden. Ke. (O.)

GROUARD. Étude sur les figures semblables. Inst. (2) I. 132-133.

Zwei ähnliche Figuren, die irgendwie in der Ebene liegen, haben stets ein Aehnlichkeitscentrum. Von dieser Eigenschaft ausgehend, hat der Verfasser im Jahre 1870 (s. F. d. M. II p. 357) einige Bemerkungen über ähnliche Figuren veröffentlicht. Hier handelt es sich nun um ähnliche Figuren im Raum. Hinsichtlich der Resultate ist auf die Arbeit selbst zu verweisen. Mz.

C. Mittelacker. Zur allgemeinen Theorie der Kegelschnitte. Schlömilch Z. XVIII. 1-32.

Ausgehend von dem Satze, dass das anharmonische Verhältniss von 4 Punkten einer Geraden identisch mit dem ihrer Polaren in Bezug auf einen Kegelschnitt ist, geht der Verfasser dazu über, diesen Satz in einen andern aufzulösen, durch welchen die Länge des geradlinigen Weges, den ein Punkt beschreibt, zum Sinus des Drehungswinkels seiner Polare in Relation gesetzt wird. Sind nämlich A und B zwei Punkte in der Ebene eines Kegelschnittes, a und b ihre Polaren, und nennen wir die Entfernung der gegebenen Punkte c, den Durchschnittspunkt der Polaren C, ihren Winkel φ, die Normalen aus den Punkten A, B, C auf die zugehörigen Polaren a, b, c bis zum Durchschnitte mit der Hauptaxe des Kegelschnitts ϱ_a, ϱ_b, ϱ_c, endlich den Hauptparameter der Curve p, dann ist immer

$$(1)\quad \frac{\varrho_a\,\varrho_b\,\varrho_c\cdot\sin\varphi}{c}=\left(\frac{p}{2}\right)^2,$$

wie sich leicht bei Annahme der Gleichung

$$\frac{x^2}{a^2}+\frac{y^2}{b^2}-1=0$$

verificiren lässt. Diese Gleichung (1) ist nun der Schlüssel zu allem Weiteren in der Arbeit, das hauptsächlich in der geometrischen Deutung metrischer Relationen besteht. Mz.

F. Hoza. Kleinere mathematische Mittheilungen. Grunert Arch. LV. 441-446.

Es werden bekannte Sätze über Kegelschnitte bewiesen. Schz.

L. Saltel. Théorèmes sur les coniques et sur les surfaces du second ordre. Nouv. Ann. (2) XII. 89-92.

Ohne Beweis werden Sätze über Kegelschnitte und Oberflächen zweiter Ordnung aufgestellt, die sich auf folgende Figuren beziehen. Sind *P, A, B,* 1, 2 fünf Punkte, welche einen Kegelschnitt *S* bestimmen, und zieht man die Strahlen (*P*1) und (*P*2), sowie die Kreise (*AB*1), (*AB*2) und bezeichnet man die zweiten Schnittpunkte dieser Kreise mit den Strahlen durch 1′ und 2′, und den durch *P*, 1′, 2′ bestimmten Kreis mit Σ, so werden durch *A* und *B* beliebige Kreise λ gelegt, welche die Strahlen *PA* und *PB* in je zwei Punkten *A*′, *B*′ und ebenfalls den Kreis Σ schneiden. In entsprechender Weise entsteht die zweite Figur aus einer Oberfläche zweiter Ordnung, welche durch einen Kreisschnitt *C* und 4 Punkte *P*, 1, 2, 3 bestimmt ist; an Stelle der Kreise durch die Punkte *A* und *B* treten hier Kugeln durch den Kreis *C*. Schz.

O. Tognoli. Sopra un modo di generazione delle curve piane di terz' ordine. Battaglini G. XI. 376-377.

Ein Kreisbüschel, d. i. die einfach unendliche Schaar von Kreisen, die durch dieselben beiden Punkte gehen, bestimmt auf einer Geraden eine quadratische Involution. Nimmt man zu einem gegebenen Kreisbüschel ein zweites hinzu, das jenem projectivisch ist, so schneiden sich die entsprechenden Kreise auf einer Curve vierten Grades im Allgemeinen. Man kann aber in derselben Ebene stets zwei solche Kreisbüschel annehmen, die erstens projectivisch sind, und zweitens auf einer bestimmten Geraden dieselbe quadratische Involution erzeugen. In diesem Falle wird die Gerade ein Theil des gebildeten Ortes, und man erhält ausserdem eine von den Kreisbüscheln erzeugte Curve dritten Grades. Dies wird in gegenwärtiger Note näher ausgeführt.

Mz.

H. Schröter. Ueber Curven dritter Ordnung. (Fortsetzung). Clebsch Ann. VI. 85-111.

Ueber den ersten Theil dieser Arbeit (Clebsch Ann. V, 50-83), ist F. d. M. IV, 281 berichtet, ebenso über Arbeiten von Durège pag. 283 und Em. Weyr Bd. III pag. 274, welche ähnliche Untersuchungen zum Gegenstande haben. Die vorliegende Fortsetzung beschäftigt sich zunächst wieder mit der Curve dritter Ordnung C^3, welche der Ort der Brennpunkte einer Schaar von Kegelschnitten mit vier gemeinschaftlichen Tangenten ist. Eine jede solche Curve kann aufgefasst werden als Erzeugniss zweier projectivischen gleichseitig hyperbolisch involutorischen Strahlenbüschel o und p, wenn in die Verbindungslinie der Centra Theile entsprechender Strahlenpaare fallen. Diese schon in der früheren Arbeit discutirte Erzeugungsweise lässt einige singuläre Fälle zu; den einen hat Herr Durège am Schluss der erwähnten Abhandlung betrachtet, nämlich den, dass die asymptotischen Strahlen beider Büschel einander entsprechen. Alsdann löst sich die C^3 in einen Kreis und eine Gerade auf. Der Verfasser dagegen untersucht den etwas verallgemeinerten Fall, wo nur ein asymptotischer Strahl des einen Büschels einem ebensolchen des andern Büschels entspricht, und erhält alsdann eine Curve C^3_d dritten Grades mit einem Doppelpunkt, deren Construction sehr einfach ist. Man braucht nämlich nur von o und p aus an einen um d geschlagenen Kreis Tangenten zu legen, dann liegen die vier Durchschnittspunkte der beiden Tangentenpaare auf der C^3_d und sind paarweise conjugirt, und wenn der Radius des Kreises sich verändert, so beschreiben diese vier Durchschnittspunkte die Curve C^3_d. Es werden nun noch weitere Eigenschaften dieser Curve entwickelt, z. B. dass die Strecken dp und do von jedem Punkte der Curve aus gesehen unter gleichen Winkeln erscheinen, was eine einfache Construction der Punkte gestattet, in denen eine durch d gelegte Gerade die C^3_d ausserdem schneidet; ferner wird eine von Steiner angegebene involutorische Relation gefolgert zwischen den Abständen dreier Paare conjugirter Punkte, $a\alpha$, $b\beta$, $c\gamma$, nämlich

$$\frac{ab\,.\,a\beta}{\alpha b\,.\,\alpha\beta}=\frac{ac\,.\,a\gamma}{\alpha c\,.\,\alpha\gamma};$$

dann wird der Ort der Verbindungslinie conjugirter Punkte, die im allgemeinen die Cayley'sche Curve dritter Klasse $\mathfrak{K}_3$ ist, untersucht, welche sich in diesem Falle in den Doppelpunkt d und in eine Parabel $\mathfrak{P}^2$ auflöst, deren Directrix durch d geht; es zeigt sich, dass die C^3_d die Fusspunktencurve dieser Parabel für den Pol d ist; darauf wird nachgewiesen, dass diejenigen Strahlen, welche durch den dem unendlich entfernten Punkt der Curve conjugirten Punkt d gelegt sind, der Curve noch in zwei Punkten begegnen, welche von d aus unter rechten Winkeln erscheinen, eine Eigenschaft, die wieder zu einer einfachen Erzeugung der Curve führt. Endlich wird gezeigt, dass sich die Parabel $\mathfrak{P}^2_2$ und die Curve C^3_d in den drei Fusspunkten der von d auf $\mathfrak{P}_2$ gefällten Normalen berühren, und dass die drei Wendepunkte der C^3_d auf der Polare von d in Bezug auf $\mathfrak{P}^2$ liegen.

Die Erzeugung der hier betrachteten C^3 durch projectivische gleichseitig hyperbolische Büschel ist als ein specieller Fall der Erzeugung der allgemeinen Curven dritter Ordnung anzusehen. Jede solche Curve kann nämlich erzeugt werden als Durchschnitt zweier beliebiger projectivischer involutorischer Strahlenbüschel in halb perspectivischer, d. h. in solcher Lage, dass Theile entsprechender Strahlenpaare in die Verbindungslinie der Centra $o\,p$ fallen; wie dies Herr Durège in der oben erwähnten Abhandlung näher untersucht hat. Der Verfasser wird nun zu der Untersuchung eines anderen speciellen Falles geführt, indem er zwei circular involutorische Strahlbüschel (o) und (p) in halbperspectivische Lage bringt; die Discussion dieser Curve, welche der Verfasser als die hyperbolisch gleichseitige Curve dritter Ordnung bezeichnet, bildet den zweiten Abschnitt der vorliegenden Fortsetzung. Die Curve kann folgendermassen erzeugt werden: Man verbinde o und p und errichte auf op in o und p Senkrechte, dann ist ihr unendlich entfernter Punkt s_∞ der Tangentialpunkt von o und p, d. h. der Punkt, in welchem die Tangenten in o und p die C^3 zum dritten Mal schneiden. Zieht man nun eine Gerade L durch s_∞ und durch den Punkt r, in welchem op die C^3 zum drittenmal schneidet, nimmt auf L einen beliebigen Punkt x und halbirt die Winkel xop und xpo, so schneiden sich die beiden Paare von Halbirungslinien in vier Punkten $a\,b\,a_1\,b_1$, die paarweise conjugirt sind und die bei der Veränderung von x die gesuchte Curve beschreiben. Die Halbirungslinien des Winkels der Geraden ox und px verbinden paarweise je zwei conjugirte Punkte, nämlich $a\,b$ und $a_1\,b_1$; sie umhüllen also eine

Curve $\mathfrak{K}^3$, die Cayley'sche Curve, wenn C^3 als Hesse'sche Curve aufgefasst wird.

Die C^3 hat ausser s_∞ noch zwei reelle unendlich entfernte Punkte q und q', in Richtungen, welche zu beiden Seiten um 45^0 gegen L geneigt sind; diese beiden Punkte sind conjugirt: die $\mathfrak{K}^3$ hat deshalb die unendlich entfernte Gerade zur Tangente. Wenn man beachtet, dass die vier Punkte $a\ b\ a_1\ b_1$ die vier Mittelpunkte der Berührungskreise des Dreiseits oxp sind, also dass jeder von ihnen der Höhenschnitt des durch die drei übrigen gebildeten Dreiecks ist, so ergiebt sich leicht die Eigenschaft, dass die Mitten aller Sehnen von C^3, welche conjugirte Punkte verbinden, auf einer Geraden liegen, welche senkrecht zu op ist. Von den Eigenschaften der Curven $C^{(3)}$ und $\mathfrak{K}^{(3)}$, zu welchen die weitere Untersuchung führt, und in Bezug auf welche im Einzelnen auf die Arbeit selbst verwiesen werden muss, mögen hier nur folgende erwähnt werden.

Die Orthogonalkreise d. h. die Orte der Durchschnittspunkte sich senkrecht schneidender Tangenten sämmtlicher Kegelschnitte eines Gewebes, dessen Tripelstrahlencurve $\mathfrak{K}^{(3)}$ ist, bilden eine Kreisschaar mit den beiden gemeinschaftlichen Punkten o und p. (Ein Gewebe ist das polare Gebilde zu einem Kegelschnitt-Netz). Und zwar ist jeder dieser Kreise Orthogonal-Kreis zu einer Schaar von Kegelschnitten des Gewebes, die einem Rechteck eingeschrieben sind, und die Gerade op ist Orthogonalkreis (Directrix) für sämmtliche Parabeln des Gewebes.

Und ferner: Das Kegelschnittnetz, dessen Tripelcurve $C^{(3)}$ ist, besitzt eine Kreisschaar mit den Nullkreisen o und p. (Im Allgemeinen enthält ein Netz nur einen Kreis). Bei der Untersuchung der Gestalt der C^3 ergeben sich zwei Hauptfälle, jenachdem r zwischen o und p liegt oder in der Verlängerung. Hieran schliesst sich endlich eine Untersuchung der Wendepunkte, und die Besprechung einiger singulärer Fälle, in welchen die C^3 aufgelöst ist. A.

V. Schlegel. Ueber die mechanische Erzeugung von Curven. Clebsch Ann. VI. 321-329.

Der Herr Verfasser betrachtet die von Herrn Schroeter in Clebsch Ann. V. 65 (s. F. d. M. IV 281) mitgetheilte Construction der Curven dritter Ordnung rein äusserlich und findet, dass sie sich von der Grassmann'schen hauptsächlich durch Einführung eines festen Kegelschnittes (Kreises) statt zweier festen Geraden unterscheidet. Es wird das der Schroeter'schen Erzeugungsart entsprechende sogenannte planimetrische Product aufgestellt, und der Grad der Curven, welche bei allgemeinerer Lage der in ihm enthaltenen Elemente dargestellt werden, bestimmt. Es wird bemerkt, dass in ähnlicher Weise das von Herrn Grassmann (Ausdehnungslehre 1844 S. 226) angegebene Princip für die mechanische Erzeugung beliebiger algebraischer Curven dadurch eine Erweiterung erfahren könne, dass nicht nur feste Gerade und Punkte, sondern auch Curven zu Grunde gelegt werden, eine Erweiterung, welche Herr Grassmann selbst schon früher in's Auge gefasst hatte (Crelle J. XXXI 131). Schz.

H. Durège. Ergänzung zu dem Aufsatze „Ueber die Formen der Curven dritter Ordnung".

Borchardt J. LXXVI. 59-61.

Ueber den im Titel bezeichneten Aufsatz ist in den F. d. M. Bd. IV. pag. 277-280 berichtet. Bei der Aufzählung der verschiedenen Formen hatte der Verfasser übersehen, dass es auch Curven geben kann, bei welchen der eine Theil drei reelle Asymptoten hat, während der andere Theil ein geschlossenes Oval bildet. Zu den früher aufgeführten Fällen sind demnach noch zwei Formen der ersten Gattung hinzuzufügen. (Vgl. das citirte Referat *d.* drei gerade Asymptoten.) Der Theil U besteht aus drei in's Unendliche gehenden Stücken; je zwei nicht demselben Stücke angehörende Aeste schliessen sich derselben Asymptote an. S bildet ein Oval.

e. Eine gerade und eine parabolische Asymptote (Uebergangsfall). Der Theil U besteht aus zwei in's Unendliche gehenden Stücken, der eine Ast jedes Stückes schliesst sich der geraden, der andere der parabolischen Asymptote an. S bildet ein Oval.

Der Herr Verfasser erwähnt hierbei, dass ihm erst nach Abfassung seines früheren Aufsatzes bekannt geworden ist, dass die Trennung der beiden Hauptgattungen (mit oder ohne *S*) schon vor ihm durch Herrn Cremona aufgestellt ist (Considerazioni sulle curve piani del terz' ordine. Battaglini G. II pag. 78).

A.

H. G. Zeuthen. Sur les différentes formes de courbes du quatrième ordre. C. R. LXXVII. 270-272.

Die vorliegende Note ist der Vorbote der ebenso betitelten Abhandlung des Verfassers in Clebsch Ann. VII, pag. 410—432, über welche im nächsten Bande der F. d. M. referirt werden wird. Hier zeigt der Verfasser, dass eine ebene Curve vierter Ordnung höchstens 4 Doppeltangenten erster Gattung hat, das heisst solche, welche ein und denselben Zweig doppelt berühren, dass sie also auch höchstens vier einspringende Bögen, und höchstens 8 reelle Wendepunkte besitzt. Von den verschiedenen möglichen Formen der Curven vierter Ordnung, deren der Verfasser in der citirten Abhandlung 36 anführt, werden hier nur diejenigen aufgestellt, welche das Maximum von einspringenden Bögen und von getrennten Zweigen besitzen. Diese sind in der folgenden Zusammenstellung enthalten, wo unter *n*-Folium eine geschlossene Curve mit *n* einspringenden Bögen, unter Oval eine solche mit keinem einspringenden Bogen verstanden wird:

1) Ein Quadrifolium und zwei Ovale ausserhalb desselben;
2) Ein Quadrifolium und ein Oval innerhalb desselben;
3) Ein Trifolium, ein Unifolium und zwei Ovale;
4) Zwei Bifolia und zwei Ovale;
5) Ein Bifolium, zwei Unifolia und ein Oval;
6) Vier Unifolia.

Die vorliegende Note und die citirte Abhandlung gewinnen namentlich noch dadurch ein grösseres Interesse, dass sie des Verfassers Arbeit: „Études des propriétés de situation des surfaces cubiques" (Clebsch Ann. VIII, pag. 1 bis 30) vorbereitet haben.

Scht.

H. G. ZEUTHEN. Om Udseendet af Kurver af tredie og fjerde Orden. Zeuthen Tidsskr. (3) III. 97.

Eine Curve vierter Ordnung kann unter ihren 28 Doppeltangenten nicht mehr als vier haben, welche denselben Ast berühren, und folglich unter den 24 Inflexionstangenten nicht mehr als 8 reelle. Der Verfasser giebt eine nähere Bestimmung der Lage der Aeste gegen die vier Doppeltangenten. Später (Bd. IV p. 15) hat der Verfasser gezeigt, dass die Curve immer 4 reelle Doppeltangenten hat, welche denselben Ast reell oder imaginär berühren.

Hn.

J. WOLSTENHOLME. On epicycloids and hypocycloids. Proc. of L. M. S. IV. 321-327.

Die Curve wird als Enveloppe einer Kreissehne betrachtet, deren Enden den Kreis beschreiben mit Geschwindigkeiten, die sich wie m zu n (zwei ganze Primzahlen) verhalten.

Cly. (O.)

G. SIDLER. Trisection eines Kreisbogens und die Kreis-Conchoide. Bern. Mitth. 1873.

Die Kreisconchoide (Limaçon de Pascal) entsteht bekanntlich, wenn man durch einen festen Punkt O auf der Peripherie eines Kreises C einen Strahlbüschel legt und auf jedem Strahl von dem zugehörigen Kreispunkte X aus den Radius R des Kreises nach beiden Seiten aufträgt. Sie ist zugleich die Fusspunktcurve des Punktes O in Bezug auf einen gleich grossen Kreis, der den anderen Endpunkt des durch O gehenden Durchmessers von C zum Centrum hat; sie wird ferner beschrieben durch Abrollen eines Kreises mit dem Radius $\frac{R}{2}$ auf einem gleich grossen Kreise von einem mit dem ersten fest verbundenen Punkte, der die Entfernung R vom Mittelpunkt hat. Aus diesen drei Erzeugungsarten werden die beiden von den Herren Hippauf (F. d. M. IV, 28) und Jouanne (Nouv. Ann. (2) IX. F. d. M. II 362) angegebenen Arten der Verwendung zur Dreitheilung eines Winkels, sowie eine Reihe von Eigenschaften dieser Curve entwickelt, welche sich auf die Normalen, die doppelt berührenden Kreise, den Krümmungsmittelpunkt und die Evolute, den Flächeninhalt und die Bogenlänge beziehen; z. B. dass ihre Evolute die durch Reflexion entstehende Brennlinie eines mit dem Grundkreise concentrischen Kreises von halb so grossem Radius für von O ausgehende Strahlen ist; dass die Kreisconchoide mit derjenigen Ellipse, deren Halbaxen $3R$ und R sind, gleichen Flächeninhalt und gleichen Umfang hat und zugleich mit einer gewissen verkürzten Cycloide gleiche Bogenlänge und halb so grossen Flächeninhalt besitzt. Schz.

B. Räumliche Gebilde.

J. Thomae. Geometrie der Lage. Halle. Nebert. 1873.

Eine knappe Darstellung der Grundlagen der synthetischen Geometrie auf Staudt'scher Basis. Kln.

R. Sturm. Das Problem der räumlichen Projectivität. Gött. Nachr. 1873. 311-320.

Das Problem ist dieses: Gegeben sind im Raume zwei Gruppen von gleich vielen Punkten, welche einander entsprechend (homolog) zugeordnet sind; solche entsprechende (correspondirende) Gerade zu finden, welche bezüglich mit den Punkten der einen und der andern Gruppe verbunden projectivische Ebenenwürfe liefern, in denen die nach homologen Punkten gehenden Ebenen entsprechend sind, und die Vertheilung dieser Geraden im Raume zu discutiren. Es sind nun die Resultate angegeben, indem zuerst vorausgesetzt wird, dass beide Gruppen aus je vier Punkten bestehen, dann aus je fünf Punkten u. s. w. bis aus je 11 Punkten. Mz.

Silldorf. Geometrische Verwandtschaft räumlicher Systeme. Schlömilch Z. XVIII. 523-543.

Bedeuten $p_1 \cdots p_4$ homogene lineare Functionen der Coordinaten eines Punktes x, so stellen die Gleichungen

$$p_1 y_1 = p_2 y_2 = p_3 y_3 = p_4 y_4$$

eine cubische Verwandtschaft zwischen den Punkten x und y dar, welche, von analytischer Seite öfter untersucht, in gegenwärtigem Aufsatze vom Verfasser synthetisch betrachtet wird. Gegen die von ihm gegebene Bestimmung der Zahl von Durchschnitten einer Raumcurve beliebiger Ordnung mit einer Fläche beliebiger Ordnung wird man Mancherlei einwenden können.

Kln.

H. Eggers. Zur Involution. Grunert Arch. LV. 341-361.

F. August. Einleitende Bemerkungen hierzu. Grunert Arch. LV. 337-340.

Die einleitenden Worte sind vornehmlich für solche Leser bestimmt, welche den Betrachtungen der neueren Geometrie ferner stehn. In der Arbeit selbst werden nun hauptsächlich die Fälle discutirt, in welchen eine Involution n^{ten} Grades mehrfache Punkte hat. Die Bedingungen hierfür werden angegeben. Doppelelemente hat sie im Allgemeinen stets. Am Schluss wird die Construction der vier Doppelelemente einer Involution dritten Grades, sowie der sechs Doppelelemente einer Involution vierten Grades angegeben, und hieraus die analoge Construction für eine Involution n^{ten} Grades gewonnen. Endlich wird noch die Construction zusammenfallender Elemente zweier concentrischer projectivischer Involutionen behandelt. Mz.

V. Imschenetsky. Note sur le rapport anharmonique du plan de courbure P en un point quelconque d'une ligne d'intersection de deux surfaces quelconques, des plans tangents A et B à ces surfaces et du plan mené par l'intersection des plans A et B. Mém. de Liège (2) V.

Der Verfasser untersucht die im Titel bezeichnete Frage, indem er den Satz von Meunier zur Elimination der trigonometrischen Linien anwendet, die sich in dem Ausdruck für das anharmonische Verhältniss finden. Mn. (O.)

A. Transon. Sur le théorème de Dandelin. Nouv. Ann. (2) XII. 21-23.

Schneidet eine Ebene E einen Rotationskegel und wird eine Kugel K diesem Kegel eingeschrieben, welche zugleich die Ebene E berührt, so ist bekanntlich der Berührungspunkt einer der Brennpunkte des in E befindlichen Kegelschnittes, und die Schnittlinie l von E mit der Berührungsebene B der Kugel K ist die zugehörige Leitlinie. Dieser Satz, welcher bereits eine Erweiterung gefunden für den Fall, dass K die Ebene E schneidet, wird nun ausgedehnt auf den Fall, dass K die Ebene E weder berührt noch schneidet; es wird nämlich gezeigt, dass dann auf der vom Mittelpunkt der Kugel K auf E gefällten Senkrechten, deren Länge a sei, der in der Entfernung $\sqrt{a^2-r^2}$ von E befindliche Punkt diejenige Eigenschaft eines Brennpunktes besitzt, dass das Verhältniss der Entfernung jedes Kegelschnittpunktes von ihm und der erwähnten Leitlinie constant ist. Bestimmt man durch eine zweite Kugel einen zweiten derartigen Brennpunkt, so ist je nach der Lage der zweiten Kugel die Summe oder Differenz der nach den Punkten des Kegelschnittes E gehenden Radienvectoren constant. Schz.

L. Saltel. Théorèmes sur les coniques et sur les surfaces du second ordre. Nouv. Ann. (2) XII. 89-92.

Siehe Abschn. VIII Cap. 5, A. p. 310.

F. Klein. Ueber Flächen 3ter Ordnung. Zwei Noten. Erlang. Ber. 1873.

In der ersten der beiden Noten, (welche Vorläufer einer ausführlicheren Abhandlung in den Math. Ann. VI S. 551-581 sind) setzt Herr Klein auseinander, wie aus der Fläche 3ter Ordnung mit vier reellen Knotenpunkten durch die beiden Processe der Bindung oder Trennung der durch einen Knotenpunkt verbundenen Flächentheile (nach ähnlicher Art wie aus dem Kegel 2ten Grades durch Bindung oder Trennung das einschalige oder zweischalige Hyperboloid hervorgeht) sämmtliche Gattungen der Flächen 3ter Ordnung mit 3, 2, 1 reellen oder keinem Knotenpunkte abgeleitet werden können, ausser der mit einem isolirten Knotenpunkte; der Durchgang eines Knotenpunkts durch die biplanare Form ändert die Gattung insofern nicht, als die durch die beiden Auflöseprocesse erhaltenen Resultate dieselben sind, ob sie vor oder nach dem Durchgange vorgenommen werden.

In der zweiten Note theilt Herr Klein mit, was er in Folge genaueren Studiums des Weiler'schen Modells (Gött. Nachr. 1872 402, s. F. d. M. IV 393) der Diagonalfläche von Clebsch (Gött. Nachr. 1871 No. 12, Clebsch Ann. IV. S. 331) über die Lagenverhältnisse der Fläche 3ter Ordnung mit 27 reellen Geraden gefunden hat, welche durch Deformation aus der genannten speciellen Fläche abgeleitet werden kann. Besonders hervorzuheben ist, dass die Fläche aus 10 Dreiecken, 90 Vierecken, 30 Fünfecken besteht, die parabolische Curve in 10 Ovale zerfällt, jedes einem der Dreiecke eingeschrieben, und dass es vier Arten ebener Schnitte und demnach vier Unter-Arten dieser Gattung der Fläche 3ter Ordnung giebt, je nach der Art des unendlich fernen Schnitts. Sm.

L. Schläfli. Quand' è che dalla superficie generale di terz' ordine si stacca una parte che non sia realmente segata da ogni piano reale? Brioschi Ann. (2) V. 289-296.

Herr Schläfli zeigt zuerst, dass eine allgemeine Fläche 3ter Ordnung, von der sich ein geschlossener Theil abzweigt, der nicht von jeder reellen Ebene reell geschnitten wird, nur 3 (ein Dreieck bildende) reelle Geraden und 13 reelle dreifache Berührungsebenen hat, also von der fünften Gattung nach der Anordnung von Cremona (Borchardt J. LXVIII S. 116) ist, indem er den Büschel um die eine jedenfalls reelle Gerade, die auf dem nicht geschlossenen Theile liegt, untersucht. Darauf beschreibt er die Veränderung, welche die 12 Geraden einer Doppelsechs, die sich auf der Fläche mit einem Knotenpunkte zu je zweien in eine der 6 Knotenpunkts-Geraden vereinigen, bei dem Uebergange von der einen Gattung zur nächsten (nach jener Anordnung) erfahren, in ähnlicher, aber übersichtlicherer Weise, als es vom Ref. (Flächen 3ter Ordnung Leipz. 1867 S. 355) geschehen ist:

entweder gehen zwei Gegengerade der Doppelsechs aus reellen in conjugirt imaginäre über, oder zwei Gerade der einen Sechs sind conjugirt imaginär und ihre Gegengeraden ebenfalls; sie bleiben imaginär, aber jede ist nach dem Uebergange mit der Gegengeraden der andern conjugirt.

Nach einer allgemeinen Auseinandersetzung, in welcher Weise der Riemann'sche Zusammenhang einer Fläche durch verschiedene Operationen (Quer- und Rückkehrschnitte, Zusammenheftungen, Trennungen) geändert wird, wird schliesslich, indem die Ordnung des Zusammenhangs einer unbegrenzten Ebene, eines Ellipsoids oder zweimanteligen Hyperboloids Null angenommen wird, die der 5ten, 4ten, 3ten, 2ten, 1ten Gattung der allgemeinen Fläche 3ter Ordnung gleich — 2, 0, 2, 4, 6 gefunden. Sm.

Em. Weyr. Sopra le proprietà involutorie di un esagono gobbo e d'un esaedro completo. Rend. d. Ist. Lomb. (2) VI. 179-180.

Die Note enthält den Beweis für folgenden Satz: „Die 10 Paare der entgegengesetzten Ebenen irgend eines räumlichen vollständigen Hexagons schneiden eine Ebene P längs 10 Paar Geraden, welche zu einem involutorischen System 2ter Ordnung gehören, dessen Fundamentalpunkte die Schnitte der Ebene P mit der Raumcurve dritter Ordnung sind, welche dem Hexagon umschrieben ist". Auch der entsprechende Satz für das vollständige Hexaeder findet sich bewiesen. Jg. (O.)

Ed. Weyr. Classification des courbes du sixième ordre dans l'espace. C. R. LXXVI. 424-428. 475-478. 555-558.

Die Raumcurven C_6 werden in folgende drei Classen eingeordnet: Entweder ist C_6 der vollständige Durchschnitt einer Fläche zweiter und einer Fläche dritter Ordnung, oder sie ist auf einer Fläche dritter Ordnung gelegen, ohne dass eine Fläche zweiter Ordnung hindurchgeht, oder endlich, sie liegt auf einer Fläche zweiter Ordnung, ohne zugleich in einer Fläche dritter Ordnung enthalten zu sein. Diese drei Gattungen von Curven werden durch die characteristischen Symbole (2,3), (3), (2) bezeichnet. Ein weiteres Eintheilungsprincip wird durch die Zahl der scheinbaren Doppelpunkte gewonnen. Jede Raumcurve C_6 hat wenigstens 6 und höchstens 10 scheinbare Doppelpunkte. In der ersten Classe (2,3) existirt nur eine Art, welche durch 6 scheinbare Doppelpunkte characterisirt ist, in der zweiten Classe (3) lassen sich 5 Arten von Curven unterscheiden, je nachdem dieselben 6, 7, 8, 9 oder 10 scheinbare Doppelpunkte haben, endlich zerfallen die Curven der Classe (2) in zwei Arten, da sie entweder 7 oder 10 scheinbare Doppelpunkte besitzen.

Schn.

G. DARBOUX. Sur les lignes asymptotiques de la surface de Steiner. Bull. d. l. Soc. Phil. X. 37-38. Inst. (2) I. 142-143.

Durch die Methoden von Clebsch und Cremona lässt sich eine Steiner'sche Fläche so in eine Ebene abbilden, dass die ebenen Schnitte derselben dargestellt werden durch alle diejenigen Kegelschnitte, welche die drei Diagonalen eines gewissen vollständigen Vierseits, des Fundamentalvierseits, harmonisch theilen. Die Schnitte der Tangentialebenen müssen also dargestellt werden durch Kegelschnitte, die die genannte Eigenschaft haben, ausserdem aber einen Doppelpunkt besitzen, also in zwei Gerade zerfallen. Man hat also, um die Abbildung eines solchen Schnittes zu erhalten, durch die Abbildung M des Berührungspunktes zwei Gerade zu legen, welche die drei Diagonalen des Fundamentalvierseits harmonisch theilen; dies sind die Tangenten der beiden Kegelschnitte, welche durch M gehen, und dem Vierseit eingeschrieben sind. Daraus folgt, dass die asymptotischen Linien der Steiner'schen Fläche abgebildet werden durch die Kegelschnitte, welche dem Fundamentalvierseit eingeschrieben sind. A.

G. DARBOUX. Sur une classe remarquable de courbes et de surfaces algébriques et sur la théorie des imaginaires. Mém. de Bordeaux. VIII. 291-350. IX. 1-280.

Siehe Abschnitt IX, Cap. 3, C.

C. Geometrie der Anzahl.

A. Clebsch. Zur Theorie der Characteristiken. Clebsch Ann. VI. 1-16.

In der Theorie der Characteristiken spielt der von Chasles ursprünglich durch Induction gefundene Satz, demzufolge die Zahl der Kegelschnitte eines Systems, welche eine gegebene Bedingung erfüllen, von der Form $a\mu + b\nu$ ist, wo die a, b nur von der Natur des Kegelschnittsystems, die μ, ν nur von der zutretenden Bedingung abhängen, eine fundamentale Rolle. Clebsch unternimmt es in dem vorliegenden Aufsatze, innerhalb gewisser Grenzen einen analytischen Beweis dieses Satzes zu erbringen, und es ist das wohl um so bedeutsamer, als dieses ganze Gebiet bisher ausschliesslich der rein geometrischen Speculation angehörte. Die zum Beweise erforderlichen Hülfsmittel sind der (F. d. M. IV p. 62 besprochenen) Abhandlung Clebsch's über „eine Fundamentalaufgabe der Invariantentheorie" entnommen; aus ihnen geht namentlich auch hervor, dass das betreffende Theorem auf individuellen Eigenschaften des beim Kegelschnitte auftretenden Formensystems beruht, und dass also kein Grund vorhanden ist, bei Curven höherer Ordnung einen entsprechenden Satz zu vermuthen, (wie das durch die neueren Arbeiten über die Characteristiken höherer Curven sich in der That ergeben hat).

Kln.

S. Roberts. On parallel surfaces. Proc. of. L. M. Soc. IV. 218-235.

Die ursprüngliche Oberfläche wird entweder als eine allgemeine von der Ordnung m oder als eine von der Classe n angenommen. Die Arbeit bezieht sich auf die Bestimmung der numerischen Characteristiken der Parallel-Oberflächen. Die hauptsächlichsten Resultate sind in den Tabellen auf pag. 222 und 226-227 niedergelegt, jedoch enthält die Arbeit noch verschiedene andere Resultate.

Cly. (O.)

R. Sturm. Ueber Fusspunkts-Curven und -Flächen, Normalen und Normalebenen. Clebsch Ann. VI. 241-264.

Die rein synthetisch gehaltenen Untersuchungen bewegen sich um Fragen, deren allgemeiner Character sich dahin kennzeichnen lässt: Wenn von einer Curve oder Fläche, die ihre Natur characterisirenden Zahlen, als da sind Ordnung, Classe etc. bekannt sind, wie lassen sich die entsprechenden Zahlen für die Fusspunktengebilde bestimmen? In Betreff der zahlreichen Einzelnheiten, welche mit der Behandlung jener Aufgabe verknüpft sind, muss auf die Abhandlung selbst verwiesen werden.

Schn.

M. Chasles. Détermination immédiate, par le principe de correspondance, du nombre de points d'intersection de deux courbes d'ordre quelconque, qui se trouvent à distance finie. Liouville J. (2) XVIII. 202-211.

M. Chasles. Note relative à la détermination du nombre de points d'intersection de deux courbes d'ordre quelconque, qui se trouvent à distance finie. Liouville J. (2) XVIII. 212-219.

M. Chasles. Note relative à la détermination du nombre de points d'intersection de deux courbes d'ordre quelconque, qui se trouvent à distance finie. C. R. LXXVI. 126-132.

Die erste dieser Abhandlungen ist ein Abdruck, die letzte die Fortsetzung einer bereits in diesem Jahrbuch, 1872, IV p. 311 besprochenen Abhandlung desselben Verfassers, die zweite ein Abdruck der dritten. In der letzteren findet man einen auf das Correspondenzprincip gegründeten Beweis des Satzes, dass die Zahl der Schnittpunkte zweier algebraischen Curven von der Ordnung bezüglich p und p' gleich pp' ist; derselbe stützt sich, zum Unterschied von dem in der vorhergehenden Abhandlung gegebenen, auf den (als evident anzunehmenden) Satz, dass die Anzahl der von einem Punkt der Ebene an eine algebraische ebene Curve ziehbaren Tangenten (oder auch Normalen) constant ist. Es folgen Beispiele von Schnittpunktsystemen, unter denen sich solche mit Contacten höherer Ordnung im Unendlichen befinden. Der Verfasser schliesst mit der Bemerkung (die bereits zu der vorgängigen Abhandlung gemacht werden muss), dass die Rechnungen für den Fall höherer Berührungen im Unendlichen sich bequemer gestalten, nachdem man die unendlich ferne Gerade mittelst einer homographischen Transformation wie:

$$x = \frac{1}{y'};\quad y = \frac{x'}{y'} \quad \text{oder}\ x = \frac{1}{x'};\quad y = \frac{y'}{x'}$$

in eine der Coordinatenaxen verwandelt hat. Bl.

DE LA GOURNERIE. Sur le nombre des points d'intersection, que représente un point multiple commun à deux courbes planes, lorsque diverses branches de la première sont tangentes à des branches de la seconde. C. R. LXXVII. 573-577.

Der Verfasser beschäftigt sich mit der auch sonst schon behandelten Aufgabe: Für zwei Curven, welche im Ursprung eines Coordinatensystems vielfache Punkte besitzen, deren Aeste sich theilweise in höherer Ordnung berühren, die Anzahl der in diesen Punkt entfallenden Schnittpunkte zu bestimmen. Wie das Resultat einer desfallsigen Untersuchung auch für in's Unendliche fallende Schnittpunkte sich verwerthen lässt, hat Chasles in der in diesem Bande pag. 325 besprochenen „Note relative à la détermination etc.“ (am Ende) angegeben. Die Methode, deren sich der Verfasser bedient, und die er an dem Beispiel zweier Curven 7ter Ordnung (mit Rückkehrpunkten höherer Ordnung im Ursprung) auseinandersetzt, ist die folgende: Er untersucht den Verlauf der verschiedenen Zweige eines jeden der vielfachen Punkte nach einem dem bekannten Puiseux'schen ähnlichen Verfahren, und bestimmt die Anzahl der von den einzelnen Zweigen herrührenden Schnittpunkte, die dann einfach zu addiren sind. Bl.

H. G. ZEUTHEN. Note sur le principe de correspondance. Darboux Bull. V. 186-191.

Der Verfasser giebt einen Auszug aus einem Theile seiner in den Memoiren der Dänischen Academie erschienenen Abhandlung über die allgemeinen Eigenschaften von Curvensystemen, worüber weiter unten referirt ist, und schliesst daran einige Betrachtungen über das Correspondenzprincip. Einem neuen einfachen Beweise dieses Princips folgt der für die Anwendungen desselben wichtige Satz:

„Die Anzahl der Coincidenzen von X und Y, welche in einem Punkte D der Geraden L stattfinden, ist gleich der Summe der Ordnungen der unendlich kleinen Segmente XY, welche auf L von einem Punkte X, dessen Entfernung von D unendlich klein von der ersten Ordnung ist, und von den correspondirenden Punkten Y begrenzt werden". Dieser Satz lässt sich nicht nur auf die Correspondenzen in Strahlbüscheln und Curven vom Geschlechte Null, sondern auch auf die von Herrn Brill studirten Correspondenzen in Curven von allgemeinem Geschlechte übertragen. Herr Zeuthen discutirt dann namentlich noch erstens die für die Anwendungen des Correspondenzprincips schon 1855 von Chasles bei seinem Ausspruche des Princips als nothwendig hervorgehobene Bedingung, dass die Correspondenz durch eine algebraische Gleichung ausdrückbar sei, und zweitens die Stellung einer durch das Correspondenzprincip gewonnenen numerischen Lösung eines Problems der algebraischen Behandlung gegenüber.

Auf diese Note folgt die Mittheilung der von der Königl. Academie der Wissenschaften zu Kopenhagen gestellten mathematischen Preisaufgabe für 1873, welche die Ausdehnung der Characteristikentheorie auf die geometrischen Gebilde verlangt, welche aus einer cubischen Raumcurve und der ihr zugehörigen Developpabeln bestehen. Scht.

H. G. ZEUTHEN. Almindelige Egenskaber ved Systemer af plane Kurver. Kjobenhavn. Vidensk. Selsk. (5) IV. 287-393.

Diese dänisch geschriebene Abhandlung ist begleitet von einem französisch geschriebenen Auszuge, betitelt: Résumé du mémoire intitulé: Recherche des propriétés générales des systèmes de courbes planes, pag. 1 bis 22. Schon bei Gelegenheit des Referates über eine vorbereitende Abhandlung (F. d. M. IV pag. 309) ist auf den bedeutenden Schritt aufmerksam gemacht, den Herr Zeuthen in der Ausbildung der Characteristikentheorie durch diese Abhandlung gethan hat, in welcher die Systeme allgemeiner ebener Curven vom anzahlgeometrischen Standpunkte aus untersucht werden. Der erste Abschnitt behandelt die Eigenschaften gewisser in einem Elementarsysteme vorkommender singulärer Curven, nämlich zunächst derjenigen, welche durch das Auftreten eines neuen Doppelpunkts resp. einer neuen Doppeltangente veranlasst werden, und ausserdem aller derjenigen, welche keine vielfache Ordnungsgerade (branche), resp. vielfachen Klassenpunkt (sommet) besitzen. Zu diesen letzteren gehören: 1) solche, wo ein Doppelpunkt zu einer Spitze geworden ist, 2) solche, wo eine Spitze zu einem Berührungspunkt zweier Ordnungscurven geworden ist, 3) solche, wo zwei Doppelpunkte, 4) solche, wo ein Doppelpunkt und eine Spitze, 5) solche, wo zwei Spitzen, 6) solche, wo drei Doppelpunkte, 7) solche, wo zwei Doppelpunkte und eine Spitze, 8) solche, wo ein Doppelpunkt und zwei Spitzen zusammengefallen sind, und die zu diesen reciproken singulären Curven. Die Vorstellung aller dieser singulären Curven und der Vertheilung der singulären Punkte und Geraden auf ihnen ist durch Zeichnungen erleichtert, welche die singulären Curven selbst und je zwei ihnen im Systeme benachbarte Curven enthalten.

Zwischen den Anzahlen dieser singulären Curven in einem Systeme und den Characteristiken desselben werden im zweiten Abschnitte vermittelst des Correspondenzprincips eine Reihe von Relationen entwickelt. Zu den Characteristiken eines Systems allgemeiner Curven gehören zuerst die schon von Chasles's erster Abhandlung her bekannten Zahlen μ und μ', welche angeben, wieviel Curven des Systems durch einen Punkt gehen, resp. eine Gerade berühren. Diesen fügt jedoch Herr Zeuthen noch folgende hinzu: 1) die Ordnung der Curve der Doppelpunkte, 2) die Ordnung der Curve der Spitzen, 3) die Classe der Enveloppe der Doppelpunktstangenten, 4) die Classe der Enveloppe der Rückkehrtangenten, 5) die Classe der Enveloppe der von den Doppelpunkten ausgehenden Tangenten, 6) die Classe der Enveloppe der von den Spitzen ausgehenden Tangenten, 7) die Classe der Enveloppe der zwei Doppelpunkte verbindenden Geraden, 8) die Classe der Enveloppe der einen Doppelpunkt und eine Spitze verbindenden Geraden, 9) die Classe der Enveloppe der zwei Spitzen verbindenden Geraden; und die dazu reciproken Zahlen. Die Gleichungen, welche zwischen diesen 20 Characteristiken und den 20 Zahlen für die oben erwähnten singulären Curven bestehen, sind so beschaffen, dass 17 Zahlen alle übrigen bestimmen. Der Untersuchung dieser Gleichungen folgen Anwendungen derselben auf Systeme speciellerer Curven und auf das System der Projectionen der ebenen Schnitte, welche ein Ebenenbüschel aus einer allgemeinen Fläche ausschneidet. Bei dieser Anwendung ergeben sich unter andern die Salmon-Cayley-schen Relationen zwischen den Singularitäten einer Fläche (Zeuthen, Clebsch Ann. IV, 1, s. F. d. M. IV p. 295).

Der dritte Abschnitt enthält das schwierige Studium der singulären Curven mit vielfachen Ordnungsgeraden, namentlich derjenigen, welche in elementaren Systemen von Curven dritter und vierter Ordnung vorkommen können, und die Formeln, welche sich aus den oben erwähnten allgemeinen Gleichungen durch Hinzufügung der Anzahlen dieser singulären Curven ergeben.

Der vierte Abschnitt endlich ist der numerischen Bestimmung der Characteristiken der Elementarsysteme der verschiedenen Arten von Curven dritter und vierter Ordnung gewidmet, wobei die Bestimmung der Anzahlen gewisser singulärer Curven manche Schwierigkeit verursacht. Ein Theil der Resultate dieses Abschnitts war schon in früheren Mittheilungen niedergelegt (C. R. Bd. LXXIV und LXXV, pag. 703-707), über welche F. d. M. IV, pag. 305 und 309 referirt ist. Scht.

L. Painvin. Sur les surfaces algébriques. Darboux Bull. IV. 91-97.

Eine übersichtliche Zusammenstellung der grösstentheils bekannten, meist auch in der Analyt. Geom. d. R. von Salmon-Fiedler enthaltenen Anzahlen, zu welchen die eine sogenannte allgemeine Fläche n^{ter} Ordnung an einer oder mehreren Stellen zwei- oder mehr-punktig berührenden Geraden und die zugehörigen Berührungspunkte Veranlassung geben. Das Interesse, welches viele Geometer an diesem Gegenstande nehmen, wird den hier folgenden Abdruck des die Note beschliessenden Literaturverzeichnisses gerechtfertigt erscheinen lassen:

1) Salmon: a) Cambridge and Dublin Math. Journal, vol. IV, pag. 260, 1849; b) Quaterly Journal, vol I, pag. 336; c) Philosoph. Transaction, pag: 229, 1860; d) Transactions of the royal Jrish Academy, t. XXIII, 1856—1859; e) Analytic Geometry of three dimensions.

2) Cayley: a) Phil. Trans. 1869; b) Journal de Liouville, t. X etc.

3) Cremona: a) Preliminari di una teoria geometrica delle superficie, 1866; b) Mémoire de géométrie pure, Borchardt J. LXVIII, 1867.

4) Clebsch: Borchardt J. 1860—1861 etc.

5) Zeuthen: a) Annali di Matematica, t. III, 1869; b) Math. Annalen, 1871.

6) R. Sturm: Borchardt J., LXXII, 1870. Scht.

E. Picquet. Sur les courbes gauches algébriques.
C. R. LXXVII. 474-478.

Die zweifachen Secanten einer Raumcurve m^{ter} Ordnung bilden eine Congruenz, welche von der Klasse $\frac{1}{2}m(m-1)$ ist, und von der Ordnung h sein möge. Dann ist, wie der Verfasser nachweist, die Ordnung der von den dreifachen Secanten gebildeten Fläche gleich

$$(m-2)\cdot[h-\tfrac{1}{6}m(m-1)],$$

und die Zahl der vierfachen Secanten gleich

$$\tfrac{1}{2}h(h-4m+11)-\tfrac{1}{24}m(m-2)(m-3)(m-13).$$

Die Arbeit enthält auf pag. 476, Zeile 8 von unten einen Vorzeichen-Druckfehler, da, wie aus dem Halphen'schen Satze $\mu\mu'+\nu\nu'$ (F. d. M. IV, pag. 311) sofort folgt, die Zahl der gemeinsamen Doppelsecanten zweier Raumcurven von den Ordnungen p und q, welche h_p resp. h_q Doppelsecanten je durch einen Punkt schicken, gleich

$$h_p\cdot h_q+\tfrac{1}{2}p(p-1)\cdot\tfrac{1}{2}q(q-1) \text{ ist.}$$

Die oben angegebenen Zahlen des Herrn Picquet sind übrigens auch in der „Analyt. Geom. d. R. von Salmon-Fiedler“, Zweite Auflage Bd. II, Artikel 216 und 219) entwickelt. Doch enthält die von Salmon-Fiedler dort angegebene Zahl der vierfach schneidenden Secanten einer Raumcurve einen Vorzeichen-Druckfehler. Es muss nämlich dort auf pag. 265, Zeile 7 heissen:

$$\tfrac{1}{24}(-m^4+18m^3-71m^2+78m-48mh+132h+12h^2).$$

Diese Zahl ist identisch mit der oben erwähnten von Picquet.

Scht.

L. Painvin. Sur l'abaissement de la classe d'une courbe produit par la présence d'un point de rebroussement. Darboux Bull. IV. 131-142.

Von den Schnittpunkten zweier Curven derselben Ebene fallen bekanntlich $p \cdot q$ Punkte in einen Punkt, welcher für die eine Curve p-fach, für die andere q-fach ist, vorausgesetzt, dass die beiden Curven in diesem Punkte keine gemeinsame Tangente besitzen, aber $p \cdot q + \nu$ Punkte, wenn sie in diesem Punkte eine ν-fach berührende gemeinsame Tangente besitzen. Diese Zahl ν wird für einen speciellen Fall angegeben, und in Zusammenhang mit der Frage gebracht, um wieviel das Auftreten eines vielfachen Punktes mit so zusammenfallenden Tangenten die Klasse einer Curve vermindert. Speciell wird abgeleitet, dass diese Verminderung für einen Doppelpunkt, dessen beide Tangenten in eine $(h+2)$-punktig berührende Gerade zusammenfallen, $h+2$ beträgt oder um ein Gewisses weniger. Scht.

L. Painvin. Sur l'intersection de deux courbes. Darboux Bull. V. 138-144.

Der oben (siehe das vorige Referat) angegebene Satz, welcher aussagt, wieviel von den Schnittpunkten zweier Curven in einen für beide vielfachen Punkt fallen, in dem die Curven ausserdem gemeinsame Tangenten besitzen, wird hier ausführlich bewiesen. Scht.

G. Halphèn. Sur les caractéristiques, dans la théorie des coniques, sur le plan et dans l'espace, et des surfaces du second ordre. C. R. LXXVI. 1074-1077.

Herr Halphen spricht hier für die im Titel genannten Gebilde einige Sätze aus, welche zwar nur durch die Form neu sind, aber doch zu einer für die Geometrie der Anzahl äusserst wichtigen Schreibweise den Grund legen. Diese Sätze unterwerfen die Moduln der Bedingungen den Gesetzen der Multiplication von Polynomen, und lassen sich etwa so zusammenfassen:

Bezeichnet $\mu^m \nu^n \varrho^r$ bei Kegelschnitten im Raume die Anzahl derjenigen unter den ∞^{m+n+r} Kegelschnitten eines Systems, welche ihre Ebene durch m Punkte schicken, n Gerade schneiden, und r Ebenen berühren, und bei Flächen zweiten Grades die Anzahl derjenigen Flächen eines Systems von ∞^{m+n+r} Flächen, welche durch m Punkte gehen, n Gerade berühren und r Ebenen berühren, so ist erstens die Anzahl derjenigen Kegelschnitte resp. Flächen, des Systems, welche irgend eine vorliegende p-fache Bedingung Z erfüllen, durch F, ein homogenes Polynom p^{ten} Grades von μ, ν, ϱ, den Moduln der Bedingung darstellbar, und zweitens ist die Anzahl derer, welche die Bedingungen Z_1, Z_2, Z_3 etc. mit den resp. Moduln F_1, F_2, F_3 etc. erfüllen, durch $F_1 \cdot F_2 \cdot F_3 \cdots$, das Produkt dieser Moduln, darstellbar.

Das in diesen Sätzen liegende Princip ist inzwischen vom Referenten in seiner Note „Ueber die Characteristiken der ebenen Curven dritter Ordnung im Raume“ (Gött. Nachr. Mai 1874) und in seinen Untersuchungen über die Characteristiken der cubischen Raumcurven vielfach angewandt und weiter ausgebildet.

Scht.

S. Roberts. On the Plückerian characteristics of a curve whose equation is a resultant or a discriminant in some general cases. Quart. J. XII. 281-304.

Die Untersuchung behandelt besondere Fälle gewisser allgemeiner Formeln (A) (B) und (C), die mit einer andern Arbeit (p. 229, s. Abschn. IX Cap. 3, A) in Zusammenhang stehen, von denen (*A*) und (*C*) selbst wieder besondere Fälle einer Formel auf pag. 281 in Salmon's „Higher Algebra" zweite Aufl., sind.

Cly. (O.)

S. Roberts. Note on the characteristics of epi-and hypocycloids and allied curves. Proc. of L. M. S. IV. 353-356.

Die trochoidischen Curven werden durch zwei Gleichungen von der Form

$$x = A \cos p\theta + B \cos q\theta$$
$$y = A \sin p\theta \pm B \sin q\theta$$

ausgedrückt, wo p und q ganze relative Primzahlen sind. Die Singularitäten, besonders die der Kreispunkte in der Unendlichkeit werden einem Studium unterzogen. Cly. (O.)

S. Roberts. Note on normals and the surface of centres of an algebrical surface. Proc. of L. M. S. IV. 302-307.

I. Für eine Oberfläche, die speciell zur Ebene im Unendlichen keine Beziehung hat, von der Ordnung m, der Classe n, einem Grade des Tangentenkegels a, ist die Zahl der Normalen in einem willkürlichen Punkte

$$= m + n + a.$$

Gezeigt wird, wie diese Zahl sich für den Fall gewisser Beziehungen der Oberfläche zur Ebene im Unendlichen ändert.

II. Für eine Oberfläche, die keine Beziehung zur unendlich entfernten Ebene hat, seien m, n, a wie oben angenommen, oder letztere und einige andere Zahlen so bestimmt, dass

die Ordnung der ebenen Schnitte $= m$,
die Classe . . . . $= a$,
die Zahl der Rückkehrpunkte . $= c$,
die Zahl der Beugungen . . . $= j$,
die Classe des Tangentenkegels . $= n$,
die Zahl der Cuspidalpunkte . . $= k$,
die Zahl ihrer stationären Ebenen $= i$,

dann ist für die centrirte Oberfläche die Ordnung

$$3n + k (= 3a + i) + 3a + c (= 3m + j),$$

und die Classe

$$3(n+a)+c+k-2(m+n)=n+3a+c+k-2m$$
$$=6a+c+j-2m-2n.$$

Im Falle einer Oberfläche von der Ordnung m ohne Singularitäten stimmen diese Resultate mit denen der Herren Darboux und Lothar Marcks überein. Cly. (O.)

Em. Weyr. Ueber Evoluten ebener Curven. Casopis II. 277-280. (Böhmisch).

Es werden die bekannten Singularitäten der Evolute einer ebenen Curve n^{ter} Ordnung, welche selbst verschiedene Singularitäten aufweist, entwickelt. W.

Neunter Abschnitt.

Analytische Geometrie.

Capitel 1.

Coordinaten.

AOUST. Théorie des coordonnées curvilignes quelconques. III. partie. Brioschi Ann. (2) V. 261-288.

Diese Arbeit bildet eine Vereinfachung und die Vollendung der in (1) VI desselben Journals enthaltenen; im ersten Theile werden früher gefundene Gleichungen, welche nach demselben Gesetz geformt waren, in eine zusammengezogen, im letzten Theile befasst sich Herr Aoust mit der Zusammenstellung der Bedingungsgleichungen, welchen die Krümmungen mit ihren Componenten, die Winkel zwischen den Coordinatenlinien u. s. w. genügen müssen. Für die Zusammenfassung der Gleichungen ist die Einführung der Seitenkrümmung nach einer beliebigen Richtung ν wesentlich, welche schon an einer anderen Stelle erläutert wurde (cf. Jahrb. f. d. Fortschr. II, 458); $L_{\nu 1}$ bedeutet also die Krümmung des Elementes db_1 nach ν; unter der Richtung ν kann z. B. diejenige der Bogenelemente db, db_1, db_2, auch die Richtung der Normalen n verstanden werden; analoge Bedeutung hat $L_{\mu 1}$, und man begreift sofort, wie in folgender Gleichung:

$$\frac{d}{d\varrho_2}\left(\frac{db_1}{d\varrho_1}\frac{\cos(L_{\nu 1},\mu)}{L_{\nu 1}}\right)-\frac{d}{d\varrho_1}\left(\frac{db_2}{d\varrho_2}\frac{\cos(L_{\nu 2},\mu)}{L_{\nu 2}}\right)$$
$$=\frac{db_1}{d\varrho_1}\frac{db_2}{d\varrho_2}\left(\frac{\cos(L_{\nu 1}, L_{\mu 2})}{L_{\nu 1}L_{\mu 2}}-\frac{\cos(L_{\nu 2}L_{\mu 1})}{L_{\nu 2}L_{\mu 1}}\right)$$

ausser vielen andern 9 früher entwickelte Gleichungen enthalten sind, die sich durch Vertauschung der Zahlen 12 mit 01, 02 und dadurch ergeben, dass man für ν und μ der Reihe nach 0, 1, 2 setzt. Neben den im ersten Theile Br. Ann. VI betrachteten Quantitäten kommen hier noch insbesondere zur Erörterung die nach den Normalen genommenen Seitenkrümmungen der Coordinatenlinien mit ihren Componenten und Projectionen, die Variation des Winkels, welchen die Normale einer Fläche mit dem Durchschnitt der beiden andern bildet; Variation des Abstandes zweier unendlich nahen Coordinatenflächen derselben Familie, Relationen zwischen den Variationen der Contingenzwinkel der nach beliebiger Richtung ν genommenen Seitenkrümmungen.

Die Frage nach den partiellen Differentialgleichungen, welchen die Krümmungen, die Winkel zwischen den Coordinatenlinien u. s. w. genügen müssen, ist nicht mit sonderlicher Durchsichtigkeit behandelt; die Zerlegung der Krümmungen in Componenten steigert die Zahl der Gleichungen in einem die Uebersicht sehr erschwerenden Grade, ferner geht aus der Darstellung allenfalls hervor, dass die aufgestellten Gleichungen nothwendig sind (obgleich man nicht ganz sicher ist, dass nicht einzelne von den übrigen abhängen); aber nicht, dass sie ausreichend sind. Von den verschiedenen Fällen sei hier der erste erwähnt, in welchem es sich um die Componenten der Haupt- und Seiten-Krümmungen, um die Quotienten $\frac{db}{d\varrho}, \frac{db_1}{d\varrho_1}, \frac{db_2}{d\varrho_2}$ und um die Winkel φ, φ_1, φ_2 zwischen den Coordinatenlinien handelt; zwischen diesen 33 Stücken bestehen 30 Gleichungen. K.

M. Réthy. Ueber ein Dualitäts-Princip in der Geometrie des Raumes. Gött. Nachr. 1873. 6-11.

Als Coordinaten eines Punktes wählt Herr Réthy die Flächen XYZ der in dem Punkte zusammenstossenden Coordinaten-Parallelogramme. Jedes Werthsystem definirt gleichzeitig zwei Punkte. Ist eine Gleichung in XYZ linear ($UX+VY+WZ+1=0$), so erzeugen die Punktenpaare, deren Coordinaten sie befriedigen, ein von den Coordinaten-Axen asymptotisch berührtes, also einem gewissen ∞^3-Systeme angehöriges einmanteliges Hyperboloid; zwei lineare Gleichungen stellen eine von den Axen asymptotisch berührte, mithin einem gewissen ∞^4-Systeme angehörige Raumcurve 4ter Ordnung, (nicht, wie Herr Réthy sagt, 3ter Ordnung), drei lineare Gleichungen ein Punktenpaar dar.

U, V, W, deren geometrische Bedeutung leicht zu erkennen ist, werden die Coordinaten des System-Hyperboloids genannt. Die Gleichung $UX + VY + WZ + 1 = 0$ mit *U, V, W* als laufenden Coordinaten, stellt also das Punktenpaar (*XYZ*) dar, durch das alle System-Hyperboloide gehen, deren *U, V, W* diese Gleichung befriedigen; zwei Gleichungen in *U, V, W* die System-Curve 4ter Ordnung, die durch die beiden, und drei Gleichungen das System-Hyperboloid, das durch die drei Punktenpaare geht.

Durch die Coordinaten-Axen und -Ebenen werden Ausnahmen bewirkt. Aus den Sätzen der gewöhnlichen Geometrie ergeben sich solche für unsere beiden Systeme; freilich sind letztere, auch wenn das Unendliche durch collineare Transformation entfernt wird, sehr particulär. Sm.

E. d'Ovidio. Sulle relazioni metriche in coordinate omogenee. Battaglini G. XI. 197-220.

Ein Seitenstück zu der oben VIII. 1 p. 273 besprochenen, auf allgemeine Massbestimmung Rücksicht nehmenden Arbeit desselben Verfassers, unter Beschränkung auf gewöhnliche Massverhältnisse elementarer dargestellt. Kln.

W. Frahm. Habilitationsschrift. Tübingen.

Siehe Abschnitt VIII, Cap. 1 p. 273.

F. Lindemann. Ueber unendlich kleine Bewegungen starrer Körper bei allgemeiner projectivischer Massbestimmung. Erlang. Ber. 1873. Clebsch Ann. VII 56-144.

Siehe Abschnitt VIII, Cap. 1 p. 273.

H. Stahl. Ueber die Massfunctionen der analytischen Geometrie. Pr. Berlin.

Siehe Abschnitt VIII, Cap. 1 p. 273.

R. HEGER. Das harmonische Hexaeder und das harmonische Octaeder. Schlömilch Z. XVIII. 307-312.

Im Anschluss an bekannte Definitionen werden eine vollständige vierkantige Ecke und eine vollständige vierseitige Ecke erklärt; hierauf harmonisches Hexaeder die Figur genannt, welche durch drei Ebenenpaare gebildet wird, deren Schnittlinien in einer Ebene liegen, ferner harmonisches Octaeder die Figur, die durch drei Punktpaare gebildet wird, deren drei Verbindungsgeraden durch einen Punkt gehen. Die Eigenschaften dieser Figuren werden angegeben, und zuletzt wird eine Anwendung hiervon auf die Theorie der Flächen zweiter Ordnung gemacht.

Mz.

W. SPOTTISWOODE. Note sur la représentation algébrique des lignes droites dans l'espace. C. R. LXXVI. 1189-1193.

Stellt man eine Gerade im Raum durch die Gleichungen zweier durch sie hindurch gehenden Ebenen dar, so lassen sich aus dem System der 8 Coefficienten 6 zweigliedrige Determinanten bilden, die bekanntlich Plücker als Coordinaten der Geraden eingeführt hat. Zwischen diesen 6 homogenen Grössen (oder 5 Verhältnissen) besteht eine quadratische Gleichung, so dass die Zahl der Bestimmungsstücke einer Geraden im Raum sich auf 4 reducirt. Der Verfasser betrachtet nun ein der geraden Linie analoges Gebilde in einem Raum von 5 Dimensionen, welches durch 3 lineare homogene Gleichungen zwischen 5 Variabeln dargestellt wird. Man kann als Coordinaten desselben wiederum die aus dem System der Coefficienten herstellbaren 10 dreigliedrigen Determinanten auffassen. Zwischen denselben bestehen 5 quadratische Gleichungen, von denen indess 2 eine Folge der übrigen sind; die Anzahl der Bestimmungsstücke ist also $10-1-3=6$. Der Verfasser bildet die Bedingungsgleichungen dafür, dass 2 solche Geraden sich treffen und zeigt, wie sich der Uebergang zu den Coordinaten der Geraden im Raum von 3 Dimensionen gestaltet.

Bl.

G. Bellavitis. Exposition de la méthode des équipollences. (Traduit de l'italien par M. Laisant). Nouv. Ann. (2) XII. 97-113. 145-161. 193-207. 241-257. 297-305. 501-519. 529-561.

Der gegenwärtige Aufsatz ist eine Reproduction der im Jahre 1854 erschienenen Originalschrift. Die Methode war bereits in folgenden vorausgehenden Schriften des Verfassers dargelegt: L'Essai, 1835. Ann. des sciences du r. Lomb. Vénitien. III. La Méthode, 1837. Recueil périodique VII. Les Solutions graphiques, 1843. Mém. de l'Inst. imp. et r. de Venise I. Inzwischen ist eine Bearbeitung von Hoüel, 1869. Nouv. Ann. (2) VIII 289 erschienen, über welche in Fortsch. d. Math. II 454 berichtet ist. Diese umfasst den wesentlichen Inhalt des gegenwärtigen vollständig. Hoüel hat nur von einem gewissen Ueberfluss an Einführungen und Bezeichnungen abgesehen. Es ist nicht zu ersehen, warum Bellavitis für die entgegengesetzte Richtung, die schon auf dreifache Weise, durch Stellung der Buchstaben, das Minuszeichen und ein Increment im Exponenten von i ausgedrückt wird, noch das Zeichen cj einführt. Ebenso ist das Zeichen $\surd$ neben und statt i wohl überflüssig, und der Vortheil, den ihm der Gebrauch des Zeichens $\varepsilon = e^i = i^{\frac{2}{\pi}}$, genannt ramun, bringt, wohl nur ein scheinbarer: er brauchte nur die Exponenten von i immer auf den Rechten als Einheit zu beziehen. Der grösste Theil des Aufsatzes behandelt specielle planimetrische Aufgaben, der dritte Abschnitt die Herleitung der trigonometrischen Relationen. Eine etwas umfassendere Aufgabe, bei welcher die Leistung der Methode mehr an's Licht tritt, ist die: In einen Kreis ein Vieleck zu beschreiben, dessen Seiten durch gegebene Punkte gehen oder (die eine und andere) nach Länge gegeben sind. Da selbstverständlich jede Lösung einen dem besondern Zwecke entsprechenden Ansatz erfordert, es also nicht sowohl auf Kenntniss bestimmter Sätze als vielmehr auf Vertrautheit ankommt, so können wir in Betreff der Handhabung nur auf die durchgeführten Beispiele der Schrift selbst verweisen. H.

R. B. Hayward. On the extension of the term „Area" to any closed circuit in space. Proc. of L. M. S. IV. 289-291.

Bezieht sich auf eine Arbeit von De Morgan (Cambridge and Dublin Math. Journ. V, 1850), wo gezeigt wird, dass der Ausdruck „Area" in vollkommen bestimmtem Sinne auf jeglichen geschlossenen Umkreis in einer Ebene angewandt werden kann, wie „autotomisch" auch dessen Character sein möge; und dass man diesen Ausdruck betrachten kann, wie wenn er ein algebraisches Zeichen hätte, welches durch die Richtung bestimmt wird, in der der Umkreis beschrieben ist. Der Verfasser unternimmt zu zeigen, dass es für jeden geschlossenen Umkreis im Raume eine ebene Fläche giebt, die durch den Umkreis selbst bezeichnet wird, und die bestimmt ist sowohl in der Figur, wie in der Flächenmenge; und welche ganz passend als die Fläche im allgemeinen Fall bezeichnet werden kann (wenn der Umkreis eben ist, führt sie selbst auf die Fläche in De Morgan's Sinn).

Cly. (O.)

Capitel 2.

Analytische Geometrie der Ebene.

A. Allgemeine Theorie der ebenen Curven.

E. Grühl. Lehrbuch der analytischen Geometrie.
Berlin. Weidmann.

V. Falisse. Cours de géométrie analytique.
Mons. Manceaux. 8°.

Das Buch behandelt die Kegelschnitte, lässt aber leider die Theorie der Dreilinien- und Tangential-Coordinaten fort. Abgesehen davon ist das Buch für den Unterricht wohl geeignet.

Mn. (O.)

G. Salmon. A treatise on the higher plane curves: intended as a sequel to a treatise of conic sections. Second edition. Dublin. Hodges, Foster and Co.

G. Salmon. Analytische Geometrie der höheren ebenen Curven. Deutsch bearbeitet von W. Fiedler.
Leipzig. Teubner.

Die Salmon'schen Lehrbücher zeichnen sich vor anderen ebenso durch den Umfang und die Vollständigkeit des gebotenen Materials wie durch die Frische und Concision der Darstellung aus. Man erkennt allerwärts die Hand nicht des Referenten, sondern des Erfinders, der selbstthätig in die Entwicklung der Wissenschaft eingreift, und, indem er auf die Grenzen des Wissens aufmerksam macht, Jünger für dieselbe zu werben weiss. Zwar wird man nach systematischer Gliederung und einer schematisch-einheitlichen Behandlungsweise, wie man sie z. B. in französischen Lehrbüchern öfters antrifft, vergeblich suchen; dafür bieten die Salmon'schen Werke eine Fülle von Material und eine solche Auswahl von Methoden, dass ein Hauptvorzug in eben dieser Vielseitigkeit gefunden werden muss. Jedes einzelne Capitel bildet übrigens ein in sich abgeschlossenes und völlig abgerundetes Ganze. Diese Eigenschaften sicherten denn auch dem obengenannten Werk gleich bei seinem ersten Erscheinen einen ungewöhnlichen Erfolg zu. Die erste Auflage war bald vergriffen, ohne dass der Verfasser, der seine Thätigkeit inzwischen einem ganz andern Berufsgebiet zugewandt hatte, sich entschliessen konnte, eine zweite Auflage folgen zu lassen. Erst als er in Herrn Cayley einen Mitarbeiter gefunden hatte, der wie nicht leicht ein Anderer, im Stande war, durch Bearbeitung und Zusätze dem Buche die dem jetzigen Stande der Wissenschaft entsprechende Form zu geben, entschloss sich der Verfasser zu einer neuen Auflage, der mit dankenswerther Beschleunigung die deutsche Bearbeitung denn auch unmittelbar folgte.

Mit Rücksicht darauf, dass das Buch in vielen Partien völlig umgearbeitet worden ist, möge hier eine Zusammenstellung des Inhaltes der neuen Auflage folgen.

Dieselbe zerfällt in 9 Capitel. Das erste handelt von den trimetrischen und Linien-Coordinaten und der Transformation derselben.

In dem zweiten von den allgemeinen Eigenschaften der algebraischen Curven handelnden Capitel werden zunächst aus Betrachtungen über die Zahl der Bestimmungsstücke Sätze über die Schnittpunkte zweier algebraischen Curven abgeleitet. Der folgende Abschnitt beschäftigt sich mit der Unterscheidung der im Endlichen und Unendlichen gelegenen singulären Punkte einfachster Natur, vermittelst der Gestalt der Curvengleichung; wobei Gelegenheit genommen wird, den Begriff: „Geschlecht" (deficiency) einer algebraischen Curve einzuführen. In Art. 47 werden interessante Bemerkungen von Herrn Cayley über die Dualität zwischen den Singularitäten: Doppelpunkt, Doppeltangente etc. angeführt, deren weitere Verfolgung übrigens zeigt, dass die Figur für die Doppeltangente in Art. 46 zufällig gerade einen Ausnahmefall abbildet; in der Regel finden nämlich die zwei Berührungen zwischen Curve und Doppeltangente auf verschiedenen Seiten der Letzteren statt.

Das 3te Capitel, über Enveloppen, handelt von den Enveloppen im Allgemeinen; ferner von den Methoden zur Aufstellung der Gleichung der Reciprocalcurve, von den Eigenschaften der Evoluten, Brennlinien, Parallelcurven, Fusspunktcurven etc.

Das 4te Capitel (metrische Eigenschaften der Curven) enthält die Sätze von Newton, Carnot, Cotes über die auf einer Geraden von einer Curve n^{ter} Ordnung abgeschnittenen Segmente, dann Sätze über gerad- und krummlinige Durchmesser und Brennpunkte von Curven n^{ter} Ordnung (nach einer Bezeichnung von Plücker).

Das 5te Capitel beschäftigt sich insbesondere mit den Curven 3ter Ordnung. An die Sätze über Durchschnittspunkte einer geraden Linie mit einer Curve 3ter Ordnung, schliesst sich die Auseinandersetzung einer neuen von Sylvester mitgetheilten Theorie der „Reste" von Schnittpunktsystemen auf einer Curve 3ter Ordnung, einer Theorie, die, wie dies in einem Anhang zur deutschen Ausgabe ausführlicher besprochen wird, kurz vor dem Erscheinen der englischen Ausgabe bereits von anderer Seite eine ausführliche Behandlung erfahren hatte. Ein interessanter Abschnitt dieses Capitels ist der über die Eintheilung der Curven

3ter Ordnung in Classen nach der Art des Zusammenhangs und der gegenseitigen Lage der reellen Curvenzweige. Unterabtheilungen ergeben sich dann weiter aus der Natur und Lage der unendlich fernen Punkte der Curve. Es folgt ein Abschnitt über unicursale Curven 3ter Ordnung und ein grösserer Excurs über die Invarianten und Covarianten der ternären Formen 3ten Grades, letzterer übrigens anknüpfend an die canonische Form.

Das 6te Capitel über Curven 4ter Ordnung beginnt mit der Aufzählung der möglicherweise auftretenden Singularitäten, und beschäftigt sich dann, nach einer kurzen Uebersicht über die hiernach möglichen Curvenformen, mit der Aufstellung und Gruppirung der Doppeltangenten für den Fall allgemeiner und „bicircularer“ Curven 4ter Ordnung. Die Bemerkung (§ 269, bez. 270), dass das letzterwähnte Problem für Curven 4ter Ordnung mit einem und für (allgemeine) solche mit zwei Doppelpunkten noch nicht behandelt sei, ist wohl nicht zutreffend. Das Capitel schliesst mit einem Abschnitt über Invarianten und Covarianten von Curven 4ter Ordnung.

In dem 7ten von den transcendenten Curven handelnden Capitel wird eine Anzahl bemerkenswerther Curven der genannten Art nebst ihrer Entstehungsweise angegeben, wobei auch den Rouletten ein kurzer Abschnitt gewidmet wird: ein Excurs, den Referent gerne ausgedehnter gesehn hätte, denn aus der Kinematik und, allgemeiner zu reden, aus der Theorie der unendlich vielen Transformationen dürften sich wohl noch Gesichtspunkte für das Studium der transcendenten Curven und ihren Zusammenhang mit den algebraischen ergeben.

Das 8te Capitel enthält einen Abschnitt über die Cremonaschen (birationalen) Ebenentransformationen, vermöge deren jedem Punkt einer Ebene im Allgemeinen nur ein solcher in einer anderen Ebene entspricht und umgekehrt, ferner einer solchen über eindeutige Transformation einer gegebenen algebraischen Curve und die Unveränderlichkeit des Geschlechtes hierbei, über das Entsprechen von Punkten in einer solchen und das auf die Punkte einer Curve von beliebigem Geschlecht ausgedehnte Chasles'sche Correspondenzprincip.

Die im 2ten Capitel enthaltenen allgemeinen Betrachtungen über die Theorie der algebraischen Curven werden im 9ten Capitel durch eine Darstellung der von Cayley und Salmon für die Berührungspunkte der Doppeltangenten, durch Betrachtungen über die zu einer gegebenen Curve in einfacher invarianter Beziehung stehenden Curven, wie Hesse'sche etc. Curve, fortgesetzt. Es folgt ein Abschnitt über osculirende Kegelschnitte; den Schluss bildet ein kurzer Abriss über die Methode der Characteristiken von Curven- und insbesondere von Kegelschnitt-Systemen.

Die Behandlungsweise ist vorwiegend, jedoch nicht ausschliesslich, die analytische; hierdurch hauptsächlich unterscheidet sich das Werk von der bekannten synthetischen „Teoria delle curve piane“ von Cremona. Der Hauptvorzug einer gemischten Darstellungsweise beruht in der Beweglichkeit, die der Autor dem Stoff gegenüber besitzt, und der Vielseitigkeit, in der er das Wesen der Dinge zur Anschauung bringen kann, Vorzüge, die das Salmon'sche Lehrbuch in vollstem Masse besitzt; ein Nachtheil dürfte darin erblickt werden, dass hochgespannten Anforderungen an Strenge nicht in jeder Hinsicht entsprochen werden kann, wenn ermüdende Weitläufigkeiten vermieden werden sollen. Es genügt jedoch dann meist eine desfallsige Andeutung zur Orientirung. Im Vorübergehn sei hier bemerkt, dass an einigen wenigen Stellen eine Andeutung darüber erwünscht gewesen wäre, dass der Beweis einer aufgestellten Behauptung nicht erbracht ist oder zu erbringen Schwierigkeiten macht.

Das ganze Lehrbuch ist mit interessanten und lehrreichen Beispielen und Aufgaben vielfach durchwoben.

Die deutsche Bearbeitung, von der bewährten Feder des Herrn Fiedler, schliesst sich würdig an die englische Ausgabe an; in knapper präciser Sprache giebt sie den Inhalt des Originals in freier Bearbeitung wieder. Einige kleine Irrthümer mögen hier berichtigt werden: Seite 125 drittletzte Zeile muss es statt parallel: senkrecht heissen; S. 126 statt $\cos \frac{1}{3}\omega$: $\cos \frac{\omega}{3}$; S. 390 dürfte statt Verbindungspunkt etwa: Vereinigungs- oder Coincidenzpunkt zu setzen sein; S. 385 unten: Die zugehörige Bemerkung (77) des Literaturnachweises war dem Referenten vermuthlich wegen eines Druckfehlers im Text nicht verständlich. Leider ist ihm die betreffende Arbeit nicht zugänglich gewesen. S. 392 letzte Zeile ist das Wort: daher zu streichen; S. 451 in der Formel für (11111) darf das Glied $-2m^2n^2$ nur einmal vorkommen, statt $\frac{113}{25}$ muss (nach einer Mittheilung des Herrn Zeuthen) $\frac{113}{24}$ gesetzt werden (die letzte Correctur ist auch in der englischen Ausgabe anzubringen).

Steht die deutsche Ausgabe, was den Vortrag anlangt, hinter dem englischen Original nicht zurück, so besitzt sie einen unzweifelhaften Vorzug vor demselben in dem reichen von Herrn Fiedler gegebenen Literaturnachweis am Schlusse des Werks. Mit grösster Vollständigkeit und vielfach interessanten orientirenden Bemerkungen werden die einschlagenden älteren und neueren Arbeiten citirt und kurz besprochen und so Gelehrten wie Studirenden eine bei der dermaligen Zersplitterung der Literatur höchst werthvolle Zugabe gewährt. Bl.

R. Hoppe. Cinematische Grundlage der Curventheorie.

Grunert Arch. LV. 77-105.

Die vorliegenden Betrachtungen sollen eine Vorbereitung bilden für eine Theorie der Raumcurven, welche der Verfasser in einem späteren Aufsatze zu geben verspricht. Da an dieser Theorie die Fruchtbarkeit der Auffassungsweise des Herrn Hoppe in höherem Masse hervortreten dürfte, so empfiehlt es sich, die Besprechung gegenwärtiger Arbeit bis zum Erscheinen jenes Aufsatzes auszusetzen. Schn.

H. M. Taylor. Geometrical notes. Messenger (2 II. 174-175.

Wenn r, ϱ und φ der Radiusvector, der Krümmungsradius und der Winkel des Radiusvector mit der Tangente in irgend einem Punkte P der Curve sind, wenn r', ϱ' und φ' dasselbe für den correspondirenden Punkt Q auf der inversen Curve bedeuten, und die Inversion mit Rücksicht auf den Pol S geschehen ist, dann ist, die Zeichen von ϱ, ϱ' genügend berücksichtigt,

$$\frac{r}{\varrho}+\frac{r'}{\varrho'}=2\sin\varphi.$$

Glr. (O.)

A. Vecchio. Nota sugli inviluppi. Battaglini G. XI. 318-320.

Die gewöhnliche Regel, die Umhüllungscurve der durch die Gleichung

$$F(x, y, a)=0$$

mit dem veränderlichen Parameter a gegebenen Curve zu finden, ist nicht anwendbar, wenn die Gleichung die Gestalt hat:

$$a=\varphi(x, y).$$

Der Verfasser zeigt nun, wie man diese Schwierigkeit heben kann. Die gegebene Gleichung $F(x, y, a)=0$ kann eine auf die Axen x, y, a bezogene Fläche bedeuten, dann ist

$$\frac{\partial F}{\partial x}(x-X)+\frac{\partial F}{\partial x}(y-Y)+\frac{\partial F}{\partial a}(a-A)=0$$

die Gleichung der Tangentialebene im Punkte (x, y, a).

Nimmt man an, es sei $\frac{\partial F}{\partial a}=0$, so heisst dies, die Tangentialebene soll der Axe a parallel sein; und dann führt die Elimination von a aus $F(x, y, a)=0$, und $\frac{\partial F}{\partial a}=0$ zu einer Gleichung, die zugleich einen der Axe parallelen Cylinder und die Enveloppe der Curven $F(x, y, a)=0$ darstellt. Bietet sich nun die Gleichung in der Form $a=\varphi(x, y)$, so ist die Gleichung der Tangentialebene

$$a-A=\frac{\partial\varphi}{\partial x}(x-X)+\frac{\partial\varphi}{\partial y}(y-Y);$$

sie muss sich aber auch so darstellen lassen:

$$y-Y=h(x-X),$$

wo h weder Null, noch unendlich. Also muss

$$\frac{\partial\varphi}{\partial x}=0,\quad \frac{\partial\varphi}{\partial y}=0$$

und ausserdem der Quotient beider Grössen weder Null noch unendlich sein. Dies wird dann an Beispielen erläutert.

Mz.

O. Tognoli. Sulla ricerca dell' equazione dell' inviluppante d'una serie di curve piane. Battaglini G. XI. 378-380.

Diese Note bezieht sich auf eine Bemerkung über Umhüllungscurven von Vecchio. Dort ist nämlich gesagt, dass, wenn die Curvenschaar durch die Gleichung $a = \varphi(x, y)$ gegeben ist, das in den gebräuchlichen Lehrbüchern angegebene Verfahren, die Umhüllungscurve zu finden, illusorisch würde. Durch Betrachtung einer Fläche wird die Schwierigkeit gehoben. In gegenwärtiger Note nun wird ausgeführt, dass, wenn die Gleichung die Gestalt $a = \varphi(x, y)$ hat, und Umhüllungscurven überhaupt existiren sollen, a eine mehrdeutige Function von x und y sein muss, und es daher genügt, irgend zwei Wurzelwerthe von a gleichzusetzen. Die Umhüllende von

$$a = \frac{p \pm \sqrt{p^2 - 2py - x^2}}{x}$$

ist z. B. $p^2 - 2py - x^2 = 0$. Mz.

B. Theorie der algebraischen Curven.

A. Cayley. Note on the (2,2) correspondence of two variables. Quart. J. XII. 197-198.

Wenn eine Curve (θ, φ) eine symmetrische zwei- und zweideutige Correspondenz ihrer Punkte hat, und eine andre Curve (φ, X) dieselbe symmetrische zwei- und zweideutige Correspondenz, dann hat (θ, X) eine symmetrische zwei- und zweideutige Correspondenz, aber im Allgemeinen nicht dieselbe Correspondenz. Die Coefficienten können aber solche sein, dass (θ, X) die gleiche Correspondenz haben muss, wie (θ, φ) oder (φ, X). Die Bedingung dafür wird untersucht. (S. F. d. M. II, p. 505).

Cly. (O.)

Em. Weyr. Ueber rationale Curven. Prag. Ber. 1873. 9-42. 77-81.

Siehe F. d. M. IV p. 335.

A. Brill. Note über die Doppeltangenten einer Curve 4ter Ordnung mit einem Doppelpunkt. Clebsch Ann. VI. 66-72.

Der Verfasser zeigt, wie man gewisse Sätze, die Cremona aus algebraischen Ueberlegungen Brioschi's bezüglich der sogenannten „homolog harmonischen" Curven 4ter Ordnung mit Doppelpunkt gewonnen hat, aus seinen früheren allgemeinen Untersuchungen über hyperelliptische Curven (Borchardt J. LXV) ableiten kann, und nimmt dabei Gelegenheit, einige damals nur kurz angedeutete Beweise ausführlicher zu entwickeln. Kln.

M. Nöther. Ueber einen Satz aus der Theorie der algebraischen Functionen. Clebsch Ann. VI. 351-360.

Ein in der analytischen Geometrie sehr oft angewandtes Verfahren besteht darin, dass man die Gleichung einer Curve, welche durch die gemeinsamen Punkte zweier anderer Curven $\varphi = 0$, $\psi = 0$ hindurchgeht, in der Form ansetzt

$$0 = A\varphi + B\psi,$$

wo A, B selbst noch die Veränderlichen enthalten können. Aber der hierin liegende Satz konnte seither nur für den Fall als bewiesen angesehen werden, wenn die Schnittpunkte von φ, ψ alle einfache sind, und eine Ausfüllung dieser Lücke, wie sie der Verfasser mit der gegenwärtigen Mittheilung bringt, musste um so wünschenswerther erscheinen, als der Satz auch auf den Fall mehrfacher Schnittpunkte bereits wiederholt angewandt worden ist. Der Verfasser entwickelt zunächst eine gewisse Umgrenzung, welcher der Satz thatsächlich unterliegt, und giebt dann innerhalb dieser Grenzen einen Beweis durch Reihenentwickelung. Zugleich ist er dadurch im Stande, für den entsprechenden Satz bei mehr Dimensionen ein Verfahren anzugeben, vermöge dessen man sich in jedem einzelnen Falle über seine Anwendbarkeit ein Urtheil bilden kann. Kln.

A. Brill und M. Nöther. Ueber die algebraischen Funktionen und ihre Anwendbarkeit in der Geometrie. Gött. Nachr. 1873. 116-132.

Wir werden über diese wichtige Arbeit, vermöge deren es gelingt, eine grosse Reihe von Sätzen, deren Beweis seither nur durch die Theorie der algebraischen Integrale geleistet werden konnte, auf rein algebraische Betrachtungen zurückzuführen, erst bei einer nächsten Gelegenheit berichten, da inzwischen eine ausgeführte Darstellung in den Math. Annalen erschienen ist.

Kln.

H. Rosenow. Die Curven dritter Ordnung mit einem Doppelpunkt, eine Anwendung der neueren Algebra (Invariantentheorie) auf die Geometrie.

Diss. Leipzig. Metzger. 8°.

Wenn man die Coordinaten eines Punktes auf einer Curve dritter Ordnung mit einem Doppelpunkt als ganze homogene Funktionen von zwei Parametern darstellt, so kommt die Aufsuchung der 3 Wendepunkte hinaus auf die Lösung einer Gleichung dritten Grades, die die Parameter jener Punkte liefert. Diese Gleichung sei $\varDelta = 0$. Die Eigenschaften der Curve hängen nun wesentlich ab von dieser Form dritten Grades $\varDelta$. Die geometrische Deutung der zu $\varDelta$ als Grundform zugehörigen Formen ist die Aufgabe der vorliegenden Arbeit. Von den hiebei erlangten Resultaten seien folgende angeführt. Schreibt man $\varDelta$ symbolisch $\triangle_\lambda^3$, so ist die Bedingung, dass drei Punkte, deren Parameter λ, μ, ν sind, in einer Geraden liegen $\varDelta_\lambda, \varDelta_\mu, \varDelta_\nu = 0$. Daraus folgt, dass der Tangentialpunkt zu λ durch $\triangle_\lambda^2 \varDelta_\nu = 0$ gegeben ist. Sucht man hieraus die Beziehung, welche bestehen muss, damit zwei Punkte λ, μ denselben Tangentialpunkt haben oder conjugirt sind, so ergiebt sich die Gleichung $\tau_\lambda \tau_\mu = 0$, wobei τ_λ^2 die Hesse'sche Covariante von $\varDelta$ ist. Setzt man $\tau = 0$, so erhält man die Parameter der in Doppelpunkte vereinigten Punkte. Aus der allgemeinen Gleichung der Geraden, welche den Doppelpunkt mit einem beliebigen Curvenpunkt verbindet, werden die Gleichungen der Tangenten im Doppelpunkt abgeleitet, und hiebei zeigt sich, dass diese imaginär, reell sind oder zusammenfallen, je nachdem R die Discriminante von $\varDelta$, > 0, < 0 oder $= 0$ ist.

Bezeichnet man durch q_λ^3 die cubische Covariante von Δ, so stellt $q_\lambda^2\, q_\nu = 0$ den Punkt dar, in welchem die Verbindungslinie von λ mit seinem conjugirten die Curve noch schneidet; oder auch den Punkt, dessen conjugirter der Tangentialpunkt von λ ist. Die Deutung der Beziehung $q_\lambda\, q_\mu\, q_\nu = 0$ zeigt, dass die Punkte λ, μ, ν ein Tripel bilden, also die Curve die Tripelcurve eines Kegelschnittnetzes ist. Die drei Punkte für welche $q_\lambda^3 = 0$ ist, haben die Eigenschaft, dass in ihnen ein Kegelschnitt die Curve sechspunktig berühren kann.

Die letzten Paragraphen sind der Betrachtung der geschlossenen Polygone gewidmet, die der Hesse'schen Curve der gegebenen gleichzeitig ein- und umschrieben sind; und der damit zusammenhängenden Polygone, welche der Hesse'schen Curve ein- und der Cayley'schen umschrieben sind. Es ist gezeigt, wie man durch Recursionsformeln die Gleichungen aufstellen kann, welche die Ecken dieser Polygone bei gegebener Seitenzahl liefern und dabei nachgewiesen, dass alle Eckpunkte Tripeln angehören, welche der Gleichung $\varrho\Delta_\lambda^3 + \sigma q_\lambda^3 = 0$ genügen. Zum Schlusse sind noch Gleichungen der Curven in Punkt- und in Liniencoordinaten aufgestellt.

In der Arbeit findet sich noch folgende Zusammenstellung der Literatur über diese Curven:

Steiner, Crelle Bd. 53 S. 231; Schröter, Borchardt J. 54 S. 31; Cremona, Borchardt J. 64 S. 101; Schröter, Ueber eine besondere Curve 3ter Ordnung etc.; Math. Ann. V S. 50 u. Durège, Ueber die Curve 3ter Ordnung etc. ibid. p. 83; Weyr, Theorie der mehrdeutigen geometrischen Elementargebilde, Leipzig 1869; Möbius, Der barycentrische Calcul, Leipzig, 1827; Möbius, Abh. d. kgl. sächs. Gesellschaft 1852; Durège, Ueber fortgesetztes Tangentenziehen an Curven 3ter Ordnung etc.; Math. Ann. I. 509; Guessfeldt, Diss. inaug. de curva plana. Bonn 1865; Steiner, Borchardt J. 66 S. 261; Schröter, Theorie der Kegelschnitte p. 435—543. Lth.

A. Cayley. On residuation in regard to a cubic curve.
Messenger (2) III. 62-65.

Wenn die Schnitte einer Curve dritten Grades U_3 mit irgend einer anderen Curve V_n auf irgend welche Weise in zwei Systeme von Punkten getheilt werden, so wird jedes dieser Systeme das Residuum des anderen genannt; in gleicher Weise, wenn man von einem gegebenen Systeme von Punkten auf einer Curve dritter Ordnung ausgeht, und eine Curve von irgend welcher Ordnung V_n durch sie hindurchzieht, bilden die überbleibenden Schnitte mit der Curve dritter Ordnung ein Residuum des ursprünglichen Punktsystemes. Die Arbeit enthält eine Untersuchung der Sylvester'schen Theorie der Reste, und kann mit derjenigen von Salmon in seinen „higher plane curves" (2nd ed.) 133—137 (1873) gegebenen Theorie verglichen werden. Glr. (O.)

Em. Weyr. Ueber Durchschnittspunkte von Focalen mit Kreisen und mit Lemniscaten. Prag. Ber. 1873.

Die Focale ist eine cyklische Curve dritter Ordnung mit einem Doppelpunkt, dessen Tangenten auf einander senkrecht stehen. Beziehungen zwischen den Schnittpunkten einer solchen Curve mit Kreisen, zwischen den Schnittpunkten von zwei Focalen, welche einen gemeinsamen Doppelpunkt besitzen, endlich Relationen zwischen den Schnittpunkten einer Focale und einer Lemniscate, welche den Doppelpunkt gemeinsam haben, bilden den Inhalt des vorliegenden Vortrages. Schn.

C. Hermite. On an application of the theory of unicursal curves. Proc. of L. M. S. IV. 343-345.

Als Probe der betrachteten Fragen diene folgendes Problem: Die Gleichung $F\left(\frac{du}{dt}, u\right) = 0$ soll integrirt werden, so dass, wenn möglich, $x =$ einer algebraischen Function von u ist. Die Frage ist leicht gelöst, wenn man annimmt, dass die gesuchte Integralgleichung (in der x, u als Coordinaten betrachtet werden), die Gleichung einer unicursalen Curve ist. Dann sind u, x die rationalen Functionen eines Parameters t; folglich ist auch $\frac{du}{dx}$ eine rationale Function dieses Parameters, oder wenn man $\frac{du}{dx} = v$ setzt, wird der Gleichung $F(v, u) = 0$ genügt, indem man v, u als rationale Functionen von t annimmt. Desshalb ist eine nothwendige (nicht genügende) Bedingung, dafür dass die gegebene Function $F(v, u) = 0$, diese Eigenschaft hat, die, dass die Gleichung, in der man (v, u) als Coordinaten betrachtet, eine unicursale Curve darstellt. Vorausgesetzt, dass dem so sei, so genügt man der Gleichung, indem man $u, v =$ gewissen, gegebenen, rationalen Functionen von t nimmt. Aber indem man für v dessen Werth $\frac{du}{dx}$ und für u dessen Werth als Function von t setzt, erhält man $\frac{dx}{dt} =$ einer rationalen Function von t und folglich $x =$ dem Integral einer rationalen Function von t. Die überbleibende Bedingung, damit x eine algebraische Function von u sein könne, ist die, dass in dem letztgenannten Integral das logarithmische Glied verschwindet, und auf diese Weise x eine rationale Function von t wird.

Cly. (O.)

Allégret. Mémoire sur la représentation des transcendantes par des arcs de courbes. Ann. de l'Éc. Norm. (2) II. 149-200.

Das Problem, mit dem der Verfasser sich beschäftigt, ist, im weitesten Sinne aufgefasst, das folgende: Man soll die Gleichung einer Curve angeben, für welche die Rectification des Bogens auf ein gegebenes algebraisches Integral führt. Gestattet man die Hinzunahme einer beliebigen algebraischen Function der Integrationsvariabeln zu dem Integral, so modificirt sich das Problem und wird leicht lösbar, wie denn Hermann, J. Bernoulli, Legendre verschiedene Lösungen dieser Frage angegeben haben. Handelt es sich jedoch um die geometrische Repräsentation des Integrals allein, so ist zunächst zu bemerken, dass man bis vor einiger Zeit, ehe die schöne Arbeit von J. A. Serret erschienen war, nicht einmal eine Curve gekannt hat, deren Bogen etwa durch einen Logarithmus, oder ein elliptisches Integral 1ter Gattung mit anderem Modul als $\sqrt{\frac{1}{2}}$ darstellbar war. Durch jene Arbeit trat Serret zuerst der principiellen Lösung der Frage näher, indem er den eleganten Gedanken ausführte, dass man das Quadrat des gegebenen Bogenelementes:

$$ds^2 = (f(z)\,dz)^2,$$

wo $f(z)$ eine algebraische Function von z ist, in das Product:

$$(dx + idy)\,(dx - idy),$$

wo x und y rechtwinklige Coordinaten der gesuchten Curve sind, $i = \sqrt{-1}$, zerlegen müsse: gelingt es dann, unter der Annahme, dass z von der Form $e^{i\varphi}$ ist, auch die rechte Seite in zwei Factoren zu zerlegen, welche durch Vertauschung von i mit $-i$ in einander übergehn, so setze man $dx + idy$ gleich einem derselben, dann ist x und y bezw. reeller und imaginärer Theil des betreffenden Integrals, und die Coordinaten der gesuchten Curve sind auf diese Weise als Functionen eines Parameters dargestellt. Im Allgemeinen lässt nun jenes Problem der unbestimmten Analysis noch eine mehrfach unendliche Schaar von Lösungen zu; indess ist nicht einmal für den Fall eines elliptischen Integrals die allgemeine Form der Lösung gefunden, wenn auch Serret unendlich viele Curven der verlangten Art angeben kann. Wenn die gesuchte Curve ausserdem noch algebraisch sein soll, so muss dies zugleich mit dem Integral für $x + iy$ der Fall sein; so erklärt es sich, dass Serret nur Lösungen des Problems für den Fall eines elliptischen Integrals mit rationalem Modul angeben kann.

Die vorliegende Abhandlung enthält im Wesentlichen eine übersichtliche Zusammenstellung der bekannten Resultate, die um einige vermehrt werden, ohne dass jedoch neue generelle Gesichtspunkte für ein weiteres Eindringen in das Problem herbeigebracht werden.

Der Verfasser nimmt folgendes Integral zum Ausgangspunkt seiner Betrachtungen:

$$s = \int (z-a)^p \left(\frac{1}{z} - a\right)^p \frac{dx}{z\sqrt{-1}}.$$

Eine particuläre Lösung ist dann die folgende:

$$x + iy = \int z^m (z - a)^{2p} \, dz,$$

wo m eine rationale Zahl ist.

Es wird eine Reihe von besonderen Formen für das letzte Integral angegeben, welche das Integral für s auf die Form eines Logarithmus, eines Arcussinus, eines elliptischen Integrals und verwandter Functionen reduciren. So werden z. B. 3 Gattungen von Curven aufgestellt, deren Bogen durch Parabel-Bogen messbar sind. Ein anderes Mittel, dessen sich der Verfasser bedient, um neue Curven zu erhalten, deren Bogen durch einfache Integralausdrücke darstellbar sind, besteht darin, dass die Gleichungen einiger bekannten Curven, wie Gerade, Kreis, Epicycloide etc., in Polarcoordinaten aufgestellt und dann der folgenden von Mac-Laurin angegebenen Transformation unterworfen werden:

$$r' = r^n; \quad \theta' = n\theta.$$

Man erhält so z. B. elliptische Integrale der 1ten und 3ten Gattung. Insbesondere lässt sich der Bogen der aus der Epicycloide durch jene Transformation abgeleiteten Curve, wenn $n = -1$ ist (Transformation durch reciproke Radien vectoren), durch ein elliptisches Integral 3ter Gattung ausdrücken, dessen Modul a beliebig ist, und dessen Parameter c mit a durch die Beziehung verbunden ist:

$$c = \frac{2\sqrt{a}}{1 + a}.$$

Schliesslich zeigt der Verfasser durch Uebertragung eines Satzes von Bernoulli in die Sprache der Analysis, wie man solche Curven, deren Bogen durch ein und dieselbe Function darstellbar sind, combiniren muss, um neue Curven derselben Art zu erzeugen. Bl.

A. Cayley. On bicursal curves. Proc. of L. M. S. IV. 347-352.

Die behandelte Theorie ist diejenige einer Curve, deren Gleichung ausgedrückt ist durch Functionen zweier Parameter

(u, v) von der Form $(1, u)^m (1, v)^n$ für die Coordinaten x, y, z. Diese Parameter sind durch eine Gleichung von der Form $(1, u)^2 (1, v)^2 = 0$ verbunden, eine Gleichung, die in Bezug auf jeden einzelnen dieser Parameter quadratisch ist. Gezeigt wird noch, auf welche Weise die Schwierigkeit in dem Falle $m = n$ überwunden werden kann. Cly. (O).

C. Gerade Linie und Kegelschnitte.

F. J. Studnička. Ableitung der Dreiecksfläche und des Tetraedervolumens aus den Gleichungen der begrenzenden Elemente. Prag. Ber. 1873. 45-51.

Bestimmt man aus den Gleichungen der Seiten eines Dreiecks oder der Ebenen eines Tetraeders

$$a_i x + b_i y + c = 0 \qquad i = 1, 2, 3$$
$$a_k x + b_k y + c_k z + d_k = 0 \quad k = 1, 2, 3, 4$$

die Coordinaten der Ecken, so sind diese die Quotienten je zweier Determinanten, welche der durch die Constanten der gegebenen Gleichungen gebildeten Haupt-Determinante Δ beigeordnet (adjungirt) sind, nämlich für's Dreieck

$$x_1 = \frac{A_1}{C_1}, \quad y_1 = \frac{B_1}{C_1}; \quad x_2 = \frac{A_2}{C_2} \text{ etc.}$$

für's Tetraeder

$$x_1 = \frac{A_1}{D_1}, \quad y_1 = \frac{B_1}{D_1}, \quad z_1 = \frac{C_1}{D_1}; \quad x_2 = \frac{A_2}{D_2} \text{ etc.}$$

Durch Einsetzung in die Determinanten, welche die Dreiecksfläche F (resp. das Tetraedervolumen V) durch die Coordinaten der Ecken bestimmen, erhält man, abgesehen von einem Factor, die Determinante des zu Δ adjungirten Systems und durch Anwendung des in Baltzer's Determinanten (2te Auflage S. 45) angegebenen Satzes für F und V die bekannten Werthe:

$$2F = \frac{\Delta^2}{C_1 C_2 C_3}, \qquad 6V = \frac{\Delta^3}{D_1 D_2 D_3 D_4}.$$

Aus diesen Formeln werden die Grössen der Dreiecks-Seiten L_i und der Tetraederflächen F_k abgeleitet, nämlich

$$L_1 = \frac{\Delta\mu_1}{C_2 C_3} \text{ etc.}, \quad \mu_i = \sqrt{a_i^2 + b_i^2}$$

$$F_1 = \frac{\Delta^2}{2} \cdot \frac{M_1}{D_2 D_3 D_4} \text{ etc.}, \quad M_k = \sqrt{a_k^2 + b_k^2 + c_k^2}.$$

Schz.

F. Klein. Uebertragung des Pascal'schen Satzes auf Raumgeometrie. Erlang. Ber. 1873.

Siehe Abschn. IX, Cap. 3 C.

F. Mertens. Auszug aus einem Schreiben an den Herausgeber. Borchardt J. LXXVII. 102-104.

Als Nachtrag zu Joachimsthal's Arbeit: Applications des déterminantes à la géométrie (Crelle's J. XL) wird der Ausdruck für den Halbmesser eines Kreises, welcher drei gegebene Kreise berührt, sowie der entsprechende für den Halbmesser einer Kugel, welche 4 gegebene Kugeln berührt, unter Anwendung der Determinanten kurz hergeleitet und zuletzt noch der Werth der Reihe

$$\frac{l_2}{2^2} + \frac{l_3}{3^2} + \frac{l_4}{4^2} + \cdots \text{ in inf.},$$

welchen Gauss in den Disqu. ar. art. 301 auf 10 Decimalstellen angiebt, auf weitere 17 Stellen mitgetheilt, nämlich:

$$\sum_2^\infty \frac{l_n}{n^2} = 0{,}9375482543\ 1584375370\ 2574094.$$

Schz.

Moret-Blanc. Solution de la question 1009. Nouv. Ann. (2) XII. 449-450.

Es sind unendlich viele Kreise gegeben, welche sich in einem und demselben Punkte berühren; wenn 2 Gerade sich um diesen Punkt so drehen, dass sie mit der Mittelpunktslinie Winkel bilden, deren Summe constant ist, so haben die um die Sehnen dieser Kreise als Durchmesser beschriebenen Kreisperipherien, zu je Zweien genommen, dieselbe Axe. Pr.

A. Transon. Sur un nouveau mode de construction des coniques. Nouv. Ann. (2) XII. 5-21.

Trägt man von jedem Punkt C einer begrenzten Geraden AB unter einem constanten Winkel α nach beiden Seiten eine Strecke auf, welche dem geometrischen Mittel der Strecken AC und BC proportional ist, so bilden bekanntlich die Endpunkte dieser Strecken einen Kegelschnitt. Dieser Satz wird nun erweitert zu folgendem: Trägt man in jedem Punkt C eines Kegelschnitts mit endlichem Mittelpunkt in einer mit der Normale jedesmal denselben Winkel bildenden Richtung eine Strecke auf, welche proportional ist dem geometrischen Mittel der beiden Focalstrahlen von C, so bilden die Endpunkte der aufgetragenen Strecken einen Kegelschnitt, welcher mit dem gegebenen concentrisch und gleichartig ist. Die Analogien dieser beiden Constructionen werden ausgeführt und eine Eigenschaft, welche sich auf die demselben Winkel α entsprechende Schaar der so erzeugten Kegelschnitte bezieht, entwickelt. Ist der gegebene Kegelschnitt eine Parabel, so wird das geometrische Mittel aus dem Radiusvector und einer constanten Länge aufgetragen. Schz.

V. Jamet. Solution de la question 1094. Nouv. Ann. (2) XII. 41-44.

Wenn an zwei Kegelschnitte, von denen der eine fest ist, der andere sich um den gemeinsamen Brennpunkt bewegt, Tangenten gelegt werden, so ist der Ort der Durchschnittspunkte dieser Tangenten ein Kreis. Sind für eine gewisse Lage des beweglichen Kegelschnittes die gemeinschaftlichen Tangenten parallel, so sind sie es für alle Lagen desselben. Pr.

Doucet. Solution de la question 1049. Nouv. Ann. (2) XII. 328-330.

Aufstellung der Curven, für welche der Ort der Spitzen der um sie beschriebenen rechten Winkel eine Kreislinie ist. Die Kegelschnitte ergeben sich als specielle Fälle dieser Curven. Pr.

Genty. Solution de la question 1083. Nouv. Ann. (2) XII. 332-333.

Bestimmung des Ortes der Spitze eines rechten Winkels, dessen beide Schenkel je zwei gegebene Gerade treffen.

Pr.

A. Strnad. Vier Lehrsätze über Ellipsen und Ellipsoide. Časopis. II. 185-190. (Böhmisch).

Der Verfasser beweist vier Theoreme, welche von Herrn Siacci, Battaglini G. XI, aufgestellt sind. W.

J. Rosanes. Ueber Systeme von Kegelschnitten. Clebsch Ann. VI. 264-313.

Wenn man in die Gleichung eines Kegelschnitts in Punkt-Coordinaten statt der Quadrate und Producte der Veränderlichen die Coefficienten einer anderen in Linien-Coordinaten gegebenen Kegelschnittsgleichung einsetzt, so entsteht eine simultane Invariante der beiden Kegelschnitte, welche, gleich Null gesetzt, eine zwischen ihnen bestehende Relation ausdrückt, welche der Verfasser als „Conjugirtsein" bezeichnet und einem eingehenden Studium unterwirft. (Man vergl. hierzu Mittheilungen von Stephen Smith an die London Mathematical Society 1868 s. F. d. M. II, 386, sowie Erörterungen von Darboux (Bulletin Math. 1871)). Da die betreffende Bildung in den Coefficienten des einen wie des anderen Kegelschnittes linear ist, steht immer eine μ-gliedrige lineare Schaar von Punktkegelschnitten einer $(6-\mu)$-gliedrigen linearen Schaar von in Liniencoordinaten gegebenen Kegelschnitten gegenüber. Der Fall $\mu = 2$ z. B. ist für die Abbildung der Steiner'schen Fläche auf die Ebene von Wichtigkeit und ist in den betreffenden Arbeiten von Clebsch bereits untersucht. Von besonderem Interesse aber ist der Fall $\mu = 3$, in welchem ein Kegelschnittnetz einem Kegelschnittgewebe conjugirt gegenübersteht. Die Theorie der Hesse'schen und Hermite'schen (Cayley'schen) Curve, einer Curve dritter Ordnung, wie überhaupt die Theorie der syzigetischen Büschel von Curven dritter Ordnung und Classe erfährt von diesem Standpunkte aus eine wesentliche Ergänzung.

So kann z. B. die bekannte Aronhold'sche Reciprocität dahin gedeutet werden, dass einer Curve 3ter Ordnung immer diejenige Curve 3ter Classe zugeordnet wird, deren Polkegelschnitte mit den Polarkegelschnitten der Curve dritter Ordnung conjugirt sind. Alle diese Betrachtungen werden vom Verfasser an der Hand der Methoden der neueren Algebra systematisch durchgeführt. Vergl. das Referat über desselben Verfassers Aufsatz: Ueber ein Princip der Zuordnung algebraischer Formen (Abschn. II, Cap. 3, p. 95). Kln.

Voss. Ueber Kegelschnitte, welche zwei Punkte gemeinsam haben. Schlömilch Z. XVIII. 102-106.

Der Untersuchung ist ein trimetrisches Coordinatensystem zu Grunde gelegt, welches in den beiden gemeinsamen Punkten zwei seiner Ecken liegen hat. Kln.

J. J. Walker. Invariant conditions for three conics having common points. Proc. of L. M. S. IV. 404-416.

Die Invarianten dreier Kegelschnitte, oder quadratischer Functionen $(a, b, c, f, g, h)(x, y, z)^2$ sind im Ganzen zwölf: drei Discriminanten, sechs conjugirte oder vermittelnde (connectives or intermediates) von je zwei Discriminanten und drei Invarianten, von denen jede alle drei Coefficientenreihen enthält, und welche Φ sind, eine Function, die in Bezug auf jede Coefficientenreihe linear ist; X ist für jede Coefficientenreihe von der zweiten Ordnung und Ψ von der vierten. Das betrachtete Problem ist, die Bedingungen, unter welchen die Kegelschnitte einen, zwei, drei, vier Punkte gemeinsam haben, in Gliedern dieser Invarianten auszudrücken. Die Bedingungen sind demgemäss festgestellt. Cly. (O.)

C. Taylor. Theorem in conic curvature. Messenger (2) II. 142-143.

Ableitungen und Folgerungen des Lehrsatzes: An einem Punkt P sind die Krümmungssehne und die Sehne des in gleicher

Richtung liegenden Kegelschnittes als Focal-Sehnen des Kegelschnittes parallel zu der Tangente an P und zu der Krümmungssehne. Hervorgehoben wird der specielle Fall der rechtwinkligen Hyperbel. Glr. (O.)

Em. Weyr. Ueber Kegelschnitte und ihre Krümmungskreise. Casopis. II. 65-69. (Böhmisch).

Mittelst eines die Curvenpunkte rational ausdrückenden Parameters beweist der Verfasser verschiedene bekannte Lehrsätze, insbesondere auch den Satz: Durch jeden Punkt des Kegelschnittes gehen drei Krümmungskreise, deren Berührungspunkte mit jenem Punkte auf demselben Kreise liegen. W.

Poujadé. Solution de la question 1109. Nouv. Ann. (2) XII. 190-191.

Durch die Spitzen eines Dreiecks werden zu je zweien 3 Parabeln gezogen, welche einen gemeinschaftlichen Berührungspunkt haben. Die Durchmesser der Parabeln, welche durch diesen Punkt gehen, treffen die entsprechenden Seiten des Dreiecks in je einem Punkte. Verbindet man diese Punkte mit den entgegengesetzten Ecken des Dreiecks, so schneiden sich diese 3 Verbindungslinien in einem Punkte. Pr.

G. Bruno. Un teorema sui punti comuni a una parabola e una circonferenza. Atti di Torino VIII. 357-359.

Der Satz, um den es sich in dieser kurzen Note handelt, ist folgender: „Wenn $ABCD$ die (reellen) gemeinschaftlichen Punkte einer Parabel und eines Kreises sind und durch die Punkte A, B, C drei Gerade a, b, c gezogen werden, welche die Parabel unter einem Winkel schneiden, gleich dem, den die Tangente in D an die Parabel mit der Axe derselben macht, so gehen a, b, c durch einen Punkt.“ Auch wird die Umkehrung dieses Satzes bewiesen. Jg. (O.)

F. E. ECKARDT. Ueber die Normalen einer Ellipse. Schlömilch Z. XVIII. 106-110.

Zu Anfang dieser Note ist gesagt, dass die Construction der vier Normalen, welche von einem Punkte auf eine Ellipse gefällt werden können, im Allgemeinen mit Hülfe des Cirkels und Lineals allein nicht ausgeführt werden kann. Hiergegen ist zu bemerken, dass im 2ten Bande pag. 484 dieses Jahrbuchs diese Construction angegeben ist. Es würde also nur in dem Falle durch Cirkel und Lineal allein nicht durchführbar sein, wenn die Ellipse selbst erst aus gegebenen Elementen z. B. 5 Punkten construirt werden müsste, wohl aber, wenn die Ellipse gezeichnet vorliegt. Gewisse Punkte in der Ebene gestatten aber eine besonders einfache Normalenconstruction, und zwar sind dies die Punkte der beiden Kreise

$$x^2+y^2=(a+b)^2 \quad \text{und} \quad x^2+y^2=(a-b)^2,$$

wenn die Gleichung der Ellipse so lautet:

$$\frac{x^2}{a^2}+\frac{y^2}{b^2}=1.$$

Die Erörterung dieses besonderen Falles bildet den Gegenstand der vorliegenden Arbeit. Mz.

G. BRUNO. Su d'una relazione fra il punto in cui si incontrano due tangenti ad un' ellisse e quello in cui concorrono le normali a questa linea nei punti di contatto alle anzidette tangenti. Atti di Torino VIII. 90-93.

Die Curve wird auf ihre eigenen Axen bezogen. Aus den Coordinaten des 2 Tangenten gemeinsamen Punktes werden dann die Coordinaten des den respectiven Normalen gemeinsamen Punktes bestimmt und unter anderen folgender Satz bewiesen: „Werden 2 zu einer Ellipse concentrische Kreise, welche die Summe und die Differenz der Axen zu Durchmessern haben, beschrieben, so durchläuft der den beiden Tangenten gemeinsame Punkt den einen, der den Normalen gemeinsame Punkt den anderen Kreis."

Jg. (O.)

P. Doucet. Correspondance. Nouv. Ann. (2) XII. 23-26.

Durch zwei auf einer gegebenen Ellipse liegende feste Punkte A und B werden verschiedene Kreise beschrieben. Der Ort der Punkte, in welchen die an die Ellipse und an jeden dieser Kreise gezogenen gemeinschaftlichen Tangenten sich schneiden, ist eine der gegebenen Ellipse homofocale Hyperbel. Analytische Lösung.

Pr.

Gambey. Solution de la question 1067. Nouv. Ann. (2) XII. 475-477.

Unter allen Ellipsen, welche durch 4 Punkte A, A', B und B' gehn, hat diejenige den kleinsten Flächeninhalt, deren Gleichung:

$$\mu\mu' x^2 + \lambda\lambda' y^2 - \mu\mu'(\lambda + \lambda')x - \lambda\lambda'(\mu + \mu')y + \lambda\lambda'\mu\mu' = 0$$

lautet, wobei die Linien AA' und BB' sich in O schneiden und $OA = \lambda$, $OA' = \lambda'$, $OB = \mu$ und $OB' = \mu'$ gesetzt ist. Pr.

A. Pellissier. Solution de la question 1090. Nouv. Ann. (2) XII. 38-41.

Das Dreieck, welches den Mittelpunkt einer Ellipse zur Spitze und die Sehne des Krümmungskreises in einem Punkte der Ellipse zur Basis hat, ist gleich dem Dreieck, welches dieselbe Spitze und zur Basis diejenige Sehne der Ellipse hat, welche senkrecht auf der grossen Axe durch einen Punkt gezogen ist, dessen Parameter doppelt so gross, wie der des Berührungspunktes ist. Wenn α den Parameter des letztgenannten Punktes bedeutet, so ist der Inhalt eines jeden der Dreiecke $= \frac{1}{2}$ absin 4α. Für $\alpha = \frac{\pi}{8}$ erreicht die Fläche ihr Maximum.

Pr.

H. Lez. Solution des questions 1095 et 1096. Nouv. Ann. (2) XII. 44-47.

Die kleinste aller zwischen den verlängerten Axen einer Ellipse an diese gezogenen Tangenten ist gleich der halben Summe der Axen.

Die grösste Entfernung zwischen dem Berührungspunkte einer Tangente an die Ellipse und dem Fusspunkte des Lothes, welches von dem Mittelpunkte der Ellipse auf die Tangente gefällt wird, ist gleich der halben Differenz der Axen. Pr.

Gambey. Solution de la question 1100. Nouv. Ann. (2) XII. 139-142.

Diejenige unter den in ein gegebenes Dreieck eingeschriebenen Ellipsen, deren Flächeninhalt der grösste ist, ist einem Kreise gleich, welcher in ein dem gegebenen Dreieck gleiches gleichseitiges Dreieck eingeschrieben ist.

Wenn man vom Mittelpunkt dieser Ellipse Gerade nach den Mittelpunkten derjenigen Kreise zieht, welche den auf irgend einer Seite des Dreiecks errichteten beiden gleichseitigen Dreiecken eingeschrieben sind, so sind diese Geraden gleich der halben Summe und der halben Differenz der Axen der Ellipse, und haben eine den Halbirungslinien der Winkel, welche durch diese Geraden gebildet sind, gleiche Richtung. Pr.

Moret-Blanc. Solution de la question 1100. Nouv. Ann. (2) XII. 142-143.

Geometrische Lösung der vorigen Sätze. Pr.

Moret-Blanc. Solution des questions 970 et 1028. Nouv. Ann. (2) XII. 577-579.

Bestimmung des Ortes der Spitzen derjenigen Dreiecke, welche um eine gegebene Ellipse so beschrieben werden, dass die Höhen der Dreiecke durch die Berührungspunkte der gegenüberliegenden Seiten gehen. Pr.

E. Caporali. Soluzione di una quistione. Battaglini G. XI. 191-196.

Denkt man sich in einer Ebene n Gerade gegeben durch Gleichungen von der Form

$$x\cos\theta + y\sin\theta - p = 0,$$

die mit $\alpha = 0$, $\beta = 0$ etc. bezeichnet werden mögen. Stellt man sich dann ferner vor, dass $\alpha, \beta, \gamma \cdots$ die Entfernung eines Punktes xy von den Geraden darstelle, so stellt die Gleichung

$$\alpha^2 + \beta^2 + \gamma^2 + \cdots = k$$

den geometrischen Ort der Punkte dar, deren Entfernungen von den Geraden, quadrirt, eine constante Summe ergeben. Der Verfasser zeigt nun, dass dies concentrische ähnliche Ellipsen sind (für verschiedene k), und dehnt die Aufgabe auch auf den Raum aus. O.

S. Günther. Mathematische Betrachtungen über eine Stelle bei Plinius. Grunert Arch. LV. 147-163.

Diese Betrachtungen beziehen sich auf eine Stelle im 36ten Buche der „historia naturalis", wo von dem prächtigen Theater des Scaurus und von den Bemühungen des Curio die Rede ist, seinen reicheren Vorgänger auf irgend eine Weise zu überbieten. Es heisst daselbst, Curio habe nahe bei einander zwei grosse Theater von Holz gebaut, welche im Gleichgewicht auf der drehbaren Axe beweglich schwebten, so dass sie Vormittags zu Schauspielen von einander abgewendet waren, damit die beiden Bühnen sich nicht gegenseitig stören möchten, dann aber plötzlich einander gegenüber standen, indem man sie herumdrehte. So habe er aus beiden dann ein Amphitheater gemacht, in welchem er Fechterspiele gab.

Die Frage, die im gegenwärtigen Aufsatze behandelt wird, ist nun die, wo die Drehpunkte liegen müssen und wie man sich die Drehung zu denken hat. Mz.

D. Andere specielle Curven.

Peaucellier. Note sur une question de géométrie de compas. Nouv. Ann. (2) XII. 71-79.

Bestimmt man auf einer Diagonale AB eines Rhombus $ADBE$ einen beliebigen Punkt C, und verbindet diesen mit den beiden anderen Ecken D und E, so ist das Product $AC.CB = AD^2 - CD^2$, also nur abhängig von der Seite AD des Rhombus und der Strecke CD. Bilden nun die Seiten der Figur $EADBECD$ ein

System von sechs in ihren Ecken gegliederten Stäben (vom Herrn Verfasser compas composé genannt), so beschreiben daher, wenn C festgehalten wird, A und B reciproke Curven. Wird also B durch einen Stab mit einem zweiten festen Punkt C' verbunden, so dass $BC' = C'C$, und durchläuft demnach B einen durch C gehenden Kreis, so beschreibt A eine Gerade und jeder andere Punkt von AB eine Ellipse. Es wird noch eine hierauf begründete Combination angegeben, welche gestatten würde die Kreis-Conchoide und also auch ihre reciproke Curve, das ist, jeden beliebigen Kegelschnitt zu construiren, welche jedoch kaum noch einfach genannt werden kann; zuletzt noch eine für die Cissoide.

Schz.

H. Lez. Solution de la question 986. Nouv. Ann. (2) XII. 446-449.

Wenn auf der Cassini'schen Linie, deren Brennpunkte f und g heissen, zwei Punkte a und b gegeben sind und man durch α und β die Punkte, in denen die Normalen in a und b die Brennpunktsaxe der Curve schneiden, und durch i den Punkt, in welchem diese Axe von dem auf der Mitte der Sehne ab errichteten Loth geschnitten wird, bezeichnet, so ist:

$$\frac{1}{i\beta} - \frac{1}{i\alpha} = \frac{1}{ig} - \frac{1}{if}.$$

Pr.

F. G. Affolter. Zur Theorie der Conchoide. Grunert Arch. LV. 175-189.

Der Verfasser unternimmt in diesem Aufsatze eine Elementartheorie der Conchoide zu begründen und darzulegen. Betrachtungen aus der Bewegungslehre führen zu der Definition: Bewegt sich in einer Ebene ein Dreieck so, dass es während seiner Bewegung sich ähnlich bleibt, und seine Seiten sich beziehungsweise um drei feste der Lage nach gegebene Punkte drehen, und bewegt sich mit diesem Dreieck ein Kreis mit, der in allen Lagen der Bewegung des Dreiecks zu diesem ähnliche Lage und Grössen beibehält, so wird die Gesammtheit der Lagen des Kreises von einer Curve, der Conchoide mit irregularer Basis, eingehüllt. Am Schlusse der Arbeit findet sich noch die Behandlung einfacher Aufgaben, welche das Schneiden und Berühren einer Geraden oder eines Kreises mit der Conchoide betreffen.

Mz.

K. ZAHRADNÍK. Ueber Cissoidalcurven. Casopis II. 183-185. (Böhmisch).

Nimmt man statt des Kreises und der Tangente bei der Erzeugung einer Cissoide einen beliebigen Kegelschnitt und eine Secante desselben, so kann man auf diese Weise eine jede Curve dritter Ordnung und vierter Classe erzeugen. Da die Art ihrer Erzeugung vollständig analog ist jener der Cissoide, nennt der Verfasser dieselben Cissoidalcurven. Die Durchführung der betreffenden Betrachtungen geschieht mittelst eines eindeutigen Parameters.

W.

K. ZAHRADNÍK. Theorie der Cissoide auf Grundlage eines rationalen Parameters. Prag. Ber. 1873.

K. ZAHRADNÍK. Zur Theorie der Curven dritter Ordnung und Classe. Prag. Ber. 1873.

K. ZAHRADNÍK. Zur Theorie der Curven dritter Ordnung und vierter Classe. Prag. Ber. 1873.

Es werden die Gleichungen der genannten Curven dritter Ordnung in die Form gebracht, dass die Coordinaten xy eines Punktes als rationale Functionen eines Parameters u auftreten, und auf dieser Grundlage werden die Eigenschaften der Curven untersucht; ein grosser Theil der besprochenen Eigenschaften sind indessen die allgemeinen Eigenschaften aller Curven dritter Ordnung und insofern hat ihre specielle Herleitung kein hervorragendes Interesse, andere Eigenschaften, die in der That speciellerer Natur sind, finden sich ebenfalls entwickelt, doch enthalten die Arbeiten auch hierin nichts wesentlich Neues. Immerhin können sie aber Anfängern zur Uebung in gewissen Methoden der analytischen Geometrie dienen.

A.

H. SCHRÖTER. Ueber Curven dritter Ordnung. (Fortsetzung). Clebsch Ann. VI. 85-111.

Siehe Abschnitt VIII, Cap. 5, A, p. 311.

A. DE SAINT-GERMAIN. Sur les points d'inflexion d'une courbe du troisième degré. Nouv. Ann. (2) XII. 356-357.

Es wird der Nachweis geführt, dass von den neun Wendepunkten einer Curve dritten Grades höchstens drei reell sind. Die Gleichung der Curve wird zu diesem Zweck in die Form

$$p^3 + 6\alpha\beta\gamma = 0$$

gebracht, wo $\alpha = 0$, $\beta = 0$, $\gamma = 0$ die Tangenten in den drei Wendepunkten sind, während $p = 0$ die Gerade ist, auf welcher diese drei Wendepunkte liegen. Die Rechnung bietet nichts Bemerkenswerthes. Es fehlt der Nachweis, dass im Allgemeinen stets drei Wendepunkte reell sind, der ebenfalls leicht geführt werden kann. A.

W. FRAHM. Ueber die Erzeugung der Curven 3ter Classe und 4ter Ordnung. Schlömilch Z. XVIII. 368-387.

Eine umfassende, von modernem Standpunkte aus geschriebene, analytische Untersuchung über die in der Ueberschrift genannten Curven, welche die von Steiner, Cremona, Siebeck u. A. gefundenen Eigenschaften recapitulirt und im Einzelnen wohl manchen neuen Satz ableitet. Kln.

MORET-BLANC. Solution de la question 1006. Nouv. Ann. (2) XII. 451-454.

Wenn eine Ellipse auf einer geraden Linie rollt, so beschreibt der Mittelpunkt der Ellipse eine Curve, deren Flächeninhalt das arithmetische Mittel der Flächeninhalte zweier Kreise ist, welche über die Axen als Durchmesser beschrieben sind. Pr.

L. DESMONS, MORET-BLANC. Solution des questions 1081, 1088 et 1089. Nouv. Ann. (2) XII. 29-38.

Die Enveloppe der einer Ellipse und ihrem Krümmungskreise gemeinschaftlichen Sehne wird durch die Gleichung:

$$\left(\frac{x}{a}-\frac{y}{b}\right)^{\frac{2}{3}}+\left(\frac{x}{a}+\frac{y}{b}\right)^{\frac{2}{3}}=2$$

ausgedrückt. Der Flächeninhalt derselben ist $=\frac{3}{2}ab\pi$. Hieran schliessen sich einige weitere Ausführungen über dieselbe Curve.

Pr.

Gambey. Solution de la question 1052. Nouv. Ann. (2) XII. 185-186.

Die orthogonale Trajectorie eines Systems gleicher Parabeln, die in ihrem Scheitel eine gerade Linie berühren, hat die Gleichung:

$$(y-c)^2=\frac{8}{9p}x^3,$$

wobei c eine beliebige Constante bedeutet. Pr.

H. Lez. Solution de la question 995. Nouv. Ann. (2) XII. 455-459.

Gegeben ein Dreieck ABC und eine Ellipse, welche die Punkte B und C zu ihren Brennpunkten hat; es werden dem Dreieck ABC Ellipsen eingeschrieben, deren einer Brennpunkt auf der gegebenen Ellipse liegt; dann wird der Ort der zweiten Brennpunkte durch eine Gleichung vierten Grades ausgedrückt.

Pr.

Em. Weyr. Ueber rationale ebene Curven vierter Ordnung, deren Doppelpunktstangenten Inflexionstangenten sind. Wien. Ber. LXVII. 286-291.

Rationale ebene Curven vierter Ordnung sind solche, welche drei Doppelpunkte besitzen. Bezieht man eine solche Curve auf das Fundamentaldreieck, welches durch die Doppelpunkte gebildet wird, und stellt die Bedingung, dass die Tangenten in den Doppelpunkten Inflexionstangenten sind, so nimmt die Gleichung der Curve eine Form an, aus der sich einige Relationen allgemeiner Natur ablesen lassen. Zu der betrachteten Curvengattung gehört auch die Lemniscate. Sie hat ausser einem reellen Doppelpunkt noch die beiden Kreispunkte der Ebene zu Doppelpunkten. Durch Anwendung jener Relationen auf diese Curvenform gewinnt der Verfasser den Satz: „Die sechs Berührungspunkte der mit irgend einer Geraden parallelen Lemniscatentangenten (von denen wenigstens zwei reell und wenigstens zwei imaginär sind) liegen dreimal zu zweien in drei durch den Doppelpunkt o gehenden (immer reellen) Geraden, welche mit einander Winkel von 60° bilden“. Schn.

A. Pellissier. Solution de la question 1029.
Nouv. Ann. (2) XII. 459-461.

Wenn die Endpunkte A und B einer bestimmten Strecke AB sich auf den Schenkeln eines festen rechten Winkels AOB bewegen, so wird die Enveloppe des Perpendikels $BM \perp AB$ durch die Gleichung:

$$[4l^2-3(x^2+y^2)]^3 = l^2(8l^2-9y^2+18x^2)^2$$

ausgedrückt, wobei l die Länge der geraden Linie AB bedeutet. Pr.

Koehler. Solution des questions 1084 et 1086.
Nouv. Ann. (2) XII. 186-189.

1. Es giebt 12 in ein bestimmtes Vierseit eingeschriebene Kegelschnitte, welche eine gegebene Curve 3ter Ordnung berühren. Die 12 Berührungspunkte, die 9 Rückkehrpunkte der gegebenen Curve und die Spitzen des umschriebenen Vierseits liegen auf einer und derselben Curve 5ter Ordnung.

2. Wenn man durch den gemeinschaftlichen Brennpunkt zweier Kegelschnitte irgend eine Gerade zieht und in den Punkten, wo diese die beiden Kegelschnitte schneidet, Tangenten legt, so bilden diese 4 Tangenten ein Viereck, dessen Diagonalen die den beiden Kegelschnitten gemeinschaftlichen Sehnen sind.

Die Gerade, welche die nicht gemeinschaftlichen Brennpunkte der beiden Kegelschnitte verbindet, hat dieselbe Eigenthümlichkeit. Pr.

J. Wolstenholme. On the locus of the point of concourse of perpendicular tangents to a cardioid.
Proc. of L. M. S. IV. 327-330.

Der vollständige geometrische Ort ist ein Kreis und eine Schneckenlinie. Die Arbeit enthält einen allgemeineren Satz für den geometrischen Ort des Schnittpunktes von Tangenten an eine Epicycloide, die sich unter einem gegebenen Winkel schneiden. Cly. (O.)

Al. Strnad. Ueber Normalen einer gewissen Curvengattung. Casopis. II. 239-242. (Böhmisch).

Der Verfasser behandelt die Normalenconstructionen bei Curven, welche mittelst einer constanten Länge oder eines constanten Winkels erzeugt werden, und stützt sich hiebei auf die Arbeiten von Hermite (Cours d'Analyse 1ère partie) und Schlömilch (Zeitschrift etc. 1871). W.

C. Juel. Om Fodpunktkurver. Zeuthen Tidsskr. (3) III. 177.

Diese Abhandlung enthält Sätze über die Construction der Tangente der Fusspunktencurve, Sätze über die Bestimmung der Ordnung, der Klasse und der singulären Punkte, Sätze über Beziehungen zwischen zwei Fusspunktencurven, welche demselben Pol, aber verschiedenen Grundcurven entsprechen, und endlich eine Reihe von Sätzen über Orte bei Fusspunktencurven. Hn.

R. W. Genese. Geometrical notes. Messenger (2) II. 175.

Beweis 1) dass der geometrische Ort der Fusspunkte der Senkrechten vom Brennpunkte eines Kegelschnittes auf die Tangenten ein Kreis ist; 2) dass der geometrische Ort der Schnittpunkte senkrechter Tangenten ein Kreis ist. Glr. (O.)

M. L. P. Note sur un problème de géométrie analytique. Nouv. Ann. (2) XII. 401-408.

Der Verfasser behandelt die Aufgabe: Den geometrischen Ort der Spitzen aller Dreiecke von constantem Umfang zu finden, die von zwei Tangenten einer Ellipse und der Berührungssehne gebildet werden. Ist die Gleichung der Ellipse

$$\frac{x^2}{a^2}+\frac{y^2}{b^2}-1=0,$$

ist ferner der constante Umfang $2p$, und bezeichnet man der Kürze halber

$$\frac{x^2}{a^2}+\frac{y^2}{b^2} \text{ mit } D, \quad \frac{x^2}{a^4}+\frac{y^2}{b^4} \text{ mit } E, \quad \frac{x^2}{a^2}+\frac{y^2}{b^2}-1 \text{ mit } H,$$

so wird die Gleichung des gesuchten Ortes:

$$\{a^2b^2H^3+p^2H[D(x^2+y^2-a^2-b^2)-4a^2b^2E]-p^4D^2\}^2$$
$$=4a^2b^2p^2HE[H(x^2+y^2-a^2-b^2)-2p^2D]^2.$$

Hieran schliessen sich dann noch einige Bemerkungen über die Lage von Punkten des Ortes. Mz.

S. Günther. Ueber einige Probleme der höheren Geometrie. Grunert Arch. LV. 163-175.

Die Aufgabe, deren Discussion der Gegenstand dieses Aufsatzes ist, hat ihren Ursprung in der Theorie der astronomischen Instrumente. Wenn nämlich der Zapfen eines Instrumentes von der kreisförmigen Gestalt abweicht, so entstehen durch diese Ellipticität des Zapfens Fehler beim Ablesen der Kreise, welche einer genauen Correction bedürfen. Es ist vor Allem nöthig zu wissen, wie sich die Coordinaten des Mittelpunktes dieser Ellipse bei einer Drehung derselben in den Lagern ändern. Und dies kommt schliesslich darauf hinaus, den geometrischen Ort des Mittelpunktes einer Ellipse zu finden, welche stets die Schenkel eines rechten Winkels berührt. Weiterhin findet sich eine Ausdehnung des Problems auf den Raum, und Bemerkungen über eine n-fach ausgedehnte Mannigfaltigkeit. Mz.

G. Darboux. Sur une classe remarquable de courbes et de surfaces algébriques et sur la théorie des imaginaires. Mém. de Bordeaux VIII. 291-350. IX. 1-280.

Siehe Abschnitt IX, Cap. 3 C.

A. Pellissier. Solution de la question 1022. Nouv. Ann. (2) XII. 461-464.

Aufgabe, eine Spirale betreffend. Pr.

E. Eckardt. Ueber die Epicycloide und Hypocycloide. Schlömilch Z. XVIII. 319-323.

Der Verfasser bezieht sich auf eine frühere Arbeit (Schlömilch Z. XV, 129, s. F. d. M. II, 520), in der er nachgewiesen, dass, wenn zwei Punkte auf einem und demselben Kreise sich gleichförmig, aber mit verschiedener Geschwindigkeit fortbewegen, und wenn die gleichzeitigen Lagen beider Punkte durch gerade Linien verbunden werden, diese Linien eine gemeine Epicycloide oder Hypocycloide umhüllen, je nachdem die Bewegungsrichtung beider Punkte eine gleiche oder entgegengesetzte ist. Es wird nun der allgemeinere Fall untersucht, in welchem sich die beiden Punkte auf zwei concentrischen Kreisen mit verschiedenen Winkelgeschwindigkeiten bewegen. Mz.

Capitel 3.

Analytische Geometrie des Raumes.

A. Allgemeine Theorie der Flächen und Raumcurven.

R. Lipschitz. Sätze aus dem Grenzgebiet der Mechanik und der Geometrie. Clebsch Ann. VI. 416-436.

Siehe Abschn. X, Cap. 1.

A. Enneper. Bemerkungen zur allgemeinen Theorie der Flächen. Gött Nachr. 1873. 785-804.

Die Normale einer Fläche in einem bestimmten Punkt, die Tangente einer durch diesen Punkt gehenden Curve und eine dritte Gerade, welche auf beiden senkrecht steht, bilden in jedem solchen Punkte ein variables Coordinatensystem, welches in enger Beziehung zu den Krümmungen von Fläche und Curve steht. Hierauf bezügliche Formeln werden angegeben. Mz.

A. Enneper. Bemerkungen über die orthogonalen Flächen. Zweite Note. Gött. Nachr. 1873. 423-437.

Im Anschluss an eine frühere Note (vergl. F. d. M. Bd. IV. p. 363) wiederholt der Herr Verfasser die Aufstellung der Bedingungsgleichung dafür, dass eine Fläche einem orthogonalen System angehören kann, mit etwas veränderter Rechnung, wodurch es möglich wird, eine gewisse Elimination, welche die Endgleichung liefert, wirklich auszuführen, während dies bei dem früher eingeschlagenen Wege verwickelter war. A.

R. Hoppe. Zum Problem des dreifach orthogonalen Flächensystems. Grunert Arch. LV. 362-391.

Jede beliebige Fläche mit der Schaar der ihr parallelen Flächen zusammen bildet eine Flächenschaar, die einem dreifachen Orthogonalsystem angehört, dessen beide anderen Schaaren durch die gemeinschaftlichen abwickelbaren Normalflächen jener Schaar gebildet werden. Man kann nun versuchen durch Variation der Parameter zu dem allgemeinsten Orthogonalsystem überzugehen, dem die gegebene Fläche angehört. Indem der Verfasser im Wesentlichen von diesem Gedanken ausgeht, wird er indessen noch zu der folgenden Modification des Problems geführt, die mit seinen allgemeinen Methoden der analytischen Geometrie im Zusammenhange stehn. Legt man nämlich durch den beliebigen Anfangspunkt der Coordinaten Parallele zu den Generatrices einer abwickelbaren Normalfläche, so schneiden diese auf einer Kugel, welche um den Anfangspunkt beschrieben ist, eine Curve aus, und den beiden Schaaren abwickelbarer Normalflächen entsprechen hierdurch zwei Schaaren orthogonaler sphärischer Curven, welche für die betrachtete Fläche in gewissem Sinne characteristisch sind. Dieses sphärische Orthogonalsystem kann nun stereographisch in die Ebene abgebildet werden, und so kann also auch ein ebenes System zweier orthogonaler Curvenschaaren als characteristisch für die bestimmte Fläche angesehen werden. Diese ebenen orthogonalen Curvensysteme wählt nun der Verfasser als Ausgangspunkt, und es zerlegt sich ihm dadurch das Problem in folgende:

1. Ein beliebiges ebenes oder sphärisches System orthogonaler Curven aufzustellen.

2. Die allgemeinste Fläche zu suchen, die diesem ebenen System in dem oben definirten Sinne entspricht.

3. Die allgemeinste Variation der Parameter dieser Fläche zu bestimmen, durch die man eine Schaar eines dreifachen Orthogonalsystems erhält, dem diese Fläche angehört.

Das erste dieser Probleme wird als erledigt betrachtet, und nur unter dieser Voraussetzung das zweite zunächst allgemein gelöst, und dann für ein specielles Beispiel, nämlich unter der Voraussetzung, dass das gegebene ebene oder sphärische System aus zwei conjugirten Kreisschaaren besteht. Darauf wird das dritte Problem an diesem speciellen Beispiele allein durchgeführt.

Die Resultate können ohne einen umfassenden Formelapparat und längere Auseinandersetzungen nicht reproducirt werden.

Weitere Beispiele sind ferneren Publicationen vorbehalten.

A.

G. Darboux. Sur l'équation du troisième ordre dont dépend le problème des surfaces orthogonales. C. R. LXXVI. 41-45. 83-86. 160-163.

Siehe Abschnitt VI, Capitel 6, p. 213.

L. Schläfli. Ueber die allgemeinste Flächenschaar zweiten Grades, die mit irgend zwei anderen Flächenschaaren ein orthogonales System bildet. Borchardt J. LXXVI. 126-149.

Siehe Abschn. IX, Cap. 3, C.

A. Cayley. Two Smith's prize dissertations. Messenger. (2) II. 161-166.

Kurze Aufsätze 1) über die Aehnlichkeitsbedingungen zweier dynamischer Systeme, und 2) über Orthogonalflächen.

Glr. (O.)

A. Cayley. On curvature and orthogonal surfaces. Phil. Trans. CLXIII. 229-251.

Der Hauptgegenstand ist die Aufstellung einer partiellen Differentialgleichung, der durch den Parameter einer Oberflächenfamilie eines dreifachen Orthogonalsystems genügt wird. Der ursprüngliche Ausdruck des Verfassers, den er der Pariser Academie mittheilte, war von sehr complicirter Form, welche, wie er später selbst fand, von einem fremden Factor $X^2 + Y^2 + Z^2$ herstammte. Durch schwierige Reductionen gelang es ihm, diesen Factor zu entfernen und die Gleichung in ihrer reducirten Form zu erhalten. Doch war die Methode unbequem, was ihn veranlasste, die ganze Frage von Neuem zu behandeln. Die schliessliche Methode, obgleich sie lange analytische Transformationen nöthig macht, ist in der Theorie sehr einfach. Er betrachtet eine gegebene Oberfläche, und an jedem Punkt derselben nimmt er längs der Normalen eine unendlich kleine Länge ϱ; (keine constante, wohl aber eine willkürliche Function der Coordinaten). Die Endpunkte dieser Entfernungen bilden eine neue Oberfläche, die „benachbarte“ Fläche genannt. Die Punkte auf derselben Normalen werden als correspondirende Punkte betrachtet; dies nennt der Verfasser die conormale Correspondenz von benachbarten Flächen. Damit zwei Oberflächen zu einem Orthogonalsystem gehören, ist es nothwendig und hinreichend, dass an jedem Punkt der gegebenen Oberfläche die Haupttangenten (Tangenten der Krümmungscurven) mit den Haupttangenten des correspondirenden Punktes der benachbarten Flächen correspondiren. Bedingung dafür ist, dass ϱ einer gewissen partiellen Differentialgleichung

$$\big((A),\ (B),\ (C),\ (F),\ (G),\ (H)\big)\!\!\widehat{\ \ }\big(dx,\ dy,\ dz\big)^2\,\varrho = 0$$

genügt, wo die Coefficienten (A) etc. gegebene Functionen des ersten und des zweiten Differential-Coefficienten von U sind, wenn $U = 0$ die Gleichung der gegebenen Oberfläche ist. Angenommen, die gegebene Oberfläche gehöre zu einer Familie, oder ihre Gleichung wäre von der Form $r = r(x, y, z)$, wo das letzte r ein Functionszeichen sei, so ist die Bedingung, dass die benachbarte Fläche zu derselben Familie gehöre, oder dass ihre Gleichung $r + \delta r - r(x, y, z) = 0$ sei, $\varrho = \frac{\delta r}{V}$, wenn $V = \sqrt{X^2 + Y^2 + Z^2}$, wo X, Y, Z die ersten Differentialcoefficienten von $r(x, y, z)$ sind, d. h. also von r, als Function der Coordinaten. Wir haben also die Gleichung:

$$\left((A), (B), (C), (F), (G), (H)\widehat{\right)\left(}dx, dy, dz\right)^2 \frac{1}{V} = 0.$$

Die Coefficienten (A) etc. sind gegebene Functionen der ersten und zweiten Differentialcoefficienten von r und, da $V = \sqrt{X^2 + Y^2 + Z^2}$, so ist dies eine Relation, welche die zweiten und dritten Differentialcoefficienten von r einschliesst, oder es ist eine partielle Differentialgleichung dritter Ordnung, der durch den Parameter r (als Function der Coordinaten x, y, z betrachtet,) genügt wird. Obgleich die Form keine üble ist, so lässt sie doch weitere Reductionen zu, von denen eine ist:

$$\left((A), (B), (C), (F), (G), (H)\widehat{\right)\left(}\delta a, \delta b, \delta c, 2\delta f, 2\delta g, 2\delta h\right)$$
$$- 2\left((A), (B), (C), (F), (G), (H)\widehat{\right)\left(}\bar{a}, \bar{b}, \bar{c}, 2\bar{f}, 2\bar{g}, 2\bar{h}\right) = 0.$$

X, Y, Z sind wie vorher die ersten Differentialcoefficienten von r; a, b, c, f, g, h sind die zweiten Differentialcoefficienten; $\bar{a}$ ist $= bc - f^2$ etc., δ ist $= Xd_x + Yd_y + Zd_z$, etc., (A) etc. sind, wie schon erwähnt, gegebene Functionen von $X, Y, Z, a, b, c, f, g, h$.

Cly. (O.)

H. W. Watson. Curvature of curves and surfaces.

Quart. J. XII. 318-322.

Die Hauptformel für die Krümmung von Curven und Flächen, soll aus wenigen allgemeinen und bekannten Sätzen der Bewegungsgeometrie eines festen Körpers, speciell aus der Zusammensetzung und Zerlegung der Winkelgeschwindigkeiten, abgeleitet werden.

Cly. (O.)

J. Franz. Ueber Krümmungsradien und Krümmungscurven einer in homogenen Ebenencoordinaten gegebenen Fläche.

Grunert Arch. LV. 105-112.

Denkt man eine Fläche in homogenen Ebenencoordinaten ausgedrückt, so kann die vierte Variable s als Function der drei andern u, v, w angesehen werden; wird die Differentiation nach diesen durch die Indices 1, 2, 3 angedeutet, so ergiebt sich für die Hauptkrümmungsradien r_1 und r_2:

$$r_1 \text{ resp. } r_2$$
$$= \frac{Q}{2}\left[s_{11}+s_{22}+s_{33} \pm \sqrt{(s_{11}+s_{22}+s_{33})^2 - 4(\sigma_{11}+\sigma_{22}+\sigma_{33})}\right].$$

In dieser Formel bedeutet $Q \equiv \sqrt{u^2+v^2+w^2}$;

$$A \equiv \begin{vmatrix} s_{11} & s_{12} & s_{13} \\ s_{21} & s_{22} & s_{23} \\ s_{31} & s_{32} & s_{33} \end{vmatrix} = 0 \text{ und } \sigma_{kk} \equiv \frac{\partial A}{\partial s_{kk}}.$$

Für Minimalflächen wird

$$s_{11}+s_{22}+s_{33} = 0 \text{ d. h. } \frac{\partial^2 s}{\partial u^2} + \frac{\partial^2 s}{\partial v^2} + \frac{\partial^2 s}{\partial w^2} = 0;$$

das ist der Form nach die Gleichung, welcher das Potential für einen äusseren Punkt genügt. Bedeutet:

$$\varphi(du, dv, dw) \equiv s_{11}\,du^2 + s_{22}\,dv^2 + s_{33}\,dw^2 + 2s_{23}\,dv\,dw + 2s_{13}\,du\,dw + 2s_{12}\,du\,dv,$$

so gilt für die Krümmungslinien die Differentialgleichung:

$$\begin{vmatrix} \varphi'(du) & \varphi'(dv) & \varphi'(dw) \\ u & v & w \\ du & dv & dw \end{vmatrix} = 0,$$

aus welcher, wie der Herr Verfasser zeigt, die analog geformte Gleichung von Hesse für den Fall der Punktcoordinaten leicht abgeleitet werden kann K.

F. Unferdinger. Der mittlere Krümmungsradius und die mittlere Krümmung in einem bestimmten Punkte einer Fläche. Wien. Ber. LXVII.

Sind R und r der grösste und kleinste Krümmungsradius in einem bestimmten Punkte einer Fläche, und ϱ jener irgend eines Normalschnittes, der mit der Ebene zu r den Winkel φ bildet, so ist bekanntlich:

$$\frac{1}{\varrho} = \frac{\cos^2\varphi}{r} + \frac{\sin^2\varphi}{R}.$$

Betrachtet man hierin φ als veränderlich, und lässt es nach und nach alle Werthe von 0 bis 2π durchlaufen, so erhält man die Werthe der Krümmungshalbmesser und der Krümmung sämmtlicher Normalschnitte, deren arithmetisches Mittel $\overset{2\pi}{\underset{0}{M}}(\varrho)$ und $\overset{2\pi}{\underset{0}{M}}\left(\frac{1}{\varrho}\right)$

bestimmt wird. Durch Betrachtung eines bestimmten Integrals ergiebt sich

$$\overset{2\pi}{\underset{0}{M}}(\varrho) = \sqrt{Rr} \quad \text{und} \quad \overset{2\pi}{\underset{0}{M}}\left(\frac{1}{\varrho}\right) = \tfrac{1}{2}\left(\frac{1}{r} + \frac{1}{R}\right).$$

Mz.

S. Roberts. On the order of the condition that two surfaces may touch. Quart. J. XII. 229-231.

Die beiden betrachteten Fragen sind:

I. Von welcher Ordnung in Bezug auf $\xi_1, \xi_2 \cdots$ ist die Bedingung, dass sich zwei sonst allgemeine Oberflächen berühren, deren Gleichungen von der Form

$$\Sigma(\xi_1, \xi_2 \cdots)^{\mu + q\varepsilon_2 + r\varepsilon_3 + s\varepsilon_4} \; x_1^{m_1 - q - r - s} \, x_2^q \, x_3^r \, x_4^s = 0, \qquad q + r + s > m_1$$

$$\Sigma(\xi_1, \xi_2 \cdots)^{\mu_1 + q'\varepsilon_2 + r'\varepsilon_3 + s'\varepsilon_4} \, x_1^{m_2 - q' - r' - s'} \, x_2^{q'} \, x_3^{r'} \, x_4^{s'} = 0, \quad q' + r' + s' < m_2$$

sind?

II. Von welcher Ordnung in Bezug auf den Parameter λ ist die Bedingung, dass zwei Oberflächen sich berühren, wenn ihre Gleichungen von der Form $U = 0$, $V + \lambda \; W^p = 0$ sind.

Cly. (O.)

W. K. Clifford. On Mr. Spottiswoode's contact problems. Prof. of R. S. XXI. 425.

Auszug aus einer Arbeit, die wahrscheinlich in den Trans. of Lond. erscheinen wird. Der erste Theil behandelt die Berührung von Kegelschnitten mit Oberflächen in einem gegebenen Punkte. Es ist dies dieselbe Frage, der Mr. Spottiswoode seine Arbeit „On the contact of conics with surfaces". Trans. of Lond. 1872 (s. F. d. M. IV, 376) gewidmet hatte. Der zweite Theil behandelt die Berührung einer Oberfläche zweiten Grades mit einer Oberfläche n^{ter} Ordnung; besonders bestimmt er die Anzahl der Punkte, in welchen eine Oberfläche zweiten Grades, und zwar eine andere als die Tangentialebene, welche doppelt gerechnet wird, vierfache Berührung mit der Oberfläche haben kann.

Cly. (O.)

W. Spottiswoode. Sur les plans tangents triples à une surface. C. R. LXXVII. 1181-1184.

Siehe Abschn. IX, Cap. 3 B. p. 382.

W. SPOTTISWOODE. On triple tangent curves. Rep. of Brit. Ass. Csy.

G. BLAŽEK. Ueber die Differentialgleichungen der Umhüllungsflächen. Časopis II. 167-172. (Böhmisch).

Der Verfasser giebt eine directe und schnelle Methode der Aufstellung jener Gleichungen, aus welchen durch Elimination der willkürlichen Parameter der erzeugenden Fläche die Differentialgleichung der Umhüllungsfläche folgt. W.

C. W. MERRIFIELD. The collection of models of ruled surfaces at South Kensington. Messenger. (2) III. 111-113.

Die Arbeit giebt eine Uebersicht des officiellen Kataloges der Modelle, welcher von Herrn Merrifield aufgestellt worden, aus welchem Grunde auch sein Name dem Titel zugefügt ist. Sie giebt vollständige Auszüge aus dem Kataloge über Untersuchungen von Differentialgleichungen von Oberflächen, Familien und über den französischen schiefen Bogen (biais passc). Die Arbeit ist auch abgesehen von der Abbildung der Modelle von grossem mathematischen Interesse. Glr. (O.)

CH. RUCHONNET. Propriété caractéristique de la droite rectifiante. Nouv. Ann. (2) XII. 315-319.

Die Ebene, welche durch die Tangente in einem Punkte einer Raumcurve senkrecht zur Schmiegungsebene gezogen ist, hat man rectificirende Ebene genannt, weil, wenn man diese Ebene in allen Punkten der Curve betrachtet, ihre Enveloppe eine Fläche ist, die durch ihre Abwickelung die Curve in eine gerade Linie transformirt. Die Generatrix dieser Fläche, welche die Grenze des Durchschnitts der rectificirenden Ebenen in zwei unendlich nahen Curvenpunkten ist, heisst rectificirende Gerade. Diese ist von allen Geraden, die man durch einen Curvenpunkt ziehen kann, diejenige, bei der der Unterschied der Winkel, die sie mit den Tangenten in den zwei benachbarten Punkten bildet, unendlich klein ist im Verhältniss zu demselben Unterschiede bei jeder andern durch den Punkt gehenden Geraden. Dies wird nachgewiesen. Mz.

A. DE SAINT-GERMAIN. Détermination des éléments infinitésimaux relatifs aux lignes à double courbure. Nouv. Ann. (2) XII. 126-131. 179-183. 207-212.

Nimmt man einen beliebigen Punkt einer Curve zum Anfangspunkt rechtwinkliger Coordinaten und des Bogens s, die Tangente und Hauptnormale (letztere nach der concaven Seite hin) zu Axen der x und y, und entwickelt die Coordinaten nach Potenzen des Bogens, so fangen die Reihen folgendermassen an:

$$x = s + a_3 s^3 + a_4 s^4 + \cdots,$$
$$y = b_2 s^2 + b_3 s^3 + b_4 s^4 + \cdots,$$
$$z = \qquad c_3 s^3 + c_4 s^4 + \cdots.$$

Vermöge der Relation $\partial x^2 + \partial y^2 + \partial z^2 = \partial s^2$, erhält man dann:

$$a_3 = -\tfrac{2}{3} b_2^2; \quad a_4 = -\tfrac{3}{2} b_2 b_3; \text{ etc.}$$

Hieraus ergiebt sich bekanntermassen und mit Leichtigkeit, dass b_2 die halbe Krümmung, c_3 ein Sechstel des Products der Krümmung und Torsion ist. Bei der geringen Beachtung, die bisher der Curventheorie zu Theil geworden ist, war ohne Zweifel Grund, diese, wiewohl nicht eben neue Methode vorzuführen und zu empfehlen. Wenn jedoch der Verfasser die Herleitung des, hierbei beiläufig gewonnenen Resultats, dass die Schmiegungsebene momentan um die Tangente rotirt, mit Verweisung auf Bertrand's Calcul différentiel eine „delicate" Untersuchung nennt, so ist der Standpunkt der Methode, welche in einem so ganz elementaren Gegenstande Schwierigkeiten begegnen kann, wie sie derselbe hier vor Augen gehabt hat, doch schwer zu begreifen. Im zweiten Artikel werden noch die Abstände des consecutiven Punkts von der Tangente und Schmiegungsebene durch Krümmung und Torsion ausgedrückt, dann die Coefficienten der Reihen x, y, z bis zur 4ten Potenz bestimmt. Erst der dritte Artikel zieht einige, sonst weniger gefragte Elemente in Rechnung. Es werden die Werthe ermittelt für die Differenz des Bogens und der Sehne, für den Winkel zwischen Sehne und Tangente, für den Winkel zwischen der, durch die Tangente und den consecutiven Punkt gehenden Ebene und der Schmiegungsebene, für den Normalabstand consecutiver Tangenten, für die Neigung der consecutiven Hauptnormale gegen die Schmiegungs- und Normalebene, für den Normalabstand consecutiver Hauptnormalen, für die begleitenden Coordinaten des Coincidenzpunkts der Krümmungsaxe (oder der Normalebene) und für einige Grössen bezüglich auf eine Kugel, die um ihn durch den laufenden Punkt der Curve gelegt ist und die Schmiegungsebene im Krümmungskreis schneidet. Sämmtliche Resultate würden sich indess bedeutend vereinfachen, wenn der Verfasser das Bogenelement aus den Ausdrücken der davon unabhängigen Grössen entfernt hätte. Allerdings ist die Entwickelung nach Potenzen von s der Bemerkung dieses Umstands nicht gerade günstig. H.

Newenglowski. Note sur la transformation des courbes. Ann. de l'Éc. Norm. (2) II. 133-136.

Zieht man in der Ebene einer Curve M durch den festen Punkt O Strahlen OM und bestimmt auf ihnen Punkte M' so, dass $OM\,.\,OM' = \text{const.}$, so bilden die Tangenten in M und M' mit OM gleiche, einander zugewendete Winkel. Auch auf beliebig geformten krummen Flächen kann man zu einer Curve M Curven M' finden, welche mit den von einem Punkt O ausgehenden geodätischen Leitstrahlen analog gelegene, gleiche Winkel bilden; aber an Stelle der Relation $OM\,.\,OM' = c$ tritt eine complicirtere Gleichung zwischen OM, OM' und dem θ, welchen OM und OM' mit einem festen Radius bilden; folglich ändert sich die Form dieser Gleichung mit der Gestalt der Curve M, zu welcher die reciproke M' gesucht werden soll, während sie im Falle der Ebene von der Gestalt der Curve M völlig unabhängig ist. Dasselbe kann ausnahmsweise auch auf krummen Flächen der Fall sein. Die Untersuchung zeigt, dass dieser Ausnahmefall aber nur für Rotationsflächen eintritt, wenn der Nabelpunkt Centrum ist. Die Gleichung zwischen $OM = \sigma$ und $OM' = \sigma'$ ist alsdann von der Form:

$$\int\frac{d\sigma}{\varphi(\sigma)}+\int\frac{d\sigma'}{\varphi(\sigma')}=\text{const.};$$

$\varphi(\sigma)$ ist dem Abstande des Punktes M von der Rotationsaxe proportional. Im Falle der Kugel hat man $\operatorname{tg}\frac{1}{2}\sigma \operatorname{tg}\frac{1}{2}\sigma' = \text{const.}$

K.

C. Ruchonnet. Solution de trois questions. Nouv. Ann. (2) XII. 223-232.

Ist m' die Projection von M' auf die osculirende Ebene in M, so ist $M'm' = \frac{1}{6}\frac{ds^3}{RT}$: Auf der gegebenen Curve lässt der Verfasser nun eine Gerade gleiten, die immer vertical zur osculirenden Ebene in M bleibt, und wickelt den Cylinder auf die Ebene ab. Die Aufgaben beziehen sich auf die Wege, welche die Punkte m' und M' beschreiben.

O.

B. Theorie der algebraischen Flächen und Raumcurven.

Em. Weyr. Die Bestimmung der unendlich weiten Elemente der geometrischen Raumgebilde. Casopis II. 103-118. (Böhmisch).

Eine Fortsetzung des im ersten Bde. enthaltenen Aufsatzes über die „Bestimmung der unendlich weiten Elemente der ebenen geometrischen Gebilde" (s. F. d. M. IV, 328). Mit Hülfe der Hesseschen homogenen Raumcoordinaten wird der Begriff der unendlich fernen Ebene des Raumes entwickelt und, nachdem der Verfasser die parallelen Ebenen und Geraden betrachtet hat, geht er zur Bestimmung der unendlich entfernten Punkte von Raumcurven (insbesondere der rationalen) und zur Bestimmung der unendlich entfernten Curven von Flächen (insbesondere jener des 2ten Grades) über. Den Schluss bildet eine Betrachtung des imaginären Kugelkreises im Unendlichen.

W.

W. Spottiswoode. Sur les plans tangents triples à une surface. C. R. LXXVII. 1181-1184.

Wenn durch drei Punkte einer Fläche eine Ebene gelegt wird, so sind die Coordinaten eines Punktes der Curve, in der

Fläche und Ebene sich schneiden, lineare homogene Functionen (mit denselben Coefficienten λ, μ, ν) der Coordinaten jener drei Punkte, und befriedigen, statt der variabeln Coordinaten eingesetzt, die Gleichung der Fläche. Man kann die so entstehende Gleichung als Gleichung der Schnittcurve in den Dreieckscoordinaten λ, μ, ν auffassen. Der Verfasser bildet die verschiedenen Formen, welche diese Gleichung annimmt, wenn von jenen 3 Punkten einer, zwei oder alle drei Berührungspunkte von Ebene und Fläche sind (was natürlich nur für besondere Lagen der Ebene stattfindet). Für den Fall z. B. einer in 3 Punkten berührenden Schnittebene ergiebt sich für die Schnittcurve eine Gleichung n^{ter} Ordnung in λ, μ, ν, aus welcher man unmittelbar ersieht, dass die Curve in den Eckpunkten des Coordinatendreiecks je einen Doppelpunkt besitzt. Bl.

Em. Weyr. Ueber Punktsysteme auf rationalen Curven. Prag. Ber. 1873.

Zwei m-$n$deutige Punktsysteme auf einer rationalen (räumlichen oder ebenen) Curve, werden dargestellt durch die Verwandtschaftsgleichung $F(x, y) = 0$, worin der Parameter x bis zum m^{ten} und y bis zum n^{ten} Grade ansteigt. Verbindet man die einander entsprechenden Punkte durch Gerade, so entsteht, wenn der Träger der Punktsysteme eine ebene Curve ist, eine Enveloppe, wenn er eine Raumcurve ist, eine windschiefe Fläche. Die Natur dieser Erzeugnisse ist es, mit der der vorliegende Vortrag sich beschäftigt. Schn.

A. Ribaucour. Sur les systèmes cycliques. C. R. LXXVI. 478-482.

Im Anschluss an eine frühere Arbeit (vgl. F. d. M. Bd. II pag. 533) und an ein Resultat von Darboux (C. R. 13. 1. 1873) beweist der Verfasser einen Satz über cyclische Systeme, d. h. über dreifache Orthogonalsysteme, deren eine Familie Kreise zu Trajectorien hat. Er beweist nämlich, dass es genügt drei Flächen zu kennen, welche Trajectorien einer Familie von Kreisen sind, um alle übrigen ohne weitere Integration zu construiren. A.

O. Tognoli. Alcune considerazioni sulla geometria delle superficie e curve gobbe di genere zero.
Battaglini G. XI. 180-191.

Die Gleichung

$$1)\quad U_0 + U_1\lambda + U_2\lambda^2 + + \cdots + U_n\lambda^n = 0,$$

in welcher

$$U_s = a_s u_1 + b_s u_2 + c_s u_3 + d_s u_4$$

ist, während $u_1\ u_2\ u_3\ u_4$ homogene Coordinaten einer Ebene bedeuten, stellt für jeden Werth von λ einen Punkt dar, dessen homogene Coordinaten in folgende Form gebracht werden können:

$$x_1 = \varphi_1(\lambda),\quad x_2 = \varphi_2(\lambda),\quad x_3 = \varphi_3(\lambda),\quad x_4 = \varphi_4(\lambda),$$

wo

$$\varphi_1(\lambda) = a_0 + a_1\lambda + a_2\lambda^2 + \cdots a_n\lambda^n$$
$$\varphi_2(\lambda) = b_0 + b_2\lambda + b_3\lambda^2 + \cdots b_n\lambda^n \text{ etc.}$$

Der geometrische Ort dieses Punktes, wenn λ variirt, ist demnach eine rationale Raumcurve 3ten Grades, und umgekehrt kann jede solche Raumcurve durch eine Gleichung von der Form 1) dargestellt werden. Eine solche Curve hat im Allgemeinen $\frac{(n-1)(n-2)}{2}$ Doppelpunkte (wirkliche oder scheinbare). Die Anzahl der willkürlichen Constanten ist höchstens $4n$, im Allgemeinen aber kleiner als $4n$, also etwa $4n - k$.

Die Gleichung

$$\Delta(x_1\ x_2\ x_3\ x_4) = 0$$

stellt eine Fläche m^{ten} Grades dar; damit eine rationale Raumcurve m^{ten} Grades auf ihr liegen könne, müssen die Coordinaten derselben die Gleichung identisch befriedigen. Dies führt auf die Bedingungen

$$k^2 = 4m - m^2 - 1;\quad 4m - m^2 - 1 \gtreqless 0;\quad \text{also } m \leq 3.$$

Eine beliebig gegebene algebraische Fläche enthält also in sich rationale Raumcurven desselben Grades nur, wenn sie den dritten Grad nicht übersteigt.

Ebenso ergiebt sich das folgende Resultat: Die einzigen rationalen Raumcurven vom Grade m^2, welche auf Flächen m^{ten} Grades liegen, sind die rationalen Raumcurven vierten und neunten Grades. Die Frage endlich, wie der Grad einer Raumcurve

m^2 sein müsse, damit eine durch sie gelegte Fläche m^{ten} Grades vollständig bestimmt sei, führt auf die Bedingung

$$m^3 + 1 = \frac{(m+1)(m+2)(m+3)}{6} - 1.$$

(In der Abhandlung befindet sich hier ein Druckfehler, der Summand -1 auf der rechten Seite fehlt.) Hieraus ergiebt sich $m = 2$.

Also die einzigen rationalen Raumcurven vom Grade m^2, durch welche eine durchgelegte Fläche vom Grade m vollständig bestimmt ist, sind die vom vierten Grade.

Es sind dies die Raumcurven vierten Grades und zweiter Art; die Raumcurven vierten Grades und erster Art, durch welche eine Schaar von Flächen zweiter Art geht, sind nicht rational.

Nachdem der Verfasser die Bedingung aufgestellt hat dafür, dass eine rationale Raumcurve eben sei, entwickelt er noch das Resultat, dass wenn man die Tangentialebenen dreier abwickelbarer rationaler Flächen m^{ter}, n^{ter} und p^{ter} Klasse eindeutig auf einander bezieht, der Ort ihres Durchschnittes eine rationale Raumcurve $(m+n+p)^{\text{ten}}$ Grades ist.

In dem zweiten Theile der Arbeit geht der Verfasser von der Betrachtung der Gleichung

$$\sum_{i=1}^{i=4} u_i(\varphi_i(\mu) + \lambda\,\psi_i(\mu)) = 0,$$

wo die φ und ψ ganze rationale Functionen vom Grade n und n' sind, aus, welche für irgend ein λ und μ einen Punkt darstellt mit den Coordinaten

$$\varrho x_i = \varphi_i(\mu) + \lambda\psi_i(\mu).$$

Dieselbe stellt, wie man ohne weiteres erkennt, wenn man λ und μ als variable Parameter auffasst, eine geradlinige Fläche vom Grade $n+n'$ dar, welche eine Doppelcurve vom Grade $\frac{(n+n'-1)(n+n'-2)}{2}$ enthält.

Dieselben Flächen können auch dargestellt werden als Enveloppen von Ebenen durch die Gleichung

$$\sum_{i=1}^{i=4} x_i(\varphi_i(\mu) + \lambda\psi_i(\mu)) = 0,$$

$$\varrho u_i = \varphi_i(\mu) + \lambda\psi_i(\mu).$$

Die Untersuchungen führen dann u. a. zu folgenden Resultaten:

Die einzige der in der dargestellten Gleichung enthaltenen Flächen, deren Generatrices unbedingt einem linearen Complex angehören, ist die vom vierten Grade; und

Die einzige der in der dargestellten Gleichung enthaltenen Flächen, deren Generatrices die Bisecanten ihrer Doppelcurve sind, ist diejenige der vierten Ordnung, und sie ist vollständig bestimmt, wenn ausser der Doppelcurve der lineare Complex gegeben ist, welcher von den Bisecanten derselben gebildet wird.

A.

C. Raumgebilde ersten, zweiten und dritten Grades.

H. Brocard. Solution de la question 56. Nouv. Ann. (2) XII. 439-440.

Wenn ein System von geraden Linien im Raum gegeben ist, so kann man unendlich viele Ebenen legen, deren jede alle diese Geraden schneidet. Pr.

J. Waille. Sur la distance d'un point à une droite. Nouv. Ann. (2) XII. 269-270.

Der Verfasser leitet den Ausdruck für die Entfernung eines Punktes von einer Geraden im Raume her aus dem Satze, dass das Quadrat der Fläche des Dreiecks, welches den gegebenen Punkt zur Ecke und ein beliebiges Stück der Geraden zur Grundlinie hat, gleich ist dem Quadrate seiner Projectionen auf die Coordinaten-Ebenen. O.

F. Studnička. Ableitung der Dreiecksfläche und des Tetraedervolumens aus den Gleichungen der begrenzenden Elemente. Prag. Ber. 1873. 45-51.

Siehe Abschnitt IX, Cap. 2 C. p. 355.

G. Dostor. Rayon de la sphère circonscrite au tetraèdre en fonction des arètes. Nouv. Ann. (2) XII. 370-374.

Ist O der Mittelpunkt und R der Radius der dem Tetraeder $SABC$ umschriebenen Kugel, und sind $\alpha\beta\gamma$ die Winkel, welche SO mit den Kanten $SA=a$, $SB=b$, $SC=c$ bildet, so werden in der Relation, welche die cosinus der 6 Winkel $\lambda, \mu, \nu, \alpha, \beta, \gamma$ zwischen den 4 Geraden SA, SB, SC, SO verbindet, in bekannter Weise für die cosinus der letzteren die Werthe $\frac{a}{2R}, \frac{b}{2R}, \frac{c}{2R}$ eingesetzt und die cosinus der ersteren durch Einführung der Gegenkanten $a'\,b'\,c'$ mittelst des cosinus-Satzes eliminirt, und so die bekannte Gleichung (Joachimsthal, Crelle J. Bd. XL) abgeleitet:

$$24^2 V^2 R^2 = \begin{vmatrix} 0 & a^2 & b^2 & c^2 \\ a^2 & 0 & c'^2 & b'^2 \\ b^2 & c'^2 & 0 & a'^2 \\ c^2 & a'^2 & b'^2 & 0 \end{vmatrix},$$

welche auch die Form:

$$R = \frac{1}{6V}\sqrt{P^2 . (P^2-aa')(P^2-bb')(P^2-cc')},$$

$$2P^2 = aa'+bb'+cc'$$

annehmen kann. Schz.

G. Dostor. Calcul du rayon de la sphère inscrite dans le tétraèdre. Nouv. Ann. (2) XII. 367-369.

Die in S zusammenstossenden Kanten $SA=a$, $SB=b$, $SC=c$ des gegebenen Tetraeders werden als Coordinatenaxen gewählt, welche mit einander die Winkel λ, μ, ν bilden, und durch Anwendung des allgemeinen Ausdruckes für die Entfernung eines Punktes von einer Ebene in schiefwinkligen Coordinaten auf die Tetraederflächen in bekannter Weise für den Radius r folgende quadratische Gleichung abgeleitet:

$$4\left(a\sin\frac{\mu+\nu-\lambda}{2}+b\sin\frac{\nu+\lambda-\mu}{2}+c\sin\frac{\lambda+\mu-\nu}{2}\right)\cdot\sin\frac{\lambda+\mu+\nu}{2}\,r^2$$
$$-2(bc\sin\lambda+ca\sin\mu+ab\sin\nu)\,\Delta r+abc\,\Delta^2=0,$$

worin

$$\Delta^2 = 1-\cos^2\lambda-\cos^2\mu-\cos^2\nu+2\cos\lambda\cos\mu\cos\nu.$$

Durch blosse Veränderung der Zeichen von λ, μ, ν können daraus die Gleichungen für die Radien der sechs übrigen Kugeln erhalten werden, welche die Flächen des Tetraeders berühren.

Schz.

F. KLEIN. Uebertragung des Pascal'schen Satzes auf Raumgeometrie. Erlang. Ber. 1873.

Anknüpfend an die Riemann'sche Interpretation einer complexen Variabeln auf der Kugelfläche und andererseits an die Vorstellungen der Cayley'schen Maassgeometrie ertheilt der Verfasser dem Pascal'schen Satze folgende Form, in der er gleichmässig für Ebene und Raum gilt: Die gemeinsamen Perpendikel der Gegenseiten eines in das Fundamentalgebilde eingeschriebenen Sechsseits haben ein gemeinsames Perpendikel. Kln.

E. FOLIE. Note sur l'extension des théorèmes de Pascal et de Brianchon aux courbes planes et aux surfaces du 3me ordre ou de la troisième classe. Mém. de Liège. (2) III. 663-671.

Der Verfasser hat eine grosse Arbeit, die alle in dieser Note befindlichen Resultate enthält, im Jahre 1872 veröffentlicht. Siehe F. d. M. IV p. 329. Mn. (O.)

E. FOLIE. Note sur quelques théorèmes de géométrie supérieure. Bull. de Belg. (2) XXXVI. 620-624.

Ausser gewissen allgemeinen Sätzen, analog denen von Plücker und Jacobi über den Schnitt von Curven n^{ter} Ordnung, dehnt der Verfasser die Sätze von Pascal und Désargues, die von ihm für die Curven und Oberflächen zweiter und dritter Ordnung bewiesen sind, auf Raumcurven dritten und vierten Grades aus. Zum Beweise des Satzes von Pascal construirt er sich einen Kegel, der die Curve zur Directrix und einen Punkt derselben zum Scheitel hat. Ebenso kann man den Satz von Désargues auf 3 Raumcurven dritten Grades mit 5 gemeinschaftlichen Punkten ausdehnen. Zwei Raumcurven vierten Grades mit 7 gemeinschaftlichen Punkten, die durch den Schnitt zweier Oberflächen zweiter Ordnung entstanden sind, haben auch einen achten Punkt gemeinsam. Zwei beliebige Raumcurven vierten Grades haben dieselbe Eigenschaft, denn die eine von ihnen G_4 hat 8 gemeinschaftliche Punkte mit den Curven vierten Grades, die der Schnitt der Oberfläche zweiten Grades, welche die erste enthält, mit einer anderen Oberfläche zweiten Grades sind, die 7 gemeinsame Punkte mit G_4 hat. Der Satz von Désargues für 3 Raumcurven vierten Grades mit 7 gemeinsamen Punkten wird aus einem analogen Satz für die Oberflächen zweiten Grades abgeleitet. Mn. (O.)

F. Mertens. Auszug aus einem Schreiben an den Herausgeber. Borchardt J. LXXVII. 102-104.

Siehe Abschn. IX, Cap. 2. C. p. 356.

Gallois. Solution de la question 972. Nouv. Ann. (2) XII. 440-446.

Eine Darlegung der verschiedenen Flächen, welche durch die Gleichung:

$$a\,\frac{y+z}{x} + b\,\frac{x+z}{y} + 1 = 0$$

repräsentirt sind, wenn a und b alle möglichen Werthe annehmen. Pr.

W. M. Hicks. Geometrical investigation of some properties of quadric surfaces. Messenger. (2) III. 122-137.

Eine rein geometrische Discussion der Oberflächen zweiter Ordnung. Die angenommene Definition ist beispielsweise folgende. Eine Oberfläche zweiten Grades ist der geometrische Ort eines Punktes, der sich so bewegt, dass seine Entfernung von einem gegebenen Punkte ein constantes Verhältniss zu einer gegebenen geraden Linie hat. Die Entfernung wird parallel zu einer gegebenen Ebene gemessen. Aus dieser Definition leitet der Verfasser mittelst gewöhnlicher geometrischer Schlüsse, wie sie bei Behandlung der Kegelschnitte vorkommen, die meisten der bekannten Eigenschaften der Oberflächen zweiten Grades ab;

welche, mit einigen Ausnahmen natürlich, denen der Kegelschnitte analog sind. Glr. (O.)

LEDENT. Fonctions invariables des paramètres de l'équation générale des surfaces du second degré.
Mém. de Liège (2) III. 1-76.

Bestimmung der Invarianten einer oder mehrerer quadratischer quaternärer Formen mit Hülfe der gewöhnlichen algebraischen Rechnung, und Anwendung auf die Discussion einer Oberfläche zweiten Grades. Mn. (O.)

E. PELLET und L. PAINVIN. Solution de la question 1034.
Nouv. Ann. (2) XII. 464-470 und 579-580.

Wenn man durch eine Fläche zweiten Grades eine Ebene legt, so kann die dadurch entstehende Curve als die Focale einer neuen Fläche angesehen werden, welche um eine beliebige der ersteren homofocale Fläche zweiten Grades beschrieben ist.
Pr.

G. DOSTOR. Théorie générale des surfaces de revolution du second degré. Grunert Arch. LV. 302-318.

Zuerst werden die Bedingungen angegeben, unter denen die allgemeine Gleichung zweiten Grades mit drei Variabeln eine Rotationsfläche darstellt; und hierauf die Gleichungen der Axe und die des Aequators entwickelt. Es werden dann Relationen nachgewiesen, die bei den Umdrehungsflächen zweiten Grades im Allgemeinen zu benutzen sind. Ferner werden die besonderen Flächen zweiten Grades abgehandelt, und am Schluss wird gezeigt, wie die im Eingange angegebenen Bedingungen zu modificiren sind, wenn die Coefficienten des Products von je zwei der Variabeln ganz oder theilweise verschwinden. Mz.

L. SCHLÄFLI. Ueber die allgemeinste Flächenschaar zweiten Grades, die mit irgend zwei anderen Flächenschaaren ein orthogonales System bildet.
Borchardt J. LXXVI. 126-149.

Es wird zunächst die Aufgabe für eine beliebige Flächenschaar, dann für eine algebraische Flächenschaar behandelt, endlich wird hieraus der specielle Fall abgeleitet, dass die Flächen der Schaar vom zweiten Grade sind. Während die allgemeinen Resultate ohne den umfangreichen Apparat von Bezeichnungen, deren der Herr Verfasser sich bedient, nicht wohl wiederzugeben sind, möge das specielle Resultat, welches von überraschender Einfachheit ist, hier mitgetheilt werden:

Wenn man von gewissen singulären Fällen absieht, welche als Grenzfälle behandelt werden können, so ergiebt sich, dass die Flächen der gesuchten Schaar concentrisch sind und gleiche Axenrichtungen haben, also sämmtlich in Bezug auf ein festes rechtwinkliges Coordinatensystem durch folgende Gleichung darstellbar sind:

$$\frac{x^2}{A} + \frac{y^2}{B} + \frac{z^2}{C} = 1.$$

Hierin sind A, B, C Functionen eines Parameters, die folgendermassen bestimmt werden können.

Die Differentialgleichung

$$dt = d\psi + \frac{d\omega}{t},$$

in welcher ψ und ω beliebige Functionen eines Parameters ϑ sind, ergiebt t als Function von ϑ und der Integrationsconstanten ε, also etwa

$$t = t(\vartheta, \varepsilon).$$

Man gebe nun dem ε drei beliebige Werthe α, β, γ; dann sind die daraus sich ergebenden Werthe die gesuchten Coefficienten mit dem Parameter ϑ, also

$$A = t(\vartheta, \alpha); \quad B = t(\vartheta, \beta); \quad C = t(\vartheta, \gamma).$$

Eliminirt man endlich ϑ aus den Gleichungen

$$\Sigma \frac{x^2}{A} = 1 \quad \text{und} \quad \Sigma \frac{x^2}{A-t} = 1;$$

oder was dasselbe ist, aus

$$\Sigma \frac{x^2}{t(\vartheta, \alpha)} = 1 \quad \text{und} \quad \Sigma \frac{x^2}{t(\vartheta, \alpha) - t(\vartheta, \varepsilon)} = 1,$$

so ist die Eliminationsresultante, welche ε als Parameter enthält, für jeden Werth von ε die Gleichung einer Fläche der zweiten oder der dritten Schaar. Die zweite und die dritte Schaar bilden also eigentlich zusammen eine einzige Schaar, und es schneidet auch jede Fläche dieser Schaar jede andere (auch die unendlich nahe) derselben Schaar rechtwinklig; was bei der ersten Schaar im Allgemeinen nicht der Fall ist. (In Bezug auf diesen Punkt vergleiche man die Arbeit von Darboux: Sur une classe remarquable de courbes et de surfaces algébriques etc. Mém. de Bord. tome VIII pag. 291—350 und tome IX pag. 1—280; und das Referat Abschn. IX, Cap. 3. D.).

Als Beispiel wird gesetzt

$$\psi = \tfrac{3}{2}\vartheta; \quad \omega = -\tfrac{1}{4}\vartheta^2,$$

wodurch sich ergiebt

$$t = t(\vartheta, \varepsilon) = \vartheta + \varepsilon + \sqrt{\varepsilon(\vartheta + \varepsilon)}.$$

(Ein anderes sehr einfaches Beispiel, nämlich confocale Flächen, würde man erhalten durch die Substitution

$$\psi = \vartheta; \quad \omega = 0).$$

A.

A. Cayley. Addition to the memoir on geodesic lines, in particular those of a quadric surface.

Proc. of L. M S. IV. 368-380.

Enthält die Berichtigung eines Resultates bezüglich der geodätischen Linie auf einem schiefen Hyperboloid, zu welchem der Verfasser in seiner ursprünglichen Abhandlung (Proc. of L. M. S. IV p. 191—211 s. F. d. M. IV, p. 389) gelangt war. Jedoch der Hauptzweck besteht in zahlreichen Rechnungen, um für ein besonderes schiefes Hyperboloid und dessen ovale Krümmungscurve, die geodätischen Linien, welche die Krümmungscurve berühren, zu bestimmen. Die Resultate finden sich auf drei Tafeln zusammengestellt.

Cly. (O.)

H. M. Jeffery. On the duals of geodesics and lines of curvature on an ellipsoid and on its pedal surfaces.

Quart. J. XII. 322-346.

Die Dualität, die dieser Untersuchung zu Grunde liegt, bezieht sich auf einen willkürlichen oder „absoluten“ Punkt O; es wird nämlich gesagt, dass zwei Punkte P, P' zu Quadranten gehörten, wenn die Linien *OP, OP'*, die sie mit *O* verbinden, rechtwinklig zu einander sind; ein Punkt und eine Linie gehören einem Quadranten an etc. Jeder geometrische Ort, der in seiner Definition den Begriff der Perpendicularität einschliesst, giebt Anlass zu einem zweiten geometrischen Ort von gleichen Eigenschaften. Z. B. zu Krümmungscurven haben wir als correspondirende Curven doppelter Krümmung u. s. f. Die verschiedenen zwiefachen Theoreme werden entwickelt, aber sie können hier nicht weiter ausgeführt werden. Cly. (O.)

C. Smith. To find the foci and axes of a conic in trilinear coordinates. Quart. J. XII. 240-241. Cly.

Lyme Ryew. Sulle linee di curvatura delle superficie di secondo ordine. Battaglini G. XI. 111-112.

Durch Betrachtung des Schnittes einer Oberfläche zweiter Ordnung mit der unendlich entfernten Ebene unter Hinzunahme des imaginären Kugelkreises dieser Ebene werden die Hauptebenen, Axen, Kreisschnitte und Nabelpunkte gewonnen. Der Verfasser nimmt hierbei Bezug auf den bekannten Satz von Monge über die orthogonalen Projectionen der Krümmungslinien auf eine der Hauptebenen und leitet schliesslich folgenden Satz her: Die Krümmungslinien einer Oberfläche zweiten Grades berühren die acht Generatricen, die zu zwei und zwei durch die vier Punkte gehen, in denen die Oberfläche vom imaginairen Kreise im Unendlichen geschnitten wird. Mz.

C. W. Borchardt. Sur l'ellipsoide de volume minimum parmi ceux dans lesquels un certain nombre de sections centrales ont des aires données. Darboux Bull. V. 301-312.

Uebersetzung der Arbeit aus den Berl. Monatsber. 1872, 505. Siehe F. d. M. IV p. 389.

A. Cayley. Problem and hypothetical theorems in regard to two quadric surfaces. Messenger. 2) II. 137.

Zwei Oberflächen zweiter Ordnung und eine Linie S sind gegeben. Gesucht werden die Ebenen, welche durch S gehend, die Oberflächen in zwei Kegelschnitten, die einem Dreieck ein- und umschrieben werden können, schneiden. Vorausgesetzt wird, dass es zwei oder mehr solcher Ebenen gäbe. Glr. (O.)

J. Caron. Note sur la détermination des asymptotes dans les intersections des surfaces du second degré. Nouv. Ann. (2) XII. 270-278.

Die Asymptoten der Curve, welche durch den Durchschnitt zweier Flächen zweiten Grades gebildet wird, werden in ihrer Lage gegen diese Flächen bestimmt. Schn.

M. Newenglowski. Sur les arcs de certaines courbes sphériques. Ann. de l'Éc. Norm. (2) II. 137-148.

Zwischen dem Bogen einer ebenen Curve und demjenigen ihres perspectivischen Bildes auf einer Kugel besteht eine einfache Beziehung, wenn man das Kugelcentrum in der Ebene und den einen Endpunkt des zur Ebene senkrechten Durchmessers zum Aussichtspunkt nimmt. Transformirt man die ebene Curve durch reciproke Radii vectores, wobei das Kugelcentrum Pol der Transformation ist, so kann man den Bogen der gegebenen ebenen Curve mit dem des perspectivischen Bildes ihrer Transformirten in Beziehung setzen; diese neue Beziehung hat dieselbe Form wie die erste. Kann man den Bogen der gegebenen ebenen Curve durch elliptische Integrale ausdrücken, so ist dasselbe mit dem Bogen der sphärischen Curve der Fall. Die ebenen Curven, die Serret elliptische Curven erster Classe genannt hat, haben die Eigenschaft, dass die Differenz zwischen ihrem Bogen und dem ihres perspectivischen Bildes rectificabel ist. Dieser Satz ist die geometrische Deutung einer Transformationsformel eines besonderen elliptischen Integrals dritter Gattung in ein anderes erster Gattung. Dies ist im Wesentlichen nach des Verfassers eigener Angabe der Inhalt seiner Arbeit. Mz.

GAMBEY. Solution analytique d'une question. Nouv. Ann. (2) XII. 92-96.

Zwei Gerade sind durch ihre Gleichungen gegeben, ebenso eine Oberfläche 2ten Grades, welche die beiden Geraden schneidet. Der Verfasser bestimmt die Gleichungen mehrerer damit zusammenhängender geometrischer Orte. O.

M. AZZARELLI. Nuove ricerche relative al teorema del Conte di Fagnano. Atti d. Acc. P. d. N. L. 1872. 427-439.

Fortsetzung der Arbeit in den Atti XXIV, 336, über associirte Punkte auf Kegelschnitten; s. F. d. M. III. 123. M.

H. VOIGT. Der sphärische Kegelschnitt. Diss. Breslau.

Vorliegende Dissertation, eine durchgehends verkürzte Ueberarbeitung einer von der philosophischen Facultät der Universität Breslau gekrönten Preisschrift, geht von der Erzeugung des sphärischen Kegelschnittes durch projectivische Beziehung sphärischer Punktreihen und sphärischer Strahlbüschel aus und gelangt durch consequente Durchführung der projectivischen Methode für die Kugeloberfläche zu der Begriffsbestimmung der Mittelpunkte, der Axen, der conjugirten Durchmesser, der Brennpunkte, und der nach Chasles Vorgang sogenannten cyklischen Bogen, sowie zu einer Reihe Relationen, welche den sphärischen Kegelschnitt in seiner Beziehung zu jenen geometrischen Elementen kennzeichnen. Durch Degeneriren der Kugel in eine Ebene wird ein interessanter Einblick in den Ursprung des Zusammenhangs ebener Gebilde gewonnen, welcher, wie der Verfasser mit Recht bemerkt, ohne Zuziehung der entsprechenden sphärischen Gebilde sich oft schwer oder gar nicht findet. Eine ausführliche Angabe der Literatur über den behandelten Gegenstand ist in der Einleitung beigefügt. Schn.

A. CAYLEY. On Dr. Wiener's model of a cubic surface with 27 real lines; and on the construction of a double-sixer. Trans. of Cambridge. XII. 366-383.

Der Herr Verfasser giebt die Beschreibung eines Gipsmodells einer Oberfläche dritten Grades, auf der 27 gerade Linien liegen;

sie ist construirt von Dr. Wiener und von Prof. Cayley dem physikalischen Laboratorium in Cambridge vorgelegt. Nach Messungen des Modells, werden die Gleichungen der 27 geraden Linien, welche darauf dargestellt sind, mit ihren Schnittpunkten etc. aufgestellt.

Der zweite Theil der Arbeit ist der Construction eines double-sixer's gewidmet. Man kann nämlich aus diesen 27 Linien (und zwar auf 36 verschiedene Weisen) 12 Linien, die eine Doppelsechs (double-sixer) bilden, auswählen, und ein solches System von Linien mit

$$\begin{matrix} a_1, & a_2, & a_3, & a_4, & a_5, & a_6 \\ b_1, & b_2, & b_3, & b_4, & b_5, & b_6 \end{matrix}$$

bezeichnen; dann treffen sich keine zwei Linien a, noch zwei Linien b, wohl aber trifft jede Linie a ihre Linie b, ausgenommen sind die Linien eines Paares (a_1, b_1) (a_2, b_2) ... (a_6, b_6), und ein solches System von 12 Linien führt sofort zu den übrig bleibenden 15 Linien. In einer Arbeit „über die Doppelsechs einer Oberfläche dritten Grades (Quart. J. X 58-71 s. F. d. M. II. p. 578) erhielt Prof. Cayley analytische Ausdrücke für die zwölf Linien eines double-sixer und berechnete auch numerische Werthe, die sich jedoch als unbequem zur Construction einer Figur erwiesen. Eine andere Methode der Behandlung, nämlich mittels der Gleichung der Oberfläche dritten Grades

$$\left(\frac{x}{\alpha_1}-\frac{y}{\beta_1}+\frac{z}{\gamma_1}-\frac{w}{\delta_1}\right)\left(\frac{xz}{\alpha\gamma}-\frac{yw}{\beta\delta}\right)$$
$$-k\left(\frac{x}{\alpha}-\frac{y}{\beta}+\frac{z}{\gamma}-\frac{w}{\delta}\right)\left(\frac{xz}{\beta'\delta'}\right)=0$$

ist seitdem von dem Verfasser versucht worden. Diese Methode entwickelt er ausführlich und findet sie zweckentsprechend.

Glr. (O.)

LAGUERRE. Recherches analytiques sur la surface du troisième ordre qui est la réciproque de la surface de Steiner. Nouv. Ann. (2) XI. 319-327. 337-347. 418-428. XII. 55-71.

Obwohl die Arbeit auch jetzt noch nicht vollständig erschienen ist, so möchte doch ein weiteres Hinausschieben des Referates nicht erwünscht sein.

Ein Theil der Resultate der vorliegenden Untersuchungen

ist in der Arbeit des Verfassers: Sur la surface de Steiner (Inst. XL 116) ebenfalls enthalten und in dem darauf bezüglichen Referat im vierten Bande dieser Fortschritte p. 303 mitgetheilt. (Man vergleiche auch das Referat über eine Arbeit von Eckardt F. d. M. Bd. IV. p. 394). Es wird sich also in diesem Referate wesentlich um die Angabe der Methode und der wichtigsten weiteren Resultate handeln.

Der Verfasser geht von den fünf mit beliebigen Constanten multiplicirten Abständen $a\ b\ c\ d\ e$ eines beliebigen Punktes von fünf festen Ebenen aus, welche er als pentaedrische Coordinaten jenes Punktes ansieht, und zwischen denen eine lineare homogene Gleichung existirt.

Die Gleichung

$$u = at^4 + 4bt^3 + 6ct^2 + 4dt + e = 0$$

stellt alsdann für jeden Werth von t eine Ebene dar, welche bei variirendem t eine gewisse abwickelbare Fläche sechsten Grades einhüllt, deren Gleichung ist

$$i^3 - 27j^2 = 0,$$

wo i und j die quadratische und cubische Invariante der Form u sind, also

$$i = ae - 4bd + 3c^2$$

$$j = \begin{vmatrix} a & b & c \\ b & c & d \\ c & d & e \end{vmatrix}.$$

Die Rückkehrcurve dieser abwickelbaren Fläche ist eine Curve Z sechsten Grades mit den Gleichungen

$$i = 0, \quad j = 0,$$

und aus den Formen der Gleichungen folgt ohne Weiteres, dass ihre Schmiegungsebenen zugleich Tangentialebenen der Fläche $j=0$ in den entsprechenden Punkten sind, dass also Z für die Fläche dritten Grades $j = 0$ eine asymptotische Linie ist. Es wird nun gezeigt, dass jede asymptotische Curve der Fläche $j=0$ dieselben Eigenschaften hat, und dass man durch passende Wahl des Coordinatenpentaeders die beiden durch irgend einen Punkt der Fläche $j = 0$ gehenden asymptotischen Curven in derselben Form darstellen kann. Die Fläche $j = 0$ aber ist die polar reciproke der

Steiner'schen Fläche, denn sie besitzt vier Knotenpunkte, welche bestimmt sind durch die Gleichungen

$$\frac{a}{b}=\frac{b}{c}=\frac{c}{d}=\frac{d}{e}.$$

Von dieser Fläche $j=0$ werden zunächst die in dem citirten Referat mitgetheilten Eigenschaften entwickelt. Alsdann wendet sich der Verfasser zur Betrachtung der Knotenlinien der erwähnten abwickelbaren Flächen, welche Raumcurven vierten Grades und zweiter Art sind, vom Verfasser Quartiken genannt zum Unterschied von denen erster Art, die er Biquadratiken nennt. Es zeigt sich, dass jede beliebige Quartik die Knotenlinie einer abwickelbaren Fläche sechster Ordnung und vierter Klasse ist, und dass durch jede Generatrix dieser Fläche und die Quartik eine geradlinige Fläche dritten Grades hindurchgeht. Weiter ergiebt sich, dass, wenn sich aus den Generatrices der abwickelbaren Fläche ein geschlossenes Polygon bilden lässt, dessen Eckpunkte selbstverständlich auf der Knotenlinie liegen, dieses Polygon geschlossen bleibt, wie man auch die erste Seite variire. Hieran schliessen sich noch einige weitere Ausführungen. Die Untersuchung der Asymptotenlinien Z führt ebenfalls zu mehreren interessanten Resultaten. Zwei beliebige Schmiegungsebenen von Z schneiden nämlich die Fläche $i=0$ in zwei Kegelschnitten, und der Scheitel eines der beiden Kegel, welche durch diese beiden Kegelschnitte gelegt werden können, liegt auf der Fläche $j=0$ und beschreibt diese Fläche vollständig, wenn man die beiden Schmiegungsebenen sich beliebig ändern lässt.

Die Curve Z besitzt vier stationäre (Rückkehr-) Punkte. Ordnet man dieselben auf irgend eine Weise in zwei Paare, so entspricht einer solchen Gruppirung eine involutorische Theilung der Curve. Man verbinde die Doppelpunkte einer solchen Involution durch eine Gerade. Die drei Geraden, welche man auf diese Weise erhält, liegen in einer Ebene, welche die Centralebene der Curve Z genannt wird. Alle asymptotischen Linien der Fläche $j=0$ haben dieselbe Centralebene, diese wird deshalb auch als Centralebene der Fläche $j=0$ bezeichnet, und es ist diejenige Ebene, welche diese Fläche in den drei Geraden schneidet, die nicht durch Knotenpunkte der Fläche hindurchgehen. Weitere Betrachtungen beziehen sich auf eine Fläche vierten Grades, den Ort der bereits oben erwähnten Knotenlinien, über deren Zusammenhang mit den übrigen betrachteten Gebilden sich noch mancherlei Sätze ergeben. A.

D. Andere specielle Raumgebilde.

M. G. Darboux. Sur une classe remarquable de courbes et de surfaces algébriques et sur la théorie des imaginaires. Mém. de Bordeaux VIII. 292-350, IX. 1-276.

Den Hauptinhalt der umfangreichen Arbeit bildet die Untersuchung der cyclischen Curven und Flächen. Unter cyclischen Curven (Cyclicacyclique) versteht der Verfasser diejenigen Raumcurven, welche den Durchschnitt einer Kugel und einer Fläche zweiten Grades bilden, und diejenigen ebenen Curven, welche man aus jenen durch Transformation mittelst reciproker Radien erhält; d. h. die ebenen Curven vierten Grades, welche die imaginären Kreispunkte als Doppelpunkte enthalten. Eine cyclische Fläche oder Cyclide ist eine Fläche vierten Grades, welche den unendlich entfernten imaginären Kreis als Doppelcurve enthält. Ueber dieselben Gebilde sind früher bereits Untersuchungen veröffentlicht, und zwar unter andern vom Verfasser (vergl. F. d. M. Bd. II. p. 571), und von Herrn Casey (vgl. F. d. M. Bd. III. p. 397). Auch die Untersuchungen des Herrn Moutard über anallagmatische Gebilde behandeln viele Eigenschaften der cyclischen Flächen und Curven, zu welchen übrigens eine grosse Anzahl der bekannteren speciellen Curven und Flächen vierten Grades gehören, z. B. die Fusspunktencurven der Kegelschnitte, die Descartes'schen Ovale, die Lemniscate, die cubique circulaire, die Cissoide in der Ebene; im Raume die sphärischen Kegelschnitte, das Viviani'sche Fenster; von Flächen die Dupin'sche Cyclide und die Spira, die Fusspunktenflächen der Flächen zweiten Grades u. a. m. Die Cycliken, deren allgemeine Gestalt nach der von Painvin über die Raumcurven vierten Grades angestellten, vom Verfasser noch etwas weiter durchgeführten Untersuchungen discutirt werden kann, (vergl. Nouv. Ann. (2) VII. p. 481-501 und 529-545 oder F. d. M. I. 242), haben eine Reihe interessanter geometrischer Eigenschaften. Eine sphärische Cyclika kann nämlich auf vier verschiedene Arten angesehen werden als Enveloppe von Kreisen, welche einen Kugelkreis, den Directorkreis, rechtwinklig schneiden, und deren sphärische Centra auf einem sphärischen Kegelschnitte, dem Deferenten, liegen; nämlich die Tangentialebenen eines jeden der vier Kegel zweiten Grades, welche durch die Cyclika gelegt werden können, schneiden die Kugel in Kreisen einer solchen Schaar. Hieraus folgt, dass eine Cyclika durch reciproke Radien wieder in eine Cyclika transformirt wird; und wenn man als Centrum der Transformation den Scheitel eines der eben genannten vier Kegel wählt, so transformirt sich bei passender Wahl des Modulus die Cyclika in sich selbst, weshalb sie nach Herrn Moutard anallagmatische Curven genannt werden. An einer anderen Stelle zeigt der Verfasser, dass jede Cyclika durch reciproke Radien in einen sphärischen Kegelschnitt transformirt werden kann. Die vier Directorkreise einer Cyclika schneiden sich paarweise rechtwinklig, die vier Deferenten-Kegelschnitte sind confocal. Aus den vier Schaaren doppelt berührender Kreise sind die Kreise mit dem Radius Null besonders wichtig, ihre Mittelpunkte sind die Brennpunkte der Cyclika. Es sind dies die Durchschnitte je eines Directorkreises mit dem zugehörigen Deferentenkegelschnitt, im Ganzen 16 Punkte, von denen nur vier reell sein können. Mit Hülfe des Poncelet'schen Theorems ergiebt sich eine lineare Relation zwischen den Distanzen eines beliebigen Punktes der Cyclika von drei auf demselben Directorkreise liegenden Brennpunkten, oder noch allgemeiner zwischen den Tangenten von einem Punkte der Curve an drei die Curve doppelt berührende Kugeln, welche derselben Schaar angehören. Der Ort der Mittelpunkte der die Cyclika doppelt berührenden Kugeln mit dem Radius 0, der nach den Definitionen des Verfassers (siehe weiter unten) die sogenannten Focallinien der gegebenen Curve bildet, setzt sich zusammen aus vier

Cycliken, welche auf vier Kugeln liegen, die orthogonal sind zu der Kugel, auf welcher die gegebene Cyclica liegt. Eine jede dieser vier Focalcurven hat die drei andern nebst der gegebenen Curve zu Focalcurven; und es existirt eine lineare Relation zwischen den Distanzen eines Punktes, der sich auf einer dieser fünf Curven bewegt, von drei festen Punkten, die auf einer der vier andern Curven liegen. Hierin und in einigen weiteren Consequenzen, die wir hier übergehen, liegt eine bemerkenswerthe Analogie mit den räumlichen Focaleigenschaften der Kegelschnitte. Nur dies sei noch erwähnt, dass durch jeden Punkt einer Kugel zwei einander rechtwinklig schneidende Cycliken gehen, welche gegebene Brennpunkte haben. (Von den 16 Brennpunkten sind 12 durch die vier andern bestimmt). In Bezug auf die Discussion specieller Fälle muss auf die Arbeit selbst verwiesen werden.

Die Cycliden sind durch projectivische Verwandtschaft aus der Kummer'schen Fläche vierten Grades mit einem beliebigen Kegelschnitt als Doppelcurve abzuleiten, so dass die Eigenschaften derselben als specielle Fälle aus denen dieser allgemeineren Fläche hervorgehen. Der Verfasser hält trotzdem eine speciellere Untersuchung nicht für überflüssig, da sie sich mit verhältnissmässig einfachen Methoden durchführen lässt, einen einfachen Ausspruch der Resultate gestattet, und da sich hieraus wieder die Theorie der Kummer'schen Fläche, sowie die der allgemeinen Fläche dritten Grades durch projectivische Relationen herleiten lassen.

Eine Fundamental-Eigenschaft der Cycliden besteht darin, dass sie Enveloppen von Kugeln sind, die eine gegebene Kugel, die Directrix, rechtwinklig schneiden, und deren Mittelpunkte auf einer Fläche zweiten Grades, der Deferente, liegen. Jede Cyclide kann auf fünffache Weise als eine solche Enveloppe angesehen werden, und zwar sind die fünf Deferenten confocale Flächen und die fünf Directrices orthogonale Kugeln. Aus dieser Eigenschaft kann nun eine Reihe von Folgerungen gezogen werden, analog wie bei den Cycliken, u. a. dass sie anallagmatische Flächen sind, sowie dass sie durch reciproke Radien in Flächen zweiten Grades transformirt werden, dass die Brennlinien der Cycliden d. h. die Orte der Mittelpunkte unendlich kleiner, sie doppelt berührender Kugeln diejenigen fünf Cykliken sind, in denen jede Directrix die zugehörige Deferentenfläche schneidet, und dass diese fünf Cykliken in dem oben bei den Focaleigenschaften dieser Curven besprochenen Zusammenhange stehen. Die Betrachtung der Brennlinien der Cycliden führt zu derjenigen confocaler Cycliden, bei welcher sich ergiebt, dass durch jeden Punkt im Raume drei einem Systeme confocaler Cycliden angehörige Flächen gehen, welche sich rechtwinklig schneiden. Andere Eigenschaften der Cycliden, so wie die Untersuchung der speciellen Arten dieser Flächen, der auf den Cycliden befindlichen ebenen und sphärischen Curven, die sämmtlich Cykliken sind, können hier übergangen werden.

Die Abhandlung enthält ausser diesem Hauptinhalt eine grosse Menge von Betrachtungen allgemeineren Characters und von Nebenuntersuchungen, welche theils einleitende Abschnitte der Haupttheile bilden, theils in den Text eingefügt sind, theils endlich in einer grossen Reihe von umfangreichen Noten tome IX p. 121—276 niedergelegt sind. So ist ein grosser Abschnitt der Transformation durch reciproke Radien (Inversion) gewidmet. Interessant ist hieran besonders die projectivische Auffassung, durch welche diese Transformation als ein specieller Fall der folgenden allgemeineren Verwandtschaft auftritt: Wenn gegeben ist ein Punkt O und eine Fläche zweiten Grades k^2, so soll irgend einem Punkte A der Punkt A' entsprechen, welchen der Strahl OA mit der Polarebene von A in Bezug auf k^2 gemein hat. Diese Verwandtschaft geht offenbar in die reciproke über, wenn man k^2 als eine Kugel und O als ihren Mittelpunkt wählt. Die Betrachtung dieser allgemeineren Verwandtschaft ist aber namentlich für die Auffassung der singulären Fälle von Bedeutung und führt u. a. für die Inversion zu dem Resultat, dass jeder Geraden, welche durch den unendlich entfernten Kreis geht, eine gewisse andere leicht zu bestimmende Kreisgerade entspricht, welche den unendlich entfernten Kreis in einem andern Punkte schneidet. Dies ist für die Betrachtung der Focaleigenschaften wichtig. Auch die Reduction des Grades der transformirten Gebilde in gewissen speciellen Fällen wird durch diese Betrachtung leicht erkennbar.

Zum Studium der Focaleigenschaften einer Fläche betrachtet der Verfasser die von ihm sogenannte abwickelbare Focalfläche; d. h. diejenige (imaginäre) abwickelbare Fläche, deren Generatrices durch den unendlich entfernten Kreis gehen und die gegebene Fläche berühren; ebenso ist die abwickelbare Focalfläche einer Curve diejenige imaginäre abwickelbare Fläche, deren Generatrices durch den unendlich entfernten Kreis und durch die gegebene Curve gehen; die Doppellinien dieser Fläche sind die sogenannten Focallinien; jeder Punkt einer Focallinie heisst ein Brennpunkt der Fläche respective der Curve.

Die abwickelbaren Focalflächen sind ausgezeichnet durch die Eigenschaft, dass das Bogendifferential der Rückkehrcurve derselben Null ist, dass also jeder Bogen auf dieser Curve die Länge Null hat.

Die Normalen der abwickelbaren Focalflächen fallen mit den Generatrices derselben zusammen, und jede auf ihr befindliche Curve ist als eine Krümmungslinie anzusehen. Da nun die abwickelbare Focalfläche die gegebene Fläche selbst in einer Curve berührt, so muss diese Curve auch für die Fläche selbst eine Krümmungslinie sein, und zwar ist sie der (imaginäre) Durchschnitt der Fläche mit der unendlich nahen confocalen Fläche. Diese und ähnliche Betrachtungen, auf welche hier nicht genauer eingegangen werden kann, führen den Verfasser zu interessanten Resultaten bezüglich der orthogonalen Flächen, u. a. zu folgenden Sätzen. Wenn drei Systeme orthogonaler Flächen so beschaffen sind, dass zwei von ihnen durch dieselbe Gleichungsform ausgedrückt sind, sich also nur durch Werthe der Parameter unterscheiden, so sind diese beiden Systeme wenigstens theilweise confocal, und ihre Enveloppe ist eine abwickelbare Fläche, welche von den Flächen des dritten Systems in Geraden geschnitten wird. Diese Geraden sind für jede Fläche des dritten Systems Enveloppen von Krümmungslinien. Ferner: Wenn die Krümmungslinien einer Fläche eine Enveloppe haben, so setzt sich dieselbe aus mehreren Kreisgeraden zusammen, wofern sie nicht die singuläre Krümmungslinie ist, in welcher die abwickelbare Focalfläche die Fläche berührt. Es sind hierin Erweiterungen der von Herrn Kummer für ebene Orthogonalsysteme entdeckten Eigenschaften ausgesprochen. Es mag schliesslich erwähnt werden, dass die abwickelbaren Focalflächen in der Transformation durch reciproke Radien in die abwickelbaren Focalflächen der transformirten Flächen übergehen. (Man vergleiche in Bezug auf die Orthogonalsysteme die Arbeit von Schläfli, „Ueber die allgemeinste Flächenschaar" etc. Borchardt J. LXXVI p. 126—149. Referat in diesem Bande p. 390).

Ein grösserer eingeschobener Abschnitt enthält eigenthümliche Betrachtungen imaginärer Punkte in ebenen und sphärischen Gebilden. Die Betrachtung zweier conjugirter imaginärer Punkte geschieht vermittelst der beiden reellen Punkte, durch welche die durch die imaginären Punkte gelegten Kreisgeraden hindurchgehen. Das so erhaltene reelle Punktpaar und das Paar conjugirter Punkte heissen associirte Punktpaare. Dann ergiebt sich die Relation, dass das Verhältniss der Abstände eines beliebigen Punktes in der Ebene von den Punkten eines Paares gleich $e^{i\nu}$ ist, wo ν den Winkel bedeutet, unter welchem von jenem Punkte aus das associirte Punktpaar erscheint. Dagegen ist das Product der Abstände eines beliebigen Punktes von den Punkten eines Paares dem Producte der Abstände desselben Punktes von den Punkten des associirten Paares gleich. Für die Kugel gelten ähnliche Relationen, mit dem bemerkenswerthen Unterschiede, dass statt des Winkels, unter welchem zwei Punkte von einem dritten aus gesehen erscheinen, der Flächeninhalt des sphärischen Dreiecks auftritt, welches dieser dritte Punkt mit zwei gewissen andern Punkten bildet.

Sind nun in der Ebene ab, $a'b'$ und xy die rechtwinkligen Coordinaten dreier reeller Punkte, so kann man dieselben Punkte definiren durch die imaginären Coordinaten

$$\alpha = a + bi, \quad \beta = a - bi,$$
$$\alpha' = a' + b'i, \quad \beta' = a' - b'i,$$
$$u = x + yi, \quad v = x - yi.$$

Dann werden die zu den Punkten $\alpha\beta$ und $\alpha'\beta'$ associirten Punkte in diesem neuen Coordinatensystem die Coordinaten $\alpha\beta$, und

$\alpha'\beta$ haben, und das Quadrat der Distanz r des Punktes uv von $\alpha\beta$ ist gegeben durch die Gleichung

$$r^2 = (u - \alpha)(v - \beta).$$

Diese Betrachtungen sind wichtig für eine Klasse von ebenen Curven, welche definirt sind als der geometrische Ort derjenigen Punkte, für welche das Product der Abstände von einer Reihe von festen Punkten zu dem Product der Abstände von einer anderen Reihe fester Punkte ein constantes Verhältniss hat. In Bezug auf die eben besprochenen imaginären Coordinaten kann nämlich die Gleichung der Curve in die Form

$$\frac{\varphi(u)}{\psi(u)} = \frac{\psi_1(v)}{\varphi_1(v)}$$

gebracht werden, wobei die φ und φ_1, ψ und ψ_1 ganze rationale Functionen bedeuten, die paarweise conjugirt sind. Diese Gleichung lässt sich in die Form bringen

$$\frac{\varphi(u) + \lambda\psi(u)}{\lambda'\varphi(u) + \psi(u)} = \frac{\psi_1(v) + \lambda\varphi_1(v)}{\lambda'\psi_1(v) + \varphi_1(v)},$$

welche sich von der vorigen nur dadurch unterscheidet, dass die Wurzeln des Zählers und des Nenners andere geworden sind. Hieraus folgt der Satz: Wenn eine Curve der oben definirte geometrische Ort ist, so ist sie es auch, wenn man die beiden Systeme von festen Punkten auf passende Weise durch andere Systeme ersetzt, und zwar auf unendlich vielfache Weise, so dass einer der Punkte beliebig gewählt werden kann. Im Allgemeinen haben beide Systeme gleichviel Punkte, auch wenn die anfangs gegebenen Systeme eine verschiedene Zahl haben. Dieselbe Curve hat alsdann auch die Eigenschaft, dass von ihren Punkten aus gesehen gewisse Punktpaare unter Winkeln erscheinen, deren algebraische Summe constant ist, und zwar sind auch diese Punktpaare auf unendlich viele Weisen auswählbar und liegen auf der Curve selbst. Diese Eigenschaft hängt mit der vorher besprochenen durch die oben angedeutete Relation zusammen. Wenn man bei der betrachteten Curve endlich den Werth des constanten Verhältnisses der Producte ändert, so erhält man eine Schaar von Curven, deren Orthogonalsystem aus Curven derselben Art besteht, und zwar so, dass die algebraische Summe der Winkel constant ist, unter welchen die Punktpaare des ersten Systems von jedem Punkte einer Orthogonalcurve aus erscheinen. In diesen Sätzen liegt eine grosse Uebereinstimmung mit bekannten Eigenschaften des Kreises. Auf der Kugel ergeben sich ähnliche Sätze, in denen die Winkel, unter denen Punktpaare erscheinen, durch die Inhalte gewisser sphärischer Dreiecke vertreten sind.

In hohem Grade einfach behandelt der Verfasser in einer anderen Note die Poncelet'schen Polygone, und zwar sehr verallgemeinert. Sind nämlich α, β, γ die homogenen Coordinaten eines Punktes, so ist

$$\alpha m^2 + \beta m + \gamma = 0$$

die Gleichung einer Geraden, welche einen Kegelschnitt K einhüllt, wenn m variirt. Sind α' β' γ' die Coordinaten eines gegebenen Punktes, so werden durch die Gleichung

$$\alpha' m^2 + \beta' m + \gamma' = 0$$

zwei Werthe von m bestimmt, sie seien ϱ und ϱ_1, und es ist

$$\alpha' = \frac{-\beta'}{\varrho + \varrho_1} = \frac{\gamma'}{\varrho\varrho_1}.$$

Man kann nun ϱ und ϱ_1 als Coordinaten des Punktes α' β' γ' ansehen. In dem so erhaltenen Coordinatensystem ist die Gleichung des Kegelschnittes K $(\varrho - \varrho_1)^2 = 0$, und ein Kegelschnitt, welcher denselben doppelt berührt, erhält die Gleichung

$$A\varrho\varrho_1 + B\varrho + C\varrho_1 + D = 0.$$

Dieser Kegelschnitt geht für $B = C$ in eine Gerade über. Eine algebraische Gleichung zwischen ϱ und ϱ_1, welche in Bezug auf ϱ vom Grade m, in Bezug auf ϱ_1 vom Grade m_1 ist, stellt im Allgemeinen eine Curve vom Grade $m + m_1$ dar. Nur eine symmetrische Gleichung, die in Bezug auf jede Variabele vom Grade m ist, stellt eine Curve m^{ten} Grades dar, und umgekehrt kann jede Curve m^{ten} Grades durch eine solche Gleichung dargestellt werden. Eine Curve n^{ten} Grades, welche durch die n^2 Durchschnittspunkte der Geraden $A_1\ A_2 \cdots A_n$ und $B_1 \cdots B_n$ geht, hat die Gleichung

$$A_1 \cdot A_2 \cdots A_n = k \cdot B_1 \cdot B_2 \cdots B_n.$$

Sind die sämmtlichen Geraden Tangenten des Kegelschnitts K, so kann man setzen

$$A_i = \alpha(a_i - \varrho)(a_i - \varrho_1)$$
$$B_i = \alpha(b_i - \varrho)(b_i - \varrho_1);$$

und wenn man nun setzt:

$$\varphi(\varrho) = (\varrho - a_1)(\varrho - a_2) \cdots (\varrho - a_n)$$

und

$$\psi(\varrho) = \sqrt{k}(\varrho - b_1)(\varrho - b_2) \cdots (\varrho - b_n),$$

so kann man die Gleichung der Curve bringen in die Form

$$\frac{\varphi(\varrho)}{\psi(\varrho)} = \frac{\psi(\varrho_1)}{\varphi(\varrho_1)};$$

auf welche man nun genau dieselben Schlüsse anwenden kann, wie oben gezeigt ist; daraus folgt der Satz: Wenn eine Curve n^{ten} Grades durch die n^2 Schnittpunkte von zwei Systemen von je n Tangenten desselben Kegelschnittes geht, so enthält sie unendlich viele Systeme von n^2 Durchschnittspunkten je zweier Systeme von je 2 Tangenten dieses Kegelschnittes.

Auf ähnliche Weise wird dann ein analoger Satz gewonnen, bei welchem statt der n^2 Punkte des vorigen Satzes die sämmtlichen Durchschnittspunkte von $(n+1)$ Tangenten des Kegelschnitts K auftreten, und indem man dann die Curve n^{ten} Grades in passender Weise so bestimmt, dass sie sich in Curven niederen Grades auflöst, erhält man Sätze, welche die über die Poncelet-schen Polygone direct in sich enthalten. Der Verfasser zeigt alsdann noch, wie die von ihm benutzten Coordinaten geeignet sind, diese Sätze mit den Additionstheoremen für hyperelliptische Integrale in Zusammenhang zu bringen, wie dies für speciellere Theoreme von Jacobi und Clebsch geschehen ist, und schliesst daran noch einige interessante Anwendungen dieses Coordinatensystemes.

Dies sind nach dem Urtheile des Referenten die wichtigsten Punkte der durch ihre Methoden anregenden und durch viele Resultate interessanten Arbeit. Man wird in ihr noch viele hier nicht erwähnte Details über die Inversion, über Krümmungslinien, über elliptische und hyperelliptische Integrale u. a. finden. Ihre vollständige Aufzählung und Besprechung dürfte dem Zweck dieses Referates, das einen Gesammtüberblick geben soll, entgegen sein und den Umfang desselben zu weit ausdehnen.

A.

A. Cayley. Theorem in regard to the Hessian of a quaternary function. Quart. J. XII. 193-197.

Giebt einen Ausdruck für die Hesse'sche Fläche von $P^k + \lambda P'^{k'}$, wo P, P' quaternäre Functionen von (x, y, z, w) vom Grade l, beziehungsweise l' sind. Cly. (O.)

A. Cayley. On a correspondence of points in relation to two tetraedra. Proc. of L. M. S. IV. 396-404.

Gegeben sind die Tetraeder $ABCD$ und $A'B'C'D'$. Verlangt wird, die Punkte P, P' in je einer Ebene ABC und $A'B'C'$ so zu finden, dass $ABCD$ bei P und $A'B'C'D'$ bei P' gleiche Winkel abschneiden. Der Verfasser ist durch ein allgemeineres Problem, welches er hier nicht weiter behandelt, darauf geführt worden. Dieses heisst: Gegeben die zwei Tetraeder, bestimme die geometrischen Orte der Punkte P und P' so, dass $ABCD$ bei P und $A'B'C'D'$ bei P' gleiche Winkel abschneiden. Cly. (O.)

A. Hochheim. Ueber die windschiefe Fläche $z = My^2x$. Grunert Arch. LV. 34-48.

Der Verfasser erzeugt die Fläche durch Bewegung einer Geraden, die stets der xz-Ebene parallel bleibt, die y-Axe schneidet und ausserdem noch die Parabel ($x = \Gamma$, $y^2 = pz$) trifft. Nach Entwickelung der Gleichung der Fläche durch Integration einer Differentialgleichung werden die Horizontalprojectionen der Schnittcurven in Bezug auf Culminationspunkte, Asymptoten und Beugungspunkte untersucht, wobei einzelne Fälle besonders hervorgehoben werden. Nun folgt die Betrachtung der Tangentialebenen und der Normalen. Hierauf werden die Orthogonalflächen untersucht für dasjenige Flächensystem, welches man erhält, wenn man der Grösse M in der Gleichung $z = My^2x$ alle möglichen Werthe ertheilt. Es ergiebt sich:

$$\Pi\left(\frac{y^2}{2} - x^2,\ x^2 + z^2\right) = 0,$$

wo Π eine beliebige Function, als Gleichung des Flächensystems, welches die Schaar windschiefer Flächen rechtwinklig schneidet. Endlich wird noch die Fusspunktenfläche für den Coordinatenanfang bestimmt, und die Cubatur des von der Fläche $z = My^2x$, der xy-Ebene und den Ebenen $x = a$, $y = \pm b$ eingeschlossenen Raumes vorgenommen. Es ist:

$$J = \int_0^a dx \int_{-b}^{b} My^2x\,dy = \frac{Ma^2b^3}{3}.$$

Hieran werden noch ein paar Bemerkungen geknüpft. Mz.

A. Enneper. Bemerkungen über die Enveloppe einer Kugelfläche. Gött. Nachr. 1873. 217-248.

In diesem Aufsatze werden einige Formeln mitgetheilt, welche die Flächen betreffen, die eine Kugelfläche von variablem Radius einhüllen, deren Mittelpunkt eine beliebige Raumcurve beschreibt.

Mz.

A. Cayley. On the centro-surface of an ellipsoid. Trans. of Cambridge XII. 319-365.

Die Mittelpunktsfläche irgend einer gegebenen Oberfläche ist der geometrische Ort der Krümmungsmittelpunkte der gegebenen Oberfläche, oder mit andern Worten, es ist der geometrische Ort der Schnitte der benachbarten Normalen. (Die Normalen, welche die Normale an irgend einem speciellen Punkte der Oberfläche schneiden, sind diejenigen an irgend einen folgenden Punkt auf jeder der beiden Krümmungscurven, welche durch den Punkt auf der Oberfläche gehen). Die Ausdrücke: Normale, Krümmungsmittelpunkt, Krümmungscurve mögen in ihrer gewöhnlichen Bedeutung genommen werden, oder in dem verallgemeinerten Sinne, wo sie sich auf den Fall beziehen, dass die „Absolute“ (statt ein imaginärer unendlicher Kreis zu sein) irgend welche Oberfläche zweiter Ordnung ist; d. h. die Normale an irgend einen Punkt der Oberfläche ist hier die Linie, die den

Punkt mit dem Pol der Tangentialebene bezüglich der Oberfläche zweiten Grades, die Absolute genannt, verbindet. Natürlich beziehen sich der Krümmungsmittelpunkt und die Krümmungscurve auf die eben bezeichnete Normale.

Die Mittelpunktsfläche einer Oberfläche zweiten Grades ist nach zwei Gesichtspunkten bearbeitet worden: von Salmon (Quart. J. II. 217—222, 1858), der die Ausdrücke Normale etc. in ihrem gewöhnlichen Sinne gebraucht und als die Gleichung der Oberfläche zweiter Ordnung

$$\frac{X^2}{a^2} + \frac{Y^2}{b^2} + \frac{Z^2}{c^2} = 1$$

annimmt; und von Clebsch (Crelle J. LXII, 64—107, 1863), bei dem die Absolute die Oberfläche

$$X^2 + Y^2 + Z^2 + W^2 = 0$$

ist, und die Gleichung der Oberfläche zweiten Grades

$$\alpha X^2 + \beta Y^2 + \gamma Z^2 + \delta W^2 = 0.$$

In der vorliegenden Abhandlung, die lang und eingehend ist, wird als die Oberfläche zweiten Grades das Ellipsoid angenommen, und die Frage ausschliesslich von dem ersten Gesichtspunkt aus erörtert. Die Theorie ist in verschiedenen Beziehungen zu bedeutender Ausdehnung entwickelt, und speciell der Fusspunktcurve auf der Mittelpunktsoberfläche besondere Aufmerksamkeit gewidmet, auch der Unterschied zwischen reellen und imaginären festgehalten. Die neuen Resultate würden auch anwendbar auf die Theorie sein, wenn der zweite Gesichtspunkt in Betracht käme. Es wird gezeigt, dass die Coordinaten irgend eines Punktes auf der Nodallinie in Ausdrücken einer einzigen Variabeln wiedergegeben werden können. Auch erwähnt der Verfasser, dass er eine grosse Zeichnung der Mittelpunktsoberfläche für $a^2 = 50$, $b^2 = 25$, $c^2 = 15$ entworfen habe. Glr. (O.)

R. S. Ball. On the coordinates of a screw.
Rep. of Brit. Ass. Csy.

A. Enneper. Bemerkungen über geodätische Linien.
Schlömilch Z. XVIII. 613-614.

Die Coordinaten der Punkte einer Fläche sind als Functionen zweier Variabeln u und v gegeben. Für eine bestimmte Curve auf der Fläche sind u und v Functionen einer Variabeln t. Es wird nun eine Curve, die durch den Punkt (x, y, z) geht, betrachtet und ihr Winkel φ in diesem Punkte mit derjenigen Curve durch (x, y, z), für welche u allein variirt. Hierauf wird die erste Curve als geodätisch vorausgesetzt; und ferner, dass die Grössen E, F, G, die in der Gleichung

$$ds^2 = Edu^2 + 2Fdu\,dv + Gdv^2$$

vorkommen, Functionen von v allein sind. Dann ergiebt sich:

$$\cos\varphi\,\sqrt{E} = a,$$

wo a eine Constante. Hieraus werden nun weitere Folgerungen gezogen. Mz.

BIEHRINGER. Ueber Curven auf Rotationsflächen. Schlömilch Z. XVIII. 532-537.

Ein Punkt bewegt sich auf einer Rotationsfläche so, dass seine Geschwindigkeit in Richtung der Rotationsaxe stets durch eine Function F, die Geschwindigkeit in Richtung des Parallelkreises, auf dem sich der Punkt augenblicklich befindet, durch eine Function P dargestellt sei. Die Discussion solcher auf der Rotationsfläche befindlichen Curven und die Untersuchung der speciellen Formen, welche durch besondere Bedingungen für F und P gewonnen werden, ist der wesentliche Inhalt des vorliegenden Aufsatzes. Schn.

A. ARMENANTE. Sulle curve gobbe razionali del quarto ordine. Battaglini G. XI. 221-232.

Es werden Raumcurven vierter Ordnung betrachtet, deren Coordinaten sich rational durch einen Parameter $z_1 : z_2$ ausdrücken lassen. Die zu Grunde gelegten Gleichungen sind daher:

$$x_1 = a_z^4,\quad x_2 = b_z^4,\quad x_3 = c_z^4,\quad x_4 = d_z^4,$$

wo a_z für $a_1 z_1 + a_2 z_2$ gesetzt ist, und a_z^4 symbolisch eine binäre biquadratische Form bedeutet. Es werden nun unter analytischer Form die hauptsächlichsten Eigenschaften dieser Curven reproducirt, die bereits von Cremona nach geometrischer Methode

(Annali di Tortolini, Serie 1ª Tomo IV) gefunden sind, und neue Eigenschaften hinzugefügt. Eine Fortsetzung ist in Aussicht gestellt. Mz.

P. DOUCET. Solution de la question 1057. Nouv. Ann. (2) XII. 470-473.

Eine Aufgabe, die Torusfläche betreffend, vergl. F. d. M. I, p. 250. Pr.

H. A. SCHWARZ. Fortgesetzte Untersuchungen über specielle Minimalflächen. Berl. Monatsber. 1872. 3-27.

E. KUMMER. Ueber ein von Herrn Prof. Schwarz angefertigtes Gypsmodel einer Minimalfläche. Berl. Monatsber. 1872. 122-123.

H. A. SCHWARZ. Beitrag zur Untersuchung der zweiten Variation des Flächeninhalts von Minimalflächen im Allgemeinen und von Theilen der Schraubenfläche im Besonderen. Berl. Monatsber. 1872. 718-736.

Aus einer Formel von Gauss (Werke V, 65) für die Variation δS des Flächeninhalts eines einfach zusammenhängenden, von einer in sich zurückkehrenden Linie L begrenzten Flächenstückes S bei Variation dieses Flächenstückes, ergiebt sich, dass als Grenzbedingungen, denen die Fläche S für den Fall des Minimums genügen muss, die folgenden gegeben werden können: Die Fläche S soll „längs gegebener Linien L endigen“, oder „gegebene Flächen F rechtwinklig treffen“, oder endlich „längs gegebener Linien L endigen und gegebene Flächen F rechtwinklig treffen“. Zu der letzten Classe von Aufgaben gehört die von Gergonne (Ann. d. Math. VII, 1816) gestellte Aufgabe: „Einen Würfel so in zwei Theile zu theilen, dass der Schnitt durch die inversen Diagonalen zweier gegenüberliegender Flächen geht, und dass die Schnittfläche, welche von der Oberfläche des Würfels begrenzt ist, ein Minimum ist“. Herr Schwarz hat nun versucht, folgende Aufgabe zu lösen: „Gegeben ist eine zusammenhängende geschlossene Kette, deren Glieder von geradlinigen

Strecken, oder von Ebenen, oder von geradlinigen Strecken und von Ebenen gebildet werden; gesucht wird eine einfach zusammenhängende, in ihrem Innern von singulären Stellen freie Minimalfläche, welche von den geradlinigen und von den ebenen Gliedern der Kette begrenzt wird und die letzteren rechtwinklig trifft". Die Methode ist die von Herrn Weierstrass gegebene, der diese Aufgabe für den Fall, dass die Glieder der Kette nur von geradlinigen Strecken gebildet werden, in allgemeinster Weise gelöst hat (siehe Berl. Monatsber. 1866, p. 855 u. 856). Vergl. auch Riemann's Untersuchungen über dieselbe Aufgabe, herausgegeben von Hattendorff (Gött. Abh. XIII). Es ergiebt sich aus der Untersuchung des Herrn Schwarz unter anderem, dass durch die oben angegebene Aufgabe von Gergonne zwei zu einander symmetrische Minimalflächen bestimmt werden, welche den aus der Aufgabestellung sich ergebenden analytischen Bedingungen genügen, und welche zugleich specielle Fälle derjenigen Minimalflächen sind, die der Herr Verfasser in dem Nachtrag zu seiner Preisschrift: „Bestimmung einer speciellen Minimalfläche", Berlin 1871 (s. F. d. M. III, 409) betrachtet hat.

Das von Herrn Schwarz angefertigte Model, welches von Herrn Kummer der K. Akademie vorgelegt wurde, ist das einer Minimalfläche, deren Begrenzung durch eine Kette von 4 Ebenen gebildet wird, auf denen sie überall senkrecht stehen muss. Herr Kummer bemerkt, dass Herr Schwarz nun auch untersucht, ob diese Fläche wirklich ein Minimum darstellt, d. h. ob sie kleiner ist, als alle unendlich nahen Flächen, welche denselben Grenzbedingungen unterworfen sind, und gefunden, dass dies in der That nicht der Fall ist. Die Untersuchung, ob einem Stücke M einer Minimalfläche unter gewissen Grenzbedingungen die Eigenschaft des Minimums wirklich zukomme oder nicht, hängt im Allgemeinen davon ab, ob für jede in Rücksicht auf jene Grenzbedingungen zulässige Variation des betrachteten Flächenstückes die zweite Variation $\delta^2 S$ des Flächeninhalts S desselben positiv ist, ob es auch solche Variationen desselben giebt, für welche diese zweite Variation negative Werthe oder den Werth Null annimmt. Diese Untersuchung der zweiten Variation ist

Gegenstand der vorliegenden dritten Mittheilung. Für den Fall, dass das sphärische Bild des betrachteten Flächenstückes der Minimalfläche ganz auf einer Halbkugel Platz findet, ist die Untersuchung von Tédénat (Gergonne, Ann. d. Math. VII, 284) geführt. Um diese Beschränkung zu heben, berechnet Herr Schwarz zunächst die zweite Variation $\delta^2 S$ in einer andern Form, welche unter einer gewissen Voraussetzung ebenfalls die Beurtheilung des Vorzeichens gestattet. Diese für $\delta^2 S$ entwickelte allgemeine Formel wird am Schlusse angewendet auf die Untersuchung des Minimums eines von zwei geraden Strecken und von zwei Schraubenlinien begrenzten, einfach zusammenhängenden Theiles der Schraubenfläche. Nach dem Vorgange von Plateau lassen sich die gewonnenen Resultate experimentell veranschaulichen.

M.

Capitel 4.

Liniengeometrie. (Complexe Strahlensysteme).

K. Zahradník. Ueber die Symbole der analytischen Geometrie und deren Anwendung. Casopis II. 172-183. (Böhmisch).

Des Verfassers Absicht ist, die Hauptsätze der neueren Geometrie nach der Plücker'schen Symbolik möglichst kurz und deutlich zu entwickeln. Der vorliegende erste Abschnitt der Abhandlung zerfällt in zwei Theile, von denen der erste Theil über harmonische und involutorische Strahlenbüschel handelt, und der zweite Theil die Anwendung des ersten auf verschiedene zwar bekannte Aufgaben vorführt, doch bietet die Art der Beweisführung einzelner Aufgaben manches Neue. W.

F. Aschieri. Sui sistemi di rette nello spazio. Battaglini G. XI. 107-110.

Fortsetzung der Arbeit, über die F. d. M. IV, p. 414 referirt worden ist. Kln.

A. Voss. Zur Geometrie der Flächen. Gött. Nachr. 1873. 418-420.

Eine Formel für die Ordnung der parabolischen Curve auf einer Fläche mit Doppel- und Rückkehrcurve führt den Verfasser dazu, das Geschlecht der drei Liniencomplexen gemeinsamen windschiefen Fläche und dadurch die Ordnung und Classe der Brennfläche zweier Complexe zu bestimmen. Kln.

M. Pasch. Ueber die Brennflächen der Strahlensysteme und die Singularitätenflächen der Complexe. Borchardt. J. LXXVI. 156-170.

Diese Arbeit des Verfassers schliesst sich an den Inhalt seiner Habilitationsschrift (vergl. das Referat in den Fortschritten Bd. II. 604) sowie andererseits an seine Untersuchung des linearen Complexes (Fortschritte Bd. IV. p. 412) eng an. Er bringt zunächst einen expliciten analytischen Beweis für die Identität der beiden Flächen, die bez. von den singulären Punkten eines Complexes gebildet und von seinen singulären Ebenen umhüllt werden. Sodann ergiebt sich der elegante Satz über die Lage derjenigen Fläche, die noch neben der Singularitätenfläche als Brennfläche der Congruenz der singulären Linien auftritt. Endlich entwickelt der Verfasser mit Hülfe einer Symbolik, die der schon früher von Clebsch angewandten (Fortschritte Bd.II, p. 602, Bd. IV, p. 413) nahe verwandt ist, die fertige Gleichung der Brennfläche der zweien Complexen zweiten Grades gemeinsamen Congruenz und zeigt, dass dieselbe thatsächlich zerfällt, wenn die Congruenzgeraden in die singulären Linien eines der beiden Complexe übergehen. Kln.

A. Voss. Zur Geometrie der Plücker'schen Liniengebilde. Gött. Nachr. 1873. 544-551.

Der Verfasser entwickelt die Gesichtspunkte, welche für ihn bei der Ausarbeitung einer demnächst erscheinenden grösseren Arbeit über die Singularitäten der Liniencomplexe maassgebend gewesen sind, und erläutert seine Resultate durch eine Reihe von Beispielen. Z. B. giebt er Ordnung, Classe, Rang, Doppel- und Rückkehrcurve eines allgemeinen Complexes vom n^{ten} Grade.

Kln.

A. Voss. Zur Geometrie der Brennflächen von Congruenzen. Gött. Nachr. 1873. 611-618.

In ähnlicher Weise wie Herr Pasch in seiner oben referirten, damals noch nicht erschienenen Arbeit behandelt der Verfasser mit Hülfe von Clebsch's symbolischer Methode insonderheit die Brennfläche zweier Complexe vom zweiten Grade. Kln.

A. Weiler. Ueber die verschiedenen Gattungen der Complexe zweiten Grades. Erlang. Ber. 1873. Clebsch Ann. VII. 145-207.

Da ein Complex zweiten Grades durch zwei quadratische Gleichungen zwischen Linien-Coordinaten gegeben ist (eine davon ist die Identität), so kommt die Discussion der verschiedenen Complexe zweiten Grades auf die algebraischen Untersuchungen über Paare quadratischer Formen zurück, welche in neuerer Zeit (durch Weierstrass, 1868, s. F. d. M. I p. 54) zu einem gewissen Abschlusse gebracht worden sind. In Anlehnung an diese Methoden giebt der Verfasser eine erschöpfende Aufzählung aller Complexe (im Ganzen 48 Arten), bezeichnet insbesondere die den einzelnen Complexen eigenthümlichen singulären Flächen und Congruenzen singulärer Linien. Es würde hier zu weit führen, wollten wir die in den einzelnen Fällen oft sehr merkwürdigen Verhältnisse hier näher beleuchten. Es genüge also zu bemerken, dass, namentlich auch auf Grund der beigefügten nach verschiedenen Gesichtspunkten geordneten Tabellen, die vorliegende Arbeit für Jeden sehr nützlich sein muss, der sich über die Eigenthümlichkeiten eines Complexes vom zweiten Grade oder auch einer der dabei auftretenden singulären Flächen orientiren will. Kln.

F. Klein. Ueber die Plücker'sche Complexfläche. Clebsch Ann. VII. 208-211.

Aus der Gruppirung der Singularitäten der Plücker'schen Complexfläche wird der Beweis eines vom Verfasser bei einer früheren Gelegenheit ausgesprochenen Theorem's gegeben: Die 4 Punkte, in denen eine beliebige Gerade die singuläre Fläche eines Complexes vom zweiten Grade trifft, und die 4 Ebenen, die man durch dieselbe Gerade als Tangentenebenen an die singuläre Fläche legen kann, haben dasselbe Doppelverhältniss.

Kln.

L. Geisenheimer. Ueber Strahlensysteme, welche die Tangentenschaar einer Fläche bilden. Schlömilch Z. XVIII. 33-57.

L. Geisenheimer. Die Singularitäten der Liniencomplexe. Schlömilch Z. XVIII. 346-363.

Der Verfasser, dem leider die bez. Literatur nur zu sehr kleinem Theile bekannt geworden zu sein scheint, leitet auf ziemlich unübersichtlichem Wege im ersten Aufsatze das alte Theorem ab, dass die Linien eines Strahlensystems Doppeltangenten einer Fläche sind, im zweiten Aufsatze, dass die Fläche der singulären Punkte eines Complexes mit der Fläche der singulären Ebenen identisch ist. In ersterer Beziehung hätte er z. B. die alte Arbeit von Kummer (Borchardt J. LVII), in letzterer die Habilitationsschrift von Pasch (Giessen 1870, s. F. d. M. II p. 604) consultiren können.

Kln.

A. V. Backlund. Ett bidrag till Kul- komplexernas theori. Lunds Univ. Årsskr. IX.

Es werden in diesem Aufsatze folgende zwei Aufgaben aus der Kugelgeometrie behandelt: Alle diejenigen Kugel-Complexe zu bestimmen, die mit einem gegebenen Kugel-Complex einfach unendlich viele gemeinsame Integrale besitzen; und die Bedingungen anzugeben, denen zwei Kugel-Complexe unterworfen sein müssen, damit sie Integrale gemein haben, die eine Schaar eines dreifachen Orthogonalsystems bilden.

Die erste Aufgabe findet durch eine partielle Gleichung 1ter Ordnung mit vier Variablen ihre Lösung; sie folgt aus dem Satze:

Sollen zwei Kugel-Complexe einfach unendlich viele Integrale gemeinsam haben, so müssen immer die Kugeln der beiden Complexe zu je zweien in der Art einander entsprechen, dass ein jeder der ∞^1 linearen Tangential-Complexe in Bezug auf die eine Kugel mit einem jeden der ∞^1 linearen Tangential-Complexe in Bezug auf die entsprechende Kugel in Involution liegt (S. 12).

Seien a, b irgend welche zwei entsprechende Kugeln zweier Complexe C, C' (mit ∞^1 gemeinsamen Integralen) und $a+da$, $b+db$ zwei den vorigen unendlich benachbarte, einander ebenfalls entsprechende Kugeln, und liegen nicht nur die ∞^1 linearen Tangential-Complexe von C in a, $a+da$ mit den linearen Tangential-Complexen von C' in b resp. $b+db$ mit einander in Involution, sondern bildet überdies ein jeder linearer Tangential-Complex in $b+db$ eine Involution mit demjenigen linearen Tangential-Complexe in a, der mit dem aus den Punkt-Kugeln bestehenden Complexe involutorisch ist, und verhält sich Alles in entsprechender Weise mit $a+da$, b: so müssen C, C' eine gemeinsame Schaar von Integralen besitzen, die einem dreifachen Orthogonalsystem angehört.

Freilich werden in dem Aufsatze die Bedingungen für C, C' nicht in dieser Form gegeben; zu derselben leiten aber die darin gestellten Gleichungen ohne Weiteres hin.

Als Anwendungen der entwickelten Theorie stehen die beiden Sätze bewiesen: Zwei confocale Kugel-Complexe haben ∞^1 Integrale gemeinsam (was zuerst von Herrn Lie nachgewiesen worden ist). Die gemeinsamen Integrale zweier confocaler Kugel-Complexe, für welche die Punkt-Kugeln einen linearen Fundamental-Complex bilden, machen eine Flächen-Schaar aus, die einem dreifachen Orthogonalsysteme zugehört. Bg.

Capitel 5.

Verwandtschaft, eindeutige Transformationen, Abbildungen.

A. Clebsch. Ueber ein neues Grundgebilde der analytischen Geometrie der Ebene. Clebsch Ann. VI. 205-215.

Siehe F. d. M. IV, p. 64.

Ed. Amigues. Relation entre les volumes correspondants de deux figures homographiques. Nouv. Ann. (2) XII. 374-379.

Der Satz, dass wenn ein System linearer Gleichungen durch lineare Substitutionen transformirt wird, die Determinante des transformirten Systems gleich dem Product aus der Determinante des gegebenen Systems in die Determinante der Transformation ist, hat bekanntlich die geometrische Bedeutung, dass die Volumina irgend zweier in homographischen Systemen einander entsprechender Tetraeder in constantem Verhältniss stehen, und folglich auch die Volumina irgend zweier entsprechender convexer Polyeder. Dies wird auf bekannte einfache Beispiele angewendet. Schz.

Silldorf. Geometrische Verwandtschaft räumlicher Systeme. Schlömilch Z. XVIII. 523-543.

Siehe Abschnitt VIII, Cap. 5 B. p. 318.

M. Nöther. Zwei neue Kriterien des eindeutigen Entsprechens algebraischer Flächen. Gött. Nachr. 1873. 248-254.

Damit zwei algebraische Flächen einander eindeutig entsprechen können, muss bekanntlich, nach Clebsch, eine aus den Singularitäten derselben gebildete Zahl, das Flächengeschlecht, für beide den nämlichen Werth haben. Ist dasselbe gleich Null, so hatte sich aus den Arbeiten des Verfassers noch die Gleichheit einer zweiten Zahl als für die Abbildbarkeit nothwendig gezeigt, des von ihm sogenannten Curvengeschlechts der Fläche. In der gegenwärtigen Mittheilung erscheint dieser Satz auf Flächen beliebigen Geschlechts ausgedehnt. Diejenigen Flächen $n-4^{ter}$ Ordnung, welche durch die Doppel- und Rückkehrcurven der gegebenen Fläche hindurchgehen, geben durch ihre Anzahl das Flächengeschlecht, durch das Geschlecht ihres beweglichen Schnittes mit der gegebenen Fläche das Curvengeschlecht. Eine andere invariante Zahl, die Zahl der beweglichen Schnittpunkte zweier solcher Flächen $n-4^{ter}$ Ordnung mit der gegebenen Fläche, ist nicht unabhängig; sie ist gleich dem Curvengeschlechte, vermindert um 1. Wie sich auf diese Verhältnisse eine Classification der Flächen gründen lässt, wie sich andererseits entsprechende Betrachtungen bei mehr Dimensionen gestalten, wird nur erst angedeutet. Kln.

A. Voss. Note betreffend die eindeutige Transformation ebener Curven. Gött. Nachr. 1873.

Der Satz von der Erhaltung des Geschlechts einer algebraischen Curve bei eindeutiger Transformation ist mehrfach Gegenstand algebraischer und synthetischer Beweise geworden. Der Verfasser bedient sich eines wohl zuerst von Cremona angewandten Beweisverfahrens, wonach irgend ein Zwischenglied, (Curve, windschiefe Fläche etc.) hergestellt wird, dessen Elemente den Punkten jeder der beiden Curven, die durch Transformation ineinander übergeführt werden sollen, eindeutig entsprechen, und das beiden gegenüber sich evident symmetrisch verhält. Findet sich dann für die Ordnung oder die Classe dieses Zwischengliedes ein symmetrischer Ausdruck, so lässt sich durch Vertauschung der den beiden Curven entsprechenden Zahlen ein anderer ableiten, der diesem gleich sein muss; die Vergleichung liefert einen Ausdruck, der bei der Transformation sich invariant verhält. Existirt nur ein einziger Ausdruck dieser Art, wie dies bei den ebenen Curven wirklich der Fall ist, so ist es der gesuchte selbst oder wenigstens eine Function desselben.

Der Verfasser wählt als Zwischenglied diejenige Curve,

welche von den Verbindungslinien entsprechender Punkte der beiden (in dieselbe Ebene gelegten) in einander transformirbaren Curven umhüllt wird, und bestimmt auf analytischem Wege den Ausdruck für die Ordnung dieser Curve, der, weil er durch Vertauschung der Curven seine Form ändert, zur Herstellung jenes invarianten Ausdrucks sich als brauchbar erweist. Bl.

A. Ribaucour. Sur les faisceaux de cerles. C. R. LXXVI. 830-833.

Im Anschluss an die Laguerre'sche Darstellung imaginärer Raumpunkte durch reelle Kreise (vgl. F. d. M. Bd. IV p. 417) bei welcher der imaginäre Bestandtheil einer Curve durch eine zweifach unendliche Schaar von Kreisen, der einer Fläche durch eine vierfach unendliche Schaar von Kreisen dargestellt wird, welche gewissen Bedingungen genügen, stellt sich der Herr Verfasser die Aufgabe, ganz allgemein räumliche Kreisbüschel, d. h. zweifach unendliche Schaaren von Kreisen zu untersuchen.

Die Ebenen dieser Kreise umhüllen im Allgemeinen eine Fläche (A), so dass jedem Punkte A dieser Fläche ein Kreis C in der Tangentialebene des Punktes A entspricht. Geht man von A zu einem Nachbarpunkte A' über, so erhält man einen Nachbarkreis C', der sich auf die Ebene von C in einen Kreis c projicirt, welcher mit dem Kreis C die Sekante DD' gemein hat; der Verfasser nennt sie die zur Verschiebung AA' gehörige Berührungssekante. Diese Gerade schneidet sich im Punkte M mit der zur Tangente AA' in A conjugirten Tangente, welche der Durchschnitt der Kreisebenen C und C' ist. Beschreibt A eine Curve, so beschreibt C eine Fläche, welche Elementarfläche genannt wird.

Dann gelten folgende Sätze:

Jeder Rotationskegel durch C berührt eine durch C gehende Elementarfläche in zwei Punkten des Kreises C. Die Verbindungslinie der Berührungspunkte beschreibt, wenn man die Elementarfläche ungeändert lässt, den Rotationskegel aber durch Veränderung des Scheitels auf der Axe von C variiren lässt, einen Strahlbüschel mit dem Mittelpunkt M. Dieselbe Linie beschreibt, wenn man den Rotationskegel ungeändert lässt, während die Elementarfläche durch Veränderung der Richtung AA' variirt, einen Strahlbüschel mit einem andern Mittelpunkt M'. Der geometrische Ort von M und M' ist ein und derselbe Kegelschnitt, dessen Asymptoten parallel den Normalen der Flächen sind, welche die Axen der Kreise einhüllen. Es giebt vier Elementarflächen, für welche der Punkt M auf den Kreis C fällt. Jede Tangentialebene des Kreises in diesem Punkte ist auch Tangentialebene der entsprechenden Elementarfläche in demselben Punkte. Diese Punkte sind demnach Doppelpunkte für die entsprechenden Elementarflächen. Es giebt andrerseits vier Rotationskegel, für welche der Punkt M' in dieselben vier Punkte fällt. In diesen vier Punkten berühren sich also sämmtliche durch A gelegte Elementarflächen. Diese vier Punkte, die Durchschnittspunkte des Ortes von M und M' mit C, sind also Punkte der Enveloppe sämmtlicher Kreise. Diese vier Punkte sind zugleich diejenigen Punkte, in denen ein Kreis von einem Nachbarkreise geschnitten wird. Daraus folgt zugleich, dass im Allgemeinen kein Kreis von einem Nachbarkreise in zwei Punkten geschnitten wird, dass hierzu vielmehr eine besondere Bedingung gehört; als diese Bedingung ergiebt sich, dass die Axen der Kreise die Berührungssehnen einer Enveloppe von Kugeln sind, deren Mittelpunkte auf A liegen, und dass die Kreise selbst orthogonal zu diesen Kugeln sind. Der Kegelschnitt M löst sich in zwei Gerade durch A auf, und diese bestimmen auf A die conjugirten Richtungen, welche man von A verfolgen muss, um zu den Nachbarkreisen zu gelangen, welche den Kreis C zweimal schneiden.

Es wird dann noch der Fall besprochen, wo der Kegelschnitt M ein Kreis ist, und es werden noch einige weitere Eigenschaften der Kreisbüschel untersucht, in Bezug auf welche auf die Arbeit selbst verwiesen werden muss. A.

G. Darboux. Sur les lignes asymptotiques de la surface de Steiner. Bull. de la Soc. Phil. X. 37-38.

Siehe Abschnitt VIII, Cap. 5, B. p. 323.

P. Gilbert. Sur diverses communications adressées à l'Académie par M. Saltel. Bull. de Belg. (2) XXXV. 12-19.

L. Saltel. Théorèmes concernant les courbes du 4° ordre à trois points doubles dont deux sont les points circulaires et la surface d'élasticité. Bull. de Belg. (2) XXXV. 46-49.

L. Saltel. Sur la sphère osculatrice et sur les surfaces à points multiples. Bull. de Belg. (2) XXXV. 539-540.

L. Saltel. Mémoire sur le principe arguésien unicursale et sur certaines systèmes de courbes géométriques. Mém. de Belg. in 8°. XXIII.

Die erste der citirten Arbeiten ist ein Bericht an die Akademie über die drei anderen, welche Anwendungen der arguesischen Transformation enthalten, über die bereits früher (F. d. M. IV p. 429) berichtet worden ist. Der Inhalt der letzten Arbeit ist folgender: Erklärung der arguesischen dreieckigen Transformation. (Dies ist die quadratische Transformation, ein wenig modificirt und geometrisch auseinandergesetzt). Ihre Wichtigkeit zur Classification der Curven in Familien derselben Art. I. Kegelschnitte. 1. Erzeugung, Tangenten. 2. Schnitt mit einer Geraden. 3. Tangenten von einem Punkt. 4—6. Osculirender Kreis, osculirende Parabel, Kegelschnitt, der eine Berührung 3ter Ordnung (vierpunktig) hat. 7—11. Construction eines Kegelschnittes, der durch verschiedene Bedingungen definirt ist, ohne Unterscheidung der Fälle, wo die Elemente reell oder imaginär sind. II. Unicursale Curven 3ten Grades, analog wie in I. III. Curven m^{ter} Ordnung mit einem vielfachen Punkt der Ordnung $m-1$. IV und V. Sätze über Curven 2ter oder 3ter Classe mit einer Doppeltangente. VI. Untersuchung der Curven 4ten Grades mit 3 Doppelpunkten, speciell der Hypocycloide mit 3 Rückkehrpunkten, die zugleich eine Curve 3ter Classe mit einer Doppeltangente im Unendlichen ist. Die Arbeit zeigt die Fruchtbarkeit dieser Transformation, denn Herr Saltel giebt eine grosse Zahl von Anwendungen auf die Kegelschnitte z. B., wo er wohl mit

Chasles' Traité des sections coniques auf eine Stufe gestellt werden kann. Um eine Idee von seiner Methode zu geben, möge der Gang seiner Untersuchung in § 3—7 des Cap. 2 dienen. 1) Der Schnitt einer Curve K der m^{ten} Ordnung mit einem vielfachen Punkt von der Ordnung $m-1$ mit einem Kegelschnitte C, der durch 4 Punkte $ABCD$ dieser Curve geht, wird zurückgeführt auf den Schnitt von C mit der Arguesiana K' von K, die, passend gewählt, von der Ordnung $(m-2)$ mit einem vielfachen Punkt von der Ordnung $(m-3)$ ist. Die Punkte AB können in einen einzigen A_b zusammenfallen. 2) Man kann einen Kegelschnitt construiren, der im Punkte A_b denselben osculirenden Kreis wie K^2 hat und durch 2 andere gegebene Punkte geht. 3) Schnitt von K mit einem Kegelschnitt, der durch 4 gegebene Punkte A_{bc}, D geht, von denen 3 in A_{bc} zusammenfallen. 4) Man kann einen Kegelschnitt construiren, der im Punkte A_{bc} dieselbe osculirende Parabel hat wie K. 5) Schnitt von K mit einem Kegelschnitt, der durch 4 in A_{bcd} von K in einander fallende Punkte geht. 6) Man kann den osculirenden Kegelschnitt von K construiren.

Die anderen Noten des Herrn Saltel enthalten nur Sätze ohne Beweise. Hier möge nur einer Platz finden: Alle Oberflächen dritter Ordnung mit einem Doppelpunkt, die durch eine Raumcurve vierter Ordnung gehen, haben zwei gemeinsame Gerade. Mn. (O.)

P. Mansion. Note sur les transformations arguésiennes de M. Saltel. Bull. de Belg. (2) XXXVI. 625-633.

Man betrachte mit dem Dreieck ABC, das als Beziehungsdreieck gelten möge, 3 feste Gerade AA', BB', CC', die sich in einem festen Punkte O schneiden, ferner 3 andere Gerade AM, BM, CM, beweglich mit dem Punkt M, dessen Coordinaten wir (X, Y, Z) nennen, wenn die von O $(1, 1, 1)$ sind. Man suche die Homologen von AM, BM, CM in den drei Involutionen, die definirt sind durch die Systeme von Geraden (AB, AC, AA'), (BC, BA, BB'), (CA, CB, CC'), wo AA', BB', CC' Doppelgerade sind. Die homologen Geraden von *AM, BM, CM* schneiden sich in einem einzigen Punkte *M'*, dessen Coordinaten (X', Y', Z') so beschaffen sind, dass man hat

$$XX' = YY' = ZZ'.$$

Folglich ist die zweite arguesische Transformation des Herrn Saltel, die soeben definirt worden ist, identisch mit der allgemeinsten quadratischen Transformation (siehe Salmon, Higher plane curves, 2te Ausg. Nro. 324 und 344). Dies Resultat ist deshalb wichtig, weil es eine einfache geometrische Interpretation dieser Transformation giebt. Am Schluss der Note wird bewiesen, dass die dreieckige arguesische Transformation des Herrn Saltel durch eine lineare Transformation auf die obige zurückgeführt werden kann. Mn. (O.)

E. Dewulf. Sur les transformations géométriques des figures planes. Darboux Bull. V. 206-240.

Im Wesentlichen eine Darstellung der von Cremona begründeten Theorie der eindeutig umkehrbaren Transformationen der Ebene unter Berücksichtigung der neueren Arbeiten von Cayley, Clebsch, Nöther, Roberts, Rosanes. Dem Verfasser eigenthümlich erscheint das Studium der Gebilde, welche entstehen, wenn man die beiden einander entsprechenden Ebenen zur Deckung bringt. Kln.

L. Pochhammer. Notiz über die Abbildung der Kreisbogen-Polygone. Borchardt J. LXXVI. 170-174.

Herr Schwarz hat [Borchardt J. LXX, F. d. M. II. p. 626] die Aufgabe, ein Kreisbogen-Polygon auf einer Halbebene abzubilden, auf die Auflösung der folgenden Gleichung zurückgeführt:

$$\frac{d^2}{dt^2}\log\frac{du}{dt} - \tfrac{1}{2}\left(\frac{d}{dt}\log\frac{du}{dt}\right)^2 = F(t),$$

wo F eine rationale Function bezeichnet. Herr Pochhammer ergänzt die Arbeit des Herrn Schwarz durch den Nachweis, dass man mit Nothwendigkeit auf die auf der linken Seite der obigen

Gleichung stehende Function geführt wird, während Herr Schwarz selbst keine Methode angegeben hatte, wie man zu jener Function gelangt. Der Beweis des Herrn Pochhammer besteht im Wesentlichen darin, dass er einen Ausdruck für die Krümmung der Seiten des Polygons entwickelt und dann die Bedingung einführt, dass jene Krümmung innerhalb der einzelnen Seiten constant, ihr Differentialquotient also gleich Null ist.

Wn.

J. THOMAE. Eine Abbildungsaufgabe. Schlömilch Z. XVIII. 401-406.

Eine Riemann'sche Fläche T soll conform so auf eine andere (zusammenhängende) $\mathfrak{T}$ abgebildet werden, dass jedem Punkte in T h Punkte in $\mathfrak{T}$ entsprechen, jedem Punkt in $\mathfrak{T}$ aber nur ein Punkt in T, ferner soll die den Zusammenhang characterisirende Zahl (p) für T und $\mathfrak{T}$ dieselbe sein. Eine solche Abbildung verlangt zunächst, dass die Zahl der Windungspunkte von $\mathfrak{T}$ ein Minimum wird, weiter ergiebt sich, dass dieselbe nur möglich ist, wenn $p = 1$ d. h. wenn T eine dreifach zusammenhängende Fläche ist. Das in T überall endliche Integral u (Integral 1ter Gattung) bleibt auch in $\mathfrak{T}$ überall endlich, der Flächeninhalt des endlichen Stückes aber, auf welches $\mathfrak{T}$ einmal durch u abgebildet ist, muss h mal so gross sein, als das entsprechende für T, und die Periodicitätsmoduln $\mathfrak{A}$ und $\mathfrak{B}$ des Integrals u in $\mathfrak{T}$ hängen mit den Periodicitätsmoduln A und B desselben Integrals, wenn es als Function in T aufgefasst wird, durch die Gleichungen zusammen:

$$\mathfrak{A} = \alpha A + \beta B, \quad \mathfrak{B} = \gamma A + \delta B;$$

die ganzen Zahlen $\alpha, \beta, \gamma, \delta$ genügen der Bedingung: $\alpha\delta - \beta\gamma = h$. Hieraus geht hervor, dass die oben gestellte Abbildungsaufgabe mit der Transformation elliptischer Functionen vom h^{ten} Grade zusammenfällt. Nimmt man jetzt an, dass T verzweigt ist wie die Wurzel s der Gleichung

$$(1-z^2)s^2-(1-k^2z^2) = 0,$$

so ergiebt sich für die Function $\mathfrak{z}$, welche die Abbildung von $\mathfrak{T}$ auf T vermittelt:

$$z = \sqrt{\frac{1-s^2}{s^2-k^2}}$$

$$s = -\frac{A_h + A_{h-1}\mathfrak{s} + \cdots A_1\mathfrak{s}^{h-1}}{B_h + B_{h-1}\mathfrak{s} + \cdots B_1\mathfrak{s}^{h-1} + \mathfrak{s}^h} = \frac{U}{V},$$

wenn man die beiden Punkte, in welchen $\mathfrak{s}$ unendlich werden kann, in die Punkte $z = \pm \frac{1}{K}$ verlegt denkt. Die so definirte Funktion $\mathfrak{s}$ wird sich in $4h$ Punkten über ± 1 und $\pm \frac{1}{K}$ verzweigen und ausserdem noch in $4h-4$ Punkten, die paarweise über einander liegen; die Constanten A und B sind nun so zu bestimmen, dass der Ausdruck $U-Vs$ nicht in Factoren zerfällt und so, dass die übrigen $2h-2$ Paare von Verzweigungspunkten auch noch auf die Punkte ± 1, $\pm \frac{1}{K}$ fallen; die Discriminante der Gleichung

$$U - Vs = 0$$

darf daher nur für $z = \pm 1$, $\pm \frac{1}{K}$ verschwinden; endlich müssen von den $4h$ Wurzeln der Gleichung

$$(V^2 - U^2)(V^2 - K^2U^2) = 0$$

$2h-2$ doppelte und nur 4 einfache sein. K.

A. Wangerin. Ueber eine neue Art der conformen Abbildung einer Ebene auf eine andere. Grunert Arch. LV. 1-5.

A. Wangerin. Ueber einige Eigenschaften der Lemniskaten. Grunert Arch. LV. 5.

Nachdem die schon bekannten Fälle solcher conformen Abbildungen, bei welchen einer Parallelenschaar der einen Ebene eine gegebene Curvenschaar der andern entspricht (vergl. K. v. d. Mühl, Ueber die Abbildung von Ebenen auf Ebenen, Borchardt J. LXIX 264—285 s. F. d. M. I 256), recapitulirt sind, findet der Herr Verfasser, dass den Parallelen zu beiden Axen in der Ebene u, t, zwei Systeme nicht confocaler Lemniskaten in der Bildebene x, y entsprechen können; aber die Untersuchung zeigt nicht, dass damit alle Fälle erschöpft sind, in welchen den Parallelen zur t-Axe Lemniskaten in der xy-Ebene entsprechen. In der Gleichung der Lemniskate

$$(x^2+y^2)^2-2a^2(x^2-y^2) = b^4-a^4$$

werden a und b so als Functionen von t bestimmt, dass den Parallelen zur t-Axe die in der Gleichung enthaltenen Lemniskaten entsprechen. Die Abbildung kann unter dieser Bedingung vermittelt werden durch die Gleichung:

$$x+i\cdot y = \pm c\sqrt{\frac{1+e^{t+ui}}{1-e^{t+ui}}},$$

und zwar wird durch dieselbe der zwischen $u=o$ und $u=\pi$, $t=-\infty$ und $+\infty$ enthaltene Theil der tu-Ebene (mit Ausnahme des Punktes $t=\infty$) eindeutig auf die ganze xy-Ebene abgebildet. Eliminirt man u aus den beiden Gleichungen, die sich durch die Trennung des Reellen und Imaginären ergeben, so erhält man

$$(x^2+y^2)^2-2c^2\,\frac{1+e^{2t}}{1-e^{2t}}\,(x^2-y^2)+c^4=0.$$

Diese nicht confocale Lemniskatenschaar hat für ein negatives t folgende Eigenschaften: 1) Jede Curve besteht aus zwei getrennten Zweigen; 2) Ist O Anfangspunkt, P und P_1 die Punkte, in denen ein Zweig die x-Axe schneidet, so ist $OP.\,OP_1 = c^2$, d. h. $OP.\,OP_1$ ist für alle Lemniskaten dieser Schaar constant; 3) Alle Tangenten von O an die Lemniskaten sind gleich; ist t positiv, so liegen die Brennpunkte auf der y-Axe, und es bestehen analoge Eigenschaften. Sind F und F_1 die beiden Punkte $x=\pm c$, $y=0$, G und G_1 die Punkte $x=0$, $y=\pm c$, P ein Punkt der Lemniskate, deren Parameter t_1 ist, so findet sich:

$$e^{t_1}=\frac{PF.\,PF_1}{PG.\,PG_1}.$$

Das zur Schaar t orthogonale System u ist durch die Gleichung definirt:

$$(x^2+y^2)^2-4xyc^2\,\text{cotg.}\,u=c^4;$$

dasselbe besteht aus eintheiligen Lemniskaten, welche durch vier feste Punkte gehen. Wird in der oben genannten allgemeinen

Gleichung der Lemniskate $a=b$ gesetzt, so findet sich als Bild der Parallelen zu der u- und t-Axe die Doppelschaar:

$$(x^2+y^2)^2 = \frac{1}{t}(x^2-y^2) \quad \text{und} \quad (x^2+y^2)^2 = -\frac{2}{u}xy;$$

die Lemniskaten beider Schaaren haben die Form der 8 und sind reciproke Curven zu einem System gleichseitiger Hyperbeln.

Die Untersuchung führt auf einige wichtige Eigenschaften der Lemniskaten; für die aus zwei Zügen bestehende Lemniskate gilt folgender Satz: „Trägt man auf der x- und y-Axe vom Anfangspunkte aus die Strecke $\sqrt[4]{a^4-b^4}$ nach beiden Seiten hin ab, so steht das Product der Abstände eines beliebigen Lemniskatenpunktes von den Punkten der x-Axe zu dem Product der Abstände von den beiden andern Punkten in constantem Verhältniss". Diese Eigenschaft kann zur Definition der zweitheiligen Lemniskate gebraucht werden. K.

G. Holzmüller. Beiträge zur Theorie der isogonalen Verwandtschaften. Schlömilch Z. XVIII 228-251.

Die Abbildungen $Z=\cos z$, $Z=\sin z$, $Z=\sin\operatorname{am} z$, $Z=\cos\operatorname{am} z$, $Z=\Delta\operatorname{am} z$ werden nach einander discutirt, insbesondere die Doppelschaar orthogonaler Curven in Ebene Z, welche den Parallelen zu den Axen in der z-Ebene entsprechen; ferner wird der Zusammenhang dieser Abbildungen geprüft, für welchen die Abbildung $Z=\sqrt{1-z^2}$ von wesentlicher Bedeutung ist; durch diese Abbildung geht das System der Geraden durch den Nullpunkt über in ein System gleichseitiger Hyperbeln durch die Punkte ± 1; während sich die Kreise um den Nullpunkt der z-Ebene in das orthogonale System confocaler Lemniskaten verwandeln. Dieselbe Transformation verwandelt das System confocaler Ellipsen und Hyperbeln mit den Brennpunkten ± 1 in ein gleiches System, und zwar erzeugen die Ellipsen sich selbst wieder, während jede Hyperbel sich in ihre Complementarhyperbel verwandelt. (Confocale Hyperbeln heissen hier complementär, wenn ihre Asymptoten mit der reellen Axe Complementwinkel bilden). Der letzte Satz kann benutzt werden, um eine Ebene, die von einer Doppelschaar confocaler Ellipsen und Hyperbeln bedeckt ist, auf eine mit ihr zusammenfallende nach dem Gesetz $Z = \sqrt{1 - z^2}$ abzubilden. Das Bild eines Punktes wird gefunden, wenn man von dem gegebenen Punkte auf der durchgehenden Ellipse bis zur Complementarhyperbel fortschreitet. Confocale Lemniskaten mit den Brennpunkten ± 1 gehen auf diese Weise in eben solche mit den Brennpunkten $\pm \sqrt{1 - \lambda^2}$, Kreise durch die Punkte ± 1 und die orthogonale Kreisschaar in die reciproken Curven confocaler Kegelschnitte mit dem Brennpunkte ± 1 über; die sin *am*- in cos *am*-Curven; endlich wenn man von der Lage und Vergrösserung absieht, gehen die sin *am*-Curven in die Δ*am*-Curven über. Neue Gesichtspunkte eröffnet die Arbeit nicht.

K.

J. M. Krok. Plana reciproka systemer. Lunds Universitets årsskrift 1873.

Untersuchung der analytischen Bedingungen für dualistisches Entsprechen zwischen ebenen Systemen. Bg.

Zehnter Abschnitt.

Mechanik.

Capitel 1.

Allgemeines. (Lehrbücher etc.)

L. Poinsot. Éléments de statique. 10ème éd. Paris. Gauthier-Villars.

Eine neue Ausgabe der bekannten Statik von Poinsot, die mit einem Vorwort von Herrn J. Bertrand versehen ist, das sich auf Poinsot's Leben und Arbeiten bezieht. O.

H. Résal. Traité de mécanique générale, comprenant les leçons professés à l'école polytechnique. Tome I: Cinématique. Théorèmes généraux de la mécanique. De l'équilibre et du mouvement des corps solides. 8° Paris. Gauthier-Villars.

E. Bour. Cours de mécanique et des machines. Tome III. Dynamique. Paris 8°. Gauthier-Villars.

H. Résal. Note accompagnant la présentation du „Cours de mécanique appliquée aux machines“ de J. C. Poncelet. C. R. LXXVII. 1254-1256.

Die Note enthält historische Angaben über die Entstehung des vorgelegten Werkes, dessen Herausgabe durch Herrn Kretz erfolgte. Die Hauptabschnitte desselben sind: 1) Allgemeine

Betrachtungen über die Bewegung der Maschinen. 2) Die hauptsächlichsten Mittel zur Regulirung der Kräfte und zur Uebertragung der Geschwindigkeiten. 3) Berechnung der passiven Widerstände in den Theilen mit gleichförmiger Bewegung. 4) Einfluss bei Veränderung der Geschwindigkeit auf die Widerstände. Wo das in seiner Entstehung bis 1825 zurückdatirende Werk die neueren Untersuchungen und Entdeckungen nicht hat berücksichtigen können, sind erläuternde und ergänzende Noten des Herausgebers beigefügt. O.

F. Grashof. Theoretische Maschinenlehre. Bd. I. Lief. 2.

Fortsetzung des Buches: siehe F. d. M. IV p. 435. Ein Referat über den Inhalt dieser Lieferung findet sich Z. dtsch. Ing. XVII. 46–47. O.

A. Cayley. A. Smith's prize dissertation. Messenger (2) III. 1-4.

Lösung der Aufgabe: „Gefordert wird eine ausführliche Behandlung der allgemeinen Gleichung der virtuellen Geschwindigkeiten; die Principien des Beweises derselben von Lagrange zu discutiren, und dieselbe allgemeine Gleichung zum Beweise des Kräfteparallelogramms zu benutzen". Glr. (O.)

R. Lipschitz. Sätze aus dem Grenzgebiet der Mechanik und der Geometrie. Clebsch Ann. VI. 416-436.

Es sei ein System von q materiellen Punkten gegeben, welche die Massen m_1, m_2, $\cdots m_q$ haben. Man nimmt zunächst an, dass dieses System ohne den Einfluss von beschleunigenden Kräften sich frei im Raume bewegt; dann beschreibt jeder Punkt m_e mit gleichförmiger Geschwindigkeit eine gerade Linie. Diese Bewegung kann aus der Forderung abgeleitet werden, dass die erste Variation des zugeordneten „Integrals der kleinsten Wirkung" R für feste Anfangs- und Endlagen der einzelnen Punkte verschwinde. Wenn der Ort der Masse m_e auf die rechtwinkligen Coordinaten x_e, y_e, z_e bezogen wird, so hat R den Ausdruck:

$$R = \int \sqrt{\sum_e m_e (dx_e^2 + dy_e^2 + dz_e^2)},$$

wo der Buchstabe e die Zahlen von 1 bis q durchläuft. Wofern nun der Anfangslage des Punktes m_e die Coordinaten a_e, b_e, c_e, der Endlage desselben die Coordinaten x_e, y_e, z_e entsprechen, so besteht zwischen „der Function, welche die über sämmtliche q Punkte des Systems ausgedehnte Summe aus den Producten jeder Masse m_e in das Quadrat der Entfernung des Ortes (x_e, y_e, z_e) von dem Orte (a_e, b_e, c_e) darstellt

$$2G = \sum_e m_e ((x_e - a_e)^2 + (y_e - b_e)^2 + (z_e - c_e)^2),$$

und dem Werthe des zugehörigen Integrals der kleinsten Wirkung R die Gleichung

$$R^2 = 2G.$$

Nach dem Sprachgebrauche Hamilton's ist $R = \sqrt{2G}$ „die characteristische Function des betreffenden mechanischen Problems“. Die Function $2G$ repräsentirt aber den Begriff, dessen Beziehungen zu der Mechanik und der Geometrie in der vorliegenden Abhandlung erörtert werden.

Das System der Punkte m_e möge jetzt einer Reihe von l Bedingungsgleichungen

$$\Phi_1 = \text{const.},\ \Phi_2 = \text{const.},\ \cdots\ \Phi_l = \text{const.}$$

unterworfen sein, welche die Zeit t nicht enthalten, und möge zugleich unter der Einwirkung von Kräften stehen, für die eine Kräftefunction U vorhanden ist. Aus der von Hamilton formulirten Forderung, dass die erste Variation des Integrals

$$\int \Big(\tfrac{1}{2} \sum_e m_e \Big(\Big(\frac{dx_e}{dt}\Big)^2 + \Big(\frac{dy_e}{dt}\Big)^2 + \Big(\frac{dz_e}{dt}\Big)^2\Big) + (U + \lambda_1 \Phi_1 + \lambda_2 \Phi_2 + \cdots + \lambda_l \Phi_l\Big) dt$$

bei festen Anfangs- und Endwerthen der $3q$ Coordinaten gleich Null werde, wo $\lambda_1, \lambda_2 \cdots \lambda_l$ zu bestimmende Multiplicatoren sind, ergiebt sich dann die Gleichung

$$\sum_e m_e \Big(\frac{d^2 x_e}{dt^2}\delta x_e + \frac{d^2 y_e}{dt^2}\delta y_e + \frac{d^2 z_e}{dt^2}\delta z_e\Big) = \delta U + \lambda_1 \delta\Phi_1 + \lambda_2 \delta\Phi_2 + \cdots + \lambda_l \delta\Phi_l,$$

welche unabhängig von den $3q$ Variationen $\delta x_e, \delta y_e, \delta z_e$ zu erfüllen ist; und daraus folgt in Verbindung mit den l Bedingungsgleichungen das System von Differentialgleichungen, welches die Bewegung der q Punkte determinirt. Wenn man nun in der angegebenen Gleichung die Variationen δx_e, δy_e, δz_e durch die endlichen Differenzen $x_e - a_e$, $y_e - b_e$, $z_e - c_e$ ersetzt, und hierauf die linke Seite der erhaltenen Gleichung durch die Relation

$$\sum_e m_e\left(\frac{d^2x_e}{dt^2}(x_e - a_e) + \frac{d^2y_e}{dt^2}(y_e - b_e) + \frac{d^2z_e}{dt^2}(z_e - c_e)\right)$$
$$= \frac{d^2G}{dt^2} - \sum_e m_e\left(\left(\frac{dx_e}{dt}\right)^2 + \left(\frac{dy_e}{dt}\right)^2 + \left(\frac{dz_e}{dt}\right)^2\right)$$

umformt, so entsteht „eine neue Gleichung, welche den zweiten nach der Zeit t genommenen Differentialquotienten der Function G und keinen anderen zweiten Differentialquotienten enthält“. Diese Gleichung ist mit gewissen Modificationen bei verschiedenen Untersuchungen angewendet worden, die sich in dem Texte des Aufsatzes citirt finden. Eine Anwendung auf ein Problem der Hydrodynamik im 78ten Bande des Journals f. Mathematik p. 245, und eine Anwendung auf die Elasticitätslehre in demselben Bande p. 329 (siehe den nächsten Band d. F.) sind später hinzugekommen.

Die Function $2G$ reducirt sich, wenn nur ein einziger Massenpunkt vorhanden ist, auf das Product der Masse m_1 in das Quadrat der Entfernung zwischen den Punkten (x_1, y_1, z_1) und (a_1, b_1, c_1). Die Gleichung $\Phi_1 = \text{const.}$ schreibt dann für den Punkt (x_1, y_1, z_1) eine beliebige krumme Oberfläche vor. Man kann jetzt den Punkt (a_1, b_1, c_1) durch die beiden Forderungen bestimmen, dass die in Bezug auf die Variabelen x_1, y_1, z_1 gebildeten ersten Differentiale der Function G und der Function Φ_1 bis auf einen endlichen Factor einander gleich werden sollen, und dass ferner für beliebige, aber feste Werthe von dx_1, dy_1, dz_1 und für beliebige aber bewegliche Werthe von d^2x_1, d^2y_1, d^2z_1 das zweite Differential d^2G dem zweiten Differential $d^2\Phi_1$ ebenfalls bis auf einen endlichen Factor gleich werden soll. Hierdurch wird „der Punkt (a_1, b_1, c_1) der Krümmungsmittelpunkt für einen nach Massgabe der Werthe dx_1, dy_1, dz_1 durch den Punkt (x_1, y_1, z_1) der Oberfläche gelegten Normalschnitt, und die Grösse $\sqrt{2G}$ gleich dem Product aus $\sqrt{m_1}$ in den entsprechenden Krümmungsradius". Fügt man zu der allgemein definirten Function $2G$ eine Function Φ_1 von den $3q$ Variabelen x_e, y_e, z_e hinzu, so lässt sich für ein die Gleichung $\Phi_1 = \text{const.}$ befriedigendes Werthsystem x_e, y_e, z_e ein zugeordnetes Werthsystem a_e, b_e, c_e in der Weise bestimmen, dass die angeführten beiden Forderungen unmittelbar auf die Functionen G und Φ_1 der $3q$ Variabelen x_e, y_e, z_e ausgedehnt werden. „Das hervorgehende System der Werthe a_e, b_e, c_e stellt alsdann eine Verallgemeinerung des Krümmungsmittelpunktes, und die zugehörige Grösse $\sqrt{2G}$ eine Verallgemeinerung des in die Quadratwurzel aus der Masse des betrachteten Punktes multiplicirten Krümmungsradius dar".

Dieser geometrischen Betrachtung begegnet die folgende mechanische. Bei dem zuletzt erwähnten mechanischen Problem sei nur die eine Bedingungsgleichung $\Phi_1 = \text{const.}$ vorhanden und die Kräftefunction U gleich Null. Unter diesen Umständen repräsentirt der Ausdruck $\lambda_1 \delta\Phi_1$ die Summe der Momente aller Drucke, welche bei der Bewegung der q Punkte ausgeübt werden. Für den Fall, dass nur der eine Massenpunkt m_1 da ist, muss sich derselbe ohne den Einfluss beschleunigender Kräfte auf der Oberfläche $\Phi_1 = \text{const.}$ bewegen, und der bestehende Druck wird durch den Ausdruck

$$\lambda_1 \sqrt{\left(\frac{\partial\Phi_1}{\partial x_1}\right)^2 + \left(\frac{\partial\Phi_1}{\partial y_1}\right)^2 + \left(\frac{\partial\Phi_1}{\partial z_1}\right)^2}$$

gemessen. „Bei der bezeichneten Bewegung des Systems von q Punkten kann somit der Ausdruck $\lambda_1 \sqrt{(1,1)}$, wo

$$(1,1) = \sum_e \frac{1}{m_e}\left(\left(\frac{\partial\Phi_1}{\partial x_e}\right)^2 + \left(\frac{\partial\Phi_1}{\partial y_e}\right)^2 + \left(\frac{\partial\Phi_1}{\partial z_e}\right)^2\right)$$

gesetzt ist, als eine Verallgemeinerung von dem Begriffe aufgefasst werden, welcher für einen Punkt der durch die Quadratwurzel aus der Masse dividirte Druck ist". Nun kennt man den Satz, „dass der in dem Punkte (x_1, y_1, z_1) der Oberfläche $\Phi_1 = \text{const.}$ bestehende Druck, durch die lebendige Kraft des bewegten Punktes dividirt, gleich dem reciproken Werthe des Krümmungsradius der betreffenden Bahncurve ist". Vergleicht man jetzt den aus dem Bewegungsproblem der Punkte bestimmten

Werth $\lambda_1 \sqrt{(1,1)}$ mit dem durch die beiden obigen Forderungen determinirten Werthe $\sqrt{2G}$, so entsteht die Gleichung

$$\frac{-1}{\sqrt{2G}} = \frac{\lambda_1 \sqrt{(1,1)}}{\sum_e m_e \left(\left(\frac{dx_e}{dt}\right)^2 + \left(\frac{dy_e}{dt}\right)^2 + \left(\frac{dz_e}{dt}\right)^2\right)},$$

und macht klar, dass, wenn statt der lebendigen Kraft des einzelnen Punktes die lebendige Kraft des ganzen Massensystems

$$\sum_e m_e \left(\left(\frac{dx_e}{dt}\right)^2 + \left(\frac{dy_e}{dt}\right)^2 + \left(\frac{dz_e}{dt}\right)^2\right)$$

gesetzt wird, und wenn für den Krümmungsradius und den Druck die erwähnten Verallgemeinerungen eingeführt werden, der soeben ausgesprochene Satz seine Gültigkeit behält.

Um die entwickelten Begriffe durch die Uebertragung auf ein weiteres Feld einer ferneren Prüfung zu unterziehen, möge statt des von Hamilton herrührenden Variationsproblems das folgende allgemeinere zu Grunde gelegt werden. Es sei $x_\mathfrak{a}$ ein System von n veränderlichen Grössen, wo der Buchstabe $\mathfrak{a}$, wie später $\mathfrak{b}$, $\mathfrak{c}$, $\cdots$, die Zahlen von 1 bis n durchläuft, $f(dx)$ bedeute eine wesentlich positive Form des p^{ten} Grades von den Differentialen $dx_\mathfrak{a}$, bei der die Coefficienten von den Variabelen $x_\mathfrak{a}$ beliebig abhängen, die Determinante aus den zweiten Ableitungen $\frac{\partial^2 f(dx)}{\partial dx_\mathfrak{a}\, \partial dx_\mathfrak{b}}$ sei nicht identisch gleich Null, U und Φ_1, $\Phi_2 \cdots \Phi_l$ seien reine Functionen der Variabelen $x_\mathfrak{a}$. Man verlangt nun die Variabelen $x_\mathfrak{a}$ von einer independenten Variabele t so abhängig zu machen, dass die erste Variation des Integrals

$$\int \left(f\left(\frac{dx}{dt}\right) + U + \lambda_1 \Phi_1 + \lambda_2 \Phi_2 + \cdots \lambda_l \Phi_l\right) dt,$$

wo λ_1, λ_2, $\cdots \lambda_l$ zu bestimmende Multiplicatoren sind, und die l Gleichungen

$$\Phi_1 = \text{const.},\ \Phi_2 = \text{const.},\ \cdots\ \Phi_l = \text{const.}$$

gelten, bei festen Anfangs- und Endwerthen der Variabelen $x_\mathfrak{a}$ verschwindet. Aus dieser Forderung folgt die unabhängig von den Variationen $\delta x_\mathfrak{a}$ zu befriedigende Gleichung

$$\sum_{a}\left(\frac{d\,\frac{\partial f(x')}{\partial x'_a}}{dt}-\frac{\partial f(x')}{\partial x_a}\right).\,\delta x_a = \delta U + \lambda_1\delta\Phi_1 + \lambda_2\delta\Phi_2 + \cdots \lambda_l\,\delta\Phi_l,$$

wo die Differentiation nach t durch einen Strich angedeutet ist.

Sobald keine Bedingungsgleichungen gegeben sind und die Function U gleich Null ist, fällt die ausgesprochene Forderung mit der anderen zusammen, dass die erste Variation des Integrals

$$R = \int \sqrt[p]{pf(dx)}$$

zu Null werde. Die betreffenden Integrationswerthe x_a bilden eine Mannigfaltigkeit der ersten Ordnung, welche dadurch bestimmt ist, dass für einen Werth $t = t_0$ die Gleichungen $x_a = x_a(o)$ und $x'_a = x'_a(o)$ gelten, wo $x_a(o)$ und $x'_a(o)$ gegebene Constanten sind. Die x_a werden gegenwärtig reine Functionen der Grössen $x_a(o)$ und der Verbindungen $x'_a(o)\,(t-t_0) = u_a$, und die letzteren stellen, indem die ersteren als constant gelten, „ein System von Normalvariabelen für die Form $f(\delta x)$“ dar. Wenn man durch die Substitution eines beliebigen unabhängigen Systems von Variabelen y_c die Form $f(dx)$ in eine Form $g(dy)$ verwandelt, und durch die entsprechende Wiederholung des angegebenen Verfahrens das correspondirende System Normalvariabelen z_c für die Form $g(dy)$ hervorbringt, so sind die u_a lineare Functionen der z_c mit constanten Coefficienten. Der Werth des Integrals R, von dem System $x_a(o)$ bis zu dem System x_a ausgedehnt, wird durch die Gleichung

$$R^p = pf_0(u)$$

ausgedrückt; $f_0(u)$ geht aus $f(dx)$ hervor, indem statt der x_a die $x_a(o)$ und statt der dx_b die u_b substituirt werden, und verwandelt sich bei der Anwendung der Normalvariabelen z_c in den entsprechend gebildeten Ausdruck $g_0(z)$.

Durch die Einführung der Normalvariabeln u_b in die Form $f(dx)$ wird diese in die Form desselben Grades $\varphi(du)$ transformirt, welche ein „Normaltypus für die Form $f(dx)$“ genannt wird.

Bei der früher behandelten Voraussetzung, wo statt der n Variabelen x_a die $3q$ Coordinaten x_e, y_e, z_e gewählt waren, und statt $f(dx)$ die Form

$$\tfrac{1}{2}\sum_e m_e(dx_e^2+dy_e^2+dz_e^2)$$

vorlag, entsprachen den Initialwerthen $x_a(o)$ für das Variationsproblem des Integrals R die Coordinaten a_e, b_e, c_e und die Punkte m_e bewegten sich bei der Lösung dieses Problems mit gleichförmiger Geschwindigkeit in geraden Linien. „Demnach sind dort die Normalvariabelen u_a gerade, die Coordinatendifferenzen

$$x_e - a_e,\ y_e - b_e,\ z_e - c_e,$$

der Normaltypus $\varphi(du)$ wird der gegebenen Form

$$\tfrac{1}{2}\sum m_e(dx_e^2+dy_e^2+dz_e^2)$$

gleich, und die Function $2f_0(u)$ fällt mit der Function $2G$ zusammen". Bei einer Drehung des rechtwinkligen Coordinatensystems der x, y, z geht das betreffende System von Normalvariabelen in ein anderes correspondirendes System von Normalvariabelen über.

Auf Grund dieser Erwägungen werden in dem aufgestellten allgemeineren Variationsproblem die Normalvariabelen u_a statt der Variabelen x_a eingeführt, und an Stelle der vorhin abgeleiteten Gleichung erscheint die folgende

$$\sum_c \left(\frac{d\,\dfrac{\partial\varphi(u')}{\partial u'_c}}{dt} - \frac{\partial\varphi(u')}{\partial u_c} \right) \delta u_c = \delta U + \lambda_1\delta\Phi_1 + \lambda_2\delta\Phi_2 + \cdots + \lambda_l\delta\Phi_l.$$

Hier sind alsdann statt der Variationen δu_c die Normalvariabeln u_c selbst zu substituiren. Beide Seiten der aus dieser Substitution resultirenden Gleichung haben die Eigenschaft, wenn statt der Normalvariabelen u_c ein anderes correspondirendes System von Normalvariabelen z_c gebraucht wird, in die entsprechend gebildeten Ausdrücke überzugehen, und zwar beruht diese Eigenschaft auf dem Umstande, dass, weil die u_c lineare Functionen der z_c mit constanten Coefficienten sind, zwischen den Variabelen u_c und z_c ganz dieselben Gleichungen gelten, die zwischen den Variationen δu_c und δz_c bestehen. Denn die ursprüngliche Gleichung, bei welcher die Variationen der Variabelen noch nicht durch die Variabelen ersetzt sind, hat die betreffende Eigenschaft, dass ihre beiden Bestandtheile bei der Substitution eines Systems von neuen Variabelen sich mitändern, allgemein, und behält also diese Eigenschaft, wofern die $\delta u_\mathfrak{c}$ durch die $u_\mathfrak{c}$, und zugleich die $\delta z_\mathfrak{c}$ durch die $z_\mathfrak{c}$ ersetzt werden. Von nun ab soll die Voraussetzung eintreten, dass die Zahl p, welche den Grad der Form $f(dx)$ ausdrückt, gleich zwei sei. Dann gilt die Relation

$$\sum_\mathfrak{c} d\,\frac{\partial\varphi(du)}{\partial du_\mathfrak{c}}\,u_\mathfrak{c} = d^2 f_0(u) - 2\varphi(du),$$

und mit Hülfe derselben liefert die in Rede stehende Substitution der $u_\mathfrak{c}$ für die Variationen $\delta u_\mathfrak{c}$ die Gleichung

$$\frac{d^2 f_0(u)}{dt^2} - 2\varphi\left(\frac{du}{dt}\right) = \sum_\mathfrak{c} \frac{\partial\left(\varphi\left(\frac{du}{dt}\right) + U\right)}{\partial u_\mathfrak{c}}\,u_\mathfrak{c} + \sum_{\mathfrak{c},\gamma} \lambda_\gamma\,\frac{\partial\Phi_\gamma}{\partial u_\mathfrak{c}}\,u_\mathfrak{c},$$

wo γ von 1 bis l geht; die oben angedeutete Gleichung ist hierin als specieller Fall enthalten.

Wie die Function $2G$ von den beiden Werthsystemen a_e, b_e, c_e und x_e, y_e, z_e abhängt, so kommt es bei der Function $2f_0(u)$, welche jetzt an deren Stelle getreten ist, auf die beiden Werthsysteme $x_\mathfrak{a}(o)$ und $u_\mathfrak{a}$ an. Wir denken uns die $u_\mathfrak{a}$ beliebig, aber so gewählt, dass eine Gleichung $\Phi_1 = \text{const.}$ erfüllt ist, und werden, dem ursprünglichen geometrischen Gedankengange folgend, die $x_\mathfrak{a}(o)$ durch die Aufstellung von zwei Forderungen indirect bestimmen, in denen die früheren beiden auf die a_e, b_e, c_e bezüglichen Forderungen eingeschlossen sind. Die erste Forderung geht dahin, dass das in Bezug auf die Variabelen $u_\mathfrak{a}$ genommene vollständige Differential $df_0(u)$ dem vollständigen Differential $d\Phi_1$ bis auf einen endlichen Factor gleich werde, und die zweite Forderung hat den Inhalt, dass der Ausdruck

$$d^2 f_0(u) - \sum_\mathfrak{c} \frac{\partial\varphi(du)}{\partial u_\mathfrak{c}}\,u_\mathfrak{c}$$

dem zweiten Differential $d^2\Phi_1$ bei beliebigen, aber festen ersten Differentialen $du_\mathfrak{c}$ und beliebigen, aber beweglichen zweiten Differentialen $d^2u_\mathfrak{c}$ ebenfalls gleich werde. Bei der vorhin getroffenen Voraussetzung fällt der Bestandtheil

$$\sum_\mathfrak{c} \frac{\partial\varphi(du)}{\partial u}\,u_\mathfrak{c}$$

fort, denn der Normaltypus $\varphi(du)$ ist hier gleich der Form

$$\tfrac{1}{2}\sum_e m_e(dx_e^2 + dy_e^2 + dz_e^2),$$

deren Coefficienten constant sind. Ueberhaupt gilt der Satz, dass der Ausdruck

$$\sum_{\mathfrak{c}} \frac{\partial \varphi(du)}{\partial u} u_{\mathfrak{c}}$$

dann und nur dann verschwindet, wenn die Form $f(dx)$ in eine Form mit constanten Coefficienten transformirt werden kann.

Bei dem Variationsproblem, welches das Problem der Mechanik in sich schliesst, wird angenommen, dass nur eine Bedingungsgleichung $\Phi_1 = \text{const.}$ gegeben, und die Function U gleich Null sei. Man gebraucht ferner bei der Form $f(dx)$ die Bezeichnungen

$$f(dx) = \tfrac{1}{2} \sum_{\mathfrak{a},\mathfrak{b}} a_{\mathfrak{a},\mathfrak{b}}\, dx_{\mathfrak{a}}\, dx_{\mathfrak{b}},$$

$$|a_{\mathfrak{a},\mathfrak{b}}| = \Delta, \quad \frac{\partial \Delta}{\partial a_{\mathfrak{a},\mathfrak{b}}} = A_{\mathfrak{a},\mathfrak{b}}, \quad \sum_{\mathfrak{a},\mathfrak{b}} \frac{A_{\mathfrak{a},\mathfrak{b}}}{\Delta} \frac{\partial \Phi_1}{\partial x_{\mathfrak{a}}} \frac{\partial \Phi_1}{\partial x_{\mathfrak{b}}} = (1,1),$$

und bei dem zugehörigen Normaltypus $\varphi(du)$ die Bezeichnungen

$$\varphi(du) = \tfrac{1}{2} \sum_{\mathfrak{a},\mathfrak{b}} p_{\mathfrak{a},\mathfrak{b}}\, du_{\mathfrak{a}}\, du_{\mathfrak{b}},$$

$$|p_{\mathfrak{a},\mathfrak{b}}| = \Pi, \quad \frac{\partial \Pi}{\partial p_{\mathfrak{a},\mathfrak{b}}} = P_{\mathfrak{a},\mathfrak{b}}, \quad \sum_{\mathfrak{a},\mathfrak{b}} \frac{P_{\mathfrak{a},\mathfrak{b}}}{\Pi} \frac{\partial \Phi_1}{\partial u_{\mathfrak{a}}} \frac{\partial \Phi_1}{\partial u_{\mathfrak{b}}} = (1,1).$$

Sobald nun der Werth $\lambda_1 \sqrt{(1,1)}$ zuerst vermittelst der Form $f(du)$ und der Variabelen $x_{\mathfrak{a}}$ und dann vermittelst des Normaltypus $\varphi(du)$ und der Normalvariabelen $u_{\mathfrak{a}}$ dargestellt wird, so giebt die Verbindung der letzteren Darstellung mit dem so eben durch die beiden Forderungen bestimmten Werthe $\sqrt{2 f_0(u)}$ die Gleichung

$$\frac{-1}{\sqrt{2 f_0(u)}} = \frac{\lambda_1 \sqrt{(1,1)}}{2 \varphi\left(\frac{du}{dt}\right)}.$$

„Also hält der Satz, welcher die Beziehung zwischen dem Krümmungsradius und dem Druck auf einer Oberfläche ausspricht, auch auf dem zum zweiten Mal erweiterten Felde Stich“.

Es bleibt noch übrig, aus der vorhin ausgeführten indirecten Bestimmung des Werthsystems $x_{\mathfrak{a}}(o)$ eine directe Bestimmung abzuleiten. Bei einer Oberfläche $\Phi_1 = \text{const.}$ kann die Bestimmung des zu einem Normalschnitte in dem Punkte x_1, y_1, z_1 zugehörigen

Krümmungsmittelpunktes in der Art geschehen, dass in dem Punkte der Oberfläche eine gegen die Oberfläche normale gerade Linie construirt und auf dieser die Länge des zugehörigen Krümmungsradius abgeschnitten wird. Diesem Verfahren entspricht genau das folgende. Das Werthsystem x_a, welches die Gleichung $\Phi_1 = \text{const.}$ befriedigt, ist gegeben. Von diesem Werthsystem geht eine Mannigfaltigkeit der ersten Ordnung aus, für welche die erste Variation des Integrals $R = \int \sqrt{2f(dx)}$ dauernd gleich Null ist, das erste Element dieser Mannigfaltigkeit, bei dem die Variabelen x_a beziehungsweise die Incremente Dx_a erhalten, wird so gewählt, dass die Gleichung

$$\sum_a \frac{\frac{\partial f(Dx)}{\partial Dx_a} dx_a}{\sqrt{2f(Dx)}} = \frac{d\Phi_1}{\sqrt{(1,1)}}$$

erfüllt ist, und diese Mannigfaltigkeit der ersten Ordnung wird bis zu demjenigen Werthsystem $x_a(o)$ fortgesetzt, für welches der Werth des von dem System x_a bis zu dem System $x_a(o)$ erstreckten Integrals R die Gleichung

$$-\frac{1}{R} = \frac{\lambda_1 \sqrt{(1,1)}}{2f\left(\frac{dx}{dt}\right)}$$

befriedigt, wo die Verbindung $\lambda_1 \sqrt{(1,1)}$ in den Werthsystemen x_a und $\frac{dx_a}{dt}$ ausgedrückt ist. Die gegenwärtige Bestimmung des Werthsystems $x_a(o)$ ist von der Wahl des Systems von Variabelen x_a unabhängig; denn sobald statt der Variabelen x_a ein beliebiges unabhängiges System von neuen Variabelen y_c eingeführt, und die Form $f(dx)$ in die Form $g(dy)$ transformirt wird, so bringen die angegebenen Vorschriften das Werthsystem $y_c(o)$ hervor, welches dem Werthsysteme $x_a(o)$ zugeordnet ist. Lz.

A. Cayley. Note in illustration of certain general theorems obtained by Dr. Lipschitz. Quart. J. XII. 346-349.

Die Note soll eine Einleitung zu R. Lipschitz „Erweiterung des Planeten-Problems etc." sein, und beleuchtet gewisse allgemeine Theoreme, deren H. Lipschitz sich bedient, indem der Verfasser ein einzelnes Beispiel betrachtet. Cly. (O.)

R. Lipschitz. Extension of the planet-problem to a space of n dimensions and of constant integral curvature. Quart. J. XII. 349-370.

Das betrachtete Problem bildet ein Beispiel zu der Abhandlung: Untersuchung eines Problemes der Variationsrechnung, in dem das Problem der Mechanik enthalten ist. (Borchardt J. LXXIV, 116—149, s. F. d. M. IV 180). Auf einen Raum von zwei Dimensionen mit constanter Krümmung angewendet, d. h. auf die Bewegung eines Theilchens auf einer sphärischen Oberfläche vom Radius c, sind die Bewegungsgleichungen

$$\frac{d^2r}{dt^2} - c\sin\frac{r}{c}\cos\frac{r}{c}\left(\frac{d\varphi}{dt}\right)^2 = \frac{dU}{dr}$$

$$\frac{d}{dt}\left(c^2\sin^2\frac{r}{c}\frac{d\varphi}{dt}\right) = 0,$$

wo U eine Function von r allein ist. Dies Problem, als ein besonderer Fall des entsprechenden Problems für einen gekrümmten Raum von n Dimensionen, wird in's Kleinste ausgeführt und gelangt der Verfasser zu verschiedenen interessanten Resultaten.

Cly. (O.)

E. Schering. Die Schwerkraft in mehrfach ausgedehnten Gauss'schen und Riemann'schen Räumen. Gött. Nachr. 1873. 149-159.

Die Arbeit beginnt mit einer Auseinandersetzung des Nutzens, den eine Betrachtung von Kräften in mehrfach ausgedehnten Räumen darbietet. Es werden dann eine Reihe von Sätzen über das Potential in solchen Räumen aufgestellt, die an dieser Stelle jedoch ohne Beweis mitgetheilt werden, von denen wir daher nur die folgenden, zur Characterisirung derselben anführen: „Bedeutet V die Potentialfunction der auf eine in einem Punkte befindliche Masseneinheit ausgeübten Wirkung, welche als von einer positiven oder negativen, irgend wie im Raume vertheilten Masse ausgehend, betrachtet werden soll, je nachdem die Wirkung eine

Anziehung oder Abstossung ist, so wird $V = \sum_m m \, . \, w_n(r)$, wenn r die Entfernung des Massentheilchens m von dem veränderlichen, die Function V bestimmenden Punkte bezeichnet. Die in irgend einem von der $(n-1)$-fach ausgedehnten räumlichen Gestalt R_{n-1} vollständig, aber nur einfach begrenzten Raumtheile R_n befindliche Gesammtmasse wird durch $\frac{1}{K(n)} \int \frac{\partial V}{\partial N} dR_{n-1}$ dargestellt, worin $K(n) = 2(4\pi)^{\frac{n-1}{2}} \frac{\Pi\left(\frac{n-1}{2}\right)}{\Pi(n-1)}$ für ein ungrades n, $= 2\pi^{\frac{n}{2}} \cdot \frac{1}{\Pi\left(\frac{n-2}{2}\right)}$ für ein grades n ist, dN die zu dem Elemente dR_{n-1} der $(n-1)$-fach ausgedehnten räumlichen Gestalt R_{n-1} nach der Seite des von ihr begrenzten Raumtheiles R_n errichtete Normale bedeutet und das Integral über die ganze Grenze des Raumtheiles R_n ausgedehnt wird". „Bestimmt man die Lage eines Punktes durch irgend welche rechtwinklige, krummlinige Coordinaten $\eta_1 \cdots \eta_r \cdots \eta_n$, bezeichnet mit $d\eta_1 \cdots d\eta_r \cdots d\eta_n$ und $\delta\eta_1 \cdots \delta\eta_r \cdots \delta\eta_n$ irgend zwei unendlich kleine Ortsveränderungen dieses Punktes, so wird das Product der Längen der von dem ersten Ort dieses Punktes nach jenen beiden benachbarten Orten gezogenen kürzesten Linien in einander und in den cosinus des von diesen Linien eingeschlossenen Winkels multiplicirt, die Form $\sum_{\nu=1}^{\nu=n} \eta'_\nu \, \eta'_\nu \, d\eta_\nu \, \delta\eta_\nu$ haben, worin $\eta'_1 \cdots \eta'_r \cdots \eta'_n$ positive Functionen allein von $\eta_1 \cdots \eta_r \cdots \eta_n$ sind". „Befindet sich die Masseneinheit, auf welche sich das Potential V bezieht in dem, nach dem vorigen Lehrsatz durch die Coordinaten $\eta_1 \cdots \eta_r \cdots \eta_n$ bestimmten Punkte, und ist die einwirkende Masse an dieser Stelle im n-fach ausgedehnten Raume stetig vertheilt, so ist daselbst die Dichtigkeit der Masse gleich

$$-\frac{1}{K(n)} \frac{1}{\eta'} \sum_{\nu=1}^{\nu=n} \frac{\partial}{\partial \eta_\nu} \left(\frac{\eta'}{\eta'_\nu \, \eta'_\nu} \frac{\partial V}{\partial \eta_\nu} \right),$$

worin η' für das Product $\eta'_1 \, . \, \eta'_2 \ldots \eta'_n$ gesetzt ist". O.

E. SCHERING. Die Hamilton-Jacobi'sche Theorie für Kräfte, deren Maass von der Bewegung der Körper abhängt. Gött. Nachr. 1873. 744-753.

Nach einer Einleitung über die Methoden, welche Lagrange, Poisson, Hamilton und Jacobi in die Dynamik eingeführt haben, deutet der Verfasser an, in welcher Weise es ihm gelungen ist, diese Wege auszudehnen auf Räume, in denen das Quadrat des Längenelementes sich allgemein durch eine homogene Function 2ter Ordnung der Coordinatendifferentiale ausdrückt, und auf Kräfte, die in bestimmter Art nicht bloss von der Lage, sondern auch von der Bewegung ihrer Angriffspunkte abhängen. Mr.

E. Schering. Hamilton-Jacobi'sche Theorie für Kräfte, deren Maass von der Bewegung der Körper abhängt. Gött. Abhandl. XVIII.

Das Princip des kleinsten Zwanges hat Gauss im Bd. V seiner Werke p. 23 in folgender Weise ausgesprochen: „Die Bewegung eines Systemes materieller, auf was immer für eine Art unter sich verknüpfter Punkte, deren Bewegungen zugleich an was immer für äussere Beschränkungen gebunden sind, geschieht in jedem Augenblick in möglich grösster Uebereinstimmung mit der freien Bewegung oder unter kleinstem Zwange, indem man als Maass des Zwanges, den das ganze System in jedem Zeittheilchen erleidet, die Summe der Producte aus dem Quadrat der Ablenkung jedes Punktes von seiner freien Bewegung in seine Masse betrachtet". Der Verfasser knüpft an dies Princip an und setzt zunächst die beiden allgemein gültigsten Voraussetzungen über die Bewegung eines einzelnen freien Massentheilchens auseinander. Er bestimmt alsdann die Bahn eines frei beweglichen Theilchens, indem er sich nicht auf die gewöhnliche Raumanschauung beschränkt, sondern die Betrachtungen von vorn herein und durch die ganze Abhandlung hindurch auf einen Raum von allgemeinster Beschaffenheit ausdehnt. Nachdem er sich auf diese Weise den Ausdruck für das Maass des Zwanges verschafft hat, leitet er sich die Fundamentalgleichung der Bewegung her, indem er dabei zugleich dem Begriff des Potentiales von Gauss und der Kräftefunction von Hamilton eine verallgemeinerte Bedeutung giebt. Im Weiteren gelangt dann der Herr Verfasser zu dem Hamilton'schen Satze:

$$\delta \int (T+V)\,dt = \delta \int \left(\Sigma p_1 \frac{dq_1}{dt} - H\right) dt,$$

demselben, den Herr Lipschitz in seiner Abhandlung, „Untersuchung eines Problems der Variationsrechnung“, Borchardt J. LXXIV. 116 (s. F. d. M. IV p. 180) ausgesprochen hat. Er wendet sich sodann zu den canonischen Variabeln, indem er die Bedingungsgleichungen für dieselben herleitet. Im fünften Abschnitte zieht dann der Verfasser die von Gauss zuerst betrachteten Kräfte in Betracht, deren Maass von der Bewegung selbst abhängig ist, und zeigt deren völlige Bestimmung an zwei speciellen Problemen, von denen das eine die Bewegung zweier sich in einem r-fach ausgedehnten ebenen Raume bewegenden Massentheilchen betrifft. Er untersucht dabei speciell den Fall des mehrfach ausgedehnten Gauss'schen und Riemann'schen Raums, wobei er den zweiten der p. 443 angeführten Lehrsätze anzuwenden Gelegenheit findet. Indem der Verfasser sich alsdann zu den allgemeinen Differentialgleichungen der Substitutionen wendet, gelangt er zu folgendem Satze: „Bilden die $q_1 \dots q_n$ und $p_1 \dots p_n$ ein System canonischer Veränderlichen, so ist, damit die durch gegebene Substitutionsgleichungen eingeführten Grössen $\Phi_1 \dots \Phi_n$ und $\varphi_1 \dots \varphi_n$ allgemein auch ein System canonischer Variabeln bilden, nöthig und hinreichend, dass die Summe der allgemeinen zweigliedrigen Differential-Determinanten von allen zusammengehörigen Paaren q_i und p_i sich von der ebenso aus ψ_i und φ_i gebildeten Summe nur um die zweigliedrige Differential-Determinante von der Veränderlichen t und irgend einer Function E unterscheidet“. Die weitere Arbeit beschäftigt sich dann mit den Störungsformeln von Jacobi, Poisson, Lagrange, Hamilton. O.

Capitel 2.

Kinematik.

A. MANNHEIM. Sur les trajectoires des points d'une droite mobile dans l'espace. C. R. LXXVI. 551-555. 635-639. (Fortsetzung).

Wenn eine Gerade nach einem beliebigen Gesetz durch den Raum bewegt wird, so beschreiben die einzelnen Punkte derselben gewisse Bahnen. Fasst man eine Gerade in einem Moment der Bewegung auf, so wird jedem Punkt derselben ein Bahnelement entsprechen. Man kann an demselben Richtung, Krümmung etc. unterscheiden. Die Beziehungen, in denen die Bahnelemente aller Punkte einer Geraden zu einander stehen, sind es, mit denen sich der Verfasser beschäftigt. Einige der bemerkenswerthesten mögen hier Platz finden:

Die Tangenten der Bahnelemente aller Punkte einer bewegten Geraden gehören einem parabolischen Hyperboloid an, die Krümmungsaxen jener Bahnelemente liegen auf einer Fläche zweiter Ordnung, welche in der Regel ein Hyperboloid ist; es giebt also im Allgemeinen auf einer bewegten Geraden nicht einen Punkt, welcher ein Inflexionspunkt für seine Bahncurve wäre. Die Osculationsebenen der bezeichneten Bahnelemente haben einen Richtungskegel zweiten Grades, während sie selbst eine abwickelbare Fläche vierter Ordnung und dritter Classe umhüllen. Die osculirenden Kugeln jener Bahnelemente haben ihre Mittelpunkte auf einer Raumcurve dritter Ordnung; es giebt daher auf jeder Geraden drei Punkte, für welche die Bahnelemente stationäre Osculationsebenen haben, u. s. w.

Von den interessanteren Folgerungen, welche Herr Mannheim aus seinen Betrachtungen zieht, mögen noch einige bemerkt werden.

Wenn ein starres System irgend eine Verschiebung erleidet, so gehören diejenigen Punkte, welche in einem Moment der Bewegung Inflexionspunkte ihrer Bahnen sind, einer imaginären Fläche vierter Ordnung an, und wenn reelle Punkte dieser Natur überhaupt existiren, so liegen sie auf einer Doppellinie dieser Fläche. Diejenigen Punkte, deren Bahnelemente zu einem Zeitpunkt stationäre Osculationsebenen haben, bilden eine Fläche dritten Grades, etc.

Als besonderer Fall sei noch erwähnt: „Wenn vier Punkte einer Geraden auf vier gegebenen Ebenen gleiten, so beschreibt irgend ein Punkt dieser Geraden einen Kegelschnitt“. Schn.

A. Mannheim. Mémoire sur les surfaces trajectoires des points d'une figure de forme invariable dont le déplacement est assujetti à quatre conditions. (Rapport de M. Chasles). C. R. LXXVII. 752-756.

Ist die Verrückung eines starren Körpers vier Bedingungen unterworfen, so kann jeder Punkt desselben im Allgemeinen eine Flächentrajectorie (surface trajectoire) beschreiben. Bei einer bestimmten mit den Bedingungen des Systems verträglichen Verrückung, werden die Punkte einer Geraden G Curventrajectorien durchlaufen; die Normalebenen dieser Trajectorien schneiden sich in einer Geraden, welche die zu G Conjugirte genannt wird. Wird diese mit dem System bei der Bewegung mitgeführt gedacht, so ist ihre Conjugirte wieder die Gerade G. Bei allen möglichen, den vier Bedingungen entsprechenden Bewegungen des Systems wird jeder wirklichen Lagenveränderung von G eine Conjugirte G' zugehören; diese bilden zusammen eine Schaar von Geraden eines Hyperboloids, und zwar gehört G zu derselben Schaar, wie ihre Conjugirten. Die Erzeugenden der anderen Schaar sind die Normalen der Flächentrajectorien, welche die Punkte von G beschreiben. Ein beliebiger Punkt m des starren Gebildes beschreibt eine Flächentrajectorie, deren Normale jenes Hyperboloid in zwei Punkten trifft, durchschneidet also zwei Conjugirte der Geraden G. Diese beiden Conjugirten D und Δ sind, wie Herr Mannheim zeigt, für alle Punkte des Systems dieselben. Sie haben die besondere Eigenthümlichkeit, dass, während sonst jedem Punkt eine Flächentrajectorie zugehört, jeder Punkt von diesen beiden Geraden ein Linearelement beschreibt; die Normalebene eines solchen Linearelements schliesst die andere Conjugirte in sich. Zu den Gesetzen dieser Art fügt der Verfasser eine Reihe anderer, welche sich auf verschiedene Besonderheiten der Flächentrajectorien beziehen, die von den Punkten einer Geraden beschrieben werden. Z. B. beschäftigt ihn die Frage, wieviel Flächentrajectorien jene Gerade berühren, wieviel Punkte auf der Geraden gelegen sind, die bei einer bestimmten Verrückung des Systems Trajectorien beschreiben, welche die Asymptotenlinien ihrer Flächentrajectorien berühren, u. s. w. Endlich wendet sich Herr Mannheim zu den Flächentrajectorien aller Punkte des bewegten starren Systems. Zur Characterisirung der aus seinen Untersuchungen hervorgehenden Resultate mag eines genügen. Bei einer bestimmten Verrückung, welche die vier Bedingungen gestatten, werden die Punkte des Systems lineare Trajectorien durchlaufen. Fragt man nach dem Ort derjenigen Punkte, deren Lineartrajectorien die Asymptotenlinien ihrer Flächentrajectorie berühren, so zeigt Herr Mannheim, dass selbige auf einer Fläche dritter Ordnung liegen, welche jene ausgezeichneten Geraden D und $\varDelta$ und ausserdem den unendlich entfernten imaginären Kreis in sich enthält. Auf weitere Einzelnheiten hier einzugehen, würde zu weit führen. Schn.

H. Durrande. Essai sur le déplacement d'une figure de forme variable. Ann. de l'Éc. Norm. (2) II. 81-121.

Herr Durrande beschäftigt sich mit den Gesetzen unendlich kleiner Verrückungen solcher Systeme, welche gleichzeitig mit der Verrückung eine derartige Umgestaltung erfahren, dass das verschobene Gebilde zu dem ursprünglichen in homographischer Verwandtschaft bleibt, und zwar in derjenigen, bei welcher nie einem im Endlichen gelegenen Punkte ein unendlich entfernter Punkt entspricht. Das Gleichungssystem, welches diese Bedingungen ausdrückt, lautet

$$\begin{aligned} dx &= x\,da + y\,db + z\,dc + du \\ dy &= x\,da' + y\,db' + z\,dc' + du' \\ dz &= x\,da'' + y\,db'' + z\,dc'' + du''. \end{aligned}$$

Hierin bedeuten die Coefficienten auf der rechten Seite der Gleichungen Differentiale von Functionen der Zeit, wenn die Zeit um ein Increment dt fortschreitet. Aus diesen Gleichungen wird zunächst die lineare Deformation eines radius vector ϱ abgeleitet, welcher mit den Axen die Winkel α, β, γ, bildet. Diese drückt sich, wenn $\frac{d\varrho}{\varrho} = \varepsilon$ die Deformation der Lineareinheit bezeichnet, in folgender Weise aus:

$$\varepsilon = \left(\frac{da}{dt}\right)\cos^2\alpha + \left(\frac{db}{dt}\right)\cos^2\beta + \left(\frac{dc}{dt}\right)\cos^2\gamma + \left(\frac{db}{dt} + \frac{da'}{dt}\right)\cos\beta\cos\alpha$$
$$+ \left(\frac{da''}{dt} + \frac{dc}{dt}\right)\cos\alpha\cos\gamma + \left(\frac{dc'}{dt} + \frac{db''}{dt}\right)\cos\gamma\cos\beta.$$

Trägt man auf jedem radius vector den Werth $\frac{1}{\sqrt{\varepsilon}}$ ab, so liegen die Endpunkte dieser Radien auf einer Fläche zweiten Grades, welche der Verfasser mit dem Namen la surface déformatrice oder einfach la déformatrice bezeichnet. Legt man die Coordinatenaxen in die Axen dieser Fläche, so nimmt sie die Form $\varepsilon_1 x^2 + \varepsilon_2 y^2 + \varepsilon_3 z^2 = 1$ an, worin ε_1, ε_2, ε_3 die linearen Deformationen in Richtung der Hauptaxen bedeuten, und das die Verrückung definirende Gleichungssystem lässt sich in folgender Art darstellen:

$$\frac{dx}{dt} = \varepsilon_1 x - ry + qz + \frac{du}{dt}$$
$$\frac{dy}{dt} = rx + \varepsilon_2 y - pz + \frac{du'}{dt}$$
$$\frac{dz}{dt} = -qx + py + \varepsilon_3 z + \frac{du''}{dt}.$$

Bezeichnet man die rechten Seiten dieser Gleichungen bezüglich mit X, Y, Z, so werden $X = 0$, $Y = 0$, $Z = 0$, drei Ebenen darstellen, welche sich im Allgemeinen in einem Punkte schneiden. Dieser bleibt bei der Verrückung während des Zeitelements dt unveränderlich. Legte man in ihn den Anfangspunkt der Coordinaten, so würden aus den Gleichungen die Grössen

$$\frac{du}{dt}, \frac{du'}{dt}, \frac{du''}{dt}$$

verschwinden, und die Projectionen der Geschwindigkeit eines Punktes auf die Coordinatenaxen würden sich in zwei Theile sondern lassen, in

$$\varepsilon_1 x, \ \varepsilon_2 y, \ \varepsilon_3 z$$

und in

$$qz - ry, \ rx - pz, \ py - qx.$$

Die letzten Theile lassen sich hervorgebracht denken durch Rotation des Systems um eine Axe, deren Richtung durch p, q, r

bestimmt ist, ohne dass das System sonst eine Veränderung erlitte. Die Bedeutung der ersten Theile lehrt folgende Betrachtung. Man lege durch den Punkt x, y, z die Fläche

$$f(x, y, z) = \varepsilon_1 x^2 + \varepsilon_2 y^2 + \varepsilon_3 z^2 = c;$$

alsdann stellen sich $\varepsilon_1 x$, $\varepsilon_2 y$, $\varepsilon_3 z$, bezüglich dar als die Werthe

$$\tfrac{1}{2}\frac{\partial f}{\partial x}, \quad \tfrac{1}{2}\frac{\partial f}{\partial y}, \quad \tfrac{1}{2}\frac{\partial f}{\partial z}.$$

Es geht also die Verschiebung des Punktes x, y, z normal gegen jene Fläche vor sich, und eine weitere Erwägung zeigt, dass die Geschwindigkeit der Verschiebung gleich dem halben Differentialparameter dieser Fläche für den Punkt x, y, z ist. Der Bewegungsvorgang lässt sich also in folgender Form zur Anschauung bringen:

Alle Punkte, welche auf einer zur déformatrice homothetischen Fläche gelegen sind, verschieben sich normal gegen diese Fläche mit Geschwindigkeiten, welche für jeden Punkt durch den Werth des halben Differentialparameters erster Ordnung ausgedrückt sind, während die Fläche selbst mit einer Geschwindigkeit $\omega = \sqrt{p^2 + q^2 + r^2}$ sich um eine Axe dreht, welche mit den Coordinatenaxen Winkel bildet, deren cosinus durch $\frac{p}{\omega}$, $\frac{q}{\omega}$, $\frac{r}{\omega}$ bestimmt sind.

Die Besonderheiten der Bewegungsvorgänge, welche eintreten, wenn $X = 0$, $Y = 0$, $Z = 0$ sich in einer Axe oder in drei parallel laufenden Geraden schneiden, werden ausführlich in dem essai behandelt.

In einem folgenden Paragraphen wendet sich der Verfasser zu der Verschiebung und Umgestaltung, welche eine algebraische Fläche in der Zeit dt erfährt. Dieselbe sei dargestellt durch $f(x, y, z) = 0$. Bedeuten x_1, y_1, z_1 die Coordinaten, in welche x, y, z, in der Zeit dt übergehen, so ist

$$x_1 = x + X dt, \quad y_1 = y + Y dt, \quad z_1 = z + Z dt,$$

und daher mit Vernachlässigung der Terme zweiter Ordnung,

$$x = x_1 - X_1 dt, \quad y = y_1 - Y_1 dt, \quad z = z_1 - Z_1 dt.$$

Die deformirte Fläche wird also dargestellt durch

$$f(x_1 - X_1 dt, \; y_1 - Y_1 dt, \; z_1 - Z_1 dt) = 0,$$

oder mit Beschränkung auf die Terme erster Ordnung und mit Beseitigung der Indices, durch

$$f(x, y, z) - \left(X\frac{\partial f}{\partial x} + Y\frac{\partial f}{\partial y} + Z\frac{\partial f}{\partial z}\right) dt = 0.$$

Diese Fläche geht durch die Curve

$$f(x, y, z) = 0$$

$$X\frac{\partial f}{\partial x} + Y\frac{\partial f}{\partial y} + Z\frac{\partial f}{\partial z} = 0.$$

Bezeichnet man die durch die letzte Gleichung dargestellte Fläche mit dem Namen Hülfsfläche (surface auxiliaire), so kann man die Bemerkung machen, dass die Hülfsfläche die vorliegende Fläche längs der Characteristik der Fläche schneidet, wenn man unter Characteristik nach dem Vorgange von Chasles den geometrischen Ort derjenigen Punkte versteht, deren Verschiebungen innerhalb der Fläche vor sich gehen. Da die Hülfsfläche für das ganze homothetische Flächensystem $f(x, y, z) = c$ dieselbe ist, so lässt sie sich als der Ort der Characteristiken dieses Flächensystems auffassen.

Die Curve $X : \frac{\partial f}{\partial x} = Y : \frac{\partial f}{\partial y} = Z : \frac{\partial f}{\partial z}$ nennt der Verfasser die „courbe adjointe“ der vorgelegten Fläche. Sie enthält alle diejenigen Punkte, deren Verschiebungen normal gegen die Fläche erfolgen. Da auch sie für das homothetische Flächensystem $f(x, y, z) = c$ sich nicht ändert, so stellt sie sich dar als der Ort der „foyers“ dieses Flächensystems, wenn man mit foyer einen Punkt der Fläche bezeichnet, dessen Verschiebung normal gegen die Fläche stattfindet. Die Zahl der foyers cinématiques beträgt für eine Fläche n^{ten} Grades $3n$.

Demnächst wendet sich Herr Durrande zur Betrachtung derjenigen Punkte, welche in einer Ebene liegen. Auf die einzelnen Gesetze, welche hier entwickelt werden, und welche interessante Verallgemeinerungen der Theoreme über die Verschiebung starrer Systeme enthalten, einzugehen, ist hier nicht der Ort; es möge genügen ein Gesetz zur Characterisirung der Resultate hervorzuheben. Es ist in einem Mémoire von Chasles (Comptes rendus de l'Académie des sciences, 26. juin 1843) und in einer Schrift von Mannheim (Journal de l'école polytechnique, 26. cahier) bewiesen worden, dass bei der Bewegung eines starren Systems alle Punkte einer Ebene, deren Geschwindigkeiten gleiche Neigung gegen die Normale dieser Ebene haben, in einem Kegelschnitt gelegen sind, für welchen der foyer ein Brennpunkt und die Characteristik die Directrix ist; den verschiedenen Neigungen entspricht die Schaar von Kegelschnitten, welche durch jenen foyer als Brennpunkt und die Characteristik als Directrix bestimmt sind. Herr Durrande zeigt, dass bei der von ihm betrachteten Bewegung alle Punkte einer Ebene, deren Geschwindigkeiten gleiche Winkel mit der Normale dieser Ebene bilden, gleichfalls auf einem Kegelschnitt liegen; für diesen steht der foyer cinématique und die Characteristik in dem Verhältniss von Pol und Polare. Sie sind Pol und Polare für alle Kegelschnitte, welche den verschiedenen Richtungen der Geschwindigkeiten entsprechen.

Zum Schluss giebt der Verfasser eine geometrische und analytische Bestimmung der Verschiebungs-Parameter, d. h. derjenigen geometrischen Elemente, welche die Verschiebung kennzeichnen. Während für den Fall eines starren Systems die Geschwindigkeiten von drei Punkten in Grösse und Richtung gegeben sein müssen, um die Bewegung in dem betrachteten Zeitmoment zu bestimmen, sind in dem allgemeinen Fall, den Herr Durrande der Betrachtung unterwirft, die Geschwindigkeitsgrösse und Geschwindigkeitsrichtung von vier Punkten nothwendig. Sind diese Grössen gegeben, so werden die zwölf in den Verschiebungsgleichungen auftretenden Coefficienten durch sie bestimmt, so dass man aus der Grösse und Richtung der Geschwindigkeit von den vier Ebenen eines Tetraeders im Stande ist, die Grösse und Geschwindigkeit eines Punktes zu bestimmen, welcher eine beliebige Lage zu jenen vier Tetraederebenen einnimmt.

Schn.

SAINT-LOUP. Du rayon de courbure d'une courbe décrite par un point d'une figure mobile. Nouv. Ann. (2) XII. 113-126.

In einer Ebene gleitet eine Curve auf zwei fest gegebenen Curven. Mit jener beweglichen ist eine andere ebene Curve in starrer Verbindung gedacht. Diese beschreibt bei der Bewegung eine Enveloppe. Der Krümmungsradius derselben ist eine Function der Krümmungsradien der gegebenen Curven in den Punkten, in denen sie sich berühren. Diese Function wird in der vorliegenden Arbeit bestimmt. Schn.

A. Ribaucour. Propriétés relatives aux déplacements d'un corps assujetti à quatre conditions. C. R. LXXVI. 1347-1351.

Wenn die Verrückung eines starren Körpers vier Bedingungen unterworfen ist, so beschreibt ein Punkt im Allgemeinen eine Flächentrajectorie, und eine Gerade erzeugt, wenn der Körper in alle mit den Bedingungen der Leitung verträglichen Nachbarlagen übergeführt wird, ein Strahlenbündel (un pinceau). Unter den so erzeugten Strahlenbündeln giebt es solche, welche Normalenbüschel für eine Flächenfamilie sind. Die Geraden, welche diese besonderen Bündel erzeugen, gehören einem Complex erster Ordnung an. Mit dem Studium dieses Complexes beschäftigt sich die vorliegende Note. Schn.

V. Liguine. Quelques propriétés géométriques du déplacement d'une figure plane dans son plan. Nouv. Ann. (2) XII. 481-495.

Einige in der Darstellungsform ein wenig veränderte Sätze von Chasles. Schn.

Grouard. Sur les figures semblables. Bull. d. l. S. Ph. X. 34-37.

Grouard. Sur le mouvement d'une figure, qui se déplace dans l'espace en restant semblable à elle-même. Bull. d. l. S. Ph X. 47-50. Inst. (2) I. 163-164.

Mittheilung aus einer Reihe von Sätzen, welche sich auf die Bewegung von räumlichen Gebilden beziehen, die während der Bewegung ähnlich bleiben. Das Bemerkenswertheste ist: Zwei ähnliche Gebilde können stets in die Lage der Homothetie (in dieser sind die homologen Elemente parallel) durch Rotation um irgend eine Gerade übergeführt werden, welche einer bestimmten Richtung parallel läuft. Senkrecht zu dieser Richtung existirt eine Ebene, welche die Gebilde in homologen, also ähnlichen Durchschnittsfiguren schneidet. Das Aehnlichkeitscentrum dieser beiden ebenen Figuren ist das Aehnlichkeitscentrum für die beiden räumlichen Gebilde. Es haben also zwei ähnliche Gebilde in diesem Sinne eine Aehnlichkeitsaxe, eine Aehnlichkeitsebene und ein Aehnlichkeitscentrum. Sind die Gebilde congruent, so rückt das Centrum und jene Ebene in das Unendliche, die Axe bleibt und wird die sogenannte Dreh- und Gleitungsaxe.

Es mag bemerkt werden, dass die von Herrn Grouard betrachteten Bewegungsvorgänge zu der Classe derjenigen gehören, welche Herr Durrande in seinem interessanten „Essai sur le déplacement d'une figure de forme variable" so eingehend untersucht hat. Schn.

Phillips. Note sur un problème de cinématique.

Ann. de l'Éc. Norm. (2) II. 353-356.

Das Problem, um welches es sich in der vorliegenden Arbeit handelt, ist: „Es sind zwei beliebige Curven MN und $M''N''$ gegeben. Man soll eine dritte Curve $M'N'$ finden, die so beschaffen ist, dass während MN auf ihr rollt, ein fest mit MN verbundener Punkt die Curve $M''N''$ beschreibt". Der Verfasser giebt zunächst den allgemeinen Weg zur Lösung der Aufgabe und behandelt dann einige specielle Fälle, z. B. den, wo $M''N''$ eine Gerade und MN eine logarithmische Spirale ist. O.

M. Okatow. Zusammenstellung der Sätze von den übrig bleibenden Bewegungen eines Körpers, der in einigen Punkten seiner Oberfläche durch normale Stützen unterstützt wird, und von den Kräftesystemen, die durch diese Stützen im Gleichgewicht gehalten werden können.

Schlömilch Z. XVIII. 224-226.

Siehe Abschnitt X, Cap. 3 A. pag. 456.

Capitel 3.

Statik.

A. Statik fester Körper.

A. Favaro. La statica grafica nell' insegnamento tecnico superiore. Atti d. Ist. Ven. (4) II. 1661-1817.

Die umfangreiche Arbeit verfolgt denselben Zweck, den sich Herr Weyrauch in seinem Buche „Zur Orientirung. Die graphische Statik“ gesetzt hatte. Am Schluss findet sich eine Uebersetzung der Inhaltsverzeichnisse von Reye: „Die Geometrie der Lage“ und Culmann „Die graphische Statik“. Jg. (O.)

Delègue. Nouvelle démonstration du parallélogramme des forces. Nouv. Ann. (2) XII. 495-500.

Der Verfasser setzt voraus, dass sich gleiche, entgegengesetzte Kräfte aufheben, dass die Resultante gleicher Kräfte den Winkel derselben halbire, ferner dass, wenn zwei Kräfte, die an demselben Punkte angebracht sind, derart variiren, dass sie weder ihr Verhältniss noch ihre Richtung ändern, ihre Resultante in demselben Verhältniss variirt, ohne die Richtung zu verändern. Verfasser beweist alsdann den Satz von D. Bernoulli: „Die Resultante zweier Kräfte, die in Grösse und Richtung durch zwei rechtwinklige Gerade dargestellt werden, wird in ihrer Grösse dargestellt durch die Diagonale des aus ihnen gebildeten Rechtecks“. Dann weist er nach, dass auch die Richtung mit der Diagonale zusammenfällt und verallgemeinert den Satz für jedes Parallelogramm. Der Beweis beruht darauf, dass zwei neue, gleiche Kräfte senkrecht zur Diagonale angebracht werden. Die Zerlegbarkeit einer Kraft wird ebenfalls als möglich angenommen während der Beweise. O.

H. Durrande. Note sur l'application des déterminants à la théorie des moments des forces. Nouv. Ann. (2) XII. 265-269.

Der Verfasser macht auf die Analogie, welche zwischen den Sätzen über Kraftmomente und Determinanten besteht, aufmerksam. Zur Erläuterung diene folgendes Beispiel, welches der Verfasser zur Begründung anführt. Denkt man sich die Z-Axe so gelegt, dass man die X-Axe zur Linken und die Y-Axe zur Rechten hat, so wird das Moment einer Kraft (X, Y) in der X, Y-Ebene, welche durch den Punkt x, y geht, in Beziehung auf den Anfangspunkt in Zeichen und Grösse dargestellt durch die Determinante

$$\begin{vmatrix} x & y \\ X & Y \end{vmatrix},$$

in der man X und Y als Coordinaten eines Punktes ansehen kann, so dass dieselbe das „analytische Bild" des Parallelogramms ist, das die Kraft zur Basis und die Entfernung vom Anfangspunkt zur Höhe hat.

Von diesen Gedanken ausgehend, leitet der Verfasser eine Anzahl von bekannten Sätzen über Kräftemomente her, zu deren Characterisirung wir hier den folgenden anführen: „Wie man auch ein System von n Kräften auf zwei Resultanten reducirt, das Volumen des Tetraeders, welches man über diesen letzteren als entgegengesetzten Kanten construirt, ist constant und äquivalent der Summe von $\frac{n(n-1)}{2}$ Tetraedern, die über den gegebenen Kräften zu zwei und zwei als entgegengesetzten Kanten construirt sind.

O.

M. Okatow. Zusammenstellung der Sätze von den übrig bleibenden Bewegungen eines Körpers, der in einigen Punkten seiner Oberfläche durch normale Stützen unterstützt wird, und von den Kräftesystemen, die durch diese Stützen im Gleichgewicht gehalten werden können. Schlömilch Z. XVIII. 224-226.

Die Sätze sind paarweise zusammengestellt, so dass zwei entsprechende Sätze immer neben einander gedruckt sind. Beweise finden sich nicht. Es wird daher genügen Satz I und II zur Characteristik derselben anzuführen:

I. Wenn sechs Punkte des Körpers auf sechs festen Flächen bleiben müssen, so ist im Allgemeinen dem Körper keine Bewegung gestattet.

1. Wenn der Körper frei ist, so ist es zum Gleichgewicht der ihn angreifenden Kräfte nothwendig und hinreichend, dass die fictive Resultante und das Moment minimum minimorum verschwinden.

II. Wenn der Körper in fünf Punkten seiner Oberfläche durch fünf normale Stützen *a, b, c, d* und *e* unterstützt wird, so bleibt ihm nur eine Schraubenbewegung übrig. Die Axe der Schraube schneidet senkrecht d_{12} und d_{34} die kürzesten Abstände der Transversalen 1, 2, 3 und 4, von denen 1 und 2 auf den Geraden *a, b, c, d* und 3 und 4 auf *a, b, c, e* gelegen sind. Die beiden Paare Transversalen 1 und 2 und 3 und 4 bestimmen die einzige, mögliche Steigung der gedachten Schraube.

2. Wenn der Körper in einem Punkt seiner Oberfläche durch eine normale Stütze unterstützt wird, so hat das Moment minimum minimorum der auf diesen Körper einwirkenden Kräfte, welche durch diese einzige Stütze im Gleichgewicht gehalten werden können, nur „eine“ bestimmte Lage; sie fällt nämlich mit der Geraden *a* zusammen. Die Grösse des Momentes muss gleich Null sein.

Es folgen weitere Sätze für 4, 3, 2, 1, 0 Stützen, resp. 2, 3, 4, 5, 6 Stützen. O.

P. Schreiber. Ueber ein zweckmässiges Verfahren zur Reduction der Wagebarometerregistrirungen. Carl Rep. IX. 129-147.

Im Anschluss an die im vorigen Bande p. 455 d. F. besprochene Arbeit leitet der Verfasser die nöthigen Correctionen ab, die beim Gebrauch des Wagebarometers anzubringen sind und stellt einige Tafeln dazu auf. O.

M. Azzarelli. Determinazione del centro di gravità del triangolo sferico e piramide sferica. Atti d. Acc. P. d. N. Linc. XXV. 317-348.

Der Verfasser theilt Bruchstücke eines Briefes von Kramp an den Pater Gregorin Fontama mit, in dem sich derselbe auf die Lösung einer Anzahl von einzelnen Problemen bezieht. Der Verfasser theilt diese 21 Probleme nebst ihren Lösungen mit und fügt einige weitere hinzu. Die Probleme beziehen sich auf Schwerpunkte von sphärischen Dreiecken, etc. O.

R. Townsend. On a property in the equilibrium of two circular cords repelling each other according to the law of the inverse cube of the distance. Quart. J. XII. 214.

Der Satz heisst: „Zwei gleichförmige undehnbare kreisförmige Seile, die sich in gleicher Ebene unter rechtem Winkel schneiden, und die sich gegenseitig nach dem Gesetz des umgekehrten Kubus der Entfernung abstossen, halten sich, wenn sie an den Schnittpunkten stark genug sind, das Gleichgewicht“. Cly. (O).

W. Besant. To find the pressure at any instant produced by a heavy chain falling on a horizontal plane. Quart. J. XII. 276. Cly.

M. Lévy. Sur une théorie rationelle de l'équilibre des terres fraîchement remuées et ses applications au calcul de la stabilité des murs de soutènement. Liouv. J. (2) XVIII. 241-300.

Die vorliegende Arbeit ist bereits im 2ten Bande des Jahrbuchs (F. d. M. II. p. 678-681) nach einem in den Comptes rendus mitgetheilten Auszuge, so wie nach einem Berichte von St. Venant ausführlich besprochen. Da dort der wesentliche Inhalt der Arbeit vollständig angegeben ist, so verweisen wir auf jenes Referat und fügen nur hinzu, dass der Verfasser zum Schluss die Regeln zur Berechnung des Drucks, den eine Futtermauer erleidet, in einer für die Praxis geeigneten Form kurz zusammenstellt. Wn.

J. Curie. Sur le désaccord qui existe entre l'ancienne théorie de la poussée des terres et l'expérience. C. R. LXVI. 1579-1582.

J. Curie. Nouvelles expériences relatives à la théorie de la poussée des terres. C. R. LXXVII. 142-146. 778-781.

De St. Venant. Examen d'un essai de théorie de la poussée des terres. C. R. LXXVII. 234-241.

Herr Curie beschreibt eine Anzahl von Versuchen über das Gleichgewicht aufgeschütteter Erdmassen, die in Widerspruch sein sollen mit der Coulomb'schen, von Lévy verbesserten Theorie (vergl. das vorhergehende Referat). Er hält auch die Grundlagen jener Theorie für falsch, weil man auf halbflüssige Körper das Cauchy'sche Verfahren zur Bestimmung des Drucks, den ein Elementarparallelepipedon erleidet, nicht anwenden könne. Er giebt dann die Grundzüge einer neuen Theorie, die wesentlich in Folgendem besteht. Alle Bruchflächen werden als eben angenommen. Das Gewicht eines losbrechenden Prismas wird in zwei Kräfte zerlegt, von welchen die eine, die den Reibungswinkel mit der Normale der Bruchebene bildet, zerstört wird, während die andre Componente, die der Bruchebene parallel ist, als primitiver Druck bezeichnet wird. Wenn dieser letztere mit der Normale der Mauerwand einen Winkel bildet, der kleiner ist, als der Winkel der äusseren Reibung, so ist es der vollständige Druck. Ist jener Winkel grösser, als der der äusseren Reibung, so wird der primitive Druck wieder in zwei Componenten zerlegt, deren eine, der Mauerwand parallel, ohne Wirkung sein soll, während die andre Componente, die mit der Normale der Mauerwand den Winkel der äussern Reibung bildet, allein den wirksamen Druck darstellt. Gegen diese Theorie wendet sich Herr St. Venant. Er misst den Formeln von Curie höchstens den Werth empirischer Formeln bei, die innerhalb gewisser sehr enger Grenzen gültig seien. Jene fortgesetzte Zerlegung und Unterdrückung gewisser

Componenten widerspreche gänzlich den ersten Principien einer rationellen Mechanik. Die Lévy'sche Theorie sei die einzig rationelle. Diesen Einwendungen gegenüber hält Herr Curie an seinen Ansichten fest. Er behauptet, für halbflüssige Medien, wie sie hier in Frage kommen, seien die Verhältnisse andre, als für feste und flüssige. Die vernachlässigten Componenten würden durch den Gegendruck der festen Erde aufgehoben.

Wn.

B. Hydrostatik.

W. Besant. On metacentre. Quart. J. XII. 276. Cly.

M. Azzarelli. Centro di pressione in una superficie qualunque. Atti d. Acc. P. d. N. Linc. XXV. 138-157.

Der Verfasser stellt für den Fall, dass die die feste Oberfläche angreifenden Kräfte nicht sämmtlich parallel sind, sondern mit der Richtung der Normalen in den einzelnen Punkten zusammenfallen, die allgemeinen Bedingungen auf, damit sich diese Kräfte auf eine, zwei etc. Resultanten reduciren lassen. O.

O. Duhil de Benazé et P. Risbec. Sur le mouvement complet du navire oscillant sur eau calme. Relation des expériences faites sur l'Elorn, navire de cent tonneaux de déplacement. C. R. LXXVI. 1466-1469.

Aus dem vorliegenden Auszug der Arbeit ist ersichtlich, dass dieselbe in zwei Haupttheile zerfällt. Der erste Theil enthält rein theoretische Betrachtungen über den Gegenstand. Die Verfasser haben dabei das Potential des vollständigen Systems des umgebenden Wassers und des Schiffes betrachtet. Die Lage des Schwerpunktes hängt, wenn man die Oberfläche der Flüssigkeit als unveränderlich betrachtet, nur von der dem Schiffe gegebenen Neigung und der Entfernung zwischen der wirklichen Wasserlinie und einer parallelen Wasserlinie ab, die ein Stück von dem Gewicht der verdrängten Flüssigkeit abschneidet. Es existirt sonach zwischen dem Potential und diesen beiden Grössen eine Relation, die durch eine topographische Oberfläche dargestellt werden kann, wenn man dem Potential Werthe giebt, die Niveaucurven entsprechen würden. Aus der Betrachtung dieser Oberfläche haben die Verfasser folgenden Satz gewonnen: „Die Region der Stabilität eines schwimmenden Körpers für die Gleichgewichtslage wird durch die Curve von gleichem Potential begrenzt, welche durch die Lage des nächsten unstabilen Gleichgewichts geht". Daraus ergiebt sich weiter der bereits bekannte Satz: „Wird der Körper um eine unendlich kleine Grösse aus seiner Gleichgewichtslage entfernt, so hat er das Bestreben in diese Lage zurückzukehren". Im Weiteren ziehen dann die Verfasser die verschiedenen Widerstände in Betracht, die sich den Bewegungen entgegensetzen. Als Resultat ergiebt sich hier, dass der Widerstand der Flüssigkeit die Dauer der Oscillationen vergrössert, und dass gegen das Ende jeder Oscillation sich ein Theil der durch die Anfangs stattfindenden Widerstände verbrauchten Arbeit wieder herstellt. Im zweiten Theile theilen die Verfasser Näheres über die Experimente mit, die sie mit dem im Titel erwähnten Schiffe, so wie mit anderen gemacht haben. Die Resultate werden, in zehn Sätzen zusammengefasst, mitgetheilt und einige Schlüsse, namentlich für den Bau der Schiffe daraus gezogen. O.

J. Todhunter. Note ou an erraneous extension of Jacobi's theorem. Proc. of R. S. XXI. 119-121.

Bezieht sich auf eine Behauptung Dahlander's in Pogg. Ann. CXXIX. p. 443, wo zu zeigen versucht wird, dass ein rotirendes Ellipsoid von homogener, selbst-anziehender Flüssigkeit im Gleichgewicht bleiben kann, selbst wenn die Rotationsaxe nicht mit der Hauptaxe zusammenfällt. Cly. (O.)

M. Azzarelli. Soluzione di alcuni problemi d'idrostatica. Atti d. Acc. P. d. N. Linc. XXVI. 354-384. O.

Capitel 4.

Dynamik.

A. Dynamik fester Körper.

Ed. Ott. Ein Problem aus der analytischen Mechanik. Wolf Z. XVIII. 1-51.

Das Problem, das der Verfasser mit Hülfe der Hamilton'schen Gleichungen löst, heisst: Es ist ein mit homogener Masse erfülltes Rotationsellipsoid gegeben, welches nach dem Newton'schen Attractionsgesetz auf einen Punkt wirkt, der gezwungen ist, sich auf der Oberfläche des gegebenen oder eines zu demselben confocalen Ellipsoides zu bewegen. Es ist die Bewegung des Punktes zu bestimmen. Am Schluss wird die Aufgabe auf ein dreiaxiges Ellipsoid ausgedehnt. O.

J. J. Müller. Ueber eine Erweiterung der Hamilton-schen Bewegungsgleichungen. Wolf Z. XVIII. 161-165.

Der Satz, den der Verfasser mittheilt, heisst: Es sei U eine Kräftefunction allgemeinster Art, d. h. so beschaffen, dass nicht nur die Coordinaten, sondern auch die Zeit explicite in ihr vorkommt, T die lebendige Kraft des Systems, q_i eine der μ seine Punkte bestimmenden Coordinaten. Die Ableitungen dieser Coordinaten nach der Zeit seien q_i^1; man setze ferner

$$\frac{\partial T}{\partial q_i^1} = p_i, \quad \frac{\partial T^0}{\partial q_i^1} = p_i^0,$$

je nachdem die Differentialquotienten auf die Zeit t oder auf eine gegebene Anfangszeit bezogen werden, und betrachte endlich die Grössen p_i und q_i als Functionen von t und 2μ willkürlichen Constanten. Ist dann $T+U=E$, so ist

$$\delta\int_0^t (T-U)\,dt = \Sigma p_i\,\delta q_i - \Sigma p_i^0\,\delta q_i^0 + \int_0^t \Sigma\Big(\frac{\partial(T-U)}{\partial q_i} - \frac{\partial p_i}{\partial t}\Big)\delta q_i\,dt$$
$$- E\,\delta t - \int_0^t \Sigma \frac{\partial U}{\partial c_k}\,\delta c_k\,dt.$$

Von den beiden Gleichungen, in welche diese Gleichung zerfällt, enthält die erste den Satz von der Constanz der Energie und den ersten Satz der Wärmelehre. Die andere:

$$\delta \int_0^t (T-U)\,dt = \Sigma p_i\,\delta q_i - \Sigma p_i^0\,\delta q_i^0 = E\delta t - \int_0^t \Sigma \frac{\partial U}{\partial c_k}\,dt$$

ist die erweiterte Hamilton'sche Gleichung und führt zu dem zweiten Satz der Wärmetheorie. O.

E. Mathieu. Mémoire sur la théorie des dérivées principales et son application à la Mécanique analytique. C. R. LXXVI. 1193-1197.

Sei H eine beliebig gegebene Function der $2n$ Variabeln $q_1 \cdots q_n\; p_1 \cdots p_n$, zwischen denen die $2r < 2n$ Gleichungen bestehen:

$$1)\quad f_1 = 0,\; f_2 = 0,\; \cdots,\; f_{2r} = 0.$$

Die Forderung, dass identisch:

$$\sum_{i=1}^{i=n}\left(\frac{dq_i}{dt}\,\delta p_i - \frac{dp_i}{dt}\,\delta q_i\right) = \delta H$$

werde, führt dann zu den $2n$ Gleichungen:

$$2)\quad \begin{cases} \dfrac{dq_i}{dt} = \dfrac{\partial H}{\partial p_i} + \sum\limits_{h=1}^{h=2r} \lambda_h\,\dfrac{\partial f_h}{\partial p_i}, \\[2ex] \dfrac{dp_i}{dt} = \dfrac{\partial H}{\partial q_i} + \sum\limits_{h=1}^{h=2r} \lambda_h\,\dfrac{\partial f_h}{\partial q_i}. \end{cases}$$

Substituirt man diese Werthe der Differentialquotienten in die aus 1) folgenden Gleichungen

$$\frac{df_s}{dt} = 0$$

und wendet das bekannte Zeichen

$$[\alpha\beta] = \sum_{i=1}^{i=n}\left(\frac{\partial\alpha}{\partial q_i}\frac{\partial\beta}{\partial p_i} - \frac{\partial\alpha}{\partial p_i}\frac{\partial\beta}{\partial q_i}\right)$$

an, so erhält man zur Bestimmung der $2r$ Multiplicatoren λ die $2r$ linearen Gleichungen:

$$3)\quad [f_s H] + \sum_{h=1}^{h=2r} \lambda_h [f_s, f_h] = 0.$$

Die rechten Seiten der Gleichungen 2), nachdem man in denselben diese Werthe der λ eingesetzt hat, bezeichnet der Verfasser resp. durch

$$\left(\frac{\partial H}{\partial p_i}\right) \text{ und } \left(\frac{\partial H}{\partial q_i}\right)$$

und nennt dieselben die principalen Differentialquotienten der Function H.

In Folge der Gleichungen 1) kann man der Function H unendlich viele aequivalente Formen geben, als deren allgemeiner Ausdruck die Formel:

$$H' = H + \sum_{h=1}^{h=2r} \mu_h f_h$$

angesehen werden kann, in der die μ willkürliche Functionen der p und q sind. Es erhellt aber unmittelbar aus dem Vorhergehenden, dass die principalen Differentialquotienten der Function H unabhängig von der Form sind, unter der H gegeben wurde.

Man erkennt ferner leicht, dass für die principalen Differentialquotienten einer zusammengesetzten Function genau dieselben Sätze gelten, wie für die gewöhnlichen Differentialquotienten.

Die Gleichungen 2) und 3) enthalten als besonderen Fall die Gleichungen der Dynamik, wie sie Jacobi in § 45 der Nova methodus aufgestellt hat. Indem der Verfasser seine Theorie der principalen Differentialquotienten auf ein Problem anwendet, dem im speciellen Fall der Mechanik das Problem der Störungen entspricht, gelangt er schliesslich zu einer Verallgemeinerung der Formel, welche von Jacobi a. a. O. § 46, resp. §. 48 nach langwierigen Rechnungen als Lösung des in § 38 formulirten Problems erhalten wird.

Die Note bringt übrigens nur Resultate. Mr.

L. Rodet. Démonstration élémentaire de la gravitation universelle. Nouv. Ann. (2) XII. 285-401.

Der Verfasser giebt in seinem Aufsatze eine Ableitung der Gesetze der Planetenbewegung. Er leitet zunächst die Beschleunigung bei der Bewegung in einem Kegelschnitte ab, und weist dann nach, dass die Bahn eines Punktes, der sich mit einer Anfangsgeschwindigkeit versehen, unter dem Einfluss einer Kraft nach einem festen Punkte und umgekehrt proportional dem Quadrat der Entfernung bewegt, einen Kegelschnitt beschreibt. Im letzten Abschnitt bestimmt er die Grössen der Axen, die Excentricität und die Geschwindigkeit. Die Ableitung will elementar sein und verlangt nur die Kenntniss der Eigenschaften der Kegelschnitte, namentlich des Krümmungsradius, wie sie sich in Salmon's Kegelschnitten, auf die er sich beruft, finden. O.

Gilles. Zurückführung der abstossenden Naturkräfte auf die Newton'sche Anziehungskraft. Schlömilch Z. XVIII. 601-609.

Siehe Abschn. I. Cap. 2 p. 71.

Gilles. Zurückführung des Beharrungsvermögens auf die Newton'sche Anziehungskraft. Schlömilch Z. XVIII. 517-520

Siehe Abschn. I, Cap. 2 p. 71.

R. Clausius. Ueber die Beziehungen zwischen den bei Centralbewegungen vorkommenden characteristischen Grössen. Clebsch Ann. VI. 390-415.

Abdruck der Arbeit aus den Gött. Nachr. 1872, 600—646, über welche im vorigen Bande dieser Fortschritte p. 459—462 berichtet worden ist. O.

R. Clausius. On the relation between the characteristic quantities which occur in central motion. Phil. Mag. 1873.

Gegeben sei die dynamische Gleichung

$$M\frac{d^2x}{dt^2} = X;$$

aus ihr folgt sofort

$$(1)\quad \frac{M}{2}\left(\frac{dx}{dt}\right)^2 = -\tfrac{1}{2}Xx + \frac{M}{4}\frac{d^2(x^2)}{dt^2}.$$

Vorausgesetzt nun, die Bewegung sei eine stationäre, d. h. eine Bewegung, bei der die Coordinaten und Geschwindigkeiten nicht fortwährend stetig wachsen, sondern sich nur in gewissen Grenzen verändern, so ist auf diese Hypothese hin augenfällig, dass der mittlere Werth von $\frac{d^2(x^2)}{dt^2}$ gleich Null ist. Hieraus bestimmt sich der mitttlere Werth auch der beiden anderen Grössen in der obigen Gleichung, indem man nur einen horizontalen Strich über ihre Symbole zeichnet:

$$(2) \quad \frac{M}{2}\overline{\left(\frac{dx}{dt}\right)^2} = -\tfrac{1}{2}\overline{Xx}.$$

Aus den Gleichungen (1) und (2) ergeben sich folgende für irgend welche Anzahl von Körpern geltende Gleichungen

$$\Sigma \frac{m}{2} v^2 = -\tfrac{1}{2}\Sigma(Xx + Yy + Zz) = \tfrac{1}{4} d\frac{(\Sigma Mr^2)}{dt^2},$$

$$\Sigma \frac{m}{2} \overline{v^2} = -\tfrac{1}{2}\Sigma(\overline{Xx} + \overline{Yy} + \overline{Zz}).$$

Clausius benutzt eine andere Gleichung

$$\overline{(X\delta x + Y\delta y + Z\delta z)} = \frac{m}{2}\delta v^2 + m\overline{v^2}\delta \log i,$$

wo i die Periode von t bezeichnet. (S. Sitzungsber. d. Niederrhein. Ges. f. Natur- u. Heilkunde. 1870. p. 174). Er zeigt, worin diese letzte Gleichung von Hamilton's Erweiterung des Principes der „kleinsten Arbeit" abweicht, worin sie übereinstimmt. Er zerlegt die Centralkräfte in ihre Componenten längs dem Radiusvector, und längs der Tangente an die Bewegungcurve. Die Arbeit ist reich an neuen und eleganten Resultaten, von denen in diesem kurzen Referate kein annäherndes Bild gegeben werden kann. Siehe auch F. d. M. IV p. 459. Csy. (O.)

R. Clausius. On a new mechanical theoreme relative to stationary motions. Phil. Mag. 1873.

Das Theorem, welches der Gegenstand dieser Arbeit ist, wurde im Jahre 1870 vom Verfasser veröffentlicht, jedoch war dies Theorem schon 1867 in Oxford in Thomson's und Tait's „Natur-Philosophie" erschienen. Es unterliegt aber keinem

Zweifel, dass Clausius dasselbe selbständig gefunden hat. Vorliegende Arbeit zeigt die Abweichungen von Hamilton's „Mechanischen Principien" und giebt mancherlei Anwendungen.

Csy. (O.)

J. C. WALBERER. Die Bewegungsgleichungen eines materiellen Punktes. Pr. Münnerstadt.

Herr Walberer giebt in diesem Schriftchen eine ansprechende, nur von den Fundamentalsätzen der Infinitesimalrechnung Gebrauch machende Darstellung der Dynamik des Punktes. Zahlreiche Beispiele und literaturhistorische Notizen sind beigegeben. Die naturphilosophische Schlussbetrachtung würde man wohl nicht an dieser Stelle suchen. Gr.

G. LESPIAULT. Question de mécanique. Darboux Bull. IV. 293-297.

Der Verfasser stellt an die Spitze seiner Notiz folgenden Satz: „Die Anziehung proportional der Entfernung ist das einzige Gesetz, bei dem der bewegliche Punkt eine immer geschlossene Curve in immer derselben Zeit beschreibt, wie auch die Anfangsbedingungen sein mögen". Zum Beweise betrachtet der Verfasser zunächst die oscillirende geradlinige Bewegung eines Punktes um den anziehenden Punkt, indem er durch Betrachtung der in den einzelnen Zeittheilchen beschriebenen Wege zeigt, dass derselbe von jeder Lage aus in derselben Zeit zu dem anziehenden Punkte gelange. Die Umkehrung, dass dies nur bei einer Beziehung proportional der Entfernung möglich sei, bildet die Fortsetzung. Der hier gegebene Beweis lässt sich nach dem Verfasser Wort für Wort auf folgenden Satz anwenden: „Damit eine Curve für einen ihrer Punkte, der sich unter der Wirkung einer tangentiellen Kraft befindet, die eine Function des noch zu durchlaufenden Bogens ist, tautochron sei, ist es nothwendig und hinreichend, dass diese Kraft dem Bogen proportional sei. (Des Verfassers: „théorie géométrique des tautochrones", in der sich der Nachweis vorfindet, ist dem Referenten leider nicht zugänglich gewesen). Er wendet sich sodann zu der Bewegung in einer Ebene und weist nach, dass ein Punkt unter den oben angegebenen Bedingungen immer eine geschlossene Curve beschreibt, ebenso wie die Umkehrung des Satzes. Der Beweis ist eine Anwendung des vorgehenden Theorems von der geradlinigen Bewegung.

O.

P. van Geer. Zur Theorie der geradlinigen Bewegung eines Punktes. Schlömilch Z. XVIII. 111-116.

Der Verfasser stellt für den Fall einer centrifugalen Beschleunigung, umgekehrt proportional der n^{ten} Potenz des Abstandes von einem festen Centrum, die Hauptgleichung der Bewegung auf, integrirt dieselbe und leitet sodann den Minimalabstand des bewegten Punktes vom Centrum ab. Der sich bewegende Punkt erreicht diesen zuerst, kehrt dann um und entfernt sich unendlich vom Centrum mit zunehmender Geschwindigkeit, deren Grenze der Verfasser bestimmt. Weiter bestimmt Verfasser sodann die Zeit, die der Punkt von seiner Anfangsentfernung bis zum Minimalabstand gebraucht. Diese Zeit ist von der Anfangsgeschwindigkeit abhängig. Sie wird 0, wenn letztere 0 oder ∞ wird. Das dazwischen liegende Maximum wird bestimmt und sodann die speciellen Fälle, wo $n = 3$, 2, und 1, das eine besondere Betrachtung nöthig macht, genauer untersucht. O.

Th. Dieu. Mouvement d'un point matériel sur une ligne fixe, en égard au frottement. Liouville J. (2) XVIII. 1-24.

Der Verfasser betrachtet einen Punkt (x, y, z), der, der Wirkung einer Kraft P ausgesetzt, gezwungen ist, auf einer festen Curve zu bleiben. Der Körper bewegt sich dann als frei unter der Wirkung einer Kraft Q, die sich aus P und einer Kraft E zusammensetzt. Er erhält auf diese Weise zur Bestimmung der Bewegung sechs Gleichungen mit sieben Unbekannten, nämlich x, y, z, E, λ, μ, ν, wo λ, μ, ν die Richtungswinkel von E sind. Indem er dann die Kraft P in zwei Componenten zerlegt und ebenso die unbekannte Kraft E, die von der Wirkung der festen Curve auf den Punkt, also auch von einer Componente der Reibung abhängig ist, gelangt er zu der siebenten noch fehlenden

Gleichung, deren Inhalt, in Worten ausgedrückt, etwa heissen würde: Die Hälfte des Differentials der lebendigen Kraft ist gleich der Differenz der elementaren Arbeiten, welche von der angewandten Kraft und der Reibung des Punktes auf der Curve geleistet wird. Indem er dann eine specielle Annahme über die Componente der Kraft E macht, indem er nämlich annimmt, dass die Componenten von E sich nur durch einen constanten Factor, den Reibungscoefficienten, unterscheiden, discutirt er die entstehende Bewegung und wendet dann seine Resultate auf eine Anzahl von speciellen Problemen an: 1) Die Curve ist eine unbegrenzte Gerade, P eine beliebige Kraft. 2) Die Curve ist ein verticaler Kreis, P das Gewicht des sich bewegenden Körpers. 3) Die Curve ist eine Parabel mit verticaler Axe im entgegengesetzten Sinn zur Schwere, P das Gewicht. 4) Die Curve ist eine Cycloide mit verticaler Axe, im entgegengesetzten Sinn zur Schwere, die Kraft das Gewicht. 5) Die Curve ist eine Schraubenlinie auf einem Cylinder mit verticaler Axe, die Kraft ist das Gewicht.

O.

Th. Dieu. Mouvement d'un point matériel pesant et libre dans un fluide homogène en repos. Nouv. Ann. (2) XII. 161-176.

Integration der Differentialgleichungen für die Bewegung eines materiellen Punktes, wenn auf demselben ausser der Schwerkraft ein Widerstand $= av + bv^2$ (v die Geschwindigkeit) wirkt. Für die beiden Fälle, dass keine Anfangsgeschwindigkeit vorhanden ist, oder dass dieselbe vertical von oben nach unten gerichtet ist, lässt sich die Integration unmittelbar ausführen. Die Bewegung wird discutirt. Für den Fall, dass die Anfangsgeschwindigkeit einen Winkel mit dem Horizont bildet, wird das Problem auf eine nicht lineare Differentialgleichung zweiter Ordnung reducirt, die sich in endlicher Form nicht allgemein integriren lässt. Die Integration wird für den Fall, dass der Winkel, den die Anfangsgeschwindigkeit mit dem Horizont bildet, sehr klein und positiv ist, näherungsweise ausgeführt. Ebenso werden die bekannten Fälle weiter behandelt, wo eine der Constanten a, b des Widerstandsgesetzes verschwindet. Wn.

J. Bertrand. Théorème relatif au mouvement d'un point attiré vers un centre fixe. C. R. LXXVII. 849-853.

Unter den Attractionsgesetzen, welche die Wirkung der Kraft in unendlicher Entfernung zu Null machen, ist das Newton'sche das einzige, bei welchem Körper, die eine Anfangsgeschwindigkeit haben und von einem festen Centrum angezogen werden, nothwendig geschlossene Curven um dieses Centrum beschreiben. Diesen Satz hat der Verfasser in vorliegender Notiz aufgestellt und bewiesen. Der Gang des Beweises ist in kurzen Zügen folgender: Ist $\varphi(x)$ die in der Entfernung r ausgeübte Anziehung gegen das feste zum Anfangspunkt der Coordinaten gewählte Centrum, so wird zunächst eine Relation zwischen den Polarcoordinaten θ und r oder vielmehr dem reciproken Werth von r, z, hergeleitet. Diese heisst:

$$d\theta = \pm \frac{dz}{\sqrt{h + \frac{1}{k^2}\varpi(z) - z^2}}, \quad \text{wo } \varpi z = 2\int \psi(z)\,dz,\ \psi(z) = r^2\varphi(r)$$

ist. Soll nun die durch diese Gleichung dargestellte Curve geschlossen sein, so wird z Maxima und Minima haben, für die $\frac{dz}{d\theta}$ Null sein wird. Die entsprechenden Radii vectores, normal zur Bahn, werden für sie Symmetrieaxen sein. Der Verfasser giebt nun die Gleichung für ein Maximum und Minimum von z und leitet daraus die Relationen her, die zwischen den ϖ, ψ und φ stattfinden müssen. Er erhält dadurch als Form für $\varphi(x)$

$$\varphi(r) = \frac{A}{2} r^{\frac{1}{m^2}-2}.$$

Ist darin $\frac{1}{m^2} - 2$ negativ, so folgt $m = 1$, d. h. $\varphi(r) = \frac{A}{r^2}$. Als zweites, mögliches Attractionsgesetz unter der aufgestellten Bedingung ergiebt sich $\frac{1}{m^2} - 2 =$ positiv, $\varphi(r) = Ar$. O.

J. Wolstenholme. On elliptic motion under acceleration constant in direction. Proc. of L. M. S. IV. 331-334.

Betrachte ein Dreieck *ABC*, oder einen Punkt *C*, der fest verbunden mit den äussersten Enden eines Stabes *AB*; wenn dann *A*, *B* Linien unter rechten Winkeln zu einander beschreiben, so beschreibt der Punkt *C* eine Ellipse und wenn z. B. *A* sich mit einförmiger Geschwindigkeit bewegt, so wird die Ellipse nach einem bestimmten Gesetz der Geschwindigkeit beschrieben werden. Die Arbeit bezieht sich auf die Kinematik solcher Art beschriebener Ellipsen. Cly. (O).

P. Perlewitz. Untersuchungen über die Fälle, in denen ein von zwei festen Punkten angezogener oder abgestossener Punkt eine Ellipse oder Hyperbel beschreibt, deren Brennpunkte jene beiden Punkte sind. Diss. Leipzig. Schlömilch Z. XVIII. 58-92.

Nachdem der Verfasser im ersten Paragraphen einen kurzen Ueberblick über die Vorgeschichte dieses Problems gegeben hat, stellt er in den folgenden Abschnitten die allgemeinen Gleichungen für die Bewegung eines Punktes, der von zwei festen Punkten angezogen oder abgestossen wird, auf. Er nimmt sodann die Vereinfachungen derselben vor, die sich dadurch ergeben, dass man die Bewegung in einer Ebene vor sich gehen lässt. Daraus ergeben sich ihm die allgemeinen Bedingungen, die erfüllt sein müssen, damit die Bewegung in einer Ellipse oder Hyperbel stattfinden könne. Er wendet sich dann speciell zu der elliptischen Bewegung und discutirt die einzelnen Fälle, die sich aus der Bedingungsgleichung für die elliptische Bewegung ergeben, wobei speciell auf die Maxima und Minima der Geschwindigkeit Rücksicht genommen wird. Aus der Form des Integrales der Differentialgleichung für t werden dann die möglichen Fälle hergeleitet und schematisch zusammengestellt. In derselben Weise wird sodann die hyperbolische Bewegung betrachtet. Nachdem überall die nöthigen Substitutionen gewonnen sind, um die Wurzelgrössen in dem Ausdruck für dt auf die Form

$\sqrt{(1-w^2) \cdot (1-(k^2 w^2))}$ zu bringen, giebt der Verfasser eine Darstellung des Integrals durch Thetafunctionen, wobei er sich der von Schellbach in seinen „elliptischen Integralen" adoptirten Bezeichnung bedient. O.

J. Graindorge. Problème de mécanique. Mém. du Liège (2) III. 755-769.

Die Arbeit behandelt das folgende Problem, welches durch die gewöhnlichen Gleichungen der Mechanik und die Methode von Jacobi gelöst wird: Die Bewegung eines materiellen Punktes zu finden, der von 2 gegen ein Centrum gerichteten Kräften angegriffen wird, von denen die eine denselben proportional der Entfernung anzieht, die andere umgekehrt proportional dem Cubus der Entfernung abstösst. Die Anfangsgeschwindigkeit wird senkrecht zur Anfangslage des Radius vector angenommen.

Mn. (O.)

Bachmaninon. Les éléments de la dynamique théorétique. Bull. de Kiew 1873. (Russisch).

Die Arbeit ist noch nicht vollendet. Der bisher erschienene Theil behandelt nur die Bewegung eines materiellen Punktes.

Ke. (O.)

J. A. Serret. Réflexions sur le mémoire de Lagrange intitulé: „Essai sur le problème des trois corps". C. R. LXXVI. 1557-1565.

Lagrange hat in der im Titel citirten Arbeit bekanntlich gezeigt, dass wenn man das allgemeine Problem der drei Körper auf die Untersuchung der Gestalt des von ihnen gebildeten Dreiecks beschränkt, diese von zwei Differentialgleichungen der zweiten und einer der dritten Ordnung abhängt. Lagrange hatte aber in seiner Arbeit unterlassen, die Symmetrie der Formeln herzustellen, obgleich es leicht gewesen wäre, dazu zu gelangen. Die Arbeit von Hesse nun, die im 4ten Bande der F. d. M. p. 405 besprochen worden ist, hat Herrn Serret Veranlassung gegeben, auf die Arbeit von Lagrange zurückzukommen. Der Zweck vorliegender Arbeit ist nun der, einen Fehler darzuthun, der sich in der Arbeit von Hesse befindet. Er transformirt zu dem Ende die Gleichungen von Lagrange der Art, dass sie symmetrisch werden und weist dann den Irrthum nach, auf den schon an der oben citirten Stelle aufmerksam gemacht worden ist. O.

E. Mathieu. Mémoire sur le problème des trois corps.

C. R. LXXVII. 1071-1074.

Bour hat in seiner Arbeit über das Problem der drei Körper (J. de l'Éc. Pol. Cah. 36) acht Gleichungen die Hamilton'sche Form

$$\frac{dq_i}{dt} = \frac{dH}{dp_i}, \quad \frac{dp_i}{dt} = -\frac{dH}{dq_i} \quad (i = 1, 2, 3, 4)$$

gegeben. Der Verfasser stellt sich nun vor, dass diese Gleichungen gelöst seien und dass man die betreffenden Grössen r, r_1 etc. als Functionen der Zeit kenne. (Der Verfasser hat das System durch einen festen Körper M und zwei bewegliche m, m_1 ersetzt, deren Entfernungen von M er mit r und r_1 bezeichnet) und zeigt nun, wie man von zwei bekannten Lagen der Körper m und m_1 aus, zu den Lagen übergehen kann, die sie nach einer unendlich kleinen Zeit einnehmen. Er schliesst aus seinen Resultaten auf eine endliche Bewegung von m und m_1 in der Ebene des von den Körpern gebildeten Dreiecks, während die Ebene ohne Gleitung auf einem Kegel rollt, dessen Differentialgleichung sich durch Elimination von t aus zwei der vom Verfasser aufgestellten Gleichungen ergiebt. O.

F. Siacci. Sur un théorème de Mécanique céleste.

C. R. LXXVII. 1288-1291.

In den C. R. für 1872 (siehe F. d. M. IV. p. 463) hat Herr S. Newcomb folgenden Satz aufgestellt. Es seien $b_1, b_2 \dots b_{3n}$ die Coefficienten der Zeit t in den Ausdrücken für die Coordinaten und Geschwindigkeiten von den Planeten, $c_1, c_2 \dots c_{3n}$ die $3n$ übrigen canonischen Constanten des Problems, V das Virial, so ist

$$b_i = \frac{\partial V}{\partial c_i}.$$

Newcomb setzte dabei voraus, dass die Coordinaten und Geschwindigkeiten durch trigonometrische Reihen darstellbar seien, deren Argumente lineare Functionen der Zeit sind. Der vorliegende Aufsatz giebt einen allgemeinen Beweis für dieses Theorem, unter der Voraussetzung, dass die Coordinaten und Geschwindigkeiten überhaupt als Functionen von c_1, $c_2 \dots c_{3n}$ und der Binome $l_i + b_i t$ dargestellt werden können. B.

M. DE TILLY. Notice sur deux traités récents de balistique et sur l'état actuel de cette science. Bordeaux 8°.

Diese Recension von Mayewski's „Traité de Balistique extérieure". (Paris, Gauthier-Villars 1872 s. F. d. M. IV 468) und des ersten Theiles von P. de Saint-Robert's „Mémoires scientifiques" (Turin, Bona, 1872) giebt einen klaren Ueberblick über die allmählige Entwickelung und den augenblicklichen Stand der Untersuchungen auf dem Gebiet der Balistik und hebt die Fragen hervor, deren Lösung einem der obengenannten Herren zu verdanken sind. Alle Fragen, die mehr oder weniger mit der Balistik zusammenhängen, sind in grosser Klarheit auseinandergesetzt. Mn. (O.)

M. DE TILLY. Note sur la similitude mécanique dans le mouvement des corps solides en général, et en particulier dans le mouvement des projectiles lancés par les armes à feu rayées. Bull. de Belg. (2) XXXVI. 160-170.

Ein Theil der in dieser Note enthaltenen Resultate sind früher von Herrn Siacci gegeben worden. Die übrigen sind vom Verfasser in einer kleinen 1874 publicirten Abhandlung entwickelt. Das Referat über dieselben wird in Bd. VI des Jahrbuchs erfolgen. Mn. (O.)

M. DE TILLY. Rapport sur une note intitulée: Sur le calcul de la vitesse initiale d'un projectile quelconque,

lorsque l'on connait la vitesse en un point voisin de la bouche à feu par A. C. d'Andro da Mendoça.
Bull. de Belg. (2) XXXVI. 140-142.

Herr Mendoça nimmt das von Herrn Didion (Balistique extérieure 1872) aufgestellte Widerstandsgesetz an. Er findet zwischen der verbesserten Anfangsgeschwindigkeit y und der Geschwindigkeit x in einer gewissen Entfernung vom Geschütz eine Relation von der Form

$$y(a+bx) = cx,$$

welche man in der Praxis durch eine lineare Relation ersetzen kann. Mn. (O.)

Coquilhat. Trajectoires des fusées volantes dans le vide.
Mém. de Liège (2) V.

Untersuchung des Problemes der Bewegung von Geschossen im leeren Raume, unter Annahme verschiedener plausibeler Hypothesen über die in Wirksamkeit tretenden Kräfte, oder in einem wenig Widerstand leistenden Mittel. Die Arbeit bietet mathematisch wenig des Interessanten. Mn. (O.)

Noble. On the pressure required to give rotation to rifled projectiles. Phil. Mag. 1873.

In dieser Arbeit wird der Druck untersucht, der nöthig ist, um in einem parabolisch gezogenen Feuergewehre Rotation zu erzeugen. Das Geschütz ist ein solches, dessen Windung, in eine ebene Curve aufgewickelt, eine Parabel werden würde. Die angewendeten Bewegungsgleichungen sind folgende: Angenommen die Ebene (x, y) sei senkrecht zu der Geschützaxe und diese Axe sei wieder die Axe von z; G sei der Luftdruck, R der die Rotation hervorrufende Druck, λ, μ, ν die Richtungswinkel von R, μ_1 der Reibungscoefficient und α, β, γ die Richtungswinkel dieser Kraft, dann sind die Bewegungsgleichungen

$$M\frac{d^2z}{dt^2} = G + R\{\cos\nu - \mu_1\cos\gamma\}$$

$$M\frac{d^2\varphi}{dt^2} = \frac{Yx - Xy}{e^2} \text{ (}e\text{ ist der Radius der Windung)}$$

und

$$X = R\,\{\cos\lambda - \mu_1 \cos\alpha\}, \quad Y = R\,\{\cos\mu - \mu_1 \cos\beta\}.$$

Aus diesen Gleichungen und dem Systeme

$$x = r\cos\varphi, \quad y = r\sin\varphi, \quad z^2 = kr\varphi,$$

welches die Gleichungen der Züge sind, beweist der Verfasser, dass

$$R = \frac{2e^2 \sqrt{4z^2 + k^2(Gz + Mv^2)}}{kr^2(k - 2\mu_1 z) + 2e^2 z(rz + \mu_1 k)}.$$

Die Arbeit schliesst mit interessanten arithmetischen Rechnungen.

Csy. (O.)

M. DE BRETTES. Note sur la pénétration des projectiles oblongs dans les milieux résistants. C. R. LXXVI. 278-280.

Im Anschlusse an die Arbeit des Verfassers, über welche Band IV p. 469 berichtet worden ist, wird jetzt folgender Satz bewiesen: „Die Bahnen zweier länglicher Geschosse in der Richtung der Axen ihrer Figuren, wenn sich ihre ursprünglichen Geschwindigkeiten V, V', die wenig genug verschieden sind, um in dem Mittel einen Widerstand nach demselben Gesetz zu erleiden, in die proportionalen Geschwindigkeiten v und v' verändern, sind proportional den Producten λD, $\lambda' D'$ der reducirten Längen in die Dichtigkeiten und umgekehrt proportional den $(n-2)^{\text{ten}}$ Potenzen der Geschwindigkeiten V, V', wo n der Exponent der Geschwindigkeit, (für Luft $= 3$) in dem Monom für den Widerstand des Mittels ist. Die Dauer des Fluges T, T' sind proportional den Producten λD, $\lambda' D'$ der reducirten Längen in die Dichtigkeiten und umgekehrt proportional den $(n-1)^{\text{ten}}$ Potenzen der Geschwindigkeiten V, V'“. Zum Beweise stellt der Verfasser zunächst die Bewegungsgleichung des Geschosses in der Richtung der Axe auf, leitet dann das Gesetz für die Dauer des Fluges ab, indem er die Geschwindigkeitsverluste berechnet und bestimmt dann, nachdem er die Proportionalität der Geschwindigkeit während des Fluges bewiesen, das Verhältniss der Bahnlängen.

O.

H. RESAL. Essai sur la détermination du frottement de l'air sur un projectile oblong. Nouv. Ann. (2) XII. 561-565.

Der Verfasser untersucht in vorliegender Notiz, von der Navier'schen Hypothese über den Widerstand bei der Bewegung in einer Flüssigkeit ausgehend, welche Form U, die Geschwindigkeit eines Punktes der Oberfläche des Geschosses, annehmen muss, um derselben zu genügen. Er findet die Form $H.e^{-mt}$, wo H und m Functionen von R (der Radius des als Cylinder angenommenen Geschosses) sind, welche durch Experiment bestimmt werden müssen. O.

W. Besant. Organic proof of the isochronism of a cycloid. Quart. J. XII. 276. Cly.

R. Townsend. On tautochronous and brachystochronous curves for parallel and concurrent forces. Quart. J. XII. 247-257.

Die Abhandlung enthält nur den ersten Theil, tautochronische Curven, bestehend aus zwei Theoremen, (a) für Parallelkräfte und (b) für sich schneidende Kräfte. Diese Sätze stellen für irgend eine gegebene ebene oder Raumcurve das Kräftegesetz auf, für welches die Curve tautochron ist. Cly. (O.)

K. Hullmann. Der Foucault'sche Pendelversuch. Oldenburg. Schmidt.

Der Verfasser unterzieht die früheren Herleitungen einer Kritik, und giebt eine neue Berechnungsart. Eine Kritik derselben findet sich Grunert Arch. LV. Litt.-Ber. CCXIX p. 12–13 von R. Hoppe. O.

H. Résal. Théorie des effets observés par Savart sur l'influence mutuelle de deux pendules. Ann. de l'Éc. Norm. (2) II. 445-460. C. R. LXXVI. 75-76.

An den Enden eines horizontalen Stabes sind zwei Pendel angebracht. Der Stab selbst ist in seiner Mitte an einem elastischen Faden aufgehängt. Die Bewegung eines solchen Systems von Pendeln ist von Savart experimentell untersucht worden. Die vorliegende Arbeit giebt eine theoretische Untersuchung dieser Bewegung. Nachdem zunächst allgemein die Bewegungsgleichungen aufgestellt und integrirt worden sind, wendet sich der Verfasser zu speciellen Fällen. Er untersucht zuerst den Fall gleicher Pendel für die verschiedenen Möglichkeiten der Bewegungsphase der Pendel und leitet die Resultate speciell ab. Dann betrachtet er auch ungleiche Pendel in den verschiedenen Möglichkeiten. Die Resultate seiner theoretischen Untersuchungen stehen mit den von Savart gefundenen Thatsachen in Einklang.

O.

R. Moon. On the integration of the accurate equations applicable to the motion in one plane of an indefinitely thin wire. Quart. J. XII. 241-247.

Die betrachteten Gleichungen sind

$$(1)\quad \begin{cases} 0 = \dfrac{d^2\alpha}{dt^2} - \dfrac{1}{D}\dfrac{dR}{dx} \\ 0 = \dfrac{d^2\beta}{dt^2} - \dfrac{1}{D}\dfrac{dS}{dx} \end{cases}$$

$$(2)\quad 0 = R\frac{d\beta}{dx} - S\frac{d\alpha}{dx}.$$

Man erhält die Lösung, indem man zuerst die Gleichungen (1) allein betrachtet, und ein System von sechs Gleichungen, die willkürliche Functionen enthalten, und welches die allgemeinste Lösung des Systemes ist, niederschreibt. Cly. (O.)

Y. Villarceau. Note concernant le changement de vitesse de régime dans les régulateurs isochrones. C. R. LXXVII. 151-155.

Neben allgemeineren Betrachtungen über Regulatoren beweist der Verfasser, dass, wenn ein Regulator bei verticaler Axe den Bedingungen des Isochronismus genügt, dies auch bei jeder anderen Lage der Axe der Fall ist, (man hat nur g mit $g \cos J$ zu vertauschen, wo J der Neigungswinkel), und wendet dies auf Instrumente an, die dazu bestimmt sind, den Bewegungen von Gestirnen zu folgen. O.

Y. VILLARCEAU. Ueber die aus dem Watt'schen System abgeleiteten isochronen Regulatoren. Carl Rep. IX. 171-181.

Uebersetzung der Abhandlungen aus den C. R. LXXIV. 1437-1445 und 1481—1483, über die Band IV p. 479 und 480 d. F. d. M. berichtet worden ist. O.

G. BATTAGLINI. Sulla teorica dei momenti d'inerzia. Battaglini G. XI. 62-72.

G. BATTAGLINI. Sul movimento di un sistema di forma invariabile. Battaglini G. XI. 359-367.

In Fortsetzung der im vorigen Jahrgange p. 448 erwähnten Arbeit geht Herr Battaglini nun zur dynamischen Behandlung der Bewegung eines Systemes von unveränderlicher Form über. In dem ersten Aufsatze giebt er zunächst eine geometrische Theorie der Trägheitsmomente und behandelt dann in der zweiten Arbeit die Bewegung eines solchen Systemes. O.

E. J. ROUTH. Some new theorems on the motion of a body about a fixed point. Proc. of Lond. XXI. 233-241.

Bezieht sich auf Poinsot's Darstellung der Bewegung eines festen Körpers um einen festen Punkt, mittelst eines Ellipsoids, das zum Mittelpunkt den festen Punkt hat, und welches auf einer festen Ebene rollt. Die resultirenden Relationen der unveränderlichen Linie und der augenblicklichen Axen zu einander und zu den anderen Theilen des Körpers werden aus Eigenschaften der sphärischen Ellipse abgeleitet. Cly. (O.)

J. FINGER. Betrachtung der allgemeinen Bewegungsform starrer Körper vom Gesichtspunkte einer Gyralbewegung. Wien. Ber. LXIII. 317-356.

„Die allgemeine Bewegungsform eines starren Körpers kann, abgesehen von der progressiven Bewegungscomponente, reducirt werden auf eine rotirende Bewegung des starren Körpers um eine materielle Axe, die jedoch im Allgemeinen gleichzeitig ihre absolute Lage im Raume nach gewissen Gesetzen stetig ändert, also eine Gyralbewegung". Die partielle rotirende Bewegung eines in beliebiger Bewegung begriffenen starren Körpers um die augenblickliche Rotationsaxe lässt sich nämlich in componentale Rotationen um zwei beliebige orthogonale Axen, in deren Ebene die erstere gelegen ist, zerlegen. Nimmt man nun zu einer der beiden Axen dieser Rotationscomponenten eine Axe, die während der Bewegung des Körpers stets dieselben materiellen Punkte desselben in sich fasst, oder, falls sie ausserhalb des Körpers liegt, dieselbe relative Lage zu den materiellen Theilchen des Körpers behält, so ist dies eine „materielle Axe". Der allgemeinen Untersuchung dieser Bewegungsform ist die vorliegende Abhandlung gewidmet. Der Verfasser wählt sich dazu noch zwei ideelle Axen, die „Kippaxe" und die „Nebenaxe". Die materielle Axe geht durch den Schwerpunkt, der bei dieser Betrachtung als fest angenommen wird. Die materielle Axe beschreibt dann eine Kegelfläche, deren Spitze der Schwerpunkt ist. In einem Zeittheilchen dt bewegt sie sich nun in einer an die Kegelfläche gelegten Tangentialebene und macht demgemäss um die durch den Schwerpunkt gelegte Normale K derselben eine rotirende Bewegung. Diese Normale ist die „Kippaxe". Die auf diesen beiden Axen senkrechte Linie endlich ist die „Nebenaxe". Der Verfasser stellt nun zunächst den Begriff positiv und negativ für die verschiedenen Drehungen und Axengrössen fest, und behandelt dann die Bewegung der drei Axen während der Bewegung des Körpers jede für sich, zunächst in kinematischer Beziehung. Dies füllt den ersten Theil der Arbeit aus. Im zweiten Theil werden dann die dynamischen Verhältnisse dieser Bewegung besprochen, indem die zur Erzeugung der betrachteten Bewegung nothwendigen resultirenden Kräftepaare, deren Axen mit den drei obigen zusammenfallen, berechnet werden. Am Schluss wird in einer Anmerkung auf einen Fehler aufmerksam gemacht, der sich in einer Arbeit von Herrn Scheffler „Imaginäre Arbeit, eine Wirkung der Centrifugal- und Gyralkraft" (Schlömilch Z. XI. p. 93—151. 1866) bei Berechnung des Momentes der Gyralkraft vorfindet.

O.

SABININE. Sur l'accélération normale à la trajectoire d'un point d'un système invariable mobile dans son mouvement le plus général. Nouv. Ann. (2) XII. 257-265.

Herr Résal hatte in einer früheren Arbeit „Sur les propriétés géométriques du mouvement le plus général d'un corps solide" (J. de l'Éc. pol. Cah. XXXVII p. 227. 1858) einen Ausdruck für die normale Beschleunigung gegeben, der indess nicht allgemein gültig ist, sondern nur auf den Fall Anwendung findet, wo die Richtung der Gesammtbeschleunigung die augenblickliche Axe trifft. Herr Sabinine weist dies nach und stellt zugleich den allgemeinsten Ausdruck her. Dem Schlusse der Arbeit ist eine Notiz von Herrn Résal angefügt, worin derselbe den gerügten Fehler anerkennt und zugleich die nöthige Rectification anbringt. Bezeichnet m die Projection des Punktes M eines unveränderlichen Systemes, r die Entfernung Om, w und Q die augenblickliche Rotation und die Gleitungsgeschwindigkeit, V die Geschwindigkeit von M oder die Resultante von Q und wr, X, Y, Z die Componenten der Beschleunigung dieses Punktes parallel den Axen, α endlich den Winkel von V mit wr, so ist der gesuchte Ausdruck nicht $Z\cos\alpha$, wie Herr Résal früher gefunden, sondern

$$Z\cos\alpha - \left(Y\frac{x}{r} - X\frac{y}{r}\right)\sin\alpha.$$

O.

M. DE TILLY. Note sur les axes instantanés glissants et les axes centraux, dans un corps solide en mouvement. Bull. de Belg. (2) XXXV. 24-30.

Wenn man sich bei der Bewegung eines festen Körpers den Punkt 1 ersetzt denkt durch 2, 2 durch 3, 3 durch 4 u. s. f., so bilden die Punkte 1 2 3 4 ... die Ecken einer Polygon-Linie mit gleichen Seiten. Die Minimallinie dieser Art ist eine Gerade, wenn sie sich nicht auf einen Punkt reducirt. Denn sonst würden die Mitten der Seiten dieser Polygon-Linie, zu zwei und zwei durch Gerade verbunden, eine kürzere Polygonallinie bilden. Es existirt also eine Gerade, längs welcher es einfach Gleitung und Rotation giebt. Wenn das Minimum-Polygon sich auf einen

Punkt reducirt, beweist eine analoge Ueberlegung mit einer Kugel, die diesen Punkt zum Mittelpunkt hat, die Existenz der centralen Axe. Jede Verrückung kann durch eine Translation ersetzt werden, welche 2 in seine definitive Lage 1 überführt, und eine Rotation um eine Axe 1 1'. Die Construction von 1 1' oder die der Centralaxe bestimmt eine und dieselbe Richtung, wenn 3 Punkte des beweglichen Körpers gegeben sind. Daraus ergeben sich dann leicht andere Eigenschaften der Bewegung.

Mn. (O.)

R. S. Ball. On a geometrical solution of a problem. Rep. of Brit. Ass. 1873.

Ein ruhender starrer Körper mit drei Graden von Freiheiten bekommt einen Stoss. Man bestimme die augenblickliche Schraube, um welche der Körper sich zu drehen beginnt.

Csy. (O).

R. S. Ball. Solution of a problem. Rep. of Brit. Ass. 1873.

Lösung des folgenden Problems: Die augenblickliche Schraube μ, um welche ein Körper mit drei Graden von Freiheiten sich zu drehen beginnt, sei gegeben; man bestimme die erzeugende Schraube s.

Csy.

R. S. Ball. Researches in the dynamics of a rigid body by the aid of the theory of screws. Proc. of Lond. XXI. 385-386.

Auszug aus einer Arbeit, die seitdem in den Phil. Trans. erschienen ist, und welche Entwickelungen einer Theorie enthält, die in den Trans. of R. Irish Acad. XXV. 157 skizzirt ist.

Cly. (O.)

H. W. Watson. On the motion of a particle referred to a moving space. Quart. J. XII. 204-214.

In dieser Arbeit sollen keine neuen Gleichungen gegeben werden. Nur die bekannten Bewegungsgleichungen eines festen

Körpers sowohl, wie eines Theilchens in Bezug auf sich bewegende Axen, werden zu deuten versucht. Cly. (O.)

R. Townsend. On a construction in the dynamics of a rigid body, which rolls without sliding on a fixed rough surface. Quart. J. XII. 201-204.

Enthält die geometrische Construction für das folgende Problem, welche der analytischen Herleitung von Mr. Jellet in seiner „Treatise on the theory of friction" entspricht: Es rolle ein starrer Körper durch irgend welche Kräfte veranlasst, ohne zu gleiten auf einer festen rauhen Oberfläche; bestimmt soll die Reaction an irgend welchem Punkte der Oberfläche in Grösse und Richtung werden. Cly. (O.)

Didion. Mouvement d'un segment sphérique sur un plan incliné. C. R. LXXVII. 167-173.

Das Problem, um dessen Lösung es sich in der vorliegenden Arbeit handelt, wird vom Verfasser folgendermaassen ausgesprochen: „Auf eine horizontale Ebene wird ein sphärisches Segment gelegt. Die Ebene wird dann nach und nach geneigt. Gefragt wird nach der Bewegung des Körpers bei Berücksichtigung der Reibung". Legt man ein sphärisches Segment auf eine horizontale Ebene, so liegen der Mittelpunkt der Kugel, der Schwerpunkt des Segments und der Berührungspunkt in derselben Vertikalen. Lässt man dann das Segment auf der Ebene rollen, so verfolgt der Mittelpunkt der Kugel eine gerade Linie, parallel der Ebene, während der Berührungspunkt eine Cycloide beschreibt, deren Tangente im Anfangspunkte vertical ist, und deren ursprünglicher verticaler Radius sich mehr und mehr neigt. Der Schwerpunkt beschreibt ebenfalls eine Cycloide, die jedoch nicht mit der des Berührungspunktes identisch ist, sondern eine Cycloide, deren Tangente im Anfangspunkt der Bewegung horizontal ist. Der Schwerpunkt erhebt sich also und kehrt, wenn der Körper sich selbst überlassen bleibt, auf dem Wege zurück und oscillirt hin und her, bis er seine ursprüngliche Lage wieder eingenommen hat. Man hat also in diesem Falle stabiles Gleichgewicht. Dies ändert sich aber bei geneigter Ebene. Dann geht die Vertikale des Schwerpunktes nicht durch den Berührungspunkt, das Segment rollt längs der Falllinie (s. F. d. M. III. p. 375), während der Schwerpunkt wieder eine Cycloide beschreibt. Er oscillirt auch in dem Falle und kommt in dem Punkte zur Ruhe, wo die Tangente horizontal wird. Dort bleibt er im stabilen Gleichgewicht, sobald die Neigung der Ebene kleiner ist, als die, unter welcher der Körper gleiten würde. O.

H. Schneebeli. Zur Theorie des Stosses elastischer Körper. Wolf Z. XVIII. 52-59.

Im Anschluss an seine experimentellen Untersuchungen hat der Verfasser nun auch theoretisch einige einfache Fälle untersucht, und zwar zuerst den Stoss eines elastischen Cylinders mit ebener Stirnfläche gegen eine unveränderliche feste Ebene, die auch als absolut eben betrachtet wird. Die Geschwindigkeit der Stirnfläche nimmt von Beginn des Contactes an ab, wird dann zu einer Zeit Null, in welcher der Cylinder seine grösste Compression erreicht hat. Von da an nimmt die Geschwindigkeit wieder zu und zwar in derselben Weise und in derselben Zeit, wie der Verlust vor sich gegangen war, bis die anfängliche Geschwindigkeit wieder erreicht ist. Für diese „Stosszeit" findet der Verfasser

$$T = \pi \sqrt{\frac{M}{E}},$$

wo M die Masse und E der Elasticitätsmodul des Cylinders ist. Ferner untersucht der Verfasser den Fall eines mit einer kugelförmigen Stossfläche versehenen Körpers. Er findet hier

$$T = K \sqrt[3]{\frac{M}{rEv}},$$

wo v die Geschwindigkeit des stossenden Körpers, r der Radius, K ein constanter Factor ist. Den Schluss bildet ein Vergleich dieser Formeln mit den von dem Verfasser experimentell gewonnenen Resultaten. (S. Poggendorff Ann. CXI. V. 331).

O.

Kretz. Mémoire sur les conditions à remplir dans l'emploi du frein dynamométrique. Ann. de l'Éc. Norm. (2) II. 55-79.

Die Arbeit enthält in ihrer Einleitung einen geschichtlichen Ueberblick über die Entwickelung des Apparates, der dazu dient, den Nutzeffect von Maschinen zu bestimmen. Sie zerfällt in zwei Theile. Der erste ist der Theorie gewidmet. Nach einer Beschreibung des Apparates werden zuerst die Bedingungen des Gleichgewichts desselben aufgestellt. Es ergiebt sich dabei für die mittlere Arbeit, die die Welle des Apparates leistet, eine Formel, die diese Leistung in Pferdekräften vermittelst der Dimensionen der einzelnen Theile des Apparates ausdrückt. Da dabei die Unbeweglichkeit der Welle während des Versuches vorausgesetzt werden muss, diese sich aber in der Praxis nicht erreichen lässt, so wird der Einfluss der Oscillationen auf das Endresultat einer Untersuchung unterworfen. Der zweite Theil der Arbeit ist der praktischen Construction des Apparates gewidmet. Mathematische Gesichtspunkte oder Schwierigkeiten, über die genauer zu referiren wäre, finden sich nicht vor.

O.

A. Langer. Ein rein geometrischer Beweis eines bekannten Lehrsatzes der Mechanik. Pr. Leitmeritz.

Bekannt. No.

S. Haughton. Principles of animal mechanics. Dublin. 2nd ed.

Das Buch enthält eine systematische Anwendung der Principien der Mechanik auf die Muskelfunctionen von Säugethieren. Neben dem Material, welches das Werk dem vergleichenden Anatomen liefert, ist es für den Mathematiker durch die mathematische Auffassung interessant. In seiner Classification der Muskeln richtet sich der Verfasser nach Morelli und erweitert sie noch durch eine grosse Anzahl verschiedener Arten von Muskeln, die er selbst untersucht hat. Es wird unter Anderem bewiesen, dass wenn die Tangentialebene zu einem Punkte der

Oberfläche gezogen wird, welche die Oberfläche in einem Indicatrix-Kegelschnitt schneidet, folgendes Theorem entsteht: „Es sei C der Mittelpunkt des Kegelschnittes, R irgend ein Punkt der Curve, P der Fusspunkt des Lothes, das von C auf die Tangente gefällt ist, so variirt die Spannung des elliptischen Muskelquerschnittes in dem Azimuth CR direct wie das Quadrat von CP". Wenn T die Spannung in einem Azimuth bezeichnet, P den correspondirenden Druck, der normal zur Oberfläche des Krümmungsradius in dem normalen Schnitt, der durch CP geht, ist, so hat man

$$P = \frac{2T}{\varrho}.$$

Diese Sätze sind richtig. Aus ihnen geht sofort Lagrange's Theorie zur Bestimmung des Druckes in Ausdrücken der mittleren Spannung

$$P = T\left(\frac{1}{\varrho_1} + \frac{1}{\varrho_2}\right)$$

hervor. Erläuternde Beispiele dieser Theoreme werden am Abdominalmuskel und Uterus gegeben.

Von den ellipsoidischen Muskeln geht der Verfasser zu den Quermuskeln über und zeigt durch eine Reihe interessanter geometrischer Ableitungen, dass die Wirkung einer Anzahl von Fasern, welche nicht in einer Ebene liegende Knochen verbinden, durch eine einzige Faser ersetzt werden könne, welche zwei Punkte O und O' in demselben Knochen verbindet und die mit der vereinten Kraft aller Fasern wirkt. In vielen Fällen liegen die Punkte O und O' ausserhalb der Querschnitte der wirklichen Fasern. Daher betrachtet der Verfasser die Quermuskeln als solche Gebilde, die geeignet sind, die Wirkung anderer zu ersetzen, und das erreicht er dadurch, dass er einen Querschnitt in eine andere Lage bringt.

Die nächsten beiden bemerkenswerthen Sätze, die hier auch bewiesen werden, während sie im Jahre 1872 der Royal Society noch ohne Beweis mitgetheilt wurden. 1) Zwei Knochen AB und $A'B'$, welche in einer Ebene liegen und durch Muskelfasern verbunden sind, seien gegeben. Man ziehe irgend welche zwei

Ebenen, die durch die Knochen gehen und sie in der Linie *PQ* schneiden. Der eine werde als fest vorausgesetzt, während der andere in *PQ*, als Rotationsaxe, beweglich gedacht wird. Verlangt werden die nothwendigen Bedingungen, damit die durch die Contraction geleistete Arbeit ein Maximum sei. Die Lösung ist folgende: a) die Ebene, deren Schnitt *PQ* ist, muss rechtwinklig sein; b) das Muskelviereck *AB A'B'* muss in einen Kreis beschrieben werden können. Angewendet wird dieser bemerkenswerthe Satz auf den Pectinalmuskel des Mannes, des Löwen und des Llama's vermittelst des Ptolemäischen Lehrsatzes; und es wird bewiesen, dass der Muskel bei diesen Thieren nach dem Princip der grössten Arbeit construirt ist. 2) Zwei Knochen *AB* und *A'B'*, welche in einer Ebene liegen und durch Muskelfasern verbunden sind, seien gegeben. Man ziehe irgend zwei Ebenen, die durch die Knochen gehen und sich in der Linie *PQ* schneiden. Der Verfasser leitet nun die nöthige Bedingung ab, damit die durch die Muskeln geleistete Arbeit ein Maximum sei. Folgendes ist die Lösung: a) die Rotationsaxe *PQ* muss durch den Schnitt der rechtwinkligen Ebenen, welche durch die Knochen gehen, gebildet werden. b) Ein gewisses Hyperboloid eines Schnittes kann durch die Knochen gezogen werden, wo *AB* und *A'B'* Generatricen einer Art sind, während die Axe der grössten Arbeit eine Generatrix der anderen Art ist. c) Diese Generatrix wird durch Lösung einer biquadratischen Gleichung gefunden. Dieser interessante Satz wird speciell auf verschiedene Muskeln des Menschen, des Llama's, des Leoparden und des Löwen angewendet und bewiesen, dass in allen Fällen die Natur die Axe der grössten Arbeit braucht.

Der Verfasser wendet zunächst das Problem der grössten Arbeit auf das Problem des Fliegens an und berechnet durch Messen an verschiedenen Vögeln die Lage der Axe der grössten Arbeit. Dem folgen eine Reihe von speciellen Untersuchungen über den Einklang der theoretischen Gesetze mit der Wirklichkeit, die durch eine Reihe von Tafeln über Zahlenwerthe veranschaulicht werden. Nachdem daraus gewisse allgemeine Sätze über die Muskelthätigkeit gefolgert worden sind, bemerkt der Verfasser, dass sich daraus interessante Combinationen mit der Theorie der Curven dritten Grades etc. ergeben. Den Schluss bildet eine Hypothese über die Gesetze der Muskelthätigkeit, aus welcher der Verfasser eine physikalische Eintheilung der Thiere herleitet. Csy. (O.)

B. Hydrodynamik.

G. F. W. Baehr. Note sur l'équation de continuité du mouvement des fluides. Versl. en Meded. (2) VII. 1-3.

Der Verfasser stellt die betreffende Formel auf, indem er einen beliebigen kleinen Theil der Flüssigkeit betrachtet an Stelle des gewöhnlich betrachteten kleinen Parallelepipedons.

Mn. (O.)

H. Helmholtz. Ein Theorem über geometrisch ähnliche Bewegungen flüssiger Körper, nebst Anwendung auf das Problem, Luftballons zu lenken. Berl. Monatsber. 1873. 501-514.

Nachdem der Verfasser in der Einleitung auseinandergesetzt, dass kein Grund vorhanden sei, die hydrodynamischen Gleichungen (mit Einschluss der die Reibung enthaltenden Glieder) nicht für den genauen Ausdruck der die Bewegung der Flüssigkeiten regierenden Gesetze zu halten, leitet er aus diesen Gleichungen folgenden Satz ab. Man bezeichnet mit x, y, z die Coordinaten, mit u, v, w die Geschwindigkeiten, mit p den Druck, mit ε die Dichtigkeit, mit k die Reibungsconstante, mit t die Zeit für eine Flüssigkeit, und es seien $X, Y, Z, U, V, W, P, E, K, T$ die entsprechenden Grössen für eine andre Flüssigkeit. Erfüllen dann x, y, z, u etc. die hydrodynamischen Gleichungen für die erste Flüssigkeit, so werden die für die zweite Flüssigkeit geltenden Gleichungen erfüllt durch

$$U = nu, \quad V = nv, \quad W = nw,$$

$$X = \frac{q}{n}x, \; Y = \frac{q}{n}y, \; Z = \frac{q}{n}z,$$

$$P = n^2 r\; p + \text{Const.}, \; T = \frac{q}{n^2}t.$$

Darin bezeichnen n, q, r drei Constante, und zwar ist $q = \frac{K}{k}$, dem Verhältniss der Reibungsindices, $r = \frac{E}{\varepsilon}$, dem Verhältniss der Dichtigkeiten beider Flüssigkeiten. Für compressible Flüssigkeiten ist ferner n gleich dem Verhältniss der Schallgeschwindigkeiten, für incompressible Flüssigkeiten ist n vorläufig unbestimmt. Die Grössen U, V, W erfüllen ferner ausser den für das Innere der Flüssigkeit geltenden Gleichungen auch die Grenzbedingungen. Dabei wird für schwere tropfbare Flüssigkeiten mit freier Oberfläche die Constante n vollständig bestimmt, sobald man von äusseren Kräften die Schwere in die Gleichungen einführt. Für tropfbare Flüssigkeiten ohne freie Oberfläche dagegen bleibt n willkürlich. Die Arbeit endlich, die zur Ueberwindung der Widerstände von Seiten eines eingetauchten Körpers gebraucht wird, ist in dem System $U, V, W \ldots\; nq^2r$ mal so gross, als in dem System u, v, w, die Arbeit beide Male für gleiche Zeiten genommen. Man kann demnach jede Lösung der hydrodynamischen Gleichungen, wenn dieselbe auch nur eine empirische ist, von einer Flüssigkeit auf eine andre übertragen; oder man kann auch in derselben Flüssigkeit eine Bewegung von kleinen auf grosse Dimensionen übertragen. In den Fällen, wo man bei der Bewegung die Reibung vernachlässigen kann, bleibt noch q willkürlich. Kommt aber die Schwere in Betracht, so muss $\frac{n^3}{q}$ unverändert bleiben, also $q = n^3$ sein. Diese Sätze werden angewandt zur Discussion einiger Fälle, in denen eine Bewegung im Wasser auf eine Bewegung in der Luft übertragen wird. Ferner wird daraus abgeleitet, welchen Effect die Vergrösserung der Dimensionen eines Vogels haben würde; die zum Lenken des Luftballons nöthige Arbeit wird berechnet und Aehnliches.

Wn.

D. Bobylew. Einige Betrachtungen über die Gleichungen der Hydrodynamik. Clebsch Ann. VI. 72-84.

Der Verfasser transformirt zuerst die allgemeinen hydrodynamischen Gleichungen mit Einschluss der Glieder, welche die innere Reibung darstellen, auf ein beliebiges (nicht orthogonales) Coordinatensystem, mit specieller Anwendung auf cylindrische Coordinaten. Er benutzt dann die transformirten Gleichungen, um zu zeigen, wie einige der von Helmholtz in seiner bekannten Arbeit über die Wirbelbewegungen tropfbarer Flüssigkeiten (Crelle J. LV) abgeleiteten Sätze zu modificiren sind, wenn man die innere Reibung mit berücksichtigt. Der Helmholtz'sche Satz: „Das Product aus der Rotationsgeschwindigkeit und dem Querschnitt ist in der ganzen Länge desselben Wirbelfadens constant", verliert durch Hinzunahme der Reibung seine Gültigkeit nicht. Dagegen kann jenes Product bei der Fortbewegung im Allgemeinen nicht constant bleiben. Auch kann ein Molecül, dessen Rotationsgeschwindigkeiten die Anfangswerthe Null hatten, doch in die Rotationsbewegung eingeschlossen werden. Ist die Flüssigkeit in einem geschlossenen Gefässe enthalten, an dessen Wänden sie fest haftet, so wird sie in Folge der Reibung einem Zustande der Ruhe zustreben. Erstreckt sich die Flüssigkeit nach allen Seiten in's Unendliche, und befinden sich die unendlich entfernten Theile im Ruhezustande, so werden sich die Wirbelbewegungen fortwährend vernichten.

Zum Schluss wird gezeigt, dass der hydrodynamische Druck die Reibung nicht explicite enthält, insofern in dem mathematischen Ausdruck dafür der Reibungscoefficient nicht vorkommt.

Wn.

E. J. Nanson. Note on hydrodynamics. Messenger. (2) III. 120-121.

In einer Arbeit über die Integrale der hydrodynamischen Gleichungen, welche die Wirbelbewegung ausdrücken, hat Helmholtz gezeigt, dass, eine homogene, incompressible Flüssigkeit vorausgesetzt, die Wirbellinien sich mit der Flüssigkeit bewegen. Um dies zu beweisen, benutzt er die Gleichung der Continuirlichkeit in Verbindung mit den Gleichungen für den gleichen Druck. Sir W. Thomson dehnt diesen Satz auf jede Flüssigkeit aus, deren Dichtigkeit eine Function des Druckes ist, und benutzt in seinem Beweise die Gleichung der Continuirlichkeit nicht. Der Verfasser giebt einen directen Beweis des Theorems nach Thomson.

Glr. (O.)

C. A. Bjerknes. Geschichtliche Notizen über das Dirichlet'sche Kugel- und Ellipsoid-Problem. Gött. Nachr. 1873. 439-447.

C. A. Bjerknes. Verallgemeinerung des Problems von dem ruhenden Ellipsoid in einer bewegten, unendlichen Flüssigkeit. Gött. Nachr. 1873. 448-460.

C. A. Bjerknes. Verallgemeinerung des Problems von den Bewegungen, welche in einer ruhenden, unelastischen Flüssigkeit die Bewegung eines Ellipsoids hervorbringt. Gött. Nachr. 1873. 829-867.

Aus äusseren Umständen sucht es der Verfasser wahrscheinlich zu machen, dass Dirichlet das Problem der Bewegung eines Ellipsoids in einer incompressiblen Flüssigkeit schon im Jahre 1852 vollständig gelöst, nicht bloss die Möglichkeit der Lösung vorausgesehen hat. Die Priorität der Lösung würde daher nicht Clebsch, dessen Abhandlung vom August 1854 datirt ist, zukommen, sondern Dirichlet. Vor der Veröffentlichung der Clebsch-schen Lösung ist ferner ein Theil des Problems von Schering gelöst, nämlich die Behandlung des ruhenden Ellipsoids in der bewegten Flüssigkeit, während Clebsch den Fall des bewegten Ellipsoids in der ruhenden Flüssigkeit behandelt hat. Doch ist die Schering'sche Lösung nicht veröffentlicht, sondern nur dem Verfasser privatim mitgetheilt.

Nach diesen historischen Auseinandersetzungen geht der Verfasser dazu über, zunächst das Schering'sche, sodann das Clebsch-sche Problem auf n Variable zu übertragen, wo n alle positiven ganzen Zahlen ausser 1 umfasst. Die Verallgemeinerung des ersteren Problems besteht in Folgendem. Es bedeute c eine willkürliche positive Constante, ferner sei

$$E_s = \Sigma \frac{x_m^2}{\alpha_m^2 + s}, \quad D_s = \Pi \sqrt{1 + \frac{s}{\alpha_m^2}}, \quad \psi_s = \int_s^c \frac{ds}{D_s} - \int_s^\infty E_s \frac{ds}{D_s},$$

$$\Delta^2 \varphi = \Sigma \frac{\partial^2 \varphi}{\partial x_m^2}, \quad \Delta \varphi^2 = \Sigma \left(\frac{\partial \varphi}{\partial x_m}\right)^2,$$

wo die Summen, resp. in D_s das Product über alle m von 1 bis n auszudehnen sind. Dann lassen sich folgende Sätze leicht verificiren.

1) Der partiellen Differentialgleichung $\Delta^2 \varphi = 0$ wird durch $\varphi = \psi_\sigma$ genügt, wenn σ die positive Wurzel der Gleichung $E_\sigma = 1$ ist.

2) $\varphi = \psi_0$ genügt der partiellen Differentialgleichung $\Delta^2 \varphi = -4$.

3) Das Integral

$$\text{a)} \quad \varphi = \Sigma \left(\lambda_m \frac{\partial \psi_\sigma}{\partial x_m} + l_m \frac{\partial \psi_0}{\partial x_m}\right)$$

genügt der Gleichung $\Delta^2 \varphi = 0$; ausserdem erfüllt es für jedes Werthsystem $x_1, x_2 \ldots x_n$, welches der verallgemeinerten Ellipsoidgleichung $E_0 = 1$ genügt, die Bedingung

$$\text{b)} \quad \Sigma \frac{\partial E_0}{\partial x_m} \frac{\partial \varphi}{\partial x_m} = 0.$$

Zwischen λ_m und l_m besteht dann aber die Relation:

$$\text{c)} \quad 2\lambda_m - (\lambda_m + l_m) \int_0^\infty \frac{ds}{(\alpha_m^2 + s) D_s} = 0.$$

Betrachtet man nun das ruhende Ellipsoid $E_0 = 1$ in einer unendlichen bewegten Flüssigkeit, so werden die verallgemeinerten hydrodynamischen Gleichungen gelöst durch Einführung des Geschwindigkeitspotentials φ; die Continuitätsgleichung wird dann $\Delta^2 \varphi = 0$. Die Gleichung für die Oberfläche des Ellipsoids nimmt die Form der Gleichung b) an. Nach dem Obigen ist daher das Geschwindigkeitspotential durch die Gleichung a) bestimmt; und zur vollständigen Lösung erübrigt nur noch die Bestimmung der n willkürlichen, von der Zeit allein abhängigen Grössen l_m. Dies geschieht durch Berechnung des Drucks aus den verallgemeinerten hydrodynamischen Gleichungen. Die Bedingung, dass der Druck nicht negativ werde, giebt für jedes m eine Gleichung, aus der l_m folgt.

Was nun das zweite Problem, die Bewegung des Ellipsoids in einer anfänglich ruhenden Flüssigkeit betrifft, so denke man sich ein Coordinatensystem im Raume fest $x_1 \dots x_n$, ein anderes im Mittelpunkt des Ellipsoids fest $\xi_1 \dots \xi_n$. Die Ueberführung des einen Systems in das andre erfordert 1) n translatorische Bewegungen parallel den Axen, 2) $\frac{n(n-1)}{1 \cdot 2}$ rotatorische Bewegungen parallel den Coordinatenebenen x_k, x_l $[l \gtrless k]$. Dazu kommt als dritte Bewegung die Formänderung des Ellipsoids durch Aenderung der Axenlängen. Jede dieser (gegebenen) Bewegungen des Ellipsoids veranlasst eine entsprechende Bewegung der vorher ruhenden Flüssigkeit. Unter der Voraussetzung, dass ein Geschwindigkeitspotential φ existirt, das wegen der Continuitätsgleichung der Gleichung $\Delta^2\varphi = 0$ genügt, wird dasselbe aus drei Theilen bestehen, so dass je ein Theil einer der obigen drei Bewegungen entspricht. Der Werth von φ lässt sich mit Hülfe des oben angegebenen Integrals ψ_σ bilden, wenn man darin die x durch die ξ ersetzt. Es ist

$$\varphi = \Sigma \mu_k \frac{\partial \psi_\sigma}{\partial \xi_k} - \Sigma\Sigma \mu_{kl}\left(\xi_l \frac{\partial \psi_\sigma}{\partial \xi_k} - \xi_k \frac{\partial \psi_\sigma}{\partial \xi_l}\right) - \Sigma \nu_k \alpha_k \frac{\partial \psi_\sigma}{\partial \alpha_k}.$$

σ ist darin die positive Wurzel der Gleichung $E_\sigma = 1$, nachdem darin die Coordinaten $\xi_1 \dots \xi_n$ des grade betrachteten Punktes ausserhalb des Ellipsoids an Stelle der $x_1 \dots x_n$ eingesetzt sind. Die Grenzbedingung für die Oberfläche des Ellipsoids, für welche $\sigma = 0$, ist, dass der Ausdruck

$$\partial)\quad \Sigma \frac{\partial E_0}{\partial E_k} \frac{\partial \varphi_0}{\partial \xi_k} + 4\left(\frac{\partial \varphi}{\partial \sigma}\right)_0$$

den Werth von $-\frac{dE_0}{dt}$ annimmt. E_0 ist, da die Bewegung des Ellipsoids gegeben ist, eine gegebene Function der Zeit; $-\frac{dE_0}{dt}$ lässt sich, den oben genannten drei Bewegungen entsprechend, in die Summe dreier Functionen zerlegen

$$\Sigma u_k \frac{\partial E_0}{\partial \xi_k}, \quad - \Sigma\Sigma u_{k,l}\left(\xi_l \frac{\partial E_0}{\partial \xi_k} - \xi_k \frac{\partial E_0}{\partial \xi_l}\right), \quad - \Sigma v_k \alpha_k \frac{\partial E_0}{\partial \alpha_k},$$

wo die u_k, $u_{k,l}$, v_k gegeben sind. Jede dieser gegebenen Theilfunctionen muss mit dem Ausdruck ∂) zusammenfallen, je nachdem nur der erste, oder der zweite, oder der dritte Theil in dem Ausdruck von φ genommen wird. Es wird nun gezeigt, wie durch diese Bedingung die sämmtlichen in φ enthaltenen Constanten bestimmt sind, und zwar die Constanten μ_k allein durch die translatorische Bewegung des Ellipsoids, also durch die gegebenen Grössen u_k, die $\mu_{k,l}$ der Doppelsumme $[k \gtrless l]$ nur durch die rotatorische Bewegung des Ellipsoids, also durch die $u_{k,l}$, die Constanten ν_k endlich durch die Axenänderungen, also die v_k. In Bezug auf die letzte Gruppe der Coefficienten wird gezeigt, dass, wenn bei der Variation der Axen das Volumen ungeändert bleibt, die Summe der Coefficienten $\nu = 0$ ist; dass ferner, wenn die Axen des Ellipsoids (α_k) alle gleich sind, auch die ν alle gleich sind. Endlich werden, falls das Ellipsoid bei der Axenänderung sich ähnlich bleibt, alle ν gleich, und der dritte Theil in dem Ausdruck für φ nimmt eine einfachere Form an.

Das Problem wird sodann für den Fall behandelt, dass eine endliche, anfänglich ruhende Flüssigkeitsmasse von einer ellipsoidischen Hülle begrenzt wird, und dass die Hülle dieselben Bewegungen vollführt, wie vorher das feste Ellipsoid. Die Resultate sind den vorigen ganz ähnlich, nur dass für den inneren Raum das Integral ψ_0 an Stelle von ψ_σ tritt. In den Oberflächenbedingungen fehlt dann das Glied $4\left(\frac{\partial \varphi}{\partial \sigma}\right)_0$. Von der dritten Gruppe der Coefficienten (ν), die in Folge der Formänderung auftreten, bleibt jetzt einer unbestimmt. Zu seiner Bestimmung muss noch eine Nebenbedingung hinzugefügt werden, etwa dass die Dichtigkeit veränderlich ist, jedoch unabhängig vom Druck.

Zu beachten ist in dem obigen Ausdruck des Geschwindigkeitspotentials, dass der erste Theil eine lineare Function der Coordinaten ist, der zweite nur die Producte der Coordinaten, der dritte nur ihre Quadrate enthält. Danach hat man 3 Classen von Coefficienten, und ihnen entsprechend sind drei Classen von Bewegungen unterschieden. Der Ausdruck für das Potential ψ_σ ist von dem gewöhnlichen Ausdruck etwas abweichend gebildet, damit die Resultate auch für $n = 2$ gültig bleiben. Wn.

G. J. Michaelis. Mouvement d'un solide dans un liquide. Arch. Néerl. VIII. 183-192.

Kirchhoff hat (Borchardt J. LXXI, s. F. d. M. II. p. 731) die Bewegungsgleichungen eines festen Körpers in einer Flüssigkeit in sehr eleganter Form gegeben. Der Verfasser untersucht den speciellen Fall, wo der Körper, ohne einer Kraft unterworfen zu sein, gezwungen ist, sich um einen festen Punkt zu bewegen, wobei der Körper als symmetrisch gegen 3 Axen angenommen wird. Er zeigt, welche Modification man mit den allgemeinen Formeln von Kirchhoff vornehmen muss, wenn die Schwere auf den Körper und auf die Flüssigkeit, in die er getaucht ist, wirkt. Die letzte Arbeit von Clebsch über diesen Gegenstand (Clebsch Ann. III. 238-262 s. F. d. M. II. 733) scheint er nicht zu kennen. Mn. (O.)

O. E. Meyer. Ueber die Bewegung einer Pendelkugel in der Luft. Borchardt J. LXXV. 336-347.

Die Theorie der Bewegung einer Pendelkugel unter dem Einflusse der innern Reibung des umgebenden Mediums ist vom Verfasser in einer früheren Arbeit (cf. F. d. M. III. p. 475) behandelt unter der Annahme, dass jenes Medium incompressibel ist. Hier wird nun dasselbe Problem ohne jene Voraussetzung behandelt. Der Verfasser gelangt dabei zu Formeln, die sich von denen der früheren Arbeit nur wenig unterscheiden, so dass man, wenn es sich um die Anwendung auf Beobachtungen handelt, Pendelschwingungen in der Luft ganz so behandeln kann, als fänden sie in einem incompressiblen Medium statt. Der Grund ist jedoch nicht, wie in der früheren Abhandlung angegeben war, der, dass keine merklichen Verdichtungen und Verdünnungen vor und hinter der Pendelkugel eintreten, sondern liegt darin, dass jede vor oder hinter dem Pendel entstandene

Verdichtung oder Verdünnung sich sofort mit der Geschwindigkeit des Schalls von ihm entfernt und dadurch aufhört, eine merkliche Rückwirkung auf den Gang des Pendels auszuüben.

Was die Ableitung dieses Resultats betrifft, so ist dieselbe ganz analog der in der oben citirten Arbeit. Die vereinfachenden Voraussetzungen sind genau dieselben, wie dort; es treten nur Aenderungen ein, wie sie sich überall in der Hydrodynamik finden, wenn man statt eines incompressiblen ein compressibles Medium betrachtet. Zu erwähnen ist noch, dass die Trennung derjenigen Bewegungen, welche mit Druck- und Dichtigkeitsänderungen verknüpft sind, von den ohne Verdichtungen stattfindenden Wirbelbewegungen durch Substitutionen geschieht, die den von Helmholtz in seiner Abhandlung über die Wirbelbewegungen gemachten nachgebildet sind. Die Integration der partiellen Differentialgleichungen geschieht durch dieselben Reihen wie in der früheren Arbeit. Hervorgehoben wird hier, dass die eine der zur Reihenentwickelung benutzten Functionen sich von der Kugelfunction, resp. in einer andern Reihe von dem Differentialquotienten einer Kugelfunction nur durch einen constanten Factor unterscheidet. Die Methode der Constantenbestimmung ist genau dieselbe, wie in der früheren Arbeit. Wn.

G. Lübeck. Ueber den Einfluss, welchen auf die Bewegung eines Pendels mit einem kugelförmigen Hohlraume eine in ihm enthaltene reibende Flüssigkeit ausübt. Borchardt J. LXXVII. 1-37.

Bessel hatte bei seinen Pendelversuchen beobachtet, dass ein Pendel, dessen cylindrischer Hohlraum mit Wasser gefüllt war, eine kürzere Schwingungsdauer besass, als wenn der Hohlcylinder einen festen Körper enthielt. Diese Verkürzung der Schwingungsdauer war bei sehr langen Pendeln wenig merkbar. In der vorliegenden Arbeit wird nun die obige Beobachtung zu erklären gesucht durch die Verschiebung der Schichten der Flüssigkeit gegen einander in Folge der inneren Reibung. Dabei wird aber, da die cylindrische Begrenzung für die mathematische Behandlung wesentliche Schwierigkeiten darbietet, die Flüssigkeit als in einem kugelförmigen Hohlraum befindlich angenommen. Die mathematische Behandlung des Problems schliesst sich eng an eine Arbeit von Herrn O. E. Meyer an (Borchardt J. LXXIII. 31—68), die im dritten Bande des Jahrbuchs beschrieben ist (F. d. M. III. 475—479). Indem die bekannten Gleichungen für die Bewegung einer incompressiblen Flüssigkeit mit Berücksichtigung der Reibung zu Grunde gelegt werden, betrachtet der Verfasser eine doppelte Bewegung der in der Pendelkugel enthaltenen Flüssigkeit: 1) Die Bewegung, die entsteht, wenn die Kugel ohne Drehung geradlinig hin- und herpendelt (geradlinig wegen der Annahme unendlich kleiner Schwingungen), 2) die Bewegung, welche die Oscillation der Hohlkugel um den zur Pendelebene senkrechten Durchmesser in der Flüssigkeit veranlasst. Die erstere Art der Bewegung hängt von derselben Differentialgleichung ab, die Herr Meyer in seiner Arbeit durch Reihenentwickelung integrirt hat. Nur sind die Grenzbedingungen hier andere, als bei Herrn Meyer, und dadurch modificirt sich auch die Bestimmung der Constanten, mit denen die particulären Lösungen jener Gleichung multiplicirt sind. Das Resultat dieser Untersuchung ist folgendes: „Die in der Hohlkugel eingeschlossene Flüssigkeit kann die Bewegung derselben weder verlangsamen, noch beschleunigen; sie verhält sich in Bezug auf die geradlinige Pendelbewegung wie ein gleichmässiger fester Körper. Falls die Flüssigkeit keine Anfangsgeschwindigkeit besass, hat jedes Theilchen in ihr dieselbe Geschwindigkeit wie die Kugelwandung".

Während bei Behandlung der ersten Art von Bewegungen, ebenso wie bei Meyer, Polarcoordinaten eingeführt waren, deren Axe die gerade Linie ist, auf der sich der Mittelpunkt der Kugel bewegt, ist bei der Behandlung der zweiten Art der Bewegung die Axe des Polarcoordinatensystems senkrecht zur Pendelebene. Jedes Flüssigkeitstheilchen bleibt hier in einer zur Pendelebene parallelen Ebene, und zwar kann es, wie sich unmittelbar aus der Continuitätsgleichung der Flüssigkeit ergiebt, sich nur auf einem Kreise bewegen, dessen Mittelpunkt auf der neuen Axe liegt. Die Winkelgeschwindigkeit dieser Bewegung ist von einer partiellen Differentialgleichung zweiter Ordnung abhängig, die durch eine ähnliche Reihenentwickelung integrirt wird, wie die Bewegung der ersten Art. Durch Discussion dieser Reihenentwickelung folgt, dass die Oscillation der Hohlkugel um den zur Pendelebene senkrechten Durchmesser die eingeschlossene Flüssigkeit zu Oscillationen in gleichem Sinne veranlasst, so zwar, dass die Winkelgeschwindigkeit derselben auf einer mit der Hohlkugel concentrischen Kugelfläche dieselbe ist. Nachdem so die Bewegung der Flüssigkeit bestimmt ist, wird die Differentialgleichung für die Bewegung der Pendelkugel aufgestellt. Dabei wird der Widerstand der äusseren Luft vernachlässigt. Auf das Pendel wirken daher 1) die Schwere, 2) der Druck der inneren Flüssigkeit, der mit Hülfe der frühern Gleichungen zu berechnen ist, 3) die Reibung der Flüssigkeit an der äusseren Kugelwand. Die Ablenkung der Kugel aus der Gleichgewichtslage ist durch die erste Art der Flüssigkeitsbewegung vollständig bestimmt. Die zweite Art der Flüssigkeitsbewegung dient zur Bildung einer transcendenten Gleichung, die zur Bestimmung der bis dahin noch unbestimmten Constanten hinreicht. Die weitere Discussion der Gleichungen ergiebt folgende Resultate: Eine etwaige Anfangsbewegung in der Flüssigkeit ist, wenn sie von der Ordnung der Pendelgeschwindigkeit ist, spätestens nach der Zeit $\mathfrak{T} = -\frac{4}{35}\frac{a^2}{\gamma^2}$ lgnat. W_0 durch die innere Reibung vernichtet. Darin bedeutet W_0 den anfänglichen Ablenkungswinkel des Pendels, a den Radius der Pendelkugel, γ^2 ist gleich dem Reibungscoefficienten, dividirt durch die Dichtigkeit. Nach Ablauf der Zeit $\mathfrak{T}$ ist die Pendelbewegung rein periodisch; ihre Amplitude nimmt, wenn die Zeit wächst, in geometrischer Reihe ab. Die Schwingungsdauer ist grösser, als wenn dasselbe Pendel statt der reibenden eine vollkommene Flüssigkeit in der Hohlkugel enthielte. Damit ist jedoch nicht gesagt, dass die Schwingungsdauer auch grösser sei, als diejenige, die das Pendel haben würde, wenn die Hohlkugel statt der Flüssigkeit einen festen Körper von gleicher Masse enthielte, sondern meist ist die Schwingungsdauer kleiner, als wenn die Flüssigkeit durch einen festen

Körper ersetzt würde. Bei sehr grosser Pendellänge hat die innere Reibung keinen Einfluss auf die Bewegung des Pendels, was mit Bessel's Beobachtungen übereinstimmt.

Zum Schluss giebt der Verfasser eine Methode an, um die Constanten der inneren und der Oberflächenreibung aus Beobachtungen im lufterfüllten Raume zu berechnen. Wn.

G. Lübeck. Notiz zu den Bessel'schen Pendelversuchen. Pogg. Ann. CL. 476-483.

Die Arbeit bezieht sich auf die im vorhergehenden Referat erwähnte Bessel'sche Beobachtung; sie giebt eine neue Theorie jenes Versuches, wobei die cylindrische Begrenzung der Flüssigkeit beibehalten, aber von der inneren Reibung abstrahirt ist. Unter der Annahme, dass ein Geschwindigkeitspotential existirt, und dass alle Bewegung nur der festen Pendelebene parallel ist, wird gezeigt, dass mit Ausnahme einer unendlich kleinen, der Cylinderwand anliegenden Flüssigkeitsmenge jedes Flüssigkeitstheilchen in jedem Moment die Geschwindigkeit des geometrischen Cylindermittelpunktes hat. Daraus wird dann für die Schwingungsdauer eine von der Bessel'schen abweichende Formel hergeleitet, die sich den Beobachtungen genauer anschliesst. Gegen die Ableitung lässt sich geltend machen, dass auch ohne Berücksichtigung der inneren Reibung Bewegungen der Flüssigkeit stattfinden können, für die es kein Geschwindigkeitspotential giebt. Wn.

J. Boussinesq. Addition au mémoire sur la théorie des ondes et des remous qui se propagent le long d'un canal rectangulaire horizontal. Liouville J. (2) XVIII. 47-52.

In diesem Zusatz zu einer im vorigen Jahresbericht besprochenen Arbeit (Liouville J. (2) XVII. F. d. M. IV. 495) beweist der Verfasser zunächst, dass eine der abgeleiteten Formeln auch ohne die dort gemachte Beschränkung, wonach die horizontale Geschwindigkeitscomponente vom Grunde bis zum Niveau sehr wenig variirt, richtig ist. Er hebt sodann das Characteristische der in der obigen Arbeit behandelten Wellenbewegung hervor und fügt einige Sätze hinzu, die sich auf die Bahn der Molecüle bei jener Bewegung beziehen. Wn.

De St. Venant. Rapport sur un mémoire de M. Boussinesq intitulé „Essai sur la théorie des eaux courantes. C. R. LXXVI. 924-943.

Die Arbeit des Herrn Boussinesq, über welche hier von St. Venant berichtet wird, beschäftigt sich mit der Bewegung des Wassers in Röhrenleitungen und Kanälen unter Berücksichtigung der Reibung. Namentlich werden rechteckige Kanäle von sehr grosser Breite behandelt, sowie solche, deren Querschnitt ein Kreis oder ein Halbkreis ist. Auch die nicht permanenten Bewegungen, wie sie die Bäche zur Zeit des Hochwassers zeigen, sowie die Fortpflanzung von Wellen an der Oberfläche der Kanäle werden ausführlich besprochen. Auf die Einzelnheiten der mathematischen Behandlung geht der vorliegende Bericht nicht genauer ein. Wir kommen auf dieselbe zurück, sobald die Arbeit von Boussinesq in extenso vorliegen wird. Wn.

E. Meissel. Ueber den Ausfluss des Wassers aus Gefässen in zwei besonderen Fällen nach Eintritt des Beharrungszustandes. Grunert Arch. LV. 241-252.

Der erste Fall ist der der Bewegung des Wassers in einer Verticalebene unter der Voraussetzung, dass der hydraulische Druck in irgend einem Molecüle nur von der Tiefe desselben abhängig ist. Führt man diese Voraussetzung in die durch Weglassung der dritten Dimension vereinfachten hydrodynamischen Gleichungen ein, wobei die Continuitätsgleichung durch Einführung einer Hülfsfunction erfüllt wird, so lässt sich die Integration vollständig ausführen. Die Bahnen sämmtlicher Wassermolecüle sind dabei congruente Curven, welche durch verticale Verschiebung einer derselben entstehen.

Der zweite hier behandelte Fall ist der des Ausflusses des Wassers aus einem Rotationsgefäss, dessen Axe der Richtung der Schwerkraft parallel ist, während die Bewegung in Bezug auf diese Rotationsaxe symmetrisch ist. Der Verfasser transformirt die hydrodynamischen Gleichungen auf cylindrische Coordinaten x, r, φ und findet, dass (nach Eintritt des Beharrungszustandes) während des Durchflusses eines Molecüls der Flüssigkeit die doppelte Flächengeschwindigkeit $\left(r^2 \frac{d\varphi}{dt}\right)$ eine constante Grösse bleibt, welche nur von Molecül zu Molecül eine Aenderung erleidet. Die Continuitätsgleichung ist wegen der Symmetrie von φ unabhängig und wird daher durch Einführung einer Hülfsfunction erfüllt. Für diese Hülfsfunction wird schliesslich eine von der Zeit t unabhängige particlle Differentialgleichung zweiter Ordnung abgeleitet, die an sich schon zwei willkürliche Functionen enthält und daher nicht allgemein zu lösen ist. Bei einer speciellen Annahme über den Anfangszustand kann man jedoch gewisse Grössen vernachlässigen und den hydraulischen Druck angenähert bestimmen. Die freie Oberfläche hat dann die Form eines Strudels, der sich in der Nähe der Rotationsaxe des Gefässes bildet, nach unten immer mehr verengt wird und durch die Ausflussöffnung des Gefässes hindurchgeht. Wn.

O. E. Meyer. Ueber die innere Reibung der Gase.

Pogg. Ann. CXLVIII. 1-44.

Aus dem Poiseuille'schen Gesetz, dessen Gültigkeit für den Ausfluss von Gasen aus dünnen Röhren der Verfasser früher bewiesen hat, in Verbindung mit dem Mariotte'schen Gesetz wird durch einfache Betrachtungen die Theorie einer speciellen Beobachtungsmethode abgeleitet, die dann zur Bestimmung der Reibungsconstante benutzt wird. Wn.

C. Bach. Das Sagebien-Rad. Z. dtsch. Ing. XVII. 201-216.

Die Arbeit enthält Untersuchungen über die Dimensionen, die einem solchen Rade unter gegebenen Wasserverhältnissen zu ertheilen sind. Die mathematischen Schwierigkeiten werden durch Vernachlässigung gewisser Grössen überwunden, so dass die Arbeit mehr technisches als mathematisches Interesse bietet.

O.

J. Boussinesq. Note sur la théorie des tourbillons liquides. Liouville J. (2) XVIII. 391-392.

In einer früheren Arbeit (Liouville J. (2) XIII, cf. F. d. M. I. 345 u. 376) hatte der Verfasser u. A. die permanente Bewegung von Flüssigkeiten in horizontalen Kanälen mit kreisförmiger Axe behandelt, unter Berücksichtigung der Reibung. Er wendet die Resultate hier auf den schon von Newton behandelten Specialfall an, wo die Flüssigkeit sich zwischen zwei unbegrenzten Cylinderflächen mit kreisförmiger Basis und gemeinsamer Axe bewegt. Die Geschwindigkeit ist dann umgekehrt proportional dem Abstand von der Axe, die freie Oberfläche hat eine trichterförmige Gestalt, derart dass der halbe Meridian seine concave Seite nach unten kehrt. Wn.

Capitel 5.

Potentialtheorie.

P. Frost. Mean potential over a spherical surface. Quart. J. XII. 199-200.

Enthält vereinfachte Beweise von Sätzen, die Gauss in seiner Abhandlung „Allgemeine Lehrsätze etc." gegeben hat.

Cly. (O.)

E. Heine. Das Potential eines homogenen Kreises. Borchardt J. LXXVI. 271.

Durch ein directes und einfaches Verfahren wird das Potential eines homogenen Kreises in die Form

$$V = 2\varrho^2 \int_\sigma^\infty \sqrt{1 - \frac{x^2}{s} - \frac{r^2}{\varrho^2 + s}} \cdot \frac{ds}{(\varrho^2 + s)\sqrt{s}}$$

gebracht. Hierbei ist ϱ der Radius des Kreises, x^2 und $r^2 = y^2 + z^2$ die Coordinaten des angezogenen Punktes und σ die positive Wurzel der Gleichung

$$\frac{x^2}{\sigma} + \frac{r^2}{\varrho + \sigma} = 1.$$

B.

Th. Kötteritzsch. Beitrag zur Mechanik ellipsoidischer Körper. Schlömilch Z. XVIII. 252-279.

Referat erfolgt, wenn die Fortsetzung der Arbeit erschienen ist. B.

F. Didon. Note sur l'attraction. Ann. de l'Éc. Norm. (2) II. 49-54.

Der erste Abschnitt enthält die Herleitung folgenden Satzes Man denke sich für ein beliebiges Attractionsgesetz in Bezug auf einen gegebenen Körper eine der Flächen construirt, auf denen die Grösse der Anziehung R constant ist, dann sind die Tangenten an die Kraftlinien in den Punkten dieser Fläche normal zu einer bestimmten anderen Fläche. Das zwischen beiden Flächen enthaltene Stück einer Tangente ist gleich dem Potential der anziehenden Masse in dem entsprechenden Punkte auf der ersten Fläche, dividirt durch R. Der zweite Abschnitt beschäftigt sich mit der Differentialgleichung für die Gleichgewichtsfigur rotirender flüssiger Körper unter der Annahme mehrerer specieller Attractionsgesetze. B.

Elfter Abschnitt.

Mathematische Physik.

Capitel 1.

Molecularphysik, Elasticität und Capillarität.

V. v. Lang. Einleitung in die theoretische Physik. Theil III. Braunschweig. Vieweg. 8°.

Das vorliegende Heft behandelt folgende Gegenstände: 1) Stoss, einige Fälle des Gleichgewichts elastischer Körper, Schwingungen elastischer Körper. 2) Hydrostatik, Hydrodynamik und Oberflächenspannung. 3) Aerostatik, Aerodynamik; dynamische Gastheorie. 4) Mechanische Wärmetheorie, und zwar werden die beiden Hauptsätze, sowie die umkehrbaren Zustandsänderungen besprochen. Eine erschöpfende Darstellung der genannten Capitel der Physik liegt dem Plane des Buches fern; es will nur mit den wichtigsten Ergebnissen der theoretischen Physik auf leichte Art (ohne Anwendung der Infinitesimalrechnung) bekannt machen und dadurch den Uebergang von dem Studium der Experimentalphysik zum Studium der theoretischen Physik erleichtern. Diesen Zweck zu erreichen, erscheint das Buch bei seinem geringen Umfange wohl geeignet. Für weitere Studien ist in jedem Abschnitt auf die Originalquellen verwiesen, die ziemlich vollständig angeführt sind. Die beiden ersten Abtheilungen des Buches sind bereits F. d. M. II. p. 779 besprochen.

Wn.

J. BOUSSINESQ. Recherches sur les principes de la Mécanique, sur la constitution moléculaire des corps et sur une nouvelle théorie des gaz parfaits. Liouville J. (2) XVIII. 305-360.

J. BOUSSINESQ. Note complémentaire au mémoire précédent: Sur les principes de la théorie des ondes lumineuses. Liouville J. (2) XVIII. 361-390.

Für die sichtbaren Bewegungen der Körper, für ihre Molecularschwingungen, für die Bewegungen ferner, die mit dem Durchgang des Lichtes und der strahlenden Wärme durch einen Körper verbunden sind, giebt es einzelne Theorien; aber keine derselben nimmt auf die andre Rücksicht. Jede beruht auf ihren speciellen Voraussetzungen, und diese sind zum Theil einander widersprechend. Der Verfasser hat sich daher die Aufgabe gestellt, für alle oben genannten Bewegungen eine einheitliche Theorie zu entwickeln, deren Grundzüge hier auseinandergesetzt werden, ohne dass sich weitere analytische Entwickelungen daran knüpfen.

Zuerst werden die Begriffe materieller Punkt, Geschwindigkeit, Beschleunigung erläutert, wobei der Verfasser zu zeigen sucht, dass in einem von jedem andern unabhängigen Punktsystem die Beschleunigungen nur von der gegenseitigen Lage der einzelnen Punkte, nicht von ihren Geschwindigkeiten abhängen können. Dann wird als aus der Erfahrung genommenes postulatum das Princip der Erhaltung der lebendigen Kraft aufgestellt. Denn die Erfahrung führe dazu, die in irgend einem Augenblick entwickelte Energie der Bewegung eines Punktes zu betrachten 1) als proportional der Geschwindigkeit V, 2) als proportional der Ortsveränderung, 3) als proportional einem gewissen Coefficienten, Masse genannt, der nur von der Natur des bewegten Punktes abhängt und constant bleibt. Dies giebt für einen Punkt die Energie $m\,V ds = m\,V^2 dt$, wenn ds das Wegelement, dt das Zeitelement bedeutet. Die Energie für die Zeiteinheit ist dann mV^2, und der Hälfte dieser Grösse wird der Name lebendige Kraft beigelegt. Der Erfahrung gemäss variirt diese für ein

Punktsystem mit der Lage der einzelnen Punkte des Systems, kann also nur eine Function ihrer gegenseitigen Entfernungen sein. Daher ist die Gleichung der lebendigen Kraft

$$\tfrac{1}{2} \sum mV^2 + \psi(r_{12}, r_{13}, \ldots r_{pq}, \ldots) = C,$$

wo ψ eine unbekannte Function ist, r_{12} etc. die gegenseitigen Entfernungen der Punkte. Durch Hinzufügen einer Constante zu ψ kann man es immer so einrichten, dass der kleinste Werth von ψ Null wird; dann ist sowohl die actuelle Energie (= lebendige Kraft), als die potentielle Energie (ψ) positiv. Aus der Gleichung der lebendigen Kraft werden nun durch Differentiiren nach der Zeit die allgemeinen Gleichungen der Dynamik abgeleitet. Dem Product aus Masse und Beschleunigung wird der Name Kraft beigelegt (vorher war von Kräften noch nicht die Rede). Die zwischen zwei Punkten wirkende Kraft hat dann die Richtung der Verbindungslinie und ist der Grösse nach gleich dem Differentialquotienten von ψ nach der Entfernung dieser beiden Punkte. Im Allgemeinen wird dieser Differentialquotient nicht nur von der Entfernung der betrachteten beiden Punkte abhängen, sondern auch von den gegenseitigen Entfernungen aller Punkte des Systems, d. h. die Wirkung zwischen zwei Punkten kann durch das Vorhandensein einer Anzahl anderer Punkte modificirt werden. Nur in dem Falle, wo die gegenseitigen Entfernungen aller Punkte des Systems verhältnissmässig gross sind, kann man ψ nach dem Mac-Laurin'schen Satze nach Potenzen der verschiedenen $\frac{1}{r}$ entwickeln und sich mit den linearen Gliedern allein begnügen. Dies giebt das Newton'sche Gravitationsgesetz, und in diesem Falle allein ist die Wirkung zwischen zwei Punkten von dem Vorhandensein andrer Punkte unabhängig. Im Allgemeinen aber muss man noch weitere Glieder der Entwickelung berücksichtigen, und es wird dadurch ψ gleich der Summe zweier Functionen, deren eine als „potentielle Energie der Newton'schen Anziehungen“, die andre als „innere potentielle Energie“ bezeichnet wird. Letztere stellt die beim Contact auftretenden Wirkungen vor (Contact im physikalischen Sinne gebraucht). Die Contactkräfte zerfallen wieder in zwei Classen, die Molecularkräfte oder physikalischen Kräfte, und die chemischen oder atomistischen Kräfte, welche zwischen verschiedenen Atomen desselben Molecüls wirken, während jene von Molecül zu Molecül wirksam sind. Der Satz von der Erhaltung der Kraft wird nun durch Betrachtung des Schwerpunkts eines Molecüls und der relativen Verschiebung der Atome gegen denselben in eine solche Form gebracht, dass die potentielle Energie jeder einzelnen Gruppe von Bewegungen getrennt erscheint.

Um die Erscheinungen des Lichtes und der strahlenden Wärme zu erklären, ist ferner die Annahme des Aethers nöthig. Demselben wird eine sehr geringe Elasticität zugeschrieben, so dass er in Bezug auf kleine Verschiebungen sich wie ein fester Körper verhält. Trotzdem ist die Fortpflanzungsgeschwindigkeit der Wellen in ihm eine sehr grosse, da seine Dichtigkeit eine äusserst geringe ist. Diese geringe Dichtigkeit des Aethers wird durch die Annahme erklärt, dass seine Atome nirgends zu Molecülen verdichtet sind, wie bei der ponderablen Materie. Die moleculare Wirkungssphäre bei der Wirkung von Aether auf Aether oder von Aether auf ponderable Materie wird nur als von gleicher Ordnung mit den Dimensionen eines ponderablen Molecüls angenommen, während diese Dimensionen sehr klein gegen die Entfernung zweier ponderablen Molecüle sind. In diesem Aether verhalten sich die ponderablen Molecüle wie in einer Flüssigkeit schwimmende Körper. Wenn nun eine Aetherwelle eine solche Aetherregion trifft, in der ponderable Molecüle zerstreut sind, so nehmen diese Molecüle einen Theil der Bewegungsquantität des Aethers auf. Dabei können zwei Fälle eintreten: 1) Bei dem so entstehenden Vibrationszustand der Molecüle erlangen dieselben keinen hinreichenden Ausschlag, um dadurch das früher vorhandene moleculare Gleichgewicht zu stören. Die Molecüle werden dann schliesslich Schwingungen von sehr kleiner Amplitude vollführen, die im Einklang mit den Aetherschwingungen sind. Die Aetherschwingungen selbst pflanzen sich dann bald ohne merkbaren Verlust von Energie durch diese Körper fort. Dieser Fall tritt bei den durchsichtigen und diathermanen Körpern ein. Die Theorie derartiger Schwingungen ist vom Verfasser in einer früheren Arbeit weiter ausgeführt (Liouville J. (2) XIII, 1868, cf. F. d. M. I. p. 362 u. ff). 2) Es kann aber auch der Fall eintreten, dass durch die Vibrationen, die den Molecülen durch den Aether mitgetheilt sind, das frühere moleculare Gleichgewicht gestört wird und dadurch neue moleculare Kräfte hervorgerufen werden, die eigenthümliche Schwingungen der Molecüle veranlassen, welche nach Amplitude und Geschwindigkeit mit den Aetherschwingungen vergleichbar, aber von andrer Wellenlänge sind. Wegen der viel grösseren Dichtigkeit der Molecüle übertrifft die Energie der Molecularbewegung sehr bald die der Aetherbewegung, so dass letztere gegen die erstere zu vernachlässigen ist. Diese in undurchsichtigen oder adiathermanen Körpern stattfindenden Vibrationen der Molecüle sind der Grund der durch Leitung fortgepflanzten Wärme.

Absolute Temperatur eines kleinen Aethervolumens wird eine Grösse genannt, welche der in der Masseneinheit enthaltenen lebendigen Kraft proportional ist. Ein Körper hat eine bestimmte absolute Temperatur, wenn seine Wärmevibrationen (d. h. die eben besprochenen Vibrationen der Molecüle) weder zunehmen, noch abnehmen, falls man ihn in Aether von derselben Temperatur bringt. Hieran schliesst sich unmittelbar die Ableitung der Grundgleichung der mechanischen Wärmetheorie. Nach dem Princip der lebendigen Kraft muss nämlich der Zuwachs der totalen actuellen Energie, die ein Volumenelement während des Zeitelements erfährt, vermehrt um den Zuwachs der inneren potentiellen Energie, gleich der gesammten Arbeit der äusseren Kräfte sein. Der Vibrationszustand der Molecüle und damit die innere potentielle Energie ist aber nach dem Obigen durch die Temperatur des Volumens bestimmt, und daraus ergiebt sich unmittelbar die Grundgleichung der mechanischen Wärmetheorie.

Es folgt nun eine Erklärung der Aggregatzustände. Aus der Elasticitätstheorie wird unmittelbar der Ausdruck für die zwischen zwei Molecülen eines isotropen Körpers wirksame Kraft genommen und dieselbe auf die Form gebracht

$$a - b\frac{\delta\varrho}{\varrho} + c\frac{\delta r}{r},$$

wo r die ursprüngliche Distanz zweier Molecüle, $r + \delta r$ ihre Distanz nach der Verrückung, ϱ die ursprüngliche, $\varrho + \delta\varrho$ die neue Dichtigkeit ist. Dieser Ausdruck wird als der Anfang einer Reihe betrachtet und dafür folgender Ausdruck für die zwischen zwei Molecülen wirksame Kraft angenommen:

$$\varphi = F(r + \delta r,\ \varrho + \delta\varrho) + F_1(r) \cdot \frac{\delta r}{r}.$$

Obwohl bei der Ableitung des ursprünglichen Ausdrucks nur kleine Verrückungen vorausgesetzt werden, wird der letztere Ausdruck doch als allgemeines, für beliebige Verrückungen geltendes Gesetz angesehen. Der zweite Theil von φ ist der in der Theorie der Elasticität allein betrachtete, der erste Theil existirt auch in den festen Körpern und modificirt die normalen elastischen Kräfte. Er kommt vorzugsweise zur Geltung, sobald die Elasticitätsgrenze überschritten ist; in den flüssigen Körpern endlich ist dieser Theil allein wirksam. Der Uebergang vom festen zum flüssigen Zustande geschieht dann, wenn die Wärmeschwingungen Ausschläge der Molecüle hervorrufen, die ausserhalb der Elasticitätsgrenze liegen. Das Flüssigwerden ist darnach gewissermaassen ein Brechen an allen Stellen. Die latente Wärme wird dadurch erklärt, dass der Körper beim Flüssigwerden einen Theil seiner Elasticität und damit der inneren Energie verliert.

Für Gase, die von ihrem Condensationspunkt weit entfernt sind, wird für φ der folgende Ausdruck genommen:

$$\varphi = \frac{\chi(r + \delta r)}{\varrho + \delta\varrho},$$

und ein Gas wird ein vollkommenes genannt, sobald dieser Ausdruck das Wirkungsgesetz zwischen zwei Molecülen vorstellt. Aus dieser Annahme wird dann das Mariotte'sche und Gay-Lussac'sche Gesetz abgeleitet, sowie einige andre Gesetze, die sich auf die specifischen Wärmen der Gase beziehen. Diese Gastheorie unterscheidet sich von der bisher angenommenen vorzugsweise dadurch, dass in der letzteren die Distanz der Molecüle als sehr gross gegen ihre Wirkungssphäre angenommen wird, während hier noch Wirkungen zwischen den einzelnen Gasmolecülen hinzugenommen werden. Manche Beobachtungen scheinen darauf hinzudeuten, dass diese Annahme richtig ist.

In einem Anhange werden die Annahmen, die der Verfasser seiner oben erwähnten Lichttheorie zu Grunde gelegt hat, gegen gewisse Einwürfe des Herrn Sarrau, die dieser in den Annales de Chimie veröffentlicht hatte, vertheidigt. Analytische Entwickelungen werden dabei nicht gegeben, sondern es wird in dieser Beziehung auf die oben erwähnte frühere Arbeit von Boussinesq verwiesen.

Den Schluss bildet der Wiederabdruck zweier Arbeiten des Verfassers aus den Comptes rendus über den Einfluss, welchen die Bewegung eines Körpers auf die Lichtgeschwindigkeit innerhalb desselben hat. Ueber eine dieser Arbeiten ist im vorigen Jahrgang berichtet worden, während das Referat über die andre in Abschnitt XI. Cap. 2. dieses Bandes enthalten ist. Wn.

E. Mathieu. Cours de physique mathématique. Paris. Gauthier-Villars. 4°.

Der Inhalt des vorliegenden Buches lässt sich kurz angeben als eine Entwickelung der bekannten Integrationsmethoden der mathematischen Physik, erläutert an den Schwingungen der Saiten und Membranen, sowie an den hauptsächlichsten Problemen der analytischen Wärmetheorie. Zum Theil fällt der Inhalt des Buches mit den Riemann'schen Vorlesungen über partielle Differentialgleichungen zusammen. Doch hat Herr Mathieu noch einige, von Riemann nicht behandelte Probleme aufgenommen, wie die Schwingungen der elliptischen Membranen, die Wärmevertheilung in einem Ellipsoid, ferner die Theorie der krummlinigen orthogonalen Coordinaten, die Theorie der isothermen Cylinder und andere. Die Darstellung ist elegant und klar.

Wn.

W. Thomson. On the ultramundane corpuscles of Le Sage, also on the motion of rigid solids in a liquid circulating irrotationally through perforations in them or in a fixed solid. Phil. Mag. 1873.

Zeigt, dass die Theorie der Atome von Le Sage, während sie der Gravitation Rechnung trägt, durchaus von keiner modernen Entdeckung, wie z. B. von der Theorie der Thermodynamik widerlegt worden ist, und dass diese Theorie weder mehr noch weniger fraglich ist, als die Clausius'sche Gastheorie, die doch jetzt allgemein als wissenschaftliche Wahrheit anerkannt wird.

Csy. (O.)

L. Sohncke. Die regelmässig ebenen Punktsysteme von unbegrenzter Ausdehnung. Borchardt J. LXXVII. 47-102. Berl. Monatsber. 1873. 578-583.

Es sei ein beliebiges System unendlich vieler Punkte gegeben. Von jedem Punkte werden Gerade nach allen andern Systempunkten gezogen. Wenn die Linien jedes so entstehenden Büschels denen jedes anderen einzeln gleich sind und wenn gleiche Linien auch gleiche Winkel miteinander einschliessen, so nennt Sohncke das Punktsystem ein regelmässiges. Die Linienbüschel können entweder alle congruent oder theils congruent theils symmetrisch sein. Ein specieller Fall der regelmässigen Punktsysteme sind die Bravais'schen Raumgitter, welcher dann eintritt, wenn gleiche Linien parallel sind. Herr Sohncke sucht alle in der Ebene möglichen regelmässigen Punktsysteme auf und findet, dass sie 13 wesentlich verschiedenen Systemen angehören, deren charakteristische Eigenschaften auseinandergesetzt werden.

Bn.

Gilles. Zurückführung der Cohäsionskraft auf die Newton'sche Anziehungskraft. Schlömilch Z. XVIII. 123-141.

Der Verfasser liefert zuerst einen Beweis des folgenden, meines Wissens zuerst von Gauss (princ. gener. theor. aequ. fluid.) aufgestellten, Satzes: „Wenn das Innere der Körper so von Atomen erfüllt ist, dass deren Abstände nach allen Richtungen nicht sehr viel verschieden (d. h. von derselben Grösseordnung) sind, so genügt das blosse Gravitationsgesetz nicht zur Erklärung der Cohäsionserscheinungen. Nach demselben nimmt nämlich die Kraft in zu geringem Maasse mit der Annäherung zu, so dass die inneren Kräfte keinen festen Körper vor dem Zerfliessen, keinen durch ein Gewicht belasteten Faden vor dem Zerreissen bewahren könnten. Herr Gilles betrachtet speciell den letzteren Fall, indem er die Kraft berechnet, welche nach dem Gravitationsgesetze die beiden cylindrischen Hälften eines Fadens auf einander ausüben. Um daher trotzdem aus dem Gravitationsgesetze hinlängliche Cohäsion zu erhalten, nimmt er die Atome linien- oder schichtenartig gelagert an, so dass die Körper aus lauter aus den Atomen aufgebauten Wänden oder Spangen bestehen, welche selbst einen ungleich kleineren Raum als die dazwischenliegenden Hohlräume einnehmen.

Eine Bestätigung hievon erblickt er in der schichtenartigen Anordnung der Sterne in den Nebelflecken. Bn.

A. Pfeitsticker. Das Kinetsystem. Stuttgart. Kirn.

Herr Pfeitsticker bemerkt, dass, wenn die Atomtheorie den Begriff „Materie“ erklären solle, man den Atomen nicht wieder dieselben Eigenschaften wie der Materie (Ausdehnung, Undurchdringlichkeit etc.) beilegen dürfe, dass die Kräfte nicht den Atomen innewohnen, sondern dies nichts als ein Wort ist. Die Behauptung, bloss anziehende Kräfte müssten die Materie in einem Punkte zusammenziehen, sei ein Irrthum; endlich müsse man den Atomen die einfachsten Kräfte beilegen (namentlich keine abstossenden), die ausreichen die Erscheinungen zu erklären. Dann sucht er sämmtliche Naturerscheinungen aus der Annahme zu erklären, dass die Atome (Kinete) bloss träge und dem Gravitationsgesetze unterworfen seien. (Vergl. die diesem Referate vorangeschickte Bemerkung.) Herr Pfeitsticker berechnet zuerst analytisch die Bewegung zweier gravitirender materieller Punkte in einer Geraden, wobei er die oft discutirte und (weil unendliche Kräfte nur als Limiten denkbar sind) vollkommen unbestimmte Frage nach der Bewegung, die dem Momente der Zusammenkunft folgt, dahin beantwortet, dass sie nicht vereint bleiben, sondern sich gleichweit nach der anderen Seite von einander entfernen. Dann weist er durch angenäherte numerische Berechnung complicirterer

Fälle nach, dass auch dort keine Vereinigung in einem Punkte erfolgt.

Das Chaos war nach Pfeitsticker die gleichförmige Erfüllung des ganzen Raumes mit Kineten. Dadurch dass einzelne etwas näher standen, bildeten sich Bewegungen um dieselben herum, welche zu den Erscheinungen der Körperwelt Veranlassung geben. Dass sie diese Erscheinungen wirklich erklären, verspricht Herr Pfeitsticker in einer grösseren „Kinetologie" nachzuweisen, worin er wieder die Probleme durch angenäherte numerische Rechnung zu bewältigen gedenkt. Bn.

O. Simony. Neue Moleculartheorie. Wien. Anz. X. 116.

O. Simony. Grundzüge einer neuen Moleculartheorie. Schlömilch Z. XVIII. 463-511.

Herr Simony nimmt zur Erklärung der Materie an, dass dieselbe aus unveränderlichen Atomen besteht. Nach einigen allgemeinen Bemerkungen über die einfachsten Annahmen für die Wechselwirkung zweier Atome findet er folgendes Gesetz derselben als das einfachste. Je zwei Atome von den Massen $m\,m'$ in der Centraldistanz r ziehen sich, so lange r grösser als $\varrho+\varrho'$ ist, mit der Kraft $\frac{\varepsilon m m'}{r^2}\cos\frac{\alpha}{r}$ an. Dabei ist ϱ eine dem einen, ϱ' eine dem anderen eigenthümliche Constante (deren Radien), ε und α sind dem Atompaare eigenthümliche Constanten. In der Centraldistanz $\varrho+\varrho'$ stossen sie sich plötzlich unendlich stark ab, so dass sie nie in eine kleinere Distanz gelangen können. Da dabei die Wirkung zweier Atome immer kleiner, höchstens gleich $\frac{\varepsilon m m'}{r^2}$ ist, so gilt von diesem Gesetze übrigens dasselbe, was Gilles vom Gravitationsgesetze sagt (vergl. das Referat auf Seite 511).

Simony beweist zuerst, dass zwei von einander weit entfernte Atomcomplexe unter Voraussetzung seines Gesetzes nach dem Newton'schen Gravitationsgesetze aufeinander wirken müssen. Dann discutirt er die Kräfte, welche nach seinem Gesetze 2 Atome in den verschiedenen möglichen Distanzen aufeinander ausüben. Befinden sich dieselben in der Distanz $\varrho + \varrho'$ im Gleichgewichte, so sagt er, sie bilden ein Molecül, was nur möglich ist, wenn in dieser Distanz $\frac{\cos\alpha}{r}$ positiv oder 0 ist. Wenn sich die Atome bei der kleinsten Distanzvergrösserung abstossen, so ist das Gleichgewicht labil. Beim stabilen Gleichgewicht nennt er die zur Trennung erforderliche Arbeit das Maass der chemischen Affinität. Wenn $\frac{\cos\alpha}{r}$ in der Distanz $\varrho + \varrho'$ positiv oder 0 ist, nennt Simony die beiden Atome chemisch verwandt, sonst chemisch inactiv. Ein Molecül aus zwei gleichbeschaffenen Atomen nennt er eine allotrope Modification erster Ordnung, ein solches aus zwei ungleichartigen eine binäre Verbindung erster Ordnung. Hierauf berechnet Herr Simony die Bewegung zweier Atome, die nach seinem Gesetze auf einander wirken, und zwar zuerst unendlich kleine Schwingungen um eine stabile Gleichgewichtslage, dann endliche Bewegungen.

Es sind dabei natürlich zwei Hauptfälle zu unterscheiden je nachdem die den Atomen innewohnende lebendige Kraft hinreicht sie ins Unendliche zu entfernen oder nicht. Im ersten Falle repräsentirt nach Simony der zweiatomige Complex einen gasförmigen Körper, im letzteren einen festen. Den Schluss bildet die Discussion des Gleichgewichtes dreier Atome untereinander. Wenn die Distanz jedes Paares grösser als die Summe der beiden Radien derselben ist, so kann das Gleichgewicht, so lange die Atome nicht in einer Geraden liegen, nur bestehen, sobald die Kraft je zweier Atome auf einander verschwindet, also der reciproke Werth ihrer Distanz ein ganzes ungerades Vielfaches von $\frac{\pi}{2\alpha}$ ist. Ist nur die Distanz zweier Atome gleich der Summe ihrer Radien, so bilden die drei Atome ein Molecül und ein einzelnes Atom. Es kann natürlich das Gleichgewicht erst durch Hinzukommen des einzelnen Atoms ermöglicht oder umgekehrt ein früher vorhandenes durch dasselbe gestört werden. Verbindet sich dabei das einzelne mit einem der beiden andern, so nennt dies Simony eine chemische Vertretung. Ein dreiatomiges Molecül entsteht, wenn die Distanz von zwei Atompaaren gleich der Summe von deren Radien ist. Sind die drei Atome gegeben, so ist dies im Allgemeinen noch in verschiedener Weise möglich, wodurch nach Simony's Ausdrucksweise Isomerien entstehen. Je nachdem alle drei oder nur zwei Atome gleichartig oder alle drei verschieden beschaffen sind, nennt Simony das dreiatomige Molecül eine allotrope Modification, eine binäre Verbindung zweiter Ordnung, oder eine ternäre Verbindung erster Ordnung. Besonders enge wird die Verbindung, wenn die Distanz jedes der drei Paare des dreiatomigen Complexes gleich der Summe der Radien des Paares ist. Bn.

J. D. van der Waals. Over de continuiteit van den gas- en vloiestoftoestand. Academisch Proefschrift. Leiden. Sijthoff.

In dieser Arbeit sucht der Verfasser durch theoretische Betrachtungen den molecularen Druck zu bestimmen, eine Grösse, die in Rechnungen bezüglich der Capillarität eingeht, aber nie im Resultat bleibt. Diese Untersuchungen haben ihn zu der Annahme geführt, dass es keinen wesentlichen Unterschied zwischen dem flüssigen und gasförmigen Zustand giebt. Der Inhalt der Arbeit ist folgender: I. Die Bewegungen der kleinsten Theilchen der Körper erwecken eher calorische Erscheinungen, als die abstossende Kraft, die ihnen sonst beigelegt wird. II. Relation zwischen der mittleren Geschwindigkeit der Theilchen eines Gemenges von Gas und Flüssigkeit; molecularer und äusserer Druck. Diese Relation giebt, wenn man die Geschwindigkeit als constant annimmt, die Gleichung der isothermen Linien. III. Analytische Untersuchung des molecularen Drucks. IV. Ueber die Grösse der potentiellen molecularen Oberflächen-Arbeit. Die Spannung an der Oberfläche existirt auch bei Gasen. V. Correction, die bei den Formeln anzubringen ist, wegen der Zusammensetzung der Molecüle. VI. Einfluss der Grösse der Molecüle. VII. Relation zwischen dem molecularen Druck und dem Volumen. VIII. Anwendung der Gleichung der isothermen Linien. IX. Werth der Laplace'schen Constante. X. Grösse der Atome. XI. Modificationen, welche die mechanische Theorie der Gase erleidet, wenn die Ansichten des Verfassers wahr sind. XII. Spannung gesättigter Dämpfe. Mn. (O.)

H. Schramm. Die Anziehungskraft, betrachtet als eine Wirkung der Bewegung. Pr. Wiener-Neustadt.

Der Herr Verfasser sucht für die in der Natur vorkommenden scheinbar fernwirkenden Anziehungskräfte die übrigens schon oft versuchte Erklärung zu geben, dass sich ponderabele Atome in einem Raum befinden, der von kleineren Atomen erfüllt ist, die sich geradeso bewegen, wie die Gasmolecüle der neueren Gastheorie. So lange nun die ponderabeln nicht im Wärmegleichgewicht mit den kleinen stehn, sondern sich z. B. langsamer bewegen, werden auch die umgebenden kleineren Atome sich langsamer als die entfernteren bewegen, woraus Herr Schramm die Gravitation und die übrigen Fernwirkungen zu erklären sucht. Die Rechnungen sind übrigens nicht exact durchgeführt. (Vergleiche von demselben Verfasser die allgemeine Bewegung der Materie als Grundursache aller Naturerscheinungen. Wien 1872, Braumüller, worüber Fortschritte der Mathematik IV. 503 referirt ist). Bn.

W. Borchardt. Untersuchungen über die Elasticität fester isotroper Körper in Berücksichtigung der Wärme. Berl. Monatsber. 1873. 9-56.

Die Differentialgleichungen für die Deformation eines elastischen Körpers, der ursprünglich bei gleichförmiger Temperatur im Gleichgewichte war und dessen Temperatur an jeder Stelle eine gegebene Function s der Lage jener Stelle ist, wurden von Duhamel und Franz Neumann aufgestellt. Herr Borchardt löst dieselben allgemein für den Fall, dass der elastische Körper eine Kreisplatte oder Kugel ist. Er führt zuerst die unbestimmte Integration der Differential-Gleichungen aus, und zwar geschieht die Lösung durch ein inneres Potential (welches der Poisson'schen Differentialgleichung genügt), während sie, wenn die Deformation durch Oberflächen-Kräfte bewirkt wird, durch ein äusseres Potential (das die Laplace'sche Differentialgleichung erfüllt) statt hat.

Nach Bestimmung der willkürlichen Potentialfunction lässt sich für die Kreisplatte und Kugel die Deformation durch bestimmte Integrale darstellen. Im ersten Falle giebt Borchardt das Resultat in folgenden Worten an: „Eine elastische isotrope Kreisplatte vom Radius 1, welche sich bei der Temperatur $s = 0$ in elastischem Gleichgewicht befand, werde der für ihre einzelnen Punkte verschiedenen Temperatur

$$s(\varrho, \vartheta)$$

ausgesetzt, wo ϱ, ϑ mit den rechtwinkligen geradlinigen Coordinaten x, y, deren Anfangspunkt im Kreismittelpunkte liegt, durch die Gleichung

$$x + y\sqrt{-1} = e^{\varrho + \vartheta\sqrt{-1}}$$

verbunden sind. Die durch diesen Temperaturwechsel entstehenden Deformationen mögen für den Punkt (ϱ, ϑ) eine Verrückung herbeiführen, deren mit den Richtungen der wachsenden ϱ, ϑ zusammenfallende Componenten mit R, Φ bezeichnet werden sollen, dann lassen sich R und Φ durch die ersten und zweiten Differentialquotienten zweier logarithmischer Potentiale ausdrücken.

Man denke sich die in der Ebene xy liegende Kreisfläche vom Radius 1 mit einer Masse belegt, deren Dichtigkeit der Temperatur $s(\varrho, \vartheta)$ gleich sei, und bilde hierauf die logarithmischen Potentiale der Kreisfläche in Beziehung auf den inneren Punkt (ϱ, ϑ) und in Beziehung auf dessen reciproken äusseren Punkt $(-\varrho, \vartheta)$. Diese beiden Potentiale, multiplicirt mit einer aus dem thermischen Ausdehnungscoefficienten $\mathfrak{e}$ und dem Verhältniss der beiden Elasticitätsconstanten θ (vergl. die folgenden Referate) zusammengesetzten Constanten

$$\frac{\mathfrak{g}}{2\pi} = \frac{2(1+3\theta)\mathfrak{e}}{2\pi},$$

bezeichne man mit

$$P = \frac{\mathfrak{g}}{2\pi}\int_0^{2\pi} d\vartheta_1 \int_{-\infty}^{0} d\varrho_1\, e^{2\varrho_1} s(\varrho_1, \vartheta_1)\, \tfrac{1}{2}\lg[e^{2\varrho} - 2e^{\varrho+\varrho_1}\cos(\vartheta - \vartheta_1) + e^{2\varrho_1}],$$

$$\mathfrak{P} = \frac{\mathfrak{g}}{2\pi}\int_0^{2\pi} d\vartheta_1 \int_{-\infty}^{0} d\varrho_1\, e^{2\varrho_1} s(\varrho_1, \vartheta_1)\, \tfrac{1}{2}\lg[e^{-2\varrho} - 2e^{-\varrho+\varrho_1}\cos(\vartheta - \vartheta_1) + e^{2\varrho_1}],$$

ferner die mittlere Temperatur der ganzen Platte mit

$$2c = \frac{1}{\pi}\int_0^{2\pi} d\vartheta_1 \int_{-\infty}^{0} d\varrho_1\, e^{2\varrho_1}\, s(\varrho_1, \vartheta_1),$$

so werden die Verrückungen R, Φ durch die ersten Differentialquotienten von P, sowie die ersten und zweiten Differentialquotienten von $\mathfrak{P}$ vermöge der Gleichung

$$(13^*)\left\{\begin{aligned} &2(1+2\theta)\, e^{\varrho}\, [R + \Phi\sqrt{-1}] \\ &= \begin{cases} \dfrac{\partial P}{\partial \varrho} + \dfrac{\partial P}{\partial \vartheta}\sqrt{-1} - (1-e^{2\varrho})\left[\dfrac{\partial \mathfrak{P}}{\partial \varrho} + \dfrac{\partial^2 \mathfrak{P}}{\partial \varrho^2} + \left(\dfrac{\partial \mathfrak{P}}{\partial \vartheta} + \dfrac{\partial^2 \mathfrak{P}}{\partial \varrho\, \partial \vartheta}\right)\sqrt{-1}\right] \\ -\dfrac{3+5\theta}{1+3\theta}\, e^{2\varrho}\left[\dfrac{\partial \mathfrak{P}}{\partial \varrho} - \dfrac{\partial \mathfrak{P}}{\partial \vartheta}\sqrt{-1}\right] - \mathfrak{g}c - \dfrac{1+\theta}{1+3\theta}\,\mathfrak{g} c e^{2\varrho} \end{cases} \end{aligned}\right.$$

dargestellt.

Im zweiten Falle ist das Resultat folgendes:

Eine elastische isotrope Kugel vom Radius 1, welche sich bei der Temperatur $s = 0$ in elastischem Gleichgewicht befand, werde der für ihre einzelnen Punkte verschiedenen Temperatur

$$s(\varrho, \vartheta, \eta)$$

ausgesetzt, wo ϱ, ϑ, η mit den geradlinigen Coordinaten x, y, z, deren Anfangspunkt im Mittelpunkt der Kugel liegt, durch die Gleichungen

$$x = e^{\varrho} \cos \vartheta, \quad y = e^{\varrho} \sin \vartheta \cos \eta, \quad z = e^{\varrho} \sin \vartheta \sin \eta$$

verbunden sind. Die durch diesen Temperaturwechsel entstehenden Deformationen mögen für den Punkt $(\varrho, \vartheta, \eta)$ eine Verrückung herbeiführen, deren mit den Richtungen der wachsenden ϱ, ϑ, η zusammenfallende Componenten mit R, Φ, Ψ bezeichnet werden sollen. Dann geschieht die Bestimmung von R, Φ, Ψ in nachstehender Weise.

Man betrachte die Temperatur $s(\varrho, \vartheta, \eta)$ als Dichtigkeit der elastischen Kugel, bilde unter dieser Hypothese das Potential der Kugel in Beziehung auf den inneren Punkt $(\varrho, \vartheta, \eta)$ und in Beziehung auf dessen reciproken äusseren Punkt $(-\varrho, \vartheta, \eta)$. Diese beiden Potentiale, multiplicirt mit der Constante $\frac{\mathfrak{g}}{4\pi}$, wo $\mathfrak{g} = 2(1+3\theta)\mathfrak{e}$, bezeichnet man mit

$$p = \frac{8}{4\pi}\int\limits_0^{2\pi} d\eta_1 \int\limits_0^{\pi} d\vartheta_1 \sin\vartheta_1 \int\limits_{-\infty}^{0} d\varrho_1\, e^{2\varrho_1} \frac{s(\varrho_1, \vartheta_1, \eta_1)}{\sqrt{e^{2\varrho} - 2e^{\varrho+\varrho_1}\cos\gamma + e^{2\varrho_1}}},$$

$$\mathfrak{P} = \frac{8}{4\pi}\int\limits_0^{2\pi} d\eta_1 \int\limits_0^{\pi} d\vartheta_1 \sin\vartheta_1 \int\limits_{-\infty}^{0} d\varrho_1\, e^{2\varrho_1} \frac{s(\varrho_1, \vartheta_1, \eta_1)}{\sqrt{e^{-2\varrho} - 2e^{-\varrho+\varrho_1}\cos\gamma + e^{2\varrho_1}}},$$

wo

$$\cos\gamma = \cos\vartheta \cos\vartheta_1 + \sin\vartheta \sin\vartheta_1 \cos(\eta - \eta_1),$$

und setze

$$Q = e^{-\varrho}\mathfrak{P},$$

so dass

$$Q = \frac{8}{4\pi}\int\limits_0^{2\pi} d\eta_1 \int\limits_0^{\pi} d\vartheta_1 \sin\vartheta_1 \int\limits_{-\infty}^{0} d\varrho_1\, e^{2\varrho_1} \frac{s(\varrho_1, \vartheta_1, \eta_1)}{\sqrt{1 - 2e^{\varrho+\varrho_1}\cos\gamma + e^{2(\varrho+\varrho_1)}}}.$$

Aus Q bilde man

$$F(e^\varrho) = \frac{\partial Q}{\partial\varrho} + 2Q,$$

und hierauf aus F

$$S = -\frac{2b}{1-b}\int\limits_{-\infty}^{0} F(e^{\varrho+\tau})\, e^{\alpha\tau} \frac{\sin\beta\tau}{\beta}\, d\tau,$$

wo

$$b = \frac{1}{2(1+2\theta)}, \quad a = \frac{1+4\theta}{2(1+2\theta)}, \quad \beta = \frac{\sqrt{3+12\theta+8\theta^2}}{2(1+2\theta)}$$

und θ das Verhältniss der beiden Elasticitätsconstanten ist. Nun setze man aus dem inneren Potential P und den beiden Potentialfunctionen F, S die beiden Ausdrücke

$$(1-b)\, X = 4b\, F + 2b\frac{\partial S}{\partial\varrho} - \tfrac{1}{2}(3-5b)\, S,$$

$$N = b\,[-P + (1-e^{2\varrho})F] + \tfrac{1}{4}(1-3e^{2\varrho})\left[(1+b)\frac{\partial S}{\partial\varrho} + bS\right]$$

zusammen, so werden die Verrückungen in der Form

$$e^\varrho R = e^{2\varrho}X + \frac{\partial N}{\partial\varrho}, \quad e^\varrho \Phi = \frac{\partial N}{\partial\vartheta}, \quad e^\varrho \sin\vartheta\psi = \frac{\partial N}{\partial\eta}$$

dargestellt. Bn.

W. Borchardt. Ueber Deformationen elastischer isotroper Körper durch mechanische an ihre Oberfläche wirkende Kräfte. Berl. Monatsber. 1873. 560-578.

Die Abhandlung enthält die Lösung des Problems der Deformation kreisförmiger Platten und Kugeln durch elastische Oberflächen-Kräfte in geschlossener Form und zwar durch bestimmte Integrale, welche nur äussere Potentialfunctionen enthalten. Das Resultat fasst Herr Borchardt im letzten Falle in folgenden Worten zusammen:

„Die im Sinne des Radius e^ϱ, der Polardistanz ϑ und der Rectascension η stattfindenden Verrückungen R, Φ, Ψ der Punkte einer elastischen isotropen Kugel vom Radius 1, deren Oberfläche den gegebenen mechanischen, im Sinne der wachsenden ϱ, ϑ, η wirkenden Kräften $2KP$, $2K\Phi$, $2K\Psi$ ausgesetzt ist, werden folgender Maassen bestimmt.

Aus Φ, Ψ leite man

$$A = \frac{1}{\sin\vartheta}\left\{\frac{\partial(\sin\vartheta\,\Phi)}{\partial\vartheta} + \frac{\partial\Psi}{\partial\eta}\right\},\quad B = \frac{1}{\sin\vartheta}\left\{-\frac{\partial\Phi}{\partial\eta} + \frac{\partial(\sin\vartheta\,\Psi)}{\partial\vartheta}\right\}$$

her und setze unter Einführung des durch die Gleichung

$$\cos\gamma = \cos\vartheta\cos\vartheta_1 + \sin\vartheta\sin\vartheta_1\cos(\eta-\eta_1)$$

bestimmten Winkels γ

$$F = \frac{1}{4\pi}\int_0^\pi d\vartheta_1 \sin\vartheta_1 \int_0^{2\pi} d\eta_1$$

$$\left\{\frac{P(\vartheta_1,\eta_1)}{\sqrt{1-2e^\varrho\cos\gamma+e^{2\varrho}}} + A(\vartheta_1,\eta_1)\,e^{-\varrho}\int_{-\infty}^{\varrho}\frac{}{\sqrt{1-2e^\varrho\cos\gamma+e^{2\varrho}}}\right\},$$

$$E = \frac{1}{4\pi}\int_0^\pi d\vartheta_1 \sin\vartheta_1 \int_0^{2\pi} d\eta_1 \int_{-\infty}^{0} d\varrho_1\,\frac{e^{-\varrho_1}P(\vartheta_1,\eta_1)+(1-e^{-\varrho_1})A(\vartheta_1,\eta_1)}{\sqrt{1-2e^{\varrho-\varrho_1}\cos\gamma+e^{2(\varrho+\varrho_1)}}},$$

$$Y = \frac{1}{4\pi}\int_0^\pi d\vartheta_1 \sin\vartheta_1 \int_0^{2\pi} d\eta_1 \int_{-\infty}^{0} d\varrho_1\,\frac{(1-2e^{\varrho_1})(1+3e^{-\varrho_1})\,B(\vartheta_1,\eta_1)}{\sqrt{1-2e^{\varrho-\varrho_1}\cos\gamma+e^{2(\varrho+\varrho_1)}}}.$$

Aus F leite man die neue Potentialfunction

$$S = -\frac{2}{1-b}\int_{-\infty}^{0} F(e^{\alpha\tau})\frac{\sin\beta\tau}{\beta}\,d\tau$$

her, wo

$$b = \frac{1}{2(1+\theta)},\quad a = \frac{1+4\theta}{2(1+2\theta)},\quad \beta = \frac{\sqrt{3+12\theta+8\theta^2}}{2(1+2\theta)},$$

und bilde

$$N = E + (1 - e^{2\varrho}) F + \tfrac{1}{4}(1 - 3e^{2\varrho}) \left\{(1+b)\frac{\partial S}{\partial \varrho} + bS\right\},$$

$$(1-b) X = 4F + 2b \frac{\partial S}{\partial \varrho} - \tfrac{1}{2}(3 - 5b) S.$$

Dann werden die Verrückungen R, Φ, Ψ durch die Gleichungen

$$e^{\varrho} R = e^{2\varrho} X + \frac{\partial N}{\partial \varrho},$$

$$e^{\varrho} \Phi = -\frac{e^{\varrho}}{\sin\vartheta}\frac{\partial Y}{\partial \eta} + \frac{\partial N}{\partial \vartheta},$$

$$e^{\varrho} \Psi = e^{\varrho}\frac{\partial Y}{\partial \vartheta} + \frac{1}{\sin\vartheta}\frac{\partial N}{\partial \eta}$$

bestimmt. Die gegebenen Kräfte müssen den Bedingungen

$$\int_0^{\pi} d\vartheta_1 \sin\vartheta_1 \int_0^{2\pi} d\eta_1 \{P(\vartheta_1, \eta_1) - A(\vartheta_1, \eta_1)\} \cos\gamma = 0,$$

$$\int_0^{\pi} d\vartheta_1 \sin\vartheta_1 \int_0^{2\pi} d\eta_1\, B(\vartheta_1, \eta_1) \cos\gamma = 0$$

genügen, welche ausdrücken, dass sie sich an der Kugel, wenn sie starr wäre, Gleichgewicht halten würden".

Wesentlich analog ist die Lösung für die kreisförmige Scheibe.

Bn.

W. Borchardt. Ueber die Transformation der Elasticitätsgleichungen in allgemein-orthogonale Coordinaten.

Borchardt J. LXXVI. 45-59.

Gegenstand dieser Abhandlung ist ein weit einfacherer Beweis eines Satzes, den Lamé in seinen „Leçons sur les coordinées curvilignes" p. 290 hergeleitet hat. Diese Vereinfachung erzielt Borchardt, indem er die Coordinatentransformation, statt in den Bewegungsgleichungen für einen elastischen Körper, in den Integralen vornimmt, die die Arbeit der inneren elastischen Kräfte darstellen, wenn zur Deformation, in Folge welcher der Punkt x, y, z die Verschiebungen u, v, w erfuhr, noch eine beliebige unendlich kleine hinzukommt, bei welcher derselbe Punkt dazu noch die Verschiebungen $\delta u, \delta v, \delta w$ erfährt. Setzt man die Arbeit der äusseren Kräfte gleich der der inneren, so erhält man, wie Kirchhoff (Borchardt J. LVI) zeigte, die Grundgleichungen der

Elasticität für das Gleichgewicht eines isotropen Körpers in der Form:

$$\delta P = K\delta\Omega,$$

wobei:

$$\delta P = \int dT\,[x\delta u + z\delta w] + \int d w\,[(x)\delta u + (y)\delta v + (z)\delta w],$$

$$\Omega = \int dT\,(E + \theta p^2 - gsp),$$

$$E = \left(\frac{\partial u}{\partial x}\right)^2 + \left(\frac{\partial v}{\partial y}\right)^2 + \left(\frac{\partial w}{\partial z}\right)^2 + \tfrac{1}{2}\left(\frac{\partial v}{\partial z} + \frac{\partial w}{\partial y}\right)^2$$
$$+ \tfrac{1}{2}\left(\frac{\partial w}{\partial x} + \frac{\partial u}{\partial z}\right)^2 + \tfrac{1}{2}\left(\frac{\partial u}{\partial y} + \frac{\partial v}{\partial x}\right)^2,$$

$$p = \frac{\partial u}{\partial x} + \frac{\partial v}{\partial y} + \frac{\partial w}{\partial z}.$$

Die Bewegungsgleichungen ergeben sich, wie bekannt, daraus durch das d'Alembert'sche Princip; dT ist ein Element des Volums, $d\omega$ eines der Oberfläche des Körpers; k, θ, sind die von Kirchhoff Borchardt J. LVI p. 285 gebrauchten Constanten, g ist gleich $2(1+3\theta)$ mal dem thermischen Ausdehnungscoefficienten der Substanz, $s(x, y, z)$ eine ungleichförmige Erwärmung im Körperinneren, x, y, z die auf das Innere, (x), (y), (z) die auf die Oberfläche wirkenden Kräfte. Durch Abtrennung eines Oberflächenintegrals von dem Körperintegrale findet Herr Borchardt

$$\delta^{(3)} P = K\delta^{(3)}\Omega',$$

wobei

$$\Omega' = \int dT\,[2F + (1+\theta)\,p^2 - gsp],$$

$$4F = U^2 + V^2 + W^2 = \left(\frac{\partial v}{\partial z} - \frac{\partial w}{\partial y}\right)^2 + \left(\frac{\partial w}{\partial x} - \frac{\partial u}{\partial z}\right)^2 + \left(\frac{\partial u}{\partial y} - \frac{\partial v}{\partial x}\right)^2.$$

Der Index (3) bedeutet, dass man durch partielle Integration die Differentialquotienten von δu, δv und δw wegschaffen und dann beiderseits die mit δu, δv und δw unter den Integralzeichen multiplicirten Glieder gleichsetzen muss, dass aber die Oberflächenintegrale nicht mehr gleich zu sein brauchen. Die letzten Formeln zeigen, dass in den für's Körperinnere geltenden Gleichgewichtsgleichungen die Grössen u, v, w nur in den 4 Verbindungen

$$\frac{\partial u}{\partial x}+\frac{\partial v}{\partial y}+\frac{\partial w}{\partial z},\quad \frac{\partial v}{\partial z}-\frac{\partial w}{\partial y},\quad \frac{\partial w}{\partial x}-\frac{\partial u}{\partial z},\quad \frac{\partial u}{\partial y}-\frac{\partial v}{\partial x}$$

vorkommen, welche der Reihe nach die Volumdilatation, und die doppelten Elementarrotationen um die 3 Coordinatenaxen darstellen; dass dies auch bei beliebigen krummlinigen orthogonalen Coordinaten gilt, ist der zu beweisende Satz. Sei r die Verbindungslinie zweier sehr naher Punkte des elastischen Körpers, $\alpha_0, \alpha_1, \alpha_2$ deren Richtungscosinus und εr die Verlängerung, die sie durch die Deformation u, v, w erleidet, so ist

$$\frac{\varepsilon r}{r} = \Sigma\, a_{ik}\, \alpha_i\, \alpha_k \quad (i = 0, 1, 2),$$

wobei

$$a_{00} = \frac{\partial u}{\partial x},\quad a_{12} = \tfrac{1}{2}\left(\frac{\partial v}{\partial z}+\frac{\partial w}{\partial y}\right), \text{ etc.}$$

Die Transformation der in Ω vorkommenden Grössen E und p in die orthogonalen Coordinaten bewerkstelligt Herr Borchardt mit Hülfe des Satzes, dass $E = \Sigma_{ik}\, a_{ik}^2$ und $p = \Sigma_i\, a_{ii}$ simultane Invarianten der beiden quadratischen Formen $\Sigma_{ik}\, a_{ik}\, \alpha_i\, \alpha_k$ und $\Sigma_i\, \alpha_i^2\, (i = 0, 1, 2)$ sind, indem er zunächst $\frac{\varepsilon r}{r}$ in den neuen Coordinaten ausdrückt. Die Transformation von $U, V, W,$ wird wieder dadurch erleichtert, dass F eine Invariante bei der Transformation ist.

Bn.

J. J. WEYRAUCH. Die Gleichung der elastischen Linie willkürlich belasteter gerader Stäbe. Schlömilch Z. XVIII. 392-401.

Der Verfasser definirt das Problem selbst folgendermaassen: „Ein Stab ist in einer beliebigen Anzahl Punkte, deren Höhenlage innerhalb gewisser Grenzen verschieden sein kann, unterstützt. Oberhalb desselben ist eine horizontale Abscissenaxe angenommen. Der Stab wird an willkürlichen Stellen seiner ganzen Länge durch beliebige gesetzmässig oder gesetzlos vertheilte und concentrirte Lasten angegriffen. Hierdurch entsteht die Biegung. Beim Uebergang von den verlängerten zu den verkürzten Fasern tritt eine neutrale Schicht auf, die keine Längenänderung, wohl aber eine Formänderung erleidet. Die in der Längenrichtung laufende Schwerlinie der neutralen Schicht ist die neutrale Axe. Sie heisst nach der Biegung elastische Linie. Es ist unsere Aufgabe die Gleichung derselben in einer Form aufzustellen, welche für alle besonders continuirlichen und einfachen Stäbe und bei allen Belastungsarten gültig bleibt". Unter der Voraussetzung, dass ebene Querschnitte auch nach der Deformation eben sind, wird zuerst die allgemeine Form für deren Gleichung aufgestellt und dieselbe dann für einen einzigen, sowie für eine Folge mehrerer homogener prismatischer Stäbe von verschiedenem Querschnitte ausgerechnet. Bn.

A. Wangerin. Ueber das Problem des Gleichgewichtes elastischer Rotationskörper. Grunert Arch. LV. 113-147.

Wangerin wendet die allgemeinen von Lamé aufgestellten Elasticitätsgleichungen, in denen statt der geradlinigen Coordinaten die Parameter ϱ, ϱ', ϱ'' dreier beliebiger Orthogonalflächenschaaren eingeführt sind, auf Rotationsflächen an. Für den Fall eines ruhenden Rotationskörpers, auf den keine äusseren Kräfte wirken, den Wangerin allein behandelt (auf den allgemeinen verspricht er jedoch später zurückzukommen) erhält man für die Volumdilatation Θ des Körpers eine Gleichung, welche nichts anders ist, als die Gleichung, die man erhält, indem man in die bekannte Gleichung

$$\frac{\partial^2\Theta}{\partial x^2}+\frac{\partial^2\Theta}{\partial y^2}+\frac{\partial^2\Theta}{\partial z^2}=0$$

statt xyz die Variabeln ϱ, ϱ', ϱ'' einführt. Wangerin nennt die so erhaltene Gleichung immer die „Potentialgleichung". Für Rotationskörper gehen diese Variabeln über in die Parameter ϱ, ϱ', φ zweier orthogonalen Schaaren von Rotationsflächen mit derselben Rotationsaxe und einer Schaar von Ebenen, die durch die Rotationsaxe gehn. Er zeigt, dass, sobald man nur die geschilderte Eintheilung des Innern des gegebenen Rotationskörpers und die Lösung der Potentialgleichung mit den Variabeln ϱ, ϱ', φ gefunden hat, jedesmal alle auf das elastische Gleichgewicht bezügliche Grössen berechnet werden können. Die Form, in welcher Wangerin's Lösung erscheint, ist eine Verallgemeinerung der Lösung des auf die Kugel Bezug habenden Problems mittelst der Kugelfunctionen. Als Beispiel behandelt Wangerin einen von zwei excentrischen Kugelflächen und zwei confocalen Rotationsellipsoiden begrenzten Raum und einen Kreisring.

Bn.

M. Westphal. Durchbiegung einer in einer beliebigen ebenen Curve gekrümmten Feder. Grunert Arch. LV, 147-148.

Ableitung einiger bekannten Formeln, bei denen vorausgesetzt wird, dass bei der Biegung die einzelnen Querschnitte nicht deformirt, sondern nur je zwei sich folgende gegeneinander geneigt werden. Bn.

Phillips. Rapport sur: Kretz, De l'élasticité dans les machines en mouvement. C. R. LXXVI. 528-536.

Die Abhandlung behandelt die Theorie der Riemen ohne Ende und dürfte nur für die Praxis von Interesse sein. Bn.

J. Boussinesq. Essai théorétique sur l'équilibre d'élasticité des masses pulverulentes. C. R. LXXVII. 1521-1525.

Der Verfasser untersucht das Gleichgewicht einer staubartigen oder sandartigen Masse. Den Lamé'schen Coefficienten μ setzt er dabei dem mittlern Drucke p proportional, so dass die Ausdrücke für die inneren elastischen Kräfte folgende werden:

$$N_1 = -p\left(1-2m\frac{\partial u}{\partial x}\right), \quad T_1 = pm\left(\frac{\partial v}{\partial z}+\frac{\partial w}{\partial y}\right).$$

Die Bezeichnungen sind die Lamé's. m ist eine Constante. Dazu kommen die bekannten Gleichungen für das Gleichgewicht eines Volumelements. Falls der Sandhaufen von einer unendlichen Ebene begrenzt wird, die mit der horizontalen den Winkel ω bildet, enthält das Integral der Gleichgewichtsgleichungen noch zwei willkürliche Constante. Davon kann eine so bestimmt werden, dass sich der Sandhaufen an eine vollkommen glatte oder absolut rauhe Ebene anlehnt, die mit der Vertikalen einen andern Winkel ε bildet und die frühere Ebene in einer horizontalen Geraden schneidet. Der Sandhaufen rutscht ab, „seine Elasticitätsgrenze ist überschritten“, wenn irgendwo der innere Druck negativ wird (innere Spannung auftritt). Die Dehnung der Längeneinheit darf also nirgends kleiner als $\frac{1}{2m}$ werden, daraus berechnet Boussinesq, für welche Werthe des ω bei verschiedenen ε die Abrutschung stattfindet.

Bn.

J. Boussinesq. Intégrale de l'équation aux dérivées partielles. C. R. LXXVII. 667-671.

Wenn sämmtliche den Zustand eines elastischen Körpers bestimmenden Grössen nur von 2 rechtwinkligen Coordinaten x, y, nicht von z abhängen, so giebt es immer 2 verschiedene unendliche Schaaren von Cylindern, auf deren Flächenelementen die elastischen Kräfte senkrecht stehen. Boussinesq nennt sie isostatische Cylinder; die der einen Schaar durchschneiden jene der andern senkrecht; seien $f(x, y)$ und $f_1(x, y)$ die beiden Functionen, welche, gleich Constanten gesetzt, die beiden Cylinderschaaren liefern; p, q, p_1, q_1 deren partielle Ableitungen nach x und y. Dann drückt Boussinesq zunächst die beiden in irgend einem Punkte herschenden Hauptspannungen durch

$$\sqrt{p^2+q^2} \text{ und } \sqrt{p_1^2+q_1^2}$$

aus; besteht zwischen beiden Hauptspannungen eine bekannte Gleichung (wie bei sandartigen Körpern in dem Momente, wo deren Gleichgewicht aufhört stabil zu sein, in welchem Momente sie Boussinesq als masses pulvérulentes ébouleuses bezeichnet), so erhält man also eine Gleichung zwischen

$$\sqrt{p^2+q^2} \text{ und } \sqrt{p_1^2+q_1^2},$$

aus welcher eine partielle Differentialgleichung für die Functionen f und f_1 selbst folgt. Dieselbe wird in dem angeführten speciellen Falle (sie ist vom 2ten Grade) von Boussinesq auf eine solche mit constanten Coefficienten reducirt, indem er statt x, y solche neue Variabeln u, v einführt, dass $\frac{\partial^2 f}{\partial u^2}$ und $\frac{\partial^2 f}{\partial v^2}$ aus der

Gleichung herausfallen, eine Transformation, die von Laplace herrührt. Boussinesq macht darauf aufmerksam, dass dieselbe den Vortheil gewährt, dass die Differentialgleichung dadurch immer auf eine solche mit constanten Coefficienten reducirt wird, wenn es überhaupt eine Transformation der Variabeln giebt, durch welche eine Reduction auf eine Differentialgleichung mit constanten Coefficienten möglich ist.

Bn.

M. Lévy. Mémoire sur l'application de la théorie mathématique de l'élasticité à l'élasticité des systèmes articulés formés des verges élastiques. C. R. LXXVI. 1059-1063.

Es sei ein System elastischer Geraden gegeben. Auf die Punkte, wo zwei oder mehrere Gerade zusammentreffen, wirken gegebene Kräfte, oder diese Punkte sind gegebenen Bedingungen unterworfen. Jede Gerade sei ohne Biegung und Torsion parallel ihrer Länge gedehnt oder zusammengedrückt.

Sind die Längen sämmtlicher Geraden nothwendig, um die relative Lage der Punkte, wo sie zusammentreffen, zu bestimmen, so lassen sich ihre Spannungen nach den Gesetzen der Statik bestimmen. Sind dagegen einige dieser Punkte ausserdem noch durch elastische Gerade (welche dann überzählige heissen, ihre Gesammtzahl sei k) verbunden, so lassen sich k Gleichungen zwischen den Verlängerungen sämmtlicher Geraden finden, welche, wenn man den Elasticitätsmodul einführt, k Gleichungen zwischen den Spannungen liefern, die zu den Gleichungen der Statik hinzugefügt werden müssen, um sämmtliche Spannungen zu bestimmen. Ein System gleichen Widerstandes entsteht, wenn sämmtliche Linien per Einheit des Querschnitts und Elasticitätsmoduls dieselbe Spannung haben. Bei Untersuchung der Bedingungen dieses Problems ergiebt sich, dass dasselbe nur dann eindeutig bestimmt ist, wenn keine überzähligen Geraden vorhanden sind. Daraus schliesst Lévy, dass derartige überzählige Gerade für die Praxis im Allgemeinen unvortheilhaft sind.

Bn.

E. Gripon. Sur les vibrations transversales des fils et des lames d'une faible épaisseur. Ann. de l'Éc. Norm. (2) II. 357-417.

Experimentaluntersuchung über diesen Gegenstand, wobei von den bekannten theoretischen Formeln Gebrauch gemacht wird. Aus den Schwingungen von Drähten, die wie Stäbe transversal schwingen, wird deren Schallgeschwindigkeit abgeleitet. Dann werden auch Schwingungen in Flüssigkeiten untersucht, wobei sich die theoretische Formel für reibungslose Flüssigkeiten bestätigt, sobald die Flüssigkeit nicht erheblich viscos ist.

Bn.

J. Obermann. Theorie der Longitudinalschwingungen zusammengesetzter Stäbe. Grunert Arch. LV. 22-35.

Wie Stefan, Wiener Berichte LV, stellt der Verfasser für jedes einzelne Stück des Stabes die Differentialgleichung

$$\frac{\partial^2 \xi}{\partial t^2} = a^2 \frac{\partial^2 \xi}{\partial x^2}$$

auf; für die Zusammenfügungsstellen aber das Princip der Continuität der Verschiebungen und des Druckes. Das erste Resultat ist, dass die Schwingungsdauer für alle Stücke dieselbe sein muss. Für dieselbe ergiebt sich bei freien und befestigten Enden eine transcendente Gleichung mit unendlich vielen Wurzeln, so dass also der zusammengesetzte Stab unendlich viele verschiedene einfache Töne schwingen kann. Die Amplitude und Phase jedes einzelnen Tones wird aus dem Anfangszustande des schwingenden Stabes durch bestimmte Integrale ausgedrückt.

Bn.

C. Mercadier. Sur le mouvement d'un fil élastique à une extrémité animé d'un mouvement vibratoire, à l'autre libre. C. R. LXXVII. 639-643. 671-675. 844. 950-951. 1292-1296. 1366-1370.

H. Valerius. Réponse à la dernière note de M. Mercadier. C. R. LXXVII. 1184-1186.

Herr Mercadier prüft zunächst die Gesetze der Transversalschwingungon eines derartigen an einer electromagnetischen Stimmgabel senkrecht gegen deren Schwingungsebene befestigten Fadens experimentell nach allen Richtungen. In den letzten beiden Abhandlungen wird vorausgesetzt (was natürlich auch der Fall ist), dass auf einen solchen Faden die bekannten Bewegungsgleichungen für transversal schwingende Stäbe anwendbar sind. Diese Bewegungsgleichungen werden mit Zuhilfenahme der durch jene Befestigungsweise des Fadens bedingten Grenzbedingungen integrirt. Das Resultat ist, wie vorauszusehen war, dass der Faden ganz wie ein an beiden Enden freier, transversal schwingender Stab schwingt. Nur die Distanz des Befestigungspunktes des Fadens vom ersten Knoten ist immer dadurch bestimmt, dass die Schwingungsdauer des Fadens gleich der der Stimmgabel wird, wodurch auch die Amplitude bestimmt ist (letztere Schwingungsdauer wurde durch die Masse des Fadens nicht wesentlich alterirt). Ist diese Distanz gleich der zweier Knoten, so wird die Amplitude theoretisch unendlich. Den betreffenden Schwingungszustand, bei dem praktisch meist sehr starke Schwingungen in Kreisen oder Ellipsen auftreten, nennt Mercadier den anormalen. Einen Theil dieser Gesetze hatte bereits Valerius (Brüsseler Academie XVII.) gefunden.

Bn.

G. Perry. Sur les concamérations polyédriques.

C. R. LXXVI. 720-729.

Das Problem der Schwingungen eines elastischen Parallelepipeds wird durch Functionen von der Form:

$$\Sigma A_{i i' i''} \left.\begin{matrix}\sin\\ \cos\end{matrix}\right\} \frac{i\pi x}{a} \cdot \left.\begin{matrix}\sin\\ \cos\end{matrix}\right\} \frac{i'\pi y}{b} \cdot \left.\begin{matrix}\sin\\ \cos\end{matrix}\right\} \frac{i''\pi z}{c} \cdot \left.\begin{matrix}\sin\\ \cos\end{matrix}\right\} a_{i i' i''}\, t$$

gelöst, wobei die Summe über alle möglichen ganzen Zahlenwerthe der i zu nehmen ist. Die sinus oder cosinus sind je nach den Grenzbestimmungen zu wählen. Wenn in der Function an die Stelle des sinus oder cosinus der Zeit eine Exponentielle tritt, so löst sie das Problem der Wärmeleitung. Behält man in der Summe nur gewisse Glieder bei (z. B. jene, in denen die i Vielfache von bestimmten ganzen Zahlen sind), so theilt sich der Körper in viele congruente Polyeder (Parallelepipede oder andere Polyeder) deren Oberflächen denselben Bedingungen, wie die des Körpers selbst, oder andern merkwürdigen häufig bei Oberflächen vorkommenden Bedingungen genügen. Lamé bezeichnet dieselben als concamérations polyédriques und bespricht sie in seiner Lehre von der Elasticität und Wärmeleitung. Die in Rede stehende Abhandlung giebt nun Ergänzungen hiezu, die sich auf den Fall longitudinaler Schwingungen elastischer Körper beziehen. U. A. ergiebt sich, dass im Innern der Concamerationen auch krumme Flächen (Alveolen) entstehen können, die ebenfalls jenen Bedingungen genügen. Bn.

G. Perry. Notes prises au cours de Lamé sur le 3me rayon dans le cas général des cristaux biréfractifs. C. R. LXXVI. 497-501.

Bewegungsgleichung, Schwingungsrichtung und Wellenfläche (letztere ein Ellipsoid, dessen Axen mit denen der Fresnel'schen Fläche zusammenfallen, wenn der Crystall 3 aufeinander senkrechte Symmetrieebenen besitzt) werden ganz allgemein für diesen Strahl abgeleitet. Es ist der von der Theorie gelieferte Strahl mit nahezu longitudinalen Schwingungen. Bn.

G. Perry. Notes prises au cours de Lamé sur la variabilité des coëfficients d'élasticité et la dispersion. C. R. LXXVI. 501-505.

Einige doch nur ziemlich allgemein gehaltene Formeln darüber, wobei aus dem Verhältniss der Intensität des eintretenden und reflectirten Lichtes und aus der in einer halben Welle vor und nach Eintritt in das brechende Medium enthaltenen lebendigen Kraft auf die Fortpflanzungsgeschwindigkeit des Lichtes geschlossen wird. Bn.

H. Zimmermann. Ueber die Construction der Haken für Ketten und Flaschenzüge. Z. dtsch. Ing. XVII. 129-146.

Der Verfasser bestimmt mit Hülfe der elementaren Mathematik und der von Grashof und Reuleaux aufgestellten

Principien die praktischsten Formen für die einzelnen Theile der Haken. Ein Beispiel erläutert die Rechnung. O.

J. Kübler. Theorie der eisernen Bogenbrücken. Z. dtsch. Ing. XVII. 385-389. 705-713.

Der Verfasser entwickelt die Theorie eiserner Bogen und wendet sie speciell auf den Fall eines Kreisbogens an. Da die Form seiner Resultate für die Praxis unbequem ist, so giebt er am Schlusse eine Tabelle der dahin gehörigen Grössen. O.

Anonymus. Sur la capillarité. Nouv. Ann. (2) XII. 79-84.

Auszug aus „Traité de mécanique“ von Résal, den auch in jenem Buche gegebenen Beweis der beiden Grundgleichungen der Capillartheorie wiedergebend. Die erste Grundgleichung wird aus der Annahme, dass die auf ein Flüssigkeitstheilchen der Oberfläche von der Schwere und den übrigen Theilchen ausgeübte Kraft senkrecht zur Oberfläche stehen muss, der zweite aus der Annahme, dass die auf ein an der Wand liegendes Flüssigkeitstheilchen wirkende Kraft keine Componente normal zur Wand haben darf, in kurzer Weise gewonnen, doch fehlt die Begründung, warum gerade diese Componente verschwinden muss. Bn.

C. Roger. Théorie des phénomènes capillaires. C. R. LXXVI. 816-819.

Unter der Voraussetzung, dass die Wirkung zweier Oberflächenelemente dem Quadrate ihrer Entfernung umgekehrt proportional ist, berechnet Roger die Abhängigkeit des Produktes aus Steighöhe und Durchmesser der Capillarröhren von dieser Grösse und findet bei passender Wahl der Constanten gute Uebereinstimmung mit den Beobachtungen Simon's. Bn.

C. Decharme. Du mouvement ascendant spontané des liquides dans des tubes capillaires. C. R. LXXVII. 591-593.

Der Verfasser giebt mehrere Formeln für diese Bewegung, zu deren jeder er durch andere theoretische Betrachtungen (die jedoch im Auszug nicht mitgetheilt werden) gelangt ist. Die erste stimmt gut mit des Verfassers Experimenten. Bn.

K. Lasswitz. Ueber Tropfen an festen Körpern insbesondere an Cylindern. Pogg. Ann. Ergänzungsbd. VI. 441-477.

Herr Lasswitz stellt zuerst die Differentialgleichung und Grenzbedingungen für Flüssigkeitstropfen (Flüssigkeitsmassen, die an Rotationskörpern mit verticaler Rotationsaxe hängen) auf und berechnet das Volumen eines solchen Tropfens im Momente des Zerreissens. Hierauf folgt die Anwendung auf kreisförmige und ringförmige Tropfen (solche, die an geraden Kreiscylindern und an Körpern hängen, die von einer unendlichen Horizontalebene und zwei parallelen, unendlichen verticalen Ebenen begrenzt sind). Es werden zunächst wieder allgemeine Relationen für Höhe und Volumen im Momente des Zerreissens aufgestellt, und dann die Gleichung für die Oberfläche für sehr kleine und sehr flache Tropfen angenähert integrirt. Den Schluss bilden Andeutungen über die angenäherte Integration im allgemeinen Falle.

Bn.

Capitel 2.

Akustik und Optik.

V. Schlegel. Mathematische Bestimmung der in den diatonischen Dur-Tonleitern vorkommenden Zahlenverhältnisse und der zwischen den einzelnen Tönen bestehenden Consonanz. Schlömilch Z. XVIII. 203-218.

Um das Verhältniss der Schwingungszahlen der einzelnen Töne der Tonleiter a priori zu bestimmen, stellt sich der Verfasser folgende Aufgabe: Zwischen 1 und 2 sollen sechs Zahlen

x_1, x_2, ... x_6 eingeschaltet werden derart, dass, wenn man aus der Reihe

$$x_0,\ x_1,\ \ldots\ x_6,\ 2x_0,\ 2x_1\ \ldots\ 2x_6,\ 4x_0,\ \ldots$$

(wobei $x_0 = 1$) beliebige Gruppen von sechs auf aufeinanderfolgenden Zahlen auswählt, der Quotient aus der ersten und n^{ten} in jeder Gruppe denselben Werth behält; n ist der Reihe nach 2, 3, 4, 5, 6. Dabei soll jedoch folgende Beschränkung stattfinden: Bildet man der Reihe nach die Gruppen mit den Anfangsgliedern x_0, x_4, x_1, x_5, x_2, x_6, so hat man, von der zweiten anfangend, das jedesmalige Endglied x_n durch ein andres, y_n, zu ersetzen und diesen Werth in allen folgenden Gruppen beizubehalten. Bildet man umgekehrt die mit x_0, x_3, x_6, x_2, x_5, x_1 anfangenden Gruppen, so hat man das Endglied x_p durch z_p zu ersetzen. Der Verfasser stellt sämmtliche aus diesen Bedingungen für die x folgenden Gleichungen auf. Dieselben lauten z. B. für $n = 5$

$$\frac{x_0}{x_5} = \frac{x_1}{x_6} = \frac{x_4}{2x_2}.$$

Von den so aufgestellten Gleichungen für $n = 2, 3, 4, 5, 6$ fallen einige zusammen. Für die übrigen, deren Anzahl um 1 kleiner ist, als die Zahl der Unbekannten, werden Lösungen in rationalen Zahlen gesucht. Stellt man ausserdem die Forderung, dass die sich ergebenden Werthe durch möglichst einfache Zahlen ausgedrückt sein sollen, resp. nimmt man, wenn dies nicht der Fall ist, statt der wirklichen Werthe einfache Näherungsbrüche, so erhält man als einzige Lösung die bekannten Intervalle der Tonleiter. Die y, resp. z geben die eingeschalteten halben Töne.

Für die Consonanz, resp. Dissonanz zweier Töne wird als Maass die Summe der zeitlich zusammenfallenden Vorstellungen aufgestellt. Ist dann $\frac{p}{q}$ das Verhältniss der Schwingungszahlen, in den kleinsten Zahlen ausgedrückt, so wird die Consonanz beider Töne bestimmt durch den Werth von α, die Dissonanz durch den Werth von β, wo

$$\alpha = \frac{2}{p+q}, \quad \beta = \frac{p+q-2}{p+q}$$

ist. Wn.

R. Moon. On the integration of the accurate equation, which represents the transmission in one direction of sound through air. Phil. Mag. 1873.

Der Verfasser stellt die in seiner Arbeit enthaltene Untersuchung als den Versuch zu einer vollständigen Theorie der Lösung von linearen, partiellen Differential-Gleichungen der zweiten Ordnung dar. Die Fortpflanzung des Tones durch die Luft in einer Richtung kann nach der gewöhnlichen Theorie dargestellt werden durch die einfache Gleichung

$$(1) \quad 0 = \frac{d^2\alpha}{dt^2} - \frac{a^2}{\alpha^2 x} \cdot \frac{d^2\alpha}{dx^2},$$

wo α und x resp. die Ordinaten des Partikelchens zur Zeit t im Zustande der Ruhe sind, und wo $\frac{\alpha}{x} = \frac{d\alpha}{dx}$, oder durch

$$0 = \frac{dv}{dt} - \frac{a^2}{\alpha^2 x} \cdot \frac{d\alpha x}{dx}.$$

$$(2) \quad 0 = \frac{dv}{dx} - \frac{d\alpha x}{dt},$$

wo

$$v = \frac{d\alpha}{dt}.$$

Die Lösung der Gleichung (1), zu welcher der Verfasser gelangt, ist das Paar Gleichungen

$$vta \log e\, \alpha x = 0$$

$$\alpha_x = \psi\left\{x \mp \frac{a}{\alpha_x} t\right\}.$$

Csy. (O.)

C. H. C. Grinwis. Over de theorie der Resonatoren. Versl. en Meded. (2) VII. 217-232. Arch. Néerl. VIII. 417-432.

Der Verfasser verbessert, vereinfacht und vervollständigt eine Arbeit von Strutt „On the theory of resonance“ (Trans. of London CLXI. 77-118) in Verbindung mit Helmholtz' Arbeit „Theorie der Luftschwingungen in Röhren mit offenen Enden“ (Borchardt J. LVII. 1-72). Er bestimmt die Höhe des Tons eines Resonators im Falle einer kreisförmigen Oeffnung von kleiner Grösse und behandelt sodann die Stärke der Resonanz, einen Gegenstand, der von seinen Vorgängern nicht völlig erklärt ist. Er gelangt in einigen Fällen zu sehr einfachen Gesetzen. Mn. (O.)

J. W. STRUTT (Lord Raleigh). Investigation of the disturbance produced by a spherical obstacle on the waves of sound. Proc. of L. M. S. IV. 253-283. Cly.

A. SEEBECK. Ueber Schallbewegung in gebogenen und verzweigten Röhren. Pogg. Ann. CXLIX. 129-144.

Die einfachste Art, zwei Schallwellen interferiren zu lassen, ist bekanntlich die, dass man eine Welle in einer verzweigten Röhre von ungleicher Schenkellänge sich theilen und die beiden Theilwellen nachher wieder zusammentreffen lässt. Der Verfasser ist nun der Ansicht, dass man es dann nicht nur mit der Interferenz zweier Wellen, sondern mit der einer unendlichen Reihe von Wellen zu thun hat, wobei die ersten Glieder der Reihe allerdings den hauptsächlichsten Einfluss haben. Diese unendliche Reihe entsteht dadurch, dass jede der beiden Wellen nach der Vereinigung nochmals die ganze Röhrenlänge wiederholt durchläuft. Die resultirende Dichtigkeit wird dann, wenn s die ganze Röhrenlänge, d die Längendifferenz der beiden Röhrenzweige ist, bestimmt durch die Formel

$$1+\sum_{n=0}^{n=\infty} a_n \sin\left(\frac{t}{\tau}-\frac{ns}{\lambda}\right)2\pi+\sum_{n=1}^{n=\infty} b_n \sin\left(\frac{t}{\tau}-\frac{d+ns}{\lambda}\right)2\pi.$$

Unter der Annahme, dass die Amplituden a_n, b_n in geometrischer Reihe abnehmen, lassen sich die beiden obigen Reihen in ganz derselben Weise summiren, wie die analogen in der Theorie der Newton'schen Ringe. Wn.

J. BOURGET. Théorie mathématique des expériences de Pinaud relatives aux sons rendus par les tubes chauffés. C. R. LXXVI. 428-431.

Pinaud und Sondhaus haben experimentell bestimmt, von welchen Umständen die Höhe eines Tones abhängig ist, der entsteht, wenn man die Kugel einer offenen Thermometerröhre stark erwärmt und dann abkühlt. Der Verfasser giebt hier kurz die

Resultate einer theoretischen Untersuchung desselben Gegenstandes an, wobei er das Thermometergefäss cylindrisch statt kugelförmig angenommen hat. Die Tonhöhe ist von der kleinsten Wurzel einer transcendenten Gleichung abhängig. Der daraus abgeleitete Werth stimmt für den Fall, dass eine oder zwei Röhren an demselben Gefässe befestigt sind, und für die Annahme, dass der Röhrenquerschnitt sehr klein gegen den des Gefässes ist, mit der empirischen Formel von Sondhaus überein. Für mehr als zwei Röhren findet diese Uebereinstimmung nicht mehr statt. Hinsichtlich der mathematischen Ableitung der genannten Resultate ist nur angegeben, dass dieselbe ganz ähnlich ist, wie in einer früheren Arbeit desselben Verfassers über die Schwingungen von Saiten, die aus verschiedenen Stücken bestehen.

Wn.

A. Kundt. Ueber die Schwingungen der rechteckigen, insbesondere der quadratischen Luftplatten. Pogg. Ann. CL. 177-197. 337-356.

Der experimentellen Untersuchung der Schwingungen von unendlich dünnen Luftplatten ist eine theoretische Untersuchung dieser Erscheinung vorausgeschickt, die, wie der Verfasser bemerkt, sich eng an die Theorie der Membranen anschliesst und in mathematischer Hinsicht nichts wesentlich Neues enthält. Unter der Annahme, dass die Bewegung der Luft nur parallel den beiden unendlich nahen, die Platte begrenzenden Flächen stattfindet, ist die Differentialgleichung für die Bewegung

$$\frac{\partial^2\varphi}{\partial t^2}=c^2\left(\frac{\partial^2\varphi}{\partial x^2}+\frac{\partial^2\varphi}{\partial y^2}\right).$$

φ ist das Geschwindigkeitspotential, also $\frac{\partial\varphi}{\partial x}$ und $\frac{\partial\varphi}{\partial y}$ die Geschwindigkeiten. Die Verdichtung ist

$$s=-\frac{1}{c^2}\frac{\partial\varphi}{\partial t}.$$

Die Grenzbedingungen sind: 1) für eine geschlossene Platte, d. h. eine mit einem festen seitlichen Rande versehene,

$$\frac{\partial\varphi}{\partial x}=0,\quad \frac{\partial\varphi}{\partial y}=0$$

für alle Punkte des Randes. 2) Bei offenen Platten dagegen ist für den Rand $\frac{\partial \varphi}{\partial t} = 0$. Unter der Voraussetzung rechteckiger Begrenzung wird nun die obige Differentialgleichung auf bekannte Weise durch Reihen integrirt für die verschiedenen Fälle der geschlossenen, offenen und theilweise offenen Platte. Es folgt dann eine Discussion der Ausdrücke für die Schwingungszahlen der Particularlösungen, sowie für die Stellen der Knoten und Bäuche. In Bezug auf die Einzelnheiten verweisen wir auf die Arbeit selbst. Wn.

J. W. STRUTT. Some general theorems relating to vibrations. Proc. of L. M. S. IV. 357-366. Cly.

H. J. SHARPE. Note on the reflection of sound. Messenger. (2) II. 159-160.

Enthält die Beschreibung eines vom Verfasser hergestellten billigen Apparates, der aus zwei parabolischen Reflectoren besteht, von denen einer aus Kartenpapier, der andere aus Zink, und vermittels welchen Apparates das Ticken einer in den Brennpunkt des einen der Reflectoren gesetzten Uhr bis auf eine Entfernung von 110 Fuss gehört werden konnte. Glr. (O.)

W. VELTMANN. Ueber die Fortpflanzung des Lichtes in bewegten Medien. Pogg. Ann. CL. 497-535.

Die vorliegende Arbeit ist im Wesentlichen eine Reproduction einer früheren Arbeit desselben Verfassers, über die im zweiten Bande des Jahrbuchs (F. d. M. II p. 790) berichtet ist. Zur nochmaligen Veröffentlichung ist der Verfasser durch die Arbeiten des Herrn Ketteler (F. d. M. III p. 515, IV. p. 526) veranlasst, die denselben Gegenstand behandeln. Der Verfasser glaubt nämlich, dass seine Behandlung des Problems kürzer und allgemeiner ist, als die von Ketteler. Da die vorliegende Umarbeitung manche Vervollständigungen enthält, so möge der Inhalt derselben hier nochmals kurz angegeben werden. Es handelt sich um die Frage: Welchen Einfluss auf die Brechung, Spiegelung und Interferenz hat eine Bewegung des brechenden, resp. spiegelnden Mediums? Von der Annahme ausgehend, dass der in einem bewegten Medium enthaltene Aether an der Bewegung des Mediums theilnehme, jedoch mit einer andern Geschwindigkeit, als das Medium selbst, bespricht der Verfasser die Richtungsänderungen des einfallenden und gebrochenen Strahles für folgende Fälle: 1) der einfallende Strahl ist senkrecht, während die gemeinsame Bewegungsrichtung beider Medien der Trennungsfläche parallel ist; 2) der Einfallswinkel ist beliebig, die Bewegungsrichtung liegt in der Einfallsebene; 3) die Bewegungsrichtung ist beliebig. In allen Fällen zeigt sich, dass für die relativen Strahlen das Brechungsgesetz nicht dasselbe ist, wie bei ruhenden Medien. Damit angenähert (bis auf Grössen zweiter Ordnung) das Snellius'sche Brechungsgesetz noch für die relativen Strahlen gilt, muss über die Geschwindigkeit, mit der der Aether an der Bewegung des Mediums theilnimmt, eine bestimmte Annahme gemacht werden, die Fresnel'sche Hypothese. Abgeleitet wird dies Resultat so, dass sowohl im oberen, als im unteren Medium die Fortpflanzungsgeschwindigkeit der Wellen mit der Verschiebung, die der Aether gegen das Medium erleidet, zusammengesetzt und dann die Huyghens'sche Construction angewendet wird. Die Verschiebung des Aethers gegen das Medium, dividirt durch die Fortpflanzungsgeschwindigkeit wird dabei als klein angenommen und ihr Quadrat vernachlässigt. Fall 3) wird durch Projection auf 2) zurückgeführt, während sich Fall 1) unmittelbar ergiebt. Im Falle 3) liegt der gebrochene relative Strahl mit dem einfallenden Strahle und dem Einfallsloth nicht mehr in einer Ebene, die Abweichung ist jedoch nur von der zweiten Ordnung der oben genannten Grösse. Es folgt dann die Erörterung der Bedingung, unter welcher auch für die absoluten Strahlen das Brechungsgesetz gilt. Nachdem so die Richtungsänderung bei der Brechung absolvirt ist, (bei der Reflexion ergiebt sich dasselbe Resultat ohne eine Annahme, wie die Fresnel'sche Hypothese), wendet sich der Verfasser zum Beweise des Satzes, dass auch für die einzelnen Wellenelemente die Bewegungsverhältnisse dieselben sind, wie im Ruhezustande, oder vielmehr, dass die Abweichungen nur von der zweiten Ordnung sind. Es bedarf dies deshalb des Beweises, weil auch bei isotropen Medien, falls dieselben bewegt sind, Strahl und Wellennormale nicht mehr zusammenfallen. Der Beweis des Verfassers besteht nun in dem Nachweise, dass das Licht, um in Folge von beliebigen Reflexionen und Brechungen ein geschlossenes Polygon zu durchlaufen, immer dieselbe Zeit gebraucht, mögen die Medien ruhen oder irgend eine im Verhältniss zur Lichtgeschwindigkeit sehr kleine Parallelbewegung haben. Alle Interferenzerscheinungen sind daher von der Bewegung der Medien unabhängig. Anders verhält es sich jedoch, wenn die Medien, an deren Grenzen die Reflexionen und Brechungen stattfinden, sich nach verschiedenen Richtungen oder nach derselben Richtung mit verschiedenen Geschwindigkeiten bewegen.

Es folgen dann Anwendungen der allgemeinen Formeln auf specielle Beobachtungen, von denen hier folgende hervorgehoben werden mögen. Der Umstand, dass durch die Aberration die Dispersion nicht vergrössert wird, beweist, dass die Fresnel'sche Annahme für jede Farbe genau gültig ist. Damit bei einem Prisma die Ablenkung von der Aberration unabhängig ist, muss die Bewegungsrichtung mit dem durchgehenden Strahle einen rechten Winkel bilden. In einer planparallelen Platte findet auch bei beliebiger Bewegungsrichtung eine Ablenkung nicht statt.

Wn.

J. Boussinesq. Note complémentaire: Sur les principes de la théorie des ondes lumineuses. Liouville J. (2) XVIII. 361-390.

Siehe Abschnitt XI, Capitel 1, p. 505.

J. Boussinesq. Sur le calcul des phénomènes lumineux produits à l'intérieur des milieux transparents animés d'une translation rapide, dans le cas où l'observateur participe lui-même à cette translation. C. R. LXXVI. 1293-1296.

Der Verfasser behandelt den Einfluss der Bewegung eines durchsichtigen Körpers auf die Brechung hier von einem etwas andern Gesichtspunkte aus, als in einer früheren Arbeit (cf. F. d. M. IV. p. 529). Dort wurden nämlich die Schwingungen auf ein im Aether festes Axensystem bezogen, und es wurde somit abgeleitet, wie die Brechung einem Beobachter erscheinen würde, der ausserhalb des bewegten Körpers steht. Hier wird nun der Fall behandelt, dass der Beobachter auf dem bewegten Körper sich befindet; das Axensystem wird daher als mit dem bewegten Körper fest verbunden betrachtet. Man hat dann nur in den Differentialgleichungen der Lichtbewegung [über die Form, welche der Verfasser diesen Gleichungen gegeben, vergl. F. d. M. I p. 362] an Stelle der Coordinate X zu setzen $X' + V_1 t$, wenn V_1 die Geschwindigkeitscomponente des Mediums parallel X ist, und ähnlich für die übrigen Coordinaten. Aus den so modificirten Gleichungen folgt leicht, dass ein auf dem bewegten Körper befindlicher Beobachter die Lichterscheinungen grade so wahrnimmt, als wären der Körper und die Zwischenmedien in Ruhe, nur hat man dabei die Dichtigkeit des Aethers in jedem der vom Licht durchlaufenen bewegten Medien im Verhältniss von 1 zu $\left(1 + \frac{g}{v}\right)^2$ zu vergrössern. Darin bedeutet g die Componente der Körpergeschwindigkeit parallel der Wellennormale, v die Fortpflanzungsgeschwindigkeit der Wellen in dem betrachteten Medium.

Wn.

Ed. Ketteler. Ueber den Einfluss der astronomischen Bewegungen auf die optischen Erscheinungen.

Pogg. Ann. CXLVIII. 435-448.

Die vorliegende Arbeit bildet einen Nachtrag zu den Arbeiten desselben Verfassers, über die in den beiden vorigen Jahrgängen referirt ist (cf. F. d. M. III p. 515, IV p. 526). In derselben wird die Wellenfläche doppelt brechender bewegter Medien weiter behandelt, und der Verfasser gelangt zu folgenden Sätzen:

1) Sind x', y', z' die Coordinaten der Wellenfläche eines Mittels für den Zustand der Bewegung, und bildet die Bewegungsrichtung mit den Elasticitätsaxen, die zugleich Coordinatenaxen sind, die Winkel $L, M, N,$ so geht die Gleichung der Wellen-

fläche des ruhenden Mittels dadurch in die des bewegten über, dass man setzt

$$x' = x - gk_1 \cos L, \quad y' = y - gk_2 \cos M, \quad z' = z - gk_3 \cos N.$$

g ist die Translationsgeschwindigkeit des Mediums, gk_1, gk_2, gk_3 die Geschwindigkeiten, mit denen der Aether an der Translation theilnimmt.

2) Das Licht durchläuft die bewegten durchsichtigen Mittel, anisotrope wie isotrope, in einer und derselben durch die ponderablen Molecüle hindurchlegbaren Röhre, so lange nur bei sonst beliebiger Bewegung der scheinbare äussere Einfallswinkel constant erhalten wird.

Der strenge Beweis wird allerdings nur für einaxige Medien geführt, und zwar nur für den Fall, dass die Einfallsebene Hauptschnitt und Bewegungsrichtung enthält. Der Verfasser geht dabei von einer früher abgeleiteten Formel für die Geschwindigkeit aus, mit welcher die extraordinäre Welle im Hauptschnitt eines bewegten einaxigen Mediums sich fortpflanzt. Aus derselben wird der Hauptschnitt der Wellenfläche als Enveloppe der Geschwindigkeitsflächen nach der gebräuchlichen Methode abgeleitet. Die Verallgemeinerung ergiebt sich durch Analogie.

Zum Schluss hat der Verfasser die von Boussinesq aufgestellte Theorie des Mitschwingens der ponderablen Theilchen auf die extraordinäre Welle einaxiger Medien angewandt und für die Fortpflanzungsgeschwindigkeit derselben eine Formel abgeleitet, die sich auf die der vorigen Untersuchung zu Grunde gelegte (die aus der Erfahrung abgeleitet war) reducirt. Wn.

C. Püschl. Ueber die Mitbewegung des Lichts in bewegten Mitteln. Wien. Anz. X. 177-178. Wien. Ber. LXVIII.

Der Verfasser geht von der Hypothese aus, dass der in den Körpern enthaltene Aether an der Bewegung der Körper nicht theilnehme, sondern sich wie der freie Aether im Weltenraum verhalte, dass dagegen die ponderablen Atome durchsichtiger Körper für sich das Licht fortpflanzen, dass daher eine Modification der Lichtbewegung nur eintrete für die Strecken, wo ponderable Atome durchlaufen werden, nicht für die zwischenliegenden Aetherstrecken. Aus dieser Anschauung entwickelt der Verfasser für die Fortpflanzungsgeschwindigkeit des Lichtes in bewegten Medien die Formel

$$\frac{n^2 - 1 + \frac{\sigma}{s}}{n}\, c,$$

wo c die Geschwindigkeit des Körpers ist, n der Brechungsexponent des Körpers im Ruhezustande, $\frac{\sigma}{s}$ das Verhältniss des von Atomsubstanz erfüllten Raumes zu dem ganzen Körpervolumen. Für $\frac{\sigma}{s} = 0$ fällt diese Formel mit der Fresnel'schen Hypothese zusammen. Einige weitere hieraus abgeleitete Sätze, z. B. über das specifische Brechungsvermögen, mögen hier übergangen werden. Wn.

L. Ditscheiner. Ueber das Intensitätsverhältniss und den Gangunterschied der bei der Beugung auftretenden senkrecht und parallel zur Einfallsebene polarisirten Strahlen. Wien. Ber. LXVII. 205-234.

Der Verfasser nimmt an, dass bei der Reflexion des Lichtes an der Trennungsfläche zweier durchsichtiger isotroper Medien aus einer einfallenden Welle nicht nur die gewöhnliche gebrochene und reflectirte Welle entsteht, sondern ausserdem noch eine Anzahl gebeugter Wellen, sowohl reflectirter, als gebrochener, und sucht für diese, welche allerdings bei grösseren Flächen keinen maassgebenden Einfluss auf die Lichterscheinungen üben, die Intensitäten zu ermitteln. Die Intensität der gewöhnlichen reflectirten und gebrochenen Welle ändert sich durch diese Annahme nicht, nur dass zu ihrer Bildung nicht die ganze Intensität der einfallenden Welle verwandt wird, sondern nur ein Theil; welcher Theil, bleibt unbestimmt, ist aber auch unnöthig zu ermitteln, so lange es sich nur um das Intensitätsverhältniss der senkrecht und parallel der Einfallsebene polarisirten Componente handelt. Für die gebeugten Strahlen nun ermittelt der Verfasser die Intensitäten nach der Cauchy'schen Reflexionstheorie. Von den unzählig vielen gebeugten Wellen nimmt er als zusammengehörig an eine reflectirte und eine gebrochene transversale, die durch die Bedingung verbunden sind

$$\frac{\sin i'}{\sin r} = \mu,$$

wo i der Einfallswinkel ist, i' der Winkel, den ein im ersten Medium sich fortpflanzender gebeugter Strahl, r einer im zweiten Medium mit dem Einfallsloth bildet; μ ist der Brechungsexponent beider Medien. Zu diesen beiden transversalen gehören noch zwei longitudinale gebeugte Wellen, deren Richtungen i'' und r_{11} bestimmt werden durch die Gleichungen

$$\frac{\sin i'}{\sin i''} = \frac{v}{v''}, \quad \frac{\sin i'}{\sin r_{11}} = \frac{v}{v_{11}},$$

unter v die Fortpflanzungsgeschwindigkeit der transversalen, unter v'' die der longitudinalen Wellen im ersten Medium verstanden. unter v_{11} die der longitudinalen Wellen im zweiten Medium, v'' und v_{11} sind gegen v sehr gross.

Aus dem Schwingungszustande der einfallenden Welle wird durch einfache geometrische Betrachtung der Zustand der ge, beugten transversalen Welle in irgend einem Punkte des zweiten Mediums berechnet, ebenso der der gebeugten transversalen im ersten Medium, wie auch der beiden longitudinalen. Diese Ausdrücke werden dann auf einen Punkt der Grenzfläche angewandt und in die Cauchy'schen Grenzbedingungen [Gleichheit der drei Schwingungscomponenten, sowie ihrer Differentialquotienten] eingesetzt. Der Gang der Rechnung ist ganz wie in der Cauchy'schen Theorie, der Unterschied beruht nur darin, dass bei der gewöhnlichen Reflexion $i' = i$ ist, während hier i' von i verschieden ist. Die Endformeln des Verfassers mögen hier, da sie zuviel Raum beanspruchen würden, übergangen werden. Wn.

W. Walton. On the ray planes in biaxal crystals.

Quart. J. XII 269-276.

Der Ausdruck „Strahlenebene" bezeichnet die Ebene, welche die Richtungen zweier Strahlen in einem doppelaxigen Krystall enthält, und welche irgend einer gegebenen Richtung der Wellengeschwindigkeit entsprechen. Es wird nun ein Ausdruck für die Neigung einer Strahlenebene zu der entsprechenden Einfallsebene in Ausdrücken des Richtungscosinus der Einfallsebene gegeben, und dann folgender Satz aufgestellt: „Eine Reihe von Kegeln 8ten Grades mit gemeinsamem Scheitel sollen in einen doppelaxigen Krystall eingeschrieben werden; ein jeder soll die folgende Eigenschaft besitzen, nämlich, dass die zu einer erzeugenden Linie senkrechte Einfallsebene unter constantem Winkel zu der entsprechenden Strahlenebene geneigt sein müsse. Cly. (O.)

ABRIA. Double réfraction. Directions des mouvements vibratoires des rayons réfractés dans les cristaux uniaxes. C. R. LXXVII. 1268-1269.

Bekannte Constructionen und Formeln aus der Theorie der Doppelbrechung einaxiger Medien werden zur Bestimmung der Vibrationsrichtung der gebrochenen Strahlen angewandt und die Resultate mit den Beobachtungen verglichen. Wn.

E. WIEDEMANN. Die elliptische Polarisation des Lichtes. Leipz. Ber. XXIV. 263-310.

Das Referat erfolgt im nächsten Jahresbericht, da die Arbeit 1874 in Poggendorff's Annalen nochmals veröffentlicht ist.

Wn.

CROULLEBOIS. Étude analytique et expérimentale des interférences des rayons elliptiques. C. R. LXXVII. 1269-1271.

Auszug aus einer grösseren Arbeit, in welcher die Interferenz zweier elliptisch polarisirten Strahlen behandelt wird unter der Voraussetzung, dass die beiden Ellipsen einander ähnlich, die entsprechenden Axen unter beliebigem Winkel gegen einander geneigt sind. Hier sind die Resultate von folgenden drei Specialfällen kurz angegeben: 1) Die Axen beider Ellipsen sind parallel, die Rotation erfolgt in gleichem Sinne; 2) die Axen sind parallel, die Rotation ist entgegengesetzt; 3) die entsprechenden Axen stehen auf einander senkrecht. Die Ableitungen ergeben sich unmittelbar. Wn.

V. Dvořák. Zur Theorie der Talbot'schen Streifen. Pogg. Ann. CL. 399-410.

Die Helligkeit eines Punktes im Beugungsbilde einer Spalte wird nach folgendem Princip ermittelt: Die gleichen Amplituden der verschiedenen Strahlen denke man als Radien eines Kreises derart, dass der zwischen zwei Radien liegende Kreisbogen gleich dem Gangunterschiede der betreffenden Strahlen ist, wobei einem Gangunterschiede von einer Wellenlänge die ganze Kreisperipherie entspricht. Dann ist die resultirende Amplitude, dividirt durch die Anzahl der einzelnen Amplituden, gleich dem Abstande des Schwerpunktes des Bogens, welcher zwischen den äussersten Strahlen liegt, vom Mittelpunkte des Kreises. Durch Anwendung dieses Princips, das Herrn E. Mach zugeschrieben wird, lässt sich die Theorie der Talbot'schen Streifen bedeutend einfacher herleiten, als es von Airy geschehen ist. Wn.

E. Mach. Ueber die Stefan'schen Nebenringe am Newton'schen Farbenglase und einige verwandte Interferenzerscheinungen. Pogg. Ann. CL. 625-636.

Berechnung der Lichtintensität nach einer doppelten Interferenz, wie sie z. B. entsteht, wenn man das Newton'sche Ringsystem betrachtet, indem man die halbe Pupille mit einem Glimmerblättchen bedeckt. Es wird ferner die Gleichung des Nebenringes abgeleitet, der entsteht, wenn man das Bild eines Newton'schen Glases auf ein zweites Newton'sches Glas projicirt. Die Methode enthält in mathematischer Hinsicht nichts Neues.

Wn.

V. S. M. van der Willigen. Over de verschynselen van gekleurde polarisatie voor éénassig Kristallen in convergent licht. Versl. en Meded. (2) VII. 71-130.

V. S. M. van der Willigen. Over de onhoudbaarheid der stelling dat de breking der lichtstralen wordt gewijzigd door de beweging van licht bron en prisma. Versl. en Meded. (2) VII. 257-335.

Die beiden Abhandlungen sind nur in physikalischer Hinsicht interessant. Die erste nur enthält mathematische Entwickelungen. Sie beziehen sich auf bekannte Formeln der Optik. Namentlich findet sich eine sehr sorgfältige Discussion der Erscheinungen der farbigen Polarisation in einaxigen Krystallen für den Fall convergenter Strahlen. Der Verfasser weist auf die Arbeit von F. Pfaff (Poggendorff Ann. CVII p. 333, 1859) hin, in der die Gegenstände vollständiger als bei ihm behandelt worden sind. Mn. (O.)

J. Warren. Note on geometrical optics. Quart. J. XII. 371-379.

Man betrachte eine Curve auf einer Oberfläche. Zuerst zwei auf einander folgende Elemente und ihre zwischen liegende Normale; also: erstes Element, Normale, zweites Element. Das erste Element und die Normale bestimmen eine Ebene. Ihre Neigung zu dem zweiten Element ist der erste geodätische Berührungswinkel; wenn er längs der Curve Null ist, so ist die Curve eine geodätische Linie; ist er längs der Curve constant (d. h. hat er ein Verhältniss zu dem Bogenelement), so ist die Curve eine „Didonia". Man betrachte nun andererseits zwei aufeinander folgende Normalen und das dazwischen liegende Bogenelement; also: erste Normale, Bogenelement, zweite Normale. Die erste Normale und das Bogenelement bestimmen eine Ebene. Ihre Neigung zu der zweiten Normale ist der zweite geodätische Berührungswinkel; ist er längs der Curve Null, so ist letztere eine Krümmungscurve. Es erscheint als eine natürliche Erweiterung dieses Begriffs, den Winkel, welchen eine Ebene, die einen gebrochenen Strahl und ein Element einer auf der angrenzenden Oberfläche irgend eines brechenden Mediums liegenden Curve enthält, mit einem darauf folgenden gebrochenen Strahl bildet, (beide Strahlen denke man sich von dem Element ausgehend), diesen Winkel also den „brechenden Berührungswinkel" zu nennen. Ist dieser Winkel Null, so erhält man die brechenden Curven von Malus, von dem man meint, dass er zuerst die Existenz dieser Curven ermittelte. Der Verfasser sucht den Winkel zu berechnen und in eine bequeme Form zu bringen.

Cly. (O.)

J. C. Maxwell. On the focal lines of a refracted pencil. Proc. of L. M. S. IV. 337-341.

Zeigt, wie Hamilton's Methode der characteristischen Function zu einer geometrischen Construction führt, um die Brennlinien für irgend einen dünnen Strahlenkegel nach der Brechung durch eine krumme Oberfläche zu finden, wobei die Brennlinien des betreffenden einfallenden Strahlenkegels und die Natur der Krümmung der Oberfläche gegeben ist. Cly. (O.)

H. Helmholtz. Ueber die Grenzen der Leistungsfähigkeit der Mikroskope. Berl. Monatsber. 1873. 625-626.

Da hier nur ein kurzer Auszug der Arbeit mitgetheilt ist, so erfolgt das Referat im nächsten Jahresbericht, wo die Arbeit in extenso vorliegt. Wn.

V. v. Lang. Zur Dioptrik eines Systems centrirter Kugelflächen. Pogg. Ann. CL. 353-359.

Die vorliegende Arbeit ist wesentlich eine Reproduction einer früheren Arbeit desselben Verfassers, über die F. d. M. III p. 522 berichtet ist. Der einzige Unterschied gegen die frühere Arbeit besteht in einer einfacheren Herleitung der Gleichung, die für ein beliebiges System brechender Kugelflächen zwischen den Abständen zweier conjugirter Punkte von den Brennpunkten besteht.

Wn.

A. Putzler. Ueber Linsensysteme. Pr. Görlitz 1873.

Der Verfasser giebt hier, ohne neue Resultate liefern zu wollen, eine zusammenhängende Darstellung der Hauptsätze aus der Theorie der Linsensysteme unter den gewöhnlichen Voraussetzungen. Abgeleitet werden der Reihe nach die allgemeinen Sätze, dass die von einem Punkte ausgehenden Strahlen nach der letzten Brechung sich wieder in einem Punkte schneiden, ferner die Eigenschaften der Brennpunkte der Hauptebenen und Hauptpunkte, endlich der von Listing eingeführten symptotischen Punkte. Die Ableitung geschieht, wie bei Gauss, mit Hülfe der analytischen Geometrie; es werden jedoch nur solche Strahlen betrachtet, die mit der Axe des Systems in einer Ebene liegen. Die klare und übersichtliche Darstellung weicht von dem Gange der Gauss'schen Abhandlung insofern ab, als die Untersuchung von vornherein auf ein System von beliebig vielen Linsen gerichtet ist, wobei alle Linsen als von demselben Medium umgeben angenommen werden. Wn.

A. Beck. Die Fundamentaleigenschaften der Linsensysteme in geometrischer Darstellung.
Schlömilch Z. XVIII. 588-600.

Die Arbeit von Beck behandelt denselben Gegenstand, wie die vorhergehende, nämlich eine zusammenhängende Darstellung der bekannten Sätze über Linsensysteme. Die Ableitung dagegen ist eine ganz verschiedene, indem die vorliegende Arbeit auf der Betrachtungsweise der neueren Geometrie beruht. Auch umfasst die hier gegebene Ableitung die von Casorati aufgestellte Verallgemeinerung (cf. F. d. M. IV p. 538), wonach die Fundamentaleigenschaften der Linsensysteme auch dann noch fortbestehen, wenn die einzelnen Linsen nicht mehr genau centrirt sind. Der Verfasser betrachtet zunächst eine einzige brechende Kugelfläche und leitet aus dem Brechungsgesetz, verbunden mit den gewöhnlichen vereinfachenden Voraussetzungen, zunächst den Satz ab: „Beim Durchgang des Lichtes durch eine einzige brechende Fläche ist das räumliche System im ersten Medium (Object) centrisch collinear zum System im zweiten Medium (Bild), und zwar in Bezug auf die Scheitelebene Σ der brechenden Fläche als Collineationsebene und den Kugelmittelpunkt C als Collineationscentrum". Um die Beziehung zweier solcher centrisch collinearer Systeme zu bestimmen, genügt ausser der Angabe der Axe die Angabe eines Paares von entsprechenden Strahlen, die aber zur Axe windschief sein müssen.

Aus dem für eine brechende Fläche aufgestellten Satze folgt für eine beliebige Anzahl brechender Flächen, deren Mittelpunkte von einer geraden Linie nur verschwindend kleine Abstände haben, dass das erste und das letzte System auch zu einander collinear, aber im Allgemeinen nicht in centrischer Lage sind. Daraus ergiebt sich, dass es immer einen und nur einen Strahl des ersten Systems giebt, welcher mit seinem entsprechenden im letzten System zusammenfällt (Cardinallinie). Wenn die Cardinallinie gegeben ist, genügt zur Bestimmung der collinearen Beziehungen des ersten und letzten Systems die Angabe eines Paares von entsprechenden Strahlen, die zu jener Linie windschief sind. Aus diesen Beziehungen werden dann die Eigenschaften der Hauptpunkte und Hauptebenen, der Knotenpunkte, der Brennpunkte und der symptotischen Ebenen abgeleitet.

Für ein centrirtes System wird ferner gezeigt, dass, wenn die collineare Beziehung zwischen dem ersten und letzten Systeme gegeben ist, damit auch das Verhältniss der Fortpflanzungsgeschwindigkeiten im ersten und letzten Medium bestimmt ist, unabhängig von der Zahl und Beschaffenheit der vermittelnden Systeme. Dieses Verhältniss ist dasjenige, welches der perspectivischen Lage der beiden Systeme entspricht, und daher gleich dem Verhältniss der beiden Hauptbrennweiten. Damit ist durch das erste und letzte Medium die geometrische Beziehung zwischen Object und Bild vollständig bestimmt. Zum Schluss bestimmt der Verfasser die eintretende Vergrösserung. Wn.

J. MÜLLER. Die Beziehungen der Brennweite und der conjugirten Punkte einer Linse, durch eine neue Formel dargestellt. Hoffmann Z. IV. 279-284.

Die neue Formel ist der bekannte Satz: Die Brennweite einer Sammellinse ist die mittlere Proportionale zwischen den Abständen der beiden conjugirten Punkte von den entsprechenden Brennpunkten. Aus diesem Satze allein kann man die Lage des Bildes für ein gegebenes Object, sowie die Vergrösserung leicht bestimmen. Für Zerstreuungslinsen gilt Analoges.

Wn.

L. SEIDEL Ueber einen heliographischen Apparat von Steinheil. Münch. Ber. 1873. II. 207.

Die Arbeit bezieht sich auf zwei in der Steinheil'schen Anstalt construirte Sachen, ein Objectiv und einen Vergrösserungsapparat, beide bestimmt bei den photographischen Aufnahmen des Venusvorübergangs zu dienen.

Das aus 2 Paaren achromatischer Linsen bestehende Objektiv, achromatisch besonders für die hier hauptsächlich in Betracht kommenden ultravioletten Strahlen, ist verschieden von dem nach Fraunhofer construirten Objectiv, dessen Leistungen H. Seidel (s. F. d. M. IV p. 538) früher untersucht hat, und zwar hat es gegen jenes einige Vorzüge. Da für den beabsichtigten Zweck das Gesichtsfeld kein grosses zu sein braucht, so kam es vorzüglich darauf an, die Verzerrung in der centralen Scheibe des Bildes zu einer möglichst kleinen zu machen. Hierzu war es nöthig, auch die nicht in die Axenebene fallenden Strahlen nach Maassgabe der bekannten Seidel'schen Formeln mit zu berücksichtigen. Da diese letzteren ergeben haben, dass die alleinige Berücksichtigung der Krümmungshalbmesser der Linsen noch keineswegs zur Herstellung eines Maximums von Schärfe für das Bild genüge, so ward auch die Distanz der Mittelpunkte in Rechnung gezogen. Für den Vergrösserungsapparat konnten die Rechnungen wegen der Kürze der Zeit nicht mit gleicher Genauigkeit durchgeführt werden wie für das Objektiv. Jedenfalls geht aus der kurzen Notiz mit Gewissheit hervor, dass in der praktischen Dioptrik das wissenschaftliche Element der Empirie gegenüber einen vollständigen Sieg errungen hat. Gr.

N. LUBIMOFF. Neue Theorie des Gesichtsfeldes und der Vergrösserung der optischen Instrumente. Pogg. Ann. CXLVIII. 405-421.

C. BOHN. Ueber das Gesichtsfeld des Galilei'schen Fernrohrs. Carl Rep. IX. 97-107.

TH. BREDICHIN. In Bezug auf den Artikel des Herrn N. Lubimoff. Carl Rep. IX. 106-118. Bull. de la Soc. des Nat. de Moscou. IV. 1872.

N. LUBIMOFF. Antwort auf die Bemerkungen des Herrn Bredichin. Carl Rep. IX. 307-312. Bull. de la Soc. des Nat. de Moscou. No. I. 1873.

Die erste Arbeit ist ein Wiederabdruck des Aufsatzes, über den F. d. M. IV. p. 541 kurz berichtet ist. Die beiden folgenden Arbeiten enthalten Einwendungen gegen die Lubimoff'schen Ansichten, die vierte eine Entgegnung von Lubimoff. Sowohl von Bohn als von Bredichin wird gegen die Darstellung von Lubimoff und die von demselben abgeleiteten Formeln hauptsächlich der Einwand erhoben, dass es unzulässig sei, die Weite der Pupille zu vernachlässigen und dieselbe als Punkt anzusehen. In der Bohn'schen Arbeit werden die Formeln, die sich mit Berücksichtigung des erwähnten Umstandes ergeben, abgeleitet und Beobachtungen des Verfassers mitgetheilt. Bredichin sucht, indem er verschiedene frühere Autoren citirt, das von Lubimoff an die Spitze gestellte Princip als unrichtig darzustellen. Gegen die letztere Arbeit wendet sich Lubimoff zum Theil mit persönlichen Ausfällen. Er sucht sein Princip aufrecht zu erhalten und meint, es liesse sich seiner Formel leicht ein Glied, das die Pupillenweite in Rechnung brächte, hinzufügen. Wn.

O. FABIAN. Bemerkung über die Bedingung der kleinsten prismatischen Ablenkung der Lichtstrahlen. Carl Rep. IX. 84-87.

Discussion des bekannten Problems mit Hülfe der Differentialrechnung. Wn.

H. EMSMANN. Ein Spectroscop à vision directe mit nur einem Prisma. Pogg. Ann. CL. 636-640.

Lösung der folgenden Aufgabe: Ein Lichtstrahl trifft ein vierseitiges Prisma so, dass er an der ersten Fläche eintritt, dann dreimal nach einander an der zweiten, dritten, vierten Fläche total reflectirt wird, endlich aus der dritten Fläche parallel dem einfallenden Strahle austritt. Welches ist der Einfallswinkel bei gegebenen Winkeln des Prismas? Wn.

E. Ritsert. Ueber die Reflexion des Lichtes von Winkelspiegeln. Schlömilch Z. XVIII. 339-346.

Der Verfasser betrachtet den Durchschnitt eines Winkelspiegels von der Oeffnung 2α mit der auf der Durchschnittslinie der beiden Spiegel senkrechten Ebene und nimmt auf der Halbirungslinie dieses Winkels einen leuchtenden Punkt in der Entfernung 1 an. Ein von dem Punkte ausgehender Strahl treffe den ersten Spiegel in der Entfernung x_1 vom Scheitel, nach der Reflexion den zweiten Spiegel in der Entfernung x_2, nach nochmaliger Reflexion den ersten in der Entfernung x_3 etc. Durch einfache trigonometrische Betrachtungen werden die Verhältnisse $\frac{x_n}{x_1}$ bestimmt, und daraus wird durch Discussion die bekannte Bedingung abgeleitet, für welche Oeffnung eine $n$malige Reflexion möglich ist. Weiter wird für einen Specialfall der Theil des Winkelraumes bestimmt, in dem man nicht alle reflectirten Strahlen wahrnimmt. Sodann wird untersucht, welche verschiedenen Grössen x_1 bei veränderlichem α haben muss, damit der einmal reflectirte Strahl dem zweiten Spiegel parallel ist. Die die verschiedenen Punkte x_1 verbindende Curve (Spiegelcurve) unterscheidet sich von dem Descartes'schen Blatte nur durch einen constanten Factor der Curvengleichung. Schliesslich wird dieselbe Curve abgeleitet für den Fall, dass nach zweimaliger Reflexion der reflectirte Strahl dem ersten Spiegel parallel ist. Wn.

Everett. On the optics of mirage. Phil. Mag. 1873.

Der Verfasser untersucht die Principien, welche die Bildung von Bildern in einem Medium mit beständig wechselndem Brechungs-Index bestimmen. Der Hauptsatz der Arbeit heisst: Die Krümmung des Weges eines Strahles in einem Medium von absolutem Brechungsindex, ist durch die Formel

$$\frac{1}{e} = \frac{d \log \mu}{dN}$$

gegeben, wo N die längs der Normale zum Krümmungsmittelpunkte gemessene Entfernung und folglich $\frac{d}{dN}$ das Verhältniss der Zunahme derselben bezeichnet.

Der Beweis dieses Theorems ist zuerst von Prof. James Thomson geführt worden. Alle Phänomene der Luftspiegelung mit ihren Untersuchungen stützen sich auf dies Theorem. Irrthümer früherer Gelehrten werden schliesslich genannt.

Csy. (O.)

EM. CUBR. Beitrag zur Theorie der Spiegelmessinstrumente. Casopis II. 233-236. Böhmisch.

Bekanntlich hat bei einem Glasspiegel der Lichtstrahl erst eine Brechung, dann erst eine Reflexion zu erleiden. Das Resultat dieser Vorgänge besteht darin, dass die von einem leuchtenden Punkte zum Spiegel gelangenden Strahlen denselben so verlassen, als wären sie von einer Rotationsfläche einfach reflectirt worden, deren Axe die vom leuchtenden Punkt auf die Spiegelebene gefällte Senkrechte ist und deren erzeugende Curve, bezogen auf den Schnitt des Spiegels als Abscissenlinie und jene Senkrechte als Ordinatenaxe, die Gleichung

$$xy = (e+y)\sqrt{\frac{d^2-n^2y^2}{n^2-1}}$$

hat, worin e die Entfernung des leuchtenden Punktes vom Spiegel, d die Dicke des Glases und n den Brechungsexponenten desselben bedeutet.

Hiernach ist bei Spiegelinstrumenten mit drehbarem Spiegel, so beim Spiegelsextanten, Prismenkreuz von Pistor und Martins, beim Fallon'schen Lineal, die eigentlich reflectirende Ebene stets excentrisch, auch dann, wenn, wie dies meist geschieht, die Drehungsaxe um $\frac{2}{3}$ der Glasdicke von der nichtbelegten Fläche entfernt ist.

Der Aufsatz bringt nun einen Beweis dafür, dass diese Excentricität auf die Richtigkeit des gemessenen Winkels durchaus keinen Einfluss übe.

W.

M. JENKINS. Geometrical proof that the deviation of a refracted ray of light increases with the incidence. Messenger (2) II. 175-176.

Glr.

W. v. Bezold. Ueber das Gesetz der Farbenmischung und die physiologischen Grundfarben. Pogg. Ann. CL. 71-93. 221-247.

Das Newton'sche Verfahren zur Bestimmung einer Mischfarbe, dessen physikalische Voraussetzungen und Folgerungen durch die Erfahrung bestätigt sind, beruht auf der Annahme von drei Grundempfindungen, die man in den Ecken eines Dreiecks liegend annimmt. Innerhalb des Dreiecks finden alle Farben, d. h. ausser den Spectralfarben noch Purpur und Weiss, ihre Stelle. Die Stelle irgend einer Farbe erhält man, wenn man die (nach einem willkürlichen Maasse gemessenen) Helligkeiten der Grundfarben, die nöthig sind, um die gesuchte Mischfarbe hervorzubringen, als Gewichte in den betreffenden Ecken des Dreiecks angebracht denkt und den Schwerpunkt dieser Gewichte sucht. Der Verfasser stellt den analytischen Ausdruck für die Coordinaten dieses Schwerpunktes auf, bezogen auf ein Coordinatensystem, dessen Axen zwei Dreiecksseiten parallel sind, und dessen Anfangspunkt im Weiss liegt. Aus diesem Ausdruck folgt unmittelbar, dass jede Projection einer nach obigen Principien aufgestellten Farbentafel wieder eine Farbentafel ist. Durch die Coordinaten x, y irgend einer Farbe muss ihre Schwingungszahl n bestimmt sein. Es wird gezeigt, dass

$$f(n) = \alpha + \frac{x}{y} b \quad \text{oder} \quad = \beta - \frac{y}{x} a$$

ist, wo f eine noch unbestimmte Function ist. Da nun irgend zwei Complementärfarben mit Weiss in gerader Linie liegen müssen, derart dass bei gleicher Erregung Weiss ihr Schwerpunkt ist, so ergiebt sich aus dem Vorigen, wenn n', n'' die Schwingungszahlen der Complementärfarben sind, dass zwischen denselben folgende Gleichung stattfinden müsse:

$$[\alpha - f(n')]\,[f(n'') - \beta] = \gamma^2.$$

Die einfachste Annahme ist $f(n) = n$. Das Gesetz der Complementärfarben lautet dann

$$(\alpha - n')\,(n'' - \beta) = \gamma^2.$$

α, β, γ sind Constante, die empirisch zu bestimmen sind. Ferner ergiebt sich, wenn n_1, n_2, n_3 die Schwingungszahlen der Grundempfindungen sind, $n_2 - n_1 = n_3 - n_2$.

Endlich wird die Schwingungszahl einer aus der Mischung nur zweier Grundfarben n_1, n_2 entstehenden Mischfarbe, falls diese Grundfarben mit den Gewichten P_1, P_2 erregt werden,

$$n = \frac{P_1 n_1 + P_2 n_2}{P_1 + P_2}.$$

Es folgen dann noch experimentelle Bestätigungen und einige weitere Folgerungen aus den obigen Resultaten. Wn.

F. Hoza. Construction der Intensitätslinien bei centraler Beleuchtung. Grunert Arch. LV. 319-331.

Ist ϱ die Entfernung des leuchtenden Punktes von einem Punkte der beleuchteten Fläche, α der Auffallswinkel, so ist die Intensität bekanntlich $\frac{\sin\alpha}{\varrho^2}$. Bezeichnet a eine Constante, so ist daher

$$\varrho^2 = a^2 \sin\alpha$$

die Gleichung der Intensitätslinien. Der Verfasser der vorliegenden Arbeit setzt nun zunächst die elementare Construction einzelner Punkte jener Curve des Breitesten auseinander und giebt dann eine graphische Darstellung der verschiedenen Beleuchtungsintensitäten durch verschiedene Farbentöne an. Diese Darstellung wird auf die Intensitätslinien einer Ebene (concentrische Kreise) und einer Kugel (Kreise mit gleichem sphärischen Mittelpunkt) angewandt, wobei nicht beleuchtete Oberflächentheile so dargestellt werden, als würden sie aus demselben Lichtpunkte, aber mit geringerer Intensität der Lichtquelle beleuchtet. Zum Schluss giebt der Verfasser noch an, wie man einzelne Punkte bestimmter Intensität construiren kann auf einer abwickelbaren Fläche, einer Rotationsfläche, einem hyperbolischen Paraboloid, einer windschiefen Fläche. Wn.

Carstaedt. Ueber die Abnahme der Lichtstärke mit dem Quadrate der Entfernung. Pogg. Ann. CL. 551-564.

Darstellung von Beobachtungen mit dem Bunsen'schen Photometer. Vorausgeschickt ist die bekannte Theorie des Apparats.
Wn.

Capitel 3.

Electricität und Magnetismus.

J. C. Maxwell. A treatise on electricity and magnetism. Oxford 1873.

Die glänzenden Entdeckungen, durch welche Faraday in der ersten Hälfte dieses Jahrhunderts die Wissenschaft bereicherte, gingen bekanntlich aus einer Auffassung der electrischen Erscheinungen hervor, welche nur von wenigen Physikern seiner Zeit getheilt wurde. Mit Vermeidung des Begriffs der in die Ferne wirkenden Kräfte suchte Faraday die Erscheinungen der Electrostatik, der Electrodynamik, des Magnetismus durch eine von Theilchen zu Theilchen sich fortpflanzende Induction zu erklären. Das vorliegende Werk hat den Zweck die Theorie der Electricität mathematisch aus diesen Anschauungen herzuleiten. Dasselbe ist daher vorwiegend theoretisch, und sind alle Hülfsmittel der Analysis und neueren Geometrie aufgewandt, die Resultate dieser Theorie in eleganter Weise abzuleiten und in ansprechender Form darzustellen. Neben der gewöhnlichen Schreibweise sind dieselben vielfach auch nach der Methode der Hamilton-schen Quaternionentheorie wiedergegeben. Bei dem ungemein reichhaltigen Inhalt ist es unmöglich auf Einzelheiten einzugehen. Wir müssen uns daher begnügen, den deutschen Mathematikern das Studium dieses Werkes dringend zu empfehlen, gerade weil dasselbe in einzelnen Capiteln wesentlich von der Darstellungsweise deutscher Lehrbücher abweicht. Dasselbe schliesst mit der Theorie Maxwell's, nach welcher die Licht- und Electricitätserscheinungen aus denselben Grundeigenschaften der Materie hergeleitet werden.
Ok.

C. Neumann. Die electrischen Kräfte. Erster Theil. Leipzig. Teubner. 8. 1873.

Die hier dargestellte Theorie ist, soweit sie die ponderomotorischen Kräfte betrifft, als ein unmittelbarer Ausfluss der Ampère'schen Theorie zu bezeichnen, hingegen neu mit Bezug auf die elektromotorischen Kräfte.

I. Die Ponderomotorischen Kräfte.

Sind J und J_1 zwei geschlossene Ströme, so besteht das F. Neumann'sche Integralgesetz bekanntlich darin, dass die translatorische Wirkung von J_1 auf J gleich $-JJ_1\frac{\partial Q}{\partial p}$, und das Drehungsmoment von J_1 auf J gleich $-JJ_1\frac{\partial Q}{\partial \varphi}$ sei, wo p und φ die Richtung der translatorischen Bewegung und den Drehungswinkel bezeichnen. Dabei repräsentirt Q einen gewissen nur von geometrischen Verhältnissen, nämlich nur von Lage und Gestalt der beiden Stromringe, abhängenden Ausdruck:

$$Q = -A^2\iint\frac{\cos\varepsilon}{r}\,Ds\,Ds_1 = -A^2\iint\frac{\cos\vartheta\cos\vartheta_1}{r}\,Ds\,Ds_1,$$

wo Ds, Ds_1 zwei Elemente der beiden Ringe, und r, ϑ, ϑ_1, ε die ihnen zugehörigen Ampère'schen Argumente vorstellen, während A^2 eine Constante ist. Nach der F. Neumann'schen Nomenclatur heisst JJ_1Q das Potential der beiden Stromringe auf einander, und Q selber das auf die Stromeinheiten bezogene Potential.

Der Verfasser vorliegenden Werkes zeigt, dass ein analoger Satz auch dann existirt, wenn die beiden Ringe, theils in Folge ihrer Biegsamkeit theils in Folge von Gleitstellen, von veränderlicher Gestalt sind. Der alsdann in Kraft tretende allgemeinere Satz lautet:

Befinden sich zwei biegsame und mit Gleitstellen behaftete Stromringe J und J_1 in beliebigen Bewegungen, so ist die während irgend eines Zeitelements dt von J und J_1 auf einander ausgeübte ponderomotorische Arbeit dargestellt durch $-JJ_1dQ$. Hiebei können J und J_1 Functionen der Zeit sein, nur müssen sie gleichförmig, d. i. unabhängig von den Bogenlängen sein.

Sind insbesondere J und J_1 der Zeit nach constant, so nimmt der Satz die einfachere Gestalt an (vergl. p. 236 des vorliegenden Werkes):

Die von den beiden Stromringen während eines beliebigen Zeitraums auf einander ausgeübte ponderomotorische Arbeit ist gleich der Differenz derjenigen Werthe, welche das Potential JJ_1Q zu Anfang und zu Ende dieses Zeitraumes besitzt. Auch lässt sich der Satz (vergl. p. 238) auf den Fall ausdehnen, dass von dem einen Stromringe J nur ein Theil betrachtet werden soll, dessen Endpunkte etwa α und γ seien. Sind dabei wiederum J und J_1 der Zeit nach constant, so ist die von dem geschlossenen Strome J_1 und dem ungeschlossenen Strome $(J, \alpha\gamma)$ während irgend eines Zeitraumes auf einander ausgeübte ponderomotorische Arbeit gleich dem Potential von J_1 auf das während dieser Zeit von $\alpha\gamma$ beschriebene Viereck. Das Viereck ist dabei beschrieben zu denken innerhalb eines Raumes, der an der Bewegung von J_1*) participirt, und umflossen zu denken von einem Strom von der Stärke J. Dieser letzte Satz gewinnt (vergl. p. 272) eine noch einfachere Gestalt, sobald der Strom J_1 durch einen Solenoid- oder Magnetpol ersetzt wird; denn alsdann reducirt sich das in Rede stehende Potential (abgesehen von gewissen constanten Factoren) auf die von dem Pol nach jenem Viereck gelegte Kegelöffnung. Hierdurch kann man, beiläufig bemerkt, zur Erklärung der electromagnetischen Rotationserscheinungen gelangen

Analoge Sätze sind endlich vom Verfasser (p. 163, 165) auch für den Fall aufgestellt worden, dass die Ströme nicht in linearen, sondern in körperlichen Leitern stattfinden.

Alle diese Betrachtungen des Verfassers sind, ebenso wie die zu Anfang erwähnten F. Neumann'schen Sätze, unmittelbare Ausflüsse des Ampère'schen Gesetzes**), also völlig verschieden

*) d. i. an der Bewegung des ponderablen Trägers dieses Stromes.

**) Die aus diesem Gesetz für ein Stromelement und einen Solenoidpol sich ergebende gegenseitige Einwirkung wird meistentheils „fehlerhaft" dargestellt. Deswegen hat der Verfasser diesen Gegenstand etwas ausführlicher behandelt und nachgewiesen (p. 262), dass der Angriffspunkt der von der neuerdings von Helmholtz proponirten Theorie, bei welcher das Ampère'sche Gesetz negirt wird.

II. Die Electromotorischen Kräfte.

Das für diese Kräfte von F. Neumann aufgestellte und durch sorgfältige Experimente constatirte allgemeine Princip bezieht sich auf zwei geschlossene lineare Leiter (s) und (s_1), von denen der letztere von einem electrischen Strome J_1 durchflossen ist. Dabei können beide Leiter, theils in Folge ihrer Biegsamkeit theils in Folge von Gleitstellen von veränderlicher Gestalt sein. Jenes Princip lautet:

Befinden sich (s) und (J_1, s_1) in beliebigen Bewegungen, und befindet sich gleichzeitig die Stromstärke J_1 in einem beliebigen Zustande der Veränderung, so wird die Summe der von (J_1, s_1) während der Zeit dt in (s) inducirten electromotorischen Kräfte immer $= d(J_1 Q)$ sein. Hier bezeichnet Q das schon früher genannte auf die Stromeinheiten bezogene Potential.

Der Verfasser des vorliegenden Werkes stellt sich nun die Aufgabe, das diesem Princip oder Integralgesetz entsprechende Elementargesetz zu ermitteln, und benutzt zu diesem Zweck fünf Hypothesen, die sich vielleicht durch ihre Einfachheit empfehlen dürften. Nehmen wir an, die inducirende Ursache sei repräsentirt durch das Element $J_1 Ds_1$ eines electrischen Stromes, und das inducirte Object durch irgend einen ponderablen Körper von beliebiger Gestalt und Grösse, so sind die drei ersten jener fünf Hypothesen folgende (p. 112):

(α) Die electromotorische Kraft, welche in einem Punkt des gegebenen Körpers während der Zeit dt von dem Element $J_1 Ds_1$ hervorgebracht wird, ist proportional mit Ds_1, sonst aber nur noch abhängig von J_1 und der relativen Lage, sowie von denjenigen Aenderungen, welche J_1 und die relative Lage erleiden während der Zeit dt. Sie ist Null, falls solche Aenderungen nicht stattfinden.

(β) Sie ist zerlegbar in zwei Kräfte, von denen die eine

vom Stromelement auf den Solenoidpol ausgeübten Kraft nicht im Pole selber, sondern vielmehr in einem mit dem Pole verbundenen Punkt zu denken ist, welcher dem Stromelement unendlich nahe liegt.

proportional mit J_1, die andere proportional mit dJ_1 ist. Mit andern Worten: Ihre rechtwinkligen Componenten sind homogene lineare Functionen von J_1 und dJ_1. Dabei bezeichnet dJ_1 den Zuwachs von J_1 während der Zeit dt.

(γ) Denkt man sich das Element $J_1 Ds_1$ zerlegt in drei rechtwinklige Componenten $J_1 Dx_1$, $J_1 Dy_1$, $J_1 Dz_1$, welche mit jenem Element starr verbunden an seiner Bewegung Theil nehmen, so ist die electromotorische Wirkung von $J_1 Ds_1$ identisch mit der electromotorischen Gesammtwirkung von $J_1 Dx_1$, $J_1 Dy_1$, $J_1 Dz_1$, vorausgesetzt, dass nicht nur J_1 selber, sondern auch die Aenderung von J_1 für alle vier Elemente dieselbe ist.

Denken wir uns ferner als inducirende Ursache einen körperlichen Leiter, in dessen Innerem irgend welche electrische Strömungen stattfinden, so lauten die beiden letzten jener fünf Hypothesen folgendermaassen (p. 169 und 187):

(δ) Ist Dv_1 ein Volumelement des inducirenden Körpers, und wird die in Dv_1 vorhandene Strömung in Componenten zerlegt nach drei auf einander senkrechten mit der ponderablen Masse des Körpers verbundenen Axen, so ist die electromotorische Wirkung jener in Dv_1 vorhandenen Strömung identisch mit der electromotorischen Gesammtwirkung dieser drei Componenten.

(ε) Die Richtungsänderung eines unendlich kleinen kugelförmigen Stromelementes Dv_1 bringt in einem ruhenden Leiterelement Ds ein und dieselbe electromotorische Kraft hervor, einerlei ob die ponderable Masse von Dv_1 an jener Richtungsänderung participirt oder nicht*).

Mit Hülfe dieser Hypothesen gelangt der Verfasser, indem er gleichzeitig das Princip der lebendigen Kraft sowie auch das bekannte Joule'sche Gesetz für die entwickelte Wärme in Anwendung bringt, zu folgender Form des gesuchten Elementargesetzes (p. 193):

Sind zwei Körper A und B in irgend welchen Bewegungen

*) In dieser etwas einfacheren Gestalt ist die Hypothese (ε) neuerdings vom Verfasser ausgesprochen worden in seinem Aufsatz über die Helmholtz'sche Constante k. Ber. der K. Sächs. Ges. d. W., 8. August 1874, p. 138.

begriffen, während gleichzeitig im Innern eines jeden irgend welche electrische Strömungen stattfinden, und bezeichnet *m* einen Punkt von *A*, ferner Dv_1 ein Volumelement von *B*, so ist die von Dv_1 in *m* während der Zeit *dt* inducirte electromotorische Kraft zusammengesetzt aus zwei Kräften. Die eine derselben fällt in die Richtung der gegenseitigen Entfernung *r*, und besitzt die Stärke:

$$-A^2 Dv_1 \frac{d(rj_1)}{r^2},$$

wo j_1 die Componente der in Dv_1 vorhandenen electrischen Strömung i_1 bezeichnet, genommen nach *r*, und zwar nach derjenigen Richtung von *r*, in welcher die Kraft gerechnet wird. Die andere ist parallel zur Strömung i_1, und besitzt, in der Richtung von i_1 gerechnet, die Stärke:

$$+A^2 Dv_1 \frac{i_1\, dr}{r^2}.$$

Dabei sind durch die Characteristik *d* diejenigen Aenderungen bezeichnet, welche stattfinden während der betrachteten Zeit *dt*. Die Constante A^2 ist identisch mit der schon früher erwähnten, im Ausdruck von *Q* vorkommenden.

Dieses vom Verfasser proponirte Elementargesetz führt, auf zwei lineare Leiter angewendet, zum F. Neumann'schen Integralgesetz, und führt andererseits zu ähnlich einfachen Integralgesetzen auch dann, wenn einer von jenen linearen Leitern oder auch beide durch körperliche Leiter vertreten sind (p. 176 u. 213). So z. B. ist folgender Satz zu erwähnen:

Ist der in einem Körper *B* vorhandene Strömungszustand im Innern überall gleichförmig und an der Oberfläche überall tangential, und bezeichnet *P* das Potential zwischen *B* und einem geschlossenen linearen Leiter *A*, letzterer durchflossen gedacht von der Stromeinheit, so wird die Summe der von *B* während der Zeit *dt* in *A* inducirten electromotorischen Kräfte stets gleich sein der Differenz derjenigen Werthe, welche *P* zu Anfang und zu Ende der Zeit *dt* besitzt.

Wenn hier von einem Strömungszustande die Rede ist, der im Innern gleichförmig und an der Oberfläche tangential ist, so soll darunter ein solcher verstanden werden, welcher den bekannten Bedingungen

$$\frac{\partial u}{\partial x} + \frac{\partial v}{\partial y} + \frac{\partial w}{\partial z} = 0,$$

$$u \cos \alpha + v \cos \beta + w \cos \gamma = 0$$

entspricht, wo α, β, γ die Richtungswinkel der Normale der Oberfläche vorstellen. Nn.

C. Neumann. Ueber die theoretische Behandlung der sogenannten constanten Magnete. Clebsch Ann. VI. 330-342.

C. Neumann. Ueber gewisse von Helmholtz für die Magnetoinduction und Voltainduction gegebene Formeln. Clebsch Ann. VI. 342-350.

Wollte man in der Hydrodynamik bei Einführung der bekannten Bedingungsgleichung

$$\frac{\partial u}{\partial x} + \frac{\partial v}{\partial y} + \frac{\partial w}{\partial z} = 0,$$

die gleichzeitige Einführung der entsprechenden Kräfte

$$\frac{\partial p}{\partial x}, \frac{\partial p}{\partial y}, \frac{\partial p}{\partial z}$$

unterlassen, so würde man zu Formeln gelangen, die mit sich selber in Widerspruch sind. Hieraus resultirt der allgemeine Satz:

„Soll die Bewegung gegebener Massen einer bestimmten Bedingungsgleichung unterworfen gedacht werden, so ist (zur Vermeidung innerer Widersprüche) die Einführung von Kräften erforderlich, welche für die Aufrechterhaltung jener Bedingungsgleichung Sorge tragen“.

Hieraus folgt, dass die Annahme „constanter“ Magnete oder „constanter“ Molecularströme theoretisch unzulässig sei, falls man nicht gleichzeitig Kräfte einführt, die für jene Constanz Sorge tragen; und hierin liegt der Grund derjenigen Widersprüche, welche die Theorie der Electrodynamik bei ihrer Anwendung auf sogenannte „constante“ Magnete in der That darbietet.

So z. B. ist es bei Annahme „constanter“ Magnete unmöglich, das Princip der Erhaltung der Energie und die übrigen

Gesetze der Electrodynamik mit einander in Einklang zu bringen. Ein derartiger Einklang aber ist von Helmholtz bis in die neueste Zeit behauptet worden. Denn nach seiner Ansicht soll gerade bei Annahme „constanter" Magnete das Inductionsgesetz aus dem Princip der Erhaltung der Energie „ableitbar", oder wenigstens mit diesem Princip in „Einklang" sein. (Vergl. die bekannte Helmholtz'sche Schrift von 1847, und seine darauf bezügliche Aeusserung vom Jahre 1872 in Borchardt's Journal, Bd. 75, p. 62).

Nn.

C. Neumann. Notiz zu dem Aufsatze: Ueber die Elementargesetze der Kräfte electrodynamischen Ursprunges. Clebsch Ann. VI. 350-351.

In jenem Aufsatz befindet sich eine ganz beiläufige kurze Bemerkung „zu Gunsten" der Helmholtz'schen Theorie. Der Verfasser betont in der vorliegenden Notiz, dass Helmholtz Recht habe, wenn er jene Bemerkung für irrthümlich erklärt, und giebt gleichzeitig die erforderliche Umgestaltung.

Diese ganze Umänderung erstreckt sich nur auf etwa funfzehn Zeilen jenes Aufsatzes; während alles Uebrige intact bleibt.

Nn.

J. Bertrand. Action mutuelle des courants voltaïques. C. R. LXXVII. 962-970.

J. Bertrand. Examen de la loi proposée par Helmholtz pour représenter l'action de deux éléments de courant. C. R. LXXVII. 1049-1054.

Im weiteren Verlauf der Discussion des Helmholtz'schen, electrodynamischen Potentialgesetzes (s. F. d. M. IV 544-551) sind die beiden Mittheilungen Bertrand's zu erwähnen, von denen die erste nur eine Uebersetzung der bereits besprochenen Arbeit von Helmholtz (l. c. 546) enthält, während die andere hieran neue Einwürfe knüpft. Wir gedenken dieselben im Zusammenhang mit der inzwischen schon erschienenen, ausführlichen Erwiderung von Helmholtz im nächsten Jahrgang mitzutheilen. Ok.

E. EDLUND. Ueber die Natur der Electricität. Pogg. Ann. Supplbd. VI. 95-122. 241-262.

E. EDLUND. Untersuchung über die Beschaffenheit des galvanischen Leitungswiderstandes, nebst theoretischer Deduction des Ohm'schen Gesetzes und der Formel für die Wärmeentwicklung des galvanischen Stromes. Pogg. Ann. CXLVIII. 421-435.

E. EDLUND. Ueber die chemische Wirkung des galvanischen Stromes und über die Vertheilung der freien Electricität auf der Oberfläche der Stromleiter. Pogg. Ann. CXLIX. 87-99.

Während der Verfasser in der ersten Abhandlung die Grundzüge seiner neuen Theorie der electrischen Erscheinungen entwickelt, enthalten die beiden folgenden Arbeiten speciellere Ausführungen einiger Hauptpunkte jener Theorie.

Das Bestreben, die electrischen Erscheinungen, mit Vermeidung besonderer Hypothesen, aus denjenigen Annahmen zu erklären, welche man sich aus andern Gründen über die Beschaffenheit der Materie gebildet hat, ist characteristisch für die neuere Physik. Besonders ist schon oft genug der Gedanke hervorgetreten, ein einziges Medium anzunehmen, dessen Bewegungen unter gewissen Umständen als Licht und Wärme, unter anderen als Electricität wahrgenommen werden. Dies ist auch der Grundgedanke der Edlund'schen Theorie. Ueber dieses Medium, den Aether, macht derselbe die folgenden Annahmen. „Der electrische Aether ist elastisch, er ähnelt im höchsten Grade einem gewöhnlichen Gase; in Distanz befindliche Aethertheile stossen sich im umgekehrten Verhältnisse der Quadrate der Entfernungen ab. In einem Leiter ist er leicht beweglich, in einem Nichtleiter ist die Beweglichkeit gehemmt. Ein Körper ist positiv electrisch, wenn er mehr Aether enthält als im Normalzustand; negativ, wenn er weniger enthält. Ein galvanischer Strom besteht darin, dass der Aether sich in der Stromrichtung weiter bewegt".

Um hieraus zunächst die Grundgesetze der Electrostatik abzuleiten, muss nicht allein die Wirkung des etwa im Ueberschuss auf zwei Kugeln befindlichen Aethers, sondern auch, nach Analogie des Archimedischen Princips, die Mitwirkung des gesammten umgebenden Mediums in Betracht gezogen werden. Auf diese Weise wird es möglich, aus den ausschliesslich angenommenen Abstossungskräften auch die Anziehungserscheinungen abzuleiten, wenn auf der einen Kugel ein Ueberschuss, auf der andern eine geringere Aethermenge sich befindet, als im Normalzustande. Für die Electrostatik ist demnach die neue Theorie eigentlich nur eine Reproduction der älteren, unitarischen Theorie; doch sind die Schwierigkeiten bei der Ableitung der Fundamentalgesetze aus derselben in geschickter Weise vermieden. Als Basis der Theorie der electrodynamischen Erscheinungen dient. eine, schon mehrfach gemachte Hypothese. Es wird angenommen, dass die Fortpflanzung der Wechselwirkung der Aethertheile eine gewisse Zeit in Anspruch nimmt. Bewegte Aethertheile wirken also anders auf einander als ruhende. Die Wechselwirkung bewegter Aethertheile hängt nicht allein von ihrer Entfernung, sondern auch von ihrer relativen Geschwindigkeit und von ihrer relativen Beschleunigung ab. Die hierbei unbestimmt gelassenen Functionen werden durch Vergleich mit dem Ampère'schen Gesetz für einen speciellen Fall bestimmt. Durch ähnliche Betrachtungen findet man auch die Gesetze der Induction. Auch hier bleibt eine Function unbestimmt. Dieselbe wird durch Vergleich mit Versuchen gefunden, welche an geschlossenen Inductionskreisen angestellt wurden. Offenbar hat man hier ein ganz ähnliches Verfahren vor sich, wie bei der Ableitung des Weber'schen Gesetzes, durchgeführt für den Fall eines electrischen Fluïdums.

Die zweite Arbeit beschäftigt sich ausführlicher mit der Theorie der constanten Ströme. Setzt man hierbei die electromotorische Kraft, wie jede andere Kraft, dem Producte aus Masse und Beschleunigung gleich, so muss, da bekanntlich sehr kurze Zeit nach Schliessung eines Stromes die Stromintensität constant wird, ein der Geschwindigkeit proportionaler, sehr grosser Reibungswiderstand durch die in beschleunigte Bewegung gesetzten Aethertheile zu überwinden sein. Hiernach kommt der Verfasser zu dem Satz: „Der Widerstand ist der Stromintensität proportional". Derselbe lässt sich übrigens mit der gewöhnlichen Anschauung wohl vereinen. Die experimentell ermittelten Zahlenwerthe für die Widerstände sind dann nichts anderes als die Reibungsconstanten in verschiedenen Körpern. Die Betrachtungen über Electrolyse in der letzten Arbeit können hier übergangen werden. Am Schluss derselben kommt der Verfasser noch einmal auf die electroskopische Ladung einer Stromleitung zurück. Während dieselbe nach der bisherigen Theorie als nächste Ursache des Stromes angesehen wird, muss sie sich hier als Folge desselben ergeben. Um dieselbe zu erklären, fasst der Verfasser den electrischen Aetherstrom auf, wie den Strom eines compressiblen Gases durch eine Röhre in Folge eines Druckunterschiedes an den beiden Enden, so dass die Dichtigkeit des Gases von einem Ende der Leitung bis zum anderen gleichmässig abnimmt. In dem einen Theile des Stromdrahtes ist also ein Ueberschuss von Aether, in dem anderen eine geringere Quantität als im Normalzustand. Wegen der abstossenden Kräfte kann sich der Ueberschuss nur an der Oberfläche anhäufen und ebenso muss die fehlende Menge in der Oberflächenschicht fehlen.

Zum Schluss mögen einige Bedenken über einzelne Punkte der besprochenen Theorie hier ausgesprochen werden.

1. Der Aether (s. oben) ist mit so verschiedenartigen Eigenschaften ausgestattet, dass dieselben einander zum Theil widersprechen. Stösst sich derselbe ab, wie electrisches Fluidum, so dürfte er sich nur an der Oberfläche von Leitern vorfinden. Wollte man auch gelten lassen, dass die Molecüle ihn festhalten, so entsteht die Frage, wie er sich im leeren Raume verhält. Bei der leichten Verschiebbarkeit müsste derselbe gut leiten, was bekanntlich nicht der Fall ist. Vom Lichtaether wird ferner angenommen, dass er incompressibel ist. Darnach kann sich der Aether also nicht wie ein compressibles Gas verhalten. Die Grundlage der Theorie beruht also auf mangelhaften Voraussetzungen.

2. Für die Annahme einer Zeitdauer der Fortpflanzung der Wirkung spricht bis jetzt keine einzige Thatsache.

3. Die electrodynamischen Erscheinungen lassen bis jetzt

noch nicht die Ermittelung der Grundgesetze für Stromelemente zu. Dass ein solches Gesetz der Erfahrung an geschlossenen Strömen nicht widerspricht, ist also noch kein Beweis für seine Richtigkeit. Ok.

H. Herwig. Bemerkung zu der Abhandlung des Herrn Edlund „Ueber die Natur der Electricität“. Pogg. Ann. CL. 623-624.

Der Verfasser macht einen weiteren, beachtenswerthen Einwand gegen die soeben besprochene Theorie. Es besteht ein wesentlicher Unterschied zwischen der Geschwindigkeit der Theile eines Mediums und der Fortpflanzungsgeschwindigkeit einer Bewegung in demselben; ein Unterschied, welchen Edlund bei Entwicklung der Formeln für die Electrodynamik übersehen zu haben scheint. Ok.

Th. Kötteritzsch. Ueber die dualistische und unitarische Ansicht in der Electricitätslehre. Schlömilch Z. XVIII. 218-224, 618.

Der Verfasser sucht vermittelst eines bekannten Satzes der Potentialtheorie nachzuweisen, dass nur die unitarische Ansicht zu Consequenzen führt, welche mit der Erfahrung in Uebereinstimmung stehen. Da sich in die Rechnung desselben aber ein Fehler eingeschlichen hat, den er zwar selbst (S. 618) verbessert, da dieser Fehler aber den Kern seiner Argumentation vollständig aufhebt, so erscheint ein ausführliches Referat über diese Arbeit überflüssig. Ok.

E. Riecke. Ueber das Weber'sche Grundgesetz der electrischen Wechselwirkung in seiner Anwendung auf die unitarische Hypothese. Gött. Nachr. 1873. 536-543.

Der Verfasser fasst den Vorgang des electrischen Stromes so auf, als ob durch ein Stromelement eine gewisse Menge positiver Electricität dauernd hindurchfliesst, während eine ebenso grosse Menge negativer Electricität in demselben ruht. Nimmt man ferner ausserhalb des Stromelements eine ruhende, electrische Masse an und lässt alle Electricitätsmengen nach dem Weber'schen Gesetz auf einander wirken, so findet sich, dass das Stromelement die electrische Masse abstösst. Geht man von dem Element zu einem geschlossenen Strom über, so lassen sich die Componenten seiner Wirkung auf einen electrischen Punkt durch die Differentialquotienten einer Function ausdrücken. Dem geschlossenen Strom kommt also ein Potential zu, und es müsste nach dieser Vorstellung ein constanter ruhender Strom auf einen Leiter inducirend wirken. Dasselbe Resultat erhält man auch bei einer begrenzten Strombahn. Ok.

Th. Schwedoff. Ueber die Electricitätsstrahlen und die Gesetze ihrer Verbreitung und Zurückwerfung in leitenden Platten. Pogg. Ann. Suppl. VI. 84-95.

Nachdem der Verfasser sich vor der Deutung verwahrt hat, als ob der Ausdruck „Electricitätsstrahl“ eine neue Hypothese über die Natur der Electricität in sich schliessen sollte, zeigt er, dass die Gesetze der Verbreitung von Lichtstrahlen in einer durchsichtigen, von zwei reflectirenden Ebenen eingeschlossenen Platte sich übertragen lassen auf die Verbreitung der Electricität in einer leitenden Platte. Hierbei entspricht einem leuchtenden Punkt in der Platte ein „Electricitätspol“, d. h. ein Punkt, in welchem dauernd von Aussen her freie Electricität angehäuft wird. In der That ist die Analogie beider Erscheinungen sehr gross. Dieselbe beruht darauf, dass die von einer electrischen, punktförmigen Masse innerhalb der Platte auf andere Punkte der Platte ausgeübte Scheidungskraft umgekehrt proportional der Entfernung ist, was auch von der Lichtmenge gilt, die in der, durchsichtig gedachten Platte von einem leuchtenden Punkte zu andern Punkten der Platte gelangt.

Diese Analogie besteht auch noch, wenn die Platte nicht mehr unendlich gross, sondern einseitig von einer geraden Linie begrenzt ist. In diesem Falle ist die Linie als spiegelnd anzusehen. Einer Reflexion der Lichtstrahlen entspricht dann eine electrische Wirkung, bei welcher zu der Wirkung des Pols noch die Wirkung seines Spiegelbildes in Bezug auf die Grenzlinie hinzuzurechnen ist.

Eine derartige, geometrische Betrachtung ist ganz gerechtfertigt, wenn es sich um die Deutung der Resultate der analytischen Theorie handelt. Zu diesem Zweck hat sich auch schon Kirchhoff in seiner Abhandlung über den Durchgang der Electricität durch eine leitende Platte (Pogg. Ann. LXIV) derselben mit Erfolg bedient. Doch ist dieselbe jedenfalls nicht geeignet, die analytische Theorie zu ersetzen oder gar irgend welchen Aufschluss über den Zusammenhang zwischen Licht und Electricität zu geben.

Warum übrigens der Verfasser noch Versuche angestellt hat, um seine, analytisch leicht zu beweisenden Sätze nochmals zu verificiren, ist dem Referenten unerfindlich geblieben.

Ok.

H. Weber. Ueber die Bessel'schen Functionen und ihre Anwendung auf die Theorie der electrischen Ströme. Borchardt J. LXXV. 75-106.

H. Weber. Ueber die stationären Strömungen der Electricität in Cylindern. Borchardt J. LXXVI. 1-21.

In den 4 ersten Paragraphen der ersten Abhandlung entwickelt der Verfasser eine Reihe bestimmter Integrale, in denen Bessel'sche Functionen auftreten, und bespricht verschiedene Formen der Lösung der Differentialgleichung zweiter Ordnung, durch welche die Bessel'schen Functionen definirt sind. Einige der aufgestellten Integrale sind ausgezeichnet durch merkwürdige Discontinuitäten und lassen physikalische Deutungen zu. So ist:

$$u = \frac{2c}{\pi}\int_0^{\infty} e^{\mp\xi z} \,.\, \sin(r_1\,\xi)\; J_0\,(r\xi)\,\frac{d\xi}{\xi}$$

das Potential einer Kreisscheibe vom Radius r_1, auf welcher sich freie Electricität im Gleichgewicht befindet. In ähnlicher Form lässt sich das Potential einer Kreisscheibe darstellen, welche gleichförmig mit Electricität belegt ist. Von besonderem Vortheil sind ferner die aufgestellten Formeln für die Theorie der stationären electrischen Ströme in körperlichen Leitern. Die Lösung dieses Problems erfordert bekanntlich die Aufstellung einer Function (der Spannung oder des Potentials der freien Electricität), welche der Laplace'schen partiellen Differentialgleichung genügt, und bei welcher an der Oberfläche des Leiters theils die Normalcomponente verschwindet, theils in einzelnen Punkten (den Electroden) oder an leitenden Grenzflächen vorgeschriebene Werthe annimmt. Nachdem der Verfasser gezeigt hat (§ 5), wie unter gewissen Umständen der Leitungswiderstand eines körperlichen Leiters mit Hülfe des oben angeführten Potentials bestimmt werden kann, geht er zu einem Problem über (§ 6), welches in ähnlicher Weise von Riemann (Pogg. Ann. XCV) behandelt worden ist und welches die Theorie der Nobili'schen Farbenringe enthält. Hierbei ist der leitende Körper durch zwei parallele, unendlich grosse Ebenen begrenzt. Der Strom tritt ein resp. aus durch zwei kreisförmige Electroden, welche in den Grenzebenen liegen und sich gerade gegenüberstehen.

Die Spannung lässt sich durch eine Sinusreihe ausdrücken, deren Coefficienten Bessel'sche Functionen sind.

In § 7 wird mit denselben Hülfsmitteln die folgende Aufgabe gelöst: Eine punktförmige Electrode leitet den Strom in eine Flüssigkeit, welche einseitig durch eine Ebene von Metall begrenzt ist. An der Grenze beider Leiter ist ein, der Stromintensität proportionaler Uebergangswiderstand oder eine electromotorische Gegenkraft, wie die Polarisation vorhanden. Diese Aufgabe kann dann noch dadurch specialisirt werden (§ 8), dass die Flüssigkeit durch eine zweite, parallele Ebene oder durch eine Cylinderfläche begrenzt ist.

Schliesslich wird (§ 9) die Strömung in einem cylindrischen Leiter behandelt, bei welchem die Electroden auf dem Cylindermantel angebracht sind. Die Spannung lässt sich in diesem Fall darstellen durch eine Doppelsumme von Kreisfunctionen, deren Coefficienten Bessel'sche Functionen mit imaginärem Argument sind.

Die zweite Abhandlung knüpft an die letzte Aufgabe an. Es hatte sich herausgestellt, dass die für die Spannung gefundene Reihe sehr schlecht für Punkte der Cylinderoberfläche convergirt. Da grade diese Punkte der Beobachtung am besten zugänglich sind, so soll nun die Lösung in einer anderen Form gegeben werden, bei welcher die Reihen an der Cylinderoberfläche gut convergiren. Der Verfasser geht hierbei von dem Ausdruck für die Spannung aus:

$$u = \sum_{n=0}^{n=\infty} \varepsilon_n \cos n\varphi . \sum_{i=0}^{i=\infty} A_n^{(i)} J_n(\vartheta_n^{(i)} r).$$

J_n ist eine Bessel'sche Function n^{ter} Ordnung und die Grössen $\vartheta_n^{(i)}$ bedeuten die positiven Wurzeln der transcendenten Gleichung:

$$J_n^{(\vartheta)} = 0.$$

Die Lösung erfordert besonders die Bestimmung der Coefficienten $A_n^{(i)}$, welche durch Vergleich mit der früher erhaltenen Lösung erfolgt.

Die im § 2 behandelte Aufgabe soll die Theorie des folgenden Versuchs geben. Ein Metalldraht ist von einer leitenden Flüssigkeit umgeben. Ein electrischer Strom tritt durch eine Electrode in die Flüssigkeit ein und verlässt dieselbe durch den Draht. Es hatte sich dabei herausgestellt, dass der Strom sich durch die ganze Flüssigkeit ausbreitet. Die eben besprochenen Verhältnisse werden der Rechnung zu Grunde gelegt. An der Grenze von Metall und Flüssigkeit wird wiederum eine der Stromintensität proportionale Polarisation angenommen. Der Verfasser geht von dem Werthe für die Spannung aus:

$$u = \sum_{n=0}^{n=\infty} \sum_{\vartheta} A_{n,\vartheta} . f_n(\vartheta, r) . e^{-\vartheta z} . \cos(n\varphi),$$

und drückt f_n wiederum durch Bessel'sche Functionen aus. Die Rechnung ergiebt dann in der That eine den Versuchen entsprechende Ausbreitung des Stromes.

Zum Schluss (§ 3) wird dieselbe Aufgabe noch einmal behandelt, jedoch angenommen, dass die Leitungsfähigkeiten des inneren Cylinders (Draht) und des äusseren Mediums nicht so erheblich von einander abweichen wie Metall und Flüssigkeit, durch welche Annahme die Aufgabe wesentlich erleichtert worden war. Ok.

F. KOHLRAUSCH. Zurückführung der Siemens'schen galvanischen Widerstandseinheit auf absolutes Maass. Pogg. Ann. Supplbd. VI 1-35.

Die Arbeit enthält eine Zusammenstellung und Kritik der verschiedenen Methoden der absoluten Widerstandsbestimmung. Die vorkommenden Rechnungen enthalten nur Bekanntes und beziehen sich besonders auf eine mit Dämpfung schwingende Nadel. Angeführt mag noch das auch für den Mathematiker interessante Endresultat werden. Die Siemens'sche Quecksilbereinheit

$$= 9717000000 \frac{\text{Mm.}}{\text{Sec.}} \text{ oder}$$

$$= 0{,}9717 \frac{\text{Erdquadrant}}{\text{Secunde.}}.$$

Ok.

L. LORENZ. Der electrische Leitungswiderstand des Quecksilbers in absolutem Maasse. Pogg. Ann. CXLIX. 251-269.

Bekanntlich muss der nach absolutem Maasse gemessene Widerstand eines Leiters als Geschwindigkeit aufgefasst werden. Auf diese Bemerkung gründet der Verfasser eine neue Methode der absoluten Widerstandsbestimmung, bei welcher nur die genaue Messung einer Umdrehungsgeschwindigkeit auszuführen ist. Es ist hier nicht der Ort genauer auf die Beschreibung dieser Methode einzugehen. Doch mag bemerkt werden, dass bei derselben hauptsächlich die inducirende Wirkung eines Kreisstromes in Bezug auf eine rotirende Kupferscheibe in Betracht kommt. Zur Berechnung dieser Induction ist die mathematische Theorie herangezogen. Es handelt sich besonders um die Berechnung des Potentials des constanten Kreisstromes. Dieselbe ist mit Hülfe elliptischer Integrale durchgeführt. Zum Vergleich mit der soeben besprochenen Widerstandsbestimmung von Kohlrausch mag das Endresultat angeführt werden:

$$1.\ S.\ E. = 9337000000 \frac{\text{Mm.}}{\text{Sec.}}.$$

Ok.

J. Moutier. Sur la conductibilité des métaux. Bull. d. l. S. Phil. X. 54-58.

Der Verfasser sucht zunächst die bekannte Thatsache, dass der Leitungswiderstand der Metalle annähernd proportional der absoluten Temperatur wächst, durch Betrachtungen über die Natur des electrischen Stroms zu erklären, indem er denselben als Bewegung des Aethers auffasst. Aus dieser Anschauung lassen sich dann auch die übrigen Wärmevorgänge ableiten, welche der galvanische Strom hervorruft. Ok.

J. Moutier. Sur la décharge des conducteurs électrisés. C. R. LXXVII. 1238-1241.

Betrachtungen über den Zusammenhang zwischen dem Potential der freien Electricität an der Oberfläche eines geladenen Conductors und der bei der Entladung geleisteten Arbeit, welche nichts Neues enthalten. Ok.

K. Zenger. Ueber die Wirkung symmetrisch vertheilter Leiter. Casopis. II. 195-199. (Böhmisch).

Uebersetzung des Berichtes des Verfassers an die von der französischen Akademie der Wissenschaften gewählte Commission für Blitzableiter. (Siehe C. R. LXXV. pag. 868).

W.

J. C. Maxwell. On the theory of a system of electrified conductors and other physical theories involving homogeneous quadric functions. Proc. of L. M. S. IV. 334-336.

Enthält allgemeine Betrachtungen über homogene quadratischen Functionen, welche sich in verschiedenen Theilen der mathematischen Physik darstellen. Cly. (O.)

Bobyleff. Sur la dispersion de l'électricité dans les gaz et sur la distribution de l'électricité sur deux sphères. Pétersbourg.

Der erste Theil ist rein experimentell. Im zweiten Theil

wird das bekannte Problem mit einigen neuen Entwickelungen behandelt. Z. (O.)

F. Kohlrausch. Ueber die electromotorische Kraft sehr dünner Gasschichten. Pogg. Ann. CXLVIII. 143-154.

Siehe F. d. M. IV. 554.

M. Avenarius. Ein Beitrag zur Theorie der Thermoströme. Pogg. Ann. CXLIX. 372-379.

Die Anwendung der mechanischen Wärmetheorie auf Thermoströme führt zu einer electromotorischen Kraft, welche proportional der Temperaturdifferenz der Löthstellen ist. Dieses Resultat steht mit der Erfahrung im Widerspruch. Der Verfasser hat früher durch Versuche festgestellt, dass die electromotorische Kraft vielmehr durch einen Ausdruck zweiten Grades darzustellen ist. Einen solchen Ausdruck liefert auch die mechanische Wärmetheorie, wenn man annimmt, dass Theile desselben Metalls bei verschiedenen Temperaturen electromotorisch gegen einander wirken. Ok.

J. Hervert. Ueber die electromotorische Kraft. Casopis. II. 86-91. (Böhmisch). W.

L. Schwendler. Ueber Differentialgalvanometer. Pogg. Ann. CXLVIII. 270-279.

Der Verfasser behandelt folgende Frage: Wie muss der Widerstand der Gewinde eines Differentialgalvanometers zu dem zu messenden Widerstande sich verhalten, wenn die Empfindlichkeit desselben am grössten sein soll? In einem einfachen Fall, wenn nämlich der Widerstand der Batterie gegen den zu messenden Widerstand verschwindet, ergiebt sich die Regel, dass der Widerstand eines Gewindes ein Drittel des zu messenden Widerstandes sein muss.

Ohne diese vereinfachende Voraussetzung wird die Rechnung etwas verwickelter und führt auf die Bestimmung des Maximums einer Function zweier veränderlicher Grössen. Ok.

Du Moncel. Sur les conditions de maximum de la résistance des galvanomètres. C. R. LXXVI. 368-371. 1201-1203. 1403-1407.

J. Raynaud. Sur les conditions de maximum d'effet magnétique. C. R. LXXVI. 1303-1304 1554.

Du Moncel. Note sur les meilleures dimensions à donner aux électro-aimants. C. R. LXXVII. 347-351. 1017-1021.

Entgegen den Resultaten einer früheren Arbeit von Schwendler glaubt Du Moncel das Maximum der Empfindlichkeit eines Galvanometers nicht dann annehmen zu müssen, wenn sein Widerstand dem Widerstande des Schliessungskreises gleich ist, sondern dann, wenn ersterer grösser ist, als letzterer. Dieses Resultat wird dann auch für die günstigste Construction von Magnetisirungsspiralen verwerthet. Wohl mit Recht macht hiergegen Raynaud darauf aufmerksam, dass das behandelte Problem verschiedener Auffassungen fähig ist. Entweder ist eine Drahtmasse von bestimmtem Durchmesser gegeben und es soll die Anzahl der Windungen festgestellt werden, welche bei einem gegebenen Stromkreise ein Maximum der Ablenkung hervorbringt; oder es ist eine Kupfermasse gegeben, welche in Draht von einem solchen Querschnitt zu verwandeln ist, dass ebenfalls ein Maximum der Wirkung eintritt. Hierüber entspinnt sich eine längere Discussion, welche neue Gesichtspunkte nicht enthält.

Ok.

J. Jamin. Sur la théorie de l'aimant normal et sur le moyen d'augmenter infiniment la force des aimants. C. R. LXXVI. 790-794.

Die Untersuchungen des Verfassers haben den Zweck diejenigen Formen von Stahlstäben zu ermitteln, welche bei gleichen Massen die stärksten Magnete liefern. Es findet sich, dass dies Stahllamellen von geringer Dicke sind, die auf einander gelegt werden. Einen solchen Magnet bezeichnet der Verfasser als Normalmagnet. Die Untersuchung ist übrigens wesentlich experimentell. Das „Theoretische" dabei besteht in der Aufstellung einiger empirischer Formeln. Was den zweiten Theil des Titels betrifft, so mag die Bemerkung genügen, dass der Verfasser es liebt, seinen Arbeiten verführerische Ueberschriften zu geben.

Ok.

E. Riecke. Bemerkungen über die Polpunkte eines Magnets. Pogg. Ann. CXLIX 62-74.

Siehe F. d. M. IV. p. 554.

E. Riecke. Beitrag zur Kenntniss der Magnetisirung des weichen Eisens. Pogg. Ann. CXLIX. 433-474.

Bekanntlich ist der Zusammenhang zwischen dem magnetischen Zustand jedes Punktes einer inducirten Eisenmasse und der magnetisirenden Kraft in demselben complicirter, als es aus der Poisson'schen Theorie hervorgeht, weil die in jener angenommene Proportionalität zwischen der magnetisirenden Kraft und dem magnetischen Moment des Molecüls nicht besteht. Die zwischen den beiden letzten Grössen bestehende Beziehung kann man die „Magnetisirungsfunction" nennen.

Dieselbe lässt sich leicht aus dem magnetischen Moment eines dünnen cylindrischen Stabes ermitteln. Doch ist es auch möglich dieselbe aus dem magnetischen Moment einer Kugel zu berechnen. Der Verfasser unterscheidet daher zwischen der Magnetisirungsfunction einer Kugel und derjenigen eines Cylinders. Zwischen beiden besteht eine einfache Beziehung. Die Bestimmung dieser Functionen aus eigenen Versuchen, sowie ihre Berechnung aus früheren Versuchsreihen, ist der Zweck der vorliegenden Arbeit. Ok.

H. Schneebeli. Beiträge zur Kenntniss des Stabmagnetismus. Pogg. Ann. Supplbd. VI. 141-170.

Die Betrachtungen über die Pole der Stahlmagnete enthalten wenig Neues. Die Arbeit ist hauptsächlich experimentell, und sind nur einige, bekannte Formeln zur Berechnung der Versuche benutzt. Ok.

A. von Waltenhofen. Ueber ein allgemeines Theorem zur Berechnung der Wirkung magnetisirender Spiralen. Wien. Anz. X. 51.

Kurze Mittheilung eines Satzes ohne Beweis. Ok.

H. Seeliger. Ueber gewisse Fehlerquellen, welche die electrischen Operationen bei telegraphischen Längenbestimmungen beeinflussen können. Astr. Nachr. LXXXII. 221-240.

Th. Albrecht. Schreiben an den Herausgeber der Astr. Nachr. Astr. Nachr. LXXXII. 257.

H. Seeliger. Erklärung. Astr. Nachr. LXXXII. 305.

Von dem grösstentheils polemischen Inhalt dieser Artikel ist hier nur aus dem ersten hervorzuheben, dass der Verfasser den Einfluss untersucht, welchen der in den Eisenkernen und dem Anker eines Relais erregte Magnetismus auf das zur Messung der Stromstärke benutzte Galvanometer haben kann, wenn dieses dem Relais sehr nahe steht. B.

H. Wild. Ueber ein neues Variationsinstrument für die Verticalintensität des Erdmagnetismus. Pogg. Ann. CXLVIII. 115-126.

Siehe F. d. M. IV. p. 557. Ok.

L. Pérard. Étude sur les procédés suivis pour déterminer les éléments du magnétisme terrestre. Mém. cour. in 4. de Belg. XXXVII.

Glasener, E. Quetelet, Ch. de Montigny. Rapports sur ce mémoire. Bull. de Belg. (2) XXX. 420-437.

Die Arbeit enthält ein Résumé über die besten Arbeiten, die sich mit der Bestimmung der Elemente des Erdmagnetismus beschäftigen, und ist in 3 Theile getheilt. I. Studium der Vertheilung der magnetischen Kraft in künstlichen Magneten; Theorie der magnetischen Induction; Herstellung künstlicher Magnete.

II. Messung der Elemente des Magnetismus. Der Gegenstand ist elementar behandelt, was durch die Zuhülfenahme des einfachen Magneten (analog der des einfachen Pendels) möglich wird. Das Problem der Messung der absoluten Intensität wird gelöst nach den Methoden von Poisson, Lamont und Gauss. III. Beschreibung der hauptsächlichsten magnetischen Apparate und der beiden Observatorien zu Brüssel und München.

Mn. (O.)

A. Seydler. Ueber Erdmagnetismus. Casopis. II 249-266. (Böhmisch).

Der Aufsatz giebt eine gedrängte Uebersicht über die Hauptpunkte der Lehre vom Erdmagnetismus, ohne dabei etwas Neues bieten zu wollen. W.

Capitel 4.

Wärmelehre.

E. Mathieu. Cours de physique mathématique. Paris, Gauthier-Villars. 4°.

Siehe Abschn. XI, Cap. 1, p. 510.

V. v. Lang. Einleitung in die theoretische Physik. Theil III. Braunschweig. Vieweg. 8°.

Siehe Abschn. XI, Cap. 1, p. 504.

R. Röntgen. Die Grundlehren der mechanischen Wärmetheorie. Theil 2. Jena. 1874.

Nachdem über den ersten Theil dieses Werkes schon früher (F. d. M. III 534) berichtet worden ist, ist hier nur noch hinzuzufügen, dass zu den allgemeinen Principien der mechanischen Wärmetheorie, welche derselbe behandelte, in dem zweiten Theile die Anwendungen auf Dämpfe und Dampfmaschinen hinzukommen. Da das Werk hauptsächlich für Techniker bestimmt ist, so ist auch hier die Darstellung eine elementare und nimmt besondere Rücksicht auf die Bedürfnisse der Praxis. Ok.

MOHR. Zur Geschichte der mechanischen Wärmelehre und der Theorie der Gase. Schlömilch Z. XVIII. 415-423.

Der Verfasser beginnt mit Bemerkungen über die, für die Entwickelung der mechanischen Wärmetheorie so folgereiche Schrift von Carnot: „Réflexions sur la puissance motrice du feu". Ausserdem bespricht er ausführlicher ein neu erschienenes Werk von Dellinghausen: „Grundzüge der Vibrationstheorie der Natur". Reval 1872. Ok.

C. SZILY. Das dynamische Princip von Hamilton in der Thermodynamik. Pogg. Ann. CXLIX. 74-86.

Auch gegenüber der schon besprochenen Erwiderung von Clausius (F. d. M. IV, 560) hält der Verfasser seine Ableitung des zweiten Hauptsatzes aus dem Hamilton'schen Princip aufrecht. Den Unterschied der Betrachtungsweise, welche auf das Hamilton'sche Princip führt, von der, welche Clausius angewandt hat, characterisirt er in folgender Weise. Es besteht eine ganz allgemeine Grundgleichung der Dynamik, welche auch schon in dem Handbuch der theoretischen Physik von Thomson und Tait in der folgenden Form sich findet:

$$\frac{\delta E}{\overline{T}} \cdot = \delta 2 \lg(i\overline{T}) + \frac{1}{i\overline{T}} \int_0^i \left[\delta U - \left\{ \frac{\partial U}{\partial x} \delta x + \frac{\partial U}{\partial y} \delta y + \frac{\partial U}{\partial z} \delta z \right\} \right].$$

Diese für einen Punkt aufgestellte Gleichung lässt sich leicht auf ein Punktsystem anwenden.

Es bedeutet: E die totale Energie, $\overline{T}$ die mittlere, lebendige Kraft in dem Zeitraum i, U die Kräftefunction; δU bezieht sich auf die Gesammtvariation dieser Function, bei welcher auch Aenderungen der Constanten derselben vorkommen können.

Nun nimmt Hamilton an, dass solche Aenderungen nicht vorkommen. Dann verschwindet also das letzte Glied der rechten Seite. Bei Clausius verschwindet dasselbe zwar auch, aber nur aus dem Grunde, weil der Mittelwerth desselben für einen hinreichend grossen Zeitraum als verschwindend angenommen wird.

Die zurückbleibende Gleichung:

$$\frac{\delta E}{T} = \delta 2 \lg(iT).$$

giebt dann für einen umkehrbaren Kreisprocess leicht den zweiten Hauptsatz.

Somit besteht immerhin ein wesentlicher Unterschied der beiden Betrachtungsweisen. Da nun der Verfasser selbst zugiebt, dass für die Wärmelehre die oben erwähnte Veränderung der Constanten in der Kräftefunction von erheblicher Wichtigkeit ist, so scheint es nicht gerechtfertigt, wenn derselbe zum Schluss einfach seine frühere Behauptung wiederholt. Ok.

C. Szily. On Hamilton's dynamic principle in thermodynamics. Phil. Mag. 1873.

Diese Arbeit ist eine Discussion mit Clausius. Der Verfasser zeigt, dass eine Gleichung, die Clausius als eine eigne beansprucht, in einer andern Bezeichnung schon in Thomson's und Tait's „Natural Philosophy" veröffentlicht worden ist. Siehe Gleichung (9) auf p. 233 daselbst. Er zeigt auch, dass sie, mit gewissen Beschränkungen, identisch mit der von Hamilton ist, da der Hamilton'sche Fall ja nur ein besonderer von dem von Thomson ist, und dass wieder eine Boltzmann'sche Gleichung in der Abhandlung „Ueber die mechanische Bedeutung des zweiten Hauptsatzes der Wärmetheorie" (Wiener Sitzungsber. LIII) identisch mit der Gleichung Hamilton's ist. Csy. (O).

R. Clausius. Ueber einen neuen mechanischen Satz in Bezug auf stationäre Bewegungen. Pogg. Ann. CL. 106-130.

Im Eingange seiner Abhandlung geht der Verfasser ebenfalls auf die Betrachtungen ein, mit denen sich die oben besprochene Arbeit beschäftigt, und hebt nochmals die Differenzen hervor, zwischen seiner Art der Betrachtungsweise mechanischer Probleme und zwischen den Voraussetzungen und dem Character der Hamilton'schen Gleichung. Die beiden Hauptpunkte sind die folgenden:

1) Die Hamilton'sche Gleichung schliesst die Variation von Constanten in der Kräftefunction aus.

2) Es entstehen Schwierigkeiten, wenn man dieselbe auf stationäre Bewegungen anwenden will, d. h. auf Bewegungen eines Punktsystems, bei welchen die veränderlichen Grössen auch nach Verlauf eines längeren Zeitraums, aber in entsprechenden Zeitpunkten, in ihren Variationen gewisse Grenzen nicht überschreiten.

Als Ausgangspunkt einer neuen Entwicklungsreihe dient dem Verfasser ein von ihm früher gefundener Lehrsatz (F. d. M. III, 534-536), dem er jetzt eine etwas andere Form giebt:

$$\overline{\delta U} - \Sigma \frac{\overline{dU}}{dc} \delta c = \overline{\delta T} + \bar{T} \delta \lg i.$$

Für die Bezeichnungen kann auf das obige Referat (p. 579) verwiesen werden. Es ist nur noch zu bemerken, dass die auf der linken Seite auftretende Summe diejenigen Aenderungen zusammenfasst, welche die Kräftefunction durch Aenderung der Constanten erleidet.

Der Verfasser stellt sich nun die Aufgabe diesen Lehrsatz möglichst zu verallgemeinern und gelangt dabei zu einem neuen Satz über stationäre Bewegungen.

Um denselben verständlicher zu machen, ziehen wir es vor, zuerst das Beispiel zu besprechen, das der Verfasser am Schluss seiner Arbeit giebt. Zwei Punkte üben Wirkungen auf einander aus, welche in beliebiger Weise von ihrer Entfernung abhängen. Dieselben haben willkürliche Anfangslagen und Anfangsgeschwindigkeiten. Ihre Bewegung kann zerlegt werden in eine periodische Aenderung ihrer Entfernung und in eine Drehung ihrer Verbindungslinie um ihren gemeinschaftlichen, unveränderlichen Schwerpunkt. Führt man ein Polarcoordinatensystem ein mit dem Schwerpunkt als Anfangspunkt, sind r und r' die Radienvectoren, ϑ und ϑ' die Winkel derselben mit einer festen Axe, m und μ die Massen der Punkte, ist endlich i_1 die Dauer der periodischen Aenderung der Entfernung und i_2 die mittlere Umdrehungszeit ihrer Verbindungslinie, so gilt die Gleichung:

$$\delta(\overline{U}-\overline{T}) = \frac{m\mu}{m+\mu}\{\overline{r'^2}\,\delta\lg i_1 + \overline{r^2\vartheta'^2}\,\delta\lg i_2\} + \Sigma\frac{\overline{dU}}{dc}\delta c.$$

Hierbei sind die Mittelwerthe aus einem hinreichend grossen Zeitraum zu entnehmen.

Die allgemeine Gleichung wird hiernach leichter zu verstehen sein. Es kommt dabei ein beliebiges Punktsystem in Betracht, auf welches die Bewegungsgleichungen, bezogen auf allgemeine Coordinaten, in der von Lagrange herrührenden Form angewandt werden. Diese Coordinaten mögen sein: $q_1, q_2 \dots q_n$; ihre Differentialquotienten nach der Zeit: $q'_1, q'_2, \dots q'_n$. Ferner sei:

$$\frac{dT}{dq'_r} = p_r,$$

und es seien: $i_1, i_2, \dots i_n$ gewisse Zeiträume, welche den n Veränderlichen q entsprechen. Wenn dann t die Zeit bedeutet, so setzt der Verfasser:

$$t = i_1\varphi_1 = i_2\varphi_2 = \cdots i_n\varphi_n$$

und nennt die Grössen φ die zu den Veränderlichen q gehörigen Phasen. Bei den Variationen, welche in der Hauptgleichung vorkommen, sollen diese Grössen φ als constant angesehen werden. Wird dann noch eine Bedingung erfüllt, welche der Bewegung ihren stationären Character verleiht, so lautet der neue Lehrsatz:

$$\delta(\overline{U}-\overline{T}) = \Sigma\, \overline{pq'}\,\delta\lg i + \Sigma\frac{\overline{dU}}{dc}\delta c.$$

Welchen Nutzen diese Gleichung für die Mechanik gewährt, ist noch abzuwarten. Der Verfasser verspricht indess noch weitere Transformationen derselben, sowie Anwendungen auf die Wärmelehre. Ok.

Lediev. Démonstration directe des principes de la thermodynamique. C. R. LXXVII. 94-101. 163-167. 260-264. 325-329. 414-417. 455-461. 517-520.

Die vorliegenden Arbeiten enthalten die Inhaltsangabe einer

noch zu erwartenden, ausführlicheren Abhandlung des Verfassers. Zweck derselben ist, aus einer möglichst allgemeinen Annahme über die Bewegungszustände der Materie die Hauptsätze der mechanischen Wärmetheorie abzuleiten. Da im Allgemeinen keine neuen Resultate gefunden werden sollen, sondern nur eine neue Form der Ableitung für bekannte Sätze, so scheint es nicht nothwendig hier im Einzelnen den Gedankengang des Verfassers zu verfolgen. Ausgehend von der Gleichung der lebendigen Kraft unterscheidet derselbe zwischen verschiedenen Classen von Kräften und dem entsprechend auch zwischen verschiedenen Classen von Energien und wendet überhaupt einen wissenschaftlichen Apparat auf, der zu den erlangten Resultaten in keinem rechten Verhältniss steht. Besonders ist der Beweis des zweiten Hauptsatzes schon in ähnlicher Form von Clausius und Anderen gegeben worden. Jedenfalls enthält die umfangreiche Arbeit nichts, das in mathematischer Beziehung besonderes Interesse verdiente. Ok.

W. C. Wittwer. Ueber die Art der Bewegung, welche wir Wärme nennen. Schlömilch Z. XVIII. 141-185.

Der Verfasser geht von Bedenken aus, welche er gegen die neuere Gastheorie hegt. Indem er die Existenz eines Aethers als erwiesen durch die Lichtbewegung ansieht, glaubt er, dass derselbe bei allen Molecularbewegungen mit berücksichtigt werden müsse. Nachdem er sodann seine eigenen Grundvorstellungen über die Materie aus seiner Schrift „Die Moleculargesetze" reproducirt hat, bespricht er zunächst die relativen Stellungen, welche Molecüle und Aethertheile zu einander einnehmen können, ferner die Schwingungsbewegungen, welche seiner Vorstellung von der Wärme entsprechen. Er geht dann specieller auf die Gase ein. Es folgt die Besprechung des Mariotte-Gay-Lussac'schen Gesetzes, der specifischen Wärme der Gase, ihrer Wärmeleitungsfähigkeit. Schliesslich geht er auf die Wärmevorgänge bei festen und flüssigen Körpern, besonders auf die Aenderung des Aggregatzustandes ein. Die Art der Behandlung ist eine elementare.

Zum Theil sind die Ableitungen nicht durch allgemeine Formeln, sondern durch Zahlenbeispiele geliefert, so dass die ganze Abhandlung in mathematischer Beziehung kein grosses Interesse, sondern nur den Wunsch erregt, die aufgeworfenen Fragen möchten in vollkommenerer Weise beantwortet werden.

Ok.

G. Hinrichs. Sur la rotation moléculaire des gaz. C. R. LXXVI. 1357-1360.

G. Hinrichs. Sur le calcul des moments d'inertie des molécules. C. R LXXVI. 1592-1594.

Auszüge aus einer noch nicht veröffentlichten „Mécanique moléculaire" des Verfassers. Bekanntlich führt die Annahme einer nur geradlinig fortschreitenden Bewegung der Gasmolecüle zu Formeln für die Constanten der Gase, welche mit der Erfahrung nicht übereinstimmen. Man hat deshalb angenommen, dass den Molecülen ausserdem noch eine rotirende Bewegung zukommt. Mit Berücksichtigung dieser Bewegung stellt der Verfasser zunächst einen Ausdruck für die lebendige Kraft eines Molecüls auf und bildet dann Formeln, welche die specifischen Wärmen von Dämpfen zu berechnen gestatten. Dieselben werden mit Beobachtungsresultaten von Regnault verglichen.

In der zweiten Arbeit werden die Trägheitsmomente chemischer Molecüle, besonders complicirter organischer Verbindungen berechnet. Hierbei sind die Molecüle gemäss den Structurformeln der neueren Chemie, in eine Reihe von Atomgruppen getheilt und dieselben räumlich neben einander gestellt. Die Trägheitsmomente sind dann für eine ziemlich willkürlich angenommene Drehungsaxe berechnet.

Ok.

Philipps. Notes sur divers points de la thermodynamique. Ann. de l'Éc. Norm. (2) II. 1-13.

Es werden in der vorliegenden Arbeit die folgenden Aufgaben behandelt:

1. Zustandsänderungen eines Körpers längs einer adiabati-

schen Linie. Dies sind Betrachtungen über bekannte Gleichungen der mechanischen Wärmetheorie.

2) Ueber die verschiedenen Formeln, durch welche die Ausflussgeschwindigkeit eines Gases aus der engen Oeffnung eines Reservoirs dargestellt werden kann. Diese Aufgabe lässt, je nach den Annahmen, welche man über den Zustand des ausfliessenden Gases macht, verschiedene Lösungen zu. Der Verfasser hat eine von Weisbach herrührende Formel einer weiteren Transformation unterworfen, welche sie für Zahlenrechnungen bequemer macht.

3. Ueber eine neue Form der Grundgleichungen der mechanischen Wärmetheorie. Benutzung der bekannten, graphischen Darstellung eines Kreisprocesses um die aufgewandte Wärme zu berechnen. Ok.

J. W. Gibbs. Graphical methods in the thermodynamics of fluids. Trans. Connect. Ac. II. 2. 309-342.

J. W. Gibbs. A method of geometrical representation of the thermodynamic properties of substances by means of surfaces. Trans. Connect. Ac. II. 2. 382-404.

In den Lehrbüchern über mechanische Wärmetheorie wird gewöhnlich der Kreisprocess, welchen ein Körper durchläuft, dadurch graphisch dargestellt, dass man Druck und Volumen eines Körpers als rechtwinklige Coordinaten eines Punktes einer Ebene ansieht, und den Weg dieses Punktes verfolgt. Bei einem Kreisprocess ist die beschriebene Bahn eine geschlossene. Das eingeschlossene Flächenstück repräsentirt die geleistete Arbeit. Diese Methode zu verallgemeinern, ist der Zweck der vorliegenden Abhandlungen.

Nennt man bei passender Wahl der Einheiten: W die geleistete Arbeit; H die zugeführte Wärme; $p, v, t, \varepsilon, \eta$ Druck, Volumen, Temperatur, Energie und Entropie des Körpers, so lauten die Grundgleichungen der mechanischen Wärmetheorie:

$$d\varepsilon = dH - dW,$$
$$dW = p \cdot dv,$$
$$dH = t \cdot d\eta.$$

Die Zustandsänderung eines Körpers kann im Allgemeinen als abhängig angesehen werden von der Aenderung zweier der zuletzt genannten fünf veränderlichen Grössen. Da man dieselben stets, wie zuvor p, v, als rechtwinklige Coordinaten eines Punktes in der Ebene ansehen kann, so lassen sich also noch viele Methoden der graphischen Darstellung denken. Von diesen zeichnet sich besonders eine aus. Nimmt man nämlich Temperatur und Entropie zu unabhängigen Veränderlichen, so zeigt die letzte Gleichung, dass das durch die Bahncurve eingeschlossene Flächenstück die von Aussen aufgenommene Wärmemenge darstellt. Diese Methode wird demnach ausführlicher besprochen und auf Gase und Dämpfe angewandt.

In der zweiten Abhandlung wird aus den oben gegebenen Gleichungen ein weiterer Schluss gezogen. Aus denselben folgt:

$$d\varepsilon = t\, d\eta - p dv.$$
$$t = \frac{\partial \varepsilon}{\partial \eta}, \quad p = -\frac{\partial \varepsilon}{\partial v}.$$

Sieht man ε, v, η als rechtwinklige Coordinaten im Raum an, so stellt die letzte Gleichung eine Oberfläche dar, welche der Verfasser thermodynamische Oberfläche nennt. Ein bestimmter Zustand des Körpers entspricht einem Punkte der Oberfläche. Die Richtungswinkel der Tangentialebene stehen in einfacher Beziehung zu Druck und Temperatur des betreffenden Punktes. Dies ist die Grundidee des Verfahrens. Die weiteren Ausführungen sind von geringerem Interesse. Wenigstens scheint keine der Anwendungen dem Referenten in mathematischer Beziehung erwähnenswerth. Ok.

J. Moutier. Sur la chaleur de transformation. C. R. LXXVI. 365-368.

J. Moutier. Sur les vapeurs émises à la même température. C. R. LXXVI. 1077-1080.

Einfache Betrachtungen, welche der mechanischen Wärmetheorie entlehnt sind, werden angewandt, um die Wärmevorgänge zu berechnen, welche den Uebergang eines Körpers aus einem Zustand in einen andern begleiten. Als Resultat erhält der Verfasser den Satz: Die Wärmeproduction bei diesem Uebergang ist dem Unterschied der Verdampfungswärmen in dem einen und anderen Zustand proportional. Diese Betrachtungsweise wird auf folgende Beispiele angewandt:

1. Der Körper bestehe in dem einen Zustand aus Wasser und einer gewissen Quantität eines Salzes; in dem andern aus der entsprechenden Salzlösung.

2. Der Körper sei Eis resp. Wasser bei 0^{0}.

3. Der Körper lasse allotrope Zustände zu, wie z. B. Phosphor. Die in der ersten Arbeit erhaltenen Resultate findet der Verfasser auch bestätigt durch Betrachtung der speciellen Wärmen der Körper in den zwei verschiedenen Zuständen. Ok.

J. Moutier. Sur quelques applications du théorème de Carnot. Inst. I. 351-352.

Der angezogene Lehrsatz bezieht sich eigentlich auf die Verdampfung einer Flüssigkeit; er lautet:

$$L = A \, . \, T \, . \, (v' - v) \, \frac{dp}{dT}.$$

Hier bedeutet L die Verdampfungswärme, v und v' die Volumina der Substanz in flüssigem und dampfförmigem Zustand, p die Spannkraft des Dampfes bei der Temperatur T.

Diesen Lehrsatz wendet der Verfasser auf verschiedene Vorgänge an, um bei denselben die Wärmeänderungen zu finden: auf die chemische Zersetzung von Wasserdampf durch Eisen, auf die Condensation von Gasen und Flüssigkeiten in porösen Körpern und auf die Capillarerscheinungen. Ok.

J. Moutier. Sur les effets thermiques, qui accompagnent la flexion et la torsion. Inst. I. 381-382.

Ebenso wie man gefunden hat, dass die Ausdehnung eines Stabes in seiner Längsrichtung von einer Temperaturerniedrigung begleitet sein muss, lässt sich auch zeigen, dass Biegung und Torsion desselben entsprechende Temperaturänderungen hervorbringen. Ok.

J. Moutier. Sur le travail interne dans les gaz à température constante. Inst. I. 88-90. Bull. d. l. S. Phil. X. 13-14.

Einige Bemerkungen zu bekannten Gleichungen der mechanischen Wärmetheorie. Ok.

G. Recknagel. Ueber Temperatur und Temperaturmaass. Pogg. Ann. Supplbd. VI. 275-302.

Nachdem der Verfasser auf die Schwierigkeit einer genügenden Begriffsbestimmung der Temperatur hingewiesen hat, geht er auf die neuere Definition der absoluten Temperatur als Maass der lebendigen Kraft der Wärmebewegung ein. Die Zunahme derselben ist bekanntlich bei Gasen leicht zu messen, weil nach der gewöhnlichen Annahme eine innere Arbeit bei denselben nicht stattfindet. Dass diese Annahme richtig ist, sucht der Verfasser durch elementare Rechnungen im Anschluss an Arbeiten von Clausius nachzuweisen. Schliesslich giebt derselbe von Neuem eine Ableitung des Begriffs der absoluten Temperatur.

Ok.

G. Hansemann. Ueber den Einfluss der Anziehung auf die Temperatur der Weltkörper. Pogg. Ann. Supplbd. VI. 417-440.

Bekanntlich nimmt die Temperatur der Luft von der Erdoberfläche aus nach oben stetig ab. Wenngleich man genügende Erklärungen dieser Erscheinung kennt, so glaubt der Verfasser doch noch auf einen andern, bisher nicht beachteten Grund aufmerksam machen zu müssen. Seiner Ansicht nach erlangen die Luftmolecüle bei ihrer Bewegung von oben nach unten in Folge der Anziehung der Erde eine grössere lebendige Kraft, als bei ihrer umgekehrten Bewegung. Daraus müsste dann eine Abnahme der Temperatur nach oben folgen. Zur Prüfung dieser Annahme sind Versuche angestellt, auf welche hier nicht eingegangen werden kann. Doch mag bemerkt werden, dass dieselben, wenigstens qualitativ, für die aufgestellte Hypothese sprechen.

Ok.

Hirn. Sur la variabilité de la loi apparente de Dulong et Petit. C. R. LXXVI. 191-194.

Der Verfasser sucht die Zweifel zu widerlegen, welche sich an der Richtigkeit des genannten Gesetzes erhoben haben. Er weist besonders auf den Unterschied hin zwischen der wahren, specifischen Wärme und der experimentell bestimmten, welch letztere noch die, auf äussere und innere Arbeit verwandte Wärme in sich schliesst. Kennt man erst die wahren specifischen Wärmen, so wird das Gesetz genau erfüllt werden. Ok.

V. Schlegel. Ueber das specifische Gewicht der Legirungen. Schlömilch Z. XVIII. 96-102.

Bekanntlich liegen im Allgemeinen die Schmelzpunkte der Legirungen tiefer als diejenigen der Bestandtheile, und fallen die specifischen Gewichte derselben stets niedriger aus, als man der Berechnung nach erwarten sollte. Indem der Verfasser das erste Factum als ein Zeichen ansieht, dass Wärme bei Bildung der Legirung verbraucht wird, findet er das Aequivalent dafür in der Zunahme des Volumens, welche die Abnahme des specifischen Gewichts bewirkt. Auf Grund dieser Vorstellung wird durch elementare Rechnung eine Formel abgeleitet, welche eine Beziehung zwischen der Abnahme des specifischen Gewichts und dem Schmelzpunkte der Legirung giebt. Ok.

E. Meissel. Ueber die Verbreitung vollkommen elastischer Gase. Grunert Arch. LV. 225-241.

In einer Hohlkugel befindet sich ein Gas, dessen Molecüle sich umgekehrt proportional dem Quadrat der Entfernung anziehen. Welches ist die Dichtigkeit des Gases in jedem Punkte der Kugel? Der Verfasser gelangt auf einem etwas umständlichen Wege zu der Aufstellung einer Differentialgleichung zweiter Ordnung für die Dichtigkeit $F(x)$, welche durch Einführung einer zweiten Function $\vartheta(x)$ in die beiden Gleichungen übergeht:

$$\left.\begin{array}{l}\vartheta''(x)+\frac{2}{x}\vartheta'(x)=F(x)\\ F'(x)+F(x).\vartheta'(x)=0.\end{array}\right\}$$

Hier bedeutet x die Entfernung vom Mittelpunkt. Wäre der Verfasser von den Grundgleichungen der Hydrostatik ausgegangen, so würde er viel schneller zu den beiden eben aufgestellten Gleichungen gelangt sein und auch die physikalische Bedeutung von $\vartheta(x)$ erkannt haben. $\vartheta(x)$ ist nämlich das Potential der Gasmasse im Punkte x. Die Integration lässt sich in geschlossener Form nicht ausführen. Der Verfasser berechnet daher eine Reihe numerischer Werthe der beiden Functionen und giebt schliesslich eine Tabelle der vom Centrum abnehmenden Dichtigkeit. Ok.

A. Freeman. Six thermodynamic relations. Messenger. (2) II. 131-136.

Der Verfasser erhält, indem er mit unwesentlichen Aenderungen die Bezeichnungen von Briot's „La chaleur" benutzt, durch eine direct analytische Methode folgende thermodynamische Gleichungen

$$-\frac{dv}{dT}=\frac{d\varphi}{dp},\qquad \frac{dv}{d\varphi}=\frac{dT}{dp},$$

$$\frac{dp}{dT}=\frac{d\varphi}{dv},\qquad \frac{dp}{d\varphi}=-\frac{dT}{dv},$$

$$1=\frac{dT}{dp}\cdot\frac{d\varphi}{dv}-\frac{dT}{dv}\cdot\frac{d\varphi}{dp},\qquad 1=\frac{dp}{dT}\cdot\frac{dv}{d\varphi}-\frac{dp}{d\varphi}\cdot\frac{dv}{dT}.$$

T ist die absolute Temperatur, $=273^0+t$. Glr. (O.)

v. Dvořák. Ueber die Schallgeschwindigkeit in Gasgemengen. Wien. Anz. X. 186-187.

Mischt man zwei gleiche Volumina von zwei verschiedenen Gasen von den Dichtigkeiten d, resp. d', beide von der Expansivkraft 1, so ist die Schallgeschwindigkeit in dem Gemenge

$$V = \sqrt{\frac{2}{d + d'}}.$$

Der Verfasser giebt eine kurze Ableitung dieser Formel aus der Gastheorie. Wn.

F. Zöllner. Erwiderung auf die Bedenken des Herrn Reye gegen meine Erklärung der Sonnenflecke und Protuberanzen. Pogg. Ann. CL. 426-453.

Der Verfasser sucht zu zeigen, dass „die sämmtlichen Rechnungen des Herrn Reye, die sich auf Bewegungserscheinungen in der Atmosphäre der Erde oder der Sonne beziehen, (dieselben sind Herrn Reye's Buch über die Wirbelstürme als Anhang beigefügt), auf einer physikalisch unmöglichen Annahme beruhen, welche jene Rechnungen jeder Bedeutung für reelle Verhältnisse beraubt“. Im Uebrigen enthält die Arbeit Erörterungen über die Theorie der Sonnenflecke. Wn.

F. Folie. Du commencement et de la fin du monde d'après la théorie mécanique de la chaleur. Bull. de Belg. (2) XXXVI. 797-827.

Die kleine Arbeit, die auch als Separatbrochüre (Brüssel, Hayez 1873) erschienen ist, enthält eine klare Auseinandersetzung der Geschichte der Principien und der Folgerungen der Thermodynamik. Die behandelten Gegenstände sind folgende: Zusammenhang von Kraft und Materie. Notiz über die Arbeiten von Mayer, Joule, Helmholtz, Carnot, Clausius, Rankine und Thomson. Erstes Princip der Thermodynamik. Drei Arten positiver und negativer Transformation. In einem umkehrbaren Kreisprocess ist die Summe der Transformationen Null, wenn es sich um Gase oder andere Körper handelt. In den nicht umkehrbaren Kreisprocessen ist diese Summe positiv; die Disgregation geht in der Natur ohne Aufhören vermehrend vor sich. Im Universum ist die Energie constant, aber da die Disgregation nach einem Maximum strebt, geht die Welt einem Zustande absoluter Homogeneität entgegen, wo die calorischen Bewegungen alle anderen ersetzt haben werden. Daraus folgt, dass die Welt wahrscheinlich ein Ende haben wird, und dass sie sicher einen Anfang gehabt hat, ohne den sie schon zu einem Maximum der Disgregation gekommen sein würde. Eine bestimmte schöpferische Kraft, und nicht die Kräfte der Welt selbst, kann sie allein noch umbilden, wenn sie zu diesem Maximum gekommen sein wird. Mn. (O.)

A. Seydler. Ueber Wärmestrahlung in verschiedenen Medien. Casopis. II. 153-167. (Böhmisch).

In der 8ten Abhandlung seines bekannten Werkes über mechanische Wärmetheorie beweist Clausius den Satz, dass sich das Emissionsvermögen eines Körpers umgekehrt verhalte, wie das Quadrat der Geschwindigkeit, womit die Strahlung erfolgt, oder direct wie das Quadrat des Brechungsexponenten desjenigen Mediums, in welchem die Strahlung stattfindet. Clausius führt den Beweis auf Grundlage des Satzes, dass der Strahl seinen Weg in der kürzesten Zeit beschreibt; ausserdem werden noch andere Sätze der höheren Physik zu Hülfe genommen, wodurch der Beweis sehr allgemein und elegant; aber nicht jedem zugänglich wird. Bei der grossen Wichtigkeit des obigen Satzes ist in dem citirten Aufsatz der Versuch gemacht, einen mehr elementaren und anschaulichen Beweis zu liefern. Die Wärmemenge, welche ein Oberflächenelement eines Körpers einem zweiten zuwendet, ist proportional: dem Emissionsvermögen, der Grösse des Oberflächenelementes, und der Oeffnung des Strahlenkegels, welcher vom ersten Element ausgehend das zweite zur Basis hat. Berechnet man danach jene Wärmemenge, so gelangt man schliesslich zum obigen Satze.

Am Schlusse des Aufsatzes werden einige Fälle besprochen, in denen man bei oberflächlicher Betrachtung, eben auf Grundlage des obigen Satzes, erwarten würde, dass Wärme von einem kälteren auf einen wärmeren Körper übergehen kann.

W.

Zwölfter Abschnitt.

Geodäsie und Astronomie.

Capitel 1.

Geodäsie.

W. Jordan. Lehrbuch der praktischen Geometrie. Eine Sammlung von Resultaten der höheren und niederen Vermessungskunde. Stuttgart. Metzler. 8°.

Das Buch zerfällt in drei Theile. Im ersten findet sich, nach einigen Vorbemerkungen, die Methode der kleinsten Quadrate und ihre Anwendung auf Beobachtungen. Der zweite Theil enthält die niedere Geodäsie, während der dritte die höhere Geodäsie behandelt, soweit dieselbe zum Verständniss der Gradmessung nöthig ist. Eine ausführliche Recension giebt F. R. Helmert in Schlömilch Litz. XVIII. 33-40. O.

F. R. Helmert. Die Ausgleichungsrechnung nach der Methode der kleinsten Quadrate mit Anwendung auf die Geodäsie und die Theorie der Messinstrumente. Leipzig 1872. 8°.

Ein Lehrbuch der Methode der kleinsten Quadrate, das in organischem Zusammenhang die Aufgaben der Ausgleichungsrechnung behandelt, zunächst unabhängig von einem bestimmten Fehlervertheilungsgesetz. Die Aufgaben, die in demselben durchgenommen werden, sind: I. Directe Beobachtungen. II. Vermittelnde Beobachtungen. III. Bedingte Beobachtungen. IV. Vermittelnde Beobachtungen mit Bedingungsgleichungen. V. Allgemeinste Aufgabe, die alle anderen als specielle Fälle enthält. Eine ausführliche Recension findet sich Schlömilch Litz. XVIII. 4—9. O.

H. Levret. Détermination des positions géographiques sur un ellipsoide quelconque. C. R. LXXVI. 410-413.

Wenn auf einem Umdrehungsellipsoid die Länge eines geodätischen Bogens, ferner für den einen Endpunkt die geographische Länge und Breite, sowie das Azimuth gegeben ist, so kann man die analogen Stücke für den andern Endpunkt ausdrücken durch eine nach Potenzen der Bogenlänge fortschreitende Reihe, deren Coefficienten als Functionen der gegebenen Stücke bereits früher von Legendre und Puissant gegeben worden sind. In dem vorliegenden Auszuge wird nun kurz ein Verfahren skizzirt, welches dasselbe für das dreiaxige Ellipsoid leistet. B.

H. Levret. Influence sur les résultats des opérations géodésiques, de la substitution des arcs de la plus courte distance aux sections planes de l'ellipsoide, expression de la correction qui doit être faite à toutes les valeurs des mesures d'angles. C. R. LXXVI. 540-542.

Auf dem Ellipsoid ist das Azimuth eines von dem Punkte A aus gesehenen Punktes B verschieden von dem Azimuth der geodätischen Linien AB in A. Der Verfasser giebt einen Ausdruck für diese Differenz, in welchem die vierten und höheren Potenzen der Erdexcentricität und die zweite Potenz der Länge des geodätischen Bogens vernachlässigt werden. B.

H. Résal. Note sur le planimètre polaire. C. R. LXXVII 509-511.

Herleitung des allgemeinen Satzes, welcher dem Amsler'schen Polarplanimeter zu Grunde liegt, unter Benutzung der bekannten Lehrsätze über die Zerlegung und Zusammensetzung von unendlich kleinen Rotationen. Der allgemeine Ausdruck für den Sector, welchen der Fahrstift des Planimeters in Bezug auf den festen Stift beschreibt, enthält elliptische Integrale, welche verschwinden, wenn der Fahrstift eine geschlossene Curve durchlaufen hat.

B.

J. A. C. Oudemans. Ueber das Problem, aus dem Breiten- und dem Längenunterschiede zweier Oerter auf dem Erdsphäroid ihre Entfernung und die gegenseitigen Azimuthe zu berechnen. Astr. Nachr. LXXXI. 305-320.

Eine eingehende Besprechung der Genauigkeit der von Francoeur, Puissant, Hansen und Bremicker für die genannte Aufgabe gegebenen Lösungen und Begründung von Modificationen dieser Lösungen, um sie für die numerische Rechnung noch bequemer zu machen. B.

A. Wittstein. Ueber den Schlussfehler grosser Nivellements. Astr. Nachr. LXXXI. 291.

F. R. Helmert. Zur Theorie des geometrischen Nivellirens. Astr. Nachr. LXXXI. 297.

G. Zachariae. Ueber den sphäroidischen Schlussfehler geometrischer Nivellementspolygone. Astr. Nachr. LXXXII. 73.

Alle drei Aufsätze beschäftigen sich mit der durch Herrn Zachariae in den Astr. Nachr. LXXX. (F. d. M. IV. p 578) angeregten Frage, ob der durch geometrisches Nivellement ermittelte Höhenunterschied zweier Punkte unabhängig ist von dem Wege, längs dessen das Nivellement ausgeführt worden ist. Herr Wittstein definirt als Höhenunterschied zweier Orte A und B die Differenz zwischen den von A und B aus an die ideale Meeresoberfläche gezogenen Normalen, Herr Helmert dagegen setzt dafür die Differenz zwischen den Werthen des Potentials der Erde, welche auf den durch A und B gehenden Niveauflächen stattfinden, wofür man auch setzen kann den linearen Abstand der beiden Niveauflächen in A oder B, multiplicirt mit der daselbst stattfindenden Schwere, wenigstens so lange man es nur mit geringen Höhenunterschieden zu thun hat. Der dritte Aufsatz enthält eine Besprechung der in den beiden ersten entwickelten Formeln für den Schlussfehler eines Nivellementspolygons. B.

YVON VILLARCEAU. Nouveaux théorèmes sur les attractions locales et applications à la détermination de la vraie figure de la Terre. Liouville J. (2) XVIII. 393-436.

YVON VILLARCEAU. Nouveau mode d'application du troisième théorème sur les attractions locales au contrôle des réseaux géodésiques et à la détermination de la vraie figure de la Terre. C. R. LXXVI. 851-859.

Die Abhandlung in Liouville's J. ist im Wesentlichen eine Reproduction dreier in den C. R. für 1868, 1871, 1873 publicirter Aufsätze desselben Verfassers; (cfr. dieses Jahrbuch Bd. I, p. 390, III. p. 549). Der dritte Aufsatz behandelt denselben Gegenstand wie der zweite (C. R. 1871), nämlich die interpolatorische Darstellung der als wahre Figur der Erde definirten bestimmten Niveaufläche. Während aber dort die Entwickelungen für die Darstellung der gesuchten Grössen durch trigonometrische Reihen gegeben wurden, sind sie in dem dritten Aufsatz in algebraischer Form gegeben, d. h. durch Reihen, welche fortschreiten nach den Potenzen der Längen- und Breitenunterschiede zwischen den einzelnen Beobachtungsstationen. B.

J. TODHUNTER. On the equation which determines the form of the strata in Legendre's and Laplace's theory of the figure of the earth. Trans. of Cambridge. XII. 301-318.

Die fragliche Gleichung ist

$$\frac{Y_n}{a}\int_0^a \varrho a^2\, da - \frac{1}{(2n+1)\,a^{n+1}}\int_0^a \varrho \frac{d}{da}(Y_n a^{n+3})\, da - \frac{a^n}{2n+1}\int_0^{a_1} \varrho \frac{d}{da}\left(\frac{Y_n}{a^{n-2}}\right) da = 0.$$

(Mécanique céleste, livre III. § 30). Diese Gleichung kommt in der Theorie der Gestalt der Erde vor, wenn dieselbe als eine nicht homogene Flüssigkeit betrachtet wird, und zwar gilt diese Gleichung in eben dieser Theorie für alle positiven ganzzahligen Werthe von n, ausgenommen $n = 2$. In dem Falle, wo $n = 2$, ist das rechtsseitige Glied nicht Null. Verschiedene Mathematiker haben sich bemüht zu beweisen, dass, ausser wenn $Y_n = 0$, es keinen Werth von Y_n giebt, der der Differentialgleichung genügt, oder wenigstens keinen Werth, der in der Theorie der Erdgestalt annehmbar wäre. Diese Beweise prüft der Verfasser, zeigt, auf welche Annahmen sie sich stützen, und bezeichnet auch die möglicherweise dagegen zu machenden Einwürfe.

Die geprüften Beweise sind die von Legendre, Laplace, O'Brien und Pratt. Die beiden ersten (nach welchen es keine annehmbare Lösung in Bezug auf die Gestalt der Erde giebt), hält der Verfasser für möglichst befriedigend. Den Beweis O'Brien's, obgleich sehr allgemein gehalten, hält er für illusorisch und gegen Pratt's Untersuchungen wendet er ein, dass die Annahmen sehr breit seien und die physikalische Deutung des Problems wesentlich beschränken. Herr Todhunter fügt eine eigne Untersuchung dieser Aufgabe bei. Glr. (O.)

J. Todhunter. On the arc of the meridian measured in Lapland. Trans. of Cambridge XII. 1-26.

Der in Lappland gemessene Meridianbogen, so klein und in Folge dessen so unwichtig er im Vergleich mit sehr viel grösseren gemessenen Bogen ist, hat grosses historisches Interesse. Die Messungen des Bogens in den Jahren 1736 und 1737 beendeten einen Jahre langen Streit zwischen den Anhängern Cassini's und denen Newton's. Erstere behaupteten, der Polardurchmesser der Erde sei grösser als der Aequatorialdurchmesser; letztere verfochten das Gegentheil. Das Resultat der Beobachtungen in Lappland war der Cassini'schen Theorie entschieden entgegen; doch entstanden neue Schwierigkeiten, da die durch die Lappländische Messung erhaltene Ellipticität der Erde zu gross gegenüber anderen Untersuchungen erschien. Daher wurde Anfangs dieses Jahrhunderts der Bogen von Neuem gemessen. Der Verfasser fand nun, bei einem Studium der Berichte über diese Messungen, welche im Uebrigen ganz annehmbar erscheinen, vielfache und bedenkliche Fehler. Diese bezeichnet er und giebt auch die nöthigen Verbesserungen. Die französische Messung des Bogens (1736) wurde von Maupertuis, Clairaut, Camus und Lemonnier in Gemeinschaft mit Outhier und Celsius ausgeführt. 1738 erschien Maupertuis' Bericht, 1744 der von Outhier darüber; 1827 brachten die Astr. Nachr. eine ausführliche Uebersicht der französischen Messungen von Rosenberger. Im Jahre 1802 war der Bogen noch einmal von Ofverbom und Svanberg gemessen worden; die Resultate veröffentlichte letzterer 1805. Der Verfasser beleuchtet eine ganze Reihe Abweichungen dieser Gelehrten unter einander und auch mit späteren Astronomen. Er zeigt u. A., dass die Amplitude des französischen Bogens durchaus in keiner Beziehung zu der von Maupertuis zu Tornea, dem einen Endpunkte des Bogens, bestimmten Breite besteht, und dass die Voraussetzung Delambre's, dass die Abweichung des französischen vom schwedischen Bogen, der bei Kiltis anfing, durchaus nicht nach den ursprünglichen Arbeiten gerechtfertigt erscheint, auch nicht corrigirt werden kann. Die Abhandlung enthält eine sorgsame Kritik der Arbeiten von Maupertuis, Outhier, Rosenberger und Svanberg, sowie der Beobachtungen Delambre's über diesen Gegenstand. Glr. (O.)

Breton de Champ. Traité du nivellement. 7me édit. 8°. Paris. Gauthier-Villars.

A. Favaro. Beiträge zur Geschichte der Planimeter. Allgem. Bauzeitung 1873, auch Wien. Waldheim. 4°.

Siehe Abschnitt I, Cap. 1. p. 52.

Capitel 2.

Astronomie.

F. R. HELMERT. Recension der „Theoretischen Astronomie“ von F. W. Klinkerfues. Schlömilch Z. XVIII. Literaturz. 61-67.

Aus dieser Besprechung des genannten Werkes ist hier nur Folgendes hervorzuheben. Herr Klinkerfues hatte in seinem Werke den Versuch gemacht, die Methode der Verbesserung einer Planeten- oder Cometenbahn durch die sogenannte Variation der Distanzen so umzuformen, dass sie das strenge Verfahren der Verbesserung der sechs Bahnelemente vollständig ersetzen könnte. In der Recension ist nun der Nachweis geführt, dass das hierbei eingeschlagene Verfahren wenigstens in der vorliegenden Gestalt unzureichend ist. B.

M. CHAUDRIKOFF. Schreiben an den Herausgeber der Astr. Nachr. Astr. Nachr. LXXXI. 57.

Vorschlag, die bekannte Euler'sche Gleichung für die Planetenbewegung zur Bestimmung einer elliptischen Bahn in ähnlicher Weise zu verwenden, wie bei der Bestimmung einer Parabel. B.

V. KNORRE. Entwickelung einer Correctionsformel, betreffend die Bestimmung der Bahn eines Himmelskörpers aus drei Beobachtungen. Astr. Nachr. LXXXI. 193-224.

Ein näheres Eingehen auf den Inhalt dieser Abhandlung müssen wir uns hier versagen, da ein solches nicht ohne einen ausgedehnten Apparat von Formeln möglich wäre. Der den Entwickelungen zu Grunde liegende Gedanke ist folgender. Es seien x und y die beiden Hauptunbekannten des Problems (bei Gauss P und Q), ferner seien x_1 und y_1 die entsprechenden Werthe von x, y, welche der nächsten Hypothese für die Näherungsrechnung zu Grunde gelegt werden, dann hat man

$$x_1 = f(x, y) \quad y_1 = g(x, y);$$

wenn endlich $x_1 + \delta$, $y_1 + \varepsilon$ die wahren Werthe der Unbekannten sind, so ist auch

$$x_1 + \delta = f(x_1 + \delta, y_1 + \varepsilon) \quad y_1 + \varepsilon = g(x_1 + \delta, y_1 + \varepsilon),$$

oder wenn man nach dem Taylor'schen Satz entwickelt

$$x_1 + \delta = x_1 + \frac{\partial f(xy)}{\partial x}(x_1 - x + \delta) + \frac{\partial f(xy)}{\partial y}(y_1 - y + \varepsilon),$$

$$y_1 + \varepsilon = y_1 + \frac{\partial g(xy)}{\partial x}(x_1 - x + \delta) + \frac{\partial g(xy)}{\partial y}(y_1 - y + \varepsilon).$$

Die Abhandlung hat nun vorzugsweise den Zweck nachzuweisen, dass die partiellen Ableitungen von f und g aus den bekannten Grössen mit genügender Annäherung berechnet werden können, so dass man im Stande ist δ und ε linear durch die Differenzen $x_1 - x$ und $y_1 - y$ auszudrücken. Die beigefügten Zahlenbeispiele zeigen, dass die Annäherung bei diesem Verfahren erheblich rascher stattfindet, als bei dem gewöhnlichen. B.

G. W. Hill. On the inequality of long period in the longitude of Saturn, whose argument is six times the mean anomalie of Saturn minus twice that of Jupiter minus three times that of Uranus. Astr. Nachr. LXXXII. 193-224.

Berechnung der Coefficienten der im Titel angegebenen Gleichung in der Saturnuslänge. B.

V. Puiseux. Sur la formation des équations de conditions qui résulteront des observations du passage de Vénus du 8 Décembre 1874. C. R. LXXVII. 1505-1511.

Den Hauptheil des Aufsatzes bilden ausgedehnte Hülfstafeln, aus denen man die Coefficienten der für den Venusdurchgang 1874 anzusetzenden Bedingungsgleichungen zwischen den Verbesserungen der Sonnenparallaxe, der Venus- und Sonnentafeln, der geographischen Länge des Beobachtungsortes und des scheinbaren Halbmessers beider Gestirne, den verschiedenen Beobachtungsmethoden entsprechend, direct entnehmen kann. B.

Ed. Dubois. Sur l'influence de la réfraction atmosphérique relative à l'instant du contact dans un passage de Vénus. C. R. LXXVI. 1526-1530.

J. A. C. Oudemans. Observations relatives à une communication de M. Ed. Dubois sur l'influence de la réfraction atmosphérique, à l'instant d'un contact dans un passage de Vénus. C. R. LXXVII. 991-995.

Ed. Dubois. Réponse aux observations de M. Oudemans sur l'influence de la réfraction atmosphérique à l'instant d'un contact dans un passage de Vénus. C. R. LXXVII. 1150.

Herr Dubois leitet aus elementaren geometrischen Betrachtungen einen Maximalwerth für den Einfluss ab, den die Refraction auf die Momente der Ränderberührungen bei Venusdurchgängen haben kann. Dieser Einfluss erweist sich als unmerklich. In der Note von Herrn Oudemans ist darauf aufmerksam gemacht, dass die Theorie dieses Einflusses bereits von Hansen eingehend behandelt worden ist, und dass bei strenger Betrachtung der Frage sich der Dubois'sche Maximalwerth auf den fünften Theil seines Werthes reducirt. Die Replik von Herrn Dubois ist ohne mathematisches Interesse. B.

A. Wittstein. Ueber Sternschnuppen - Beobachtungen. Astr. Nachr. LXXXI. 241.

Der mathematische Theil des Aufsatzes beschäftigt sich mit der Lösung folgender Aufgabe: Ein Meteoritenstrom trifft die Erde, es soll die relative Häufigkeit der Meteore bestimmt werden, welche für einen bestimmten Beobachter innerhalb des von zwei Verticalkreisen und dem Horizont eingeschlossenen Theiles der scheinbaren Himmelskugel aufleuchten. B.

R. A. Proctor. Graphical method of determining the motion of a body in an elliptic orbit under gravity. Monthl. Not. XXXIII. 386-391.

Der Verfasser zeigt, wie mit Hülfe eines Diagramms, das

ein für alle Mal sorgfältig mit Dinte auf gutem Zeichenpapier aufgetragen ist, die Bewegung eines Körpers in einer Bahn von beliebiger Ausdehnung sehr einfach durch eine gezeichnete Construction bestimmt werden, und in wenigen Augenblicken, die Construction der Ellipse eingerechnet, vervollständigt werden kann. Die Lösungsmethode des Prof. Adams wird ausserdem gegeben. Glr. (O.)

J. M. Wilson. A geometrical investigation of the orbit of a double star. Monthl. Not. XXXIII. 375-378.

Rein geometrische Lösung des Problems: „Es sei die Bahn, als auf das Gewölbe des Himmels projicirt gedacht, und die Lage des betreffenden Sternes auf derselben, gegeben. Gesucht wird die Inclination und die Lage der wirklichen Bahn". Die wirkliche Bahn kann in irgend einer Ebene und der bezügliche Stern in dem Focus derselben in dieser Ebene liegen. Schief gesehen, ändert sich die Excentricität der Bahn im Allgemeinen und der Stern erscheint nicht mehr im Brennpunkte der vorausgesetzten Ellipse. Die Aufgabe ist also, aus der Grösse der Entfernung von dem Focus die Lage der wahren Ellipse zu finden. Der Verfasser fügt in einer Nachschrift hinzu, dass das Problem in besserer Weise, als von ihm, von Thiele in den Astr. Nachr. No. 1227 gelöst sei. Glr. (O.)

Bert. On the moon's librations. Phil. Mag. 1873.

Enthält eine Kritik über Proctor's Buch über den Mond und zeigt, dass dessen Aufzählung der Librationen des Mondes lückenhaft sei. Csy. (O.)

G. A. Hirn. Conditions d'équilibre et nature probable des anneaux de Saturne. 4°. Paris, Gauthier-Villars.

J. Bourget. Mémoire sur le développement algébrique de la fonction perturbatrice. Liouville J. (2) XVIII. 101-128.

Die in der vorliegenden Abhandlung durchgeführte algebraische Entwickelung der Störungsfunction ist in ihren Hauptzügen dem von Hansen in „Entwickelung der ungraden und negativen Potenzen von $(r^2 + r'^2 - 2rr''H)^{\frac{1}{2}}$“ auseinandergesetzten Verfahren ähnlich.

Zunächst wird die Entwickelung durchgeführt nach den excentrischen Anomalien beider Planeten. Die Coefficienten sind Reihen, welche fortschreiten nach den Potenzen der Tangenten der halben Excentricitätswinkel, des Quadrats der Sinus der halben gegenseitigen Neigung beider Bahnen und des Quotienten der grossen Halbaxen. Die Ersetzung der excentrischen Anomalien durch die mittleren lässt sich dann direct durch die Substitution von Reihen bewerkstelligen, welche nach Bessel'schen Functionen fortschreiten, deren Argumente von den Excentricitäten abhängen. Die Coefficienten der einzelnen Glieder nehmen auf diese Weise die Form sechsfacher Summen an. Das Wesentliche bei diesem Verfahren besteht darin, dass man die zu einem bestimmten Argument oder zu einer bestimmten Ordnung gehörigen Terme unabhängig von den übrigen Termen ermitteln kann, sobald man die vollständige Lösung der Gleichung

$$x + y + z + t + u + v = n$$

in ganzen positiven Zahlen kennt. B.

E. Mathieu. Mémoire sur le problème des trois corps. C. R. LXXVII. 1071-1074.

Siehe Abschnitt X, Cap. 4 A. pag. 473.

J. A. Serret. Réflexions sur le mémoire de Lagrange intitulé: „Essai sur le problème des trois corps“. C. R. LXXVI. 1557-1565.

Siehe Abschnitt X. Cap. 4 A. pag. 472.

F. Terby. Areographische Fragmente. Manuscrits et dessins originaux et inédits de Schroeter. Mém. cour. in 4⁰ de Belg. XXXVII.

E. Quetelet. Rapport sur ce mémoire. Bull. de Belg. (2) XXXV. 352-353.

Der Enkel des berühmten Astronomen von Lilienthal hat Herrn Terby ein Manuscript seines Grossvaters mitgetheilt, das ausser einem Text von etwa 1000 Seiten, mehr als 200 Figuren enthält, die die Flecken des Mars von 1785 bis 1805 betreffen. Die Arbeit enthält eine genaue Inhaltsangabe des Manuscripts. Nach dem die Zeichnungen erläuternden Text des Beobachtungs-Journals prüft Schröter die astronomischen Umstände der Bewegung des Mars, die Grösse des Planeten, die Neigung seiner Rotationsaxe gegen seine Bahn, die Epoche seiner Äquinoctien, seine Abplattung und die Grösse seiner Phase. Der wichtigste Theil der Arbeit ist jedoch derjenige, der sich auf die Flecken bezieht, zuerst die glänzenden Flecke an den Polen, dann die, die zur Bestimmung der Dauer der Rotation gedient haben. Schröter nimmt bekanntlich an, dass sich die dunkeln Flecken auf nicht feste Theile beziehen oder auf Wolken des Mars, die eine weniger grosse reflectirende Kraft haben, als die nicht festen Theile des Planeten. Mn. (O.)

Anhang.

E. Schröder. Lehrbuch der Arithmetik und Algebra. Erster Band: Die sieben algebraischen Operationen. Leipzig. Teubner. 8⁰.

Das vorliegende Buch soll den ersten Theil eines ausführlichen Werkes über die Anfangsgründe des rein analytischen Theiles der Mathematik bilden, das der Herr Verfasser besonders den Lehrern der Mathematik in die Hand geben will. Ein zweiter Band wird die Lehre „von den natürlichen Zahlen" enthalten, specieller: die wissenschaftliche Begründung der gemeinen Arithmetik, die Elemente der Zahlentheorie, der Combinatorik und der Grössenlehre; ein dritter Band soll dann „die analytischen Zahlen" behandeln, und ein vierter überhaupt die „Analysis des Endlichen" zum Abschluss bringen. Als die Quellen für die Ausarbeitung des Ganzen giebt der Herr Verfasser selbst folgende Werke an:

H. Grassmann, Lehrbuch der Arithmetik, Berlin 1861; Lejeune-Dirichlet, Vorlesungen über Zahlentheorie, herausgegeben von Dedekind, Braunschweig 1863; J. H. T. Müller, Lehrbuch der allgemeinen Arithmetik, Halle 1838 und 1855; H. Hankel, Vorlesungen über die complexen Zahlen und ihre Functionen, I. Theil, Leipzig 1867; M. Ohm, Versuch eines vollkommen consequenten Systems der Mathematik, Bd. 1 und 2, 2te Aufl. Berlin 1829; J. Bertrand, Traité d'Arithmétique, 4. ed. Paris 1867; M. Cantor, Grundzüge einer Elementararithmetik, Heidelberg 1855; R. Baltzer, Die Elemente der Mathematik, I, 2te Aufl., Leipzig 1855.

Aus diesen Schriften ist aber nicht etwa ein blosses Sammelwerk gebildet, sondern überall ist eine selbstthätige Denkarbeit und eine Fülle neuer eigenthümlicher Betrachtungsweisen zu bemerken. Die einschläglichen Gebiete sind mit thunlichster Vollständigkeit behandelt, das Material besser geordnet, die verschiedenen Methoden kritisch gesichtet, und die didaktischen Interessen nicht minder als die wissenschaftlichen berücksichtigt.

Das erste Kapitel, die Einleitung, führt nach Erklärung der (reinen) Mathematik als „Lehre von den Zahlen“ und nach Betonung der unbeschränkten Bildungsfähigkeit des Zahlenbegriffes, den Leser zunächst in den Begriff der „natürlichen Zahlen insbesondere“ ein. Darauf folgen die Begriffe und Gesetze der „Zahlenvergleichung und Unterordnung, der Einsetzung und Einschliessung“, die Principien der Nomenclatur, das Charakteristische der Formel und die Unterscheidung von constanten und variablen Zahlen. Nach Einführung in diese einfachen Begriffe und Bezeichnungen geht nun der Herr Verfasser zur Betrachtung der 7 algebraischen Operationen über. Das zweite Capitel behandelt zunächst die drei directen Operationen, und zwar sowohl nach der recurrenten Methode von Grassmann, als nach der gewöhnlichen independenten. Es folgen im dritten Capitel die vier inversen Operationen. Diese werden in dem ersten Abschnitte als eindeutige betrachtet, und im zweiten erst als solche behandelt, wie sie auch „sein könnten“ und (theilweise) später wirklich, auf andern Zahlengebieten, „sein werden“, d. h. vieldeutig. Das vierte Kapitel entwickelt die Gesetze der Verbindung sämmtlicher Operationen mit einander. Hier bieten sich wieder zwei Behandlungsweisen dar, erstens die „reale“, bei der es nur darum zu thun ist, die gedachten Gesetze so, wie sie sich in der Wirklichkeit für die gemeinen Zahlen gestalten, kennen zu lernen, und zweitens die „formale“ Behandlungsweise, bei der es darauf ankommt, die Art zu erkennen, wie sich die Resultate nach den Voraussetzungen gruppiren, aus denen sie als Consequenzen hervorgegangen sind. Ein Anhang „über die symbolische Darstellung von Summen und Producten“ bildet den Schluss des vorliegenden ersten Bandes. M.

X. Steck und J. Bielmayr. Lehrbuch der Arithmetik. 3te Aufl. Kempten. Kösel.

Ein Lehrbuch, das nur die Lehre vom Rechnen mit unbenannten, benannten Zahlen, die Decimalbrüche, Regeldetri etc. umfasst. Die Darstellung ist klar, für den Inhalt jedoch erscheint das Buch als zu umfangreich. O.

H. P. H. Grünfeld. Lehrbuch der Arithmetik. 2ter Cursus. 1ter Theil. Schleswig. Bergas. 1872.

H. P. H. Grünfeld. Sammlung methodisch geordneter Aufgaben zur Benutzung beim Unterricht in der Arithmetik. Thl. I. Schleswig. Bergas.

Das Lehrbuch ist zum Gebrauch in Secunda bestimmt. Es enthält zuvörderst die Herleitung der gewöhnlichen Rechenregeln für ganze Polynome, bespricht dann die Theilbarkeit der Zahlen etc., die Lehre von den Wurzeln und Potenzen. Dann wendet sich der Verfasser zur Regeldetri, den Gleichungen ersten Grades, den diophantischen und quadratischen Gleichungen mit einer Unbekannten. Das Buch zeichnet sich nicht gerade durch Uebersichtlichkeit aus. Die Regeln sind etwas lang und wenig concis gefasst. Die Aufgabensammlung schliesst sich genau dem Lehrbuche an. Die letzten beiden Abschnitte, namentlich die quadratischen Gleichungen, sind sehr dürftig ausgefallen. Auf wissenschaftliche Strenge scheint das Buch keinen Anspruch erheben zu wollen, dagegen giebt es Winke, die beim Unterricht vielleicht ganz practisch sein können. O.

Faton. Premiers éléments d'arithmétique. 3me éd. Paris. Gauthier-Villars. 12°.

C. Spitz. Lehrbuch der allgemeinen Arithmetik zum Gebrauche an höheren Lehranstalten und beim Selbststudium. Zweiter Theil. 2te Aufl. Leipzig und Heidelberg. C. F. Winter.

C. Spitz. Hierzu ein Anhang enthaltend die Resultate der Aufgaben.

Zu den 4 Abschnitten: Combinationslehre, binomischer Satz. Wahrscheinlichkeitsrechnung und Rechnungsarten bezüglich auf menschliche Sterblichkeit, sind in der 2ten Auflage noch 2 neue über höhere Gleichungen und über Determinanten hinzugekommen. In der gesammten Behandlungsweise erscheint der wissenschaftlich theoretische Gesichtspunkt als der einzig leitende: er wird durch keine pädagogischen oder von der technischen Anwendung eingegebene Rücksichten beschränkt oder modificirt. Am meisten tritt dies bei den höhern Gleichungen in der Vollständigkeit nach neuestem Standpunkt hervor. Andrerseits sind jedoch die Begründungen so ausführlich, die Theoreme so zerlegt und auf langsamen Fortschritt eingerichtet, dass dem Gebrauch auf Schulen, wofern sie eine so weite Ausdehnung beabsichtigen, nichts entgegensteht. Von der sonst klaren Darstellung macht eine Ausnahme das, was sich auf unendliche Grössen bezieht. In diesem Punkte vermisst man im ersten Theile die Erklärung, im zweiten auch die richtige Auffassung. So z. B. wird von ganzen Functionen gesagt, ihre Coefficienten seien einander gleich, wenn die Functionen für alle Werthe der Variabeln gleich „und endlich“ sind. Die Determinantenlehre zeigt gegenüber den meisten Bearbeitungen für Schulen zwei anerkennenswerthe Unterschiede: sie entspringt aus der Combinationslehre, die Theorie der simultanen Gleichungen ist ihr Resultat, und das der Determinantentheorie eigene Schlussverfahren wird zur Beachtung gebracht. Dagegen ist die Behandlung der simultanen Gleichungen auffallend dürftig: das Thema der Elimination und die Bedeutung einer Determinante null sind ganz vergessen. H.

J. Hüdel. Lehr- und Uebungsbuch für den Unterricht in der allgemeinen Arithmetik und Algebra. Pr. Eichstätt.

Zusammenstellung algebraischer Sätze und Beispiele ohne alle Eigenthümlichkeiten. Gr.

Riecke. Mathematische Unterhaltuugen. Heft III. Stuttgart. Aue.

Diese mathematischen Unterhaltungen bestehen aus einer Reihe von Aufgaben, die, ihrem Inhalte nach bunt durch einander geworfen, ihre Bearbeitung offenbar zufälligen Anregungen verdanken. Es sind ganz hübsche Aufgaben, deren Lösung denjenigen, dem sie gerade begegnen, vielleicht interessirt. Ob dies auch zum Druck derselben berechtigt, ist eine andere Frage. Neues enthalten sie nicht. Der erste Abschnitt des vorliegenden Heftes bringt Sachen aus der Arithmetik, wie eine Reflection darüber, ob das Jahrhundert mit dem 1ten Januar 1800 oder 1801 begonnen hat, die Theilbarkeit einer Zahl durch 7, Pythagoreische Zahlen etc. Der zweite Abschnitt, der Geometrie gewidmet, giebt theils recht einfache Aufgaben und Lehrsätze über das Dreieck, das Viereck, den Kreis, unter anderm das Pothenot'sche Problem. Der dritte Abschnitt enthält Aufgaben aus der Stereometrie, wie die Simpson'sche Regel etc. Die Aufgaben sind aber nicht etwa sachlich geordnet, sondern stehen bunt durcheinander. In Anmerkungen finden sich historische Notizen über einzelne Probleme. O.

J. Krejči. Grundzüge einer mathematischen Krystallographie. Casopis. II. 218-233. (Böhmisch).

Fortsetzung. (Siehe F. d. M. IV p. 261). W.

F. J. Studnička. Ueber continuirliche Verzinsung. Casopis. II. 85-86. (Böhmisch).

Denkt man sich das Jahr in α gleiche Theile getheilt, und werden nach jedem dieser Intervalle die Zinsen des Kapitals K_0, zu p Procent, zum Kapital geschlagen, so erwächst nach n Jahren ein Kapital

$$K_n = K_0 \left(1 + \frac{p}{100\alpha}\right)^{\alpha n}.$$

Die continuirliche Verzinsung erhält man für $\lim \alpha = \infty$, wodurch

$K_n = K_0 \, e^{\frac{np}{100}}$ sich ergiebt. W.

A. Erlecke. Bibliotheca Mathematica. Abth. I. u. II. Halle. Erlecke. 8°.

Das Buch will eine Bibliographie der deutschen Mathematik bis 1870 geben, erfüllt aber diesen Zweck in völlig ungenügender Weise. In Betreff der Mängel verweist Referent auf die Recension von M. Curtze, Schlömilch Z. XVIII. Litz. 1-4, der sich Referent in seinem Urtheil nur anschliessen kann. O.

G. Bellavitis. Terza e ultima parte della XI[ma] Rivista di Giornale. Duodecima Rivista di Giornale. Atti d. Ist. Ven. (4) II. 383-459. 1127-1152. 1197-1241.

Fortsetzung der früheren Arbeit, s. F. d. M. IV. p. 601.

Jg. (O.)

W. Shanks. On the extension of the numerical value of π. Proc. of London. XXI. 315-319.

Der Werth von $\tan^{-1}\frac{1}{5}$ und $\tan^{-1}\frac{1}{239}$ wird auf 709 Decimalen und der von π auf 707 Decimalen angegeben. Cly. (O.)

W. Shanks. On certain discrepancies in the published numerical values of π. Proc. of London. XXII. 45 46.

Es wird bemerkt, dass die 75ste Decimalstelle in dem Werthe von $\tan^{-1}\frac{1}{5}$ 8 statt 7 sein sollte, und der Werth von π ist neu auf 707 Decimalen angegeben. Cly. (O.)

H. Wace. On the calculation of logarithms. Rep. Brit. Ass. 1873.

Der Messenger, Oktober 1873, enthält einen Bericht über diese Methode. S. p. 611. Csy. (O.)

T. H. Jennant. Note on logarithmic tables. Monthl. Note. XXXIII. 563-565.

Ergänzende Bemerkungen zu denen in der obigen Arbeit (p. 44) von Glaisher über die Nothwendigkeit einer fortwährenden Ueberwachung der Publikation von mathematischen Tafeln. Herrn Jennant's Arbeit bezieht sich speciell auf Shortrede's Tafeln und enthält Bemerkungen und Vorschläge über Veränderungen im Arrangement, namentlich der trigonometrischen Tafeln.

Glr. (O.)

Hanlon. Suggestions towards the formation of an extended table of logarithms and the discussion thereon at Bradford. Messenger. (2 III. 100-106.

Im Herbst 1873 liess Herr Hanlon einen Plan circuliren, in welchem er vorschlug, die National- und andere von der Regierung inspicirten Schulen zu benutzen, um eine bis auf Million ausgedehnte Logarithmentafel zu berechnen. Sein Circular enthielt eine Darlegung der anzunehmenden Methode (die auf der Gleichung

$$\log(x+1) = \log x + \frac{M}{x+\frac{1}{2}}$$

basirte, welche annähernd richtig ist, wenn x sehr gross ist) und zugleich specielle Formen der Rechnung. Dieser Vorschlag wurde auf der Versammlung in Bradford von der British Association discutirt, und enthält die Arbeit einen vollständigen Bericht sowohl über Mr. Hanlon's Vorschlag, wie auch über die Bemerkungen der Herrn S. Smith, W. Merrifield, James Glaisher und J. W. L. Glaisher, die sämmtlich den Plan für unausführbar hielten; 1) weil die Schulen die Rechnungen nicht unternehmen würden; 2) wenn sie es wirklich thäten, die Rechnungen völlig unbrauchbar wegen ihrer Ungenauigkeit sein würden; und 3) wenn sie auch richtig gerechnet wären, würden sie nicht die Druckkosten werth sein. Glr. (O.)

Henry Wace. On the calculation of logarithms. Messenger. (2) III. 66-92.

Das Verfahren besteht darin, dass man eine Zahl allmählig durch fortgesetzte Multiplication einer Reihe von einfachen Factoren auf die Einheit zurückführt, und wird dies an einem Beispiele erläutert:

Man nehme die Zahl, welche Borda und Delambre benutzten, nämlich 543839 und bringe sie auf 12 Decimalstellen; theile sie durch 10^5 und 5, so wird die Zahl 1.087678. Das nächste ist nun, die bezeichnende Zahl in der zweiten Decimalstelle zu entfernen; desshalb ist die Zahl mit 1—.08 oder .92 zu multipliciren. Das ist also dasselbe, als wenn man von der Zahl, achtmal sie selbst, um zwei Stellen vorgerückt, abzieht. Dies vollzieht sich folgendermaassen:

1.0	87	67	80	0
	87	01	42	4
1.0	00	66	37	6

Durch diese Multiplication ist zugleich mit der zweiten die dritte bezeichnende Zahl verschwunden. Um die vierte zu zerstören, multiplicire man mit 1 — ·0006; mit anderen Worten, man subtrahire sechsmal die Zahl von sich selbst um vier Stellen vorgerückt. Zunächst würde man mit 1 — ·00006 und 1 — ·000003 multipliciren, was sich so darstellt:

1.000	6637	6000	0
	6003	9825	6
1.0000	63361	744	
	60003	802	
1.00000	335794	2	
	300001	0	
1.00000	035793	2	

Der nächste erforderliche Factor würde 1 — ·0000003 sein; aber es ist augenscheinlich, dass eine Multiplication mit diesem Factor die zwölfte Decimalstelle nicht alteriren würde und folglich die so erhaltenen letzten sechs bezeichnenden Zahlen ohne weitere Operation den verlangten Factor darstellen. Also ist

$$543839 \div 10^5 \div 5$$
$$\times \left(1-\frac{8}{10^2}\right)\left(1-\frac{6}{10^4}\right)\left(1-\frac{6}{10^5}\right)\left(1-\frac{3}{10^6}\right)\left(1-\frac{3}{10^7}\right)\left(1-\frac{5}{10^8}\right)$$
$$\left(1-\frac{7}{10^9}\right)\left(1-\frac{9}{10^{10}}\right)\times\left(1-\frac{3}{10^{10}}\right)\left(1-\frac{2}{10^{12}}\right) = 1,$$

so dass mit grösster Genauigkeit 543839 als Bruch ausgedrückt werden kann, dessen Zähler $10^5 \times 5$ und dessen Nenner $\left(1-\frac{8}{10^2}\right)\left(1-\frac{6}{10^4}\right)\cdots\left(1-\frac{2}{10^{12}}\right)$ ist.

Es folgt daher, dass, um den Logarithmus irgend einer Zahl zu berechnen, man nur die Logarithmen der Zahlen von 1 bis 11 und die der Factoren von der Form

$$1-\frac{x}{10},\quad 1-\frac{x}{10^2},\quad 1-\frac{x}{10^3}\ \text{etc.}$$

zu wissen braucht, wo x irgend eine einfache ganze Zahl ist. Mit andern Worten ist es nur nöthig, aus logarithmischen Reihen die Logarithmen der Zahlen zu berechnen, die in der folgenden Tafel enthalten sind, welch letztere die „constituirende Tafel“ genannt werden möge.

.9	.99	.999	.9999	
.8	.98	.998	.9998	
.7	.97	.997	.9997	
.6	.96	.996	.9996	
.5	.95	.995	.9995	etc.
.4	.94	.994	.9994	
.3	.93	.993	.9993	
.2	.92	.992	.9992	
.1	.91	.991	.9999	

Die Anzahl der zu berechnenden Columnen ist gleich der Anzahl der zu berechnenden Decimalstellen. Der Verfasser zeigt dann, wie diese constituirende Tafel leicht berechnet werden kann, und giebt zahlreiche und sorgfältig ausgearbeitete Antilogarithmen zu vielen Decimalstellen berechnet. Hierauf vergleicht er seine Methode mit ähnlichen, wie die von Weddle (dem er das Princip seiner Methode verdankt) 1845, und von P. Gray.

Der Arbeit folgen 10 Seiten voll constituirender Tafeln, welche die Logarithmen (die von Briggs und hyperbolische) von $\log (1 \pm \cdot l^n x)$ von $x = 1$ bis $x = 9$ und von $n = 0$ bis $n = 11$ bis auf 20 Decimalstellen bringen.

(Ein Auszug dieser Arbeit erscheint in den Rep. of Brit. Assoc. XLIII. (1873) 24-26). Glr. (O.)

S. M. Drach. Logarithmic and factor tables. Messenger (2) III. 6.

Der Verfasser meint, dass die Stellen von der sechsten bis zehnten Decimale incl. von Vega's Thesaurus (Leipzig 1794) einzeln als Beigabe zu den gewöhnlichen sieben-stelligen Logarithmentafeln herausgegeben werden müssten, und zeigt, dass die dreitheilige Theilung der Factoren im Vega, Borkhardt und anderen fortlaufend dargestellt werden kann. Glr. (O.)

J. W. L. Glaisher. Remarks on logarithmic and factor tables with special reference to Mr. Drach's suggestions. Messenger. (2) III. 7-12.

Bringt die Bedenken des Verfassers über die obigen Vorschläge des Herrn Drach. Ersterer berührt den Mangel an zehnstelligen Logarithmentafeln und glaubt, dass nichts Anderes, als ein Abdruck von Vlacq's Arithmetica (Gouda 1628) dem abhelfen würde; auch er hält die Anordnung in Borkhardt und Dase für geeigneter, als die von Herrn Drach in Vorschlag gebrachte. Der Rest der Arbeit beschäftigt sich mit der Anordnung von Factorentafeln und Tafeln im Allgemeinen, welche, wie der Verfasser meint, nicht für Dilettanten-Gebrauch, sondern für wissenschaftliche Zwecke bearbeitet sein sollten, da die Bequemlichkeit einer Person, die nur einzeln und selten die Tafeln benutzt, nicht maassgebend für deren Anordnung sein könne. Glr. (O.)

J. W. L. Glaisher. On logarithmic tables. Monthl. Not. XXXIII. 440-450.

Die Schrift ist ein Nachtrag zu Gauss „Einige Bemerkungen zu Vega's Thesaurus“ (Astronomische Nachrichten No. 756, 1851 oder Werke III 257-264), in dem die relativen Zahlen und Grössen der letztstelligen Fehler, welche in den Sinus-, Cosinus- und Tangenten-Colonnen von Vega's Thesaurus vorkommen, (Leipzig 1794 Folio), geprüft werden. Gauss fand, dass die Tangenten-Colonne unzweifelhaft erlangt worden ist durch Abziehen der Cosinus-Colonne von der Sinus-Colonne, aber er bemerkte auch, dass die Cosinus-Colonne genauer ist, als die Sinus-Colonne, ein Factum, dessen Erklärung er nicht finden konnte. Wenn man Vlacq's eigne Angabe über die Berechnung der Tafeln betrachtet, so ist klar, dass er zuerst die log cos fand, indem er sie einfach aus dem Logarithmus des Sinus der Winkel in der zweiten Hälfte des Quadranten in dem Opus Palatinum nahm, und die log sinus dann herleitete mit Hülfe der Formel:

$$\log \sin x = \log \cos (90^0 - 2x) - \log \cos x - \log 2$$

und die log tangens aus

$$\log \text{tang.}\, x = \log \sin x - \log \cos x,$$

so dass wir die sinus ungenauer erwarten müssen als die cosinus und die tangenten ungenauer als die sinus, wie es in der That der Fall ist. Der Verfasser prüft dann die Fehler in den letzten Stellen von Vlacq's Trigonometria Artificialis 1633 und in Vega's Thesaurus. Er kann jedoch nicht entscheiden, wie Vega Vlacq's Tafeln geprüft und wie er es möglich gemacht hat, eine Anzahl der Fehler herauszubringen.

Es wird bemerkt, dass wenn man eine Colonne einer Tafel durch Addition oder Subtraction zweier andern erhalten hat, die Resultate in der letzten Stelle corrigirt werden müssen ein Mal unter 4 Malen. Dies wird practisch gezeigt. Der übrige Theil der Arbeit beschäftigt sich mit einem Brief von Herrn Lewis (Ohio) an den Verfasser über Logarithmentafeln (und speciell mit Vlacq's Arithmetica von 1828) und mit des Verfassers Bemerkungen dazu. Auch bezieht sich die Arbeit auf Gernerth's Bemerkungen über ältere und neuere mathematische Tafeln (Zeitschr. f. d. österr. Gymn. Heft VI Wien 1863) und auf die Fehler der letzten Stelle im Allgemeinen. Glr. (O.)

L. Schrön. Tables de logarithmes à sept décimales pour les nombres de 1 jusqu' à 108000 et pour les lignes trigonométriques de 10 secondes en 10 secondes; et table d'interpolation pour le calcul des parties proportionnelles, précédées d'une introduction par J. Hoüel.
2 vol. 4⁰. Paris, Gauthier-Villars.

J. Hoüel. Tables de logarithmes à cinq décimales pour les nombres et les lignes trigonométriques, suivies des logarithmes d'addition et de soustraction ou de logarithmes de Gauss et de diverses tabelles usuelles.
Nouv. éd. 8⁰. Paris, Gauthier-Villars.

W. Ligowski. Sammlung fünfstelliger logarithmischer, trigonometrischer, nautischer und astronomischer Tafeln nebst Erklärungen und Formeln der Astronomie mit besonderer Rücksicht auf die Nautik. Kiel. Toeche.

Das Buch enthält 52 verschiedene Tafeln über die im Titel angeführten Gegenstände. Sie sind recht übersichtlich und klar geordnet, und die in der Einleitung gegebene Erläuterung zum Gebrauch der Tafeln ist klar und verständlich geschrieben. Ueber den ersten und zweiten Anhang ist bereits im vorigen Bande d. J. p. 607 berichtet worden. O.

C. Bremiker. Logarithmisch-trigonometrische Tafeln mit sechs Decimalstellen. 3. Aufl. Lief. 1. Berlin. Nicolai.

Das Buch hat dieselbe gute und übersichtliche Anordnung, wie die bekannten siebenstelligen Tafeln von Vega. Die erste Lieferung enthält die Logarithmen der Zahlen von 1 — 100000. Die Einleitung ist klar. O.

J. C. V. Hoffmann. Zur mathematischen Orthographie. Hoffmann Z. IV. 412-415.

In einer Zusammenstellung der Aufgaben der einfachen Zinsrechnung wird auf die Stellung der Factoren und Divisoren zur Erleichterung des Kopfrechnens Gewicht gelegt. H.

A. Sickenberger. Mathematische Orthographie. Hoffmann Z. IV. 379-391.

Der erste Abschnitt stellt die Regeln über die Schreibung der Operationen und ihrer Reihenfolge in den Grenzen der Elementarmathematik, der zweite über deren Aussprache, der dritte über Kalligraphie und Druck, umfassend, wohlgeordnet und motivirt, zusammen. Jedem Abschnitt ist ein oberster Grundsatz an die Spitze gestellt. H.

J. Losták. Ueber die Bezeichnung der metrischen Maasse und Gewichte. Časopis. II. 91-93. (Böhmisch).

Da vom 1ten Januar 1876 in Oesterreich das metrische Maass und Gewicht officiell eingeführt wird, so schlägt der Verfasser die bekannten abgekürzten Bezeichnungen m. l. a. s. g. für Meter, Liter, are, ster, gramm; ferner D. H. K. M. für Deka, Hekto, Kilo, Myria; und schliesslich d. c. m. für deci, centi, milli vor.

W.

A. de Morgan. A budget of paradoxes. London. Longmans, Green & Co. 1872.

Ein zusammenfassender Wiederabdruck einer Reihe von fortlaufenden Aufsätzen im Londoner Athenaeum, nach dem Tode des Verfassers von dessen Wittwe mit Zusätzen des Verfassers herausgegeben. Das Buch (512 S. gr. 8°) hat sich zur Aufgabe gestellt, allen mathematisch-physikalisch-astronomischen Unsinn, der seit Erfindung der Buchdruckerkunst gedruckt ist, an uns vorbeizuführen. Man kann diese Verirrungen des menschlichen Geistes recht wohl nach der Uebersicht eintheilen, welche der Index annimmt. Derselbe unterscheidet durch bestimmte Buchstaben neben jedem Namen, ob der betreffende Autor ist 1. ein Anticopernikaner; 2. ein Alchymist; 3. ein Antinewtonianer; 4. ein Astrolog; 5. ein Kreisquadrirer; 6. ein Mystiker (besonders in Bezug auf die apokalyptische Zahl 666); endlich 7. ein Winkeltrisecirer. Man findet in dem Werke Nachrichten über eine grosse Zahl höchst seltener Bücher, die man in wissenschaftlicher Hinsicht jedoch wohl nicht immer so niedrig stellen darf, als es durch Aufnahme derselben in die Liste des Budget of Paradoxes scheinen möchte. Ein jedoch lange nicht vollständiges Verzeichniss der in ihm erwähnten Bücher findet man im 6ten Bande des Bullettino Boncompagni. Höchst amüsant ist die Mittheilung über die Bestrebungen, welche sich einer Einführung von decimal getheiltem Geld, Maass und Gewicht in England entgegenstellten. Man sollte nicht glauben, dass hervorragende Parlamentsmitglieder solche bodenlose Paradoxe von der Tribüne des Parlaments erschallen lassen konnten.

Ce.

BENDER. Neuer Beweis, dass 7 = 13. Hoffmann Z. IV. 356-357.

Verfehlte Correction einer fingirten falschen Rechnung. Der Fehler liegt nicht, wie der Verfasser meint, in der Vernachlässigung eines Terms = 0, sondern in der Division der Gleichung ohne gleichzeitige Notirung der weggeschafften Wurzel, abgesehen von der falschen Anwendung einer willkürlichen Gleichung zum Beweise. H.

O. LEHMANN. Revolution der Zahlen, die Seh in Schrift und Sprache. Leipzig 1869 nebst zwei Beiblättern 1870 und 1872.

O. LEHMANN. Logarithmen, gewöhnliche und trigonometrische, für die Grundzahl Seh. Leipzig. Weber.

Der Verfasser plaidirt dafür, das jetzt gebräuchliche dekadische Zahlensystem aufzugeben und dafür ein anderes einzuführen, das die 6, Seh nach seiner Bezeichnung, zur Grundzahl hat. Die citirten Schriften haben den Zweck, die grössere Einfachheit dieses Systems, für das er auch neue Ziffern eingeführt hat, zu zeigen. Der Verfasser hat sogar eine Logarithmentafel in diesem System auf 6 Stellen berechnet, die gedruckt vorliegt.

O.

Namenregister.

Seite

Abria. Double réfraction 544
Affolter, F. G. 1) Proprietà dei triangoli polari di un circolo . . 289
2) Lehrsätze und Constructionen der neueren Geometrie 303
3) Zur Theorie der Conchoide 365
Albrecht, Th. Brief an den Herausgeber der Astr. Nachr. 577
Allégret. Sur la représentation des transcendantes par des arcs de courbes 352
Amberg. Die verschiedenen Numerationssysteme 43
Amigues, E. Relation entre les volumes correspondants de deux figures homographiques 419
André, D. 1) Théorème d'arithmologie 99
2) Théorèmes sur les combinaisons 118
Andréieffski, A. Sur les méthodes de Chasles 309
Anonymus. Ist Oersted oder Schweigger der Entdecker des Electro-Magnetismus? 29
Aoust. Théorie des coordonnées curvilignes quelconques 335
Armenante, A. Sulle curve gobbe razionali del quarto ordine . . 411
Armenante, F. Soluzione di quistioni 290
Arzelà, C. Sviluppo di n funzioni algebriche definite da altrettante equazione a coefficienti determinati 107
Aschenborn, M. Lehrbuch der Geometrie 286
Aschieri, F. Sui sistemi di rette nello spazio 414
Ascoli, G. 1) Ueber trigonometrische Reihen 140
2) Sulla serie di Fourier 145. 230
August, F. Bemerkung zu Eggers: Zur Involution 319
Avenarius, M. Zur Theorie der Thermoströme 574
Avout, d'. Recherche d'une méthode pour mesurer la capacité des navires 154
Azzarelli, M. 1) Nuove ricerche relative al teorema del conte di Fagnano 256. 395
2) Problemi geometrici proposti dal Kramp 289
3) Sui lati dei triangoli rettangoli primitivi 289
4) Determinazione del centro di gravità del triangolo sferico . . . 458
5) Centro di pressione in una superficie qualunque 460
6) Soluzione di alcuni problemi d'idrostatica 461

Bach, C. Das Sagebien-Rad 501
Bachmaninon. Les éléments de la dynamique théorétique 472
Bachmann, P. Ueber quadratische Formen 84
Bäcklund, A. V. Ett bidrag till Kul. komplexernas theori . . . 418

Seite

Baehr, G. F. W. Sur l'équation de continuité du mouvement des fluides 488
Ball, R. S. 1) On the coordinates of a screw 410
2) Geometrical solution of a problem 482
3) Solution of a problem 482
4) On the dynamic of a rigid body 482
Batschinsky, W. Theorie der arithmetischen Reihen 135
Battaglini, G. 1) Sulla teorica dei momenti d'inerzia 479
2) Sul movimento di un sistema di forma invariabile 479
Bauer, G. Ueber einige Determinanten von geometrischer Bedeutung 92
Beaumont, E. de. Éloge de Plana 36
Beck, A. Fundamentaleigenschaften der Linsensysteme 548
Becker, J. C. Ein Brief an Herrn Hoffmann 55
Becker, K. Zur Lehre von den Polyedern 285
Bellavitis, G. 1) Considerazioni sulla geometria pura 287
2) Méthode des équipollences 339
3) Rivista di giornale 610
Beltrami, E. Sulle funzioni bilineari 85
Benazé, O. Duhil de. Mouvement d'un navire 460
Bender. Neuer Beweis, dass $7 = 13$ 618
Berger, A. Om periodiska funktioner 240
Bert. On the moon's librations 602
Bertelli, P. T. Appunti storici intorno alle ricerche sui piccoli e spontanei moti dei pendoli 48
Bertrand, J. 1) Sur la découverte de la variation par Aboul-Wefâ 8
2) Mouvement d'un point attiré vers un centre fixe 470
3) Action mutuelle des courants voltaïques 563
4) La loi de Helmholtz 563
Besant, W. 1) Mathematical notes 289
2) To find the pressure at any instant produced by a heavy chain falling on a horizontal plane 458
3) On metacentre 460
4) On the isochronism of a cycloid 477
Besge. Sur une équation différentielle 189
Bessell, F. Ueber die Entwickelung der höheren Differentiale zusammengesetzter Functionen 150
Bezold, W. v. Das Gesetz der Farbenmischung 554
Biadego, G. Intorno a dieci lettere inedite di Lagrange 24
Biehringer. Ueber Curven auf Rotationsflächen 411
Bielmayr, J. Lehrbuch der Arithmetik 607
Bjerkness, C. A. 1) Geschichtliche Notizen über das Dirichlet'sche Kugel-Problem 52. 491
2) Verallgemeinerung des Problems von dem ruhenden Ellipsoid in einer bewegten Flüssigkeit 491
3) Verallgemeinerung des Problems von den Bewegungen, welche in einer ruhenden Flüssigkeit ein Ellipsoid hervorbringt 491
Billbergh, T. C. Om spetskonturer 235
Björling, C. F. E. Sur quelques relations entre les coefficients d'un polynome 78
Blažek, G. Ueber die Differentialgleichungen der Umhüllungsflächen 379
Bobylew, D. 1) Ueber die Gleichungen der Hydrodynamik 490
2) Sur la dispersion de l'électricité dans les gaz 573
Bohn, C. Das Gesichtsfeld des Galilei'schen Fernrohrs 550
Bois-Reymond, P. du. 1) Neue Theorie der Convergenz von Reihen mit positiven Gliedern 128
2) Ueber die Fourier'schen Reihen 145

Seite

Boncompagni, B. 1) Giunte e correzioni all' un scritto sopra Tolomeo 5
2) Giunte e correzioni all' un scritto 7
3) Intorno ad un passo della geometria di Boezio 7
4) Intorno ad alcune note di Galilei ad un opera di Morin . . . 23
5) Intorno a nove lettere di Lagrange 28
6) Giunte e correzioni alla memoria di Biadego 28
Bonolis, A. 1) Sulle funzioni simmetriche semplice delle radici d'un equazione 78
2) Risoluzione di $2n$ equazioni con $2n$ incognite 83
3) Ricerca de' valori di una formole 138
Borchardt, C. W. 1) Sur l'ellipsoïde de volume minimum 393
2) Ueber die Elasticität fester isotroper Körper 516
3) Ueber Deformationen elastischer isotroper Körper durch mechanische an ihre Oberfläche wirkende Kräfte 519
4) Transformation der Elasticitätsgleichungen in allgemeine orthogonale Coordinaten 521
Bouquet et Briot. Théorie des fonctions elliptiques 253
Bour, E. Cours de mécanique et machines 431
Bourget, J. 1) Théorie des expériences de Piraud 535
2) Le développement algébrique de la fonction perturbatrice . . . 602
Boussinesq, J. 1) Addition à un mémoire (F. d. M. IV p. 493) . . 499
2) Sur la théorie des tourbillons liquides 502
3) Sur les principes de la mécanique 505
4) Sur l'équilibre d'élasticité des masses pulvérulentes 525
5) Intégral de l'équation aux dérivées partielles 526
6) Sur les principes de la théorie des ondes lumineuses 537
7) Sur le calcul de certains phénomènes lumineux 539
Brandely, G. B. Sur deux articles du Bulletin 7
Brasseur, J. 1) Exposition nouvelle des principes du calcul différentiel 147
2) Double perspective 299
Bredichin, Th. Zum Artikel des H. Lubimoff 550
Bremiker, C. Logarithmentafel 616
Breton, P. Question des porismes 47
Breton de Champ. Traité de nivellement 598
Brettes, M. de. Sur la pénétration des projectiles oblongs . . . 476
Brill, A. 1) Entsprechen von Punktsystemen auf einer Curve . . . 305
2) Ueber die Doppeltangenten einer Curve 4ter Ordnung mit einem Doppelpunkt 348
3) Ueber die algebraischen Functionen und ihre Anwendbarkeit in der Geometrie 348
Briot et Bouquet. Théorie des fonctions elliptiques 253
Brocard, H. Solution d'une question 386
Brohm, R. Nicolaus Copernicus 16
Bruno, F. de. Sur les fonctions symmétriques 86
Bruno, G. 1) Un teorema sui punti communi a una circonferenza . 360
2) Sui tangenti ad un ellisso 361
Burmester, L. Construction der Parallelprojection der Schraubenfläche und des Schattens derselben 302
Bushell, W. D. Notes on coterminate angles 296
Butz, W. Ueber Fasbender: Die Kopernikanischen Sehnen- und Dreiecksberechnungen 20

Calendrier de Cordoue de l'année 961 9
Callandreau, O. Solution d'une question 101
Cantor, M. 1) Recension zu Friedlein's Geschichte der Mathematik 1

Seite
Cantor, M. 2) Euclide e il suo secolo 3
3) Recension von Copernici de revolutionibus etc. 22
4) Blaise Pascal 23
5) Recension von Biadego: Dieci lettere di Lagrange 28
Caporali, E. Soluzione di una quistione 363
Caron, J. Sur la détermination des asymptotes dans les intersections des surfaces du 2nd degré 394
Carstaedt. Abnahme der Lichtstärke mit dem Quadrate der Entfernung 555
Caspari. Zur Biographie Bürmann's 32
Cassani, P. Intorno alle ipotesi fondamentali della geometria . . 273
Catalan, E. 1) Sur l'intégration des différentielles rationnelles . . 151
2) Sur la constante d'Euler 159
3) Rapport sur divers mémoires de M. Gilbert 163. 169. 231
4) Sur quelques produits indéfinis 241
Cayley, A. 1) Smith's prize dissertations 90. 124. 374. 432
2) Note on the maxima of certain factorial functions 151
3) On a differential formula 191
4) On Wronski's theorem 240
5) On a quartic transformation of an elliptic function 255
6) On elliptic-transcendant identity 255
7) Problem 300
8) Plan of a curve-tracing apparatus 300
9) On the (2,2) correspondence of two variables 347
10) On residuation in regard to a cubic curve 350
11) On bicursal curves 354
12) On curvature and orthogonal surfaces 374
13) On geodesic lines 392
14) Problem and hypothetical theorems in regard to two quadric surfaces 393
15) On Wiener's model of a cubic surface with 27 real lines . . . 395
16) Theorem in regard to the Hessian of a quaternary function . . 408
17) On a correspondence of points 408
18) On the centro-surface of an ellipsoid 409
19) Note on certain theorems of Dr. Lipschitz's 441
Challis, S. On integrating differential equations by factors 171
Chasles, M. 1) Sur la découverte de la variation par Aboul-Wefâ . 8
2) Détermination du nombre de points d'intersection de deux courbes 325
Chaudrikoff. Schreiben an den Herausgeber der Astr. Nachr. . . 599
Chelini, D. Interpretazione geometrica di formole essenziali alle scienze dell' estensione 47
Clausius, R. 1) Characteristische Grössen bei Centralbewegungen 465
2) Ein neuer mechanischer Satz 466. 580
Clebsch, A. 1) Commemorazione di Plücker 29
2) Zum Andenken an Clebsch 29
3) Ueber cubische ternäre Formen 96
4) Zur Theorie der Riemann'schen Flächen 227. 285
5) Zur Theorie der Characteristiken 324
6) Ueber ein neues Grundgebilde der analytischen Geometrie der Ebene 419
Clifford, W. K. 1) Preliminary sketch of biquaternions 280
2) On Mr. Spottiswoode's contact problems 378
Cockle, J. 1) Exercises in the integral calculus 190
2) On singular solutions 191
Collet. Sur les conditions d'intégrabilité des équations aux dérivées partielles 210
Combescure, C. de. Éléments de géométrie 287

Seite
Copernicus-Album 13
Copernicus, N. De revolutionibus orbium coelestium libri IV. . . 21
Coquilhat. Trajectoires des fusées volantes dans le vide 475
Cremona, L. Geometria projettiva 299
Croullebois. Études des interférences des rayons elliptiques . . 544
Cubr, E. Beitrag zur Theorie der Spiegelmessinstrumente 553
Curie, J. 1) Sur le désaccord entre l'ancienne théorie de la poussée des terres et l'expérience 459
2) Nouvelles expériences relatives à la théorie de la poussée des terres 459
Curtze, M. 1) Ueber eine neue Copernicushandschrift 20
2) J. A. Grunert 34

Darboux, G. 1) Sur la résolution de l'équation du 4ème ordre . . 80
2) Sur l'intégration d'une équation 191
3) Sur les solutions singulières des équations 192
4) Sur l'équation du 3ème ordre, dont dépend le problème des surfaces orthogonales 213. 374
5) Sur le problème des surfaces orthogonales 213
6) Sur les lignes asymptotiques de la surface de Steiner . . 323. 423
7) Sur une classe remarquable de courbes et de surfaces algébriques 323. 371. 399
Decharme, C. Du mouvement ascendant spontané des liquides dans des tubes capillaires 531
Delègue. Nouvelle démonstration du parallélogramme des forces . 455
Demartres. Solution d'une question 294
Desmons, L. Solution de questions 367
Dewulf, E. Sur les transformations géométriques des figures planes 425
Dickstein, S. 1) Ueber Kennzeichen der Theilbarkeit 98
2) Ueber Winkelmessung 288
Didion. Mouvement d'un segment sphérique sur un plan incliné . . 483
Didon, F. 1) Sur une formule de calcul intégral 152
2) Sur l'attraction 503
Diekmann, J. Zur Theorie der Gleichungen zweiten Grades . . . 78
Dieu, Th. 1) Mouvement d'un point sur une ligne fixe en égard au frottement 468
2) Mouvement d'un point dans un fluide homogène 469
Dillner, G. Traité de calcul géométrique supérieur 219
Dini, U. Sulla integrazione della equazione $\Delta_u^2 = 0$ 227
Ditscheiner, L. Ueber das Intensitätsverhältniss polarisirter Strahlen 542
Dittmar. Zur Theorie der Reste 100
Dötsch, G. Ueber die hyperbolischen Functionen 246
Dostor, G. 1) Rayon de la sphère circonscrite au tétraèdre en fonction des arètes 386
2) Calcul du rayon de la sphère inscrite dans le tétraèdre 287
3) Théorie générale des surfaces de révolution du second degré . 390
Doucet, P. 1) Solution de questions 357. 412
2) Correspondance 362
Drach, S. M. 1) An easy general rule for filling up all magic squares 105
2) Relations between the angles of regular bodies 299
3) Logarithmic and factor tables 613
Dubois, E. Sur l'influence de la réfraction atmosphérique relative à l'instant du contact dans un passage de Vénus 601
Dühring, E. Kritische Geschichte der allgemeinen Principien der Mechanik 59
Duhil de Benazé, O. Sur le mouvement complet du navire oscillant sur eau calme 460

Seite
Durège, H. 1) Theorie der Functionen einer complexen veränderlichen Grösse 217
2) Ueber die Formen der Curven dritter Ordnung 315
Durrande, H. 1) Sur le déplacement d'une figure de forme variable 418
2) Note sur l'application des déterminants à la théorie des moments des forces 455
Dvořák, V. 1) Theorie der Talbot'schen Streifen 545
2) Die Schallgeschwindigkeit in Gasgemengen 590

Eckardt, F. E. 1) Ueber die Normalen einer Ellipse 360
2) Ueber die Epicycloide und Hypocycloide 372
Edlund, E. 1) Natur der Electricität 564
2) Beschaffenheit des galvanischen Leitungswiderstandes 564
3) Chemische Wirkung des galvanischen Stromes 564
Eggers, H. Zur Involution 319
Ellis, A. J. On the algebraical analogues of logical relations . . . 55
Emsmann, H. 1) Mathematische Excursionen 288
2) Ein Spectroscop 551
Enneper, A. 1) Ueber die biquadratische Gleichung 81
2) Ueber bestimmte Integrale 160. 161
3) Zur allgemeinen Theorie der Flächen 372
4) Ueber die orthogonalen Flächen 372
5) Bemerkungen über die Enveloppe einer Kugelfläche 409
6) Bemerkungen über geodätische Linien 410
Erlecke, A. Bibliotheca mathematica 609
Erler. Kleinigkeiten 288
Ermakof, V. Intégration des équations linéaires aux différences partielles 212
Everett. On the optics of mirage 552

Fabian. Kleinste prismatische Ablenkung 551
Falisse, W. Cours de géométrie analytique 340
Fasbender, E. Copernicus 18
Faton Premiers éléments d'arithmétique 607
Favaro, A. 1) Beiträge zur Geschichte der Planimeter 52. 598
2) La statica grafica nell' insegnamento tecnico superiore 455
Fearnley, C. Ch. Hansteen 37
Febbraio XIX. MDCCCLXXIII. Commemorazione di N. Copernico 18
Fiedler, W. (Salmon). Analytische Geometrie des Raumes 341
Finger, J. 1) Deduction der Begriffe der Grundoperationen aus dem Grössenbegriff 54
2) Allgemeine Bewegungsform starrer Körper 479
Fischer, F. W. Ueber Gleichungen, welche auf reciproke Gleichungen zurückgeführt werden können 79
Flammarion, C. Vie de Copernic 15
Folie, E. 1) Sur la divisibilité des nombres 99
2) Rapport sur un mémoire de M. Mansion 210
3) Sur l'extension des théorèmes de Pascal et Brianchon 388
4) Sur quelques théorèmes de géometrie supérieure 388
Folie, F. Du commencement de la fin du monde d'après la théorie mécanique de la chaleur 591
Frahm, W. 1) Habilitationsschrift 273. 337
2) Ueber die Erzeugung der Curven 3ter Klasse und 4ter Ordnung 367
Franz, J. Ueber Krümmungsradien und Krümmungscurven einer in homogenen Ebenencoordinaten gegebenen Fläche 376
Freeman, A. Six thermodynamic relations 590
Frenet, F. 1) Recueil d' exercices sur le calcul infinitésimal . . . 150

Seite
Frenet, F. 2) Sur la fonction Θ de Jacobi 257
Fresenius, F. C. Der mathematische Punkt 56
Freye, G. Geometrische Darstellung der imaginären Gebilde . . . 273
Friedlein, G. 1) Beiträge zur Geschichte der Mathematik III. . . 1
2) De Hypsicle 4
Frobenius, G. 1) Ueber den Begriff der Irreductibilität in der Theorie der linearen Differentialgleichungen 176
2) Ueber die Vertauschung von Argument und Parameter in den Integralen der linearen Differentialgleichungen 179
3) Ueber die Integration der linearen Differentialgleichungen durch Reihen 180
Frost, P. Mean potential over a spherical surface 502
Fuchs, L. 1) Ueber Relationen für die zwischen je zwei singulären Punkten erstreckten Integrale linearer Differentialgleichungen . 172
2) Ueber die Darstellung der Functionen complexer Variabeln 173. 235

Gallois. Solution d'une question 389
Gambardella, F. Sui coefficienti delle facoltà analitiche 247
Gambéra, P. Galileo Galilei 22
Gambey. Solution de questions 362. 363. 368. 395
Gauss, Th. Elementar-Mathematik 287
Gebhardt, A. Auflösung dreigliedriger algebraischer Gleichungen durch Reihen 83
Geelmuyden, H. Om de reelle Rödder i den trinomiske ligning af n^{te} Grad 79
Geer, P. van. Geradlinige Bewegung eines Punktes 468
Gegenbauer, L. 1) Bestimmte Integrale 158
2) Beiträge zur Theorie der linearen Differentialgleichungen . . . 185
3) Studien über lineare Differentialgleichungen zweiter Ordnung . 185
4) Ueber hypergeometrische Reihen 186
5) Ueber die Function X_n^m 263
Geisenheimer, L. 1) Ueber Strahlensysteme, welche die Tangentenschaar einer Fläche bilden 417
2) Die Singularitäten der Liniencomplexe 417
Genese, R. W. Geometrical notes 370
Genocchi, A. 1) Riposta al Menabrea 28
2) Observations sur la note de M. Ménabréa 131
3) Sur quelques développements de la fonction log $\Gamma(x)$ 167
4) Richiamo a favore di Felice Chiò 225
5) Lettre à M. Quetelet 278
Genty. Solution d'une question 358
Gibbs, J. W. 1) Graphical methods in the thermodynamics of fluids 585
2) Representation of the thermodynamic properties of substances by means of surfaces 585
Gilbert, Ph. 1) Rapport sur un mémoire de M. de Tilly 167
2) Recherches sur le développement de la fonction Γ 163
3) Observations sur deux notes de M. Genocchi 167
4) Sur l'existence de la dérivée dans les fonctions continues . . . 231
5) Sur une objection de M. Catalan 231
6) Rectification 231
7) Sur diverses communications adressées à l'académie par M. Saltel 423
Gilles. 1) Zurückführung des Beharrungsvermögens auf die Newton'sche Anziehungskraft 71. 465
2) Zurückführung der abstossenden Naturkräfte auf die Newton'sche Anziehungskraft 71. 465

Seite

Gilles. 3) Zurückführung der Cohäsionskraft auf die Newton'sche Anziehungskraft 511

Glaisher, J. W L. 1) On the progress to accuracy of logarithmic tables 44
2) On the quadrature of the circle 46
3) Mathematical notes 102
4) Arithmetical irrationality 116
5) On a question in probabilities 120
6) On the probability of errors 120
7) On the rejection of discordant observations 121
8) Geometrical proof that $1^3+2^3+3^3 \ldots + n^3 = (1+2+3 \ldots + n)^2$ 136
9) On certain series for π 136
10) On the deduction of series from infinite products 142
11) On certain series 143
12) Values of certain infinite products 143
13) Arithmetical identities 143
14) On a property of Bernoulli's numbers 144
15) Tables of the first 250 Bernoulli's numbers 144
16) On the evaluation of a class of definite integrals 161. 266
17) On the calculation of the theoretical unit-angle 294
18) Theorem in trigonometry 295
19) Remarks to tables of Drach 614
20) Table of logarithms 614

Glaseuer. Rapport sur un mémoire de M. Pérard 577

Gordan, P. 1) Auflösung linearer Gleichungen mit reellen Coefficienten 95
2) Ueber cubische ternäre Formen 96

Gournerie, de la. Sur le nombre de points d'intersection 326

Graindorge, J. 1) Sur la sommation de quelques séries 139
2) Sur quelques intégrales définies 161
3) Sur l'intégration des équations aux dérivées partielles 210
4) Problème de mécanique 472

Gram. Forsóg paa en elementar Udvikling af Invariantentheoriens Grundsaetninger 94

Grashof, F. Theoretische Maschinenlehre 432

Gray, P. On Mr. A. Smith's experimental determination of π . . . 295

Grelle, F. Theorie der von reellen Variabeln abhängigen Functionen 222

Grinwis, C. H. C. Over de Theorie de Resonatoren 534

Gripon, E. Sur les vibrations transversales des fils 528

Grouard. 1) Sur les figures semblables 309. 453
2) Sur le mouvement d'une figure 453

Grühl, E. Lehrbuch der analytischen Geometrie 340

Grünfeld, H. P. H. Lehrbuch der Arithmetik 607

Günther, S. 1) Lo sviluppo storico della teoria dei poligoni stellati 5
2) Ueber die Vorgeschichte des Foucault'schen Pendelversuchs . . 48
3) Ueber die Geschichte der Pendeluhr vor Huyghens 51
4) Ueber einige Determinantensätze 91
5) Beiträge zur Theorie der Kettenbrüche 111
6) Darstellung der Näherungswerthe von Kettenbrüchen in independenter Form 112
7) Mathematische Betrachtungen über eine Stelle bei Plinius . . 364
8) Ueber einige Probleme der höheren Geometrie 371

Gundelfinger, S. 1) Auflösung eines Systems von Gleichungen, worunter zwei quadratisch und die übrigen linear 82
2) Ein Satz der Determinantentheorie 90
3) Erweiterte Fassung eines von Clebsch aufgestellten Uebertragungsprincipes 94

Seite
Haan, D. B. de. 1) Sur les tables logarithmiques hollandaises . . 43
2) On Ludolf van Ceulen's 35 decimal value of π 45
3) Sur quelques intégrales définies 162
4) Sur la quadrature par approximation 170
Hain, E. 1) Die Theiler einer Zahl 98
2) Sätze über das Dreieck 289
Halphén, G. Sur les caractéristiques 332
Hamburger, M. Ueber die Form der Integrale der linearen Differentialgleichungen mit veränderlichen Coefficienten 173
Hanlon. On the formation of an extended table of logarithms . . 611
Hansemann, G. Einfluss der Anziehung auf die Temperatur der Weltkörper 588
Harley, R. 1) On the theory of differential resolvents 76
2) On Evan's method of solving cubic and other trinomial equations 79
Hattendorff, K. 1) Bemerkungen zum Sturm'schen Satze 73
2) Einleitung in die Determinantenlehre 90
Haughton, S. Principles of animal mechanics 485
Hayward, R. B. On the extension of the term „area" 339
Heger, R. Das harmonische Hexaeder und das harmonische Octaeder 338
Heine, E. Das Potential eines homogenen Kreises 502
Helmert, F. R. 1) Bestimmung des mittleren Fehlers bei Längenmessungen 126
2) Die Ausgleichungsrechnung 593
3) Zur Theorie des geometrischen Nivellirens 595
4) Recension zu Klinkerfues, Theoretische Astronomie 599
Helmholtz, H. 1) Ueber geometrisch ähnliche Bewegungen flüssiger Körper 488
2) Grenze der Leistungsfähigkeit der Mikroskope 547
Hermite, Ch. 1) Sur l'irrationalité de la base des logarithmes hyperboliques 136
2) Extrait d'une lettre adressée à M. Borchardt 137
3) Cours d'analyse 148
4) Sur une équation transcendante 245
5) Sur la fonction exponentielle 248
6) Extrait d'une lettre 252
7) On an application of the theory of unicursal curves 351
Hervert, J. Die electromotorische Kraft 574
Herwig, H. Zu Edlund's Natur der Electricität 567
Hesse, O. Ciclo di equazioni fra determinanti 90
Heym, C. Geschichte des mathematischen Unterrichtes 43
Hicks, W. M. Properties of quadric surfaces 389
Hierholzer, C. Ueber die Möglichkeit einen Linienzug ohne Wiederholung und Unterbrechung zu umfahren 286
Hill, G. W. On the inequality of long period in the longitude of Saturn 600
Hinrichs, G. 1) Sur la rotation moléculaire des gaz 584
2) Sur le calcul des moments d'inertie des molécules 584
Hipler, F. 1) Die Biographen des Nikolaus Kopernikus 11
2) Spicilegium Copernicanum 18
Hirn, G. A. 1) Sur la variabilité de la loi apparente de Dulong et Petit 589
2) Conditions d'équilibre et nature probable des anneaux de Saturne 602
Hochheim, A. 1) Ueber figurirte Zahlen 135
2) Die windschiefe Fläche $z = My^2x$ 408
Hoefer, F. Histoire de l'astronomie 39
Hoffmann, J. C. V. 1) Die Psychologie als Leitstern in der Didaktik und Methodik der Mathematik 56

Seite
Hoffmann, J. C. V. 2) Zum Theilbarkeitsmerkmal der 8 98
3) Resultate der Nicht-Euclidischen Geometrie 278
4) Ueber geometrische Grundbegriffe 283
5) Gegenbemerkungen zu einem Aufsatze des Herrn Kober . . . 284
6) Zur mathematischen Orthographie 616
Hofmann, G. Ueber eine im Plutarch erwähnte Sonnenfinsterniss 3
Holmes, J. Theorem in trigonometry 295
Holst, C. Nécrologie 36
Holzmüller, G. Beiträge zur Theorie der isogonalen Verwandtschaften 429
Hoppe, R. 1) Theorie der unendlichen Grössen 58
2) Beweis für das Crofton'sche Theorem 154
3) Anwendung des Euler'schen Satzes von den Polyedern 298
4) Cinematische Grundlage der Curventheorie 345
5) Zum Problem des dreifach orthogonalen Flächensystems . . . 373
Horner, J. On W. G. Horner's method of factorials 139
Houël, J. Table de logarithmes 615
Hoza, F. 1) Kleinere mathematische Mittheilungen 310
2) Construction der Intensitätslinien bei centraler Beleuchtung . . 555
Hüdel, J. Lehrbuch der Arithmetik und Algebra 608
Hullmann, K. Der Foucault'sche Pendelversuch 477

Jacquier. De l'esprit des mathématiques supérieures 54
Jamet, V. Solution d'une question 357
Jamin, J. Sur la théorie de l'aimant normale 575
Janni, G. 1) Teoriea delle sostituzione 87
2) Sul prodotto di due matrici 92
Jeffery, H. M. On the duals of geodesics and lines of curvature 392
Jenkins, M. 1) The ambiguous case in spherical trigonometry . . 297
2) On the deviation of a refracted ray 553
Jennant, F. H. On logarithmic tables 610
Imschenetzky, V. G. 1) Sur l'intégration des équations aux dérivées partielles 211
2) Sur un rapport anharmonique 319
Johnson, W. W. On demonstrations of Taylor's theorem 134
Jordan, C. 1) Sur les polynômes bilinéaires 85
2) Sur les substitutions 87
Jordan, W. 1) Verallgemeinerung der Methode der kleinsten Quadrate 126
2) Berechnung des mittleren Fehlers einer Basismessung 126
3) Lehrbuch der practischen Geometrie 593
Isé, E. Sul grado della risultante 92
Juel, C. Om Fodpunktcurver 370
Jürgens, E. Zur Theorie der linearen Differentialgleichungen mit veränderlichen Coefficienten 183

Karlinski. Copernicus 16
Ketteler, E. Einfluss der astronomischen Bewegungen auf die optischen Erscheinungen 540
Kiepert, L. 1) Siebzehntheilung des Lemniscatenumfanges 258
2) Ganzzahlige Multiplication der elliptischen Functionen 259
3) Auflösung der Transformationsgleichungen und Division der elliptischen Functionen 260
Klein, F. 1) Ueber den allgemeinen Functionsbegriff 226
2) Ueber die sogenannte Nicht-Euclidische Geometrie 271
3) Flächen dritter Ordnung 320
4) Uebertragung des Pascal'schen Satzes auf Raumgeometrie . 356. 388
5) Ueber die Plücker'sche Complexfläche 417

Seite
Knorre, V. Entwickelung einer Correctionsformel 599
Kobell, E. 1) A. Clebsch 31
2) W. Eisenlohr 33
3) M. Ohm 34
4) J. A. Grunert 34
5) M. F. Maury 35
Kober, J. 1) Bemerkungen 284
2) Ein falscher Satz 288
Koehler. Solution de questions 369
Kötteritzsch, Th. 1) Recension über Hattendorff's Determinantenlehre 90
2) Zur Mechanik ellipsoidischer Körper 503
3) Die dualistische und unitarische Ansicht in der Electricitätslehre 567
Kohlrausch, F. 1) Zurückführung der Siemens'schen Widerstandseinheit auf absolutes Maass 572
2) Ueber die electromotorische Kraft sehr dünner Gasschichten . 574
Kolbe, J. Beweis eines Satzes über das Vorkommen complexer Wurzeln in einer algebraischen Gleichung 77
Korkine, A. 1) Sur les formes quadratiques 109
2) Sur un certain minimum 214
Krause, M. Zur Transformation der Modulargleichungen der elliptischen Functionen 257
Krejči, J. Grundzüge einer mathematischen Krystallographie . . . 609
Kretz, Sur les conditions à remplir dans l'emploi du frein dynamométrique 485
Krok, J. M. Plana reciproka systemer 430
Kronecker, L. 1) Ueber die verschiedenen Sturm'schen Reihen . 74
2) Sur la théorie algébrique des formes quadratiques 84
Krüger, A. Ueber die Berechnung der Coefficienten einer periodischen Function 123
Krumme, W. Die Analysis der Beweise 57
Kudelka, J. Ableitung der Kegelschnittslinien 291
Kübler, J. Theorie der eisernen Bogenbrücken 531
Kummer, E. Ueber Minimalflächen-Modelle von Schwarz 412
Kundt, A. Ueber Schwingungen von Luftplatten 536

Lagrange, L Dieci lettere inedite 28
Laguerre. Recherches analytiques sur la surface du 3me ordre qui est la réciproque de la surface de Steiner 396
Lang, V. v. 1) Einleitung in die theoretische Physik 504. 578
2) Zur Dioptrik eines Systems centrirter Kugelflächen 547
Langer, A. 1) Zur Lehre von den höheren Gleichungen 77
2) Beweis des Euler'schen Satzes von den Polyedern 286
3) Geometrischer Beweis eines Satzes der Mechanik 485
Lasswitz. Ueber Tropfen an festen Körpern 532
Laurent, H. 1) Traité du calcul des probabilités 118
2) Sur un passage de la théorie analytique des probabilités . . . 122
Le Besgue. Sur les développements de sin na, cos na 141
Lecornu, L. Solution d'une question 291
Ledent. Fonctions invariables des paramètres de l'équation générale des surfaces du second degré 390
Ledieu. Démonstration directe des principes de la thermodynamique 582
Leffler, G. M. Om definite Integraler 170
Lehmann, Revolution der Zahlen 618
Lemoine, E. Sur un point remarquable du plan d'un triangle . . 290
Lenormant, F. Sur un document mathématique chaldéen 1
Lespiault, G. Question de mécanique 467

Seite

Le Viseur. Leistung der Naturphilosophie für die physikalische Vorstellung von der Constitution der Materie 57
Levret, H. 1) Détermination des positions géographiques 594
2) Influence sur les résultats des opérations géodésiques de la substitution des arcs de la plus courte distance 594
Lévy, M. 1) Sur une réduction de l'équation à différences partielles du 3me ordre 211
2) Sur une théorie rationnelle de l'équilibre des terres fraîchement remuées 458
3) Application de la théorie de l'élasticité à l'élasticité des systèmes articulés formés de verges élastiques 527
Lewänen, S. Ueber die von einer Geraden erzeugte Minimalfläche 213
Lez. Solution de questions 362. 365. 368
Lie, S. 1) Ueber eine Verbesserung der Jacobi-Mayer'schen Integrationsmethode 196
2) Zur analytischen Theorie der Berührungs-Transformationen . . 197
3) Ueber partielle Differentialgleichungen erster Ordnung 201
4) Partielle Differentialgleichungen erster Ordnung, in denen die unbekannte Function explicite vorkommt 205
5) Neue Integrationsmethode eines $2n$-gliedrigen Pfaff'schen Problems 207
Ligowski, W. 1) Beitrag zur näherungsweisen Berechnung bestimmter Integrale 157
2) Berechnung der Zahl π 294
3) Logarithmentafel 616
Liguine, V. Propriétés géométriques du déplacement d'une figure plane dans son plan 453
Lindemann, F. Ueber unendlich kleine Bewegungen starrer Körper 273. 337
Liouville, E. Sur la statistique judiciaire 127
Liouville, J. Sur certaines formes quadratiques 110
Lipschitz, R. 1) Sätze aus dem Grenzgebiet der Mechanik und Geometrie 372. 432
2) Extension of the planet-problem to a space of n dimensions . 442
Lorenz, L. Der electrische Leitungswiderstand des Quecksilbers . 572
Losták, J. Die Bezeichnung der metrischen Maasse und Gewichte 617
Lübeck, G. 1) Ueber den Einfluss einer reibenden Flüssigkeit in einem Pendel 496
2) Notiz zu den Bessel'schen Pendelversuchen 499
Lubimoff, N. 1) Neue Theorie des Gesichtsfeldes 550
2) Antwort auf eine Bemerkung des H. Bredichin 551
Lucas, F. Rapport anharmonique de quatre points du plan . . . 304
Lüroth, J. 1) Ueber gleichmässige Stetigkeit 230
2) Ueber das Rechnen mit Würfen 307

Mach, E. Die Stefan'schen Nebenringe am Newton'schen Farbenglase 545
Mädler, J. H. v. Geschichte der Himmelskunde 41
Maier, A. Neuere Geometrie 304
Mailly, E. Tableau de l'astronomie dans l'hémisphère australe et dans l'Inde 43
Mainardi, G. Pensieri intorno vari argomenti 289
Malet, J. C. On the reduction of Abelian integrals 265
Mannheim, A. 1) Sur les trajectoires des points d'une droite mobile dans l'espace 445
2) Sur les surfaces trajectoires des points d'une figure de forme invariable 447
Mansion, P. 1) Sur les travaux de J. Plücker 29
2) Les mathématiques en Belgique 38

Seite
Mansion, P. 3) Analyse de Hermite, cours d'analyse 148
4) Note sur les transformations arguésiennes de M. Saltel 425
Marie, M. 1) Détermination du point critique où est limitée la convergence de la série de Taylor 132
2) Détermination du périmètre de la région de la convergence de la série de Taylor 132
3) Note au sujet d'un rapport de M. Puiseux 132
4) Théorie des fonctions de variables imaginaires 222
5) Classification des intégrales quadratrices des courbes algébriques 223
6) Des conditions sous lesquelles quelques périodes de la quadratrice d'une courbe disparaissent 223
7) D'une réduction accessoire dans le nombre des périodes . . . 223
8) Des résidus relatifs aux asymptotes 223
Masing, C. Von der Theilbarkeit der Zahlen 98
Mathieu, E. 1) Sur la fonction 5 fois transitive de 24 quantités . 88
2) Sur la théorie des dérivées principales 171. 463
3) Sur le problème des trois corps 473. 603
4) Cours de physique mathématique 510. 578
Maxwell, J. C. 1) On the focal lines of a refracted pencil 547
2) Treatise on electricity and magnetism 556
3) On the theory of a system of electrified conductors 573
Mayer, A. 1) Die Lie'sche Integrationsmethode 194
2) Directe Ableitung des Lie'schen Fundamentaltheorems 195
3) Zur Integration der partiellen Differentialgleichungen erster Ordnung 195
Meissel, E. 1) Ueber den Ausfluss des Wassers aus Gefässen . . 500
2) Die Verbreitung vollkommen elastischer Gase 589
Menabrea, L. F. 1) Sulle peripezie della serie di Lagrange . . . 28
2) Sur l'identité de quelques formules 131
Mendthal. Die Malfatti'sche Aufgabe 297
Mercadier, C. Sur le mouvement d'un fil élastique 528
Mertens, F. 1) Auszüge aus Briefen 245. 356. 389
2) Die Malfatti'sche Aufgabe 297
Merrifield, C. W. The collection of models of ruled surfaces at South Kensington 379
Meutzner. Sätze über das Viereck 290
Meyner, M. Untersuchungen über den Bildungsgang des Sonnensystems 52
Meyer, G. F. Ueber den du Bois-Reymond'schen Mittelwerthsatz . 267
Meyer, O. E. 1) Bewegung einer Pendelkugel in der Luft 495
2) Ueber die innere Reibung der Gase 501
Michaelis, G. J. Mouvement d'un solide dans un liquide 495
Milinowski, A. Erzeugnisse krumm-projectivischer Gebilde . . . 309
Minnigerode, C. 1) Ueber eine neue Methode die Pell'sche Gleichung aufzulösen 105
2) Ueber die Vertheilung der quadratischen Formen mit complexen Coefficienten 110
Mittelacher, C. Zur allgemeinen Theorie der Kegelschnitte . . . 310
M. L. P. Note sur un problème de géométrie analytique 370
Mohr. Zur Geschichte der mechanischen Wärmelehre 579
Moncel, Th. du. 1) Sur les conditions de maximum de la résistance des galvanomètres 575
2) Sur les meilleurs dimensions à donner aux électro-aimants . . 575
Montanari, A. Nicolo Copernico 20
Montigny, Ch. de. Rapport sur un mémoire de Mr. Pérard . . . 577
Moon, R. 1) On the motion in one plane of an indefinitely thin wire 478
2) On the integration of an equation 534

Seite
Moreau, C. Solution d'une question 82 106
Morel, A. Solution d'une question 293
Moret-Blanc, M. Solution de questions . . . 116. 297. 356. 363. 367
Morgan, A. de. A budget of paradoxes 617
Morin, G. B. Galilei 23
Mourgues, J. Expressions de sin ma et cos ma 141
Moutier, J. 1) Sur la conductibilité des métaux 573
2) Sur la décharge des conducteurs électrisés 573
3) Sur la chaleur de transformation 586
4) Sur les vapeurs émises à la même température 586
5) Des applications du théorème de Carnot 587
6) Les effets thermiques accompagnant la flexion et la torsion . . 587
7) Le travail interne dans les gaz 588
Müller, F. Beziehungen zwischen dem Modul der elliptischen Functionen und den Invarianten der biquadratischen binären Form . 256
Müller, J. Beziehungen der Brennweite und der conjugirten Punkte einer Linse 549
Müller, J. J. Ueber die Hamilton'sche Bewegungsgleichung . . . 462
Münster, E. Om en eiendommelig algebraisk Oplósning af cubiske ligninger 79
Muir, F. On convex and stellate regular polygones 292

Nachreiner, V. Beziehungen zwischen Determinanten und Kettenbrüchen 112
Nanson, E. J. On hydrodynamics 490
Neumann, C. 1) Zum Andenken an R. F. A. Clebsch 29. 31
2) Die electrischen Kräfte 557
3) Theoretische Behandlung der constanten Magnete 562
4) Formeln für Magneto- und Volta-Induction 562
5) Elementargesetze der Kräfte electro-dynamischen Ursprungs . . 563
Newcomb, S. 1) On a mechanical representation of some cases in the method of least squares 125
2) A mechanical representation of a familiar problem 125
Newenglowski, M. 1) Note sur la transformation des courbes . 381
2) Sur les arcs de certaines courbes sphériques 394
Niemtschik, R. 1) Construction der einander eingeschriebenen Linien zweiter Ordnung 301
2) Construction der einem Kreise eingeschriebenen Ellipse . . . 301
Noble. On the pressure required to give rotation to rifled projectiles 475
Nöther, M. 1) Ein Satz der Theorie der algebraischen Functionen 348
2) Ueber die algebraischen Functionen und ihre Anwendbarkeit in der Geometrie 348
3) Zwei neue Kriterien des eindeutigen Entsprechens algebraischer Flächen 420

Obermann, J. Theorie der Longitudinalschwingungen zusammengesetzter Stäbe 528
Oggioni, F. Galileo Galilei 22
Okatow, M. Sätze von den übrigbleibenden Bewegungen eines unterstützten Körpers 454. 456
Oppermann, L. Om Raekkens Konvergens 130
Ott, E. Ein Problem aus der analytischen Mechanik 462
Ovidio, E. d'. 1) Studio sulla geometria projettiva 273
2) Sulle relazione metriche in coordinate omogenee 337
Oudemans, J. A. C. 1) Berechnung der Entfernung und Azimute zweier Orte aus dem Längen- und Breitenunterschied 595
2) Observations sur un mémoire de Mr. Dubois 601

Seite
Paci, P. Sui numeri complessi 230
Painvin, L. 1) Sur les surfaces algébriques 329
2) Sur l'abaissement de la classe d'une courbe 331
3) Sur l'intersection de deux courbes 331
4) Solution d'une question 390
Pasch, M. Ueber die Brennflächen der Strahlensysteme und die Singularitätenflächen der Complexe 415
Peaucellier. Sur une question de géométrie de compas 364
Pellet, E. Solution d'une question 390
Pellissier, A. Solution d'une question 304. 362. 369. 371
Pendlebury, R. On a method of finding two mean proportionals . 244
Pepin, P. Sur les résidus de 5me puissance 100
Pérard, L. Détermination des éléments du magnétisme terrestre . 577
Perlewitz, P. Ueber die Fälle, in denen ein von 2 Punkten angezogener Punkt eine Ellipse oder Hyperbel beschreibt 471
Perry, G. 1) Sur les concamérations polyédriques 529
2) Notes prises au cours de Lamé 530
3) Sur la capillarité 531
Pessl, H. v. Ueber eine besondere Art magischer Quadrate . . . 102
Petersen, J. Om Raekkens Konvergens 130
Pfeilsticker, A. Das Kinetsystem 512
Phillips. 1) Sur un problème de cinématique 454
2) Rapport sur un mémoire de Mr. Kretz 525
3) Sur divers points de la thermodynamique 584
Picart, A. Expression de la différence d'ordre $n^{ième}$ 235
Picquet, E. Sur les courbes gauches algébriques 330
Plagge, E. Zwei Näherungswerthe für die Seite des Siebenecks . 293
Plana, J. Liste de ses travaux 36
Pochhammer, L. Notiz über die Abbildung der Kreisbogen-Polygone 426
Poinsot, L. 1) Lettera al P. Domenico Chelini 47
2) Éléments de statique 431
Polkowski, J. 1) Das Leben des Copernicus 12
2) Kopernikijana 18
Posse. Sur les fonctions semblables à celles de Legendre 262
Poujade. Solution d'une question 360
Procli Diadochi in primum Euclidis librum commentarii 3
Proctor, J. A. Determining the motion of a body in an elliptic orbit under gravity 601
Prowe, L. 1) Copernicus 14
2) Monumenta Copernicana 18
Püschl, C. Ueber die Mitbewegung des Lichts in bewegten Mitteln 541
Puiseux, V. 1) Rapport sur deux mémoires de M. Marie 132
2) Sur les observations du passage de Vénus 600
Putzler, A. Linsensysteme 547

Quarto centenario di Copernico 17
Quetelet, E. 1) Rapport sur un mémoire de Mr. Pérard 577
2) Rapport sur un mémoire de Mr. Terby 603

Radyminski, M. Lebensbeschreibung des Copernicus 14
Rawson, R. On two general differential equations 191
Raynard, J. Sur les conditions de maximum d'effet magnétique . 575
Réalis, S. Scolies pour un théorème d'arithmétique 101
Recknagel, G. Ueber Temperatur 588
Reidt, F. Ueber trigonometrisches Rechnen 295
Résal, H. 1) Traité de mécanique générale 431
2) Note sur Poncelet: cours de mécanique 431

Seite
Résal, H. 3) Frottement de l'air sur un projectile oblong 476
4) Théorie des effets observés par Savart 477
5) Sur le planimètre polaire 594
Retali, V. Sulle progressioni geometriche d'ordine superiore . . . 136
Réthy, M. Ueber ein Dualitätsprincip in der Geometrie des Raumes 336
Reuschle, C. G. Elemente der Trigonometrie 287
Revellat, J. P. Traces des courbes à plusieurs centres 292
Ribaucour, A. 1) Sur les systèmes cycliques 383
2) Sur les faisceaux de cercles 421
3) Propriétés relatives aux déplacements d'un corps 453
Riccardi, P. 1) Sull' opere astronomiche di Francesco Capuano di Manfredonia 9
2) Sul processo di Galilei 22
3) Biblioteca matematica italiana 37
Riecke, E. 1) Das Weber'sche Grundgesetz der electrischen Wechselwirkung 567
2) Ueber die Polpunkte eines Magnetes 576
3) Magnetisirung des weichen Eisens 576
Riecke, Mathematische Unterhaltungen 608
Riemann, B. Sur la possibilité de représenter une fonction par une série trigonométrique 230
Risbec, P. Sur le mouvement complet d'un navire oscillant sur eau calme 460
Ritsert, E. Reflexion bei Winkelspiegeln 552
Roberts, S. 1) On parallel surfaces 324
2) On the Plückerian characteristics of a curve 332
3) On the characteristics of epi-and hypocycloids 333
4) On normals and the surfaces of centres 333
5) On the order of the condition that two surfaces may touch . . 378
Rodet, L. Démonstration de la gravitation universelle 464
Röntgen, R. Grundlehren der mechanischen Wärmetheorie 578
Roger, C. Théorie des phénomènes capillaires 531
Rosanes, J. 1) Ueber Systeme von Kegelschnitten 95. 358
2) Ueber ein Princip der Zuordnung algebraischer Formen 95
Rosenow, H. Die Curven dritter Ordnung mit einem Doppelpunkt 349
Rouché, E. Éléments de géométrie 287
Routh, E. J. On the motion of a body about a fixed point 479
Ruchonnet, Ch. 1) Propriété caractéristique de la droite rectifiante 379
2) Solution de trois questions 382
Russell, W. H. L. On recent progress in elliptic and hyperelliptic functions 48
Ryew, L. Sulle linee di curvatura delle superficie di second' ordine 393

Sabinine. Sur l'accélération normale à la trajectoire d'un point d'un système invariable 481
Sacheri. Sul tracciamento delle punteggiate projettive simili . . . 300
Šafarik. Beitrag zur Geschichte des Horizontalpendels 51
Saint-Germain, A. de. 1) Sur les points d'inflexion d'une courbe du 3ème degré 367
2) Détermination des éléments infinitésimaux relatifs aux lignes à double courbure 380
Saint-Loup. Du rayon de courbure d'une courbe décrite par un point d'une figure mobile 452
Salmon, G. A treatise on the higher plane curves 340
Saltel, L. 1) Généralisation du principe de correspondance à la théorie de l'élimination 86

Seite

Saltel, L. 2) Sur les coniques et sur les surfaces du second ordre 310. 320
3) Théorèmes concernant les courbes du 4ine ordre à trois points doubles 423
4) Sur la sphère osculatrice 423
5) Sur le principe arguésien unicursale 423
Sardi, C. Sulle progressioni per differenza 135. 146
Sawidz-Zablocki, W. K. Copernicus 16
Schäfer, H. W. Die astronomische Geographie der Griechen bis auf Eratosthenes 2
Schanz. 1) Der Cardinal Nicolaus von Cusa 10
2) Die astronomischen Anschauungen des N. von Cusa 10
Schering, E. 1) Linien, Flächen und höhere Gebilde im mehrfach ausgedehnten Raume 278
2) Die Schwerkraft in mehrfach ausgedehnten Gauss'schen und Riemann'schen Räumen 442
3) Die Hamilton-Jacobi'sche Theorie für Kräfte, deren Maass von der Bewegung der Körper abhängt 443. 444
Schiaparelli, G. V. I precursori di Copernico nell' antichità . . . 2
Schläfli, L. 1) Sull' uso delle linee lungo le quali il valore assoluto di una funzione è costante 228
2) Ueber die linearen Relationen zwischen den Kreiswegen erster und zweiter Art in der Theorie der Abel'schen Functionen . . 239
3) Sulle superficie di terz' ordine 321
4) Ueber die allgemeinste Flächenschaar zweiten Grades, die mit irgend zwei anderen Flächenschaaren ein orthogonales System bildet 374. 390
Schlegel, V. 1) Ueber die mechanische Erzeugung von Curven . 314
2) Bestimmung der Zahlenverhältnisse in den diatonischen Dur-Tonleitern 532
3) Ueber das specifische Gewicht der Legirungen 589
Schleusing, R. v. Beitrag zur Integralrechnung 152
Schlömilch, O. 1) Ueber bedingt convergirende Reihen 130
2) Ueber die gleichzeitige Convergenz oder Divergenz zweier Reihen 131
3) Höhere Analysis 147
4) Ueber einige Integrale von allgemeiner Form 169
5) Grundzüge der Geometrie des Maasses 287
Schneebeli, H. 1) Zur Theorie des Stosses elastischer Körper . 484
2) Zur Kenntniss des Stabmagnetismus 576
Schneid, M. Die scholastische Lehre von Materie und Form . . . 39
Schönemann, P. Ikosaeder und Sternen-Dodekaeder 293
Schreiber, P. Zweckmässiges Verfahren zur Reduction der Wagebarometerregistrirungen 457
Schramm, H. Die Anziehungskraft betrachtet als eine Wirkung der Bewegung 516
Schrön, L. Logarithmentafel 615
Schröder. 1) Auflösung einer Gleichung 291
2) Lehrbuch der Arithmetik und Algebra 605
Schröter, H. Ueber Curven dritter Ordnung 311. 367
Schuringa, P. Les trajectoires minima: $\delta \int_{s_1}^{s_2} \varphi(v)\, ds = 0$ 215
Schwarz, H. A. 1) Ueber gewisse Fälle der hypergeometrischen Reihe 249
2) Ueber specielle Minimalflächen 412
3) Untersuchung der 2ten Variation des Flächeninhaltes von Minimalflächen 412

Seite
Schwendler, L. Ueber Differentialgalvanometer 574
Schwedoff, Th. Ueber die Electricitätsstrahlen 568
Scott, R. F. On a formula in the geometry of the sphere 296
Sédillot, L.-Am. 1) Sur l'origine de la semaine planétaire et de la spirale de Platon 1
2) Sur la découverte de la variation par Aboul-Wefâ 8
Seebeck, A. Ueber Schallbewegung in Röhren 535
Seeliger, H. 1) Ueber die Jacobi'sche Auflösung eines Systems von Normalgleichungen mit drei Unbekannten 121
2) Fehlerquellen durch electrische Operationen bei telegraphischen Längenbestimmungen, nebst Erklärung 577
Seidel, L. Ein heliographischer Apparat von Steinheil 550
Serret, J. A. 1) Sur les fonctions entières irréductibles suivant un module premier dans le cas où le degré est une puissance du module 107. 108
2) Sur un mémoire de Lagrange 472. 603
Sersawy, V. Zur Integration partieller Differentialgleichungen . . 192
Sexe, S. A. Nogle bemaerkninger ved kommende Plangeometrien 285
Seydler, A. 1) Ueber Erdmagnetismus 578
2) Wärmestrahlung in verschiedenen Medien 592
Shanks, W. 1) On periods in the reciprocals of primes 99
2) On certain discrepancies in the numerical values of π 610
3) On the extension of the numerical value of π 610
Sharpe, H. J. On the reflection of sound 537
Siacci, F. 1) Intorno ad alcune trasformazioni di determinanti . . 91
2) Sur un théorème de mécanique céleste 473
Sickenberger, A. Mathematische Orthographie 616
Sidler, G. Trisection eines Kreisbogens 317
Silldorf. Geometrische Verwandtschaft räumlicher Gebilde . . 318. 420
Simony, O. 1) Darstellung von $\sqrt[3]{a+bi}$ in der Form $x+yi$ . . . 79
2) Summation einiger Reihen 139
3) Lösung eines Integrals durch elliptische Integrale 262
4) Neue Moleculartheorie 513
Smith, C. To find the foci and axes of a conic in trilinear coordinates 393
Smith, H. J. S. 1) Arithmetical notes 96. 153
2) On modular equations 258
Snell, C. Copernicus 14
Sobička, J. Ueber rationale Dreiecke 106
Sochocky. Sur les intégrales définies 156
Sohnke, L. Die regelmässig ebenen Punktsysteme von unbegrenzter Ausdehnung 511
Spieker, Th. Lehrbuch der ebenen Geometrie 286
Spitz, C. Lehrbuch der allgemeinen Arithmetik 607
Spottiswoode, W. 1) Sur la représentation algébrique des lignes droites dans l'espace 338
2) Sur les plans tangents triples à une surface 378. 379. 382
Stahl, H. Ueber die Maassfunctionen der analytischen Geometrie 273. 337
Staudigl, R. Bestimmung von Tangenten an die Selbstschattengrenze von Rotationsflächen 303
Steck, X. Lehrbuch der Arithmetik 607
Steen, A. 1) De mathematiske Studiers Fremgang i Danmark . . 38
2) Integration af den lineare Differentialligning ved Hjaelp af Kjaedebroek 190
3) Et Par Kjaedebröker angaaende elliptiske Integraler 255

Seite
Stegemann, M. Grundriss der Differential- und Integralrechnung 147
Steinschneider, M. Thabit ben Korra 7
Stern, A. Recension zu Copernici de revolutionibus etc. 22
Stone, E. J. 1) On a most probable result 122
2) On the rejection of discordant observations 122
Strnad, A. 1) Ein allgemeiner Lehrsatz über Functionen 246
2) Vier Lehrsätze über Ellipsen und Ellipsoide 358
3) Ueber Normalen einer gewissen Curvengattung 370
Strutt, J. W. 1) Disturbance produced by a spherical obstacle on the waves of sound 535
2) Theorems relating to vibrations 537
Struve, O. v. C. G. Schweizer 37
Studnička, F. J. 1) Copernicus 17
2) Einige Bemerkungen über den Geist der Mathematik 54
3) Beitrag zur Theorie der Determinanten 90
4) Geometrische Anwendung einiger Lehrsätze von Determinanten 94. 293
5) Beweis der Lagrange'schen Interpolationsformel 122
6) Gemeinsamer Ursprung einiger bestimmter Integrale 170
7) Dreiecksfläche und Tetraedervolumen 355. 386
8) Ueber continuirliche Verzinsung 609
Stumpf, C. Ueber den psychologischen Ursprung der Raumvorstellung 57
Sturm, M. Cours d'analyse 147
Sturm, R. 1) Das Problem der räumlichen Projectivität 318
2) Ueber Fusspunktcurven 324
Suter, H. Geschichte der mathematischen Wissenschaften 37
Szily, C. Das Hamilton'sche dynamische Princip in der Thermodynamik 579. 580

Taylor, C. Theorem in conic curvature 359
Taylor, H. M. Geometrical notes 345
Tchébycheff. Sur les fonctions qui s'écartent le moins possible de zéro 241
Teichmann. Ueber Körperberechnung 299
Terby, F. Areographische Fragmente 603
Thiele, T. N. 1) Om en Tilnaermelsesformel 123
2) Orienterende Fremstilling af de elliptiske Funktioners Theori . 254
Thomae, J. 1) Theorie der complexen Functionen und der Thetafunctionen einer Veränderlichen 218
2) Zur Theorie der Abel'schen Functionen 263
3) Geometrie der Lage 318
4) Eine Abbildungsaufgabe 426
Thomé, L. W. Zur Theorie der linearen Differentialgleichungen . 174
Thomson, W. On the ultramundane corpuscles of Le Sage . . . 510
Tilly, M. de. 1) Rapport sur un mémoire de M. Genocchi 167
2) Sur une formule relative à la somme des logarithmes hyperboliques 167
3) Rapport sur un mémoire de M. Mansion 210
4) Rapport sur une lettre de M. Genocchi 278
5) Sur deux traités récents de balistique 474
6) Sur la similitude mécanique dans le mouvement des corps solides 474
7) Rapport sur une note de M. Mendoça 474
8) Sur les axes instantanés glissants et les axes centraux 481
Todhunter, J. 1) On the history of certain formulae in spherical trigonometry 46
2) A history of the mathematical theories of attraction 52
3) Note on an erraneous extension of Jacobi's theorem 461

Seite

Todhunter, J. 4) On the figure of the earth 596
5) On the arc of meridian measured in Lapland 597

Tognoli, O. 1) Sopra un modo di generazione delle curve piane di terz' ordine 311
2) Sulla ricerca dell' equazione dell' inviluppante d'una serie di curve piane 347
3) Sulla geometria delle superficie e curve gobbe di genere zero . 384

Torelli, G. Di alcuni integrali formati d'agl' integrali ellittici . . 260

Townsend, R. 1) On a property in the equilibrium of two circular cords 458
2) On tautochronous and brachystochronous curves 477
3) On a construction in the dynamics of a rigid body 483

Transon, A. 1) Sur une propriété des asymptotes 285
2) Sur le tétraèdre 298
3) Sur le théorème de Dandelin 320
4) Sur un nouveau mode de construction des coniques 357

Unferdinger, F. 1) Ueber eine merkwürdige Eigenschaft eines Ausdruckes 138
2) Ueber einige mit Lim $\frac{n}{\sqrt[n]{n!}}$ verwandte Limiten 243
3) Der mittlere Krümmungsradius und die mittlere Krümmung in in einem bestimmten Punkte einer Fläche 377

Vecchio, A. Nota sugli inviluppi 346

Veltmann, W. Fortpflanzung des Lichts in bewegten Medien . . 537

Venant, de St. 1) Examen d'un essai de la théorie de la poussée des terres 459
2) Rapport sur un mémoire de M. Boussinesq 500

Villarceau, Y. 1) Changement de vitesse de régime dans les régulateurs isochrones 478
2) Ueber Regulatoren 479
3) Nouveaux théorèmes sur les attractions locales 596
4) Application du troisième théorème sur les attractions locales au contrôle des réseaux géodésiques 596

Vimercati, G. Sulla prima idea delle caldaie tubulari 48

Vincent, G. de St.- Lettre inédite 23

Virieu, J. de. Solution d'une question 136

Vivanet, F. Dei più notabili progressi della geometria nel corrente secolo 47

Voigt, H. Der sphärische Kegelschnitt 395

Voss, A. 1) Ueber Kegelschnitte mit zwei gemeinsamen Punkten . 359
2) Zur Geometrie der Flächen 415
3) Zur Geometrie der Plücker'schen Liniengebilde 416
4) Zur Geometrie der Brennflächen von Congruenzen 416
5) Note betreffend die eindeutige Transformation ebener Curven . 420

Waals, J. D. v. d. Over de continuiteit van den gasen vloeistoftoestand 515

Wace, H. The calculation of logarithms 610. 611

Waille, J. Sur la distance d'un point à une droite 386

Walberer, J. C. 1) Beitrag zur Lehre von den isoperimetrischen Figuren 291
2) Die Bewegungsgleichungen eines materiellen Punktes 467

Walérius, H. Réponse à une note de Mr. Mercadier 528

Seite

Walker, J. J. Invariant conditions for three conics having common points . . . 359
Waltenhofen, A. v. Berechnung der Wirkung magnetisirender Spiralen . . . 577
Walton, W. 1) On the nth differentiation of an integral . . . 157
2) On the ray planes in biaxal crystals . . . 543
Watson, A. W. 1) Curvature of curves and surfaces . . . 376
2) On the motion of a particle referred to a moving space . . . 482
Warren, J. On geometrical optics . . . 546
Wangerin, A. 1) Geometrische Darstellung der Wurzeln zweier Gleichungen . . . 106
2) Ueber eine neue Art der conformen Abbildung einer Ebene auf eine andere . . . 428
3) Ueber einige Eigenschaften der Lemniscaten . . . 428
4) Problem des Gleichgewichts elastischer Rotationskörper . . . 524
Weber, H. 1) Zur Theorie der Transformation algebraischer Functionen . . . 240
2) Ueber die Bessel'schen Functionen . . . 267. 569
3) Ueber die stationären Strömungen der Electricität in Cylindern 268. 569
4) Darstellung willkürlicher Functionen durch Bessel'sche Functionen 268
Weiler, A. Ueber die verschiedenen Gattungen der Complexe 2ten Grades . . . 416
Westphal, M. Durchbiegung einer in ebener Curve gekrümmten Feder . . . 525
Weyl. Nicolaus Copernicus . . . 17
Weyr, Ed. Classification des courbes du sixième ordre dans l'espace 322
Weyr, Em. 1) Ueber den Kreis der neun Punkte . . . 289
2) Sopra le proprietà involutorie di un esagono gobbo . . . 322
3) Ueber Evoluten ebener Curven . . . 334
4) Ueber rationale Curven . . . 347
5) Ueber Durchschnittspunkte von Focalen mit Kreisen . . . 351
6) Ueber Kegelschnitte und ihre Krümmungskreise . . . 360
7) Ueber rationale ebene Curven vierter Ordnung . . . 368
8) Die Bestimmung der unendlich weiten Elemente der geometrischen Raumgebilde . . . 382
9) Ueber Punktsysteme auf rationalen Curven . . . 383
Weyrauch, J. Die Gleichung der elastischen Linie willkürlich belasteter gerader Stäbe . . . 523
Wiedemann, E. Elliptische Polarisation des Lichts . . . 544
Wiener, Ch. Ueber eine Aufgabe aus der Geometria situs . . . 286
Wild, H. Variationsinstrument für die Verticalintensität des Erdmagnetismus . . . 577
Willigen, V. S. M. v. d. 1) Over de verschynselen van gekleurde polarisatie voor éénassige Kristallen . . . 545
2) Over de onhoudbaarheid eener stelling bi de breking der lichtstralen . . . 545
Wilson, J. M. Investigation of the orbit of a double star . . . 602
Winckler, A. Integration linearer Differentialgleichungen . . . 186
Wittstein, A. 1) Schlussfehler der grossen Nivellements . . . 595
2) Sternschnuppen-Beobachtungen . . . 601
Wittwer. Die Art der Bewegung, die wir Wärme nennen . . . 583
Wolstenholme, J. 1) On systems of porismatic equations . . . 83
2) On the summation of certain series . . . 139
3) On epicycloids and hypocycloids . . . 317
4) On the locus of the point of concourse of tangents . . . 369
5) On elliptic motion . . . 471

Seite
Wolýnski, A. Leben des Copernicus 15
Worpitzky, J. 1) Ueber ein bestimmtes Integral 158
2) Ueber die Grundbegriffe der Geometrie 281
Wrede, J. Nagra anmärkningar rörande minste quadrat metoden . 124

Zachariae, G. 1) Bestimmung des mittleren Fehlers einer Grundlinie 127
2) Ueber den sphäroidischen Schlussfehler geometrischer Nivellementssysteme 595
Zahradník, K. 1) Ueber goniometrische Formeln 295
2) Ueber Cissoidalcurven 366
3) Theorie der Cissoide 366
4) Zur Theorie der Curven dritter Ordnung und Classe 366
5) Zur Theorie der Curven dritter Ordnung und vierter Classe . . 366
6) Ueber die Symbole der analytischen Geometrie 414
Zebrawski, F. Polnische Bibliographie 38
Zenger, K. Die Wirkung symmetrisch vertheilter Leiter 573
Zerlang. Ueber die Betrachtung irrationaler Linienverhältnisse . . 288
Zeuthen, H. G. 1) Sur les différentes formes des courbes du quatrième ordre 316
2) Om Udseendet af Kurver af tredie og fjerde Orden 317
3) Sur le principe de correspondance 326
4) Almindelige Egenskaber ved Systemer af plane Kurver 327
Ziegler, A. Das Aussendreieck in der sphärischen Trigonometrie 296
Zimmermann, H. Construction der Haken 530
Zöllner, F. Erwiderung an Herrn Reye 591
Zolotareff, G. 1) Sur les formes quadratiques 109
2) Sur un certain minimum 214

MIX
Papier | Fördert gute Waldnutzung
FSC® C083411

Zeitfracht Medien GmbH
Ferdinand-Jühlke-Straße 7
99095 Erfurt, Deutschland
produktsicherheit@kolibri360.de